普通高等教育土木工程系列教材
北京市精品课程教材

土木工程施工

（含移动端助学视频）

第2版

北京建筑大学　穆静波　编著
同济大学　应惠清　主审

机械工业出版社

本书依据高等学校土木工程学科专业指导委员会制定的《高等学校土木工程本科指导性专业规范》的培养目标及对核心知识的要求，并按照我国现行土木工程类的标准、规范编写。全书共分 15 章，包括：土方工程，深基础工程，脚手架与垂直运输设备，砌筑工程，混凝土结构工程，预应力结构工程，装配式结构安装工程，道路、桥梁、隧道及地下工程，防水工程，装饰装修工程，施工组织概论，流水施工法，网络计划技术，单位工程施工组织设计，施工组织总设计。本书各章均配有学习目标、工程案例和习题，并配有教学课件、200 余个动画演示与施工录像的助学视频等教学资源（可扫书上二维码直接观看的视频有 170 余个），以方便教师组织教学和学生自学。

本书在内容上吸收了较为成熟的多种新技术、新工艺和新方法，密切结合现行规范和特色工程实例，突出反映了土木工程施工的基本原理和主要方法。

本书可作为高等院校土木工程专业及其他相关专业的教材或教学参考书，也可供土木工程技术、管理人员参考。

图书在版编目（CIP）数据

土木工程施工：含移动端助学视频/穆静波编著．—2 版．—北京：机械工业出版社，2023.8（2026.1 重印）

普通高等教育土木工程系列教材．北京市精品课程教材

ISBN 978-7-111-71838-3

Ⅰ.①土…　Ⅱ.①穆…　Ⅲ.①土木工程-工程施工-高等学校-教材　Ⅳ.①TU7

中国版本图书馆 CIP 数据核字（2022）第 193939 号

机械工业出版社（北京市百万庄大街 22 号　邮政编码 100037）

策划编辑：林　辉　　　　责任编辑：林　辉

责任校对：潘　蕊　张　征　　封面设计：张　静

责任印制：任维东

三河市国英印务有限公司印刷

2026 年 1 月第 2 版第 6 次印刷

184mm×260mm · 26 印张 · 1 插页 · 700 千字

标准书号：ISBN 978-7-111-71838-3

定价：78.00 元

电话服务　　　　　　　　网络服务

客服电话：010-88361066　　机　工　官　网：www.cmpbook.com

010-88379833　　机　工　官　博：weibo.com/cmp1952

010-68326294　　金　　书　　网：www.golden-book.com

封底无防伪标均为盗版　　机工教育服务网：www.cmpedu.com

第2版前言

本书自出版以来，得到了众多院校和企业的广泛关注和使用，经10余次印刷发行超2万册，对土木工程施工课程的教学及企业人员的培训起到了良好的作用。

近年来，随着建筑业的发展，工程建设的类型、规模、结构形式、材料与设备、建造方法等发生了很大变化；互联网、信息化、智能化的应用使土木工程施工技术及施工组织方法也发生了很大变化；大量标准的相继推出或修订，也促使土木工程施工的教学内容不断更新，以满足新形势对人才及知识的需求。此外，信息化、互联网技术在教学中的快速渗透与应用，也使得教材修订刻不容缓。

为落实高等学校课程思政建设，推动党的二十大精神进教材、进课堂、进头脑，本书总结了我国土木工程施工领域取得的卓越成就，深入挖掘了该领域的爱岗敬业、争创一流、艰苦奋斗、勇于创新、淡泊名利、甘于奉献的工匠精神元素，培养学生的民族自信，激发学生科技报国的家国情怀和使命担当。考虑到应用型人才的培养，本次修订仍本着“体现时代特征，突出实用性、创新性”的指导思想，将基本理论与工程实践，基本原理与新技术、新方法的发展紧密结合。在内容上，删除了陈旧落后的、被禁止或限制使用的施工工艺、机械设备、工程材料等方面的内容，增加了较多的新材料、新设备、新工艺、新方法的内容，并按照现行标准、规范、规程对相关章节进行了修改和调整。同时，在章节设置上，把作为施工重要设备的“脚手架与垂直运输设备”独立成章，使其内容相对完整、系统性增强；把常规“结构安装工程”改为“装配式结构安装工程”，充实了多高层混凝土及钢结构安装的内容；将“单位工程施工组织设计”作为重点，且编排于“施工组织总设计”之前，以利于教学与满足学生就业后的工作需求。

本次修订，不仅体现在文字内容上，更多体现在新技术、新方法的录像片段和动画演示等音视频资源上。通过扫二维码，读者可观看到更清晰、完整的施工工艺、施工方法等的演示，这样不但使用方便、利于读者自学，而且利于读者理解和掌握课程内容，储备工程知识，提高工程研究和应用能力。

供教师使用的教学课件也做了较大的变动，增加了更多的高清动画演示、录像片段、现场照片和图片，融入了特色工程的先进做法。教学课件不但浓缩了课程的知识点，还利于弥补学生感性认识及工程经验不足的短板。

本书在编写过程中，得到了刘军、张新天、廖维张等教授及侯敬峰、王亮、王作虎、杨静、曲秀姝等副教授的协助与支持，得到了业界多位专业人士的热情帮助；在所配视频中，使用了刘津明教授、李建峰教授等制作的动画演示及录像资料，也参考使用了许多网络图片、视频资料和其他文献资料。在此表示衷心的感谢。

同济大学应惠清教授对本书进行了精心审阅，提出了许多宝贵意见和建议，使本书得到进一步完善，在此表示衷心的感谢。

限于编者水平，书中难免存在不足之处，敬请读者批评指正。

编　者

第1版前言

“土木工程施工”是高等院校土木工程专业的核心专业课程之一，对培养工程应用创新型技术与管理人才起着重要作用。它主要研究土木工程的施工原理和方法，研究施工技术和施工组织的基本规律，是一门实践性强、涉及面广、发展迅速的学科。其目标是培养学生能够综合运用土木工程的基本理论与知识，具有分析和解决施工中有关技术和组织问题的初步能力，为胜任相关的技术与管理工作、进行科学研究和技术创新打下基础。

本书依据高等学校土木工程学科专业指导委员会制定的《高等学校土木工程本科指导性专业规范》的培养目标及对核心知识的要求，并按照我国现行土木工程类的标准、规范进行编写。编写时，力求按照“体现时代特征，突出实用性、创新性”的指导思想，综合土木工程施工的特点，将基本理论与工程实践，基本原理与新技术、新方法紧密结合起来。

本书涉及房屋建筑、道路、桥梁、隧道及地下工程等专业领域，以满足土木类专业的教学要求。在内容上，以土木工程施工技术和施工组织的一般方法为基础，吸收较为成熟的新技术、新工艺和新方法，列举了部分工程案例。本书配有多次获奖并含有大量现场照片和图片、动画演示、录像片段的多媒体教学课件及工程案例、习题等教学资源，便于读者对课程内容的理解和掌握，也便于教师组织教学和学生自学。

本书集编者数十年的施工课程教学与工程经验、教研与相关科研成果，并经编者倾心打造。编写时，力求做到层次分明、结构合理、条理清晰、图文并茂、语言简洁、文字规范、图表美观，并密切结合现行施工及验收规范。在编写过程中，得到了刘军教授级高工、张新天教授及廖维张、侯敬峰、王亮、王作虎、杨静、曲秀姝等几位副教授的协助与支持；在教材所配视频中，使用了刘津明教授、李建峰教授等制作的动画演示及录像资料，也参考使用了许多网络图片、视频资料和其他文献资料；得到了业界专业人士的热情帮助，在此表示衷心的感谢。

同济大学应惠清教授在百忙之中对本书进行了精心审阅，提出了许多宝贵意见和建议，使本书得到进一步完善。在此表示衷心的感谢。

由于编者的水平有限，书中定有不足之处，敬请读者批评指正。

编　者

目 录

绪 论

1. 土木工程施工课程的研究对象

土木工程施工是建设工程产品的生产活动，是将设计图转化为土木工程实体的过程。作为一门学科，本课程主要研究土木工程施工中的工艺原理、施工方法与技术要求，以及施工组织计划、方法与一般规律。

现代土木工程施工是一项涉及多工种、多专业的复杂的系统工程。工程师须根据施工对象的特点、规模、环境条件，选择合理的施工方法、制定有效的技术措施、进行科学合理的安排和部署，在确保建设方的要求及设计者的意图与构思得以实现的前提下，达到工程实施安全可靠、产品质量好、施工工期短、消耗费用低、产品与建造过程绿色环保等目标。这一过程涉及的施工技术、施工组织理论与方法是本课程的研究对象。

2. 土木工程施工课程的性质与任务

土木工程施工课程是土木工程专业及相关专业的一门主要专业课，其任务就是根据培养目标的要求，使学生了解土木工程施工领域国内外的新技术和发展动态，掌握主要分项工程的施工方法、单体建筑物或构筑物施工方案的选择和施工组织设计的编制，具备独立分析和解决施工技术问题、编制施工方案和组织计划的初步能力，为今后胜任工作岗位和进一步学习有关知识、进行科学研究等打下基础。

对于土木类专业的学生，无论是将来直接从事施工技术、施工管理工作，还是从事工程设计、科学研究、工程咨询、房地产开发等工作，都需要掌握土木工程施工的基本理论和基本知识。同时，本课程的内容也是建造师、勘察设计工程师、造价师、监理工程师、注册建筑师等国家执业资格考试的主要内容之一。

3. 土木工程施工课程的内容与目的

土木工程施工课程的内容涉及建筑物与构筑物的地基与基础、主体结构、装饰装修等工程的施工方法、施工计划、施工组织等各个方面，主要包括施工技术和施工组织两部分。施工技术是以各分部工程、分项工程的施工为对象，研究其施工工艺原理、施工方法和技术要求，以便在工程实施中采用先进的技术和方法，选择最合理的施工方案，保证工程质量与安全，经济合理地完成施工任务。施工组织是针对施工对象，从技术与经济统一的全局出发，对人力、物力、时间和空间等进行科学、合理的安排，编制出用于指导现场施工的组织设计文件，以求用最少的人力、物力消耗，高质量地、安全地如期或提前完成工程项目的施工任务。

4. 土木工程施工课程的特点与学习方法

土木工程施工课程是一门应用性课程，具有理论面广、综合性强、实践性强、技术发展迅速的特点。因此，在学习过程中，除了对课堂讲授的基本理论、基本知识加以理解和掌握外，还需注意以下几点：

1）最好能结合施工现场，观察实际工程的施工方法、使用材料与设备、工程进展等情况，或通过实际工程录像、网上资源等，加强与工程的联系，以增加感性认识，加强对课程内容的理解。

2）注意本课程与构造、结构、测量、材料、土力学等相关课程的联系，以加深理解，融会贯通。

3）及时了解国内外土木工程重大工程项目、施工技术与组织管理方法的最新进展，注意国家相关政策、法规、规程规范的发展变化。

4）对习题和课程作业、教学参观、生产实习等实践性环节予以足够的重视，并通过课程设计进行综合训练以提高应用能力。

5. 土木工程施工的发展

我国是一个历史悠久和文化发达的国家，在世界科学文化的发展史上，我国人民有过极为卓越的贡献，在建筑及施工技术方面也有巨大的成就。秦砖汉瓦、万里长城、古桥古塔、宫殿王陵……无不体现我国古代劳动人民的智慧和卓越的技术水平。

随着我国的经济发展和大规模建设，近些年来，北京奥运工程、上海世博工程、数量居全球首位的高层超高层建筑等一大批颇具影响的建筑相继落成。大规模的工程建设实践促使我国的施工技术和施工组织水平不断提高。例如，基础埋深达 32.5m、独具特色的国家大剧院，体型及结构新颖的北京大兴机场航站楼，10500t 钢屋盖整体提升一次到位的首都机场 A380 机库，体形独特、用钢量达 12.9 万 t 的中央电视台新办公楼，每 $1m^2$ 用钢量达 0.7t 的国家体育场（“鸟巢”），已建成高度为 632m 的上海中心大厦、599m 高的深圳平安大厦、597m 高的天津 117 大厦、530m 高的广州东塔、528m 高的北京中国尊等高度超过 200m 的摩天大楼 1200 余栋，不但体现了我国的综合实力，也反映了我国的施工技术和组织管理达到了较高的水平。

在交通设施建设方面，到 2020 年底，中国公路总里程达到 520 万 km，五年内增加了 70 万 km。自 1988 年我国首条高速路——京津唐高速路开建至 2020 年底，已建成高速公路的总里程达 16.1 万 km。近十几年来，我国桥梁建设几乎每年都在刷新世界纪录，世界十大拱桥、十大梁桥、十大斜拉桥、十大悬索桥、十大跨海大桥，我国分别占据了半壁江山或一半以上。钢拱桥中重庆朝天门大桥（跨径 552m），梁桥中石板坡长江复线大桥（跨径 330m），斜拉桥中沪苏通长江大桥（跨径 1092m）均在同类桥梁中跨度超群。2017 年 7 月，全长约 55km、桥隧结合的港珠澳跨海大桥主体工程全线贯通，成为世界上最长且技术极为复杂的跨海大桥，其隧道是世界上埋深最大、综合技术难度最高的沉管隧道。我国已成为世界第一桥梁大国。近些年来，我国以地铁为主的城市轨道交通建设也迅猛发展。截至 2022 年 2 月，我国内地共有 51 个城市拥有城市轨道交通，运营线路总长达 8819km，近 6 年来，每年新增运营里程约 800km。

在施工技术方面，我国的建设者们不但掌握了大型工业设施和高层民用建筑的成套施工技术；而且在地基处理和深基础工程方面推广了大直径灌注桩、超长灌注桩及打入桩、旋喷或深层搅拌法、深基坑支护、地下连续墙和逆作法等新技术，在钢筋混凝土工程中采用了新型模板、粗钢筋连接、大体积混凝土浇筑等新技术，在预应力技术、大跨度结构、高耸结构施工和墙体保温、新型防水材料、装饰材料的应用，以及建筑信息模型（BIM）、虚拟仿真技术、计算机控制技术、绿色施工与智能建造等方面都有了长足的进步。

但也应看到，在工程组织管理、施工技术、工程质量、环境保护等方面，我们与世界先进水平还存在差距。随着时代进步，人们的要求与期望在不断发展，需要新一代工程技术与管理者努力地追求和探索。

6. 相关技术标准简介

土木工程施工课程内容涉及数十本规范、规程等技术标准。“施工规范”是由国家建设主管部门颁发的、施工中必须执行的一种重要法规，主要包括施工规范和施工质量验收规范（或标准）两大类。制定该类规范的目的是加强工程的技术管理和统一施工验收标准，以提高施工技术水平、保证工程质量和降低工程成本。

施工规程（规定）是比规范低一个等级的施工标准文件，它一般由各部委、地方行政主管部门、行业协（学）会或重要的科研单位编制，呈报规范的管理单位批准或备案后发布执行。它主要是为了及时推广一些新结构、新材料、新工艺而制定的标准。其内容不能与施工规范相抵触，如有不同，应以规范为准。

“施工规范”的条文按重要性分为“一般性条文”和必须严格执行的“强制性条文”，施工质量验收规范的检查项目按重要程度分为“主控项目”和“一般项目”。在工程设计、施工和竣工验收时均应遵守相应的工程技术规范和施工质量验收规范。随着施工和设计水平的提高，每隔一定时间，规范会有相应的修订。

土木工程不同专业方向的规范有一定差异，使用时应注意其适用范围。由于我国幅员辽阔，地质及环境有较大差异，在使用国家规范时还应结合当地的地方规程、规定。

2016 年以来，为了适应国际技术法规与技术标准通行规则，住建部提出“政府制定强制性标准、社会团体制定自愿采用性标准”的工程建设标准化工作改革，将逐步形成覆盖工程建设领域各类建设工程项目的强制性工程建设规范体系，现已取得较大进展。

强制性工程建设规范包括工程项目类规范（简称项目规范）和通用技术类规范（简称通用规范）。项目规范是以工程建设项目整体为对象，以项目的规模、布局、功能、性能和关键技术措施等五大要素为主要内容。通用规范是以实现工程建设项目功能、性能要求的各专业通用技术为对象，以勘察、设计、施工、维修、养护等通用技术要求为主要内容，如已制定出的 GB 55003—2021《建筑与市政地基基础通用规范》、GB 55007—2021《砌体结构通用规范》、GB 55008—2021《混凝土结构通用规范》、GB 55031—2022《民用建筑通用规范》、GB 55023—2022《施工脚手架通用规范》等。

强制性工程建设规范实施后，现行相关工程建设国家标准、行业标准中的强制性条文同时废止。现行工程建设地方标准中的强制性条文应及时修订，且不得低于强制性工程建设规范的规定。现行工程建设标准（包括强制性标准和推荐性标准）中有关规定与强制性工程建设规范的规定不一致的，以强制性工程建设规范的规定为准。

第1章

土方工程

学习目标

了解土方工程的主要内容与施工特点，掌握土的工程性质；熟悉边坡稳定的条件、影响因素，掌握边坡稳定及支护的方法与适用条件；了解施工降排水的主要原理及意义，掌握主要方法及适用范围；了解常用土方施工机械作业特点及适用范围，掌握基坑开挖、土方填筑的方法与要求。

土方工程是建筑、道路、桥梁、水利、地下工程等各种土木工程施工的首项工程。土方工程的主要内容包括平整、开挖、填筑等主要分项工程和稳定土壁、控制地下水等辅助性分项工程。土方工程往往工程量大、劳动繁重、施工条件复杂、不确定因素多、危险性较大，因此在施工前必须做好调查研究，选择合适的施工时期，制订合理的施工方案和采用可靠的措施，并选用先进的施工方法和机械，以保证工程的质量与安全，获得较好的效益。

1.1 概述

1.1.1 土方工程的特点与施工要求

1. 土方工程的特点

1）面广量大。某些大型工矿企业或机场的场地平整可达数十平方千米，大型基坑开挖土方量可达数百万立方米，路基、堤坝及地下工程施工中土方量更大。

2）工作强度大。一般土的密度为1.5~2.5t/m^3，挖掘及运输强度大。石方或冻土坚硬，开挖难度大。

3）施工条件复杂。施工多为露天作业，土的成分较为复杂，地下情况难以确切掌握。因此，施工中直接受到地区、气候、水文和地质等条件及周围环境的影响。

4）危险性大。施工中易产生溜滑、坍塌、冒水、沉陷等事故。

2. 土方工程的施工要求

1）尽可能采用机械化施工，以降低劳动强度、缩短工期。

2）要合理安排施工计划，尽量避开冬、雨期施工，否则应做好相应的准备工作。

3）统筹安排，合理调配土方，降低施工费用，减少运输量和占用农田。

4）在施工前要做好调查研究，了解土的种类，施工地区的地形、地质、水文、气象资料，工程性质、工期和质量要求，拟定合理的施工方案和技术措施，以保证工程质量和安全，加快施工进度。

1.1.2 土的工程分类及性质

1. 土的工程分类

土石的分类方法较多，按土的粒径大小分为岩石、碎石土、砂土、粉土、黏性土五种，按施工开挖的难易程度分为八类，见表 1-1。表中前四类为一般土，后四类为岩石。岩石常需爆破开挖。

表 1-1 土石的工程分类与有关性质

类别	土的名称	开挖方法	密度/(t/m³)	可松性系数	
				K_s	K'_s
一类土（松软土）	砂，粉土，冲积砂土层，种植土，泥炭（淤泥）	用锹、锄头挖掘	0.6~1.5	1.08~1.17	1.01~1.04
二类土（普通土）	粉质黏土，潮湿的黄土，夹有碎石、卵石的砂，种植土，填筑土和粉土	用锹、锄头挖掘，少许用镐翻松	1.1~1.6	1.14~1.28	1.02~1.05
三类土（坚土）	软及中等密实黏土，重粉质黏土，粗砾石，干黄土及含碎石、卵石的黄土、粉质黏土、压实的填土	主要用镐，少许用锹、锄头，部分用撬棍	1.75~1.9	1.24~1.30	1.04~1.07
四类土（砂砾坚土）	重黏土及含碎石、卵石的黏土，粗卵石，密实的黄土，天然级配砂石，软泥灰岩及蛋白石	主要用镐、撬棍，部分用楔子及大锤	1.9	1.26~1.37	1.06~1.09
五类土（软石）	硬石炭纪黏土，中等密实的页岩、泥灰岩、白垩土，胶结不紧的砾岩，软的石灰岩	用镐或撬棍、大锤，部分用爆破方法	1.1~2.7	1.30~1.45	1.10~1.20
六类土（次坚石）	泥岩，砂岩，砾岩，坚实的页岩、泥灰岩，密实的石灰岩，风化花岗岩、片麻岩	用爆破方法，部分用风镐	2.2~2.9	1.30~1.45	1.10~1.20
七类土（坚石）	大理岩，辉绿岩，玢岩，粗、中粒花岗岩，坚实的白云岩、砾岩、砂岩、片麻岩、石灰岩，风化痕迹的安山岩、玄武岩	用爆破方法	2.5~3.1	1.30~1.45	1.10~1.20
八类土（特坚石）	安山岩，玄武岩，花岗片麻岩，坚实的细粒花岗岩、闪长岩、石英岩、辉长岩、辉绿岩、玢岩、角闪岩	用爆破方法	2.7~3.3	1.45~1.50	1.20~1.30

2. 土的工程性质

土的工程性质有多种，其中对施工影响较大的是土的质量密度、含水率、渗透性和可松性等。

（1）土的质量密度　土的质量密度分天然密度和干密度。土的天然密度，是指在天然状态下单位体积的质量，用 ρ 表示；土的干密度，是指单位体积土中固体颗粒的质量，用 ρ_d 表示；它是检验填土压实质量的控制指标。

（2）土的含水率　土的含水率 ω 是指土中所含的水与其固体颗粒的质量比，以百分数表示。

$$\omega=\frac{m_{湿}-m_{干}}{m_{干}}\times100\% \tag{1-1}$$

式中　$m_{湿}$、$m_{干}$——含水状态和烘干后土的质量。

工程中常考虑的含水率包括天然含水率和最佳含水率。最佳含水率是指在压实填土时能够获得最大密实度的含水率。

土的含水率影响土方的施工方法选择、边坡的稳定和回填土的质量，当土的含水率超过25%~30%时，机械化施工就难以进行；当含水率超过20%时，运土汽车就容易打滑、陷车。在填土时，对土的含水率要控制在最佳范围内，如砂土为8%~12%，黏土为19%~23%。

（3）土的渗透性　它是指土体中水可以渗流的性能，一般以渗透系数 K 表示。从达西地下水流动速度公式 $v=KI$ 可以看出渗透系数 K 的物理意义，即当水力梯度 I（如图 1-1 所示，水头差 Δh 与渗流距离 L 之比）为 1 时地下水的渗流速度。K 值大小反映了土渗透性的强弱，它与土质紧密相关。例如，黏土的渗透系数小于 0.005m/d，粉土为 0.1~1.0m/d，细砂为 1~

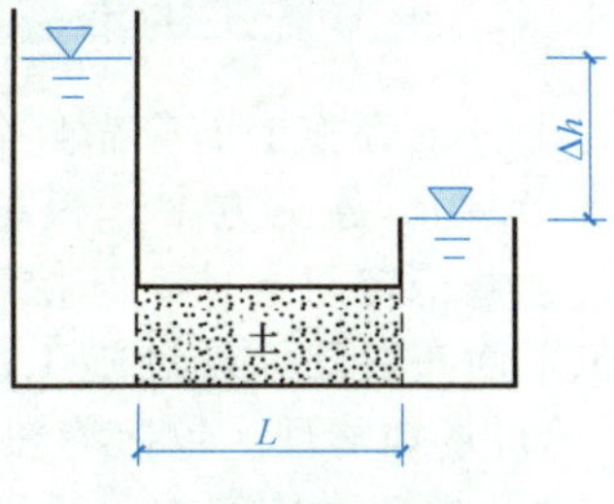

图 1-1　水力梯度示意图

10m/d，中砂为5~25m/d，粗砂为20~50m/d，而砾石则为100~200m/d。

土层的渗透系数对确定降水方案和计算涌水量，以及确定填土铺填顺序等具有重要意义。

（4）土的可松性　土具有可松性，即处于自然状态下的土经开挖后，其体积因松散而增加，以后虽经回填压实，仍不能恢复其原来的体积。土的可松性程度用可松性系数表示，即

$$K_s=\frac{V_2}{V_1};\quad K_s'=\frac{V_3}{V_1} \tag{1-2}$$

式中　K_s——最初可松性系数（1.08~1.50）；

K_s'——最终可松性系数（1.01~1.30）；

V_1——土在天然状态下的体积；

V_2——土经开挖后的松散体积；

V_3——土经填筑压实后的体积。

土的可松性对土方量的平衡、调配，确定运土机具数量和堆场面积，以及计算填方所需的挖土、预留土量均有重要意义。土的可松性与土质及其密实程度有关，见表1-1。

【例1-1】 某条形基础施工，基槽开挖深度为1.5m，槽底宽为2.0m，边坡坡度为1∶0.3（图1-2）。地基为粉土，$K_s=1.20$，$K_s'=1.05$。槽内基础截面面积为$1.3m^2$。计算100m长的基槽挖方量、需留填方用松土量和弃土量。

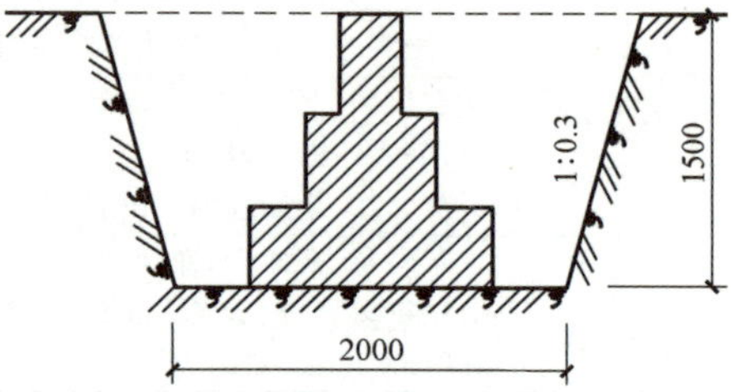

图1-2　某基槽与基础剖面图

解：挖方量 $V_1=\frac{2.0+(2.0+2\times1.5\times0.3)}{2}\times1.5\times100m^3=367.5m^3$

填方量 $V_3=367.5m^3-1.3\times100m^3=237.5m^3$

填方需留松土体积 $V_{2留}=\frac{V_3}{K_s'}K_s=\frac{237.5\times1.20}{1.05}m^3=243.7m^3$

弃土量（松散） $V_{2弃}=V_1K_s-V_{2留}=367.5\times1.20m^3-243.7m^3=123.8m^3$

1.1.3　土方边坡坡度

为使土体稳定，土方开挖或填筑的边缘常需保留一定的斜面，称土方边坡。边坡的常用形式如图1-3所示，边坡坡度通常采用1∶m表示，即

$$土方边坡坡度=\frac{H}{B}=\frac{1}{B/H}=1:m \tag{1-3}$$

式中　m——坡度系数，$m=B/H$。

土方边坡坡度的确定要合理，以满足安全和经济方面的要求。施工时，若边坡太陡，易造成土体失稳而发生滑坡或塌方事故；边坡太缓，将过多占用场地且使工程量增加。

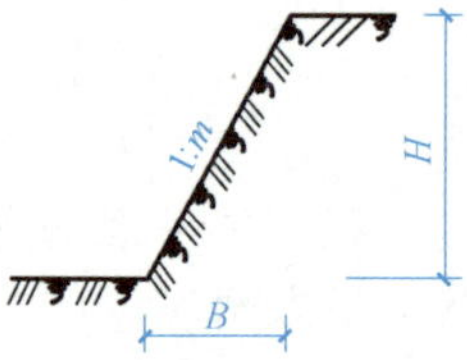

图1-3　边坡坡度示意

1.1.4　土方施工的准备工作

土方工程施工前应做好各种准备工作，主要包括：

1）制订施工方案。根据勘察文件、工程特点及现场条件等，确定场地平整、地下水控制、土壁稳定与支护、开挖顺序与方法、土方调配与存放、回填时间与方法的方案，并绘制施工平面布置图，编制施工进度计划等。

2）场地清理。包括清理地面及地下各种障碍。例如，拆除旧房，拆除或改建通信、电力设备、地下管线及构筑物，迁移树木，做好古墓及文物的保护或处理，清除耕植土及河塘淤泥等。

3）排除地面水。场地内低洼地区的积水必须排除，同时应注意雨水的排除，使场地保持干燥，以利于土方施工。一般采用排水沟排水，必要时还需设置截水沟、挡水土坝等防洪设施。

4）修筑好临时道路及供水、供电等临时设施。

5）做好材料、机具、物资及人员的准备工作。

6）设置测量控制网，打设方格网控制桩，进行建筑物、构筑物的定位放线等。

7）根据土方施工设计做好边坡稳定、基坑（槽）支护、控制地下水位等辅助工作。

1.2　土方计算与调配

土方工程施工之前，必须进行土方工程量计算。但施工的土体一般比较复杂，几何形状不规则，要做到精确计算比较困难。工程施工中，往往采用具有一定精度的近似的方法进行计算。

1.2.1　基坑、基槽和路堤的土方量计算

当基坑上口与下底两个面平行时（图 1-4），其土方量可按拟柱体的体积公式计算。

$$V=\frac{H}{6}(F_1+4F_0+F_2) \tag{1-4}$$

式中　H——基坑深度（m）；

F_1、F_2——基坑上、下底面面积（m^2）；

F_0——F_1 与 F_2 之间的中截面面积（m^2）。

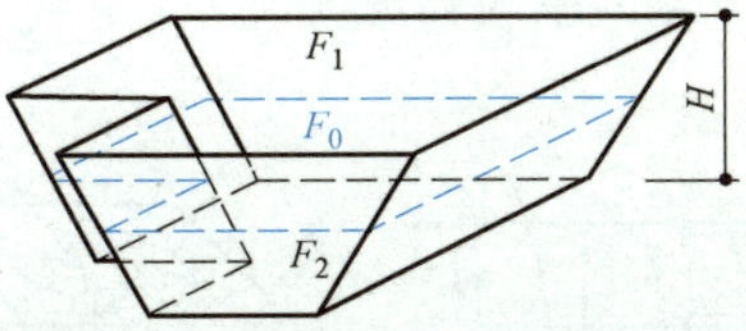

图 1-4　基坑土方量计算

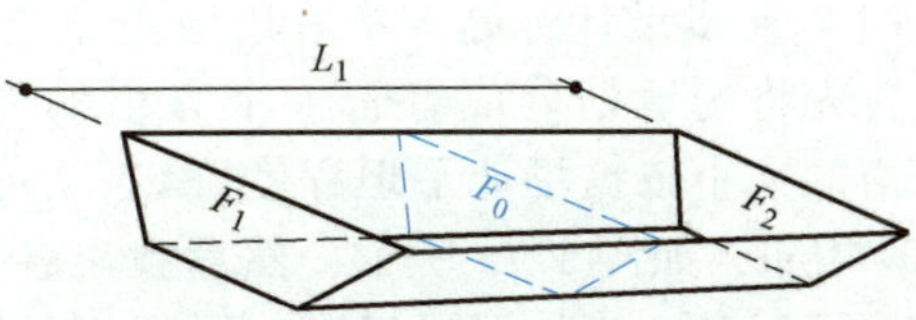

图 1-5　基槽土方量计算

当基槽和路堤沿长度方向断面呈连续性变化时（图 1-5），其土方量可用上述方法分段计算，再将各段土方量相加，即得总土方量。

$$V_1=\frac{L_1}{6}(F_1+4F_0+F_2) \tag{1-5}$$

式中　V_1——第一段的土方量（m^3）；

L_1——第一段的长度（m）。

【例 1-2】　某基坑坑底平面尺寸如图 1-6 所示，坑深 5.5m，四边均按 1∶0.4 的坡度放坡，土的可松性系数 $K_s=1.30$，$K_s'=1.12$，坑深范围内箱形基础的体积为 2000m^3。试求：基坑开挖的土方量和需预留回填土的松散体积。

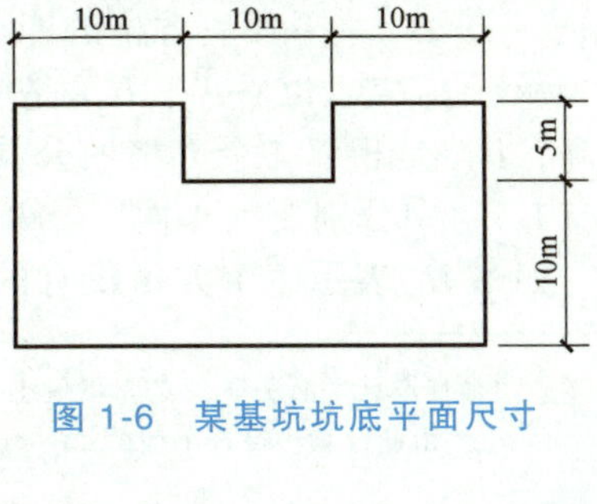

图 1-6　某基坑坑底平面尺寸

解：

(1) 基坑开挖土方量

由题知，该基坑每侧边坡放坡宽度 $=5.5\text{m}\times0.4=2.2\text{m}$

坑底面积 $F_1=30\text{m}\times15\text{m}-10\text{m}\times5\text{m}=400\text{m}^2$

坑口面积 $F_2=(30\text{m}+2\times2.2\text{m})\times(15\text{m}+2\times2.2\text{m})-$

$(10m-2\times2.2m)\times5m=639.4m^2$

基坑中截面面积 $F_0=(30m+2\times1.1m)\times(15m+2\times1.1m)-(10m-2\times1.1m)\times5m=514.8m^2$

基坑开挖土方量

$$V=\frac{H(F_1+4F_0+F_2)}{6}=\frac{5.5m\times(400m^2+4\times514.8m^2+639.4m^2)}{6}=2840m^3$$

（2）需回填夯实土的体积

$$V_3=2840m^3-2000m^3=840m^3$$

（3）需留回填松土体积

$$V_2=\frac{V_3K_s}{K_s'}=\frac{840m^3\times1.3}{1.12}=975m^3$$

1.2.2 场地平整标高与土方量

场地平整前，要先确定场地的设计标高，计算挖方和填方的工程量，然后确定挖方和填方的平衡调配方案，最后选择土方机械、拟定施工方案。

对较大面积的场地平整，设计标高具有重要意义。选择设计标高时应遵循以下原则：要满足生产工艺和运输的要求；尽量利用地形，以减少挖填方数量；争取场地内挖填方平衡，使土方运输费用最少；要有一定泄水坡度，满足排水要求。

场地设计标高一般应在设计文件上规定。若未规定时，对中小型场地可采用“挖填平衡法”确定；对大型场地宜作竖向规划设计，采用“最佳设计平面法”[⊖]确定。下面主要介绍“挖填平衡法”的原理和步骤。

1. 确定场地设计标高

（1）初步设计标高　本着场地内总挖方量等于总填方量的原则确定。

首先将场地划分成有若干个方格的方格网，其每格的大小依据场地平坦程度确定，一般边长为10~40m，如图1-7a所示，然后找出各方格角点的地面标高。当地形平坦时，可根据地形图上相邻两等高线的标高，用插入法求得。当地形起伏或无地形图时，可用仪器测出。

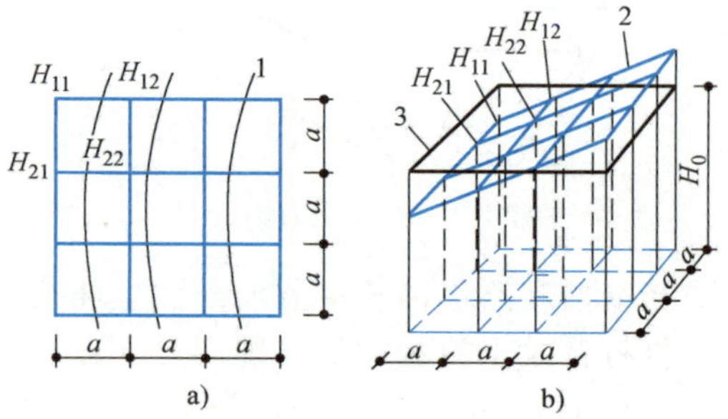

图1-7　场地设计标高 H_0 计算示意图

a）方格网划分　b）场地设计标高示意图

1—等高线　2—自然地面　3—场地设计标高平面

按照挖填方平衡的原则，如图1-7b所示，场地设计标高即各个方格平均标高的平均值，可按下式计算

$$H_0=\frac{\sum(H_{11}+H_{12}+H_{21}+H_{22})}{4N} \quad (1-6)$$

式中　H_0——所计算的场地设计标高（m）；

N——方格数量；

H_{11}，…，H_{22}——任一方格的四个角点的标高（m）。

从图1-7a可以看出，H_{11} 是1个方格的角点标高，H_{12} 及 H_{21} 是相邻2个方格的公共角点标高，H_{22} 是相邻4个方格的公共角点标高。如果将所有方格的四个角点全部相加，则它们在式（1-5）中分别要加1次、2次、4次。

如令 H_1 表示1个方格仅有的角点标高，H_2 表示2个方格共有的角点标高，H_3 表示3个

⊖ “最佳设计平面法”就是应用最小二乘法的原理，将场地划分成方格网，使场地内方格网各角点施工高的平方和最小，由此计算出设计平面。

方格共有的角点标高，H_4 表示 4 个方格共有的角点标高，则场地设计标高 H_0 可改写成

$$H_0=\frac{\sum H_1+2\sum H_2+3\sum H_3+4\sum H_4}{4N} \tag{1-7}$$

（2）场地设计标高的调整　按上述计算的标高进行场地平整时，场地将是一个水平面。但实际上场地均需有一定的泄水坡度。因此，需根据排水要求，确定出各方格角点实际的设计标高。

1）单向泄水时各方格角点的设计标高。如图 1-8a 所示，当场地只向一个方向泄水时，应以计算出的设计标高 H_0（或调整后的设计标高 H_0'）作为场地中心线的标高，场地内任一点的设计标高为

$$H_n=H_0\pm li \tag{1-8}$$

式中　H_n——场地内任意一方格角点的设计标高（m）；

l——该方格角点至场地中心线的距离（m）；

i——场地泄水坡度（一般不小于 0.2%）；

±——该点比 H_0 高则用“+”，反之用“-”。

例如，图 1-8a 中角点 10 的设计标高为

$$H_{10}=H_0-0.5ai$$

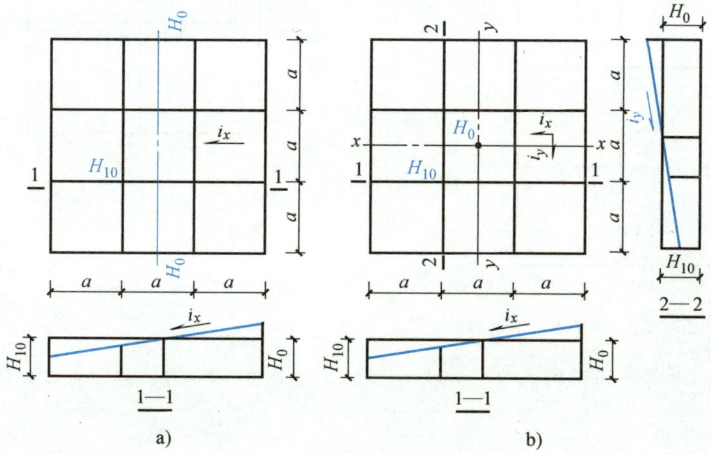

图 1-8　场地泄水坡度示意图

a）单向泄水　b）双向泄水

2）双向泄水时各方格角点的设计标高。如图 1-8b 所示，当场地向两个方向泄水时，应以计算出的设计标高 H_0（或调整后的标高 H_0'作为场地中心点的标高，场地内任意一点的设计标高为

$$H_n=H_0\pm l_x i_x\pm l_y i_y \tag{1-9}$$

式中　l_x，l_y——该点于 x-x，y-y 方向上距场地中心点的距离；

i_x，i_y——场地在 x-x，y-y 方向上的泄水坡度。

例如，图 1-8b 中角点 10 的设计标高为

$$H_{10}=H_0-0.5ai_x-0.5ai_y$$

【例 1-3】　某建筑场地方格网、自然地面标高如图 1-9 所示，方格边长 $a=20$m。泄水坡度 $i_x=2‰$，$i_y=3‰$，不考虑土的可松性及其他影响，试确定方格各角点的设计标高。

解：

（1）初算设计标高

$H_0=(\Sigma H_1+2\ \Sigma H_2+3\ \Sigma H_3+4\ \Sigma H_4)/(4N)$

$=[70.09+71.43+69.10+70.70+2\times(70.40+70.95+69.71+71.22+69.37+70.95+$

69.62+70.20)+4×(70.17+70.70+69.81+70.38)]m÷(4×9)=70.29m

（2）调整设计标高

$$H_n = H_0 \pm l_x i_x \pm l_y i_y$$

$$H_1 = (70.29-30\times2‰+30\times3‰)\text{m} = 70.32\text{m}$$

$$H_2 = (70.29-10\times2‰+30\times3‰)\text{m} = 70.36\text{m}$$

$$H_3 = (70.29+10\times2‰+30\times3‰)\text{m} = 70.40\text{m}$$

其他如图 1-10 所示。

除考虑排水坡度外，由于土具有可松性，填土会有剩余，也需相应地提高设计标高。场内挖方和填土，以及就近借、弃土，均会引起场地挖或填方量的变化，必要时也需调整设计标高。

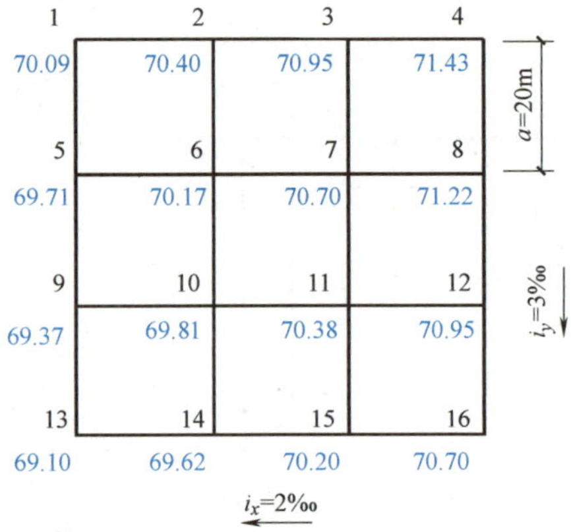

图 1-9 某场地方格网

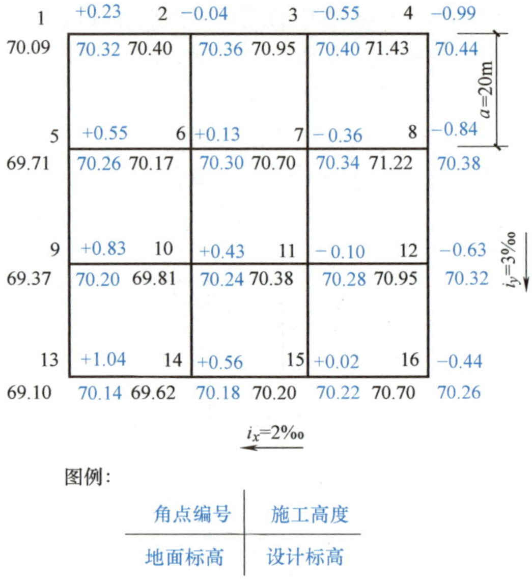

图 1-10 方格网角点设计标高及施工高度

2. 场地土方量计算

场地平整土方量的计算方法通常有方格网法和断面法两种。方格网法适用于地形较为平坦、面积较大的场地，断面法多用于地形起伏变化较大的地区。

用方格网法计算时，首先根据每个方格角点的自然地面标高和实际采用的设计标高，算出相应的角点填挖高度；然后计算每一个方格的土方量，并算出场地边坡的土方量，这样即可得到整个场地的挖方量、填方量。其具体步骤如下：

（1）计算场地各方格角点的施工高度 各方格角点的施工高度，即挖、填方高度

$$h_n = H_n - H_n' \tag{1-10}$$

式中 h_n——该角点的挖、填方高度，以“+”为填方高度，以“−”为挖方高度（m）；

H_n——该角点的设计标高（m）；

H_n'——该角点的自然地面标高（m）。

（2）绘出“零线” 零线是场地平整时，施工高度为“0”的线，是挖、填的分界线。确定零线时，要先找到方格线上的零点。零点是在相邻两角点施工高度分别为“+”“−”的格线上，是两角点之间挖填方的分界点。方格线上的零点位置如图 1-11 所示，可按下式计算

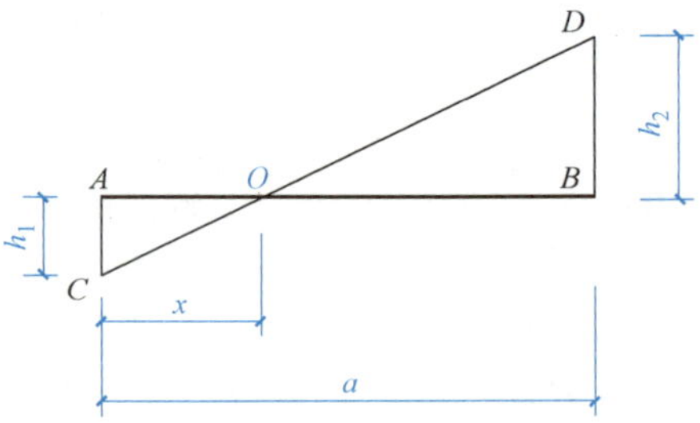

图 1-11 零点位置计算

$$x=\frac{ah_1}{h_1+h_2} \tag{1-11}$$

式中 h_1、h_2——相邻两角点挖、填方施工高度，以绝对值代入；

a——方格边长；

x——零点距角点 A 的距离。

参考实际地形，将方格网中各相邻零点连接起来，即为零线。零线绘出后，也就划分出了场地的挖方区和填方区。

（3）场地土方量计算 计算场地土方量时，先求出各方格的挖、填土方量和场地周围边坡的挖、填土方量，把挖、填土方量分别加起来，就得到场地挖方及填方的总土方量。下面以四方棱柱体法为例进行介绍。

1）全挖全填格。如图 1-12 所示，方格四个角点全部为挖方（或填方），其挖方或填方的土方量为

$$V=\frac{a^2}{4}(h_1+h_2+h_3+h_4) \tag{1-12}$$

式中 V——挖方或填方的土方量（m^3）；

h_1、h_2、h_3、h_4——方格四个角点的挖填高度，以绝对值代入（m）。

2）部分挖部分填格。如图 1-13 和图 1-14 所示，当方格的四个角点中，有的为挖方、有的为填方时，该方格的挖方量或填方量为

$$V_{挖}=\frac{a^2}{4}\cdot\frac{(\sum h_{挖})^2}{\sum h} \tag{1-13}$$

$$V_{填}=\frac{a^2}{4}\cdot\frac{(\sum h_{填})^2}{\sum h} \tag{1-14}$$

式中 $V_{挖}$、$V_{填}$——挖方、填方的土方量（m^3）；

$\sum h_{挖}$、$\sum h_{填}$——挖方、填方各角点的施工高度之和（m）；

$\sum h$——方格四个角点的施工高度绝对值之和（m）。

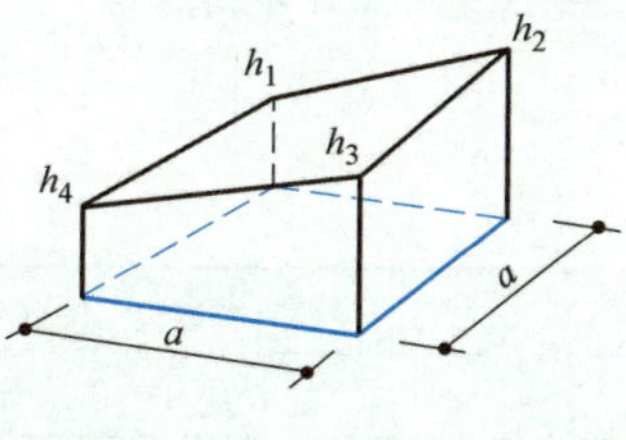

图 1-12 全挖（全填）格

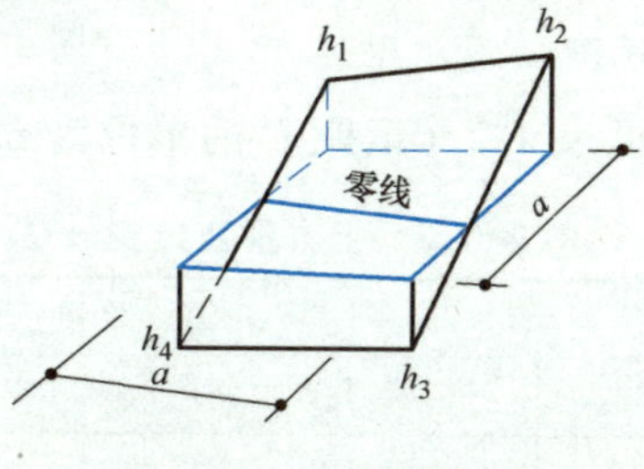

图 1-13 两挖两填格

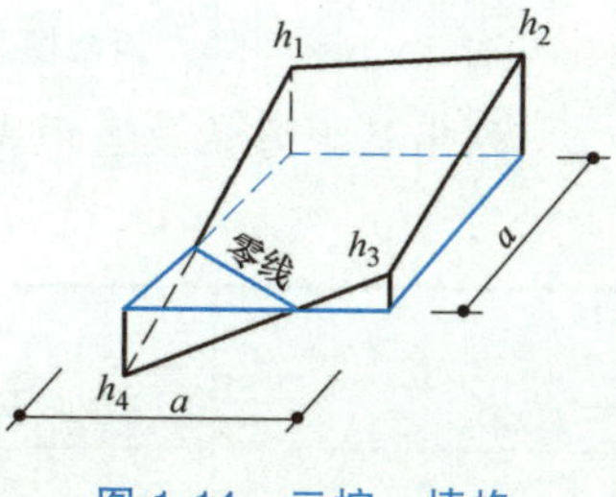

图 1-14 三挖一填格

1.2.3 土方调配与优化

土方调配与优化是大型土方工程施工设计的一个重要内容，其目的是在使土方总运输量（$m^3\cdot m$）最小或土方运输成本最低的条件下，确定填挖方区土方的调配方向和数量，从而缩短工期和降低成本。土方调配与优化的步骤如下：

1. 划分土方调配区，计算平均运距或土方施工单价

（1）调配区的划分 进行土方调配时，首先要划分调配区。划分调配区应注意下列几点：

1）调配区的划分应该与工程建（构）筑物的平面位置相协调，并考虑它们的开工顺序、分期施工的要求，使近期施工与后期利用相协调。

2）调配区的大小应该满足土方施工主导机械（如铲运机、推土机等）的技术要求。

3）调配区的范围应该和方格网协调，通常可由若干个方格组成一个调配区。

4）有就近取土或弃土时，则每个取土区或弃土区均作为一个独立的调配区。

5）调配区划分还应尽量与大型地下建筑物的施工相结合，避免土方重复开挖。

某场地调配区划分如图 1-15 所示。

（2）平均运距的确定　平均运距一般是指挖方区土方重心至填方区土方重心的距离。当填、挖方调配区之间距离较远，采用汽车等运土工具沿工地道路或规定线路运土时，其运距应按实际情况进行计算。

（3）土方施工单价的确定　如果采用汽车或其他专用运土工具运土时，调配区之间的运土单价，可根据预算定额确定。当采用多种机械施工时，需考虑运、填配套机械的施工单价，确定一个综合单价。

2. 最优调配方案的确定

确定最优调配方案，是以线性规划为理论基础，常用“表上作业法”求解。现结合图 1-16 介绍。

已知某场地有四个挖方区和三个填方区，各区的挖填土方量和各调配区之间的运距如图 1-16 所示。

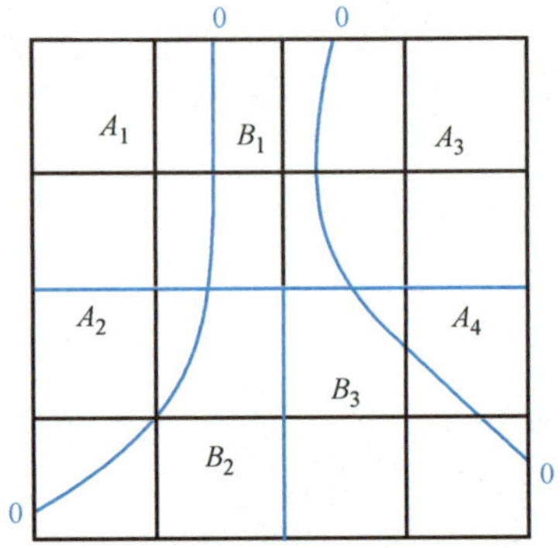

图 1-15　调配区划分示例

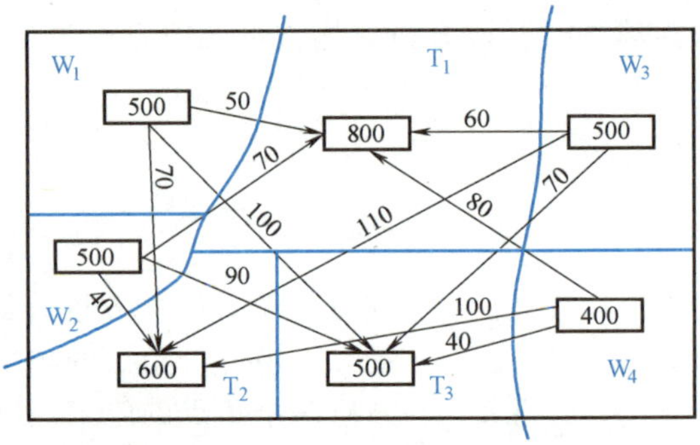

图 1-16　各调配区土方量和平均运距

列出其土方量及运距表，见表 1-2（运距 C 的单位为 m）。

表 1-2　土方量及运距（C）

挖	填			
	T_1	T_2	T_3	挖方量/m^3
W_1	50	70	100	500
W_2	70	40	90	500
W_3	60	110	70	500
W_4	80	100	40	400
填方量/m^3	800	600	500	1900

利用“表上作业法”进行调配的步骤如下：

（1）编制初始调配方案　采用“最小元素法”进行就近调配，即先在运距表中找一个最小数值，如 $C_{22}=C_{43}=40$（任取其中一个，现取 C_{22}），先确定 X_{22} 的值，使其尽可能的大，即将 W_2 挖方区的土方全部调到 T_2 填方区，所以 X_{21} 和 X_{23} 都等于零。此时，将 500 填入 X_{22} 格内，同时将 X_{21}、X_{23} 格内画上一个“×”号。然后在没有填上数字和“×”号的方格内再选一个运距最小的方格，即 $C_{43}=40$，便可确定 $X_{43}=400$，同时使 $X_{41}=X_{42}=0$。此时，又将 400 填入 X_{43} 格内，并在 X_{41}、X_{42} 格内画上“×”号。重复上述步骤，依次确定其余 X_{ij} 的数值，最后得出表 1-3 所示的初始调配方案。

表 1-3 土方初始调配方案

挖	填			
	T_1	T_2	T_3	挖方量
W_1	500 [50]	× [70]	× [100]	500
W_2	× [70]	500 [40]	× [90]	500
W_3	300 [60]	100 [110]	100 [70]	500
W_4	× [80]	× [100]	400 [40]	400
填方量	800	600	500	1900

土方的总运输量为

$$Z_0=(500\times50+500\times40+300\times60+100\times110+100\times70+400\times40)\text{m}^3\cdot\text{m}=97000\text{m}^3\cdot\text{m}$$

（2）最优方案判别 利用“最小元素法”编制初始调配方案，其总运输量是较小的，但不一定是总运输量最小。因此，还需判别它是否为最优方案。判别的方法有“闭回路法”和“位势法”，其实质相同，都是用检验数 λ_{ij} 来判别。只要所有的检验数 $\lambda_{ij}\geqslant0$，则该方案即为最优方案；否则，不是最优方案，尚需进行调整。

为了使线性方程有解，要求初始方案中调动的土方量要填够 $m+n-1$ 个格（m 为行数，n 为列数），不足时可在任意格中补“0”。

例如，表 1-3 中已填 6 个格，而 $m+n-1=3+4-1=6$，满足要求。

下面介绍用“位势法”求检验数：

1）求位势 U_i 和 V_j。位势和就是在运距表的行或列中用运距（或单价）C_{ij} 同时减去的数，目的是使有调配数字的格的检验数 λ_{ij} 为零，而对调配方案的选取没有影响。

计算方法：将初始方案中有调配数方格的 C_{ij} 列出，然后按下式求出两组位势数 U_i（$i=1, 2, \cdots, m$）和 V_j（$j=1, 2, \cdots, n$）。

$$C_{ij}=U_i+V_j \tag{1-15}$$

式中 C_{ij}——平均运距（或单位土方运价或施工费用）；

U_i、V_j——位势数。

例如，本例两组位势数计算：

设 $U_1=0$，则 $V_1=C_{11}-U_1=50-0=50$；$U_3=C_{31}-V_1=60-50=10$；$V_2=110-10=100$；…，见表 1-4。

表 1-4 位势数计算

挖＼填	位势数	T_1	T_2	T_3
位势数	U_i＼V_j	$V_1=50$	$V_2=100$	$V_3=60$
W_1	$U_1=0$	500 [50]	[70]	[100]
W_2	$U_2=-60$	[70]	500 [40]	[90]
W_3	$U_3=10$	300 [60]	100 [110]	100 [70]
W_4	$U_4=-20$	[80]	[100]	400 [40]

2）求检验数 λ_{ij}。位势数求出后，便可根据下式计算各空格的检验数

$$\lambda_{ij}=C_{ij}-U_i-V_j \tag{1-16}$$

$\lambda_{11}=50-0-50=0$（有土方格的检验数必为零，其他不再计算）

空格的检验数

$$\lambda_{12}=70-0-100=-30,\ \lambda_{13}=100-0-60=40,\ \lambda_{21}=70-(-60)-50=80$$

各格的检验数见表 1-5。

表 1-5　求检验数

填 / 挖	位势数	T_1	T_2	T_3
位势数	V_j / U_i	$V_1=50$	$V_2=100$	$V_3=60$
W_1	$U_1=0$	0	-30 $\boxed{70}$	$+40$ $\boxed{100}$
W_2	$U_2=-60$	$+80$ $\boxed{70}$	0	$+90$ $\boxed{90}$
W_3	$U_3=10$	0	0	0
W_4	$U_4=-20$	$+50$ $\boxed{80}$	$+20$ $\boxed{100}$	0

表中，λ_{12} 为“-”值，故初始方案不是最优方案，应对其进行调整。

（3）方案的调整

1）在所有负检验数中选取最小的一个（本例中为 C_{12}），把它所对应的变量 X_{12} 作为调整的对象。

2）找出 X_{12} 的闭回路：从 X_{12} 出发，沿水平或竖直方向前进，遇到调配土方数字的格则可以做 90°转弯，然后依次继续前进，直至回到出发点，形成一条闭回路，见表 1-6。

3）从空格 X_{12} 出发，沿着闭回路方向，在各奇数次转角点的数字中，挑出一个最小的土方量（本表即在 500、100 中选 100），将它调到空格中（即由 X_{32} 调到 X_{12} 中）。

4）将闭回路上其他奇数次转角上的数字都减去该调动值（$100m^3$），偶次转角上数字都增加该调动值，使得填、挖方区的土方量仍然保持平衡，这样调整后，便得到了新的调配方案，见表 1-7 中括号内数字。

表 1-6　找 X_{12} 的闭回路

挖	填		
	T_1	T_2	T_3
W_1	500	X_{12}	
W_2		500	
W_3	300	100	100
W_4			400

表 1-7　方案调整

挖	填		
	T_1	T_2	T_3
W_1	(400) 500	(100) X_{12}	
W_2		500	
W_3	300 (400)	100 (0)	100
W_4			400

对新调配方案，再用“位势法”进行检验，看其是否为最优方案。若检验数中仍有负数出现，则仍按上述步骤调整，直到求得最优方案为止。

表 1-8 中所有检验数均不小于零，故该方案即为最优方案。其土方的总运输量为

$$Z=(400\times50+100\times70+500\times40+400\times60+100\times70+400\times40)m^3\cdot m=94000m^3\cdot m$$

较初始方案 $Z_0=97000\text{m}^3\cdot\text{m}$ 减少了 $3000\text{m}^3\cdot\text{m}$。

表 1-8 位势数及检验数计算

挖＼填	位势数	T_1		T_2		T_3	
位势数	U_i＼V_j	$V_1=50$		$V_2=70$		$V_3=60$	
W_1	$U_1=0$	0	50	0	70	+40	100
W_2	$U_2=-30$	+50	70	0	40	+60	90
W_3	$U_3=10$	0	60	+30	110	0	70
W_4	$U_4=-20$	+50	80	+50	100	0	40

值得注意的是，土方调配最优方案不一定是唯一的，它们在调配区或调配土方量等方面可能不同，但其目标函数 Z 都是相等的。最优方案越多，提供的选择余地就越大。当土方调配区数量较多时，使用“表上作业法”工作量较大，应采用计算机程序进行优化。

（4）绘制土方调配图　根据调配方案，将土方调配方向、数量以及每对挖填调配区之间的平均运距，在土方调配图上标明，如图 1-17 所示。

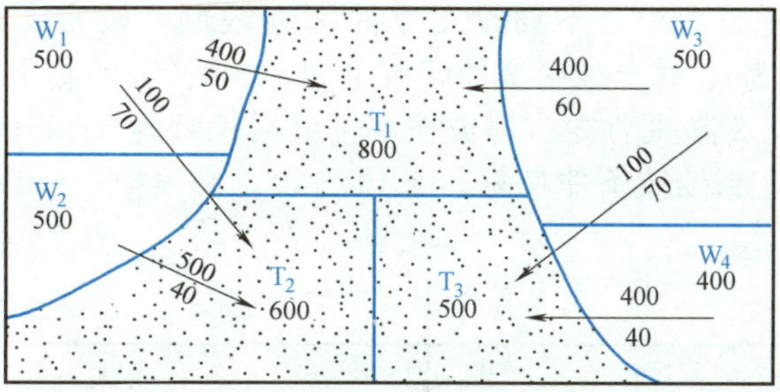

图 1-17　土方调配图

注：箭线上方为土方量（m^3），箭线下方为平均运距（m）。

1.3　土方边坡与基坑支护

保证土壁稳定是土方工程的关键。土壁稳定主要是依靠土体内颗粒间的内摩擦力和黏聚力所构成的剪力 C 来平衡外荷载 P、q 及土体重力 G 所产生的下滑力 T（见图 1-18）。在外力作用下，土体若失去平衡，土壁就会坍塌或滑坡，不仅妨碍土方及基础、地下结构的施工，还可能危及附近建筑物、道路及地下管线的安全，甚至造成伤亡事故。为了保证土体稳定，对一定高度的土壁常要保留一定的斜面，这个斜面称为土方边坡。当地质条件较差或周围环境限制而不放坡时，则应设置支护结构。

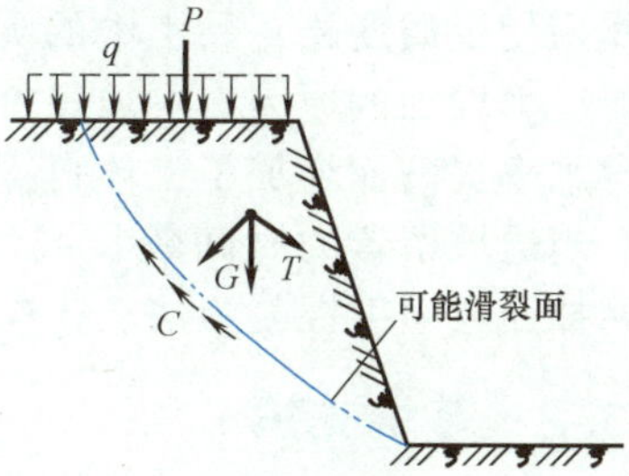

图 1-18　边坡稳定条件示意图

1.3.1　土方边坡

1. 边坡稳定条件及其影响因素

边坡稳定条件是在土体的重力及外部荷载作用下所产生的剪力小于土体的抗剪强度（见图 1-18），即 $T<C$。土体的下滑力 T，主要由下滑土体重力的分力构成，它受坡上荷载、含水率、静水及动水压力的影响。而土体的剪力 C，主要由土质决定，受气候、含水率及动水压力的影响。因此，在确定土方边坡坡度时应考虑土质、挖方深度或填方高度、边坡留置时间、排水情况、边坡上的荷载情况以及土方施工方法等因素。

2. 放坡与护面

（1）边坡形式　土方边坡的常用形式如图 1-3 所示。当土层类别不同或考虑施工需要，边坡也可做成折线形或台阶形，如图 1-19 所示。

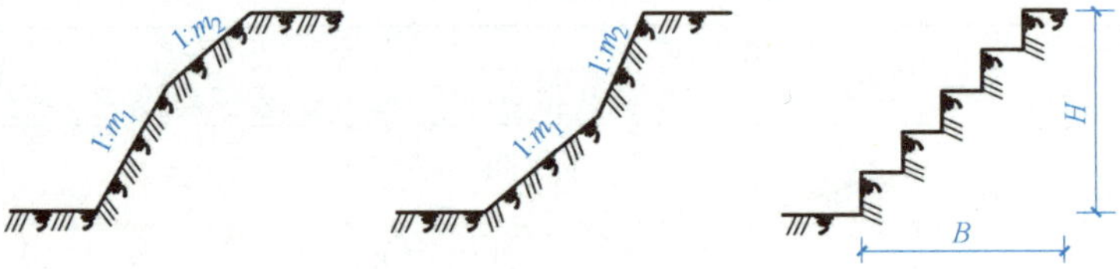

a)　　　b)　　　c)

图 1-19　土方边坡的其他形式

a）不同土层折线边坡　b）不同深度折线边坡　c）阶梯边坡

（2）坡度的确定　对土质均匀、开挖范围内无地下水、土的含水率正常且施工期很短时，可垂直下挖且不加设支撑的深度限制：较密实的砂土或碎石土为 1m，粉土或粉质黏土为 1.25m，黏土或密实的碎石土为 1.5m，坚硬黏土为 2.0m；确有经验时可适当调整。

对临时性挖方边坡坡度应根据工程地质和开挖深度，并结合当地同类土的稳定坡度来确定。当地质条件良好、土质均匀，高度在 3m 以内的临时性挖方边坡宜按表 1-9 规定确定坡度。

表 1-9　临时性挖方边坡坡度

土的类别		边坡坡度
砂土	不包括细砂、粉砂	1 : 1.25~1 : 1.50
一般黏性土	坚硬	1 : 0.75~1 : 1.00
	硬塑	1 : 1.00~1 : 1.25
碎石类土	密实、中密	1 : 0.50~1 : 1.00
	稍密	1 : 1.00~1 : 1.50

对于深度较大或留置时间长的挖、填方边坡，则应进行设计计算，按设计要求施工。

（3）边坡的失稳与保护　在一般情况下，基坑边坡失稳、发生滑动的主要原因是土质及外界因素的影响使土体的抗剪强度降低或剪应力增加。引起抗剪强度降低的原因有：因风化等作用使土质变松；黏土中的夹层浸水而产生润滑作用；细砂、粉砂土因振动而液化等。引起剪应力增加的原因有：坡顶堆放重物或存在动载；雨水、地面水浸入或污水管线渗漏使土的含水率提高而增加了土体自重；水的渗流而产生动水压力等。因此施工中应注意防范。

当边坡留置的时间较长或气候不利时，应做好边坡保护。常用方法有覆盖法、挂网法、挂网抹面或喷射混凝土法、土袋或砌砖石压坡法等。

1.3.2　基坑支护

基坑开挖与网喷护坡

开挖基坑（槽）时，若地质条件及周围环境许可，采用放坡开挖是较经济的。但当在建筑稠密地区、现场无放坡条件，或开挖深度大、周围环境对变形限制严格，或放坡不能保证安全时，就需要采取支护措施。

基坑支护必须能够保证基坑周边建（构）筑物、地下管线及道路的安全和正常使用，并保证地下部位施工对空间的要求。设计支护结构时，应按失效后果的严重程度，确定其安全等级（分一、二、三级），从而采取相应的支护形式。

对于支护结构安全等级为一级、二级的基坑工程，应对支护结构变形及基坑周边土体的变形进行计算，并应进行周边环境影响的分析评价；在基坑开挖过程与支护结构使用期内，必须进行支护结构的水平位移监测和基坑开挖影响范围内建（构）筑物、地面的沉降监测。

常用基坑支护结构按作用原理分为稳定型（如土钉墙）、重力型（如水泥土墙）、支挡式结构三大类。选择支护结构时，应依据土的性状及地下水条件、基坑深度及周边环境、地下结构或基础的形式及施工方法、基坑平面形状及尺寸、场地条件和工期，以及经济效益、环保要求等综合考虑。

1. 土钉墙

基坑分层开挖时，在侧壁上设置的密布土钉群、喷射混凝土面板及原位土体所组成的复合支护结构，称为土钉墙。它属于边坡稳定型支护，能有效提高边坡的稳定性，增强土体破坏的延性，对边坡起到加固和保护作用。由于土钉墙施工简单、造价较低，近些年来得到了广泛应用。

土钉墙支护演示

（1）构造要求　土钉墙支护剖面和立面构造如图1-20、图1-21所示，墙面的坡度不宜大于1∶0.2。土钉是在土壁钻孔后插入钢筋、注入水泥浆或水泥砂浆而形成。对难以成孔的砂、填土等，也可打入带有压浆孔的钢管，经压浆而形成“管锚”。土钉长度应计算确定，一般为基坑深度的0.5~1.2倍，竖向及水平间距宜为1~2m，呈梅花形布置，与水平面夹角宜为5°~20°。土钉钻孔直径宜为70~120mm，插筋宜采用直径16~32mm的带肋钢筋，注浆强度不得低于20MPa。墙面板由喷射80~100mm厚C20以上混凝土形成，墙面板内应配置直径6~10mm、间距150~250mm的钢筋网。为使混凝土墙面板与土钉有效连接，应设置承压板或直径14~20mm的加强钢筋，与土钉钢筋焊接并压住钢筋网。在土钉墙的顶部，墙体应向平面延伸不少于1m，并在坡顶和坡脚设挡、排水设施，坡面上可根据具体情况设置泄水管，以防墙面板后部积水。

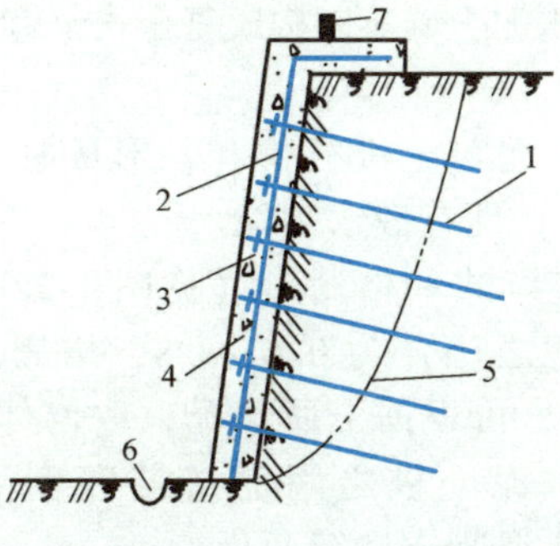

图1-20　土钉墙支护剖面

1—土钉　2—钢筋网　3—承压板或加强钢筋
4—混凝土墙面板　5—可能滑坡面　6—排水沟　7—挡水台

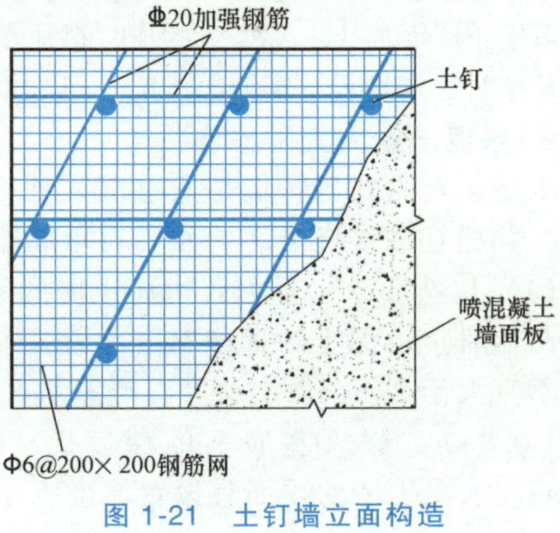

图1-21　土钉墙立面构造

（2）土钉墙的施工　土钉墙的施工顺序为：按设计要求自上而下分段、分层开挖工作面，修整坡面→打入钢管（或钻土钉孔→插入钢筋）→注浆→绑扎钢筋网→安装加强筋，并与土钉钢筋焊接→喷射面板混凝土。逐层施工并设置坡顶、坡面和坡脚的排水系统。当土质较差时，可在修整后的坡面先喷一层混凝土再进行土钉施工。施工要点如下：

1）基坑开挖应按设计要求分层分段进行。每层开挖高度由土钉的竖向间距确定，每层挖至土钉位置以下不大于0.5m；分段长度按土体能维持不塌的自稳时间和保证施工流程相互衔接要求而定，一般可取10~20m。每层段开挖后24h（淤泥质土12h）内完成土钉墙施工，下一层土方开挖应与土钉注浆完成不少于48h间隔。

2）钢管可用液压冲击设备打入。成孔者，当孔深小于6m时可用洛阳铲等人工凿挖，深孔则需用螺旋钻、冲击钻或工程钻等机械钻孔；孔径和倾角应符合设计要求；成孔的允许偏差为：孔位±50mm，孔径±15mm，倾斜角±2°，孔深可为土钉钢筋长度加300mm。

3）土钉钢筋应设置对中定位支架再插入孔内。支架常采用$\phi6$钢筋弯成船形与土钉筋焊接，每点3个，互成120°，每2~3m设置一点。注浆管应与土钉钢筋虚扎，并同时插入土钉孔，边注浆边拔出。

4）土钉注浆。应采用两次注浆工艺。第一次灌注水泥砂浆，灌浆量不小于钻孔体积的1.2倍；初凝后再灌注水泥浆，注浆量为第一次的30%~40%，注浆压力宜为0.4~0.6MPa，注浆后应维持压力2min。拌制浆液宜采用普通硅酸盐水泥，水胶比宜为0.4~0.5，水泥砂浆的灰砂比宜为0.5~1.0，并掺加水泥用量的0.035%早强剂。浆体应拌和均匀，随拌随用，并在初凝前用完。注浆时，注浆管应插至距孔底200mm内，使浆液由孔底向孔口流动，在拔管时要保证管口始终埋在浆内，直至注满。注浆后，液面如有下降应进行补浆。

5）面板中的钢筋网应在土钉注浆后铺设，也可先喷射一层混凝土后再铺设。钢筋网与土层坡面净距应大于20mm，钢筋间搭接长度应不小于300mm。采用双层钢筋网时，第二层钢筋网应在第一层钢筋网被混凝土覆盖后铺设。钢筋网用插入土壁中的钢筋固定，并与土钉钢筋连接牢固，喷射混凝土时不得晃动。

6）喷射混凝土墙面板。优先选用不低于32.5MPa的普通硅酸盐水泥，石子粒径不大于15mm，水泥与砂石的质量比宜为1∶4~1∶4.5，砂率宜为45%~55%，水胶比为0.40~0.45。喷射作业应分段进行，同一分段内喷射顺序应自下而上，一次喷射厚度宜为30~80mm。喷射混凝土时，喷头与受喷面应保持垂直，距离宜为0.8~1.0m。喷射混凝土的回弹率不应大于15%；喷射表面应平整，呈湿润光泽，无干斑、流淌现象。混凝土终凝2h后，应喷水养护3~7d。

（3）特点与适用范围　土钉墙支护具有构造简单、施工方便快速、节省材料、费用较低等优点，适用于淤泥质土、黏土、粉土、砂土等土质，开挖深度在12m以内的无地下水基坑。当基坑较深、开挖时稳定性差、需要挡水时，可加设锚杆、微型桩、水泥土墙等以构成复合式土钉墙。

2. 水泥土重力式围护墙

水泥土重力式围护墙是通过沉入地下设备将喷入的水泥与土进行掺和，形成柱状的水泥土桩，并相互搭接而成。它靠其自重和刚度进行挡土护壁，具有截水功能。

（1）构造要求　重力式水泥土墙的平面布置多采用连续式和格栅形（见图1-22b）。当采用格栅形时，水泥土的置换率（水泥土面积与格栅总面积之比）为0.6~0.8，格栅内侧的长宽比不宜大于2。在软土地区，当基坑开挖深度$h\leqslant5$m时，可根据土质情况，取墙体宽度$B=(0.6\sim0.8)h$，嵌入基底下的深度$h_d=(0.8\sim1.3)h$。水泥土桩之间的搭接宽度不宜小于200mm。水泥土墙的顶面宜设置厚度不小于200mm的C25混凝土连续面板。

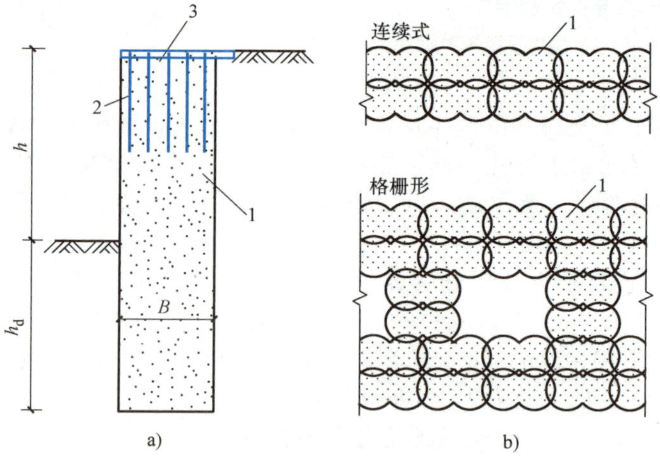

图1-22　二轴搅拌水泥土墙的一般构造

a）水泥土墙剖面　b）常用平面布置形式

1—搅拌桩　2—插筋　3—面板

三轴搅拌机作业

水泥土的水泥掺入比依土质而定，一般为12%～20%，宜采用不低于32.5级的普通硅酸盐水泥，可掺外加剂改善水泥土的性能和提高早期强度。

（2）水泥土墙的施工　水泥土墙按施工机具和方法不同，分为深层搅拌法、旋喷法和粉喷法。深层搅拌水泥土墙常采用二轴或三轴搅拌桩机和注浆设备作业，其施工常用“一喷二搅”（一次喷浆、二次搅拌）或“二喷三搅”工艺。当水泥掺入比较小、土质较松时可用前者，反之用后者。一喷二搅的施工流程如图1-23所示。当采用二喷三搅工艺时，可在图1-23e步骤时再次注浆，之后再重复d和e步骤。施工要点如下：

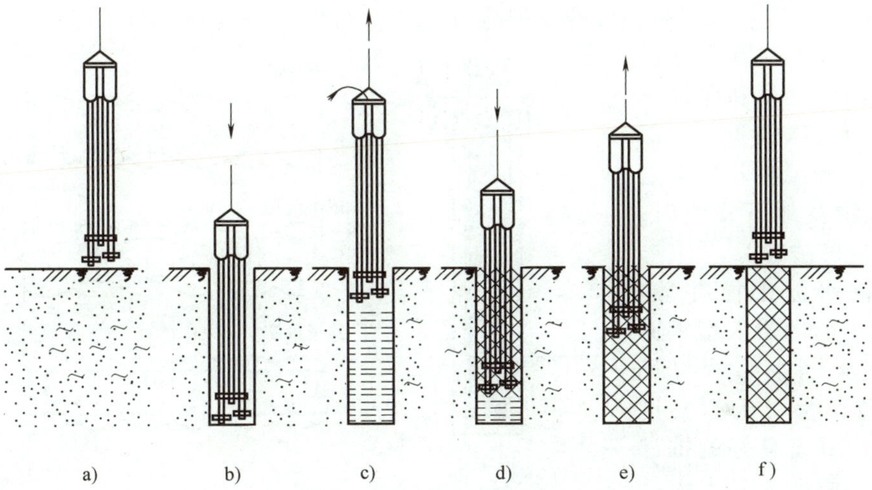

图1-23　一喷二搅的施工流程

a）定位　b）预搅下沉　c）提升喷浆搅拌　d）重复下沉搅拌　e）重复提升搅拌　f）成桩结束

1）施工前，应进行成桩工艺及水泥掺入量或水泥浆的配合比试验，以确定相应的水泥掺入比和水泥浆水胶比。

2）施工中应控制水泥浆喷射速率与提升速度的关系，保证每根桩的水泥浆喷注量和均匀性，以满足桩身强度。搅拌时提升速度不应大于0.8m/min。

3）为保证水泥土墙搭接可靠，相邻桩的施工间隔时间应不大于16h。施工始末的头尾搭接处，应采取加强措施，消除搭接沟缝。

4）墙体水泥土应达到70%设计强度或成桩14d后，方能进行基坑开挖。

（3）特点与适用范围　水泥土重力式围护墙支护具有挡土、截水双重功能，坑内无支撑，便于机械化挖土作业，施工机具较简单，成桩速度快，造价较低，但相对位移较大；当基坑长度大时，要采取中间加墩、起拱等措施，以减少位移。

水泥土重力式围护墙适用于淤泥、淤泥质土、素填土、粉土、无流动地下水的砂土、软塑黏性土等土体，基坑开挖深度不大于6m且基坑周边环境对变形要求不高的支护工程。

3. 支挡型结构

支挡型结构是以挡土围护墙或再加设锚拉、支撑等形成的支护结构。它主要是依靠支护结构本身来抵抗坑壁土体下滑并限制其变形。该种支护结构种类较多，属于非重力型。挡土围护墙按有无截水功能，分为透水式和止水式两类。

（1）挡土围护墙

1）钢板桩围护墙。钢板桩的截面形状有U形、Z形（见图1-24）及多种组合形式，由带锁口或钳口的热轧型钢制成。钢板桩互相连接并被打入地下，形成连续钢板桩墙，既能挡土围护又能起到截水帷幕的作用，可作为坑壁支护、防水围堰等。它打设方便，水平承载力较大，可重复使用，有较好的经济效益。但其刚度较小，沉桩时易产生噪声。

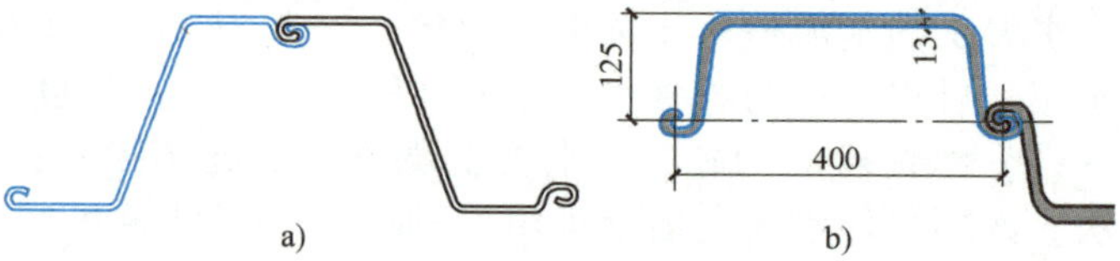

图 1-24 常用钢板桩截面形式

a）Z 形钢板桩 b）U 形钢板桩

钢板桩围护墙的常用支撑形式有悬臂式和锚撑式。悬臂式是依靠入土部分的土压力维持其稳定，悬臂长度不得大于 5 m。锚撑式是在板桩中上部用锚杆、拉锚或内部支撑加以固定，以提高板桩的支护能力，可用于 5~10m 深的基坑。

钢板桩沉入时应在两侧设置导架，以固定桩位和保证垂直度。常采用液压插板机、振动锤或打桩机等沉桩。当临近建（构）筑物及地下管线时，应采用静力压桩法施工。

2）型钢水泥土搅拌墙。它是在水泥土墙内插入型钢而成的复合挡土隔水结构（见图 1-25）。型钢承受土的侧压力，而水泥土具有良好的抗渗性能，因此，型钢水泥土搅拌墙具有挡土与止水的双重作用。其特点是构造简单，止水性能好，工期短，造价低（型钢可回收），环境污染小。

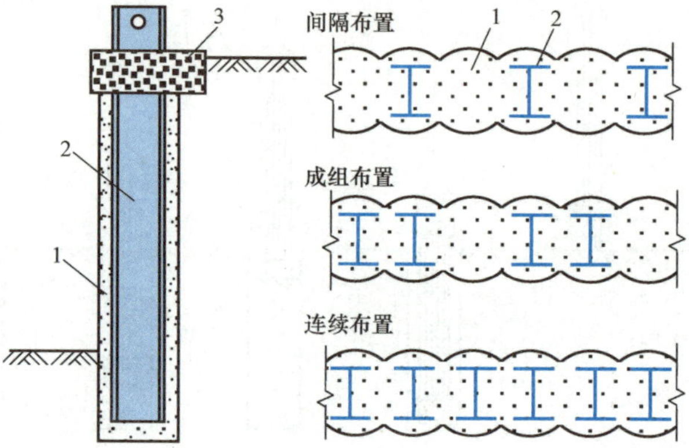

图 1-25 型钢水泥土搅拌墙构造

a）型钢水泥土墙剖面 b）型钢平面布置形式

1—搅拌桩 2—H 型钢 3—冠梁

静压钢板桩

型钢水泥土搅拌墙工艺演示

水泥土墙厚度一般为 650~1000mm，水泥土的抗压强度不低于 0.5MPa，内部插入 H500×200~H850×300 的 H 型钢。水泥土墙底部应深于型钢 0.5~1m。顶部浇筑钢筋混凝土冠梁，其截面高度不小于 600mm，宽度比墙厚大 350mm 以上。

水泥土墙可采用搅拌、铣削等方法施工。搅拌法宜采用三轴搅拌设备，常采取跳打或单侧挤压方式保证足够搭接，以提高防渗效果。施工中，搅拌下沉和搅拌提升过程中均应注入水胶比为 1.5~2 的水泥浆液，并控制下沉速度不大于 1m/min。提升速度不大于 2m/min，使其均匀。在桩底部需重复搅拌注浆予以加强。型钢应在搅拌桩施工结束后 30min 内靠自重或辅以振动下插至设计标高。型钢顶部需露出冠梁不少于 500mm。型钢插入前应在表面涂刷减摩材料，与冠梁接触部分还需设置泡沫塑料片等硬质隔离材料，以利于拔除回收。型钢拔出后的空隙应及时注浆填充。

型钢水泥土搅拌墙适用于填土、淤泥质土、黏性土、粉土、砂土、饱和黄土等地层，深度为 8~10m，甚至更深的基坑支护。

3）排桩式挡土围护墙。该类围护墙常用钻孔灌注桩、挖孔灌注桩、钢管桩及钢管混凝土桩等，在开挖前设置于基坑周边形成桩排，并通过顶部浇筑的冠梁等相互联系而成。它挡土能力强、适用范围广，但一般无截水功能。下面主要介绍钢筋混凝土排桩挡土结构。

护坡桩施工

混凝土灌注桩排桩常用钻机钻孔或人工挖孔，而后下钢筋笼、灌注混凝土成桩（螺旋钻机钻孔可用压灌混凝土后插筋法施工）。桩的排列形式有间隔式、连续式、交错式和咬合式等（见图 1-26b）。

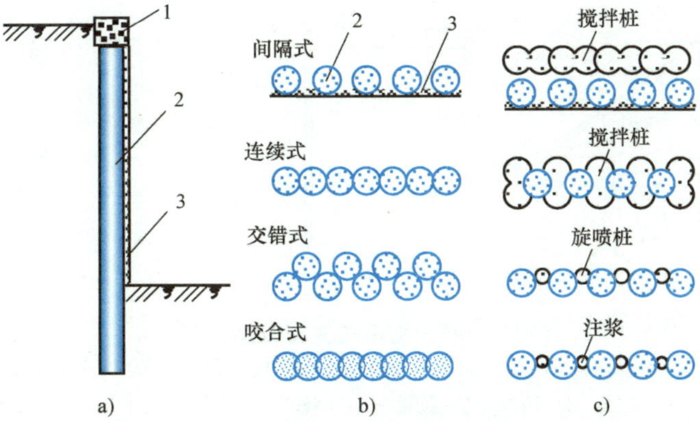

图 1-26　混凝土排桩挡墙形式

a）排桩挡墙剖面　b）桩的排列形式　c）间隔排列的截水措施

1—冠梁　2—灌注桩　3—钢丝网混凝土护面

间隔式设置时，桩间土通过土拱作用将土压传到桩上。为防止表土塌落，宜在桩间表面铺设钢筋网或钢丝网，并喷射不少于 50mm 厚的 C20 混凝土进行防护。

灌注桩间距、桩径、桩长、埋置深度及配筋等，应根据基坑开挖深度、土质、地下水位高低以及所承受的土压力经计算确定。常用桩径为 800~1500mm，桩的中心距不宜大于桩径的 2 倍。桩身混凝土强度等级不低于 C25，钢筋笼纵向受力筋一般不少于 8 根；箍筋做成螺旋状，间距为 100~200mm；每隔 1~2m 在钢筋笼内部设置一道焊接加劲箍，以增加其的刚度、利于成型和起吊时绑扎。纵向筋的保护层厚度应不小于 35mm，水下灌注混凝土时不小于 50mm。冠梁的宽度不得小于桩径，高度不小于桩径的 60%，并按需要配筋。桩的施工方法见第 2 章。

高压旋喷桩演示

为防止塌孔和影响桩体质量，灌注桩排桩应采用间隔成桩的施工顺序，间隔距离应大于 4 倍桩径，或施工时间间隔大于 36h。灌注桩排桩围护墙具有桩体刚度较大、抗弯强度高、变形较小、安全度高、施工方便、设备简单、噪声低、振动小等优点。但一次性投资较大，桩不能回收利用；间隔设置者无止水功能，必要时，应通过搅拌、旋喷的水泥土桩或注浆等止水措施予以封闭（见图 1-26c）。

排桩式挡墙适用于黏性土、砂土、开挖面积较大、深度大于 6m 的基坑，以及邻近有建筑物，不允许附近地基有较大下沉、位移时采用。土质较好时，外露悬臂高度可达到 7~8m；设置撑、锚时，可用于 10~30m 深基坑的支护。

4）地下连续墙。地下连续墙是在待开挖的基坑周围，修筑一圈厚度 600mm 以上连续的钢筋混凝土墙体，以满足基坑开挖及地下施工过程中的挡土、截水防渗要求，还可用于逆作法施工。其特点是刚度大、整体性好、施工无振动且噪声低，但工艺技术复杂，费用高，常作为地下结构的一部分以降低造价。地下连续墙适用于黏土、砂砾石土、软土等多种地质条件，地下水位高、施工场地较小且周围环境限制严格的深基坑工程。

地下连续墙的构造要求与施工方法见第 2 章 2.3 节相关内容。

（2）挡土围护墙的支撑结构

1）形式。挡墙的支撑结构形式按构造特点可分为悬臂式、抛撑式、锚拉式、锚杆式、坑内水平支撑五种（见图 1-27）。

① 悬臂式（自立式）。该形式的围护墙不设支撑或锚拉，主要通过下部嵌固以抵抗土的推力，故所需埋深大；墙体承受的弯矩、剪力较大而集中，承载能力小，易变形，不适于过深的基坑。

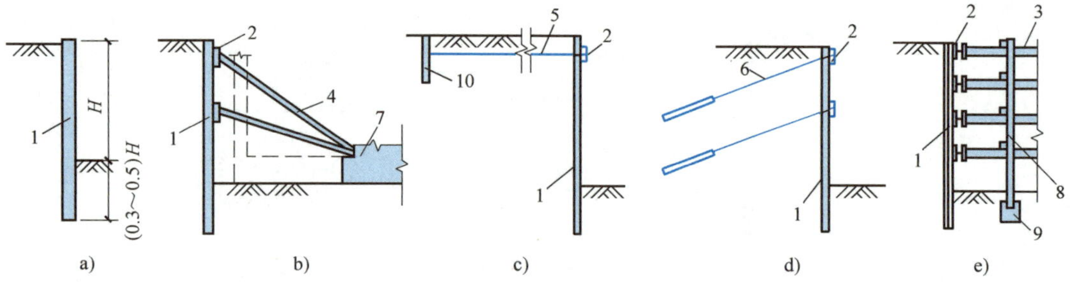

图 1-27 挡墙的支撑结构形式

a）悬臂式 b）抛撑式 c）锚拉式 d）锚杆式 e）坑内水平支撑

1—挡墙 2—围檩（连梁） 3—支撑 4—抛撑 5—拉锚 6—锚杆 7—先施工的基础 8—支承柱 9—灌注桩 10—锚桩

② 抛撑式。抛撑式也称竖向斜撑式，它所支撑的挡土围护墙受力较合理，但挡墙根部的土需待抛撑设置后开挖，再补做结构，对基础及地下结构施工有一定影响，还需注意做好后期的换撑工作。抛撑式支撑适用于土质较差、面积大的基坑。

③ 锚拉式。由拉杆和锚桩组成，抗拉能力强，围护墙位移小、受力较合理；锚桩长度一般不少于基坑深度的 30%～50%，其打设位置应距基坑有足够远的距离，因此需有宽裕的场地；由于拉杆只能在地面附近设置一道，故基坑深度不宜超过 12m。

④ 锚杆式。土层锚杆具有较强的锚拉能力，可依据基坑深度随开挖设置多道，并常施加预应力，以提高土壁的稳定性、减少围护墙的位移和变形；不影响基坑开挖和基础施工；费用较低。锚杆式支撑常用于土质较好且周围无障碍的基坑支护结构中，多道设置时基坑深度可超过 30m。

⑤ 坑内水平支撑。它是设置在基坑内的由钢或混凝土组成的支撑部件。其刚度大、支撑能力强、安全可靠，易于控制围护墙的位移和变形。可依据基坑深度设置多道，但给坑内挖土和地下结构施工带来不便，需进行换撑作业，费用也较高。坑内水平支撑适用于深度较大，周围环境不允许设置锚杆或软土地区的深基坑支护。

土层锚杆施工演示

2）常用撑锚的构造与施工。

① 土层锚杆。土层锚杆由设置在钻孔内的钢拉杆、注浆体和外锚头组成。钢拉杆一端埋入稳定土层中的注浆体内，另一端通过冠梁或腰梁与挡土围护墙相连。土层锚杆按承载方式分为拉力型和压力型（可将环状钢绞线拉杆抽出收回而避免对地下环境的影响），按施工方式分为钻孔灌浆式和自钻式。

a. 土层锚杆的构造。土层锚杆由锚头、拉杆和锚固体组成。锚头由锚具、承压板和台座组成，拉杆采用钢绞线或钢筋制成，锚固体是由水泥浆或水泥砂浆将拉杆与土体连接成一体的抗拔构件，如图 1-28 所示。

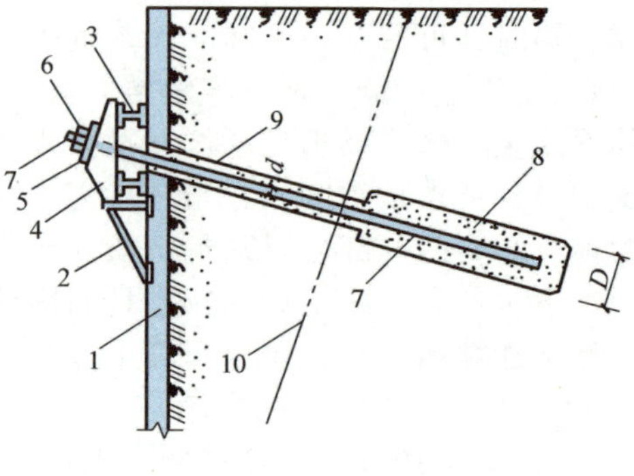

图 1-28 土层锚杆的构造

1—挡墙 2—承托支架 3—腰梁 4—台座 5—承压板 6—锚具 7—钢拉杆 8—水泥浆或砂浆锚固体 9—非锚固段 10—滑动面 D—锚固体直径 d—拉杆直径

锚杆以土的主动滑动面为界，分为非锚固段（自由段）和锚固段。非锚固段处在可能滑动的不稳定土层中，可以自由伸缩，其作用是将锚头所承受的荷载传递到主动滑动面外的锚固段。锚固段处在稳定土层中，与周围土层牢固结合，将荷载分散到稳定土体中去。非锚固段长度不宜小于5m，进入稳定土层不少于1.5m。锚固段不应设置在未经处理的软弱土层、不稳定土层和不良地质作用地段，其长度应计算确定，但不小于6m。

锚杆的埋置深度要使锚杆的覆土厚度不小于4m，以避免地面出现隆起现象。锚杆上下层间距不宜小于2m，水平间距不宜小于1.5m，避免产生群锚效应而降低承载力。锚杆的倾角宜为15°~25°，不应大于45°，也不小于10°，应根据地层结构确定，使其锚固体处于较好的土层中。锚杆钻孔直径一般为100~150mm。

b. 土层锚杆的施工。土层锚杆施工需在挡土围护墙施工完成、土方开挖过程中进行。当每层土挖至土层锚杆标高后，施工该层锚杆，待预应力张拉后再挖下层土，逐层向下设置，直至完成。

土层锚杆的施工程序为：土方开挖→放线定位→钻孔→清孔→插钢筋（或钢绞线）及灌浆管→压力灌浆→养护→上横梁→张拉→锚固。

土层锚杆的成孔方法主要有套管跟进护壁成孔、螺旋钻杆干成孔、浆液护壁成孔等。套管法施工对土体扰动及对环境影响小，孔壁稳定，锚杆承载力高，适应土层广。施工时，钻孔的位置、直径、角度应符合设计要求，深度应大于锚杆设计长度300~500mm。

咬合桩帷幕墙锚杆演示

锚杆钻孔及插筋

拉杆插入孔洞前，应沿拉杆全长设置定位支架，间距不大于2.0m，使各根拉杆相互分离，注浆管居中，且保证浆体保护层厚度不小于10mm。拉杆的自由段应涂润滑油或防腐漆，外设隔离套管。

注浆是土层锚杆施工的重要工序，分一次常压注浆法和二次压力注浆法。一次常压注浆可采用水胶比0.5~0.55的水泥浆或灰砂比0.5~1、水胶比0.4~0.45的水泥砂浆，浆内常掺入早强和微膨胀型外加剂，通过重力填满锚杆孔。注浆方法同土钉。对软弱、复杂地层宜采用二次压力注浆工艺，随插筋应同时插入排气管和两根注浆管，其中二次注浆管应在锚杆末端1/4~1/3锚固段长度范围内，每0.5~0.8m设置一道注浆孔（每道2个孔），并有止逆构造。第一次灌注宜为水泥砂浆，待其初凝后、终凝前进行二次压力注浆（水泥浆），注浆压力2~3MPa；至孔口溢出浆液或排气管不再排气时停止。二次注浆能扩大锚固体直径，提高周围地层的力学性能、增加锚固能力。

冠梁施工与锚杆张拉

混凝土支撑与钢支撑

预应力锚杆张拉锚固，应在锚固段浆体强度大于15MPa且达到设计强度等级的75%后方可进行。张拉顺序应考虑对邻近锚杆的影响，采取分级加载，取设计拉力值的10%~20%预张拉1~2次，使各部位接触紧密，锚筋平直，再张拉至设计拉力值的1.05~1.1倍并保持10~15min后，卸荷至设计锁定值，按设计要求锁定。

② 坑内水平支撑。坑内水平支撑是由挡土构件的冠梁或周边围檩（横档）、内部水平支撑及支承柱等组成的内支撑体系。其平面布置形式由基坑的开挖深度、平面形状及尺寸、周围环境保护要求、地下结构的形式及施工程序、土方开挖的顺序和方法而定。坑内水平支撑的常用形式如图1-29所示，具体结构构造应通过设计计算确定。

水平支撑杆件常采用H型钢、钢管或钢筋混凝土制作。钢支撑主要用于对撑、角撑等形式，混凝土支撑还可构成框架式、桁架式、环形支撑及组合形式等。其中钢支撑可对挡土围护墙施加预压应力。支承柱宜采用型钢或格构式钢柱，以灌注桩作为基础，以承托水平支撑并防止支撑上浮。

支承柱应提前设置，其位置应尽量减少对地下结构施工的影响。坑内水平支撑是在挡土构件施工后，在基坑内开始设置，并随基坑开挖向下逐道设置。施工中，必须保证先撑后挖，在支撑能力足够时向下开挖。

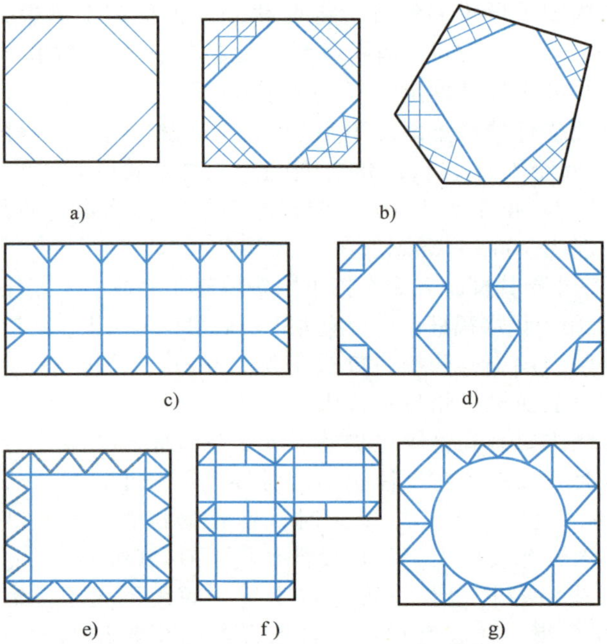

图 1-29 坑内水平支撑的常用形式

a）角撑 b）桁架及框架角撑 c）对撑 d）桁架角撑与对撑
e）边桁架式 f）框架式 g）环梁与边桁架

1.4 地下水控制

对基坑（或沟槽）底标高低于地下水位的工程，开挖时地下水会不断渗入坑内。若未采取截水、降水措施或及时将水排出，不但会使施工条件恶化、地基承载力下降，还易引发滑坡、塌方。此外，在降低地下水位时，可能引起周围地面及设施沉降而造成事故。因此，在基坑（槽）开挖和基础施工过程中，必须通过排水、降水、截水、回灌等方法控制地下水。

集水明排法演示

1.4.1 集水明排法

该法是在基坑开挖过程中，沿坑底四周或中央开挖排水明沟，在基坑边角处设置集水井，将水汇入集水井内，用水泵抽走（见图 1-30），并随开挖疏干土层，随加深和调整沟井，直至开挖完成。开挖结束后，保留明沟或填碎石形成盲沟，继续排水。

1. 排水沟的设置

排水沟底宽应不少于 0.3m，沟底设有 0.3%的纵坡，使水流不致阻塞。在开挖阶段，排水沟深度应始终保持比挖土面低 0.3~0.6m；在基础施工阶段，排水沟距边坡坡脚及拟建基础均不小于 0.4m，并适当保护和清理，以保证排水畅通。

2. 集水井的设置

集水井应设置在基础范围以外的边角处。间距应根据水量大小、基坑平面形状及水泵能力确定，一般为 30~40m。集水井的直径一般为 0.6~0.8m。其深度要随着挖土的加深而加深，保持井底低于挖土面 0.8~1m。井壁可用木板、钢筋笼或砖砌等简易加固。当基坑挖至设计标高后，井底应低于基坑底 1m，并铺设碎石滤水层，以防止扰动井底土。

3. 排水设备的选用

排水设备主要为离心泵、潜水泵和泥浆泵等。离心泵的安装位置要合理，其最大吸水扬程一般为 3.5~8.5m。潜水泵应完全浸在水中。潜水泵的泵体小、质量轻，具有移动方便、安装简单和开泵时不需引水等优点，因此常用于基坑排水及管井井点降水。泥浆泵耐堵塞、耐磨损能力较强，有潜水和在水面作业等种类。水泵的排水量宜为基坑涌水量的 1.5~2 倍。

4. 特点及适用范围

集水明排法设备简单、费用较低，可用于放坡开挖基坑的排水和降水。当土层为细砂和粉砂时，地下水渗流会带走细粒，易导致边坡坍塌或流砂现象；当地下水位较高且基底为黏土层时，易引起坑底隆起。所以，集水明排法仅适用于深度不大于 3m、放坡面为粗粒土层或渗水量小的黏性土基坑。

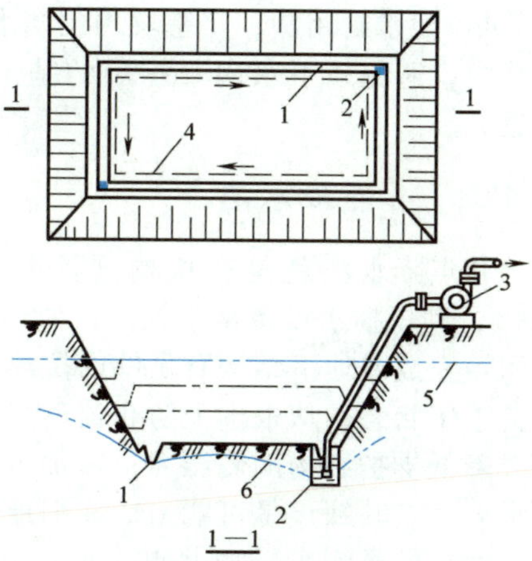

图 1-30 集水明排法

1—排水沟 2—集水井 3—离心式水泵 4—基础边线 5—原地下水位线 6—降低后地下水位线

1.4.2 流砂及其防治

当基坑开挖到地下水位以下时，有时坑底土会呈流动状态，随地下水涌入基坑，这种现象称为流砂现象。此时，基底土完全丧失承载能力，土边挖边冒，施工条件恶化，严重时会造成边坡塌方，甚至危及邻近建筑物。

1. 流砂发生的原因

动水压力是流砂发生的重要条件。地下水流动受到土颗粒的阻力，而水对土颗粒具有冲动力，这个力称为动水压力，动水压力 $G_D = \gamma_w I = \gamma_w \Delta h/L$。它与水力坡度 I 成正比，水位差 Δh 越大，动水压力越大；而渗透路程 L 越长，则动水压力越小。动水压力的方向与水流方向一致。

处于基坑底部的土颗粒，不仅受到水的浮力 F，而且受动水压力 G_D 的作用，有向上举的趋势，如图 1-31 所示。当动水压力等于或大于土的浸水密度 $(Q-F)$ 时，土颗粒处于悬浮状态，并随地下水一起流入基坑，发生流砂现象。

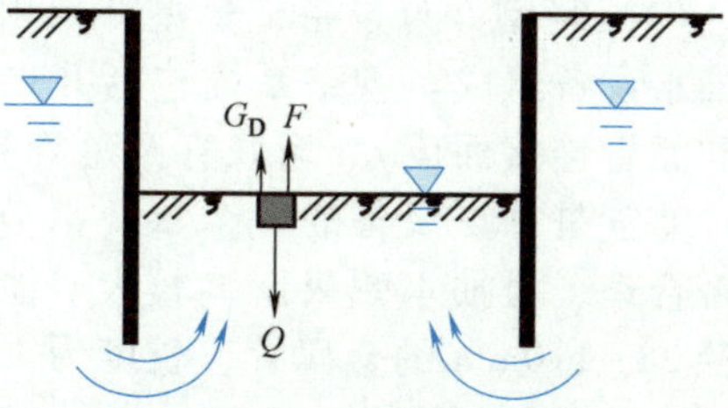

图 1-31 流砂现象原理示意图

流砂现象一般发生在细砂、粉砂及砂质粉土中。在粗大砂砾中，因孔隙大，水在其间流过时阻力小，动水压力也小，不易出现流砂现象。而在黏性土中，由于土粒间黏聚力较大，不会发生流砂现象，但有时在承压水作用下会出现整体隆起现象。

2. 流砂的防治

防治流砂的主要途径是减小或平衡动水压力或改变其方向。具体措施为：

1）加深挡墙法：通过加大具有截水功能的挡土围护墙的深度，增加地下水流入坑内的渗流路程，从而减小动水压力。

2）水下挖土法：采用不排水挖土（如沉井施工），使坑内水压与坑外地下水压相平衡，抵消动水压力。

3）井点降水法：通过降低地下水位改变动水压力的方向，这是防止流砂发生的有效措施。

4）截水封闭法：将基坑周围挡水墙体做至坑底以下具有足够厚度的不透水土层或注浆封底层内，避免地下水向开挖后的基坑内渗流，从而消除动水压力，杜绝流砂现象。

1.4.3 井点降水法

井点降水原理演示

井点降水法就是在坑槽开挖前，预先在其四周设置一定数量的滤水管（井），利用抽水设备从中抽水，使地下水位降落到基坑底 0.5m 以下，并保持至回填完成或地下结构有足够的抗浮能力为止。其优点是，可使开挖的土始终保持干燥状态，从根本上防止流砂发生；可避免地基隆起、改善工作条件、提高边坡的稳定性或降低支护结构的侧压力；可加大坡度而减少挖土量；可加速地基土的固结，提高地基土的承载力。其缺点是可能造成周围地面沉降和影响环境。

井点的类型有轻型井点、喷射井点、管井井点及电渗井点等，可根据土层的渗透系数、降低水位的深度、工程特点、设备条件及经济效益等，参照表 1-10 选择。其中轻型井点、管井井点应用较广。

表 1-10 井点类型、适用范围及主要原理

井点类型	土层渗透系数/(m/d)	降低水位深度/m	最大井距/m	主要原理
轻型井点	0.1~20	单级 3~6	1.6~2	地上真空泵或喷射嘴真空吸水
		二级 6~10		
喷射井点	0.1~20	8~20	2~3	水下喷射嘴真空吸水
电渗井点	< 0.1	同所配合的井点	1(极距)	钢筋阳极加速渗流
管井井点	0.1~200	不限	20~50	离心泵或潜水泵排水

1. 轻型井点

轻型井点是沿基坑的四周将许多直径较小的井点管埋入地下含水层内，井点管的上端通过弯联管与总管相连接，利用抽水设备将地下水从井点管内不断抽出，以达到降水目的，如图 1-32 所示。

(1) 轻型井点设备 轻型井点由管路系统和抽水设备组成。管路系统包括井点管（由井管和滤管连接而成）、弯联管及总管等。

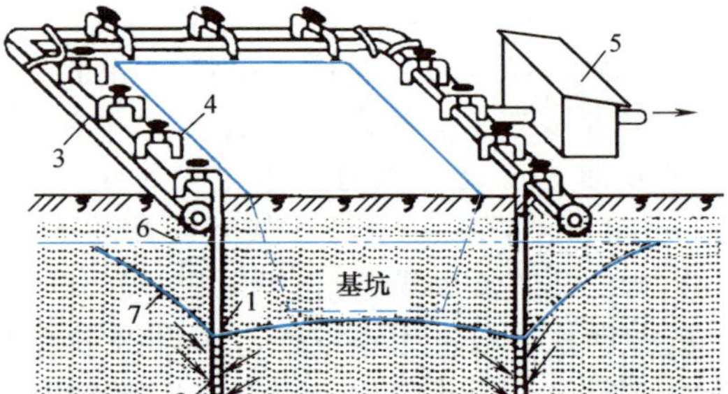

图 1-32 轻型井点法降低地下水位全貌图

1—井管 2—滤管 3—总管 4—弯联管 5—水泵房 6—原有地下水位线 7—降低后地下水位线

滤管是井点设备的一个重要部分，其构造是否合理，对抽水效果影响较大。滤管可采用直径 38~110mm 的金属管，长度为 1.0~1.5m。管壁上渗水孔直径为 12~18mm，呈梅花状排列，孔隙率应大于 15%。滤管外包两层金属或尼龙滤网（见图 1-33），内层网为 30~80 目，外层网为 3~10 目。为使水流畅通，在管壁与滤网间缠绕塑料管或金属丝隔开，滤网外应再绕一层粗金属丝保护。滤管的下端为一铸铁堵头，上端用管箍与井管连接。

井管宜采用直径为 38mm 或 51mm 的钢管，其长度为 5~7m，上端用弯联管与总管相连。弯联管常用带钢丝衬的橡胶管或塑料管。

总管宜采用直径为 100mm 或 127mm 的钢管，每节长度为 4~6m，其上每隔 0.8m、1m 或

1.2m 设有一个与井点管连接的短接头。

抽水设备常用的有真空泵、射流泵和喷射泵井点设备。真空泵和射流泵井点设备的工作原理如下：

1）真空泵井点设备。它由真空泵、离心泵和水气分离器等组成（见图 1-34）。其工作原理是：开动真空泵 19，将水气分离器 10 内部抽成一定程度的真空，在真空度吸力作用下，地下水经滤管 1、井管 2 吸上，进入集水总管 5，再经过滤室 8 滤掉泥沙进入水气分离器 10。水气分离箱内有一浮筒 11，沿中间导杆升降，当箱内的水使浮筒上升，即可开动离心泵 24 将水排出，浮筒则可关闭阀门 12，避免水被吸入真空泵。副水气分离器 16 也是为了避免将空气中的水分吸入真空泵。为对真空泵进行冷却，特设一冷却循环水泵 23。

该种设备真空度较高，降水深度较大。一套抽水设备能负荷的总管长度为 100~120m。但设备较复杂，耗电较多。

2）射流泵抽水设备。它由射流器、离心泵和循环水箱（罐）组成，如图 1-35 所示。

射流泵抽水设备的工作原理是：利用离心泵将循环水箱中的水变成压力水送至射流器内由喷嘴喷出，由于喷嘴断面收缩而使水流速度骤增，压力骤降，使射流器空腔内产生部分真空，从而把井点管内的气、水吸上来进入水箱。水箱内的水滤清后一部分经由离心泵参与循环，多余部分由水箱（罐）上部的泄水口排出。

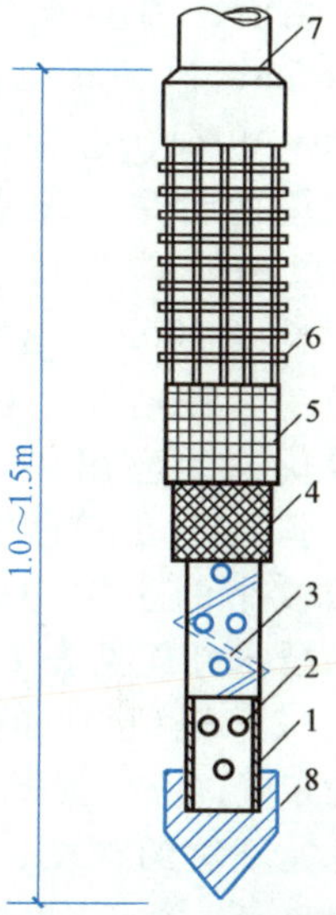

图 1-33 滤管构造

1—钢管 2—管壁上的小孔 3—缠绕的塑料管 4—细滤网 5—粗滤网 6—粗钢丝保护网 7—井管 8—铸铁头

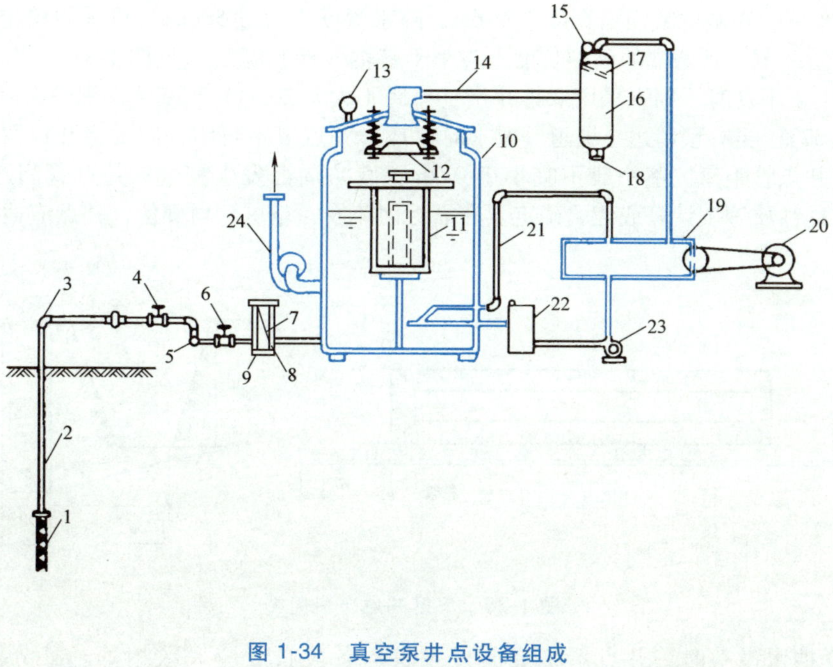

图 1-34 真空泵井点设备组成

1—滤管 2—井管 3—弯管 4—阀门 5—集水总管 6—闸门 7—滤网 8—过滤室 9—淘砂孔 10—水气分离器 11—浮筒 12—阀门 13—真空计 14—进水管 15—真空计 16—副水气分离器 17—挡水板 18—放水口 19—真空泵 20—电动机 21—冷却水管 22—冷却水箱 23—循环水泵 24—离心泵

射流泵井点设备的降水深度可达6m，但一套设备所带井点管仅25~40根，总管长度30~50m。若采用两台离心泵和两个射流器联合工作，能带动70根井点管，总管长度100m。这种设备具有结构简单、耗电少、使用及检修方便等优点，应用较广。射流泵抽水设备适于在粉砂、粉土等渗透系数较小的土层中降水。常用设备的技术性能见表1-11。

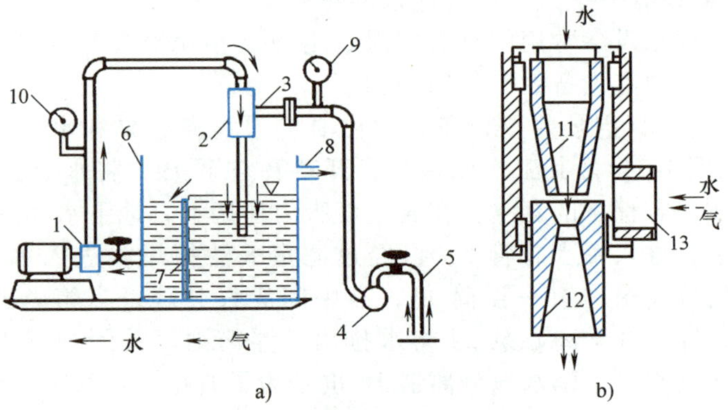

图 1-35 射流泵抽水设备组成

a）工作简图 b）射流器构造

1—离心水泵 2—射流器 3—进水管 4—总管 5—井点管 6—循环水箱（罐） 7—隔板 8—泄水口 9—真空表 10—压力表 11—喷嘴 12—喷管 13—接进水管

（2）轻型井点的布置 轻型井点的布置，应根据基坑平面形状及尺寸、基坑的深度、土质、地下水位及流向、降水深度要求等确定。

表 1-11 ϕ50 型射流泵轻型井点设备组成与技术性能

名 称	型号与技术性能	数量	功能
离心泵	3BL—9 型，流量 $45m^3/h$，扬程 32.5m	1 台	供给工作水
电动机	JQ_2—42—2. 功率 7.5kW	1 台	水泵的配套动力
射流器	喷嘴 ϕ50mm，空载真空度 100kPa，工作水压力 0.15~0.3MPa，工作水流 $45m^3/h$，生产率 $10\sim35m^3/h$	1 个	形成真空
水箱	长×宽×高=1100mm×600mm×1000mm	1 个	循环用水

1）平面布置。当基坑或沟槽宽度小于6m，降水深度不超过5m时，可采用单排井点，布置在地下水流的上游一侧，其两端的延伸长度不应小于基坑（槽）宽度（见图1-36）。当基坑（槽）宽度大于6m或土质不良时，则宜采用双排井点（排距不大于20m）。当基坑面积较大时，宜采用环形井点（见图1-37）。当有预留运土坡道等要求时，环形井点可不封闭，但要将开口留在地下水流的下游方向处。井点管距离坑壁一般不宜小于0.7m，以防局部发生漏气。井点管间距应根据土质、降水深度、工程性质等按计算或经验确定。在靠近河流及在基坑转角部位，井点应适当加密。

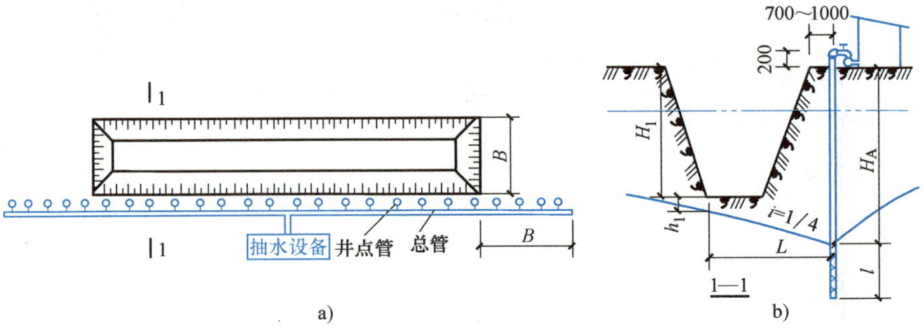

图 1-36 单排井点布置简图

采用多套抽水设备时，井点系统要分段设置，各段长度应大致相等。其分段地点宜选择在基坑角部，以减少总管弯头数量和水流阻力。抽水设备宜设置在各段总管的中部，使两边水流平衡。采用封闭环形总管时，宜装设阀门将总管断开，以防止水流紊乱。对多套井点设备，应在各套之间的总管上装设阀门，既可独立运行，也可在某套抽水设备发生故障时，开启阀门，借助邻近的泵组来维持抽水。

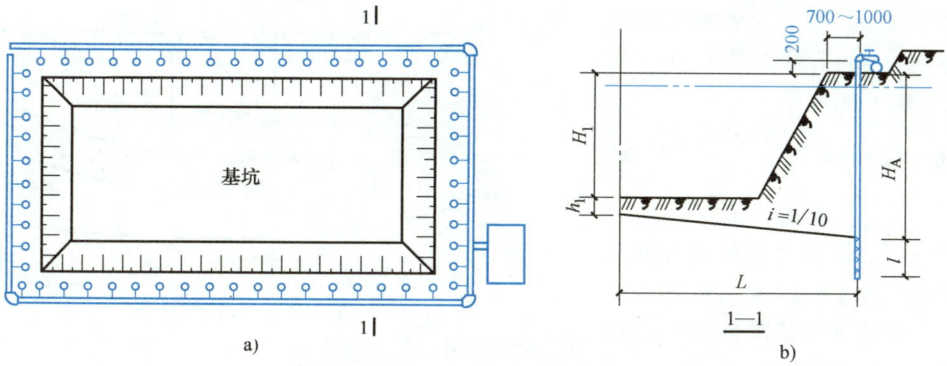

图 1-37 环形井点布置简图

a）平面布置 b）高程布置

2）高程布置。轻型井点多是利用真空原理抽吸地下水，理论上的抽水深度可达 10.3m。但由于土层透气及抽水设备的水头损失等因素，井点管处的降水深度往往不超过 6m。

井管的埋置深度 H_A，可按下式计算（见图 1-37b）

$$H_A \geqslant H_1 + h + iL \tag{1-17}$$

式中 H_1——总管平台面至基坑底面的距离（m）；

h——基坑中心线底面至降低后的地下水位线的距离，一般取 0.5~1.0m；

i——水流坡度，根据实测：环形井点为 1/10，单排线状井点为 1/4；

L——井点管至基坑中心线的水平距离（m）。

当计算出的 H_A 值大于降水深度（如 6m）时，则应降低总管安装平台标高，以满足降水深度要求。此外在确定井管埋置深度时，还要考虑井管的长度，井管通常需露出地面 0.2~0.3m 来满足连接需要。滤管必须埋在含水层内。

为了充分利用设备抽吸能力，总管平台标高宜接近原有地下水水位线（要事先挖槽），水泵轴心标高宜与总管齐平或略低于总管。总管应具有 0.25%~0.5%的坡度坡向泵房。

当一级轻型井点达不到降水深度要求时，可先用集水井法降水，然后将总管安装在原有地下水位线以下；或采用二级（二层）轻型井点，如图 1-38 所示。

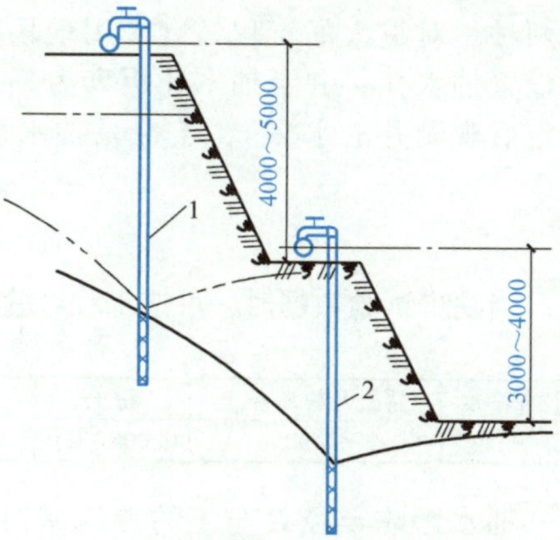

图 1-38 二级轻型井点

1—第一层井点管 2—第二层井点管

（3）轻型井点计算 轻型井点的计算内容包括涌水量计算、井点数量与井距的确定、抽水设备选用等。由于受水文地质和井点设备等多种因素影响，计算出的涌水量只能是近似值。

1）井型判定。井点系统涌水量计算是按水井理论进行的。根据井底是否达到不透水层，水井分为完整井与不完整井；凡井底到达含水层下面的不透水层的井称为完整井，否则称为不完整井。根据所抽取的地下水层有无压力，又分为无压井与承压井，如图 1-39 所示。各类井的涌水量计算方法都不同，其中以无压完整井的理论较为完善。

2）涌水量计算。

① 无压完整井涌水量。无压完整井抽水时，水位的变化如图 1-40a 所示。当抽水一定时间后，井周围的水面最后将会降落成渐趋稳定的漏斗状曲面，称之为降落漏斗。水井轴至漏斗外缘的水平距离称为抽水影响半径 R。根据达西定律以及群井的相互干扰作用，可推导出涌

水量计算公式。对远离地面水源的无压完整井，群井涌水量 Q（单位为 m^3/d）按下式计算

$$Q=1.364K\frac{(2H-S)S}{\lg\left(1+\frac{R}{r_0}\right)} \quad (1\text{-}18)$$

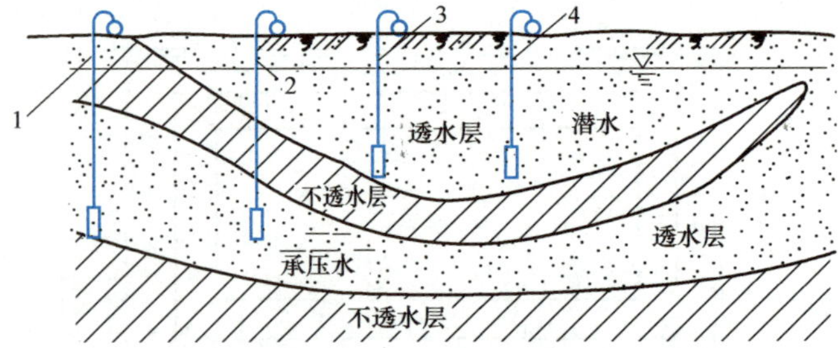

图 1-39 水井的分类

1—承压完整井 2—承压非完整井 3—无压完整井 4—无压非完整井

式中 K——土的渗透系数（m/d）；

H——含水层厚度（m）；

S——基坑水位降低值（m）；

R——抽水影响半径（m），对潜水层取 $R=2S\sqrt{HK}$；

r_0——环形井点的等效半径（m），对圆形基坑，r_0 取井点所包围的圆形半径；对矩形基坑，$r_0=0.29(a+b)$，a、b 为井点所围矩形的边长；对不规则的基坑，$r_0=\sqrt{A/\pi}$，A 为井点所围面积。

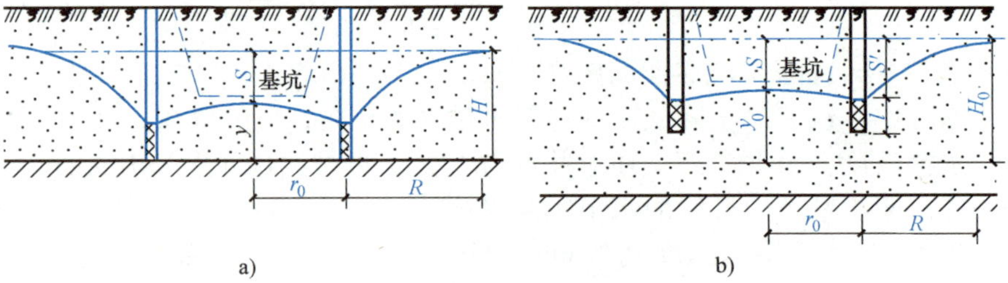

图 1-40 环形井点涌水量计算简图

a）无压完整井 b）无压非完整井

渗透系数 K 值准确与否，对计算结果影响较大。其测定方法有现场抽水试验和实验室试验两种。对重大的工程，宜采用现场抽水试验，以获得较为准确的渗透系数值。方法是在现场设置抽水孔，并至抽水孔距离为 x_1 与 x_2 处设两个观测井（三者在同一直线上），根据抽水稳定后观测井的水深 y_1 与 y_2 及抽水孔相应的抽水量 Q，按下式计算 K 值

$$K=\frac{Q\lg(x_2/x_1)}{1.364(y_2^2-y_1^2)} \quad (1\text{-}19)$$

当缺少试验数据时，可按工程经验确定。表 1-12 列出了几种土的渗透系数 K 值，仅供参考。

表 1-12 土的渗透系数 K 值

土的种类	黏土及粉质黏土	粉土	粉砂	细砂	中砂	粗砂	粗砂夹石	砾石
$K/(m/d)$	<0.005	0.005~1.0	1.0~5.0	5~10	10~25	25~50	50~100	100~200

抽水影响半径 R 与土的渗透系数、含水层厚度、水位降低值及抽水时间等因素有关。一般在抽水 2~5d 后，水位降落漏斗基本稳定。

② 无压非完整井涌水量。在实际工程中，常会遇到无压非完整井井点系统，其涌水量计算较为复杂。为了简化计算，仍可采用式（1-18），但需将式中含水层厚度 H 换成有效深度 H_0，即

$$Q=1.364K\frac{(2H_0-S)S}{\lg\left(1+\frac{R}{r_0}\right)} \quad (1\text{-}20)$$

其中，有效深度 H_0 可查表 1-13 得到。须注意：当 $H_0>H$ 时，取 $H_0=H$；此外，在计算抽水影响半径 R 时，也需以 H_0 代入。

表 1-13 有效深度 H_0 值

$S'/(S'+l)$	0.2	0.3	0.5	0.8
H_0	$1.3(S'+l)$	$1.5(S'+l)$	$1.7(S'+l)$	$1.85(S'+l)$

注：表中 S' 为井管内水位降低深度；l 为滤管长度。

③ 承压完整井涌水量。承压完整井环形井点涌水量计算公式为

$$Q=2.73K\frac{MS}{\lg\left(1+\frac{R}{r_0}\right)} \tag{1-21}$$

式中 M——承压含水层厚度（m）；

R——抽水影响半径（m），对承压水层取 $R=10S\sqrt{K}$；

K、r_0、S——与式（1-18）相同。

3）确定井点管数量与井距。

① 单井最大出水量。单井的最大出水量 q（单位为 m^3/d），主要取决于土的渗透系数、滤管的构造与尺寸，按下式确定

$$q=65\pi dl\sqrt[3]{K} \tag{1-22}$$

式中 d——滤管直径（m）；

l——滤管长度（m）；

K——渗透系数（m/d）。

② 最少井数计算

$$n_{\min}=1.1\frac{Q}{q} \tag{1-23}$$

式中 1.1——备用系数，考虑井点管堵塞等因素。

其他符号意义同前。

③ 最大井距（单位为 m）按下式计算

$$D_{\max}=\frac{P}{n_{\min}} \tag{1-24}$$

式中 P——环形井点所包围面积的周长（m）。

确定井点管间距时，还应注意：①井距必须大于 15 倍管径，以免彼此干扰大而影响出水量；②在渗透系数小的土中井距宜小些，否则水位降落时间过长；③靠近河流处，井点宜适当加密；④井距应能与总管上的接头间距相配合。根据实际采用的井点管间距，最后确定所需的井点管根数。

（4）轻型井点的施工与使用 轻型井点的施工，主要包括施工准备和井点系统的埋设与安装、使用、拆除。

轻型井点降水施工

准备工作：井点设备、动力、水源及必要材料的准备，排水沟的开挖，附近建筑物的标高观测以及防止其沉降措施的实施。

埋设井点的程序：放线定位→打井孔→埋设井点管→安装总管→用弯联管将井点管与总管接通→安装抽水设备。

轻型井点的井孔常采用回转钻成孔法、水冲法或套管水冲法。成孔直径一般为 200~300mm，以保证井管四周有一定厚度的砂滤层，孔的深度宜超过滤管底 0.5m 左右，使滤管下有砂滤层。

井孔成孔后，应立即居中插入井点管，并在井点管与孔壁之间迅速填灌砂滤层，以防孔壁塌土。砂滤层宜选用干净粗砂，要填灌均匀，并至少填至滤管顶部 1~1.5m 以上，以保证水流畅通。上部须填压黏土封口，深度不少于 1m，以防漏气。冲孔与埋管方法如图 1-41 所示。

井点系统全部安装完毕后，需进行试抽，以检查有无漏气现象。开始正式抽水后一般不应停抽。时抽时停，易堵塞滤网，也容易抽出土粒，使水混浊，并可能引起附近建筑物由于土粒流失而沉降开裂。

在整个降水过程中，应定时检查观测井中水位下降情况，随时调节离心泵的出水阀，控制出水量，保持水位面稳定在要求位置，既保证施工安全又不得过量抽水。要经常观测真空表的真空度，发现管路系统漏气应及时采取措施。同时，应对周围地面及附近的建筑物进行沉降观测，如发现沉陷过大，应及时采取防护措施。

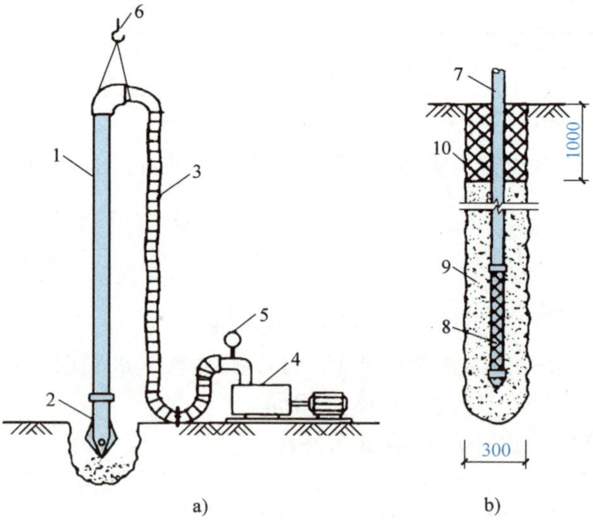

图 1-41 冲孔与埋管方法

a）冲孔 b）埋管

1—冲管 2—冲嘴 3—胶皮管 4—高压水泵 5—压力表 6—起重吊钩 7—井管 8—滤管 9—填砂 10—黏土封口

井点降水宜自开挖前 10~15d 开始，直至基坑回填至地下水位以上且建筑物具有足够的抗浮能力为止。抽出的水应经沉淀池沉淀后加以利用或排至市政雨水管线。

（5）轻型井点降水设计示例

【例 1-4】 某工程基坑底的平面尺寸为 40.5m×16.5m，坑底标高-7.00m（场地标高为-0.50m）。已知地下水位面为-3.00m，土层渗透系数 $K=18\text{m/d}$，-14.00m 以下为不透水层，基坑边坡为 1∶0.5。拟用轻型井点降水，其井管长度为 6m，滤管长度待定，管径为 38mm；总管直径 100mm，每节长 4m，与井点管接口的间距为 1m。试进行降水设计。

解：

1）井点的布置。

① 平面布置。基坑深（7.00m-0.50m）= 6.50m，宽为 16.5m，面积较大，采用环形布置。

② 高程（竖向）布置。

基坑上口宽（取短边）为 16.5m+2×6.50m×0.5 = 23m；

井管埋深 $H_A=6.50\text{m}+0.50\text{m}+(23\text{m}/2+1.0\text{m})\times1/10=8.25\text{m}$；

井管长度 $H_A+0.2\text{m}=8.45\text{m}>6\text{m}$，不满足要求（见图 1-42，图中尺寸单位均为 m）。

若先将基坑开挖至-2.90m，再埋设井点，如图 1-43 所示。

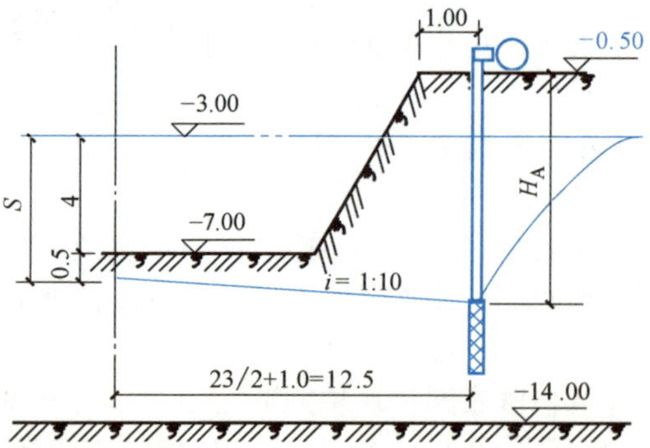

图 1-42 井点高程布置

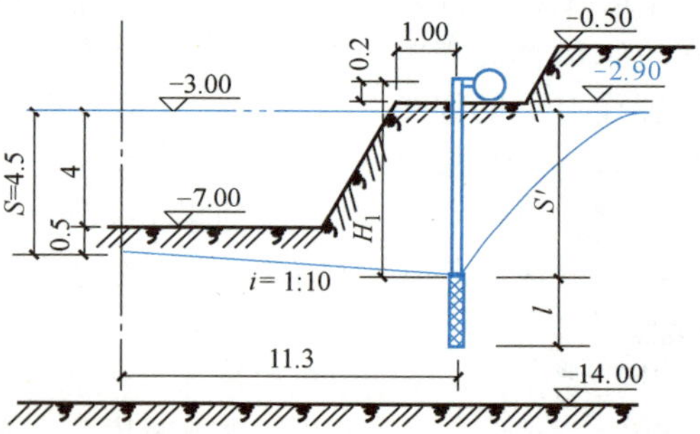

图 1-43 降低埋设面后的井点高程布置

此时需井管长度为 $H_1=\{0.2\text{m}+0.1\text{m}+4\text{m}+0.50\text{m}+[(16.5\text{m}/2)+(7.00\text{m}-2.9\text{m})\times0.5+1\text{m}]\times1/10\}$
$=(4.8\text{m}+11.3\text{m}\times1/10)=5.93\text{m}\approx6\text{m}$，满足。

2）涌水量计算。

① 判断井型。取滤管长度 $l=1.5\text{m}$，则滤管底可达到的深度为

$$2.9\text{m}+(6-0.2)\text{m}+1.5\text{m}=10.2\text{m}<14\text{m}$$

未达到不透水层，此井为无压非完整井。

② 计算抽水有效影响深度。

井管内水位降落值 $S'=(6-0.2-0.1)\text{m}=5.7\text{m}$，则 $\dfrac{S'}{S'+l}=\dfrac{5.7}{5.7+1.5}=0.792$

查表 1-13 经内插得 $H_0=1.845(S'+l)=1.845\times(5.7\text{m}+1.5\text{m})=13.28\text{m}>$含水层厚度 $H_水=(14-3)\text{m}=11\text{m}$

故按实际情况取 $H_0=H_水=11\text{m}$。

③ 计算井点系统的等效半径。

$$r_0=0.29(a+b)=0.29\times(46.6\text{m}+22.6\text{m})=20.07\text{m}$$

④ 计算抽水影响半径 R。

$$R=2S\sqrt{H_0K}=2\times4.5\times\sqrt{11\times18}\text{m}=126.64\text{m}。$$

⑤ 计算涌水量 Q。

$$Q=1.364K\frac{(2H_0-S)S}{\lg\left(1+\dfrac{R}{r_0}\right)}=1.364\times18\times\frac{(2\times11-4.5)\times4.5}{\lg\left(1+\dfrac{126.64}{20.07}\right)}\text{m}^3/\text{d}=2238\text{m}^3/\text{d}。$$

3）确定井点管数量及井距。

① 井点管单管的极限出水量为

$$q=65\pi dl\sqrt[3]{K}=(65\pi\times0.038\times1.5\times\sqrt[3]{18})\text{m}^3/\text{d}=30.5\text{m}^3/\text{d}。$$

② 需井点管最少数量为

$$n_{\min}=1.1\frac{Q}{q}=1.1\times\frac{2238}{30.5}\text{根}=80.71\text{根}$$

③ 最大井距 $D_{\max}$。

井点包围面积的周长 $P=(46.6+22.6)\text{m}\times2=138.4\text{m}$；

井点管最大间距 $D_{\max}=P/n_{\min}=138.4\text{m}\div80.71=1.71\text{m}$。

④ 确定井距及井点数量。

按照井距的要求，并考虑总管接口间距为 1m，则井距确定为 1.5m（接 2 堵 1）。

故实际井点数为

$$n=138.4\div1.5\text{根}\approx92\text{根}。$$

取长边每侧 31 根，短边每侧 15 根；共 92 根。

4）井点及抽水设备的平面布置。

如图 1-44 所示，图中尺寸单位均为 m。

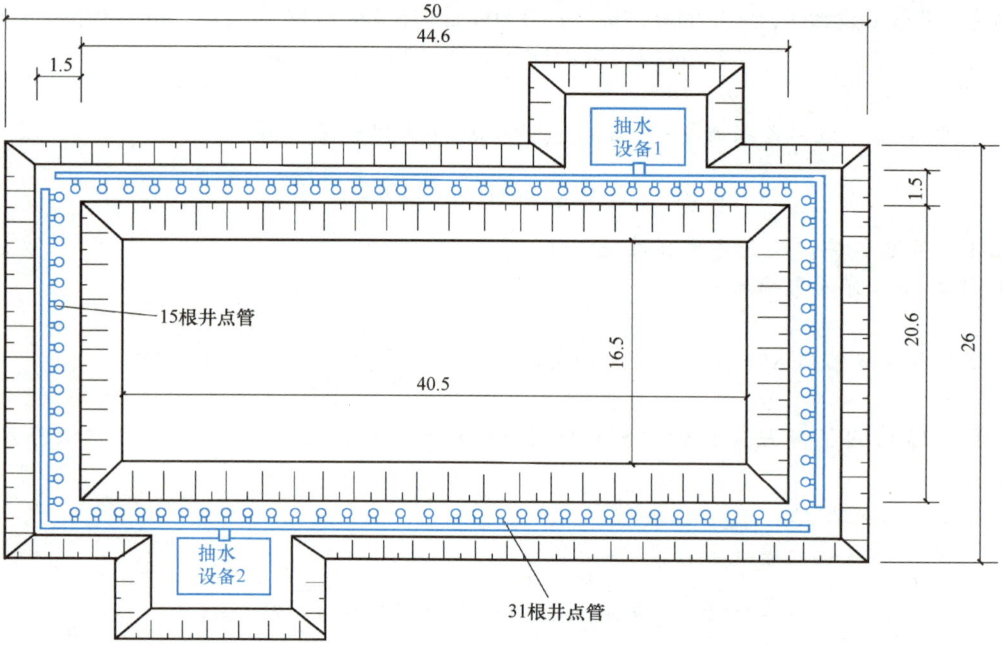

图 1-44 井点及抽水设备的平面布置（单位：m）

2. 喷射井点

喷射井点是利用喷射高压水将地下水带出而达到降水目的，适用于土层渗透系数较小（$K=0.1\sim20\text{m/d}$）而要求降水深度较大（8~20m）的工程。

喷射井点设备主要由喷射井管、高压水泵和管路系统组成，如图 1-45 所示，喷射井管 1 由内管 8 和外管 9 组成，在内管下端装有喷射扬水器与滤管 2 相连。在高压水泵 5 作用下，高

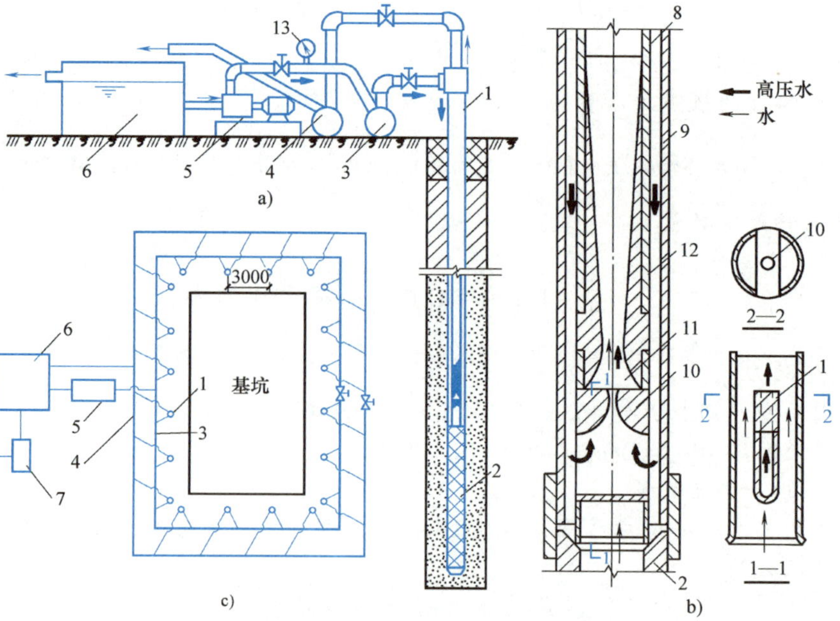

图 1-45 喷射井点设备及平面布置简图

a）喷射井点设备简图 b）喷射扬水器原理图 c）喷射井点平面布置

1—喷射井管 2—滤管 3—进水总管 4—排水总管 5—高压水泵 6—集水池 7—水泵 8—内管 9—外管 10—喷嘴 11—混合室 12—扩散管 13—压力表

压水（0.7~0.8MPa）经外管与内管之间的环形空间，并经扬水器的侧孔流向喷嘴 10。由于喷嘴截面的突然缩小，流速急剧增加，压力水由喷嘴以很高流速喷入混合室 11（该室与滤管相通），将喷嘴口周围空气吸入，被急速水流带走，因而该室压力下降而造成一定真空度。此时地下水被吸入喷嘴上面的混合室，与高压水汇合，流经扩散管 12 时，由于截面扩大，流速降低而转化为压力水头，沿内管上升经排水总管排于集水池 6 内。此池内的水一部分用水泵 7 排走，另一部分供高压水泵压入井管继续循环，将地下水逐步降低。

喷射井点的施工顺序：安装水泵设备及泵的进出水管路→铺设进水总管和回水总管→沉设井点管（包括成孔及灌填砂滤料等），接通进水总管后及时进行单根试抽、检验→全部井点管沉设完毕后，接通回水总管，全面试抽，检查整个降水系统的运转状况及降水效果。

进水、回水总管同每根井点管的连接管均需安装阀门，以便调节使用和防止不抽水时发生回水倒灌。井点管路接头应安装严密。

喷射井点的型号一般有 2.5 型、4 型和 6 型三种，其外管直径分别为 2.5in（1in = 25.4mm）、4in、6in。应根据不同的土层渗透系数和排水量要求选择。

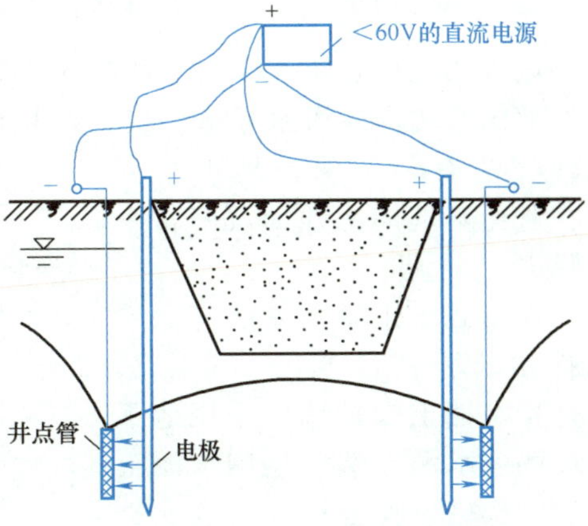

图 1-46 电渗井点示意图

3. 电渗井点

电渗井点是在轻型或喷射井点中增设电极而形成的。以井点管作阴极，在基坑内距井点管 1~1.5m 处相应地插入Φ20~25 钢筋作阳极（见图 1-46）。通入直流电后，土中的水会向阴极移动，从而加速水的渗流，以尽快将土疏干。一般电压不宜大于 60V，土中的电流密度应为 0.5~1.0A/m^2。电渗井点主要用于渗透系数小于 0.1m/d 的土层。

4. 管井井点

管井井点就是沿基坑每隔一定距离设置一个管井，每个管井单独用一台水泵不断抽水来降低地下水位。常用在土的渗透系数较大（0.1~200m/d）、水量丰富的工程中。

管井井点的设备主要由井管及水泵组成，如图 1-47 所示。井孔钻完后，将钢制井管、PVC 管或混凝土井管安装沉入，周围填充不少于 100mm 厚度的砂石滤水层，经洗井后安装水泵而成。井管直径应根据含水层的富水性及水泵性能确定，外径不宜小于 200mm，内径宜比水

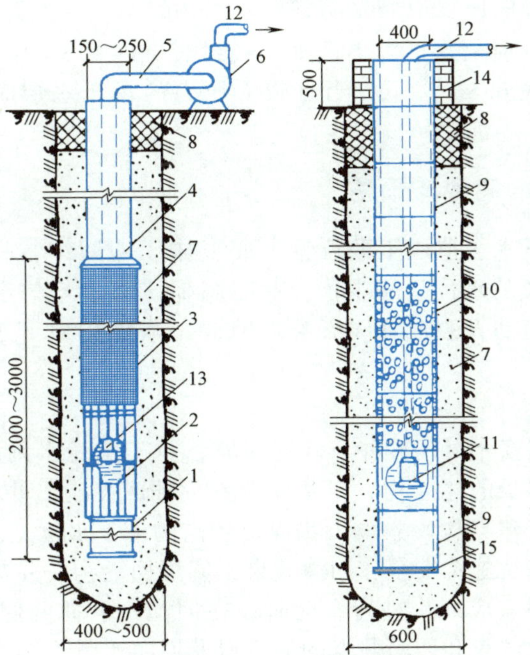

图 1-47 管井井点

a）钢管管井 b）混凝土管管井

1—沉砂管 2—钢筋焊接骨架 3—滤网 4—管身 5—吸水管 6—离心泵 7—小砾石滤水层 8—黏土封口 9—混凝土实管 10—水泥砾石管 11—潜水泵 12—出水管 13—吸水龙头 14—井台 15—封底板

管井井点演示

深管井井点演示

龙头或潜水泵外径大 50mm。水泵可采用 2~4in（50.8~101.6mm）单级离心泵或潜水泵。

管井的间距一般为 6~15m，管井的深度为 8~15m。井内水位降低可达 6~10m，两井中间水位则可降低 3~5m。

当要求降水深度很大时，可将管井加深并使用深井泵抽水，其降水深度可达 30m 以上，井点间距为 10~30m，常用深井潜水泵排水。

1.4.4 截水法

截水法也称封闭式降水，是在基坑周围设置止水挡土围护墙或截水帷幕等封闭基坑，切断外部向基坑内的渗水通道，仅在基坑内进行疏干降水的地下水控制方法，如图 1-48 所示。这种方法有利于保护地下水环境，避免基坑周围地面沉降带来的隐患。

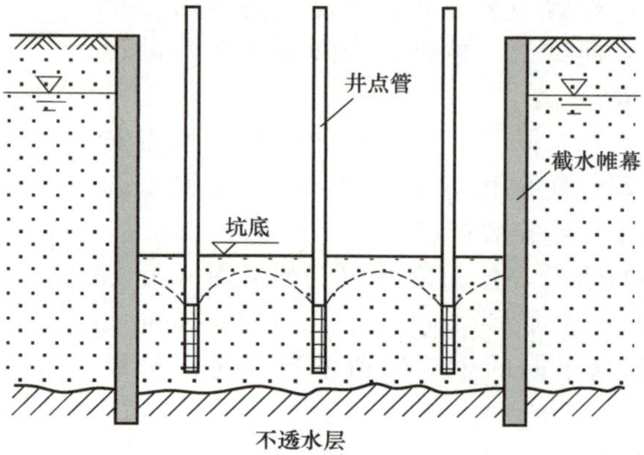

图 1-48 封闭式降水（截水法）示意图

咬合桩帷幕施工演示

常用截水帷幕的做法有深层搅拌法、压密注浆法、冻结法等。止水挡土围护墙可采用地下连续墙、水泥土墙、型钢水泥土墙、钢板桩、咬合桩等阻水支护挡墙，也可在排桩间用旋喷、摆喷水泥土桩进行封闭，或采用在无阻水功能的支护结构后加设水泥土截水帷幕的复合围护形式。

截水帷幕的厚度应满足防渗要求，其深度应插入下卧不透水层或封底层内 1.5~2m。坑内设置降水井点将土疏干并使水位降至基坑底 0.5m 以下，当有较大压力的承压水层时还应设置减压井，防止坑底隆起或突涌。

1.4.5 降水危害与预防

降排地下水会造成土颗粒流失或土体压缩固结，易引起周围地面沉降。由于土层的不均匀性和形成的水位呈漏斗状，地面沉降多为不均匀沉降，可能导致邻近建（构）筑物倾斜、下沉，道路开裂或管线断裂。因此，当降排地下水时，必须采取防沉措施，以防发生危害。

1. 回灌法

对于浅层潜水可用砂井、砂沟回灌，对于承压水则需用回灌井进行回灌。该方法是在降水井点与需保护的建（构）筑物间设置一排回灌沟、井。在降水的同时，向土层内灌入适量的水，使既有建（构）筑物下仍保持较高的地下水位，以减小其沉降程度，如图 1-49a 所示。

为确保基坑施工安全和回灌效果，同层回灌沟、井与降水井点之间应保持不小于 6m 的距离，降水与回灌应同步进行。同时，在回灌沟、井两侧要设置水位观测井，监测水位变化，调节控制降水井点和回灌井点的运行以及回灌水量。

2. 设置截水帷幕法

在降水井点区域与既有建筑之间设置一道截水帷幕，使基坑外地下水的渗流路线延长，从而使既有建（构）筑物的地下水位基本保持不变。截水帷幕可结合挡土支护结构设置，也可单独设置，如图 1-49b 所示。

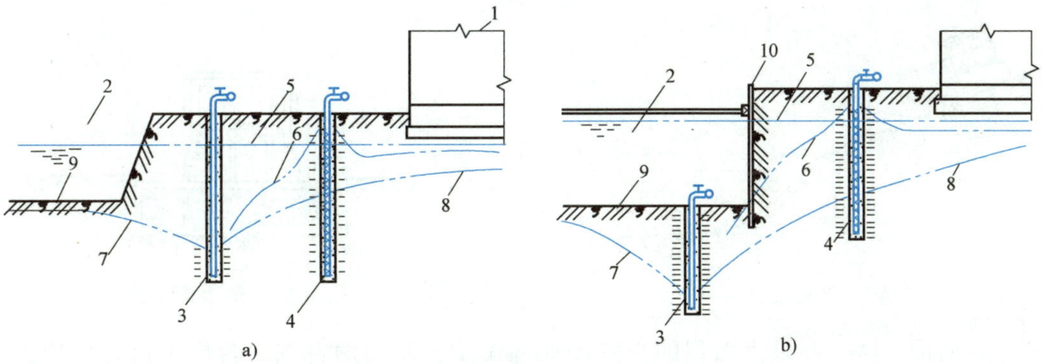

图 1-49 回灌井点布置示意图

a）降水与回灌井点 b）加设止水支护结构或截水帷幕的回灌井点

1—既有建（构）筑物 2—开挖基坑 3—降水井点 4—回灌井点 5—原有地下水位线 6—降灌井点间水位线 7—降水后的水位线 8—不回灌时的水位线 9—基坑底 10—截水挡墙

3. 减少土颗粒损失法

降水应严格控制出水含砂量。稳定抽水 8h 后的含砂量，土层为粗砂时不得超过 1/50000，中砂为 1/20000，粉细砂为 1/10000。采用加长井点、调小水泵阀门、减缓降水速度、选择适当的滤网、加大砂滤层厚度等方法，均可减少土颗粒随水流带出。

1.5 开挖机械与施工

土方工程宜采用机械化施工。施工机械主要包括挖掘机械（如单斗挖土机、多斗挖土机等）、挖运机械（如推土机、铲运机、装载机等）、运输机械（如翻斗车、自卸汽车、带式运输机等）和密实机械（如压路机、蛙式夯、振动夯等）四大类，施工机械应依据工程特点及工程量、现有机械情况、配套要求，并考虑经济效益合理选用。

大型土方工程的机械化施工　挖沟机作业

1.5.1 场地平整施工

场地平整是综合性施工过程，它由土方的开挖、运输、填筑、压实等内容组成。大面积的场地平整，宜采用大型土方机械，如推土机、铲运机或挖土机配合自卸汽车施工。

1. 推土机施工

推土机由拖拉机和推土铲刀组成，按行走的方式分履带式和轮胎式，按铲刀的安装方式又分为固定式和回转式。

推土机作业

推土机是一种自行式的挖土、运土工具，适于运距在 100m 以内的平土或移挖作填，以 30~60m 为最佳，一般可挖一至三类土。推土机的特点是操作灵活，运输方便，所需工作面较小，行驶速度较快，易于转移，具有多种用途。

为了提高推土机的工作效率，常用以下几种作业方法：

（1）下坡推土法　推土机顺地面坡势进行下坡推土，可以借机械本身的重力作用，增加切土力量和运土能力（见图 1-50），因而可提高生产效率，在推平土丘、回填管沟时，均可采用。

（2）分批集中，一次推送法　当挖方区的土较硬时，可多次切挖，集中后再整批地推送到卸土区。此法可提高运土效率，缩短运输时间，提高生产效率 12%~18%。

（3）沟槽推土法　沟槽推土法就是沿第一次推过的原槽推土，前次推土所形成的土埂能有效阻止土的散失，从而增加推运量，缩短运土时间，如图 1-51 所示。

图 1-50 下坡推土法

图 1-51 沟槽推土法

（4）并列推土法 在较大面积的平整场地施工中，采用两台或三台推土机并列推土，能减少土的散失面，提高运土量 20%。相邻推土机的铲刀应保持 150～300mm 间距，避免相互影响；并列不宜超过四台，如图 1-52 所示。

（5）斜角推土法 将回转式铲刀斜装在支架上，与推土机前进方向形成一定倾斜角度进行推土，可减少机械来回行驶，提高效率。该法适于在基槽、管沟回填时采用，如图 1-53 所示。

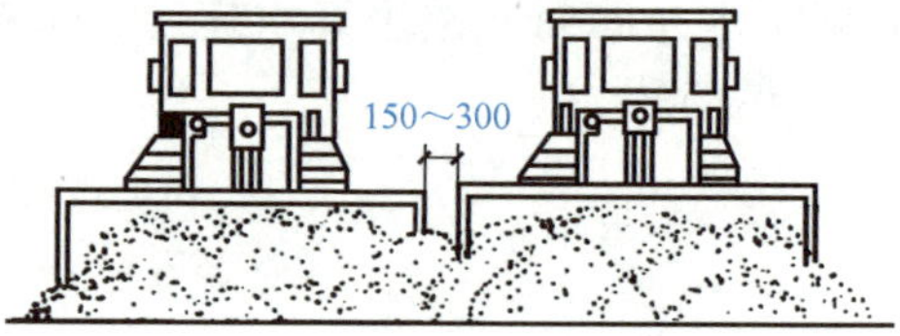

图 1-52 并列推土法

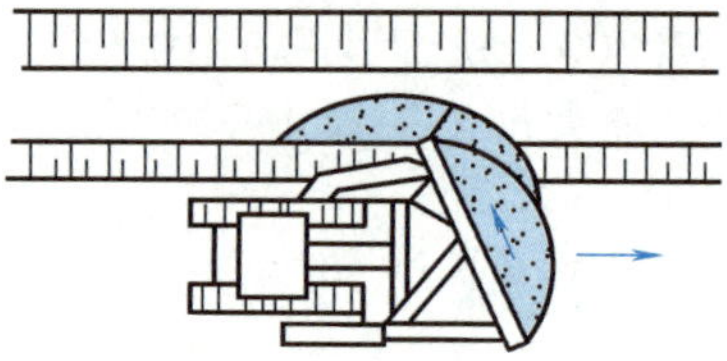

图 1-53 斜角推土法

2. 铲运机施工

铲运机是一种能独立完成挖土、运土、卸土、填筑等工作的土方机械，按有无动力设备分为自行式和拖式两种。自行式铲运机的行驶和工作都靠本身的动力设备完成，拖式铲运机需由拖拉机牵引及操纵，如图 1-54 所示。

铲运机作业

a)　　b)

图 1-54 铲运机

a）自行式铲运机 b）拖式铲运机

铲运机的工作装置是铲斗，铲斗前方有一个能开启的斗门，铲斗前设有切土刀片。切土时斗门打开，铲斗下降，刀片切入土中。铲运机前进时，被切下的土挤入铲斗，铲斗装满后将其提起，斗门关闭，开始运土。行至卸土地点后，提起斗门，边走边卸土并刮平。

铲运机适宜在一、二类土且地形起伏不大（坡度在 20°以内）时，运距 60～800m 的大面积场地平整、大型沟槽开挖或路基填筑施工。

（1）铲运机的开行路线 根据挖填区分布等具体条件，选择合理铲运路线可极大提高生产率。铲运机的开行路线一般有以下几种：

1）环形路线。对施工地段较短、地形起伏不大的挖、填工程，适宜采用环形路线，如图 1-55a、b 所示。当挖土和填土交替，而挖填之间距离又较短时，则可采用大环形路线（见图 1-55c）。大环形路线减少了铲运机的转弯次数，可提高工作效率。

2）“8”字形路线。当挖、填相邻，地形起伏较大，工作地段较长时，可采用“8”字形路线（见图 1-55d）。其特点是行驶一个循环能完成两次作业，而每次铲土只需转弯一次，比环形路线可缩短运行时间，提高生产效率。同时，一个循环中两次转弯方向不同，机械磨损较均匀。

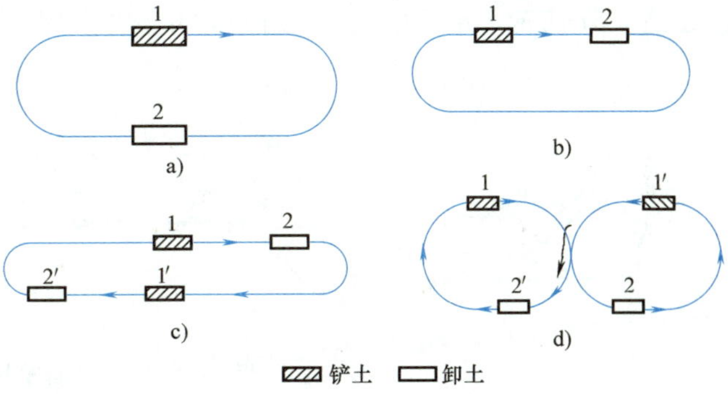

图 1-55 铲运机开行路线

a)、b）环形路线 c）大环形路线 d）“8”字形路线

（2）铲运机的施工方法 为了提高铲运机的装土效率，可采用下列方法。

1）下坡铲土。利用铲运机的重力来增大牵引力，使铲斗切土加深，缩短装土时间，从而提高生产率。一般地面坡度以 5°~7°为宜。如果自然条件不允许，可在施工中逐步创造一个下坡铲土的地形。

2）助铲法。在地势平坦、土质较坚硬时，可采用推土机助推（见图 1-56），以增加铲土能力。一般每 3~4 台铲运机配 1 台推土机助铲。推土机在助铲的空隙时间，可进行松土或其他零星的平整工作，为铲运机施工创造条件。

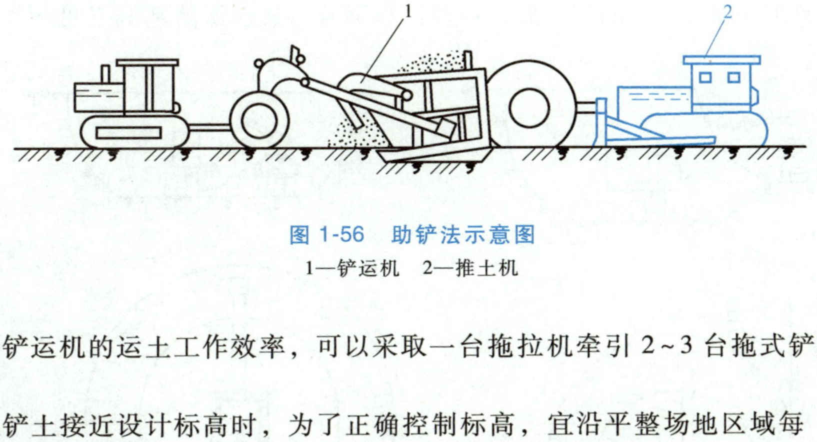

图 1-56 助铲法示意图

1—铲运机 2—推土机

为了提高铲运机的运土工作效率，可以采取一台拖拉机牵引 2~3 台拖式铲运机的多斗联运方法。

当铲运机铲土接近设计标高时，为了正确控制标高，宜沿平整场地区域每隔 10m 左右配合水平仪抄平，先铲出一条标准槽，以此为准，使整个区域平整达到设计要求。

挖土机+汽车平整场地

3. 挖土机施工

当场地起伏高差较大、土方运距超过 1km，工程量大而集中时，宜采用挖土机挖土、配合自卸汽车运土，并在卸土区配备推土机整平。

1.5.2 基坑开挖

1. 单斗挖土机施工

单斗挖土机是基坑土方开挖的常用机械。按其行走装置的不同，分为履带式和轮胎式两类；

按其传动方式分为液压式和索具式两种；按其工作装置的不同，分为正铲、反铲、拉铲和抓铲四种，如图 1-57 所示。单斗挖土机进行土方开挖作业时，需自卸汽车配合运土。

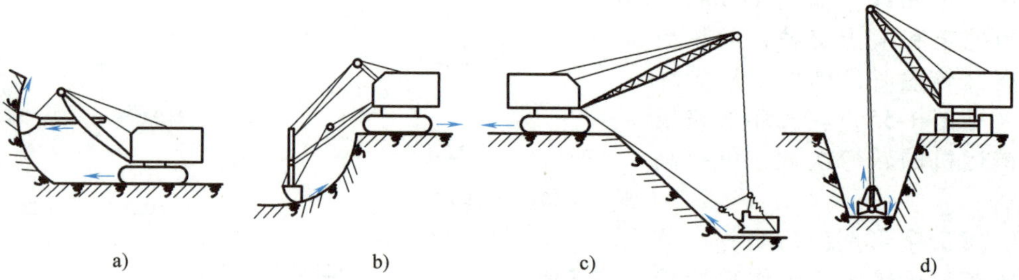

图 1-57 四种单斗挖土机

a）正铲挖土机 b）反铲挖土机 c）拉铲挖土机 d）抓铲挖土机

（1）正铲挖土机 正铲挖土机的挖土特点是“前进向上，强制切土”。其挖掘力大，生产效率高，易于与汽车配合。宜开挖停机面以上的一至四类土，常用于开挖掌子面高度大于 2m、土的含水率小于 27% 的较干燥基坑，但需设置坡度不大于 1∶6 的坡道。

正铲挖土机作业

开挖方式与顺序

1）开挖方式。正铲挖土机常采用以下两种开挖方式：

① 正向挖土侧向卸土。挖土机沿前进方向挖土，运输工具停在侧面装土。此法挖土机卸土时，动臂回转角度小，运输工具行驶方便，生产率高，采用较广（见图 1-58a）。

② 正向挖土后方卸土。挖土机沿前进方向挖土，运输工具停在挖土机后面装土。此法所挖的工作面较大，但回转角度大，生产效率低，运输工具倒车开入，一般只用来开挖施工区域的进口处，以及工作面狭小且较深的基坑（见图 1-58b）。

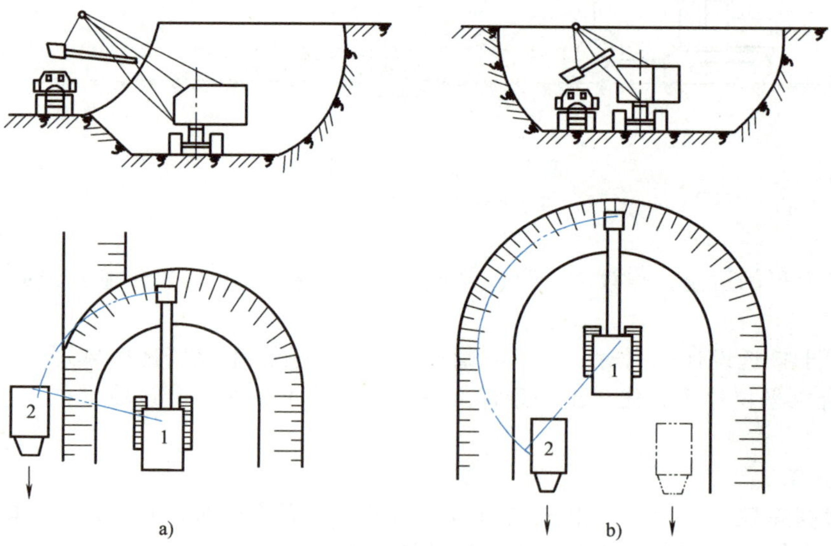

图 1-58 正铲挖土机开挖方式

a）正向挖土侧向卸土 b）正向挖土后方卸土

2）开挖顺序。根据挖土机的工作参数与基坑的横断面尺寸，就可划分挖土机的开行通道。图 1-59 所示是某基坑开行通道划分情况，共分三条开挖。第 I 次开行，采用正向挖土后方卸土方式，一次开挖到底；第Ⅱ、Ⅲ次开行都用正向挖土侧向卸土方式，一次开挖到底。进出口坡道的坡度不应大于1∶8。开挖较深的基坑时，应分层划分开行通道，逐层下挖。

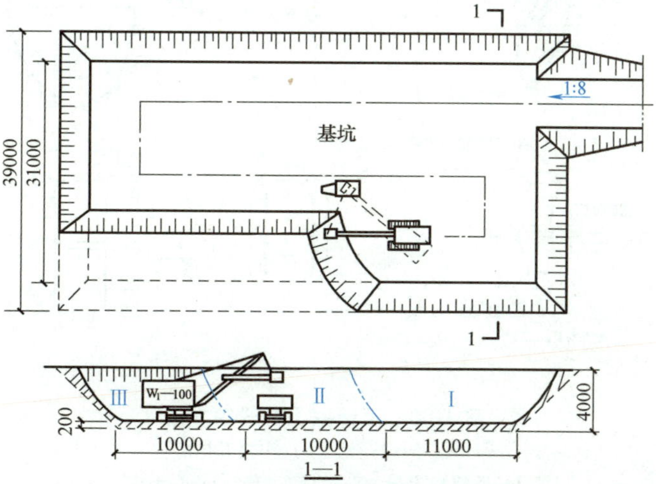

图1-59 某基坑开行通道划分情况

反铲挖土机

(2) 反铲挖土机 反铲挖土机的挖土特点是“后退向下，强制切土”。其挖掘力比正铲小，适于开挖停机面以下的一至三类土的基坑、基槽或管沟，每层经济合理的开挖深度为1.5~3.0m，加长臂反铲的开挖深度可达8~10m，对地下水位较高处也适用。几种常用反铲挖土机的技术性能见表1-14。

表1-14 几种常用反铲挖土机的技术性能

项次	工作项目	符号	WY40 (液压式)	WYL60 (液压、轮行)	WY100 (液压式)	WY160 (液压式)
1	土斗容量/m^3	q	0.4	0.6	1	1.6
2	最大卸土高度/m	H_2	3.76	6.36	5.4	5.83
3	最大挖土深度/m	H	4.0	6.36	5.4	5.83
4	最大挖土半径/m	R	7.19	8.2	9.0	10.6

反铲挖土机的开挖方式，可分为沟端开挖与沟侧开挖。

1) 沟端开挖。挖土机停在沟端，向后倒退挖土，汽车停在两旁装土（见图1-60a）。该方法因挖土方便，开挖深度和宽度较大而较多采用。当开挖大面积的基坑时，可分段开挖；当开挖深基坑时，可分层开挖。

反铲沟端开挖

反铲沟侧开挖

2) 沟侧开挖。挖土机沿沟一侧直线移动挖土（见图1-60b）。此法能将土弃于距沟边较远处，但挖土宽度受限制（一般为0.5R~0.8R），不能很好地控制边坡，机身停在沟边而稳定性较差；因此只有在无法采用沟端开挖或所挖的土不需运走时采用。

(3) 拉铲挖土机 拉铲挖土机由主机及起重臂、铲斗等构成（见图1-61）。其挖土特点是“后退向下，自重切土”。其挖土半径和挖土深度较大，能开挖停机面以下的一、二类土。工作时，利用惯性力将铲斗甩出去，涉及范围大。但不如反铲灵活准确，易于甩土，与汽车配合较难。宜用于开挖较深较大的基坑（槽）、沟渠或水中挖土，以及填筑路基、修筑堤坝，更适于河

拉铲挖土机作业

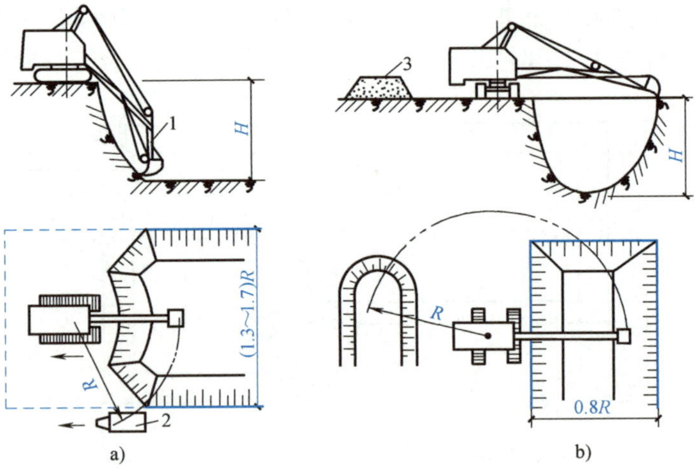

图 1-60 反铲挖土机开挖方式

a）沟端开挖 b）沟侧开挖

1—反铲挖土机 2—自卸汽车 3—弃土推

道清淤。

拉铲挖土机的开挖方式与反铲挖土机相似，也分为沟端开挖和沟侧开挖。

抓铲演示

液压挖槽机作业

（4）抓铲挖土机 索具式抓铲挖土机的挖土特点是“直上直下，自重切土”。其挖掘力较小，能开挖一、二类土，适于施工面狭窄而深的基坑、深槽、沉井等开挖，清理河泥等工程，最适于水下挖土。抓铲挖土机工作原理与方式如图 1-62 所示。目前，液压式抓铲挖土机得到了较多应用，可强制切土，性能优于索具式。

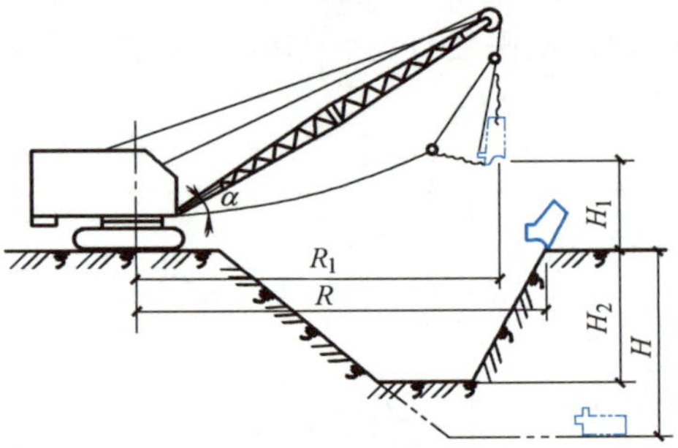

图 1-61 拉铲挖土机的工作尺寸

对于小型基坑，抓铲挖土机可立于一侧进行抓土作业；对较宽的坑、槽，需在两侧或四周抓土。施工时应离开基坑足够的距离，并增加配重。

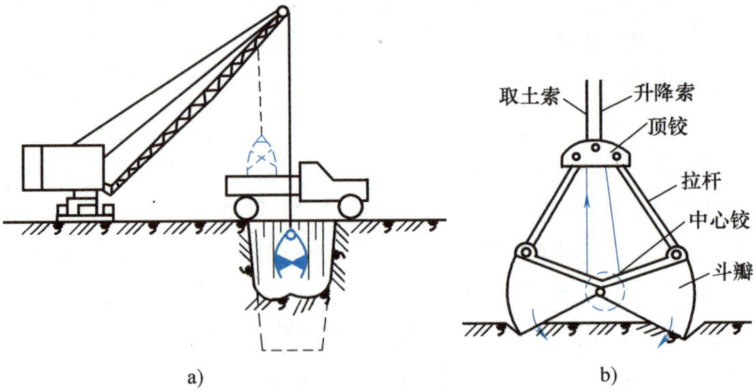

图 1-62 抓铲挖土机工作示意图

a）抓铲开挖柱基基坑 b）抓铲斗工作

2. 挖土机的选择与配套

（1）选择的依据　机械的选择主要是确定机械的类型、型号和数量三个方面。选择时，首先应考虑土方工程的类型及规模，如挖坑、挖槽、大开挖、开挖深度及土方量大小等；其次要考虑地质、水文条件，如土的类型、含水率、地下水等；再次要考虑现有设备条件及工期要求等。

（2）挖土机数量确定　挖土机的数量 N（单位为台），应根据土方量大小和工期长短，并考虑合理的经济效果，按下式计算

$$N=\frac{Q}{P}\cdot\frac{1}{TCK} \tag{1-25}$$

式中　Q——土方量（m^3）；

P——挖土机生产率（m^3/台班），可查定额手册；

T——工期（工作日）；

C——每天工作班数（班）；

K——时间利用系数（0.8~0.9）。

$$P=\frac{8\times3600}{t}\cdot q\cdot\frac{K_c}{K_s}\cdot K_B \tag{1-26}$$

式中　t——挖土机每次作业循环延续时间（s），包括挖土、转车、卸土、回程；

q——挖土机斗容量（m^3）；

K_c——土斗充盈系数，可取 0.8~1.1；

K_s——土的最初可松性系数；

K_B——工作时间利用系数，一般为 0.7~0.9。

（3）自卸汽车配套计算　与挖土机配合作业的自卸汽车，其载重量一般宜为挖土机每斗土重的 3~5 倍。需配备自卸汽车的数量 N 应能保证挖土机连续工作，可按下式计算

$$N=\frac{T_s}{t_1}\text{或}\quad N=\frac{S_2}{S_1} \tag{1-27}$$

式中　T_s——自卸汽车每一工作循环的延续时间（min）；

t_1——自卸汽车每次装车时间（min）；

S_1——自卸汽车每台班运土量（m^3）；

S_2——挖土机每台班挖土量（m^3）。

当运土车辆较多及路况复杂时，应在计算值上增加 1~2 辆，以免因路况、故障等使挖土机工作间断。

3. 基坑开挖

（1）开挖的原则

1）放坡开挖。当场地允许并经验算能保证土坡稳定时，可采用放坡开挖。开挖较深时应采用多级放坡，并在各级间留宽度不少于 1.5m 的平台。做好地下水及地面水的处理；土质较差或留置时间较长的坡面应进行护坡；坑顶不宜堆土或存在堆载，否则应减缓坡度或加固。

开挖基坑

2）有围护无内支撑的基坑开挖。采用土钉墙、土层锚杆支护的基坑，开挖应与土钉、锚杆施工相协调，形成循环作业，并提供成孔施工的所需工作面。开挖应分层分段进行，每层挖深宜为土钉或锚杆的竖向间距，每层分段长度不宜大于 30m，开挖后及时进行支护施工。采用重力式水泥土墙、板墙悬臂支护的基坑，其强度及龄期应满足时间要求，面积大者可采取平面分块、均匀对称开挖方式，并及时浇筑垫层。

3）有内支撑的基坑开挖。应遵循“先撑后挖、限时支撑、分层开挖、严禁超挖”的原

则，尽量减少基坑无支撑的暴露时间和空间。挖土机和车辆不得直接在支撑上行走或作业。

（2）开挖的方法　基坑土方的常用开挖方法包括下坡分层开挖、盆式开挖和岛式开挖。

1）下坡分层开挖如图1-63所示，常用于无坑内支撑的工程。分层厚度取决于边坡稳定、土钉及锚杆层距及机械挖深能力，并在适当位置留出坡道将土运出。每层土按机械开挖半径、挖运方便及周边环境分条分块进行开挖。

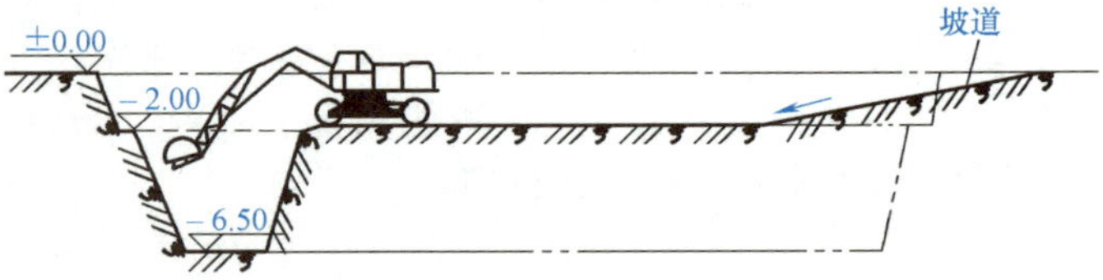

图1-63　下坡分层开挖示意图

2）盆式开挖如图1-64所示，适用于基坑中部支撑较为密集的大面积工程。先开挖基坑中部土方形成盆状，再开挖周边土方。这种开挖方法使基坑支护结构受力较晚，可在支撑系统养护阶段进行开挖。

3）岛式开挖如图1-65所示，适用于坑内支撑系统沿基坑周边布置、中部留有较大空间的工程。先挖基坑周边土方，在较短时间内完成支撑系统，在支撑系统养护阶段再开挖基坑中部岛状土体。该法对基坑变形控制较为有利。

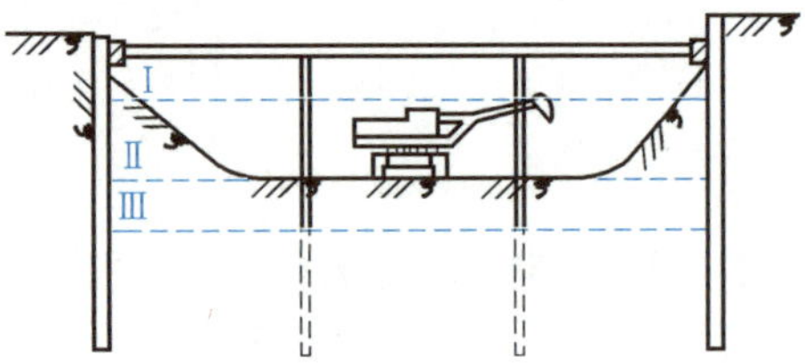

图1-64　盆式开挖示意图

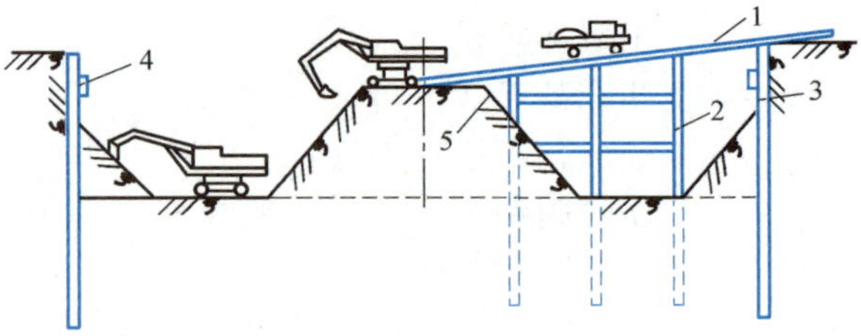

图1-65　岛式开挖示意图

1—栈桥　2—支架　3—支护挡墙　4—腰梁　5—土墩

（3）开挖施工要点

1）应根据地下水位、机械条件、进度要求等合理选用施工机械，以充分发挥机械效率，节省机械费用，加快工程进度。

2）土方开挖前应制订开挖方案，绘制开挖平面与剖面图，包括确定开挖路线、顺序、范围、基底标高、边坡坡度、排水沟、集水井位置以及挖出的土方堆放地点等。

3）基底标高不一时，可采取先整片挖至较浅部位标高处，再进行较深部位的续挖。当一次开挖深度超过挖土机最大挖掘高度时，宜分层开挖，并修筑坡道，以便挖土及运输车辆进出。

4）应有人工配合修坡和清底，将松土清至机械作业半径范围内，再用机械掏取运走。大基坑宜另配一台推土机清土、送土、运土。

5）挖土机、运土汽车进出基坑的运输道路，应尽量利用基础一侧或地下车库坡道部位作为运输通道，以减少挖土量。

6）软土地基或在雨期施工时，大型机械在坑下作业需铺垫钢板或铺路基箱垫道。

7）对某些面积不大、深度较大的基坑，应尽量不设或少设坡道，采用机械接力挖运土方，或采用长臂挖土机作业，并使人工与机械合理地配合挖土。

8）机械开挖时，基底及边坡应预留一层200~300mm厚土层，用于人工清底、修坡、找平，以保证基底标高和边坡坡度正确，避免超挖和土层遭受扰动。

机械开挖与人工清底

9）基坑挖好后，应紧接着进行下一工序，尽量减少基坑土体的暴露时间。否则，基坑底部应保留100~200mm厚的土暂时不挖，作为保护，待下一工序开始前再挖至设计标高。

10）经钎探、验槽（必要时还需进行地基处理）满足要求后，方可进行基础施工。

机械打钎

1.6 土方填筑

1.6.1 土料选择与填筑方法

为了保证填土工程的质量，必须正确选择土料和填筑方法。

回填土料应符合设计要求，淤泥和淤泥质土、过盐渍土、强膨胀性土、有机质含量大于等于5%的土不得用作填料；碎石类土或爆破石渣的粒径不得超过每层铺填厚度的2/3，不得用作表层填料；土料的含水率应满足压实要求。

不同填料不应混填。当采用透水性不同的土料时，不得掺杂乱倒，应分层填筑，并将透水性较小的土料填在上层，以免填方内形成水囊或浸泡基础。

填方施工宜采用水平分层铺填、分层压实，每层铺填的厚度应根据土的种类及压实机械而定。每层填土压实后，应检查压实质量，符合设计要求后，方能填筑上一层。当填方位于坡面上时，应先将斜坡挖成台阶状，再分层填筑，以防填土滑移。

压实机械

1.6.2 填土压实方法

填土压实方法包括碾压法、夯实法及振动压实法等，如图1-66所示。

平整场地等大面积填土工程多采用碾压法，小面积的填土工程宜用夯实法，而振动压实法对非黏性土效果更好。

1. 碾压法

碾压法是利用机械滚轮的压力压实填土，常采用压路机碾压。压路机有钢轮和胶轮等形式，按重量分为轻型、重型等型号，按碾压方式分为平碾、羊足碾和振动碾。羊足碾产生的压强较大，对黏性土压实效果好。振动碾能力强、效率高。常用压路机如图1-67所示。

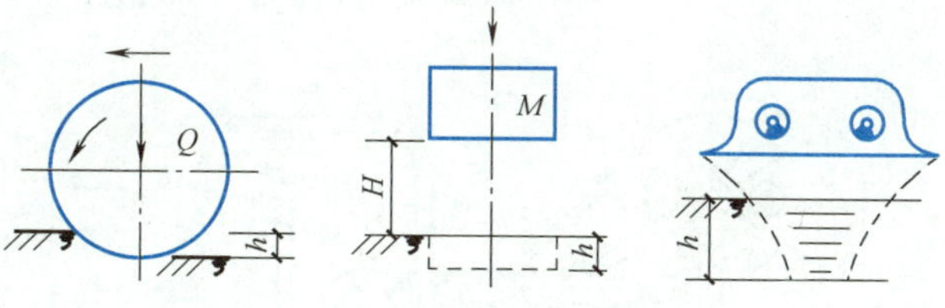

图1-66 填土压实方法

a）碾压法 b）夯实法 c）振动压实法

碾压时，对松土应先用轻碾初步压实，再用重碾或振动碾压，否则易造成土层强烈起伏，影响机械碾压效率和填土压实效果。先压边部再压中间。碾压机械行驶速度不宜过快，一般平碾不应超过2km/h，羊足碾不应超过3km/h，应先慢后快。

2. 夯实法

夯实法是利用夯锤自由下落的冲击力来夯实填土，分机械夯实和人工夯实两种。常用的夯实机械有夯锤、内燃夯土机、电动冲击夯和蛙式打夯机（见图1-68）等；人工夯实可用木夯、石夯等，已逐渐淘汰。

3. 振动压实法

振动压实法是通过振动力，使土颗粒发生相对位移而达到紧密状态。平板振动机构造如图1-69所示。此外，振动压路机是一种振动和碾压同时作用的高效能压实机械，比一般压路

图 1-67 常用压路机

a）钢轮平碾压路机 b）胶轮平碾压路机 c）振动碾压路机 d）羊足碾压路机

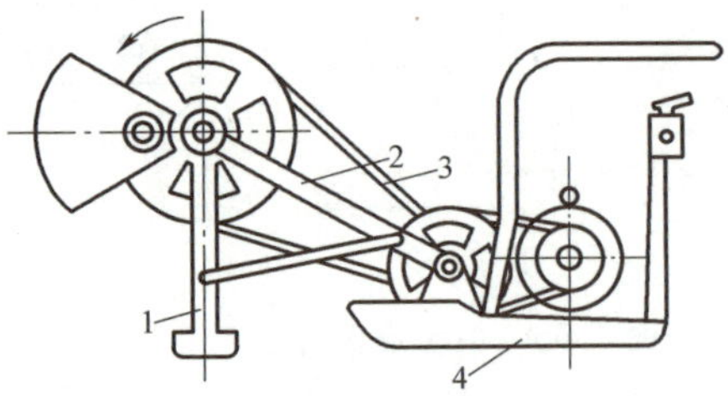

图 1-68 蛙式打夯机

1—夯头 2—夯架 3—V 带 4—托盘

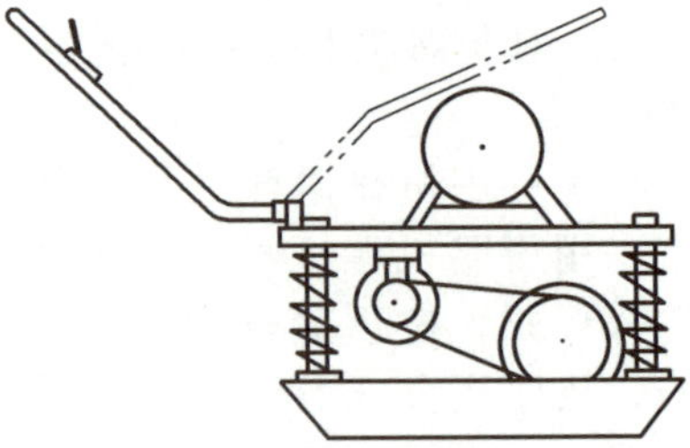

图 1-69 平板振动机构造

机提高功效 1~2 倍，可节省动力 30%。振动压实适于填料为爆破石渣、碎石类土、杂填土和粉土等非黏性土的密实。

1.6.3 填土压实的影响因素与控制

填土压实质量与许多因素有关，其中主要影响因素为压实功、土的含水率以及每层铺土厚度。

1. 压实功的影响

填土压实质量与压实机械在其上所做的功成正比。压实功包括压实机械的吨位（或冲击力、振动力）及压实遍数（或时间）。土的干密度与压实机械所耗的功的关系如图 1-70 所示。

在开始压实时，土的干密度急剧增加；待接近最大干密度时，压实功虽然增加许多，但土的干密度几乎没有变化。因此，在施工中不要盲目过多地增加压实遍数。

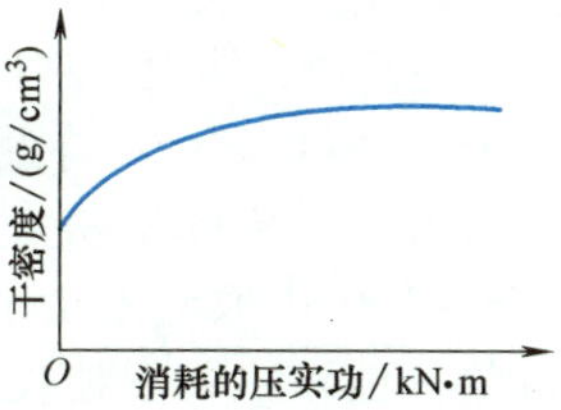

图 1-70　土的密度与压实机械所消耗功的关系

2. 含水率的影响

在同一压实功条件下，填土的含水率对压实质量有直接影响（见图 1-71）。较为干燥的土，由于颗粒间的摩阻力较大而不易压实；含水率过高的土，又易压成“橡皮土”。当含水率适当时，水起了润滑和黏结作用，从而易于压实。各种土的最佳含水率和所能获得的最大干密度可由击实试验确定，也可参考表 1-15。现场施工时，可通过“紧握成团、轻捏即碎”（黏性土或灰土）的经验法或快速测试仪检测土的含水率是否在最佳范围内。

表 1-15　土的最佳含水率和最大干密度参考值

土的种类	最佳含水率(%)	最大干密度/(g/cm³)
砂土	8~12	1.80~1.88
粉土	16~22	1.61~1.80
粉质黏土	12~15	1.85~1.95
黏土	19~23	1.58~1.70

3. 铺土厚度的影响

土在压实功的作用下，压应力随深度增加而逐渐减小（见图 1-72），其影响深度与压实机械、土的性质及含水率等有关。铺土厚度应小于压实机械压土时的有效作用深度，但其中还有最优土层厚度问题。铺得过厚，要压很多遍才能达到规定的密实度。铺得过薄，则也会增加机械的总压实遍数。恰当的铺土厚度能使土方压实而机械的功耗最少。填方每层的铺土厚度和压实遍数见表 1-16。

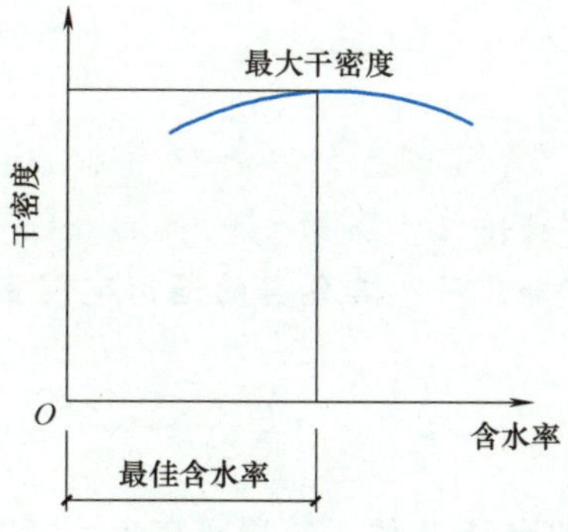

图 1-71　含水率与干密度的关系

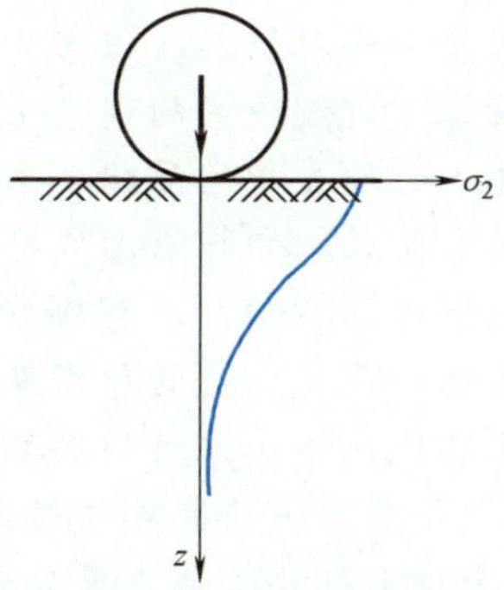

图 1-72　压实作用沿深度的变化

表 1-16　填方每层的铺土厚度和压实遍数

压实机械	每层铺土厚度/mm	每层压实遍数
平碾	250~300	6~8
羊足碾	200~350	8~16
振动压实机	250~350	3~4
蛙式打夯机	200~250	3~4
人工打夯	<200	3~4

1.6.4　填土压实的质量检验

填土压实后必须达到要求的密实度，密实度应按设计规定的压实系数 λ_c 作为控制标准。

压实系数 λ_c 为土的控制干密度 ρ_d 与最大干密度 ρ_{max} 之比（即 $\lambda_c=\rho_d/\rho_{max}$）。压实系数一般由设计根据工程性质、使用要求以及土的性质确定。例如，作为承重结构的地基，在持力层范围内，λ_c 应大于 0.96~0.97；在持力层范围以下，应为 0.94~0.95；一般场地平整应为 0.9 左右。

检查土的实际干密度，可采用环刀法取样，其取样组数为：基坑回填及室内填土，每层按 100~500m^2 取样不少于 1 组；柱基回填，每层抽样柱基总数的 10%，且不应少于 5 组；基槽或管沟回填，每层按长度 20~50m 取样 1 组；场地平整填土，每层按 400~900m^2 取样 1 组。取样部位在每层压实后的下半部。试样取出后，测定其实际干密度 ρ'_d（单位为 g/cm^3），应满足

$$\rho'_d \geqslant \lambda_c \rho_{max} \tag{1-28}$$

填土压实后的干密度，应有 90%以上符合设计要求。其余 10%的最低值与设计值的差不得大于 0.08g/cm^3，不得集中。

工程案例

本章工程案例资源包括：某大厦基坑开挖实例、某广场深基坑工程锚杆支护案例、某住宅楼土方回填施工方案及深基坑支撑轴力伺服系统施工工法演示、某工程钢板桩围堰施工演示，详见本书配套电子资源。

习 题

一、简答题

1. 土方工程施工的特点及组织施工的要求有哪些？
2. 什么是土的可松性？可松性系数的意义及用途如何？
3. 土的含水率对施工有何影响？什么是最佳含水率？
4. 影响土方边坡稳定的因素主要有哪些？
5. 简述土钉墙支护的原理、土钉墙的施工顺序。
6. 常用支护结构的挡墙形式有哪几种？各适用于何种情况？
7. 对地下水的控制方法有哪些？基坑降水的方法有哪几种？其各自的适用范围如何？
8. 简述流砂现象发生的原因及主要防治方法。
9. 简述降低地下水位对周围环境的影响及预防措施。
10. 轻型井点及管井井点的组成与布置要求有哪些？
11. 单斗挖土机按工作装置分为哪几种类型？其各自特点及适用范围如何？
12. 简述土方填筑工程对土料的要求及填筑施工要点。
13. 简述影响填土压实质量的主要因素及保证质量的主要方法。

二、计算题

1. 某基坑坑底平面尺寸如图 1-73 所示，坑深 4.0m，四边均按 1∶0.5 的坡度放坡，土的可松性系数 $K_s=1.25$，$K'_s=1.08$，基坑内箱形基础的体积为 1200m^3。试求：基坑开挖的土方量和需预留回填土的松散体积。

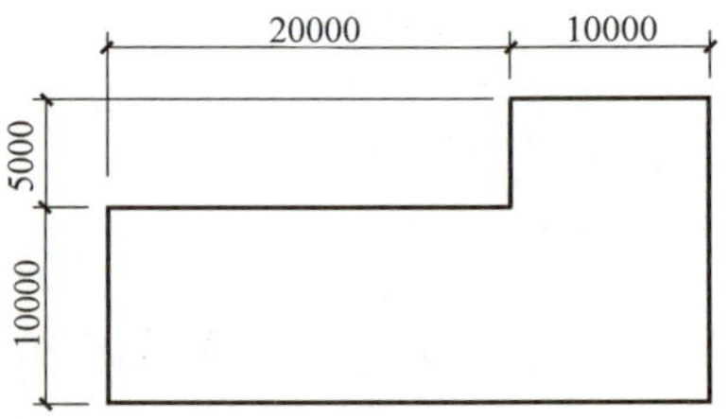

图 1-73 某基坑坑底平面尺寸

2. 已知下列土方调配分区（见图 1-74）及土方平衡运距表（见表 1-17），试用表上作业法求解最优调配方案。

3. 某工程地下室，基坑底平面尺寸为 50m×20m，坑

底标高为-6.0m，施工场地标高为-0.3m。已知地下水位面标高为-4.0m，土层渗透系数 $K=15m/d$，标高-11.0m 以下为不透水层，基坑边坡需为 1∶0.67。拟用射流泵轻型井点降水，其井管直径为 51mm，长度为 6m；滤管直径为 51mm，长度为 1.5m；总管直径 127mm，每节长 6m，与井点管接口的间距为 1.2m。试进行降水的下列设计：

（1）确定轻型井点平面布置；

（2）进行标高布置的设计；

（3）计算涌水量、确定井点数量及间距；

（4）绘出井点系统平面布置图。

表 1-17　土方平衡运距表

填方区 / 挖方区	T_1	T_2	T_3	挖方量/m^3
W_1	50	70	140	500
W_2	70	40	80	500
W_3	60	140	70	500
W_4	100	100	40	400
填方量/m^3	800	600	500	1900

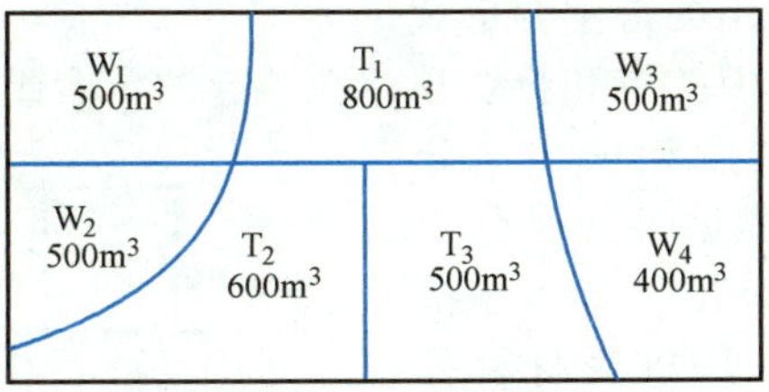

图 1-74　土方调配分区图

第2章

深基础工程

学习目标

了解桩基础的组成和分类，掌握预制桩和灌注桩的常用施工方法，熟悉打桩顺序、施工工艺和质量要求，掌握干作业成孔灌注桩、泥浆护壁成孔灌注桩和沉管灌注桩的施工工艺与质量要求。熟悉地下连续墙的施工过程，了解墩式基础和沉井基础的施工工艺过程。

在土木建筑工程中，通常将桩基础、墩式基础、沉井基础、沉箱基础等称为深基础。随着工程建设发展的需求，深基础得到了日益广泛的应用。其中，桩基础因具有承载能力强，抗震性能好，沉降量小，适用范围广，可减少施工中开挖、支护和降排水工作量，技术经济效果优等特点，成为深基础应用的最主要形式。

桩基础由若干根处于土体中的桩和将桩顶连在一起的承台组成，如图2-1所示。桩的分类方法较多，按承载性状分为端承型桩（又分为端承桩和摩擦端承桩）、摩擦型桩（又分为摩擦桩和端承摩擦桩）；按成桩工艺分为非挤土桩、部分挤土桩和挤土桩；按桩身材料分为混凝土桩、钢桩及组合材料桩等；按施工方法分为灌注桩和预制桩。

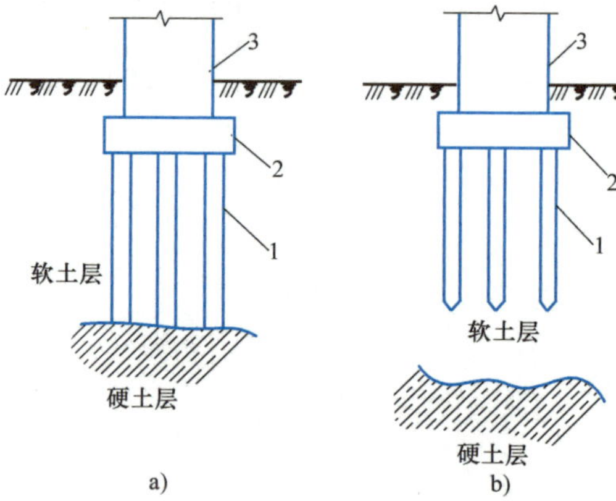

图2-1　桩基础形式与构造

a）端承型桩　b）摩擦型桩

1—桩　2—承台　3—上部结构

2.1　预制桩施工

预制桩是在施工现场地面或预制厂制作，经运输后沉入到设计位置。它具有承载能力较大，沉降量较小，施工速度快，工艺简单且不受地下水位影响等特点。桩的种类包括混凝土桩、预应力混凝土桩、钢桩等。其中混凝土实心方桩及预应力混凝土管桩应用最广。

常用的沉桩方法有锤击、静压和振动法。特殊情况下，可采用射水或预钻孔等与锤击或振动组合的沉桩方法。预制桩的施工过程包括：桩的制作、起吊、运输、堆放与沉桩等。

2.1.1　桩的准备

1. 桩的制作

通常管桩和较短的方桩（<15m）在预制厂制作；较长的方桩可在施工现场预制，或在预制厂分节制作，在沉桩过程中逐节接长，但接头不宜超过3个。

预制混凝土方桩的截面边长不小于250mm，混凝土强度不低于C30，纵向钢筋的保护层厚度不小于45mm。预应力混凝土管桩直径不小于300mm，壁厚不少于70mm，混凝土强度不低于C60，常用离心法成型。钢桩常采用钢管或H型钢制作，需做好桩端和防腐处理。

预制混凝土方桩主筋连接宜采用机械接头或焊接，接头位置应错开。桩顶和桩尖处的箍筋应加密，若采用锤击法沉桩还应在桩顶设置钢筋网片。图2-2所示为350mm×350mm方桩的典型配筋图。

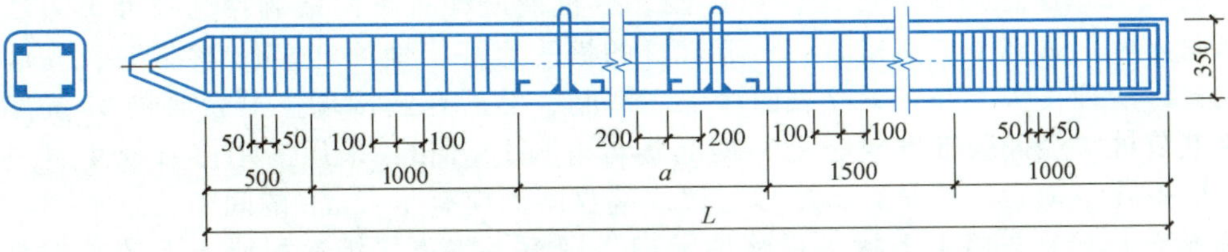

图2-2　混凝土预制桩桩顶、桩尖典型配筋图

预应力管桩制作演示

预制混凝土方桩多采用重叠间隔制作，以减少模板和占用场地。制作场地应平整夯实，宜浇筑不少于60mm厚的混凝土做底模。每层桩可分两批间隔制作（见图2-3），待第一批或下层桩的混凝土达到设计强度的30%以上时，方可制作第二批或上层桩。应做好隔离处理，使接触面不粘连。桩的重叠层数不应超过4层。

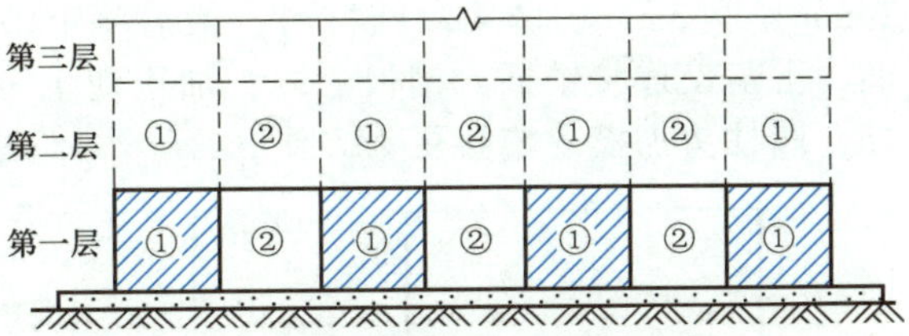

图2-3　重叠间隔制桩示意图

①—第一批　②—第二批

浇筑桩身混凝土时，应由桩顶向桩尖连续进行，严禁中断；要振捣密实，并应防止端部砂浆积聚过多。浇筑完毕，应及时覆盖洒水养护。桩的表面应平整密实，无裂缝，弯曲矢高不得大于1‰桩长和20mm。

2. 桩的起吊、运输和堆放

混凝土预制桩应在混凝土达到设计强度的70%以上方可起吊移位，达到设计强度的100%后才能运输和打桩。在起吊时，吊点应符合设计计算规定。当吊点少于或等于3个时，其位置应按正、负弯矩相等的原则计算确定。桩的常用吊点位置如图2-4所示。桩起吊时，吊索与桩的夹角不得小于45°，且应保持平稳，保护桩身。

预制桩运输时，其支垫点应与吊点位置一致，将桩放置平稳、垫实并适当固定，避免较大振动。对现场较短的桩，可用轮式起重机或履带式起重机运输，严禁在场地上直接拖拉桩体。

桩的堆放场地必须平整、坚实并做好排水措施。应按不同规格、长度及施工先后顺序分别堆放。堆放时应设垫木，其位置与吊点位置相同，各层垫木应在同一垂直线上。叠层堆放时不宜超过4层。

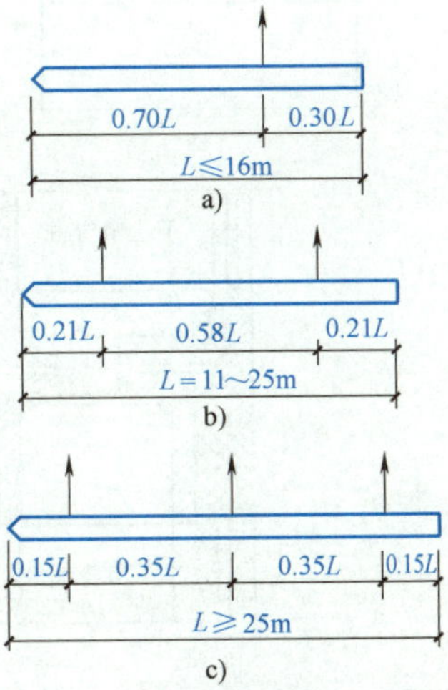

图2-4　桩的常用吊点位置

a）一点吊　b）二点吊　c）三点吊

2.1.2　预制桩的接桩方法

当受施工设备及运输条件的限制，预制桩的长度小于设计长度时，需在沉桩过程中接桩，即用多节桩组成设计桩长，但最后一节的有效桩长不宜小于5m。钢桩常用焊接法接桩，混凝土及预应力混凝土桩有焊接、法兰连接或机械快速连接（螺纹式、啮合式）等接桩方法，如图2-5所示。为了提高耐久性，接桩金属件宜采用热镀锌等防腐件，焊缝应进行涂刷防锈漆等处理。

（1）焊接连接　需进行焊接的埋件或端头板应为低碳钢。连接时，下节桩段的桩头应高出地面 0.5m，并在桩头处设置导向箍，使上下节段顺直对正，错位偏差不大于 2mm。对接前上下端板表面应刷净，点焊固定后拆除导向箍，在四周进行分层对称焊接。焊接完成后应自然冷却不少于 8min，方可继续沉桩。

（2）法兰连接　该种接桩方法连接速度较快，质量易于保证。其所用钢板及螺栓均宜采用低碳钢。

（3）螺纹连接　该法适用于管桩的快速连接。接桩前应检查桩两端制作的尺寸偏差、连接件有无受损后方可起吊施工。连接时，下节桩段的桩头应高出地面 0.8m。接桩时，先卸下桩端的保护装置，清理接头，并在螺纹表面涂上润滑脂；然后在连接端盘上表面垫 3mm 厚灌缝浆料，下落上节桩。经插头锥度对中后，提起螺母并旋拧对扣，采用专用链条扳手进一步旋紧后，锤击扳手臂至锁紧。锁紧后，螺母与螺纹端盘间尚应有 1~2mm 的间隙。

（4）机械啮合连接　先将上下接头板清理干净，用扳手将连接销逐根旋入上节桩端头板的螺栓孔内，并用专用模板调整好连接销的方位；然后，剔除下节桩端头板销板盒内的保护块，在销板盒内注入防腐黏结材料（如环氧树脂或沥青等），并在端头板面周边抹上宽不少于 20mm、厚 3mm 的防腐黏结材料；最后将上节桩吊起，使连接销与下节桩顶端的各连接口对准，下落使连接销插入销板盒内，加压使上下节端头板接触，即完成接桩。除了矩形齿连接外，圆柱头加楔片连接更为方便。

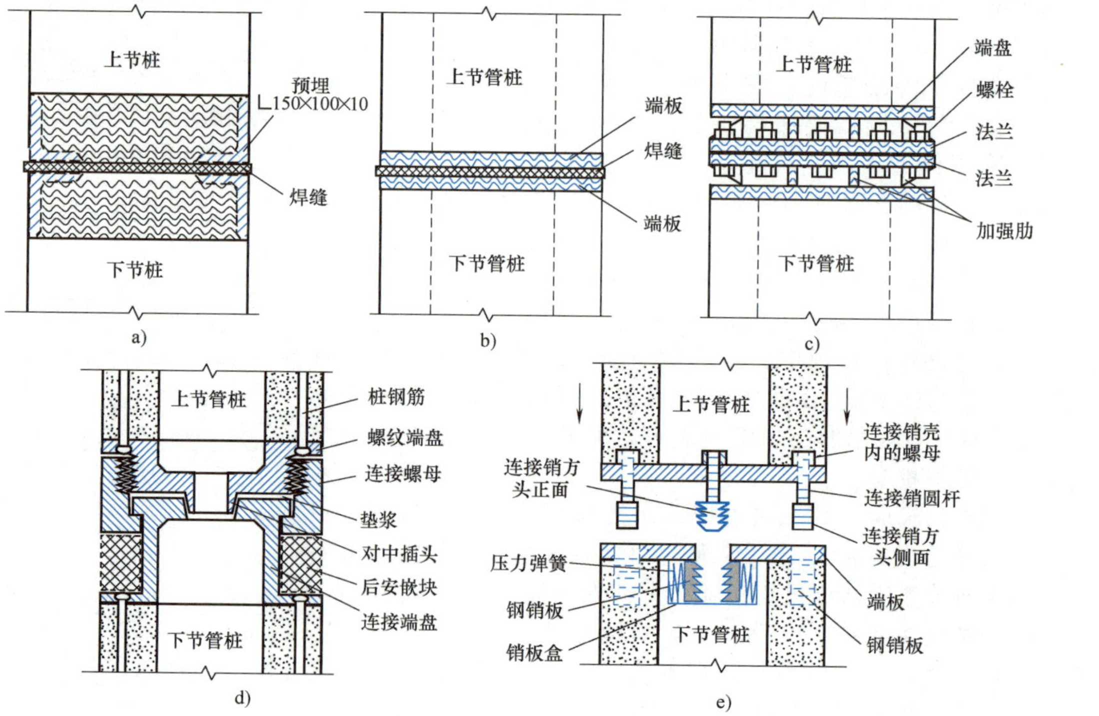

图 2-5　接桩方法与接头构造示意图

a）方桩焊接连接　b）管桩焊接连接　c）管桩法兰连接　d）管桩螺纹连接　e）管桩机械啮合待连接

2.1.3　沉桩的准备工作

（1）沉桩作业前应做好的准备工作

1）施工现场自然条件、地质状况、附近建筑物及附近地下管线等相关资料的调查。

2）清除妨碍沉桩施工的地上、地下障碍物，对场地进行平整并做好排水工作。

3）做好放线、定桩位、设标尺工作。

4）准备好材料、机具，并接通水源、电源。

5）确定合理的沉桩顺序。

6）进行打桩试验，以检验设备和工艺是否符合要求。

（2）沉桩顺序的确定　在进行沉桩施工时，由于桩对土体的挤密作用，不但使后续打入的桩下沉难度增大，还可能导致先打入的桩偏移、倾斜或上浮，也有可能对周围建筑物产生一定的影响。因此，沉桩顺序合理与否，会影响沉桩速度、质量及周围建筑物安全。

1）常用沉桩顺序。常用沉桩顺序主要有逐排打、自边缘向中间打、自中间向边缘打和分段打等。沉桩顺序与土壤挤压情况如图 2-6 所示。

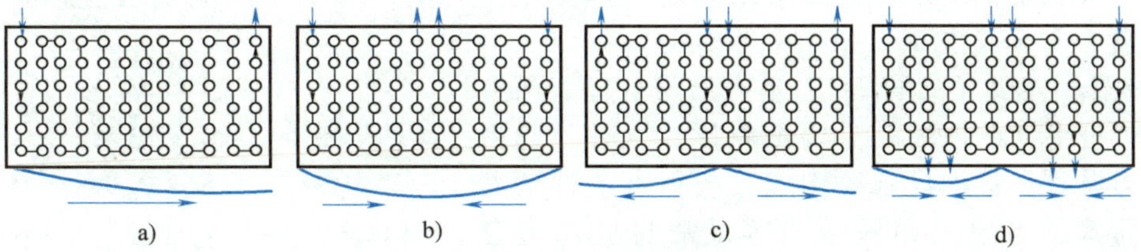

图 2-6　沉桩顺序与土壤挤压情况

a）逐排打　b）自边缘向中间打　c）自中间向边缘打　d）分段打

① 逐排打。桩架单向移动，桩的就位与起吊均很方便，故打桩效率较高。但它会使土体向一个方向挤压，导致后面桩的打入深度逐渐减小，最终会引起施工建（构）筑物的不均匀沉降。

② 自边缘向中央打。中部土体被挤密，使中间桩打入难，可能使外侧桩因挤压而浮起。

③ 自中央向边缘打。可减少打桩对土体挤压不均匀的影响。

④ 分段打。可分散打桩对土体的挤压力。但打桩机要经常移位，影响打桩效率。

2）确定沉桩顺序的原则。

① 对于密集桩群（中心距小于桩断面边长的 4 倍），应自中间向两侧或四周对称施打。

② 当一侧毗邻建筑物时，由毗邻建筑物处向另一方向施打。

③ 根据基础的设计标高，宜先深后浅。

④ 根据桩的规格，宜先大后小，先长后短。

2.1.4　桩的沉设

1. 锤击沉桩施工

锤击沉桩法也称为打入法，它是利用桩锤产生的冲击机械能，克服土体对桩的阻力，将桩沉入土中。该方法具有施工速度快、机械化程度高、适用范围广等优点，缺点是噪声及振动大、对桩身质量要求较高。

常用桩锤种类

（1）打桩机　打桩机主要由桩锤、桩架和动力装置三个部分构成。在选择打桩机时，应根据场地土质、工程的大小、桩的种类和现场情况确定。

1）桩锤。根据动力源，常用的桩锤有柴油锤和液压锤等。桩锤的工作原理、特点及适用范围见表 2-1。

表 2-1　桩锤的工作原理、特点及适用范围

桩锤种类	工作原理	特点	适用范围
柴油锤	利用燃油爆炸，推动活塞上下往复运动	附有桩架、动力等设备，机架轻、移动便利、打桩快、燃料消耗小，质量轻、不需要外部能源。软弱土层中起锤困难，噪声大、有油烟污染	1. 适于打各种桩 2. 不适合在过硬或过软的土中打桩

（续）

桩锤种类	工作原理	特点	适用范围
液压锤	冲击缸体通过液压油顶升与降落，冲击缸体下部充满氮气，用以延长对桩体施加压力的时间，从而获得更大的贯入度	不需要外部能源，工作可靠、操作方便，可随时调节锤击力大小，效率高，不易损坏桩头，噪声低，振动小，无废气排出。但构造复杂，造价高	1. 适于打各种桩 2. 可用于拔桩和水下打桩

桩锤选择时应遵循“重锤低击”的原则。否则，大部分锤击能量会被桩身吸收，不仅不易打入桩，而且容易打碎桩头。应根据地质条件、桩的类型、桩的长度、单桩承载力、桩群密集程度以及现有施工条件等因素来确定桩锤类型及质量，其中尤以地质条件影响最大。当锤重为桩重的 1.5~2 倍时，沉桩效果较好。

2）桩架。桩架（见图2-7）具有悬吊桩锤、吊桩就位和为打桩导向的功能。主要由斜撑、立柱、起吊设备、动力设备和移动设备等构成。按行走或移动方式，有滚筒式、步履式和履带式等，常与桩锤配套使用。

桩架种类　打桩施工　液压锤沉设钢管桩

（2）打桩工艺与要求　打桩的工艺过程包括：桩机移动就位→吊桩和定桩→打桩→接桩→送桩→截桩。

1）桩机移动就位。桩机应就位准确、桩架垂直，校核无误后将其固定，将桩锤和桩帽吊升过桩顶高度。

2）吊桩和定桩。将桩运至桩架下面，先利用桩架上的起吊机构将桩提升吊起至垂直状态，桩尖对准桩位并调整垂直，垂直度偏差不得超过 0.5%。然后，将桩帽或桩箍在桩顶固定，并将桩锤缓落到桩顶上，在桩及桩锤的重力作用下，桩沉入土中一定深度达到稳定位置，再校正桩位及垂直度，此过程称之为定桩。

3）打桩。打桩开始时，应先轻击数锤至桩入土一定深度后，观察桩身与桩架、桩锤是否在同一垂直线上，然后再正式施打。桩的施打原则是“重锤低击”，这样可使桩锤对桩头的冲击小，回弹也小，桩头不易损坏，大部分能量都能用于沉桩。

打桩过程中，应注意贯入度变化，做好打桩记录。如遇贯入度剧变，桩身突然倾斜、位移、回弹，桩身严重开裂或桩顶破碎等情况，应暂停施打，与有关单位研究处理后再继续作业。

打桩质量首先应满足承载能力要求，一般将设计桩端标高和最后贯入度（最后 10 击的入土深度）作为终止锤击的主要控制指标。原则为：

① 对桩端达到坚硬或硬塑的黏性土、中密以上的粉土、砂土、碎石类土及风化岩等持力层的端承桩，应以贯入度控制为主，桩端标高为辅。贯入度已达到设计要求而桩端标高未达到时，应继续锤击 3 阵，并按每阵（10 击）的平均贯入度不应大于设计规定的数值确认。

② 对桩端位于其他软弱土层的摩擦桩，应以控制桩端标高为主，贯入度为辅。

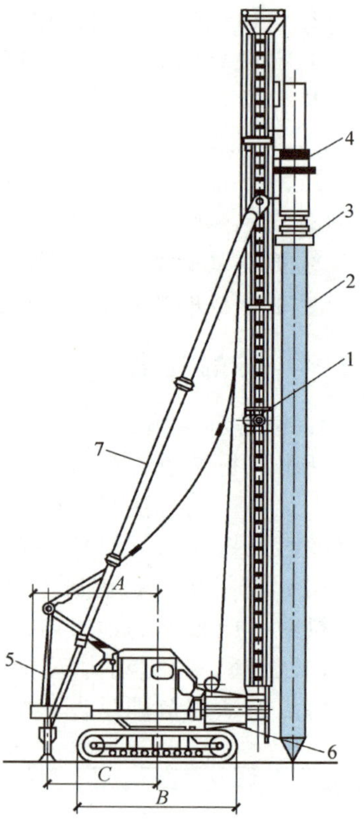

图 2-7　桩架

1—立柱　2—桩　3—桩帽　4—桩锤　5—机体　6—支撑　7—斜撑

4）送桩。当桩顶设计标高在地面以下时，需使用送桩器辅助将桩沉送至设计标高。送桩器为一种工具式钢制短桩，它应有足够的强度、刚度和耐冲击性，长度应满足送桩深度的要求，弯曲度不得大于1/1000。送桩深度大于2m时，应采取稳定、加强缓冲等措施。送桩作业时，送桩器与桩头之间应设置1～2层麻袋或硬纸板等衬垫。

5）截桩。当桩打完并开挖基坑后，按设计要求的桩顶标高，将桩头多余部分截去。为使桩身和承台连为整体，应保留并剥出足够长度的钢筋以锚入承台。截桩时不得打裂桩身混凝土。

2. 静压沉桩施工

静压沉桩是通过静力压桩机的液压装置，利用压桩机的自重和配重作为反作用力，将桩逐节压入土中。该法主要用于较软弱土层的场地，其施工的桩长可达60m以上，压桩机的设计压力可达8000kN以上。

静压沉桩演示

与锤击法相比，具有配筋少、无振动、无噪声、对周围环境影响小、场地整洁、操作自动化程度高、施工速度快、功效高、易于估计单桩承载力等优点。但设备重大，对施工场地要求较高。

（1）机械选择　静力压桩机常用液压式，其主要参数为最大压桩力、最小边桩距及其压桩力、履靴的接地压强、吊桩能力等。按压桩形式分为抱压式（见图2-8）和顶压式（见图2-9），应根据单桩承载力和单节桩长选用。按压桩位置分为中置式和前置式。

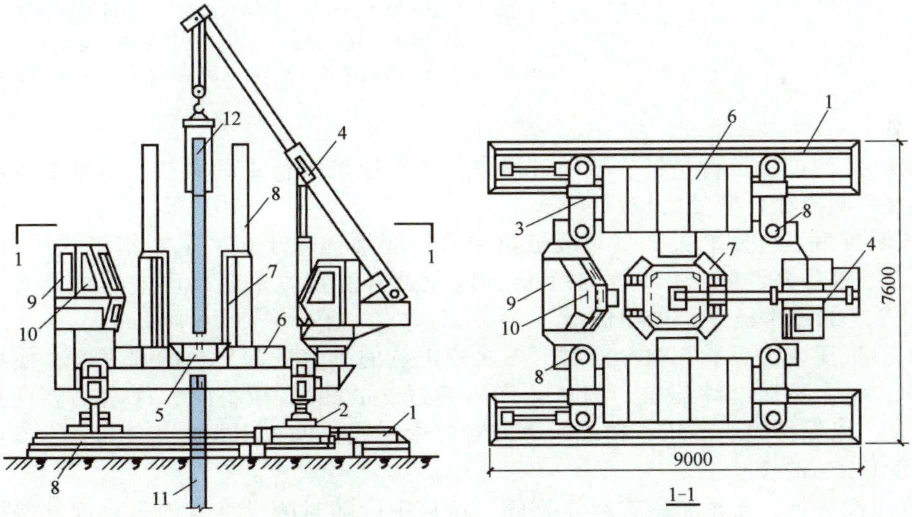

静压沉桩 1

静压沉桩 2

图 2-8　抱压式液压静力压桩机构造组成

1—长船行走机构　2—短船行走及回转机构　3—支腿式底盘结构　4—液压起重机　5—夹持与压板装置　6—配重铁块　7—导向架　8—液压系统　9—电控系统　10—操纵室　11—已压入下节桩　12—吊入上节桩

压桩机的型号和配重的选择应根据地质条件、桩的密集程度、单桩竖向承载力及现有施工条件等因素确定。

为保证桩能顺利压入，压桩机的最大压桩力应取其机架质量与配重之和的0.9倍，该值不得小于设计的单桩竖向极限承载力标准值，必要时由现场试验确定。当设计要求或施工需要采用引孔法压桩时，宜选用配有螺旋钻的压桩机或另外配备钻孔、冲孔桩机配合作业。

（2）施工顺序与工艺流程

施工前，应做好场地的排水及平整、压实，使场地的承载能力不低于压桩机接地压强的1.2倍，并能保证压桩机始终处于水平状态。

确定压桩顺序时，除应符合前述沉桩顺序的原则外，还应注意：对地层中含有砂、碎石或卵石的局部区域，宜先行施工；沉桩路线不宜交叉或重叠。

施工时一般都采取分节压入，逐节接长的方法，其工艺流程为：测量定位→压桩机就位→吊桩、插桩→桩身对中调直→压桩→接桩→再压桩→（送桩）→终止压桩→截桩头。静力压桩工艺过程如图 2-10 所示。

图 2-9　顶压式液压静力压桩机作业

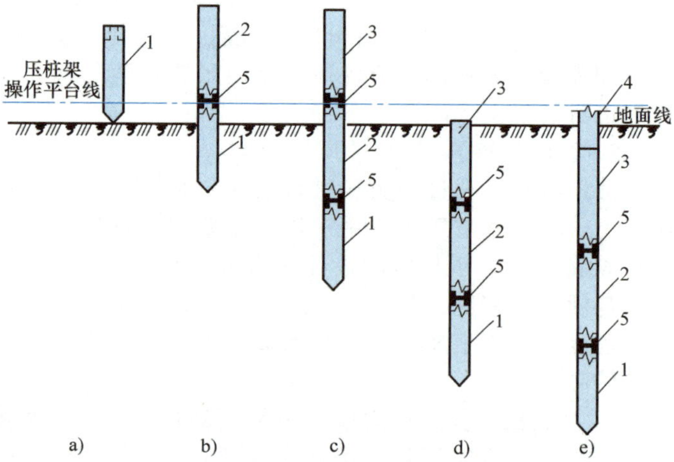

图 2-10　静力压桩工艺过程

a）准备压第一段　b）接第二段桩　c）接第三段桩
d）整根桩压至地面　e）用送桩压桩至完毕
1—第一段桩　2—第二段桩　3—第三段桩　4—送桩器　5—接桩处

（3）施工要点

1）在用桩机上的吊机进行吊桩、喂桩过程中，严禁压桩机行走和调整；管桩喂桩时，夹具应避开与桩身两侧模板合缝处的棱线接触。

2）起吊预制桩后，应使桩尖垂直对准桩位中心，缓缓插入土中。采用抱桩式压桩机时，抱桩压力不应大于桩身允许侧向压力的 1.1 倍，以免桩身受损。采用顶压式压桩机时，应在桩顶垫 100mm 厚度的硬木板后，再扣桩帽。

3）当第一节桩压入土至 0.5~1.0m 时，再次校正桩的垂直度和平台的水平度，使桩的垂直偏差不超过 0.3%。然后继续压桩，施压速度不超过 2m/min。压桩时，桩帽、桩身及送桩的中心线应重合，以保持轴心受压；接桩时也应对齐中心线，偏差不得大于 10mm，节点处弯曲矢高不得大于 0.1%桩长。

4）压桩应连续进行，每根桩宜连续压到底。压桩中应随时测量桩身的垂直度，保持垂直度偏差不大于 0.5%，当偏差大于 1%时，应找出原因并设法纠正。施工中，应由专人或开启自动记录设备做好施工记录。

5）压桩过程中，如果出现压力表读数显示情况与勘察报告中的土层性质明显不符、遇到难以穿越的硬夹层、出现异常响声或压桩机工作状态出现异常、桩身出现纵向裂缝或桩头混凝土剥落、压桩机下陷或夹持机构打滑等，应暂停压桩作业，并分析原因、采取相应措施。

6）按设计要求终压值及试桩标准确定终止压桩控制。一般摩擦桩以桩端标高控制；端承摩擦桩则以桩端标高控制为主，并参照终压值控制。终压时应以数次稳压均满足终压值及贯入度要求为准。对于入土深度 8m 及以上的桩复压 2~3 次；入土深度少于 8m 的桩复压 3~5 次；稳压时的压桩力不应小于终压值，每次稳压时间宜为 5~10s。

3. 振动沉桩法施工

振动沉桩法施工是利用固定在桩顶的振动桩锤所产生的激振力，通过刚性连接的桩帽将振动传到桩上，使桩周围土体受迫振动，减小桩侧与土体间的摩阻力，并在重力及振动力的共同作用下，将桩沉入土中。

振动沉桩及拔桩

振动沉桩速度快，施工操作简单、安全，费用低，不伤桩头；有时可不用桩架，起重机吊起即可工作。该法适宜于在砂土、塑性黏土及松软砂黏土中打钢板桩、钢管桩、钢筋混凝土桩，但不适宜打斜桩或在卵石夹砂、紧密黏土等硬土层中沉桩。

振动桩锤是振动沉桩的主要设备，不但可以进行沉桩，还可借助起重设备进行拔桩作业。振动桩锤按照动力形式分为电动桩锤（见图 2-11）和液压桩锤，按照振动频率可分为三种：

（1）超高频振动桩锤　其振动频率为 100~150Hz，与桩体自振频率一致而产生共振，对土体产生急速冲击，可大大减少摩擦力，功率需求小、沉桩速度快，对周围环境振动影响小。

（2）中高频振动桩锤　振动频率为 20~60Hz，适用于松散冲积层、松散及中密的砂石层施工，但不适宜于黏土地区。

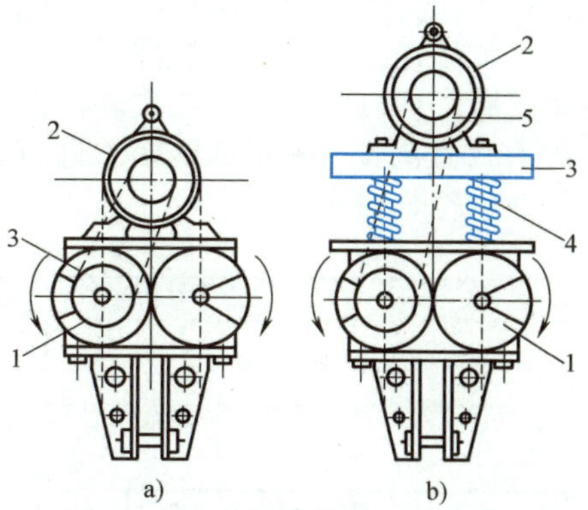

图 2-11　电动桩锤构造示意图

a）刚性式　b）柔性式

1—激振器　2—电动机　3—传动带

4—弹簧　5—加荷板

（3）低频振动桩锤　它适用于大管径桩，多用于桥梁和码头工程，其振幅大及噪声大。

振动沉桩施工除应控制沉桩深度外，还应控制最后三次振动，每次 5min 或 10min，以每分钟平均贯入度满足设计要求为准。

4. 射水与预钻孔沉桩法施工

（1）射水法沉桩　射水法沉桩又称水冲法沉桩，是将射水管附在桩身上，用高压水流束将桩尖附近的土体冲松液化，减少了土与桩身的摩擦力，使桩在自重及桩锤作用下沉入土中。由于射水法使桩对土体几乎没有挤密作用，摩阻力将降低。该方法主要适合于砂土和碎石土。射水法沉桩装置如图 2-12 所示。

射水法沉桩可提高工效，在砂质或松软的砾石土中可以和锤击沉桩或振动沉桩联合使用。在坚实的砂土中，使用射水法可防止将桩打断或桩头打坏，并可提高工效 2~4 倍。需注意的是：水冲至距设计标高 1~2m 时，应停止射水，用振动或锤击打至规定标高。由于水冲可能会引起地基湿陷，当在沉桩附近有建筑物时，需采取有效防护措施。

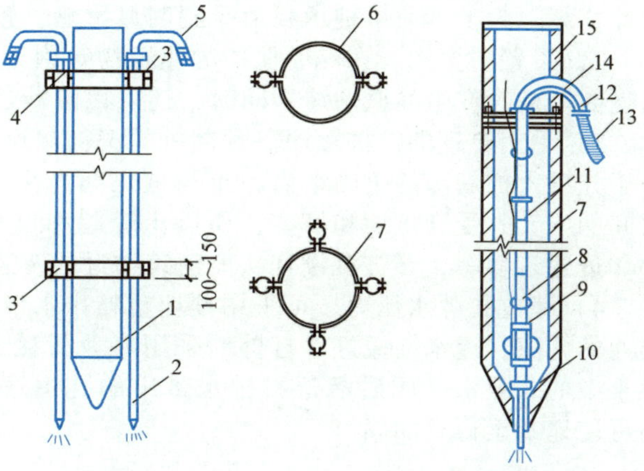

图 2-12　射水法沉桩装置示意图

a）外射水管式　b）内射水管式

1—预制实心桩　2—外射水管　3—夹箍　4—木楔

5—胶管　6—两侧外射水管夹箍　7—管桩　8—内射水管

9—导向环　10—挡砂板　11—保险钢丝绳　12—弯管

13—胶管　14—电焊加强圆钢　15—钢送桩器

（2）预钻孔法沉桩　预钻孔法又称植桩法，是在设计桩位预先钻孔，再将桩插入，并通过锤击或振动方法沉至设计标高。该法可减少挤土作用、避免桩头或桩身损坏、加快施工速度，但需增加钻孔设备。预钻孔法沉桩主要用于有较厚的硬土层或为减小挤土以保护邻近建筑物、道路、地下管线等的沉桩工程。

钻孔常采用螺旋钻机。预钻孔直径应比桩径（或方桩对角线）小 50~100mm；深度根据土的密实度、渗透性确定，宜为桩总长的 1/3~1/2。施工时应随钻随打，避免塌孔。

2.1.5　沉桩质量要求

预制混凝土桩施工应对桩位偏差、桩身完整性进行检验；钢桩应对桩位偏差、断面尺寸、桩长和弯曲矢高进行检验；施工完成后应进行竖向承载力检验。

桩位放样的偏差，对群桩不得超过 20mm，单排桩不得超过 10mm，以保证桩位准确。沉桩完成后，桩位的偏差应在允许范围内（见表 2-2）。桩施工后，应采用静压试验或高应变法进行承载力检验，采用低应变法进行桩身完整性检验；承载能力应能满足设计要求，桩身的完整性应符合国家标准。

表 2-2 预制桩（钢桩）的桩位允许偏差

序号	项目		允许偏差/mm
1	带有基础梁的桩	垂直基础梁的中心线	100+0.01H
2		沿基础梁中心线	150+0.01H
3	承台桩	桩数为 1~3 根	100+0.01H
4		桩数为 4 根及以上	1/2(桩径或边长)+0.01H

注：H 为施工现场地面标高与桩顶设计标高的距离。

2.1.6 沉桩的不良影响及预防措施

采用锤击法、振动法沉设预制桩，除对周围环境产生噪声、振动影响外，还会因土体受到挤压，土中孔隙静水压力升高，引起地面隆起和土体水平位移，还对周围既有建筑物、道路和地下管网设施带来不利影响。重者会使建筑物基础被推移，墙体开裂，地下管线破损或断裂等。为了减少或预防这种有害影响，可采用下列措施：

1）采用预钻孔沉桩。它是先在地面桩位处钻孔，然后插入预制桩，再用打桩机将桩打到设计标高。为了不使单桩承载力受到明显影响，预钻孔深度一般不宜超过桩长的一半。

2）设置防振沟。在需要保护的建筑物等附近，开挖防振沟（深 1.5~2m，宽 0.8~1m），以隔断沉桩时产生的振动波。同时，还可以隔断近地表处的土体位移。

3）采用合理的沉桩顺序。预制桩的沉桩顺序不同，其挤土的情况也不相同（见图 2-6）。由于先沉入桩周围的土固结后，土与桩之间产生一定的摩阻力，可以阻止土隆起，而桩与桩之间的土又先受到压缩和挤实，所以土隆起和位移多发生在沉桩推进的前方。因此，为了保护邻近建筑物等，群桩沉设宜从离建筑物近的一边开始，向远离建筑物方向进行。

4）释放孔隙水压力。可采用预埋塑料排水带或设置排水砂井排水。塑料排水带断面中有连通的孔隙，透水性极好。打桩前采用专业机械，按要求的距离插入打桩区的软土中，打桩时土中的孔隙水受压后沿塑料排水带中的孔道逸出，可降低孔隙水压力，减少其不良影响，还可使地基土得到加固。

2.2 灌注桩施工

灌注桩是在设计桩位就地成孔，然后安放钢筋笼、灌注混凝土而成。与预制桩相比，灌注桩能适应各种土层，无须接桩；由于避免了运输、锤击等附加应力的影响，对混凝土强度和配筋要求相对较低，施工工艺简单、成本较低；可制作大直径、大深度、大承载力桩，应用范围广。其缺点是不能立即承载，成桩质量不易控制。

按成孔工艺，灌注桩可分钻孔灌注桩、沉管灌注桩、人工挖孔灌注桩、爆扩成孔灌注桩和挤孔灌注桩等，目前常用前两种。人工挖孔灌注桩和爆扩成孔灌注桩施工危险性大，一般不允许使用。

2.2.1 钻孔灌注桩施工

灌注桩施工

钻孔灌注桩的桩孔通过各种钻机钻孔而成。钻孔施工速度快、无振动、无挤土、噪声小，可在城市及建筑物稠密区使用；但桩基沉降量偏大，施工中有大量土渣或泥浆排出，在软土地基中易出现缩颈、断桩等质量问题。目前，重要工程常在混凝土灌注后，通过设置的注浆管向桩底及桩侧压注水泥浆，以提高承载力、减少沉降量。

钻孔方法可根据地下水位高低而定。当桩位处于地下水位以上时，可采用干作业成孔方法；若处于地下水位以下时，则可采用泥浆护壁成孔方法进行施工。

旋挖钻套管钻孔

1. 干作业成孔灌注桩施工

干作业成孔可采用步履式螺旋钻机、旋挖钻机等，适合在地下水位以上的黏性土、粉土、填土、中等密实以上的砂土、风化岩层中成孔。常用的步履式螺旋钻机如图 2-13 所示，成孔时由螺旋钻头切削土体，切下的土沿钻杆螺旋叶片上升而排出孔外。其成孔直径一般为 400~600mm。施工时按照工艺顺序，可分为传统成桩法和压灌混凝土后插筋法。

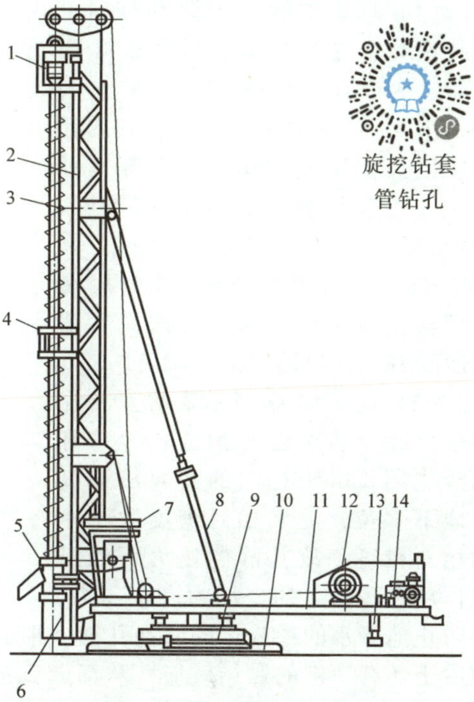

图 2-13 步履式螺旋钻机

1—减速箱 2—臂架 3—钻杆 4—导向套 5—出土装置 6—前支腿 7—操纵室 8—斜撑 9—中盘 10—下盘 11—上盘 12—卷扬机 13—后支腿 14—液压系统

(1) 传统成桩工艺 该法是在成孔后，在孔内放入钢筋笼，再浇注混凝土而成桩。当钻机钻至设计标高后，应在原位空转清土，保证孔底沉渣厚度不超过 50mm（端承型桩）或 100mm（摩擦型桩）。钻出的土应及时清运，不可堆在孔口。将提前准备好的钢筋骨架吊入孔内后，应及时灌注混凝土。灌注前，孔口要安放护孔漏斗；当浇注桩顶以下 5m 范围内混凝土时，应加强振捣，每次浇注高度不得大于 1.5m。

(2) 压灌混凝土后插筋工艺 该法是在长螺旋钻机钻孔至设计深度后，利用混凝土泵通过钻杆中心通道，以一定压力将混凝土压灌至桩孔中，钻杆随混凝土上升。混凝土灌注到设定标高以上 0.3~0.5m 后，移开钻杆，钻机吊钢筋笼就位，借助钢筋笼自重和插筋器（顶部加装振动器的钢管）的振动力，将钢筋笼插入混凝土中至设计标高，再边振动边拔出插筋器而成桩（见图 2-14）。与传统成桩工艺相比，该方法成桩速度快，单桩承载力高，混凝土密实性好，并可减少塌孔，避免缩颈、露筋、桩底沉渣多等质量缺陷，在有少量地下水的情况下仍可成桩。近年来得到较为广泛的应用。

干作业灌注桩的混凝土充盈系数（实际灌注量与理论量的比值）应为 1.0~1.2，以满足承载能力要求。

2. 泥浆护壁成孔灌注桩

泥浆护壁成孔灌注桩宜用于地下水位以下的黏性土、粉土、砂土、填土、碎石土及风化岩层。成孔时，通过泥浆护壁作用以减少地下水渗流导致孔壁坍塌的可能性。其施工过程如图 2-15 所示，设备布

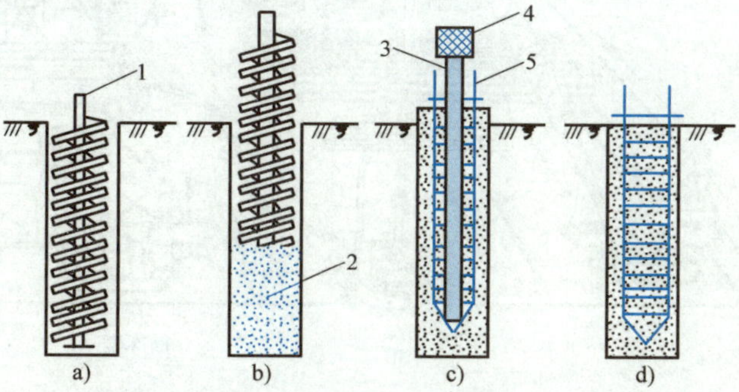

图 2-14 压灌混凝土灌注桩施工过程

a）钻孔 b）压灌混凝土并提钻 c）插入钢筋笼 d）拔出钢管，成桩

1—螺旋钻杆 2—混凝土 3—插筋钢管 4—振动器 5—钢筋笼

压灌桩演示

泥浆护壁灌注桩施工演示

置如图 2-16 所示。

（1）埋设护筒　护筒具有固定桩孔位置、保护孔口、增大桩孔内水压、为成孔导向等作用。护筒一般采用 4~8mm 厚钢板制作，其内径应较钻头直径大 100mm，上部宜开设 1~2 个溢浆孔。护筒埋设应进入稳定土层，其最小埋设深度：在黏土中 1m、砂土中 1.5m，外侧用黏土填实，其高度应满足孔内泥浆面高度及避免孔口坍塌的要求。

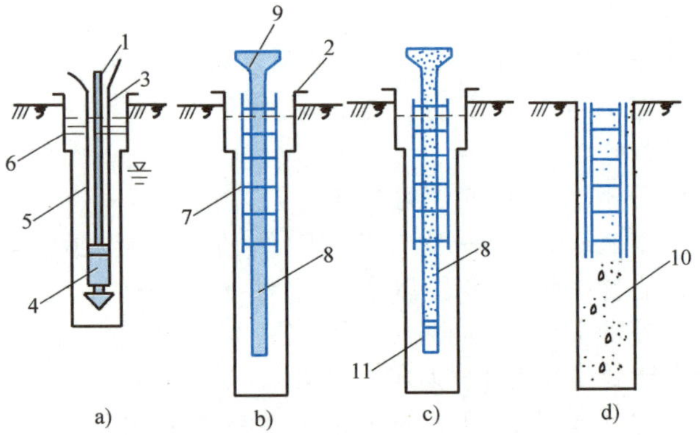

图 2-15　泥浆护壁成孔灌注桩施工过程

a）埋护筒、注泥浆、水下钻孔　b）下钢筋笼及导管
c）水下浇注混凝土　d）成桩
1—钻杆　2—护筒　3—电缆　4—钻头
5—输水胶管　6—泥浆　7—钢筋骨架　8—导管
9—料斗　10—混凝土　11—隔水栓

（2）泥浆制备　泥浆的主要作用是护壁，其次还有携渣、冷却和润滑作用。由于孔内的泥浆液面高于地下水位，泥浆相对密度大于水的相对密度，故其静侧压力可以抵抗作用在孔壁上的土压力和水压力，并防止地下水的渗入；同时在孔壁上形成透水性很低的泥皮，能避免漏水而保持孔内的水压，对砂土还有一定的黏结效应，从而起到液体支撑的作用。由于泥浆具有较高的黏性，可将切削下的土渣悬浮起来，并随同泥浆的循环排出孔外，起到携渣排土作用。此外，泥浆还具有冷却钻头以减少磨损，对土体润滑以降低切削阻力，提高钻进效率的作用。

泥浆通常在钻孔前制备，在钻孔时，灌入并随时补充；在灌注混凝土时，将排出的泥浆回收再利用。在黏性土层中钻孔可自造泥浆，其他土层均应采用高塑性黏土或膨润土制备泥浆。泥浆的性能指标：相对密度根据土层种类，黏性土为 1.1~1.2，砂土为 1.1~1.3，砂夹卵石为 1.2~1.4；黏度，黏性土为 18~30s，砂土为 25~35s；含砂率<8%；胶体率>9%。施工期间护筒内的泥浆面应保持高出地下水位 1.0m 以上。

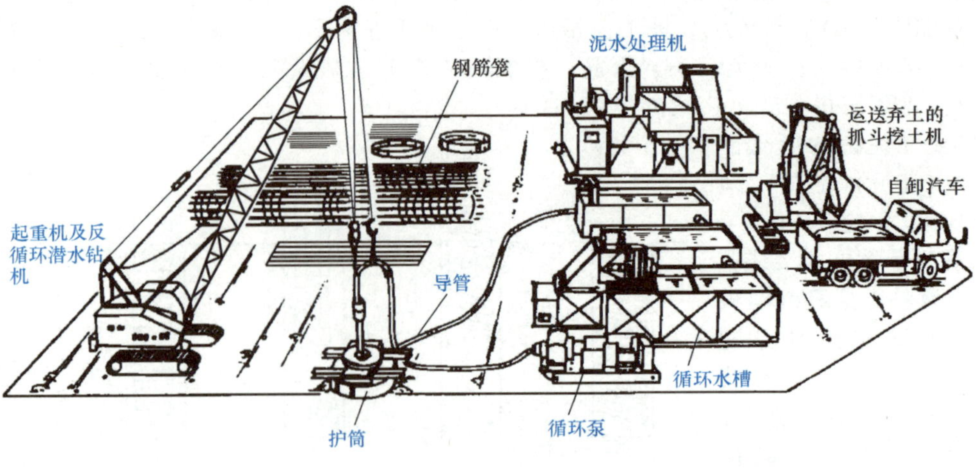

图 2-16　泥浆护壁成孔灌注桩施工设备布置示意图

（3）成孔　泥浆护壁成孔灌注桩成孔的常见方法主要有挖孔、钻孔、冲孔和抓孔四种。

1）挖孔。挖孔是利用旋挖钻机（见图 2-17）成孔。通过其土斗下压和旋转来切削孔底土体并使其进入土斗，提出土斗后卸土。该种钻机配有多种土斗，可据土质情况选择和更换，适用于黏性土、粉土、砂土、填土、碎石土及风化岩层等多种土层。挖孔直径为600～3000mm，成孔深度可达110m以上。该种设备施工速度快、噪声小、孔底沉渣少、适用范围广。为防塌孔，成孔时应采用跳挖方式，卸土位置距孔口应不少于6m并及时清除，据钻进速度同步补充泥浆。

2）钻孔。钻孔常用回转钻机或潜水钻机，适用于在地下水位高的淤泥质土、黏性土、砂土中成孔。回转钻机（见图2-18）由动力装置驱动钻杆及钻头转动，钻头切削下的土渣通过泥浆循环排出孔外。其成孔直径为600～1200mm，钻孔深度可达100m以上。潜水钻机是将电动机、变速机构与钻头连为一体加以密封，由绳索悬吊潜入水中钻进，通过泥浆循环排渣。其长度一般不少于钻头直径的3倍，以设置导向装置，保证桩孔垂直。潜水钻机体积小、质量轻、施工移动方便，钻进无噪声、效率高。钻孔直径600～800mm，深度可达50m以上。

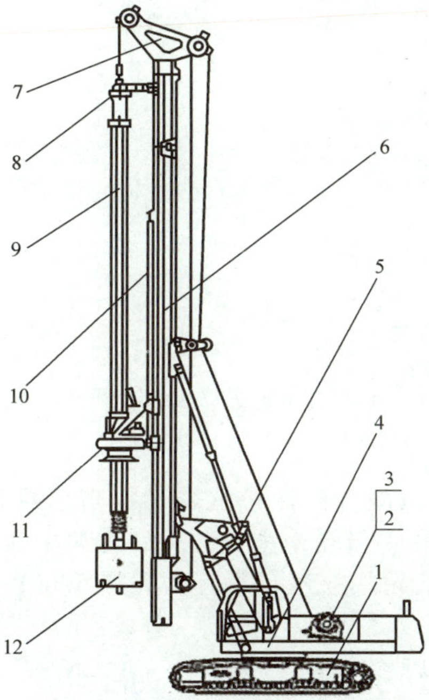

图2-17　旋挖钻机构造

1—行走装置　2—主卷扬机　3—副卷扬机　4—上车回转装置　5—变幅机构　6—桅杆　7—滑轮架　8—随动架　9—钻杆　10—加压油缸　11—动力头　12—钻具

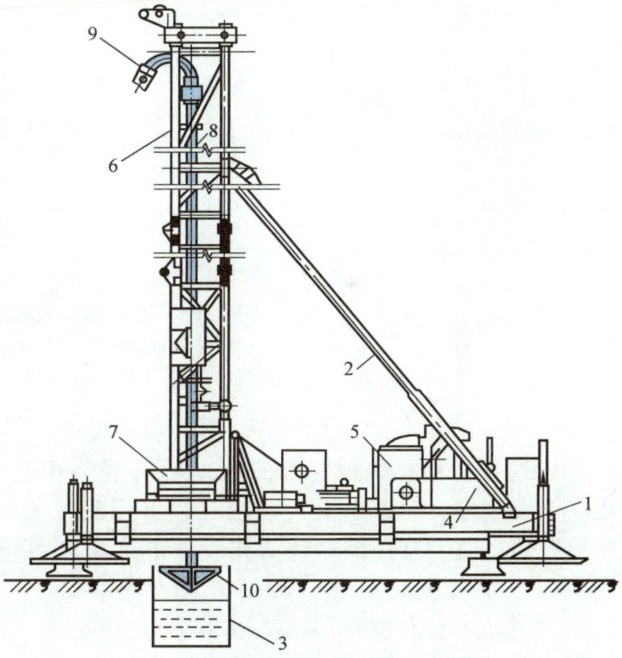

图2-18　回转钻机

1—底盘　2—斜撑　3—护筒　4—电机　5—卷扬机　6—钻架　7—转盘　8—钻杆　9—泥浆管　10—钻头

3）冲孔。冲孔是利用冲击钻成孔，它是把带钻刃的重钻头提升至一定高度，靠自由下落的冲击力来削切、捣烂土层或岩层，通过泥浆循环和专用淘渣桶排出碎渣成孔。施工时，应据土层随时调整冲程和泥浆相对密度。适用于各类土层及风化岩、软质岩等。

4）抓孔。抓孔是将冲抓锥头提升到一定高度，锥头内有压重铁块和活动抓片，下落时抓片张开、切入土中，然后开动卷扬机提升冲抓锥，此时抓片收拢抓取土层，进而将冲抓锥提升至地面卸土，依次循环成孔。冲抓锥成孔适用于碎石土、砂土、砂卵石、黏性土、粉土、强风化岩。

（4）泥浆循环排渣　泥浆循环排渣可分为正循环排渣法和反循环排渣法。

正循环排渣法是利用泥浆泵将泥浆由钻杆内腔向下打入、从钻头底部喷出，携带土渣的泥浆沿孔壁向上流动，由孔口将土渣带出，流入沉淀池，经沉淀或除渣处理的泥浆流入泥浆池，再由泵注入钻杆，如此循环，如图 2-19a 所示。正循环设备简单，操作方便，但出渣效率较低，孔深大于 40m 和粗粒土层中不宜使用。

反循环排渣法是泥浆由孔口流入孔内，同时，与钻杆相连的砂石泵通过钻杆底部吸渣，使钻下的土渣连同泥浆由钻杆内腔吸出并排入沉淀池，经沉淀或除渣处理后的泥浆再流入孔内，如图 2-19b 所示。由于泵吸作用，泥浆的上返速度快，可以提高排渣能力和成孔效率。其排渣深度可达 50m 以上。当钻孔深度过大时，还可在钻杆下部通入向上的高压空气，形成气举泵吸反循环，其排渣深度可达到 120m、最大粒径 30mm 以上。

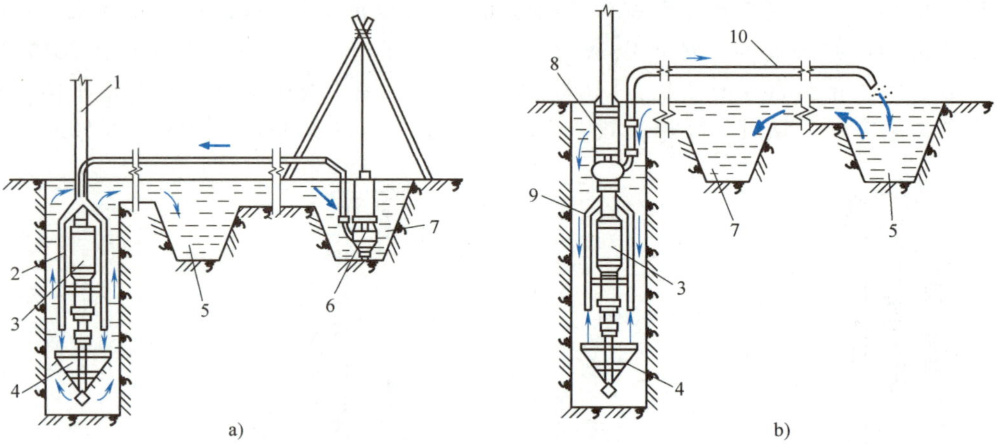

图 2-19 潜水钻钻孔循环排渣方法

a）正循环排渣法 b）反循环排渣法

1—钻杆 2—送浆管 3—主机 4—钻头 5—沉淀池 6—潜水泥浆泵 7—泥浆池 8—砂石泵 9—抽渣管 10—排渣胶管

（5）清孔 钻孔达到要求的深度后要清除孔底沉渣，以减少灌注桩沉降和提高承载力。当孔壁土质较好、泥浆中无大颗粒时，可用泥浆置换法清孔。当孔壁土质较差，泥浆中含有较大颗粒砂石时，宜用反循环清孔。其中孔深在 50m 以内者可用泵吸反循环，孔深 50m 以上者应采用气举反循环。经检测清孔满足要求后，吊入钢筋笼和安装导管，并进行第二次清孔。直至孔底 500mm 以内的泥浆相对密度小于 1.25，含砂率不大于 8%，黏度不大于 28s；孔底沉渣厚度，对端承型桩不大于 50mm，摩擦型桩不大于 100mm，方可灌注混凝土。

（6）水下灌注混凝土 用于水下灌注的混凝土，其强度等级不应低于 C25；粗骨料粒径不得大于钢筋最小净距的 1/3 和 40mm；必须具备良好的和易性，坍落度宜为 180~220mm；水泥用量不少于 360kg/m^3。砂率宜为 40%~50%，并宜选用中粗砂；纵筋的混凝土保护层厚度不小于 50mm。

水下灌注混凝土常用导管法。它是将密封连接的钢管作为水下混凝土的灌注通道，以避免泥浆与混凝土接触（见图 2-20）。导管通常用壁厚不小于 3mm 的无缝钢管制作，直径为

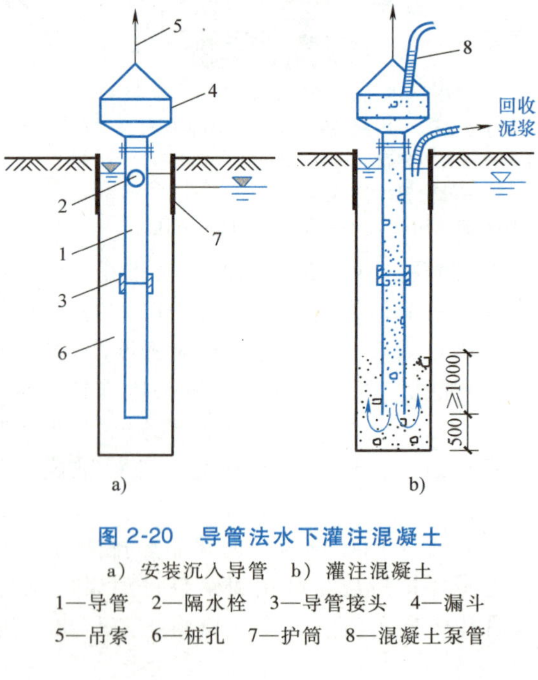

图 2-20 导管法水下灌注混凝土

a）安装沉入导管 b）灌注混凝土

1—导管 2—隔水栓 3—导管接头 4—漏斗 5—吊索 6—桩孔 7—护筒 8—混凝土泵管

200~250mm，每节长度2~3m，底节不小于4m。各节用双螺纹方扣快速接头连接，接头处的最大外径应比钢筋笼内径小100mm以上，以便顺利提出。

灌注混凝土前，将导管吊入桩孔内，底部距桩孔底0.3~0.5m，导管顶部连接储料漏斗，在导管内放入隔水栓，用细钢丝悬吊。隔水栓宜采用球胆或预制混凝土块（外套橡胶圈）。

灌注时，应先计算初灌量，以在漏斗内灌入足够的混凝土，保证首批混凝土下落后能将导管下端埋入混凝土中0.8m以上。然后剪断钢丝，隔水栓下落，混凝土随隔水栓冲出导管下口，并把导管底部埋入混凝土内。其后要连续灌注混凝土，适时提升并逐节拆除导管。要控制导管提升速度，保持管底埋入混凝土中2~6m。浇至桩顶时，要超灌0.8~1.0m高度，以保证凿除泛浆层后，桩顶混凝土强度满足设计要求。

（7）常见质量问题及处理方法

1）塌孔。在成孔过程中或成孔后，在泥浆中不断出现气泡或护筒内的水位突然下降，均是塌孔的迹象。其形成原因主要是土质松散、泥浆护壁不力。若发生塌孔，应探明塌孔位置，将砂和黏土混合物回填到塌孔位置以上1~2m，若塌孔严重，应全部回填，等回填物沉积密实后再重新钻孔。

2）缩孔。缩孔是指钻孔后孔径小于设计孔径的现象。缩孔是由于塑性土膨胀或软弱土层挤压造成的，处理时可用钻头反复扫孔，以扩大孔径。

3）斜孔。成孔后发现垂直偏差过大，这是由于护筒倾斜和位移、钻杆不垂直、钻头导向性差、土质软硬不一或遇上孤石等原因造成。斜孔会影响桩基质量，并会给后面的施工造成困难。处理时可在偏斜处吊住钻头，上下反复扫孔，直至把孔位校直。

4）孔底沉渣过厚。成孔及清孔时应尽量清理孔底沉渣。还可再采取在钢筋骨架上固定注浆管，待灌注混凝土成桩2d后，向孔底高压注入水泥浆的措施，以挤密固结沉渣。后注浆法可提高承载力40%以上，沉降量减少30%左右。

2.2.2 沉管灌注桩

沉管灌注桩是利用锤击或振动方法将带有桩尖的钢制桩管沉入土中成孔。当桩管打到要求深度后，放入钢筋骨架，边浇筑混凝土，边拔出桩管而成桩，其施工工艺过程如图2-21所示。沉管灌注桩可避免土质较差、地下水位较高时产生的塌孔，但桩径、桩长都受到设备性能的限制，施工有振动、噪声大，易产生质量问题。沉管灌注桩适用的土层包括黏性土、粉土、砂土和碎石类土。

沉管灌注桩使用的机具设备与预制桩施工设备基本相同。按其沉管方式的不同，可分为：锤击沉管灌注桩，静压沉管灌注桩和振动、冲击沉管灌注桩等。下面以锤击沉管灌注桩为例介绍沉管灌注桩的施工。

1. 桩尖

常见的沉管灌注桩桩尖有两种形式（见图2-22）。一种是钢筋混凝土预制桩尖，沉管时用桩管套住预制桩尖，沉到预定标高后，桩尖留在桩底土层中；另一种是桩管端部自带的钢制活瓣桩尖，沉管时，桩尖活瓣合拢，灌注混凝土并拔管时，活瓣在混凝土压力下打开，这种桩尖必须具有足够的强度和刚度，活瓣开启灵活，合拢后缝隙严密。

2. 锤击沉管

准备工作做好后，用桩架吊起钢桩管，合拢桩尖活瓣或对准预先稳固在桩位处的预制钢筋混凝土桩尖，然后慢慢放下，使桩尖沉入土中。桩管上端扣上桩帽，检查桩管与桩锤是否在同一垂直线上，桩管偏斜不大于0.5%时，即可锤击桩管。先低锤轻击，观察若无偏移后，才正常施打。当使用预制桩尖时，桩管与桩尖连接处应垫麻布等，以防止地下水渗入管内。

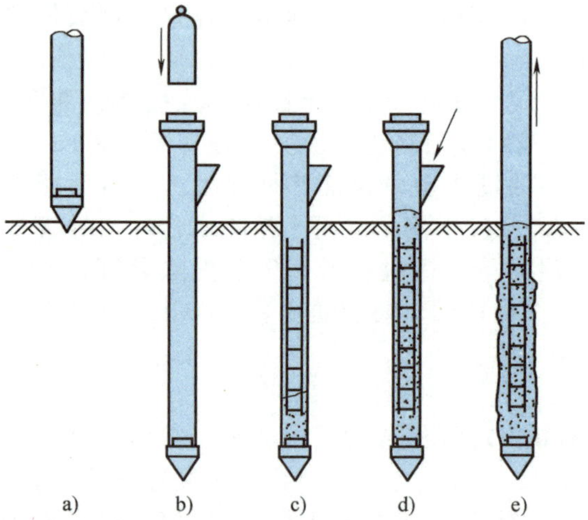

图 2-21 沉管灌注桩施工过程

a）桩尖及桩管就位 b）沉管 c）吊入钢筋笼 d）浇筑混凝土 e）拔管成桩

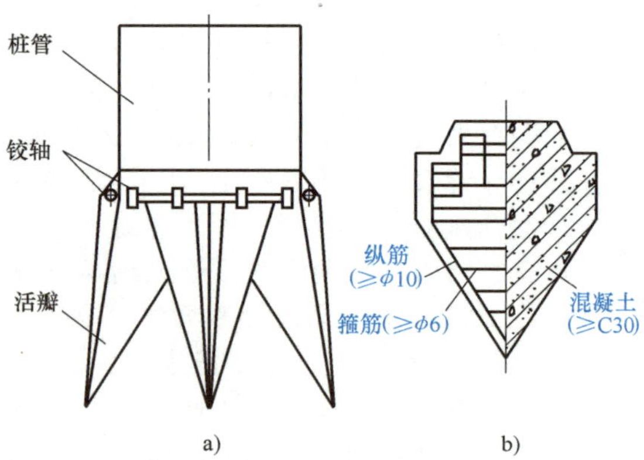

图 2-22 常用的沉管灌注桩桩尖示意图

a）活瓣桩尖 b）混凝土预制桩尖

3. 拔管与混凝土浇筑

当桩管沉到设计标高或符合设计要求的贯入度后，停止锤击，检查管内无泥浆或水进入后，即放入钢筋骨架，边灌注混凝土边进行拔管，拔管时必须保持密锤低击，边打边拔，以确保混凝土灌注密实。拔管速度必须严格控制：对一般土层以 1m/min 为宜，在软弱土层和软硬土层交界处宜控制在 0.3～0.8m/min。应确保混凝土下落顺畅，避免出现断桩、吊脚或缩颈现象。

吊脚桩 缩颈桩

锤击沉管灌注桩的充盈系数（实际灌注的混凝土量与按桩径计算的桩身体积之比）一般为 1.05～1.2。对于混凝土充盈系数小于 1.0 的桩，宜全长复打；对可能断桩和缩颈桩，应局部复打并超过该区域 1m 以上。为确保灌注桩的桩身质量和承载力，可分别采用单打法、反插法和复打法工艺。

（1）单打法 即一次拔管法。放入钢筋骨架，灌注混凝土后，开始拔管，拔管时必须边打边拔，一次将管拔出，即整个灌注桩混凝土浇筑完毕。该法成桩的断面不超过桩管断面的 1.3 倍。

（2）反插法 该法是在拔管时，将桩管每提升 0.5～1.0m，再下沉 0.3～0.5m，如此反复，直至拔管完毕。采用反插工艺施工时应使用活瓣桩尖，在拔管过程中应分段添加混凝土，保持管内混凝土始终不低于地表面或高于地下水位 1.0～1.5m 以上，拔管速度不应超过 0.5m/min。此种方法适用于饱和土层，在淤泥层中可消除缩颈现象，但在坚硬土层中易损坏桩尖，不宜采用。该法成桩的断面有时可达到桩管断面的 1.5 倍，可提高桩的承载力。

复打法

（3）复打法 复打法是在同一桩孔位进行两次单打，或根据需要进行局部复打，如图 2-23 所示，复打桩施工程序为：在第一次沉管、浇注混凝土、拔管完毕后，清除桩管外壁上的污泥，立即在原桩位上再次安设桩尖，进行第二次复打沉管，使第一次浇注未凝固的混凝土向四周挤压以扩大桩径，放入钢筋骨架，第二次向管内浇注混凝土，拔管方法与单打桩相同。但应注意两次沉管轴线应重合，在第一次浇注的混凝土初凝以前完成复打拔管工作。该法成桩的断面可达到桩管断面的 1.8 倍，承载力大幅度提高。

此外，近年来在锤击沉管灌注桩的基础上发展出了内夯沉管灌注桩。它是先将桩管沉至设计标高，在每灌注一定混凝土后，插入内夯管，随提升桩管随对混凝土进行夯压，使桩身密实、直径加大，可避免出现缩颈、断桩和吊脚桩等质量问题。宜用于桩端持力层为埋深不超过 20m 的中、低压缩性黏性土、粉土、砂土和碎石类土工程。

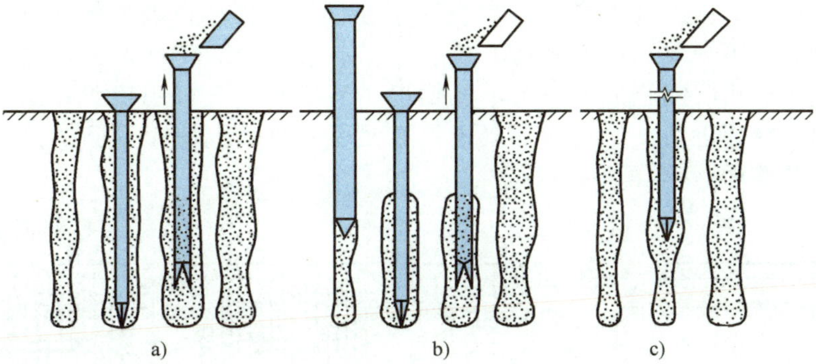

图 2-23　复打法示意图

a）全部复打桩　b）下部复打桩　c）上部复打桩

2.2.3　灌注桩施工质量要求

1. 成孔深度控制

（1）摩擦型桩　对于摩擦桩应以设计桩长控制成孔深度；端承摩擦桩还必须保证桩端进入持力层深度。

（2）端承型桩　当采用钻（冲）、挖掘成孔时，必须保证桩端进入持力层的深度要求；当采用沉管法成桩时，应以控制沉管贯入度为主，以控制桩端标高为辅。

2. 灌注桩的质量

1）桩顶标高应比设计标高高出 0.5m 以上。

2）桩径、垂直度及桩位允许偏差，见表 2-3。

表 2-3　灌注桩的桩径、垂直度及桩位允许偏差

序号	成孔方法		桩径偏差/mm	垂直度偏差(%)	桩位偏差/mm	
					1~3 根、单排桩基垂直于中心线方向、群桩基础的边桩	条形基础中心线方向、群桩基础的中心桩
1	干成孔灌注桩		−20	1	70	150
2	泥浆护壁钻孔桩	$d \le 1000$mm	±50	1	$d/6$ 且不大于 100	$d/4$ 且不大于 150
		$d > 1000$mm	±50		$100+0.01H$	$150+0.01H$
3	沉管成孔灌注桩	$d \le 500$mm	−20	1	70	150
4		$d > 500$mm			100	150

注：1. 桩径的允许偏差的负值是指个别断面；采用复打、反插施工者不受本表限制。

2. H 为施工现场地面标高与桩顶设计标高的距离，d 为桩的直径。

3）桩需做静载试验，其根数不少于总桩数的 1%且不少于 3 根。

4）桩身完整性检测一般不少于总桩数的 20%且不少于 10 根。

2.3　其他深基础施工

地下连续墙施工

2.3.1　地下连续墙施工

地下连续墙是在基础埋深大、地下水位高、土质差，或周围环境要求高及施工场地受限

的情况下深基础施工的有效手段。地下连续墙可作为防渗墙、挡土墙，也可作为地下结构的边墙和建（构）筑物的基础。它具有刚度大、整体性好、施工时无振动、噪声低等优点，可用于任何土质。利用地下连续墙还可进行逆作法施工，也可通过土层锚杆、坑内水平支撑等与地下连续墙组成支护结构，为深基础施工创造更有利的条件。

地下连续墙的主要施工过程如图2-24所示。在设计位置墙体的两侧先修筑导墙、灌入泥浆，在泥浆护壁条件下分单元槽段进行开挖、清渣、吊入接头构件及钢筋笼、插入导管并进行水下浇筑混凝土，再间隔施工下一个单元槽段。当槽段接头采用接头管法时，应待混凝土初凝后将管拔出。待邻近两个槽段的混凝土具有足够强度后，施工其间的连接槽段，直至形成整体闭合的连续墙体。

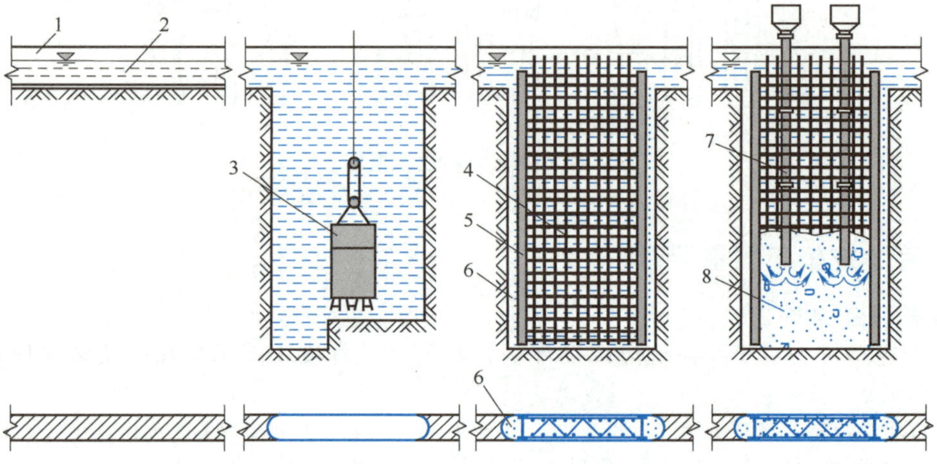

图2-24 地下连续墙的主要施工过程示意图

a）修筑导墙后灌注泥浆 b）单元槽段开挖 c）吊入焊有接头H型钢的钢筋笼 d）水下浇注混凝土

1—导墙 2—泥浆 3—成槽机 4—钢筋笼 5—H型钢接头 6—充填苯板及沙包 7—导管 8—浇注的混凝土

导墙常用现浇钢筋混凝土结构，厚度不小于200mm，高度不少于1.2m，每侧形状有“Γ”形或“[”形，顶面高出施工地面100mm，高于地下水位0.5m以上，外侧应用黏性土填实。导墙能为连续墙定位、为挖槽导向，并具有保护槽壁、存蓄泥浆等作用。两侧导墙的间距，应为地下连续墙的厚度再加40mm的施工余量。

一般情况下，地下连续墙单元槽段长度为4~6m。常用的挖槽设备有液压抓槽机、导杆式抓斗、铣槽机和多头钻等。挖槽需在泥浆护壁下进行（见图2-25），泥浆使用膨润土配制，其配比应根据土层等情况试配确定；为增强泥浆的效能，可加入加重剂、增黏剂、防漏剂、分散剂等掺合物。

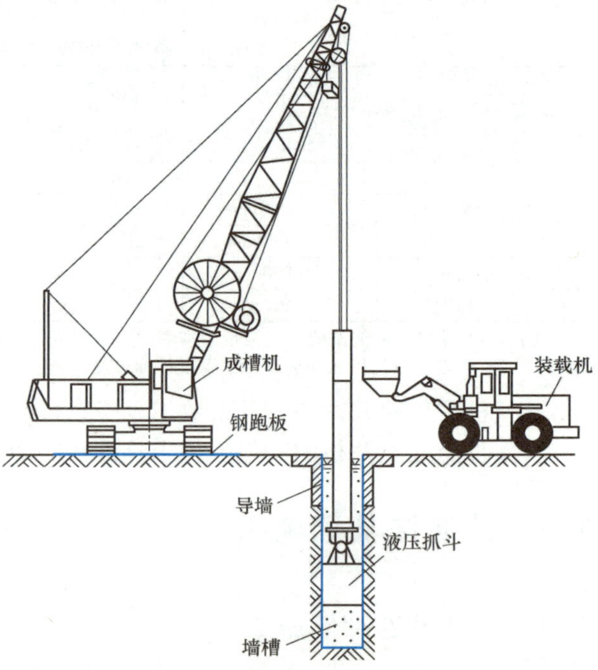

图2-25 挖槽剖面示意图

挖至设计标高后，应及时清刷相邻段混凝土的端面，再采用泵吸法清基并进行泥浆置换，至泥浆相对密度在1.15以下、沉渣厚度不大于 100mm 为止。

清槽后尽快下放钢筋笼、浇注混凝土，以防槽段塌方。混凝土应比设计强度等级提高一级，坍落度宜为 180~200mm，并应富有良好的流动性。水下浇注用导管从底部开始，混凝土不断上升而排出泥浆。一个单元槽段至少设置 2 根导管，同时等速浇注，浇注上升速度不小于 3m/h。混凝土需超浇 30~50cm，以便凿去浮浆层后，墙顶标高及混凝土强度满足设计要求。

人工挖孔桩及墩基础演示

2.3.2 墩式基础施工

墩式基础可采用人工或机械成孔，在大直径孔中浇筑混凝土或钢筋混凝土而成。下面仅以人工成孔为例进行介绍，其构造如图 2-26 所示。

人工成孔的优点是：设备简单；噪声小、无振动、无挤土，对施工现场周围的既有建筑物及市政设施影响小；挖孔时可直接观察土层变化情况，核实桩端持力层的土质；孔底残渣能彻底清除，施工质量易于保证；可多孔同时施工，以加快施工进度。缺点是劳动繁重，用工多，安全操作条件差等。可用于地下水位低，土质条件较好，桩径为 0.8~2.5m，孔深不超过 30m，施工场地狭小无法使用机械挖孔的工程。

为了保证施工安全，人工挖孔需在设置护壁的条件下进行。有淤泥时可使用钢护筒；对一般土质，常采用现浇混凝土护壁。混凝土护壁的厚度、配筋及混凝土强度等级均应符合设计要求，其构造形式如图 2-27 所示。混凝土护壁随掘进随分节制作，每节高 0.9~1.2m，壁厚不小于 100mm，按构造配筋时直径不少于 8mm，竖向筋应上下搭接或拉结，混凝土强度不低于墩身。

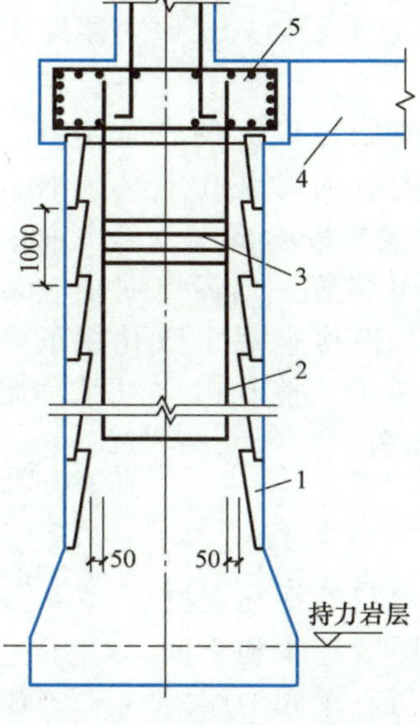

图 2-26 人工挖孔墩式基础构造

1—护壁 2—主筋 3—箍筋 4—地梁 5—墩帽

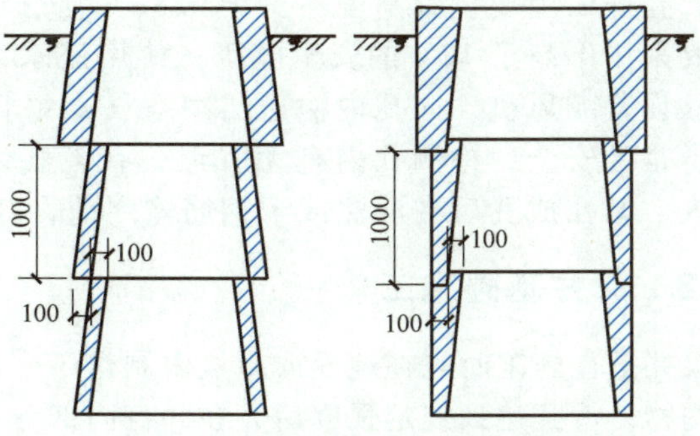

图 2-27 混凝土护壁形式

a）外齿式 b）内齿式

1. 施工机具

1）电动葫芦和提土桶、吊笼，用于材料与弃土的垂直运输以及施工人员上下。

2）潜水泵及胶皮软管，用于抽出孔中的积水。

3）鼓风机和输风管，用于向孔中送入新鲜空气。

4）短柄镐、锹等挖土工具，如遇坚硬土或岩石，还需另备风镐等。

5）低压照明灯、对讲机、电铃和应急软爬梯等。

2. 施工工艺与要求

人工挖孔桩及墩基础施工

墩孔开挖时，若墩净距小于 2 倍墩径且小于 2.5m，应采用间隔开挖，最小施工净距不得小于 4.5m。主要施工工艺过程及要点如下：

1）按设计图放线，定墩位。

2）分节开挖土方。每节开挖深度视土壁保持直立的能力而定，一般为 1m 左右，开挖直径为设计墩径加护壁厚度。第一节护壁兼做井圈，顶面应高出地面 100~150mm，其壁厚应增加 100~150mm，以加强孔口。

3）支设护壁模板。根据每节土方开挖深度来配备模板高度，每节井圈模板一般由 4 块或 8 块活动钢模板组合而成。一般通过拱形作用而不需支撑，也可在模板上下端设置槽钢或角钢圈作为支撑。按设计要求绑扎护壁钢筋后，即可安装护壁模板。必须用墩中心点校正模板位置。

4）浇筑护壁混凝土。护壁混凝土浇捣必须密实，根据土层渗水情况，必要时可使用速凝剂，每节护壁均应在当日连续施工完毕。

5）下一节挖土、清理和绑扎护壁钢筋后，可拆除上节模板并移至下节进行安装。护壁模板一般在浇筑混凝土 24h 之后方可拆除，拆模后若发现护壁混凝土有蜂窝、漏水现象，应及时补强处理，以防造成事故。如此循环，直至挖到设计要求深度。

6）浇筑墩身混凝土。墩孔挖至设计标高后，应按设计的直径进行扩底。扩底后应立即清理护壁上的淤泥和孔底的残渣、积水，经隐蔽工程验收合格后，马上封底和浇筑墩身下段混凝土，待浇筑至钢筋笼的底部标高时，再吊入钢筋笼就位固定，并继续浇筑墩身混凝土。混凝土必须通过导管下料，导管下口距浇筑面应小于 2m，混凝土宜采用插入式振动器捣实。

3. 安全施工要点

人工挖孔安全操作条件差，极易发生安全事故。因此，要制订可靠的安全措施，严格按操作规程施工。例如，墩孔内施工人员必须戴安全帽；孔内有人时，孔上必须有人监督防护；孔外四周要设置高度不少于 0.8m 的防护栏杆；每孔要设置安全绳及安全软梯；孔内照明要采用不高于 12V 的安全电压；使用潜水泵必须有防漏电装置，当漏电时能自动切断电源；设置鼓风机，向孔内输送洁净空气，每日开工前必须严格检查每个墩孔用的垂直运输设备是否安全，检测孔内有无有毒、有害气体，应向孔内送风，使孔内空气洁净后，才准下人。墩孔成孔后在浇注或下钢筋笼之前，孔口必须临时加盖。

2.3.3 沉井基础施工

沉井施工原理

沉井是在施工时先在地面或基坑内制作一个圆形或方形井筒状的钢筋混凝土结构物，待其达到规定强度后，在井身内部分层挖土运出，随着挖土和土面的降低，沉井井身在其自重及上部荷载或其他措施协助下克服与土壁间的摩阻力和刃脚反力，不断下沉，直至设计标高，然后进行封底的一种施工技术。

沉井既是基础，又是施工时的挡土和挡水结构物，开挖下沉过程中无须另设坑壁支撑或围堰，不但简化了施工，也降低了对邻近建筑物的影响。缺点是工期较长、施工技术要求高、易发生流砂而造成沉井倾斜或下沉困难等。沉井基础多用于建筑物和构筑物的深基础、地下室、蓄水池、设备深基础、桥墩等工程。

1. 沉井的构造

沉井主要由刃脚、井壁、内隔墙或竖向框架、底板等构成。

（1）刃脚　刃脚位于井壁最下端（见图 2-28），其作用在于沉井下沉时，切割土体、减少土的阻力。因此，刃脚应足够尖锐且有一定的强度和刚度，防止挠曲与破坏。

(2) 井壁　井壁即沉井的外壁，是沉井的主要部分。它应有足够的强度，以承受沉井下沉过程中及使用时作用的荷载；同时还要求有足够的质量，使其在自重作用下能顺利下沉。

(3) 内隔墙或竖向框架　在沉井井筒内设置隔墙或竖向框架，以满足结构的需求并增加下沉时的刚度；同时，通过隔墙分隔成的多个施工井孔（取土井），可使挖土和下沉较均衡地进行，也便于纠偏。

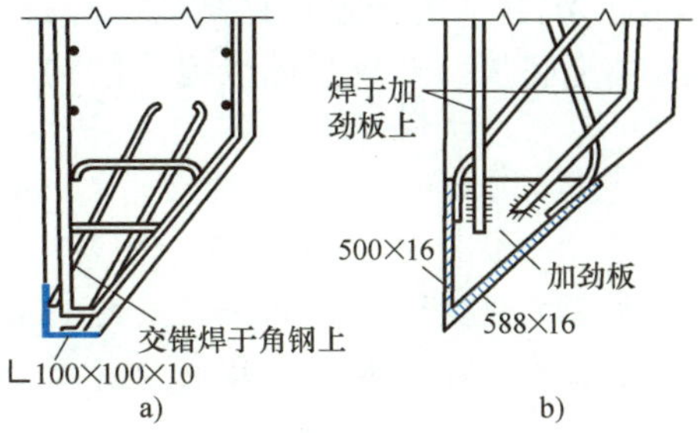

图 2-28　沉井的刃脚

a）混凝土刃脚　b）钢制刃脚

(4) 底板　待沉井下沉到设计标高后，应将井内土面整平，如采用干封底时，可先铺垫层，然后浇筑钢筋混凝土底板。如采用水下封底时，待水下封底混凝土达到强度时，抽干水后再浇筑钢筋混凝土底板。

2. 沉井施工工艺

沉井施工过程，如图 2-29 所示。

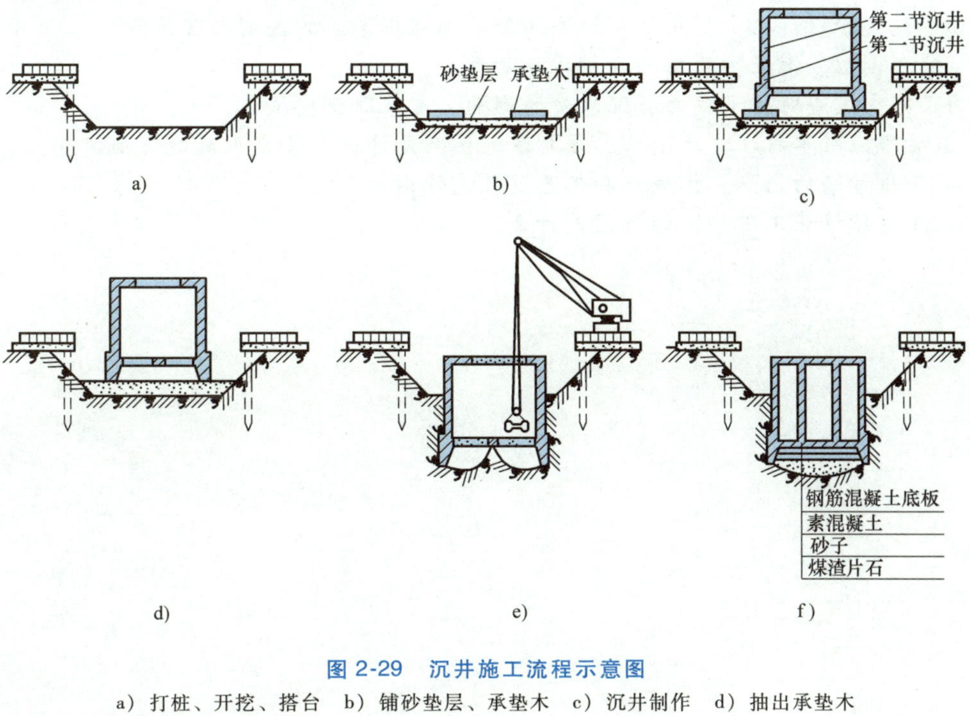

图 2-29　沉井施工流程示意图

a）打桩、开挖、搭台　b）铺砂垫层、承垫木　c）沉井制作　d）抽出承垫木

e）挖土下沉　f）封底、回填、浇筑其他部分结构

1）在沉井位置开挖基坑（若在水中则应筑岛），坑的四周打桩，设置工作平台。

2）铺砂垫层，搁置垫木。

3）制作钢刃脚，并浇筑第一节钢筋混凝土井筒。

4）待第一节井筒的混凝土达到一定强度后，抽出垫木，并在井筒内挖土，或用水力吸泥，使沉井下沉。要注意均衡挖土、平稳下沉，如有倾斜则应及时纠偏。

5）在沉井下沉的同时继续接高上部的沉井结构，即分节支模、绑钢筋、浇筑混凝土，直至其下沉至设计位置。

6）沉井下沉到设计标高后，经过技术检验并对井底清理整平后，用混凝土封底，浇筑钢筋混凝土底板，形成基础或地下结构。

工程案例

本章工程案例资源包括：某超高层建筑泥浆护壁灌注桩施工、某特大桥钻孔灌注桩施工技术要求等，详见本书配套电子资源。

习　题

1. 试述混凝土预制桩吊点位置的确定原则。
2. 如何确定预制桩的打桩顺序？
3. 试述静力压桩法的特点及工艺流程。
4. 与预制桩相比，灌注桩有哪些优缺点？
5. 压灌混凝土后插筋灌注桩在工艺上与传统钻孔灌注桩有何差别？有什么优点？
6. 泥浆护壁法成孔施工中护筒的作用是什么？
7. 试述泥浆护壁成孔中，正循环排渣法和反循环排渣法的区别与优缺点。
8. 试述预制桩、灌注桩施工的主要质量要求。
9. 为了减少沉渣对桩承载力、沉降量的影响，可采取哪些措施？
10. 沉管灌注桩单打法、反插法、复打法的区别是什么？各自承载能力如何？
11. 地下连续墙的用途、优缺点和工艺过程是什么？
12. 地下连续墙施工中导墙的作用是什么？

第3章

脚手架与垂直运输设备

学习目标

了解脚手架的种类和基本要求，掌握搭设与使用的一般要求，掌握各类脚手架的构造组成、搭设要求和适用范围，了解脚手架工程的安全要求与措施；了解垂直运输设备的类型、特点、性能和安装与使用要点，掌握起重机选择方法；了解索具设备的种类、功能及选择、使用要求。

脚手架是指由杆件或结构单元、配件通过可靠连接而组成，能承受相应荷载，具有安全防护功能，为建筑施工提供作业条件的结构架体，包括作业脚手架和支撑脚手架。本章主要介绍作业脚手架，它是指支承于地面、建筑物上或附着于工程结构上，为建筑施工提供作业平台和安全防护的脚手架。脚手架既是施工工具又是安全设施，其构架形式、材料选用以及搭设质量等对工程的安全、质量、进度及成本均具有重要影响。

垂直运输设备是指能将施工所需物料、人员通过提升或降落运送到作业高度空间或（并）配合进行施工作业及安装的机械设备，主要包括物料提升机、施工电梯、起重机、混凝土泵等。垂直运输设备的正确选择、安装与使用至关重要，对工程能否实施及其质量、安全、工期、费用影响巨大。

3.1 脚手架工程

脚手架种类较多，按用途分为作业脚手架（包括结构架和装修架）和支撑脚手架；按搭设在建筑物内外的位置分为里脚手架、外脚手架；按支撑与固定的方式分为落地式脚手架、悬挑式脚手架、外挂式脚手架、悬吊式脚手架、爬升式脚手架和顶升平台等；按设置形式分为单排脚手架、双排脚手架和满堂脚手架；按杆件的连接方式又分为扣件式脚手架、盘扣式脚手架、碗扣式脚手架和门式脚手架等。此外，按搭设脚手架的材料可分为钢脚手架、铝合金脚手架。按搭设高度分为一般脚手架和高层建筑脚手架（24m 以上者）。

1. 对脚手架的基本要求

1）架体的宽度、高度及步距应能满足使用要求。

2）应具有足够的承载能力、刚度和稳定性。

3）架体构造简单、搭拆方便，便于使用和维护。

4）材料应能多次周转使用，以降低工程费用。

2. 搭设与使用的一般要求

应根据工程特点、构配件供应情况、施工条件等，遵循安全可靠、先进适用、经济合理的原则，选择最佳的脚手架方案。脚手架搭设时应满足以下要求：

1）搭设前应编制脚手架专项施工方案，并向施工人员进行技术交底。搭设人员必须是经考核合格的专业架子工，并应持证上岗。对于高层、重载以及悬挑等特殊形式的脚手架还应进行设计计算，并组织专家对施工方案进行论证。

2）对所用构配件应提前进行质量检验，并按品种、规格分类堆放整齐。

3）做好脚手架的地基与基础处理。搭设场地应坚实平整、排水良好，地基的承载力满足设计要求且高出自然地坪50~100mm。高层建筑脚手架宜浇筑不少于150mm厚的C15混凝土基础。

4）与施工进度同步搭设，分层分段检查验收。自由高度不得超过规范规定，并应及时安装连墙件。每搭设一定高度，应进行质量和安全检查验收，合格后方可继续搭设或交付使用。大风、浓雾、雨雪天气停止作业，同时要设置可靠的安全防护设施。

5）脚手架使用中不得超载，严禁将模板支架、缆风绳、混凝土泵管等固定在脚手架上，不得在脚手板上集中堆放材料。

6）严禁擅自拆除架体结构杆件，严禁在脚手架基础及邻近处进行挖掘作业，做好定期检查及大风、雨雪天气后的检查等。

3.1.1 落地式作业脚手架

落地式作业脚手架是以地基或楼面为基础搭设的脚手架，包括扣件式、碗扣式、盘扣式、门式钢管脚手架及桥式脚手架等。下面仅介绍常用的钢管脚手架。

1. 扣件式钢管脚手架

扣件式钢管脚手架是由扣件连接钢管构成主要承重架体。它搭拆灵活、通用性强、周转次数多、应用广泛，但其零配件多、搭设质量不易控制、安全性较差、施工工效低，除用作脚手架外，还可用于搭设井架、上料平台等。

扣件式钢管脚手架材料

（1）主要组成部件　扣件式钢管脚手架由钢管、扣件、脚手板、底座和垫板等组成。

1）钢管。钢管应采用ϕ48.3mm×3.6mm的焊接钢管或无缝钢管，按其位置和作用分为立杆、纵向水平杆（大横杆）、横向水平杆（小横杆）、连墙杆、纵向支撑（剪刀撑）等（见图3-1）。

2）扣件。扣件是钢管与钢管之间的连接件，由可锻铸铁或铸钢制作，通过扣紧产生的摩擦力来紧固和传递荷载。按其用途分直角、旋转、对接三种形式（见图3-2）。直角扣件用于垂直交叉杆件间的连接；旋转扣件用于平行或斜交杆件间的连接；对接扣件用于杆件的接长。

3）脚手板。脚手板是脚手架上操作层的铺板，常用钢制或木制。钢脚手板由Q235级厚度不小于1.5mm的钢板冲压焊接而成，肋高50mm，板面有边缘上凸的圆孔以防滑；木脚手板厚度应不小于50mm，端头应绑有2道直径为4~5mm的镀锌钢丝箍以防裂。

4）底座和垫板。底座用于垫在立杆的底部，以利于分散荷载和各立杆受力均匀。常用底座分固定底座和可调底座（见图3-3）。垫板常采用木垫板，其宽度不小于200mm，厚度不小于50mm，每块长度不短于2跨。

扣件式钢管脚手架搭设1

扣件式钢管脚手架搭设2

（2）构造要求　脚手架搭设高度：单排脚手架不得超过24m，双排脚手架不宜超过50m，否则应分段搭设，使荷载不向下传递。脚手架的宽度、高度及步距应满足使用要求。一般操作架宽度为0.9~1.2m；步距为1.5~1.8m，每个楼层为整步数。脚手架的构造如图3-4所示，其要点如下：

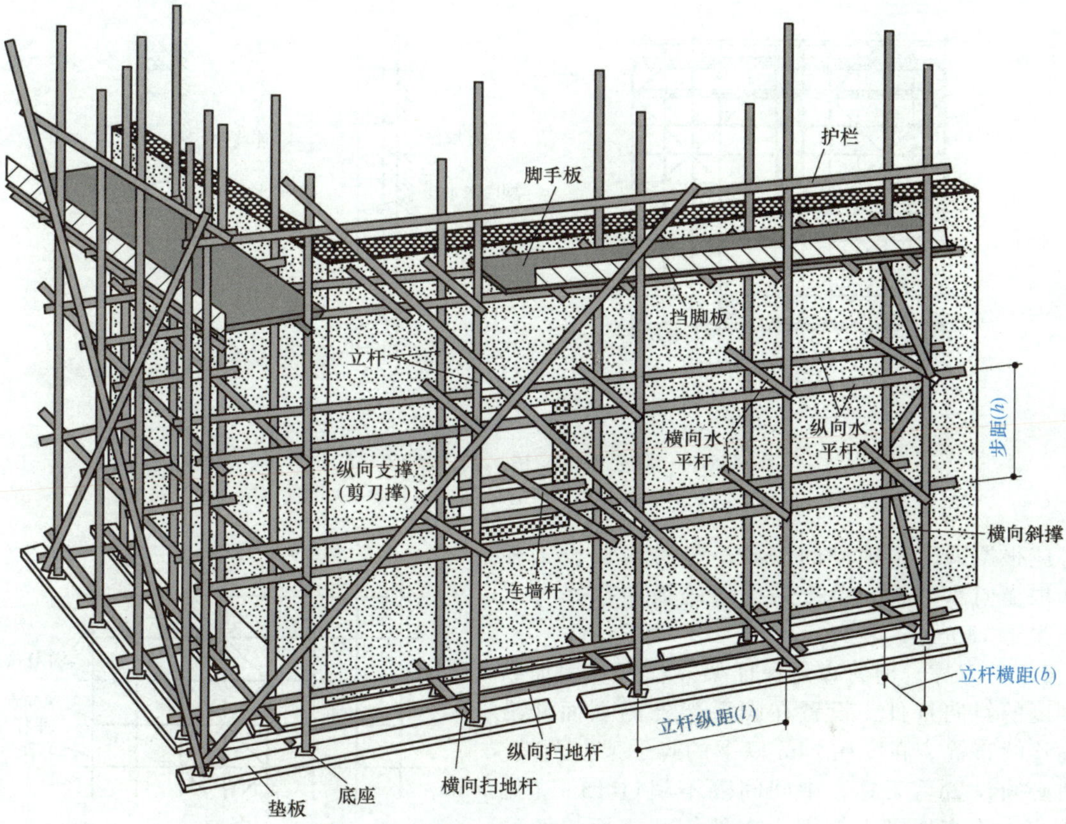

图 3-1　双排扣件式钢管外脚手架的组成

注：各杆件交叉点均应有扣件，为清晰，本图未画。

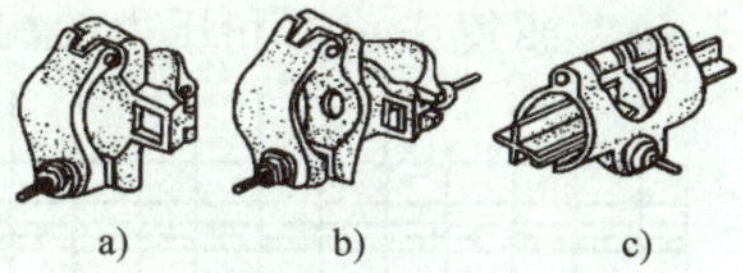

图 3-2　扣件形式

a）直角扣件　b）旋转扣件　c）对接扣件

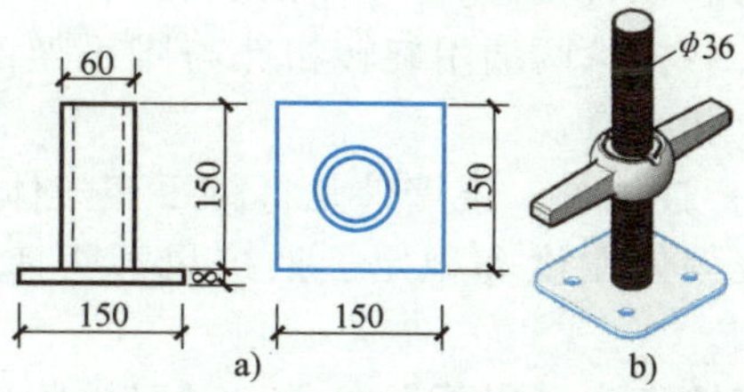

图 3-3　底座

a）钢板钢管焊接的固定底座　b）可调底座（托撑）

1）立杆。立杆是脚手架的竖向承力杆件。横距为 0.9~1.5m（高层架子不大于 1.2m）；纵距为 1.2~2.0m。每根立杆底部宜设置底座和垫板。在距钢管底端不大于 200mm 处必须设置纵向、横向扫地杆，用直角扣件与立杆固定，横向扫地杆在下。相邻立杆的接头位置应错开，布置在不同的步距内，同步内隔一根立杆的接头在高度上错开不少于 500mm，各接头中心至主节点的距离不大于步距的 1/3，如图 3-5 所示。立杆与纵向水平杆相交处称为主节点，必须用直角扣件扣紧。

2）纵向水平杆。纵向水平杆安装在立杆里侧，单杆长度不应小于 3 跨，上下间距（步距）除第一步外不得大于 1.8m。相邻纵向水平杆接头不得设置在同步或同跨内，错开至少 500mm，各接头中心至主节点的距离不大于纵距的 1/3，如图 3-5 所示。

3）横向水平杆。横向水平杆贴近立杆布置，搭于纵向水平杆之上并与之用直角扣件扣紧。在每个立杆与纵向水平杆的相交处必须设置横向水平杆，以形成基本构架结构。在操作

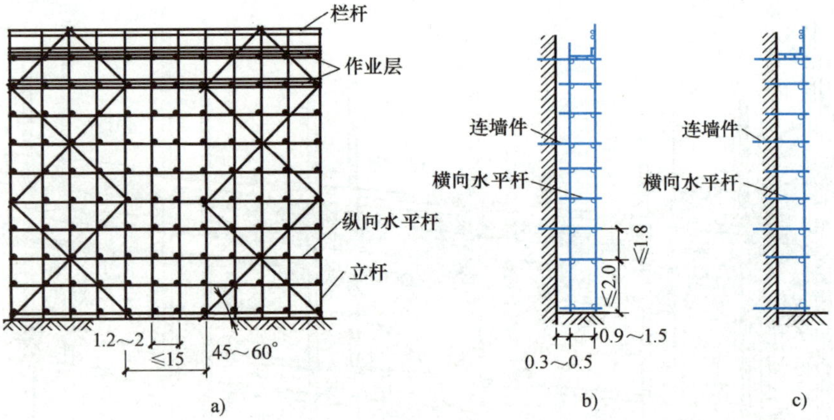

图 3-4 脚手架的构造（尺寸单位：m）

a）立面图 b）双排脚手架剖面 c）单排脚手架剖面

层，应根据脚手板铺设的需要，每跨内加设 1 根或 2 根横向水平杆。单排脚手架的横向水平杆入墙不少于 180mm。

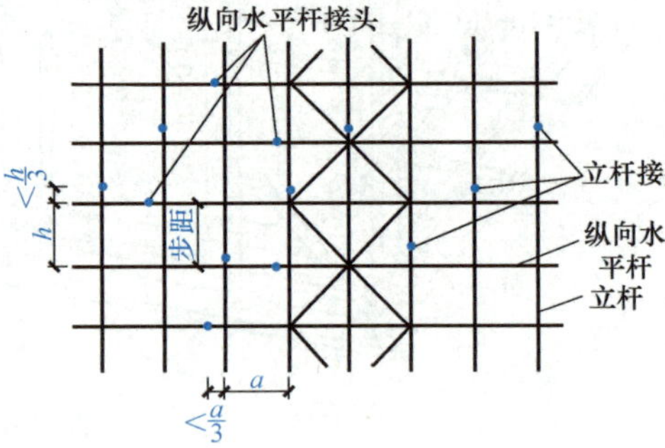

图 3-5 立杆、纵向水平杆的接头位置

4）剪刀撑。剪刀撑是保证架体稳定、增加纵向刚度的斜向杆件，设置在脚手架外侧立面并沿架高连续布置。高度在 24m 以下的脚手架在两端、转角必须设置剪刀撑，中间间隔不超过 15m（见图 3-4）；而高层脚手架则应在外侧全立面连续设置剪刀撑（见图 3-6）。每道剪刀撑的宽度应不小于 4 跨和 6m，斜杆与地面的夹角为 45°～60°。剪刀撑的斜杆除两端用旋转扣件与脚手架的立杆或横向水平杆伸出端扣紧外，在其中间应增加 2～4 个扣结点。

5）连墙件。连墙件是将脚手架架体与建筑主体结构连接，能传递拉力和压力的构件。它对保证架体刚度和稳定、抵抗风载等水平荷载具有重要作用。

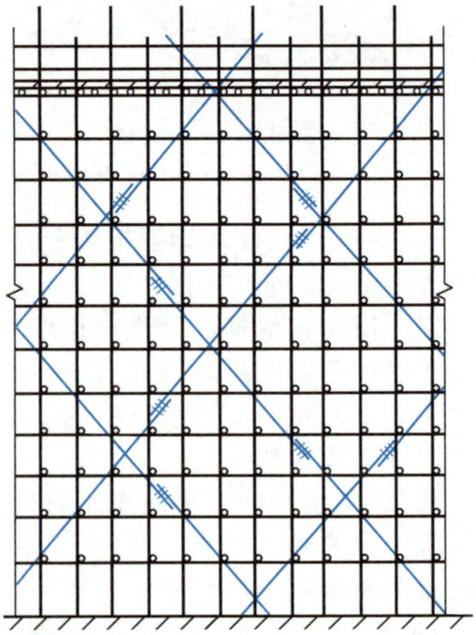

图 3-6 高层脚手架的剪刀撑布置

连墙点宜采用菱形布置。对双排落地架，每 3 步 3 跨设置 1 根连墙件，每根覆盖面积不得大于 40m^2；对双排悬挑架，每 2 步 3 跨设置 1 根连墙件，每根覆盖面积不得大于 27m^2。连墙杆应水平设置，宜与架体主节点连接，偏离不得超过 300mm。

连墙构造宜为刚性连接，架体高度 24m 以上者应刚性连接，常用形式如图 3-7 所示。

当脚手架下部暂不能设连墙件时应设置抛撑，以防向外侧倾覆。抛撑间距不大于 3 跨，与地面呈 45°～60°角，上部与架体主节点附近连接。连墙件安装后方可拆除抛撑。

6）横向斜撑。开口型双排脚手架的两端必须设置横向斜撑。封闭型双排脚手架的高度在 24m 以上者，除拐角处设置外，中间每隔 6 跨设置一道横向斜撑。横

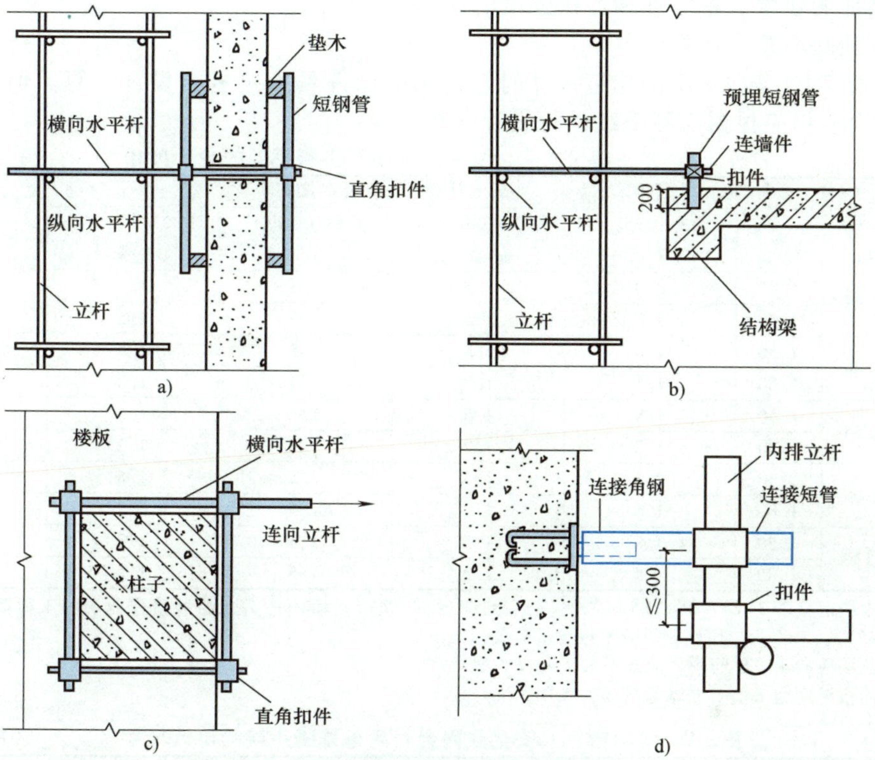

图 3-7　刚性连墙构造

a) 夹墙　b) 扣梁　c) 抱柱　d) 埋件焊接

注：c 为平面图，其他均为立面。

向斜撑应在同一节间，由底至顶呈"之"字形连续布置。横向斜撑用旋转扣件与横杆固定。

7) 脚手板。作业层脚手板应铺满、铺平、铺实，每块脚手板应铺设在三根横向水平杆上。铺设时应采用对接或搭接，要求如图 3-8 所示。

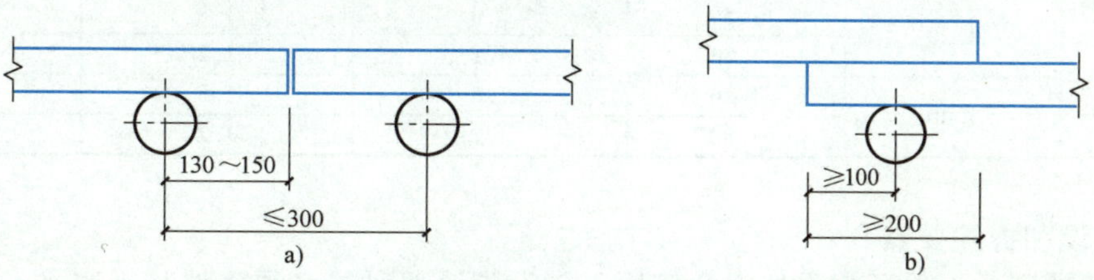

图 3-8　脚手板对接、搭接构造

a) 脚手板对接　b) 脚手板搭接

8) 栏杆、挡脚板和安全网。在铺脚手板的作业层上必须设 2 道栏杆和高度不少于 180mm 的挡脚板。上栏杆高度不低于 1.2m。脚手板下应用双层安全网兜底，施工层以下每隔 10m 用安全网封底。沿脚手架外围满挂阻燃密目式安全立网封闭。

(3) 脚手架的设计

1) 常用密目式安全立网全封闭双、单排脚手架结构的设计尺寸，可按表 3-1、表 3-2 采用。

2) 设计计算的内容包括：

① 纵向、横向水平杆等受弯构件的强度和连接扣件抗滑承载力计算。

② 立杆的稳定性计算。

扣件式钢管脚手架斜道及防护棚

③ 连墙件的强度、稳定性和连接强度的计算。

④ 立杆地基承载力计算。

当采用表 3-1、表 3-2 中的构造尺寸时，其相应杆件可不再进行设计计算。但连墙件、立杆地基承载力等仍应根据实际荷载进行设计计算。

表 3-1　常用密目式安全立网全封闭双排脚手架的设计尺寸　（单位：m）

连墙件设置	立杆横距 l_b	步距 h	下列荷载时的立杆纵距 l_a				脚手架允许搭设高度 [H]
			(2+0.35)/(kN/m^2)	(2+2+2×0.35)/(kN/m^2)	(3+0.35)/(kN/m^2)	(3+2+2×0.35)/(kN/m^2)	
二步三跨	1.05	1.50	2.0	1.5	1.5	1.5	50
		1.80	1.8	1.5	1.5	1.5	32
	1.30	1.50	1.8	1.5	1.5	1.5	50
		1.80	1.8	1.2	1.5	1.2	30
	1.55	1.50	1.8	1.5	1.5	1.5	38
		1.80	1.8	1.2	1.5	1.2	22
三步三跨	1.05	1.50	2.0	1.5	1.5	1.5	43
		1.80	1.8	1.2	1.5	1.2	24
	1.30	1.50	1.8	1.5	1.5	1.2	30
		1.80	1.8	1.2	1.5	1.2	17

注：1. 表中所示（2+2+2×0.35）kN/m^2，包括下列荷载：（2+2）kN/m^2 为二层装修作业层施工荷载标准值；（2×0.35）kN/m^2 为二层作业层脚手板自重荷载标准值。

2. 作业层横向水平杆间距，应按不大于 $l_a/2$ 设置。

3. 地面粗糙度为 B 类，基本风压 $\omega_0=0.4\text{kN/m}^2$。

表 3-2　常用密目式安全立网全封闭单排脚手架的设计尺寸　（单位：m）

连墙件设置	立杆横距 l_b	步距 h	下列荷载时的立杆纵距 l_a		脚手架允许搭设高度 [H]
			(2+0.35)/(kN/m^2)	(3+0.35)/(kN/m^2)	
二步三跨	1.20	1.50	2.0	1.8	24
		1.80	1.5	1.2	24
	1.40	1.50	1.8	1.5	24
		1.80	1.5	1.2	24
三步三跨	1.20	1.50	2.0	1.8	24
		1.80	1.2	1.2	24
	1.40	1.50	1.8	1.5	24
		1.80	1.2	1.2	24

注：同表 3-1。

（4）搭设和拆除要点

1）地基处理。为保证脚手架安全使用，搭设脚手架时，必须将地基土整平、夯实后再浇筑混凝土基础，并铺设垫板、加设底座。在脚手架外侧还应设置排水沟，以防积水浸泡地基，引起脚手架不均匀下沉和倾斜变形。

2）杆件搭设顺序：铺设垫板→放置纵向扫地杆→逐根竖立杆（与扫地杆扣紧）→安装横向扫地杆（与立杆或纵向水平扫地杆扣紧）→安装第一步纵向水平杆（与各立杆扣紧）→安装第一步横向水平杆→铺设脚手板→安装栏杆及挡脚板。安装第二步横向水平杆后，应加设临时抛撑杆（上端与第二步纵向水平杆扣紧，在装设两道连墙杆后可拆除）。安装第三、四步纵横向水平杆后，应安装连墙杆，并加设剪刀撑。

3）拧紧扣件、设置连墙件。搭设时扣件应按要求拧紧（紧固力矩取 45～55N·m），不得过松或过紧。随着结构施工应及时设置连墙件与结构锚拉牢固，并应随时校正杆件的垂直与水平偏差，使之符合规定要求。

4）搭设完一层或一段后应进行质量检查，验收合格后才能使用。脚手架上铺脚手板和同时作业层的数量不得超过2层。脚手架必须有良好的防电、避雷装置和接地设施。

5）拆除脚手架应注意：

① 拆架时应划出工作区和设置围栏，并派专人看守，严禁行人进入。

② 拆卸应按与搭设作业相反的顺序进行。连墙件应待其上部杆件拆完方可松开、拆去。当脚手架拆至下部最后一根长立杆的高度（约6.5m）时，应先在适当位置搭设临时抛撑加固后，再拆除连墙件。

③ 统一指挥，上下呼应，动作协调。拆除长杆时应两人协同作业。当解开与另一人有关的结扣时应先告知对方，以防坠落。

④ 拆下的杆、配件应吊运至地面，严禁抛扔。

2. 碗扣式钢管脚手架

碗扣式钢管脚手架是在 ϕ48mm×3.5mm 钢管立杆上，每隔600mm焊住下碗扣及限位销，上碗扣则对应套在立杆上并可沿立杆上下滑动。安装时将上碗扣的缺口对准限位销后，即可将上碗扣抬起（沿立杆向上滑动），把横杆接头插入下碗扣圆槽内，随后将上碗扣沿限位销滑下并沿顺时针方向旋转以扣紧横杆接头，与立杆牢固地连接在一起，形成框架结构。每个下碗扣内可同时装4个横杆接头，位置任意，其构造如图3-9所示。

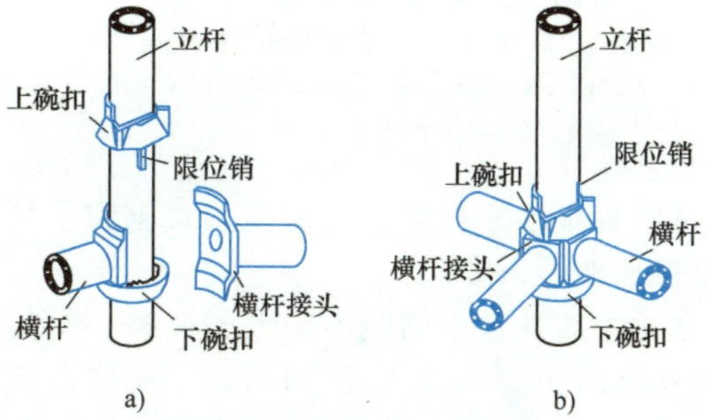

图3-9 碗扣式脚手架构造

a）连接前 b）连接后

碗扣式脚手架主要部件有立杆、顶杆、横杆和斜杆等。

立杆和顶杆各有两种规格，分别为1.8m、3.0m和1.5m、0.9m。若将立杆和顶杆相互配合接长使用，就可构成任意高度的脚手架。立杆接长时，接头应错开，至顶层后再用两种长度的顶杆找平。

碗扣式钢管脚手架具有拼装快速省力、结构简单、使用安全方便等优点。其稳定性和承载能力强于扣件式钢管脚手架，可搭设成结构、装饰用的脚手架和模板的支撑架等。

3. 盘扣式钢管脚手架

盘扣式钢管脚手架是一种新型脚手架，由立杆、水平杆、斜杆、可调底座及可调托架等配件构成。各种杆件均经热镀锌处理，立杆为Q355钢材，承载力大、耐久性好。此外，盘扣式钢管脚手架搭拆简单，连接可靠，构架灵活，配件不易丢失；既可搭设作业脚手架，也可作为支撑脚手架。

（1）杆件及连接方式　盘扣式钢管脚手架的节点组装构造如图3-10所示。立杆有 ϕ60mm×3.2mm（A型）和 ϕ48mm×3.2mm（B型）两种，单根长度有0.5m、1.0m、1.5m、2.0m四种规格，沿长度方向每500mm焊有一个连接盘。水平杆为Q235钢材，有 ϕ48mm×2.5mm（A型）和 ϕ42mm×2.5mm（B型）两种，单根长度有0.24~1.94m七种规格，杆端焊有扣接头。安装时，立杆采用套管承插并穿锁销连接。水平杆和斜杆的杆端接头卡入连接盘，并楔紧具有自锁功能的插销，形成几何不变体系。

（2）搭设要求

1）双排脚手架的搭设高度不宜大于24m。可根据使用要求选择架体几何尺寸，步距宜为2m，立杆纵距宜为1.5m或1.8m，立杆横距宜为0.9m或1.2m。作业脚手架的高宽比宜控制在3以内，否则应设置抛撑或缆风绳等抗倾覆措施。

2）脚手架首层立杆宜采用不同长度的立杆交错布置，使相邻立杆接头位置错开不少于500mm，立杆底部应配置可调底座。

3）斜杆的设置：双排作业脚手架外侧立面的转角处及每隔不大于 4 跨（架高在 24m 以上者每隔不大于 3 跨），均应设置一遍由底到顶的竖向连续斜杆（见图 3-11a），以提高纵向刚度和稳定性。

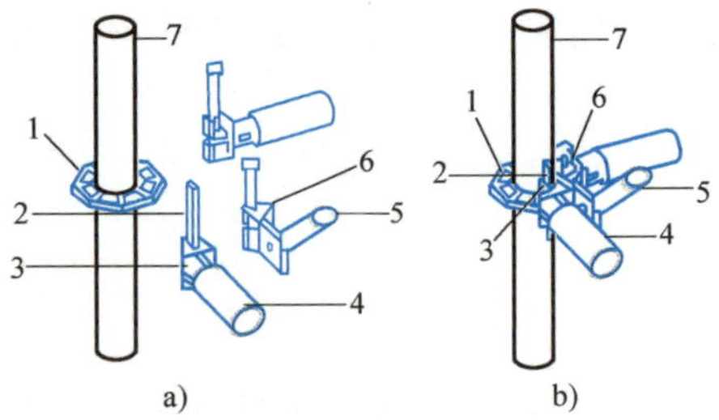

图 3-10 盘扣式钢管脚手架的节点组装构造

a）连接前 b）连接后

1—连接盘 2—插销 3—水平杆杆端扣接头

4—水平杆 5—斜杆 6—斜杆杆端扣接头

7—立杆

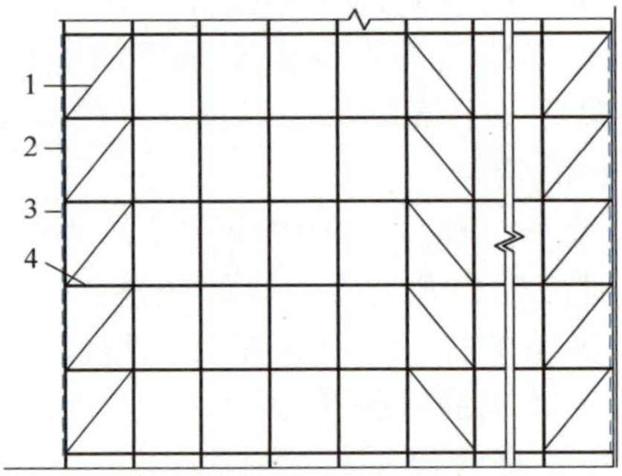

图 3-11 双排脚手架斜杆搭设示意

1—斜杆 2—立杆 3—转角或端部竖向斜杆 4—水平杆

4）每步水平杆层，当无挂扣式钢脚手板时，应每不大于 4 跨设置水平斜杆（见图 3-12），以加强水平层刚度。

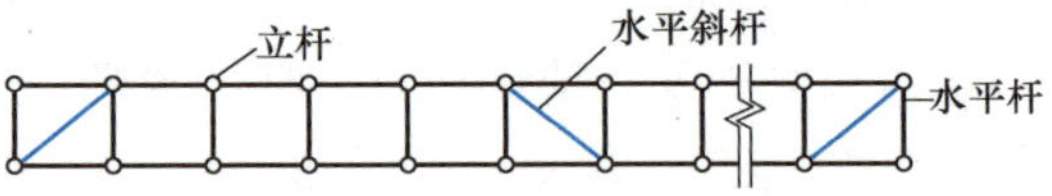

图 3-12 双排脚手架水平斜杆设置

5）连墙件水平间距不应大于 3 跨，与主体结构外侧面距离不宜大于 300mm。连接点应在有水平杆的节点旁，至盘扣节点不应大于 300mm。可通过扣件钢管与立杆连接。

6）作业层设置应符合下列规定：

① 作业层脚手板应满铺，钢脚手板的挂钩必须完全扣在水平杆上并且处于锁紧状态。

② 作业层应设挡脚板、防护栏，并应在外侧立面满挂密目安全网；防护栏上栏杆宜设置在离作业层高度 1m 处，中栏杆在离作业层高度 0.5m 处。

③ 当脚手架作业层与主体结构外侧面间隙较大时，应设置挂扣在连接盘上的悬挑三脚架，并铺脚手板封闭。

7）挂扣式钢梯宜设置在尺寸不小于 0.9m×1.5m 的脚手架框架内，其宽度应为廊道宽度的 1/2，可在一个框架高度内折线上升，拐弯处应设置钢脚手板及扶手杆。

8）双排脚手架下部设置人行通道时，应在通道上部架设支撑横梁。通道两侧脚手架应加设斜杆；洞口顶部应铺设封闭的防护板，两侧应设置安全网。

4. 门式钢管脚手架

（1）构成及特点 门式钢管脚手架是以门架、交叉支撑、连接棒、挂扣式脚手板、锁臂、底座等构配件组成基本结构，再以水平加固杆、剪刀撑、扫地杆加固，并采用连墙件与建筑物主体结构相连的一种定型化钢管脚手架（见图 3-13），它

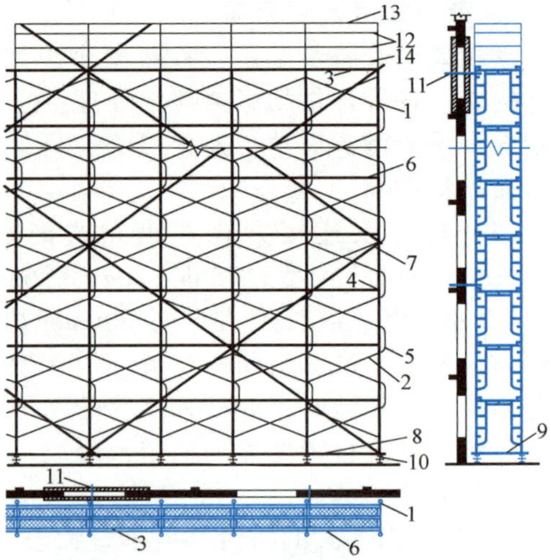

图 3-13 门式钢管脚手架的组成

1—门架 2—交叉支撑 3—挂扣式脚手板 4—连接棒 5—锁臂 6—水平加固杆 7—剪刀撑 8—纵向扫地杆 9—横向扫地杆 10—底座 11—连墙件 12—栏杆 13—扶手杆 14—挡脚板

具有装拆简单、移动方便，使用可靠等特点，既可用作外脚手架、里脚手架，又能用作移动式脚手架等。搭设高度不宜超过55m。

门架是主要构件，其受力杆件为焊接钢管，由立杆（ϕ42mm×2.5mm或ϕ48mm×3.5mm）、横杆及加强杆等相互焊接组成（见图3-14）。常用的门架宽度为0.8～1.2m，型号、规格种类较多。搭设时，两榀门架的间距为1.8m，通过剪刀撑、平架（脚手板）连接成一个基本单元（见图3-15），各部件间的连接主要采用自锚结构。

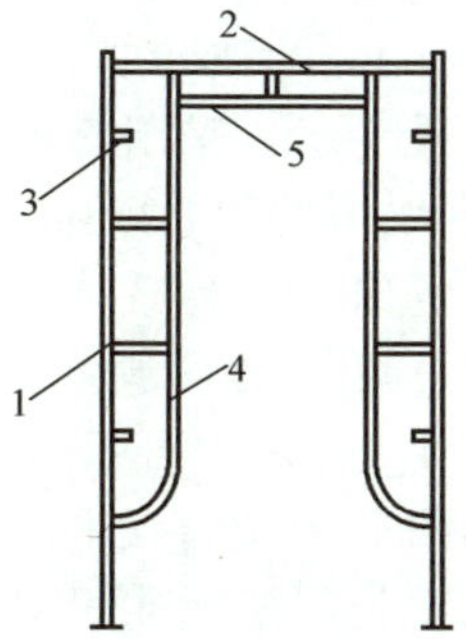

图3-14　门架

1—立杆　2—横杆　3—锁销　4—立杆加强杆　5—横杆加强杆

（2）搭设要求

1）外脚手架。外脚手架的一般形式如图3-13所示，构造要求如下：

① 门架及其配件应配套，不同型号者严禁混合使用。门式钢管脚手架的内侧立杆离墙面的净距不宜大于150mm，否则应采取内设挑架板或其他隔离防护安全措施。脚手架顶端栏杆宜高出女儿墙或檐口1.5m。

② 门架底端应设置固定底座或可调底座（螺杆直径不小于35mm）。作业层应连续满铺与门架配套的挂扣式脚手板，并有防松动、防脱落措施。

③ 门架两侧必须满设交叉支撑。因作业需要，临时拆除内侧交叉拉杆时，应先在其上部加设纵向水平杆，作业完毕后立即恢复。架子外立面应设置剪刀撑，要求同扣件式钢管脚手架。

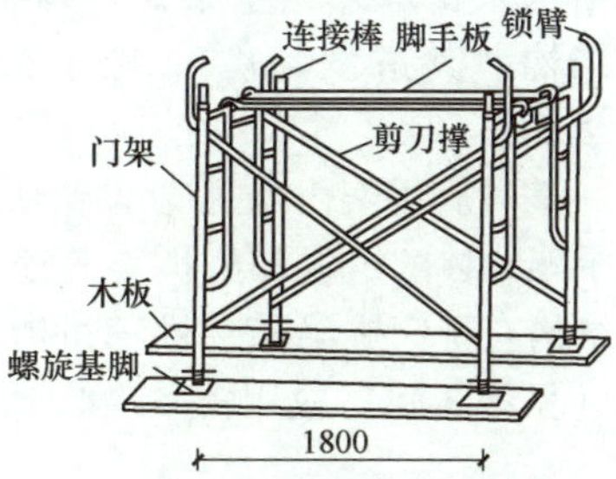

图3-15　门式钢管脚手架的基本组成单元

④ 门架两侧应设置纵向水平加固杆，并用扣件与立杆扣紧。要求为：在顶层及连墙件层必须设置；对高度小于等于40m的脚手架，可每两步设一道；高度大于40m时，必须每步设置；当每步架均铺设挂扣式脚手板时，可每4步设置一道，每道加固杆应通长连续，不得间断。

⑤ 使用连墙管或连墙器与结构紧密连接。连墙点的最大间距，架高在40m以内者，每3步3跨设置一点；架高超过40m者，每2步3跨设置一点。连墙件应固定在门架的立杆上，距离横杆不大于200mm。

⑥ 脚手架的转角处可利用回转扣件连接双向门架，或用扣件钢管沿边长方向或斜向拉结，并在转角两侧设置连墙件。

⑦ 上下脚手架的斜梯应采用挂扣式钢梯，设置形式如图3-16所示。架设时，一个梯段宜

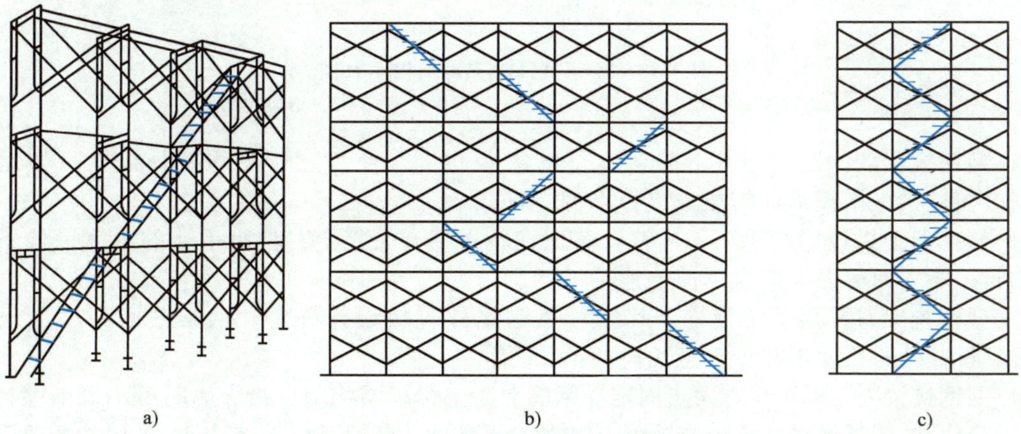

图3-16　上下脚手架的斜梯的设置形式

a）连续设置　b）分散设置　c）集中设置

跨越2步或3步架再行转折。

2）里脚手架。里脚手架一般只需搭设一层，采用高度为1.7m的标准型门架，能适应3.3m以下层高房间的墙体砌筑或装修。当房间层高大于3.3m时，可加设可调底座。当房间层高大于4.2m时，可再接一层高0.9~1.5m的梯形门架（见图3-17b）。当房间墙长不是门架标准间距（1.83m）的整倍数时，可用横杆加铺一般的脚手板解决。

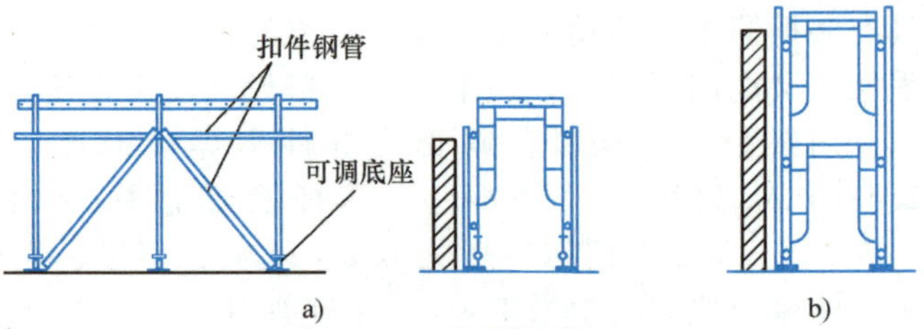

图3-17 里脚手架

a）普通里脚手架 b）高里脚手架

3.1.2 挑、吊式作业脚手架

挑、吊式为不落地搭设的脚手架，其特点是脚手架的自重及施工荷重全部传递至建筑结构，因而搭设不受建筑物高度的限制，比落地式脚手架节省材料，具有良好的经济效益。

1. 悬挑式脚手架

悬挑式脚手架是利用建筑结构外边缘向外伸出的悬挑结构来支承外脚手架，将脚手架的荷载全部传递给建筑结构。其搭设高度（或每个分段高度）一般不宜超过20m。

盘扣式脚手架构造与搭设要求　型钢悬挑架搭设要求　盘扣式悬挑脚手架施工工艺

该种脚手架由悬挑支承结构和脚手架架体两部分组成。脚手架架体的组成和搭拆与落地式外脚手架基本相同。支承结构有型钢挑梁和悬挑三角桁架等形式，其中型钢挑梁式（见图3-18）应用较多。型钢梁悬挑脚手架的搭设构造如图3-19所示，搭设要求如下：

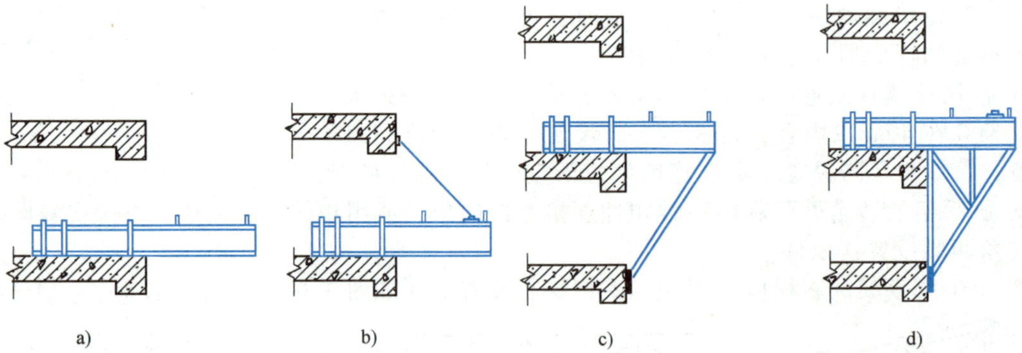

图3-18 型钢挑梁的支承结构示意图

a）独立式挑梁 b）上拉式挑梁 c）下撑式挑梁 d）桁架式挑梁

1）型钢挑梁的间距宜与其上架体立杆的纵距相等，使每立杆下均有悬挑梁。如无法实现，则应在挑梁上增设纵向钢梁以支撑上部立杆。

2）悬挑架上搭设的脚手架，应符合落地式脚手架有关规定，但脚手架的宽度一般不宜大于1.05m，外立面剪刀撑应自下而上连续设置。

3）型钢挑梁宜采用工字钢梁，其型号及锚固件应按设计确定。钢梁截面高度不应小于160mm，固定段的长度不宜少于悬挑段的1.25倍。

4）型钢挑梁固定端至少有两点固定在钢筋混凝土梁板结构上，当穿墙时可不设前端锚固点（见图3-20），锚固环或锚固螺栓应采用HPB300级钢筋，直径不小于16mm，采用冷弯成型；梁板混凝土强度不得低于C20，厚度不得小于120mm。U型螺栓埋设与固定构造如图3-21所示。

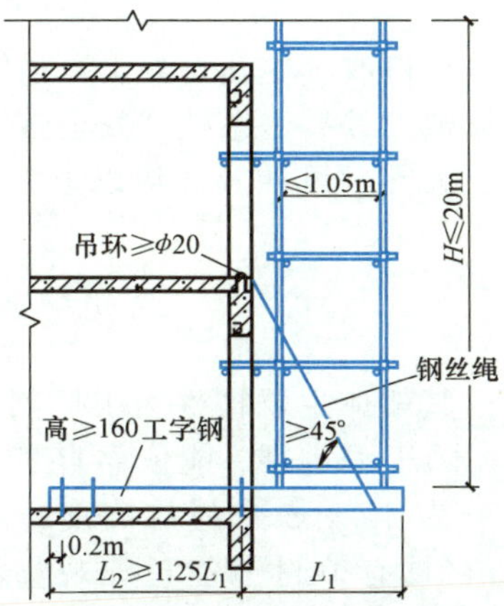

图 3-19　型钢梁悬挑脚手架的搭设构造

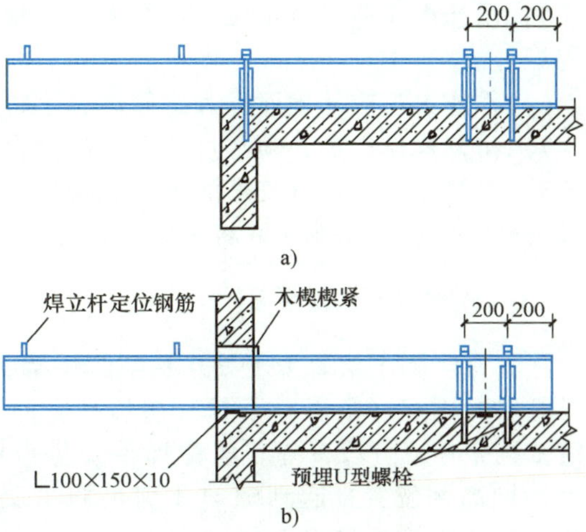

图 3-20　悬挑钢梁固定构造

a）固定于楼面　b）钢梁穿墙

5）为防止脚手架立杆滑脱，应在距悬挑梁端不少于 100mm 处设置脚手架立杆定位点。

2. 悬吊式脚手架

悬吊式脚手架也称为吊篮脚手架，主要用于外墙装修施工。它是将吊篮悬挂在从建筑物中部或顶部悬挑出来的支架上，通过设在每个吊篮上的提升机械和钢丝绳，使吊篮升降，以满足施工要求。与其他脚手架相比，悬吊式脚手架可大量节省材料和劳力，缩短工期，操作方便灵活，技术经济效益较好。

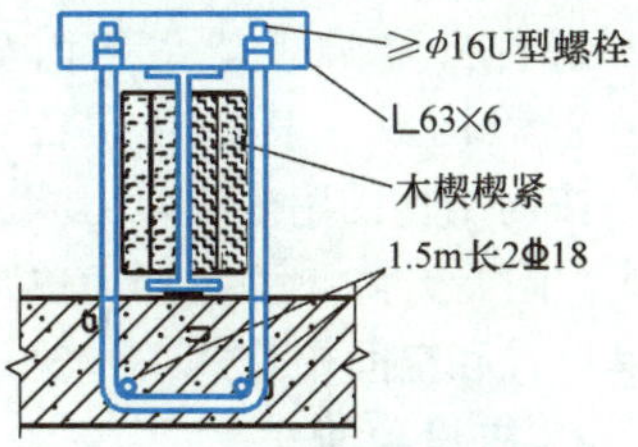

图 3-21　U 型螺栓埋设与固定构造

吊篮脚手架主要有吊架系统、支承系统和升降系统，具体组成如图 3-22 所示。安装与使用要点如下：

1）根据平面位置及悬挂高度选择和布置吊篮。吊篮的宽度为 0.7～0.8m；单个吊篮的最大长度为 7.5m，悬挂高度在 60～100m 时，不得超过 5.5m。吊篮与外墙的净距宜为 200～300mm，两吊篮间距不得小于 300mm。

2）安装时，支架应放置稳定，伸缩梁宜调至最长，前端高出后端 50～100mm。配重量应使抵抗力矩较倾覆力矩大 3 倍以上，并设置支架侧向稳定拉索或支撑。

3）设备安装、调试完成后，应进行试运行。每次使用前，应提离地面 200mm，进行全面检查。

4）必须设置作业人员挂设安全带的安全绳及安全锁扣。安全绳应固定在建筑物可靠位置，不得与吊篮上任何部位有联系。

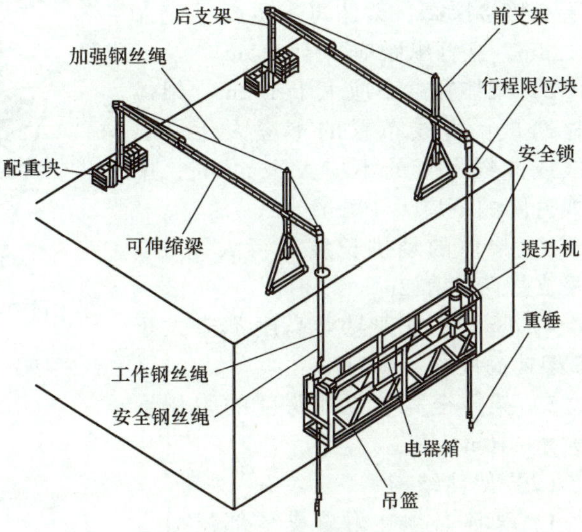

图 3-22　吊篮脚手架构造组成

吊篮的安装与使用要点

8800tm 履带起重机起吊 1685t 化工设备

全地面起重机

5）吊篮内作业人员不应超过2人，严禁超载运行，保持荷载均衡，严禁用吊篮运输物料或构配件等。

6）作业人员应从地面进入吊篮内，不得从建筑物顶部、窗口或其他孔洞处上下吊篮。

7）吊篮操作人员必须经过培训、考试合格后上岗，应佩戴工具袋，系挂好安全带。

8）在吊篮下方设置安全隔离区和警告标志。遇有雨雪、大雾、风沙及5级以上大风等恶劣天气时，应停止作业，并将吊篮平台停放至地面。

3.1.3 附着升降脚手架

附着升降脚手架属于工具式悬空脚手架，简称“爬架”。其架体主要构件为工厂制作，经现场组装并固定（附着）于具有初步高度的工程结构外围，随工程进展，能依靠自身提升设备沿结构整体或分段升降。该种脚手架搭设的整体高度一般为4~4.5个楼层高度，通过升降至不同高度位置来起到围护和满足施工层作业的需求。它具有节材节能、外观整洁、机械化程度高、安全性及智能化高等特点，主要用于外侧较为规整的高层建筑的结构和外装修施工。

1. 构造与分类

附着升降脚手架主要由架体结构、附着支座、防倾装置、防坠落装置、升降机构及控制装置等构成。其提升设备主要有手动葫芦、电动葫芦和液压设备。

按与结构的附着支承方式，附着升降脚手架分为套框式、导轨式、导座式和吊套式等。按升降方式，附着升降脚手架分为单跨（片）升降式、交替互爬式和整体升降式。按架体主框架的构造分为单片式和空间桁架式。导轨式整体升降爬架的构造及主要部件如图3-23、图3-24所示。

2. 搭设要求

（1）架体尺寸

1）整体升降爬架的架体高度不应大于5倍楼层高，架体每步步高不应大于1.8m，立杆纵距应小于1.5m。

2）架体宽度不应大于1.2m。架体支撑跨度：直线布置的不应大于7m，折线或曲线布置的不应大于5.4m，单片式升降的不应大于6m。

3）架体的悬挑长度不得大于1/2水平支撑跨度和2m。

4）竖向主框架悬臂高度不应大于2/5架体高度和4.0m。

5）架体全高与支撑跨度的乘积不应大于110m^2。

（2）架体结构

1）架体必须在附着支承部位沿全高设置竖向主框架。它应采用焊接或螺栓连接的片式框架或格构式结构，并能与水平梁架和架体构架整体作用。

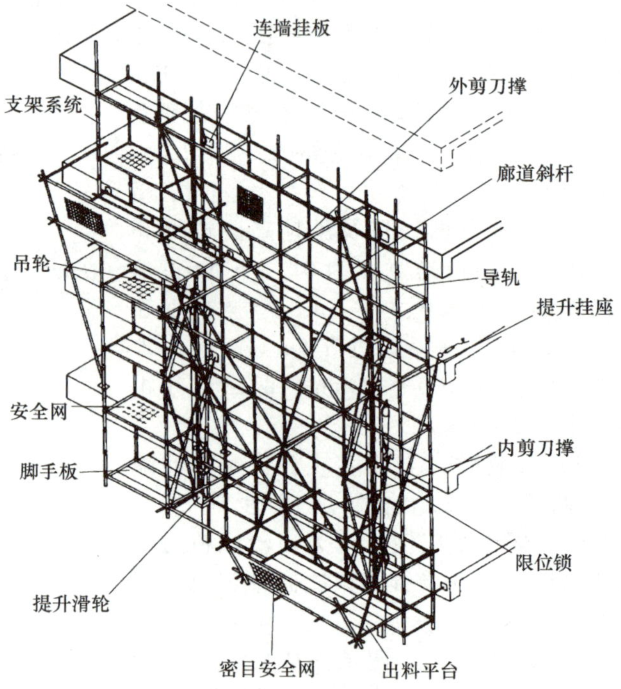

图3-23 导轨式整体升降爬架的构造

导轨式爬架

2）架体水平梁架应采用焊接或螺栓连接的定型桁架结构。当其不能连续设置时，局部可采用脚手架杆件进行连接，但其长度不应大于2m，须采取加强措施以确保连接刚度和强度不降低。

3）架体外立面必须沿全高设置剪刀撑，剪刀撑跨度不得大于6.0m，其水平夹角为45°~60°，并应将竖向主框架、架体水平梁架和构架连成一体。

4）悬挑端应以竖向主框架为中心成对设置对称斜拉杆，其水平夹角应不小于45°。

5）单片式附着升降脚手架必须采用直线形架体。

6）架体板内部应设置必要的竖向斜杆和水平斜杆，以确保架体结构的整体稳定性。

3. 使用要求

1）结构施工中，应按架体要求预留孔洞、安设预埋件。

2）一般结构施工至三层后，在地面进行架体组装和安装，架体与结构之间的距离不宜超过0.4m。

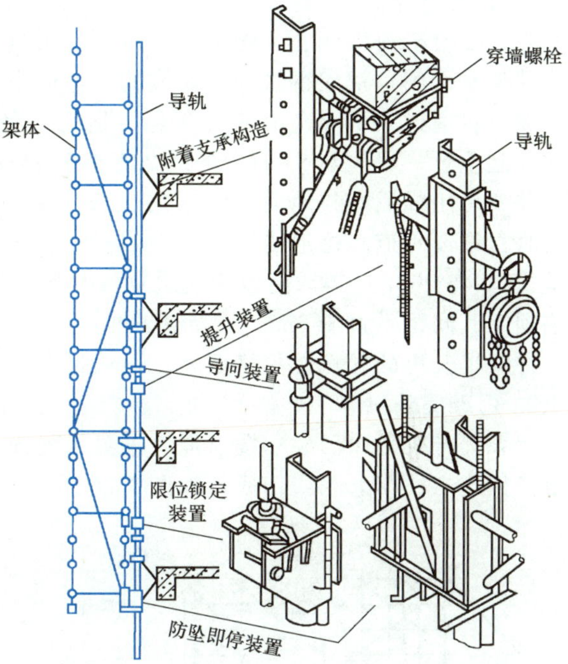

图3-24 导轨式整体升降爬架的主要部件

3）爬架升降前应检查提升系统是否牢固可靠、防坠系统是否有效、电器系统是否完好，拆除妨碍升降的障碍物，撤离架上其他人员，在下方设置安全警戒线。整体升降爬架必须做到同步升降，相邻主框架的升降高差应小于等于30mm，整体架最大升降差不得大于80mm。升降后经固定牢固可靠，且检查验收后方可使用。

4）架体使用时严禁超载。仅在一步架有作业时，荷载应小于3kN/m^2；三步架同时作业时，荷载之和应小于2kN/m^2。荷载应分布均匀，避免过于集中。

3.2 垂直运输设备

土木工程施工中，绝大部分的材料、构配件、工具设备、甚至人员都需要进行垂直运输。装配式结构必须通过起重机械进行吊装。可以说，垂直运输设备是土木工程施工必备的重要装备。

对于一般房屋建筑，每平方米建筑面积需运送材料及构件的质量大，如砌筑结构为1.2~1.5t；混凝土框架结构为1.1~1.4t，剪力墙结构为1.3~1.6t。此外，还需运输模板、脚手架、装饰装修材料、施工机具、施工垃圾等，高层、超高层建筑需运输施工人员上下。可见，垂直运输的运量巨大。随着建筑层数和高度的增加，垂直运输所需的时间呈抛物线形增长。因此，垂直运输机械的性能对工期也会产生较大影响（特别是高层、超高层建筑）。近年来，物料提升架倒塌、起重机倾覆、施工电梯轿厢坠落等事故屡有发生且常造成重大事故。因此，在工程开工前，必须制订合理的垂直运输方案，精心选择起重及垂直运输机械与设施，并对安装与使用提出具体要求、制订有效的安全防范措施。

3.2.1 物料提升设备

在多层建筑的砌筑与装饰装修工程中，常采用井架式或门架式物料提升机完成材料、工具、构配件等的垂直运输。但这类物料提升设备不得用于25m及以上的工程。

1. 井架提升机

井架提升机由架体、天轮梁、缆风绳、吊盘、卷扬机及索具构成。

井架常采用角钢或钢管加工而成的四边形中空格构架，如图 3-25 所示。

卷扬机通过上下导向滑轮（天轮、地轮）使吊盘升降。按立柱数量分为四柱、六柱和八柱式。起重量一般为 0.5~1t。搭设高度小于 25m。

井架可用缆风绳与地面拉结锚固。当井架高度在 15m 以下时设缆风绳一道；高度在 15m 以上时，增设一道。每道缆风绳至少四根，每角一根，采用直径不小于 9mm 的钢丝绳，与地面呈 30°~45°夹角拉牢。附着于建筑物的井架不设缆风绳时，可设置附墙架与建筑主体结构拉结锚固，其间距不大于 6m。

井架提升机的优点是价格低廉、运输量大；缺点是缆风绳多而影响施工和交通。

2. 门架提升机

门架提升机是由门架、缆风绳、吊盘、卷扬机及索具构成。门架也称龙门架，其架体由两组格构式立柱与天轮梁构成，如图 3-26 所示。

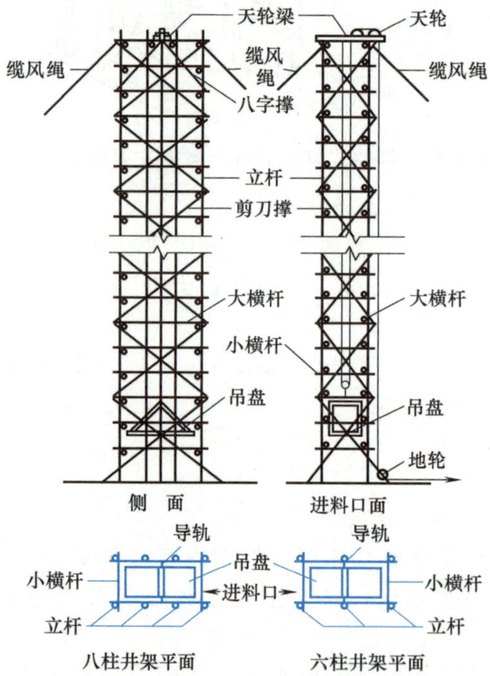

图 3-25 井架提升机的构造

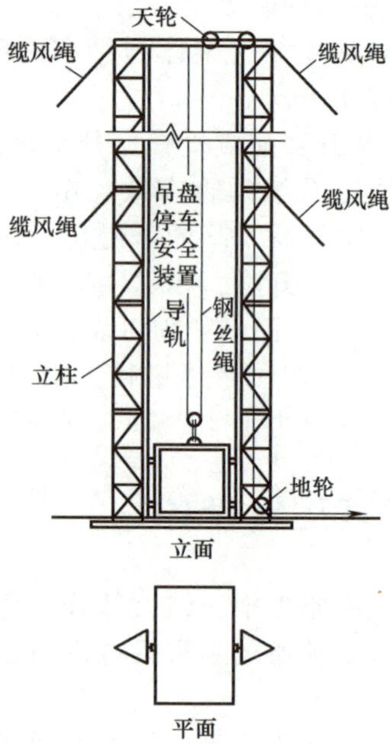

图 3-26 门架提升机的基本构造

门架通常单独设置，采用缆风绳与地面拉结固定。当门架高度在 15m 以下时设一道缆风绳，四角拉住；超过 15m 时，增设一道。门架起重量一般为 0.6~1.2t。搭设高度小于 25m。

门架提升机的优点是构造简单、装拆方便，具有停位装置，非常适合于中小型工程。

需注意的是：井架、门架提升机属简易设备，已逐步被施工电梯等专用设备取代。

3.2.2 施工电梯

施工电梯是将轿厢（吊笼）安装在专用导轨架外侧，通过吊笼内电动机驱动齿轮转动，使其沿齿条轨道升降的人货两用垂直运输机械。它是高层建筑及高耸构筑物施工必不可少的关键设备，如图 3-27 所示。

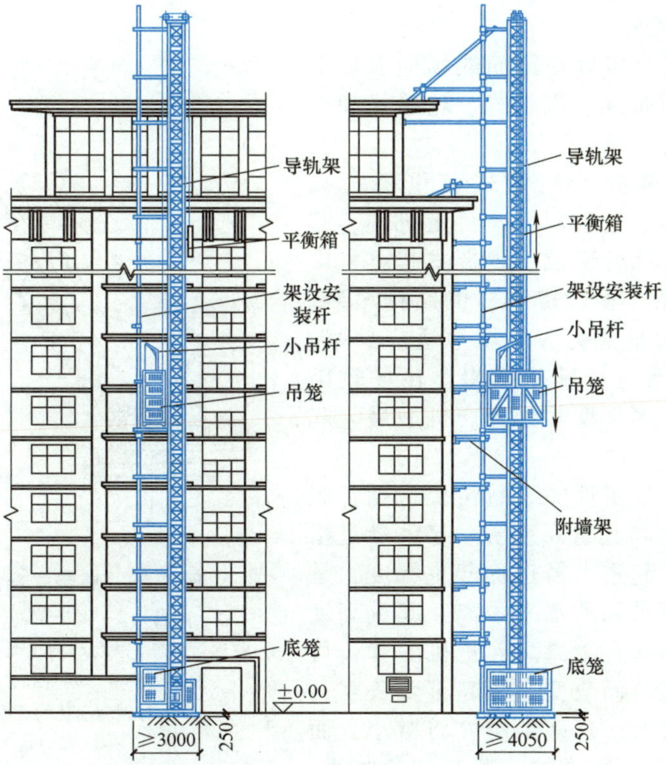

图 3-27 施工电梯的构造与安装

施工电梯主要由导轨架与附墙架、吊笼、驱动机构、平衡箱、安全装置、电控系统、提升接高机构等组成，地面设置基础平台和底笼围栏，施工层设置站台及防护门。

施工电梯分单轿厢式和双轿厢式。多采用齿轮齿条驱动，并配有平衡重以平衡塔身、节约能量和提高吊重能力。

导轨架既是升降机的主体构架，又是吊笼上下运行的轨道，由四根无缝钢管与横向、斜向钢管焊成的空间桁架式标准节组成。标准节断面尺寸多为 650mm×650mm 或 800mm×800mm，每节长 1508mm，通过套柱螺栓连接，每节均安装有标准齿条。导轨架通过附墙装置与在施建筑物拉结。随着建筑物施工，施工电梯可自行接高，也可用起重机辅助。

施工电梯有多种型号，其运输高度可达 100～450m；吊笼尺寸（长×宽×高）多为 3m×1.3m×2.7m，载重量有 0.7t、1t、2t 多种，可载运货物 1～2t，或载人 13～25 人；行驶速度多为 31～40m/min。

施工电梯的安装位置，应便于人员上下和物料集散；由其出口到各作业点的平均距离应最近；便于安装附墙装置；接近电源且有良好的夜间照明；与塔式起重机的运行、作业不易发生矛盾。安装应牢固、稳定可靠，安全装置应齐全且灵敏有效。应设置专职司机、避免超载。应按照规定进行保养、检修、检验。

3.2.3 起重机

起重机是土木建筑工程最重要的垂直运输设备。它既能进行垂直运输，也能通过转动或移动完成水平运输及构件吊装工作。常用的起重机械有自行杆式、塔式和桅杆式起重机三大类。

1. 自行杆式起重机

自行杆式起重机是可以在路面或场地上行走的起重机械，包括履带式、汽车式、轮胎式和全地面式四个子类。

（1）履带式起重机　履带式起重机（见图3-28）主要由机身、起重臂以及行走机构、起重机构、回转机构等部分组成。履带式起重机广泛应用于装配式单层、多层房屋等的结构吊装。其优点是功能多、起吊能力大、场地适应性强、能吊载行驶。其缺点是行驶速度慢，转场较困难。履带式起重机有多种型号，国产机型最大起重量可达4500t。

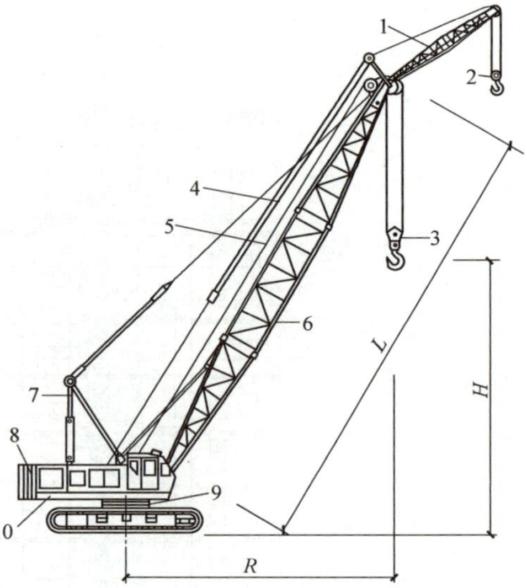

图3-28　履带式起重机构造简图

1—副臂　2—副吊钩　3—主吊钩　4—副臂固定索　5—起升钢丝绳　6—动臂　7—门架　8—平衡重　9—回转支承　10—转台

注：L、H、R分别为动臂的长度、起重高度、起重半径。

履带式起重机的技术性能参数主要包括：起重量Q、起重半径R和起重高度H。起重量是指吊钩能吊起的质量；起重半径也称起重幅度，是指起重机回转中心至吊钩的水平距离；起重高度是指吊钩至停机面的垂直距离。起重机的臂长可通过增加或减少标准节而改变。当起重臂长度一定，随着其仰角的增加，起重半径R将减小，而起重高度H和起重量Q将增加；若其仰角减小，则反之。

履带式起重机的主要技术性能可查起重机性能表或起重机性能曲线，见表3-3、图3-29。

表3-3　几种履带式起重机的主要技术性能参数

性能参数		机械型号							
		W_1—100		QUY50			LR1400		
起重臂长度/m		13	23	13	28	52	21	56	91
最小起重半径/m		4.23	6.5	3.7	6	10	4.5	9	14
最大起重半径/m		12.5	17	12	24	34	20	48	80
起重量	最小起重半径时/t	15	8	50	24.2	10.3	350	194	93
	最大起重半径时/t	3.5	1.7	10	3.5	1.1	87	22.8	2.4
起重高度	最小起重半径时/m	11	19	12	30	50	19	53	88
	最大起重半径时/m	5.8	16	6.4	15	40	8	29	44

（2）汽车式起重机　汽车式起重机是一种自行、全回转、起重机构安装在汽车底盘上的起重机。它的行驶速度快、机动性能好，但吊装时必须使用支腿，因而不能负荷行驶。可用于构件的装卸和结构吊装工作。该类机械多采用伸缩式起重臂，按其动力传送方式分为Q型（机械传动），QY型（液压传动），QD型（电动机驱动）。如图3-30所示是最大起重量为70t的液压传动汽车式起重机。

汽车式起重机吊装时，应先压实场地，放好支腿，将转台调平。吊装作业时一般不允许改变臂长。

（3）轮胎式起重机　轮胎式起重机是一种拖行式、全回转、起重机构安装在重型轮胎和特制底盘上的起重机。其优点是起重性能好，起重量小时可不用支腿；缺点是行驶速度较慢。图3-31所示是最大起重量为55t的液压传动轮胎式起重机。

（4）全地面式起重机　全地面式起重机是一种兼有汽车式和轮胎式起重机优点的新型起重设备。该种机械起重能力强、行驶速度快、能实现全轮转向，起重量较小时可不用支腿。目前国产机型有起重量30~2400t，臂长30~180m等多种。图3-32所示是最大起重量为240t的全地面式起重机。

2. 塔式起重机

塔式起重机主要由起升、变幅、回转、顶升机构以及动力、安全、操控装置等组成。其结构主要包括底座或行走台车、塔身、塔头、起重臂、平衡臂等，如图3-33所示。

由于塔身竖直、起重臂安装在顶部，能最大限度地靠近建筑物或构筑物，并可360°全回转，有效高度和工作空间大，因此在施工中得到广泛应用。

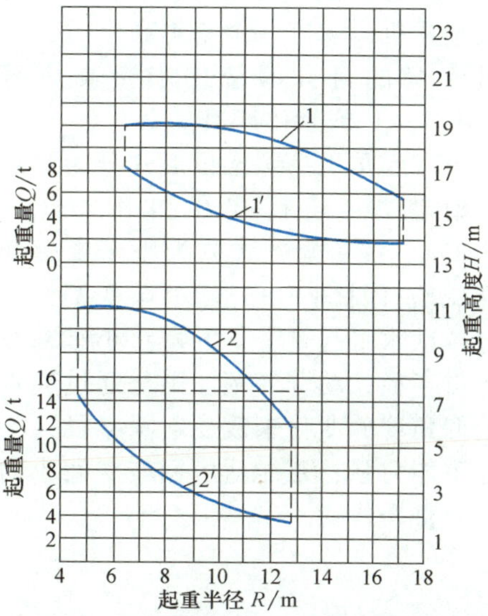

图3-29　W_1—100履带式起重机性能曲线

1、2—臂长$L=23$m、13m时的R-H曲线

1′、2′—臂长$L=23$m、13m时的Q-R曲线

图3-30　QY70汽车式起重机

图3-31　LY55轮胎式起重机

塔式起重机种类与构造组成

图3-32　QAY-240全地面式起重机

自升塔安装及接高

塔吊升高原理

吊装中常用的千斤顶

塔式起重机有多种形式和型号，其主要技术性能参数包括起重量Q、起重高度H、起重幅度R和起重力矩M。其型号常用最大起重力矩（t·m）或最大回转半径（m）与相应的起重量（kN）表示。图3-33所示是固定式自升塔式起重机，其额定起重力矩为63t·m，该塔式起重机型号也有写成“QTZ4810”。

塔式起重机的初始安装需利用自行杆式起重机，安完一个基本高度后，可通过本身的自升系统向上接高塔身（见图3-34）或整体爬升。

塔式起重机按照架设形式分为固定式、附着式、轨行式和爬升式（见图3-35）。按变幅方式分为小车变幅和动臂变幅（见图3-36）。小车变幅，是通过拉动水平起重臂下的吊重小车来改变起重半径；动臂变幅，则是通过起重臂俯仰角度的变化来改变起重半径，不但起重能力强，还能适应回转空间小的工程及群塔作业。

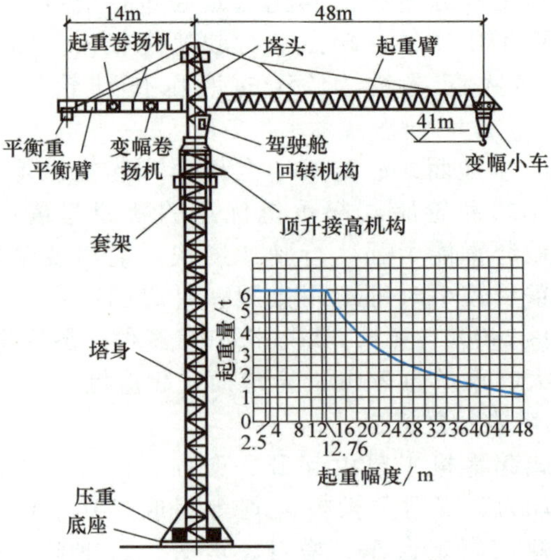

图3-33 QTZ63塔式起重机外形及性能

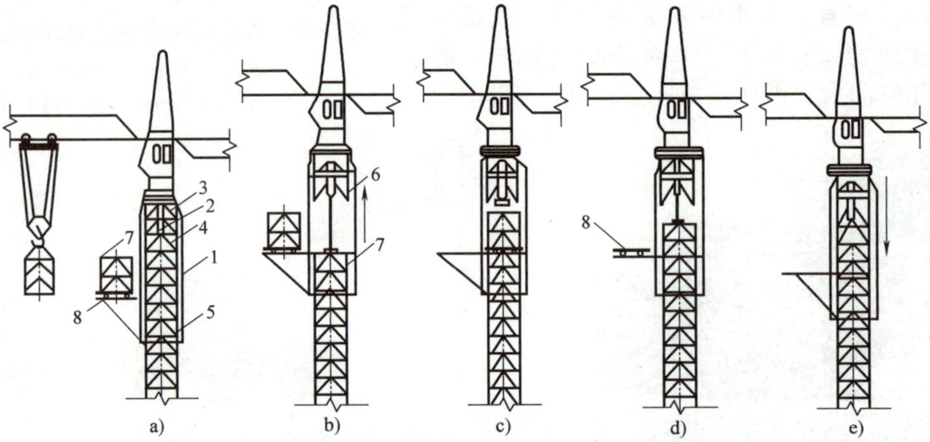

图3-34 塔式起重机的自升过程示意图

a）准备状态 b）顶升塔顶 c）推入塔身标准节 d）安装标准节 e）塔顶与塔身联成整体

1—套架 2—千斤顶 3—支承座 4—顶升横梁 5—定位销 6—过渡节 7—标准节 8—摆渡小车

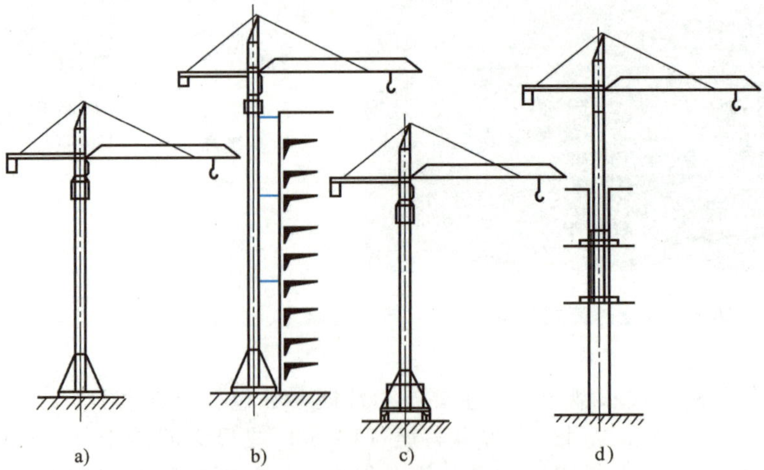

图3-35 塔式起重机的架设形式

a）固定式 b）附着式 c）轨行式 d）爬升式

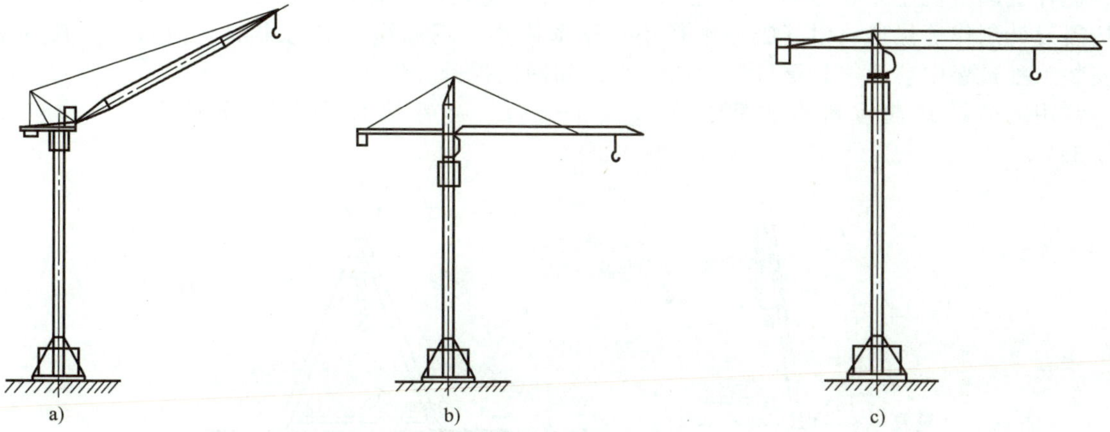

图 3-36 塔式起重机的塔臂形式与变幅方式

a）动臂变幅 b）小车变幅（塔头式） c）小车变幅（平头式）

（1）轨行式塔式起重机 它是在塔身下安装行走台车和相应机构而成。常用型号有QTZ63、QTZ80、FO/23B等。其特点是通过轨道行驶可大大扩展服务空间，但稳定性较差。它常用于长度较大的多层建筑施工。

（2）附着式塔式起重机 它是将塔身直接固定在建筑物近旁或内部的混凝土基础上。当塔身接高至约40m时，每隔20m左右需将塔身与建（构）筑物附着连接，以增加塔身的刚度，提高稳定性；始终使其上部自由高度不超过规定高度（如30m），以保证起重能力和安全性。该种塔式起重机适用于高层建筑或高耸构筑物的施工。常用型号有QTZ63、QTZ100、QTZ125、FO/23B等。

（3）爬升式塔式起重机 它安装在建（构）筑物结构上（如核心筒、桥塔、电梯井或特设开间等），利用自身的提升或液压顶升系统，通过套架或支撑架与塔身相互作用，随建（构）筑物升高而向上爬升。一般每施工2个楼层爬升一次。其体积小、不占施工场地、起升高度大（但受卷筒容绳量限制）、覆盖范围和起重能力能得到充分利用，适于高耸的或现场狭窄的高层、超高层结构施工。其爬升过程如图3-37所示。

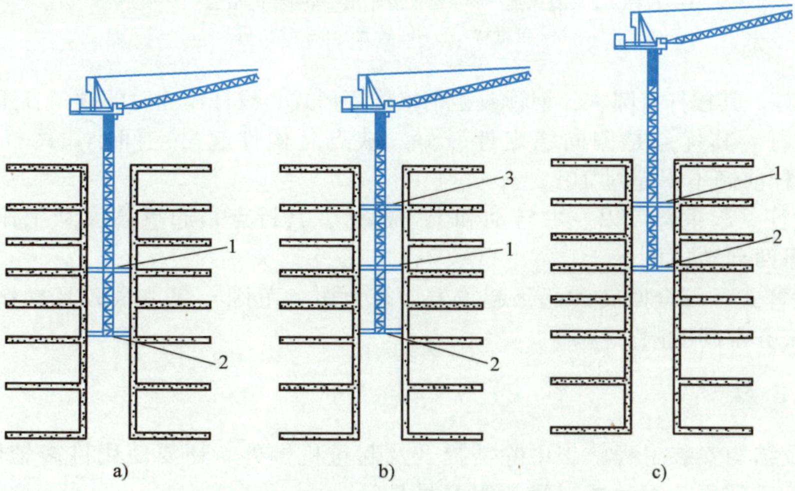

图 3-37 内爬式塔式起重机的爬升过程

a）原始状态 b）安装第三道支撑架 c）爬升到位

1—上道支撑架 2—下道支撑架 3—第三道支撑架

3. 桅杆式起重机

桅杆式起重机主要由拔杆、滑轮组、卷扬机、缆风绳及锚碇等组成。它具有构造简单、可按需设计制作等优点；但其服务半径小，移动困难，现场缆风绳易影响其他施工。其可用于安装工程量集中、无须起重机移动的工程，如网架提升、设备安装等。

常用的桅杆式起重机有独脚拔杆、人字拔杆、悬臂拔杆和牵缆桅杆式起重机（见图 3-38）。

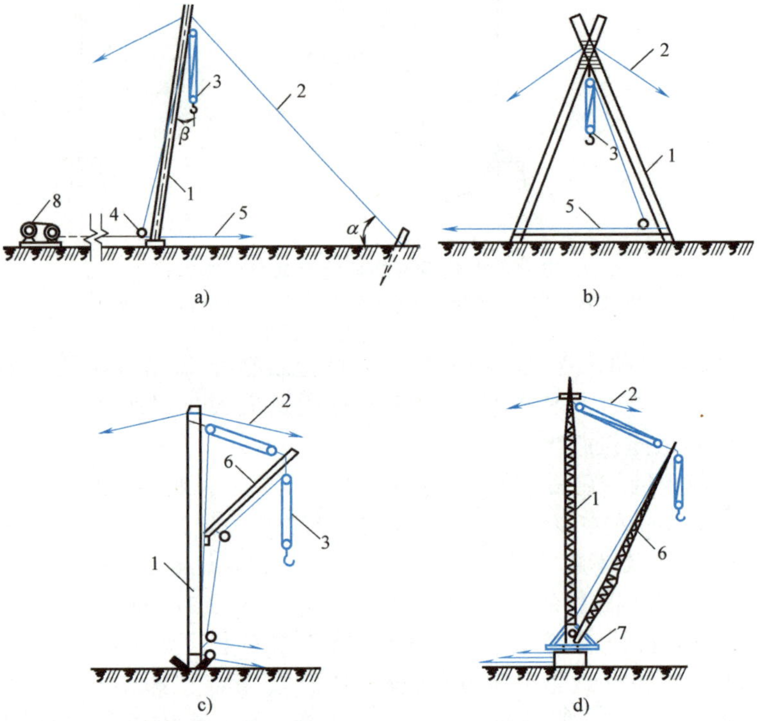

图 3-38 常用的桅杆式起重机

a）独脚拔杆 b）人字拔杆 c）悬臂拔杆 d）牵缆桅杆式

1—拔杆 2—缆风绳 3—起重滑轮组 4—导向滑轮 5—拉索 6—起重臂 7—回转盘 8—卷扬机

1）独脚拔杆。其拔杆有圆木、钢管或型钢格构等形式。拔杆作业时的倾角 β 不得大于 10°。

2）人字拔杆。其优点是侧向稳定性较好，缺点是构件起吊空间小。两杆夹角不宜超过 30°，起重时拔杆前倾不得超过 10°。

3）悬臂拔杆。起重臂可以左右转动和上下起伏，其特点是起重高度和工作空间较大，但起重量较小，需两台卷扬机。

4）牵缆桅杆式。可全回转和起伏起重臂，扩大服务范围，起重量大且操作灵活。但臂杆安装位置低，服务空间受限。

3.2.4 索具设备

垂直运输及结构安装工程施工中除需提升及起重机械外，还要使用许多辅助工具及设备。例如，卷扬机、千斤顶、钢丝绳、滑轮组及吊具等。

1. 卷扬机

卷扬机是通过卷筒卷绕钢丝绳产生牵引力的起重设备，主要由电动机、齿轮变速箱、制动器和卷筒组成（见图 3-39），是各种起重机械或起重设备的主要工作装置。卷扬机分为快速、慢速两种。常用快速卷扬机的卷筒拉力为 4.0~50kN，主要用于垂直、水平牵引；慢速卷扬机的卷筒拉力为 30~200kN，主要用于结构吊装。

图 3-39　卷扬机

卷扬机在使用时应注意：

1）钢丝绳放出的最大长度，要保证在卷筒上的缠绕量不少于 5 圈，以免固定端拉脱。

2）卷扬机安装位置，距吊装作业区的安全距离不得少于 15m；操作员的仰视角应小于 30°，以保证观察和构件就位准确；与其前面第一个导向轮的距离不少于 20 倍卷筒长度，以利于钢丝绳在卷筒上均匀缠绕而不乱绳。

3）钢丝绳应水平地从卷筒下绕入，以减小倾覆力矩。

4）卷扬机必须可靠固定，以防止工作时向前滑移和倾翻。

2. 千斤顶

在结构安装中，千斤顶可用于校正构件的安装偏差和矫正构件的变形，又可以顶升或提升大跨度屋盖等。常用千斤顶有螺旋式千斤顶、通用液压千斤顶和提升液压千斤顶（见图 3-40）。

a)　b)　c)

图 3-40　常用千斤顶

a）螺旋式千斤顶　b）通用液压千斤顶　c）提升液压千斤顶

螺旋式千斤顶是通过往复扳动手柄，通过齿轮传动使顶举件上升而进行顶举的千斤顶。常用于构件校正或起重量较小的作业。为进一步降低外形高度和增大顶举距离，可做成多级伸缩式。

通用液压千斤顶是采用柱塞或液压缸作为刚性顶举件的千斤顶。通用液压千斤顶可用于起重、校正、推移、卸荷等作业需求。工作时，只要往复扳动手动液压泵的摇把或开动液压泵，不断向液压缸内压油，就迫使活塞及活塞上面的重物一起向上运动。打开回油阀，液压缸内的高压油便流回储油腔，于是重物与活塞也就一起下落。

提升液压千斤顶是将预应力锚具锚固技术与液压千斤顶技术有机融合而成。所组成的液压提升系统是通过锚具锚固钢绞线，再利用计算机集中控制的液压泵站输出高压油，驱动千斤顶活塞动作，带动钢绞线与构件移动，实现大型构件的整体同步提升（或下降、连续平移）。

选用时，千斤顶的额定起重量应大于所起重构件的质量，多台联合作业时应大于所分担起重量的 1.2 倍。

3. 钢丝绳

钢丝绳由若干根钢丝扭合为一股，再由若干股围绕储油绳芯扭合而成。通常规格是以“股数×每股丝数”表示，例如，施工中常用的 6×19、6×37、6×61 等（见图 3-41）。绳径相同时，每股钢丝越多则绳的柔性就越好。按丝捻成股与股捻成绳的方向，分为交互捻和同向捻等。前者在使用中不易扭转和松散，在起重作业中广泛使用。后者的表面顺滑、柔软、寿命长，但易扭转而松散，只用作缆风绳或牵引绳。

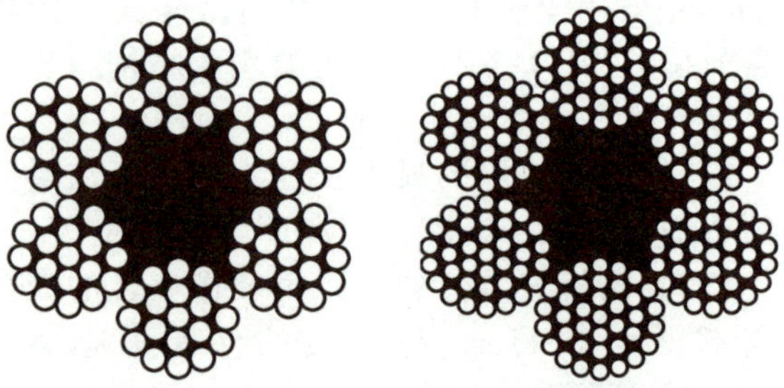

图 3-41　6×19 丝、6×37 丝钢丝绳断面

钢丝绳的容许拉力

$$[S] \leqslant \frac{P\alpha}{K}$$

式中 P——钢丝绳的钢丝破断拉力总和；

α——受力不均匀系数，6×19 取 0.85、6×37 取 0.82、6×61 取 0.8；

K——安全系数（缆风绳 $K=3.5$，起重绳 $K=5\sim6$，捆绑吊索 $K=8\sim10$，载人电梯 $K=14$）。

钢丝绳使用时应该注意，钢丝绳穿过滑轮组时，滑轮直径应不小于绳径 10~12 倍，轮槽直径应比绳径大 1~3.5mm；应定期对钢丝绳加油润滑，以减少磨损和腐蚀；使用前应检查核定，断丝过多或磨损超过钢丝直径 40%以上者，应报废。

4. 滑轮组

滑轮组由若干个定滑轮、若干个动滑轮和绳索组成，它既省力，又可根据需要改变用力方向。滑轮组中共同负担吊重的绳索根数称为工作线数，即在动滑轮上穿绕的绳索根数。滑轮组的省力系数主要取决于工作线数的多少。

滑轮组用前应检查有无损伤以及容许荷载值。使用时应保证定、动滑轮间距不小于 1.5m，以通过足够长的直线段钢丝间滑动来平衡弯曲处内外侧的应力差。

5. 地锚

地锚是将卷扬机或缆风绳等与地面进行锚定的设施。按设置形式分为桩式地锚和卧式地锚两种。桩式地锚适用于固定受力不大的缆风绳，而固定卷扬机等常用卧式地锚（见图 3-42）。它是将 1~4 根直径 240mm 以上的圆木（方木或型钢）用钢丝绳捆绑在一起，横放在地锚坑底，钢丝绳的一端从坑前端的槽中引出，然后用土石回填夯实。横木埋深及数量应根据地锚受力的大小和土质而定，一般埋入深度为 1.7~2.5m，横木的长度为 2.5~3.5m 时，可受力 30~150kN。当拉力超过 75kN 时，横木上应增加压板；当拉力大于 150kN 时，应用挡板和立柱加强。受力很大的地锚应采用钢筋混凝土制作。

地锚在埋设和使用时应注意：

1）应埋设在土质坚硬处，地面不积水。

2）所用材料应做防腐处理，横木绑扎拉索处的四角要用角钢加固。钢丝绳要绑扎牢固。

3）重要的地锚应经过计算，埋设后需经试拉检验；旧地锚必须经试拉合格后方可使用。

4）地锚不得反向受拉，使用时要有专人负责检查看守。

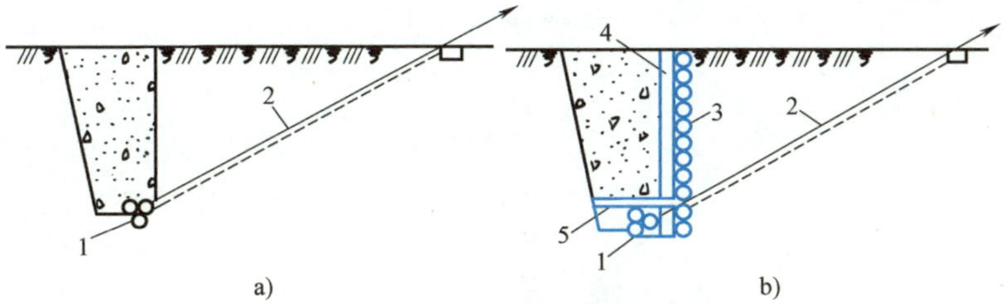

图 3-42　卧式地锚

a）普通卧式地锚　b）有压板及挡板的卧式地锚

1—横木　2—拉索　3—圆木挡板　4—立柱　5—圆木压板

6. 吊具

吊具是吊装作业中用于捆绑、连接的重要工具，如吊索、卡环、横吊梁等（见图 3-43）。

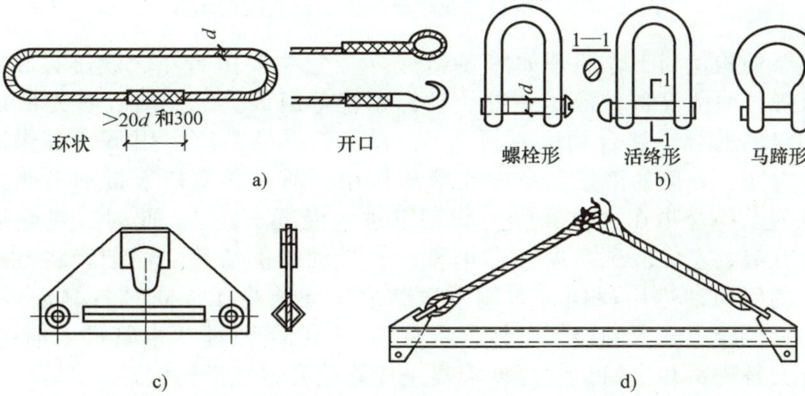

图 3-43　吊具

a）吊索　b）卡环　c）钢板横吊梁　d）型钢横吊梁

各种吊具的用途与要求如下：

1）吊索主要用于绑扎材料或构件，分为环状和开口式两种。开口式的两端绳套中可据需要装上桃形环、卡环或吊钩。吊索常用 6×37 或 6×61 钢丝绳制作，易于捆紧。

2）卡环也称卸夹，主要用于吊索间连接或吊索与构件吊环的连接。卡环分为螺栓式和活络式两种。活络式可用拉绳拔销，便于解开；而螺栓式则需拧出螺栓销，安全性高。

3）横吊梁也称铁扁担，用于满足对吊索角度的要求，起到降低所需起重机的起吊高度、避免构件损坏的作用，常用钢板和钢管两种。对于大型构件，可使用工字钢或钢桁架吊梁。制作时，应采用 Q235 或 Q345 钢材，并通过设计计算后选用。

3.2.5　混凝土泵

混凝土泵是在压力推动下沿管道输送混凝土的一种设备。它能一次连续完成水平运输和垂直运输，配以布料杆或布料机还可完成浇注和布料工作。它工作效率高、质量好、省劳动力，应用广泛。

混凝土泵按其移动方式，可分为拖式、车载式和泵车。将混凝土泵装在汽车上为车载泵，再装布料杆便成为混凝土泵车（见图 3-44）。按驱动方式分为活塞式和挤压式，目前常采用液压活塞式泵。它是利用液压控制两个往复运动的柱塞，交替地将混凝土吸入和压出而连续输送混凝土。

混凝土泵车

混凝土泵工作原理

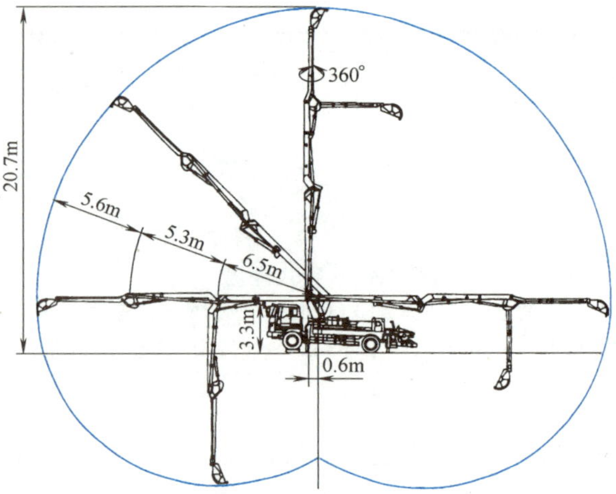

图 3-44 三折叠式泵车及输送、浇筑范围示意

液压活塞式泵的构造与工作原理如图 3-45 所示。它主要由料斗、液压缸和活塞、混凝土缸、阀门、Y 形管、冲洗设备、液压系统、动力系统等组成。工作时，首先由混凝土搅拌机或搅拌运输车卸出的混凝土拌合物倒入料斗 6，在阀门操纵系统作用下，右侧进料阀门 7 开启，出料阀门 8 关闭，右侧的液压活塞 4 在液压作用下通过活塞杆 5 带动右侧泵送活塞 2 后移，料斗内的混凝土拌合物在自重和吸力作用下进入混凝土缸 1。此时，左侧进料阀门 7 关闭，泵送阀门 8 开启，左侧液压活塞 4 向前推进，带动左侧活塞 2 向前，将混凝土泵出。然后，液压系统中的压力油进出反向，右侧泵送活塞 2 向前推压，同时右侧进料阀门 7 关闭、出料阀门 8 开启，混凝土缸中的混凝土拌合物在压力作用下通过 Y 形管进入输送管而被泵出。由于左右两个缸交替进料和出料，从而使混凝土能连续稳定地进行输送。

混凝土输送管一般为钢管。内径为 75～200mm，常用 125mm。当混凝土粗骨料最大粒径为 25～40mm 时，宜使用 150mm 直径的泵管。管壁有不同的厚度以耐受不同的压力。每段直管的标准长度有 4m、3m、2m、1m、0.5m 等，用快速接头连接，并配有 90°、45°等不同角度的弯管，以便管道转弯。弯管、锥形管和软管的流动阻力大，计算输送距离时应换算成相当的水平距离。垂直运输高度超过 100m 时，泵端管根处应设止逆阀，以防止停泵时混凝土倒流。

为充分发挥混凝土泵的效率、降低劳动强度，对拖式和车载式泵，常在浇筑地点设置布料机，将输送来的混凝土灌注或摊铺入模。立柱式布料机有移置式、管柱式和爬升式。其臂架和末端输送管都能做 360°回转。移置式布料机（见图 3-46）可由人工拉动其臂杆回转，完

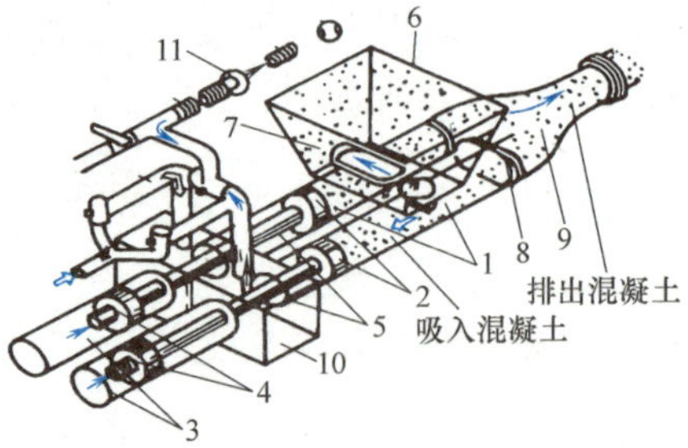

图 3-45 液压活塞式混凝土泵工作原理图

1—混凝土缸 2—泵送活塞 3—液压缸 4—液压活塞 5—活塞杆 6—料斗 7—进料阀门 8—出料阀门 9—Y 形管 10—水箱 11—水洗系统

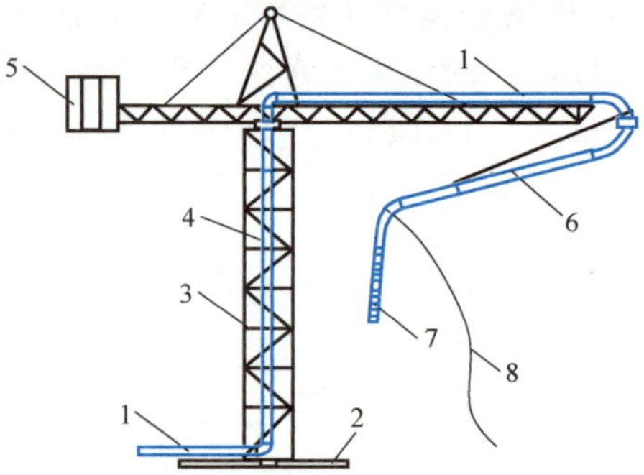

图 3-46 移置式布料机

1—水平泵管 2—底座 3—塔架 4—竖向泵管 5—平衡重 6—可转动泵管 7—软管 8—拉绳

成回转半径控制范围内各部位混凝土的浇筑，在解开连接泵管、取下平衡重后，可利用塔式起重机移动位置，安装后再行浇筑；其使用较为灵活，但机械化程度较低。

工程案例

本章工程案例包括：某超高层商信楼悬挑脚手架施工方案、某多层住宅楼垂直运输方案，详见本书配套电子资源。

习题

1. 脚手架有哪些分类？
2. 试述对脚手架的基本要求和搭设的一般要求。
3. 扣件式钢管外脚手架的构造要求有哪些？
4. 连墙件有哪些作用？其布置要求及连墙方法有哪些？
5. 碗扣式、盘扣式、门式脚手架的搭设要求各有哪些？
6. 悬挑式脚手架及吊篮的搭设要求有哪些？
7. 附着升降脚手架的特点与搭设要求有哪些？
8. 试比较不同种类自行杆式起重机的优缺点。
9. 试述履带式起重机的技术性能参数与臂长及其仰角的关系。
10. 简述塔式起重机的种类、特点与适用条件。
11. 塔式起重机的起重参数有哪些？简述型号的表达方法与含义。
12. 桅杆式起重机的特点是什么？有哪些种类？
13. 卷扬机的安装位置应满足哪些基本要求？
14. 钢丝绳有哪些种类？如何选择？容许拉力如何计算？
15. 地锚的形式有哪几种？埋设和使用时应注意哪些问题？
16. 混凝土泵的种类有哪些？活塞式泵是如何使输送连续进行的？
17. 混凝土输送泵管如何选用和计算？混凝土布料和浇注有哪些方式？

第4章

砌筑工程

学习目标

熟悉砌筑工程所使用的材料及其性能要求；熟悉砖砌体和砌块砌体的施工工艺，掌握砌筑要求及质量要求；了解石砌体砌筑要求；熟悉冬期砌筑施工方法与要求。

砌筑是指用砂浆等胶结材料，将砖、石、砌块等块体垒砌成墙、柱等砌体的施工。在土木工程中，砖、石砌筑历史悠久，由于具有取材方便、造价低廉、施工工艺简单等特点，在一些地区仍有较多应用。随着技术进步及国家可持续发展战略的实施，非黏土砖、小型砌块及预拌砂浆得到广泛应用，占据了砌体工程的主要地位。

4.1 砌筑材料的准备

砌筑工程所使用的材料包括块体和砂浆。块体为骨架材料，砂浆起黏结、衬垫和传力作用。砌筑所用的各种材料均应有产品合格证书、产品性能检验报告，质量应符合国家现行有关标准的要求。块体、水泥、钢筋、保温砌体的保温材料、外加剂尚应有材料主要性能的进场复验报告，并应符合设计要求。严禁使用国家明令淘汰的材料。

4.1.1 块体

1. 块体的种类与性能

砌筑工程常用的块体有砖、砌块和石块三大类。

(1) 砖

1) 烧结普通砖和多孔砖：是以页岩、煤矸石、黏土和粉煤灰等为主要原料，经过焙烧而成。按强度分为MU30、MU25、MU20、MU15、MU10五个等级。实心砖的规格尺寸为240mm×115mm×53mm。多孔砖规格尺寸为240mm×115mm×90mm等，其孔小且多（见图4-1a），孔洞率不小于28%且小于40%；可用于承重部位，但不得用于冻胀地区的地下部位，以免影响结构耐久性。

2) 蒸压灰砂砖和粉煤灰砖：是以石灰和砂或粉煤灰等为主要原料，经压制成型、蒸压养护而成的实心砖。其规格尺寸为240mm×115mm×53mm等，按强度分为MU25、MU20、MU15三个等级。

另外，还有以黏土、页岩、煤矸石等为主要原料烧制的空心砖（孔洞率不小于40%），如

a)　　b)

图4-1　多孔砖与空心砖

a）多孔砖　b）空心砖

图 4-1b 所示，用于非承重墙体。

（2）砌块

1）普通混凝土小型空心砌块：用水泥及砂石骨料制作，简称普通小砌块，如图 4-2 所示。

2）轻骨料混凝土小型空心砌块：所用轻骨料如浮石、火山渣、陶粒等，简称轻骨料小砌块。

上述两种小型砌块，按其强度分为 MU20、MU15、MU10、MU7.5、MU5 五个强度等级，主规格尺寸为 390mm×190mm×190mm。

3）蒸压加气混凝土砌块：简称加气块，它是在原料中加入发气剂，经搅拌、成型、切割、蒸养而成满布密闭气泡的实心砌块，一般长度为 600mm，高度为 200mm、250mm、300mm，其宽度从 50mm 起有多种尺寸。加气块按其体积密度分为 B035、B04、B05、B06、B07 五个级别。

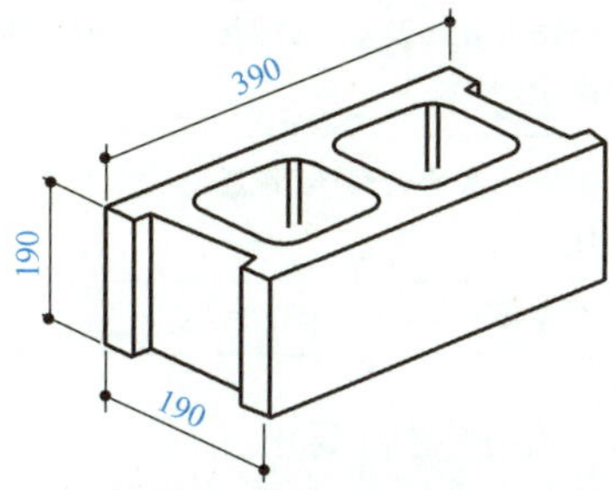

图 4-2　混凝土小型空心砌块

（3）石块　砌筑用石按有无加工分为毛石和料石两类。毛石又分为乱毛石和平毛石。乱毛石是指形状不规则的石块；平毛石是指形状不规则但有两个大致平行平面的石块。毛石的中部厚度不得小于 150mm。料石按其加工面的平整度分为毛料石、粗料石、细料石三种。料石的边长一般不小于 200mm，长度不宜大于厚度的 4 倍。石材按强度划分为 MU100、MU80、MU60、MU50、MU40、MU30、MU20 七个等级。

2. 块体的进场检验

块体进场时应进行抽样检验。抽检数量：对每一生产厂家的块体，按烧结普通砖、混凝土实心砖每 15 万块，多孔砖、空心砖、灰砂砖、粉煤灰砖每 10 万块，小砌块每 1 万块为一验收批，抽检均不少于 1 组；数量不足上述规定时也应抽检 1 组。对同一产地的同类石材抽检不应少于 1 组。

块体的强度等级必须符合设计要求及国家标准。

4.1.2　砂浆

1. 砂浆的种类与性能

常用的砌筑砂浆按材料分为水泥砂浆、水泥混合砂浆；按强度，水泥砂浆可分为 M5、M7.5、M10、M15、M20、M25、M30 七个等级，水泥混合砂浆可分为 M2.5、M5、M7.5、M10、M15 五个等级，均以标准养护 28d 的试块抗压强度为准；按拌制地点分为现拌砂浆和预拌砂浆，而预拌砂浆又分为湿拌砂浆和干混砂浆；按用途分为一般砂浆和专用砂浆。常用砂浆的性能与用途如下：

1）水泥砂浆。水泥砂浆的强度高，但流动性和保水性较差，因具有水硬性能，常用于强度要求高、地下及处于潮湿环境的砌体。

2）水泥混合砂浆。由于掺入塑性外掺料（如石灰膏、粉煤灰等），既可节约水泥，又可提高砂浆的可塑性，是一般砌体中最常使用的砂浆。

砂浆应具有良好的流动性和保水性。流动性好的砂浆便于操作，易使灰缝平整、密实，从而可以提高砌筑效率、保证砌体质量。砂浆的流动性以稠度表示，要求见表 4-1。保水性差的砂浆，易产生泌水和离析而降低其流动性，影响砌筑质量。砌筑砂浆的保水率（吸水处理后砂浆中保留的水的质量）不得低于以下要求：水泥砂浆 80%、水泥混合砂浆 84%；预拌砌筑砂浆 88%。

表 4-1 砂浆稠度

砌体种类	砂浆稠度/mm
烧结普通砖砌体	70~90
烧结多孔砖及空心砖砌体、轻骨料混凝土小型空心砌块砌体、蒸压加气混凝土砌块砌体	60~80
混凝土实心砖砌体、普通混凝土小型空心砌块砌体、蒸压灰砂砖及粉煤灰砖砌体	50~70
石砌体	30~50

2. 原材料要求

1）水泥。应据砂浆品种及强度选择水泥。M15 及以下砂浆宜选用 32.5 级的通用硅酸盐水泥或砌筑水泥；M15 以上砂浆宜选用 42.5 级普通硅酸盐水泥。应做好水泥进场检查，并对其强度、安定性进行复验。不同品种的水泥不得混用。

2）砂。宜用中砂并过筛，不得混有草根、树叶等杂物。当拌制水泥砂浆或 M5 及以上混合砂浆时，砂的含泥量不应超过 5%；拌制 M5 以下混合砂浆，砂的含泥量不应超过 10%。

3）水。水中不得含有害物质。

4）外掺料。砂浆中的外掺料包括粉煤灰、石灰膏等。对建筑生石灰、建筑生石灰粉均应熟化成石灰膏，其熟化期不得少于 7d 和 2d。储存在沉淀池中的石灰膏应防止干燥、冻结和污染。

5）外加剂。外加剂的技术性能应符合有关标准，品种和用量应经试配确定。

3. 砂浆的拌制与使用

砌筑砂浆应进行配合比设计，采用质量比。在拌制砂浆时应称量配料，水泥及各种外加剂的允许偏差为±2%；砂、粉煤灰、石灰膏等为±5%。应采用机械搅拌，搅拌时间自投料完起算：水泥砂浆和水泥混合砂浆不得少于 120s；对预拌砂浆和掺粉煤灰、外加剂、保水增稠材料者不得少于 180s。加水拌制的砂浆应随拌随用，拌制后应在 3h 内用完；当气温超过 30℃时，应在 2h 内用完。预拌砂浆及专用砂浆的使用时间应按照产品说明书确定。

4. 砂浆的检验

每砌筑一楼层或每 250m^3 砌体，对每台搅拌机拌制的同种砂浆，应留砂浆试块不少于 3 组；对预拌或专用砂浆，可每个验收批留试块不少于 3 组。同一验收批砂浆试块强度平均值应不小于设计值的 1.1 倍，最小一组的强度值应不低于设计值的 85%。砂浆试块应在砂浆搅拌机或储存容器出料口随机取样制作。搅拌的每盘砂浆只应制作 1 组试块。

4.2 砖砌体施工

4.2.1 施工准备

砂浆试配、砖经检验，强度必须符合设计要求。不同品种的砖不得在同一楼层混砌。用于清水墙的面砖，应边角整齐、色泽均匀。有冻胀环境的地面以下工程部位不应使用多孔砖。蒸压砖的龄期不得少于 28d。

砖在运输、装卸过程中，应码放整齐，严禁倾倒和抛掷。现场应分类堆放整齐，高度不超过 2m。

对于烧结普通砖、烧结多孔砖、蒸压灰砂砖、蒸压粉煤灰砖，应在砌筑前的 1~2d 浇水湿润，严禁用干砖或处于吸水饱和状态的砖砌筑，以免影响砂浆黏结或砌体稳定性及强度。烧结砖的相对含水率（含水率与吸水率的比值）宜为60%~70%；蒸压砖宜为40%~50%。现场检验含水率常采用断砖法，当砖截面四周融水深度为15~20mm时即符合要求。混凝土砖不需浇水湿润，但在气候干燥炎热的情况下，宜在砌筑前喷水湿润。

砌筑前，应按施工方案要求，组织垂直和水平运输机械、砂浆存储及搅拌机具的安装与调试，砌入墙内的各种构配件进场与检验等工作；同时还要准备好脚手架、砌筑工具等。

4.2.2 砌筑施工

1. 砖基础

砖基础包括下部的大放脚和上部的基础墙。大放脚有等高式与间隔式两种（见图4-3）。等高式大放脚是每砌两皮砖，两边各收进1/4砖长（60mm）；间隔式大放脚是每砌两皮砖及一皮砖，轮流两边各收进1/4砖长，最下面应为两皮砖。

图4-3 砖基础大放脚

a）等高式 b）间隔式

1）砖基础大放脚一般采用一顺一丁的砌筑形式。大放脚最下一皮砖及墙基的最上一皮砖（防潮层下面一皮砖）应以丁砖为主。

2）基础的防潮层。当墙基不设与墙等宽的地圈梁，设计也无具体要求时，宜铺抹20mm厚掺防水剂的1∶2.5水泥砂浆，或浇筑60mm厚C20细石混凝土；其表面标高应低于室内地面60mm。

3）施工放线时，标高、轴线应从基准控制点引出，砌筑基础前，应校核放线尺寸。

4）基底标高不同时，应从低处砌起，并由高处向低处搭砌。搭接长度L不应小于基底高差H；搭接长度范围内，下层基础应扩大砌筑（见图4-4）。

5）砌完基础后应及时双侧同步回填；当设计为单侧回填时，应在砌体强度达到设计要求后进行，以防基础侧移或倾覆。

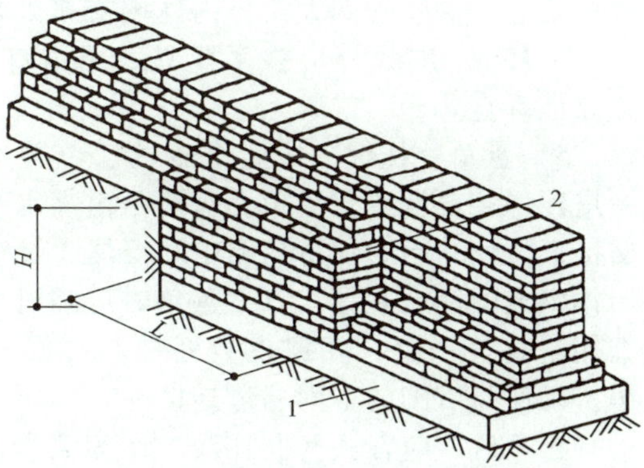

图4-4 基底标高不同时的搭砌示意

1—混凝土垫层 2—基础搭接扩大部分

2. 砖墙

（1）组砌方式

1）普通砖、多孔砖墙常用组砌形式如图4-5所示。全顺仅适于砌半砖厚墙体；全丁适于砌烟囱、水塔等圆弧形墙体；一顺一丁及梅花丁整体性好，是抗震结构墙体常采用的组砌形式。

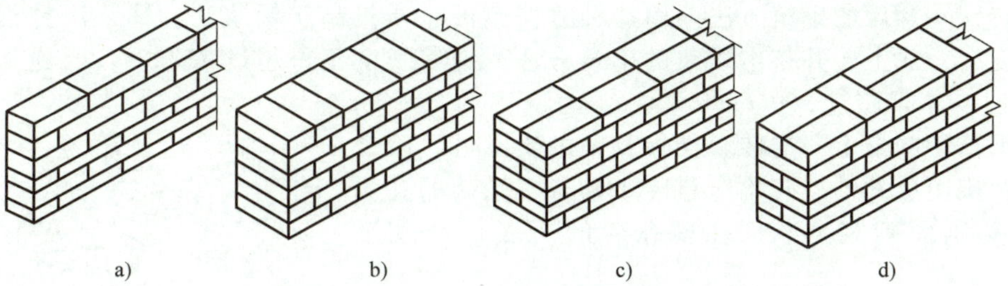

图4-5 砖墙组砌形式

a）全顺 b）全丁 c）一顺一丁 d）梅花丁

2）空心砖墙应采用孔洞呈水平方向侧砌的方法，上下皮垂直灰缝错开 1/2 砖长。在与其他砖墙交接处，应每隔两皮空心砖设置 2ϕ6 拉结钢筋，其长度不小于空心砖长+240mm，如图 4-6 所示。空心砖与普通砖应同时砌筑。不得对空心砖墙进行砍凿。

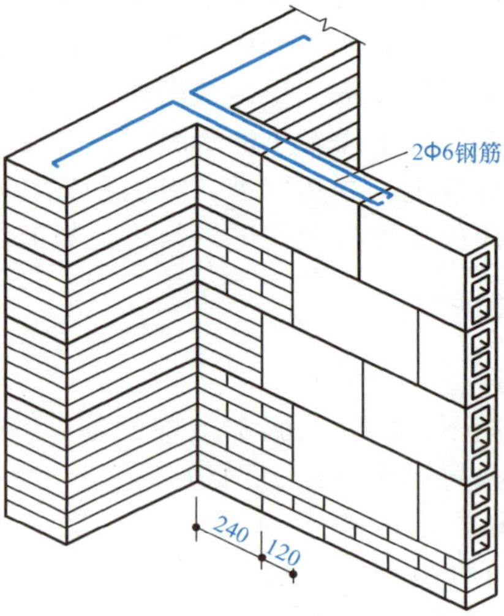

图 4-6 空心砖墙与普通砖墙交接

砖墙砌筑工艺顺序演示

砖墙砌筑工艺顺序

砖墙砌筑工艺 2

（2）砌筑工艺 砖墙的砌筑工艺包括抄平→放线→摆砖样→立皮数杆→盘角、挂线、砌砖样→清理及勾缝等。

1）抄平。砌墙前，应在基础顶面或楼面上定出各层标高，并用 M7.5 水泥砂浆或 C15 细石混凝土（厚度 30mm 以上）找平，使砖墙底部标高符合设计要求。

2）放线。根据龙门板、外引桩或墙上给出的轴线及图样上标注的墙体尺寸，在基础顶面或每层楼面上用墨线弹出墙的轴线和边线，并及时标出门窗洞口位置。

3）摆砖样。在弹线的基面上，按选定的组砌方式用“干砖”试摆，以尽可能减少砍砖，使砌体灰缝均匀、组砌合理有序。

4）立皮数杆。皮数杆是划有每皮砖和灰缝的厚度以及门窗洞口、过梁、楼板、预埋件等的标高位置的一种木制标杆（见图 4-7）。它是砌筑时控制砌体水平灰缝厚度和竖向尺寸位置的标志。皮数杆常立于房屋的四大角、内外墙交接处等位置，间距一般为 10～15m。皮数杆应抄平竖立，用锚钉或斜撑固定牢固，并保证垂直。

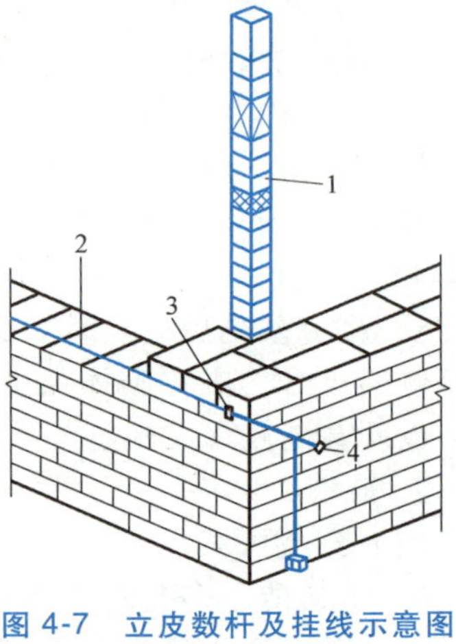

图 4-7 立皮数杆及挂线示意图

1—皮数杆 2—准线 3—竹片 4—圆钉

5）盘角、挂线。按照干砖试摆位置挂好通线，砌好第一皮砖，接着就进行盘角。盘角是由高水平技工砌筑大角或交接部位，并始终保持超前中间墙体 3～5 皮砖，以作为中间墙体砌筑的标志和挂线点。盘角时应随时用线锤和托线板检查控制垂直平整，并据皮数杆控制砖层灰缝厚度，保持斜槎，以便与后砌的中间墙体连接。

盘角后，应在其侧面挂线，作为墙身砌筑的依据，一般工人按线砌筑中间墙体。对厚度为 240mm 及以下的墙体可单面挂线，370mm 及以上的墙体应双面挂线。

6）砌砖。砌砖的常用方法有“三一”砌筑法和铺浆法两种。“三一”砌筑法是指一铲灰、一块砖、一揉压的砌筑方法。用这种方法砌砖，质量高于铺浆法。铺浆法是指把砂浆摊铺一定长度后，放上砖并挤出砂浆的砌筑方法。铺浆长度不得超过 750mm，当施工期间气温超过 30℃时，不得超过 500mm。

每层承重墙的最上一皮砖、楼板及梁的支承处、阶台水平面上及挑出层的外皮砖均应整砖丁砌。多孔砖的孔洞应垂直于受压面砌筑。半盲孔多孔砖的封底面应朝上砌筑。

砖的准备　　三一砌砖法 1　　铺浆砌法

7）清理及勾缝。砌筑混水墙时，应随砌随清扫墙面。对清水墙，应及时将灰缝划出 10mm 深的沟槽，以便勾缝施工。勾缝宜采用 1∶1.5 的水泥砂浆，填压密实、深浅一致。

（3）砌筑施工要点

1）洞口留设要求。

① 砖砌体施工时，为了方便后续装修阶段的材料运输与人员通行，常需要在墙上留置临时施工洞。其侧边离交接处墙面不应小于 500mm，洞口净宽度不应超过 1m。

② 墙体中的设备管道、沟槽、脚手眼、预埋件等，应于砌筑时正确留出或预埋，未经设计同意，不得打凿墙体和在墙体上开凿水平沟槽。宽度超过 300mm 的洞口上部，应设置钢筋混凝土过梁。不应在长度小于 500mm 的承重墙体、独立柱内埋设管线。

③ 为了保证质量和安全，不得在以下墙体或部位留设单排脚手架的脚手眼：厚度小于或等于 120mm 的墙体、清水墙、独立柱和附墙柱；过梁上 60°角的三角形范围及过梁净跨度 1/2 的高度范围内；宽度小于 1m 的窗间墙；门窗洞口两侧 200mm 和转角处 450mm 范围内；梁或梁垫下及其左右各 500mm 范围内；轻质墙体；夹心复合墙的外叶墙等。

2）构造柱连接要求。构造柱与墙体的连接处应砌成马牙槎。马牙槎应先退后进，对称砌筑；沿高度方向不超过 300mm，凹凸不少于 60mm。砌筑时，沿墙高每 500mm 设置 2ϕ6mm 水平拉结钢筋，每边伸入墙内不宜小于 0.6m，埋入灰缝砂浆层中，如图 4-8 所示。构造柱混凝土应在砌墙后浇筑。支模前，应清除落地灰、砖渣等杂物，浇水湿润砌体槎口。浇筑时，先在底部注入 20~30mm 厚与构造柱混凝土浆液成分相同的砂浆，再分层浇筑混凝土并振捣密实，振捣时应避免触碰砖墙。

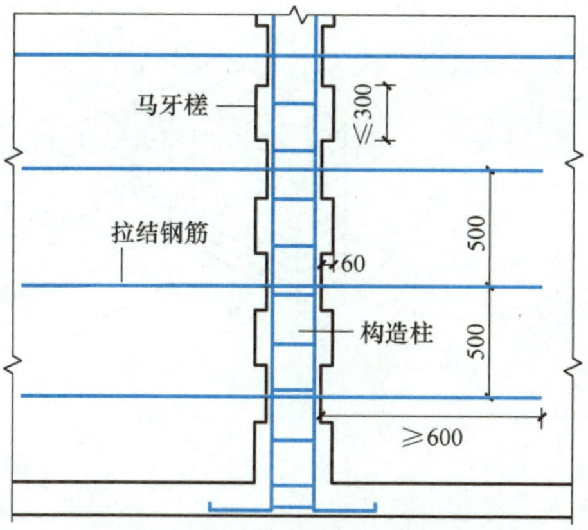

图 4-8 构造柱与墙体的连接构造

3）正常施工条件下，砖砌体每日砌筑高度不宜超过 1.5m 或一步脚手架高度。冬期和雨期施工时，砂浆的稠度应适当减小，每日砌筑高度不宜超过 1.2m 且应及时覆盖。

4）砌体结构分段施工时，分段位置宜设在结构缝、构造柱或门窗洞口处。相邻施工段间的砌筑高度差不得超过一个楼层的高度，也不宜大于 4m。砌体临时间断处的高度差不得超过一步脚手架的高度。

5）施工时应控制墙体的自由高度，尚未施工楼面或屋面的墙或柱，当其高度超过抗风允许自由高度的限值时，必须采用临时支撑等有效措施，防止大风造成危害。

6）砌筑后需移动块体或砌体受到撞动，均需重新铺浆砌筑。

4.2.3 砌筑质量要求

（1）灰缝平直　砖砌体的灰缝应横平竖直，厚薄均匀。水平灰缝厚度及竖向灰缝宽度宜为 10mm，但不应小于 8mm 和大于 12mm。检查时，水平灰缝厚度用尺量 10 皮砖砌体高度折算；竖向灰缝宽度用尺量 2m 砌体长度折算。

（2）砂浆饱满　砖墙水平灰缝的砂浆饱满度不得低于 80%。检查时，掀起砌好的砖，用百格网测其底面砂浆粘结痕迹的面积，取三块砖的平均值。竖向灰缝应挤浆或加浆，不得出现瞎缝、假缝和透明缝。砖柱的水平、竖向灰缝均不得低于 90%。影响砂浆饱满度的主要因素包括：砖的含水量、砂浆的和易性、砌筑操作方法等。

（3）组砌合理　砖砌体的砖块之间要上下错缝、内外搭砌，其长度不小于 60mm。清水墙、窗间墙应无通缝（搭接长度不足者）；混水墙中不得有长度大于 300mm 的通缝，长度

200~300mm 的通缝每间不超过 3 处，且不得位于同一面墙体上。砖柱不得采用包心砌法。

（4）接槎可靠

1）砖砌体的转角处和交接处应同时砌筑，严禁无可靠措施的内外墙分砌施工。

2）在抗震设防烈度 8 度及以上地区，对不能同时砌筑的临时间断处应砌成斜槎（见图 4-9a）。斜槎的水平投影长度，砌普通砖时不应小于高度的 2/3；多孔砖不小于 1/2。斜槎高度不得超过一步脚手架高度。

3）在抗震设防烈度为 6 度、7 度地区，当不能留斜槎时，除转角处外，可留凸直槎（见图 4-9b），应加设拉结钢筋，其数量为：沿墙高每 500mm 设一道，每道不少于 2 根 ϕ6mm，按每 120mm 墙厚 1 根 ϕ6 且每道不少于 2 根设置；埋入长度从留槎处算起每边均不应小于 0.5m 或 1m（抗震设防者）；末端应有 90°弯钩。砌体外露面钢筋的砂浆保护层的厚度应不小于 15mm。

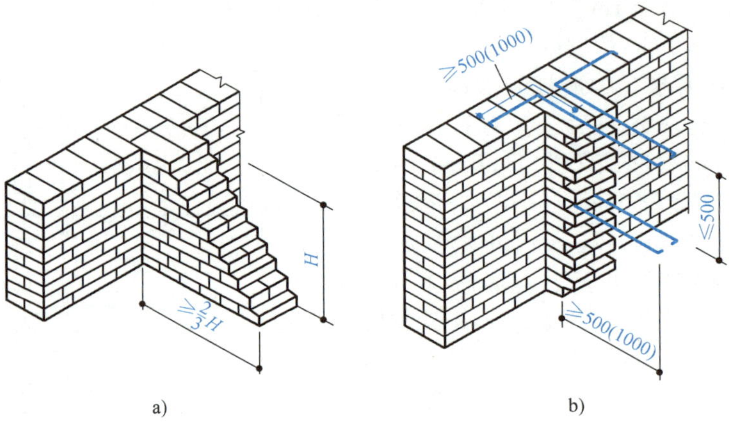

图 4-9 砖墙留槎要求

a）斜槎 b）直槎

注：括号内尺寸用于设防烈度为 6 度、7 度地区。

接槎处补砌时，必须将表面清理干净，洒水湿润，并填实砂浆，保持灰缝平直。

（5）偏差在允许范围内 砖砌体尺寸、位置的允许偏差及检验方法见表 4-2。

表 4-2 砖砌体、混凝土小型空心砌块砌体尺寸、位置的允许偏差及检验

项次	项目			允许偏差/mm	检验方法	抽检数量
1	轴线位移			10	用经纬仪和尺或用其他测量仪器检查	承重墙、柱全数检查
2	基础、墙、柱顶面标高			±15	用水准仪和尺检查	不应小于 5 处
3	墙面垂直度	每层		5	用 2m 托线板检查	不应小于 5 处
		全高	≤10m	10	用经纬仪、吊线和尺或其他测量仪器检查	外墙全部阳角
			>10m	20		
4	表面平整度	清水墙、柱		5	用 2m 靠尺和楔形塞尺检查	不应小于 5 处
		混水墙、柱		8		
5	水平灰缝平直度	清水墙		7	拉 5m 线和尺检查	不应小于 5 处
		混水墙		10		
6	门窗洞口高、宽（后塞口）			±10	用尺检查	不应小于 5 处
7	外墙上下窗口偏移			20	以底层窗口为准，用经纬仪或吊线检查	不应小于 5 处
8	清水墙游丁走缝			20	以每层第一皮砖为准，用吊线和尺检查	不应小于 5 处

4.3 砌块砌体施工

4.3.1 施工准备

1. 材料准备

1）砌块和砂浆的强度应符合设计要求，承重墙使用的小砌块应完整、无破损、无裂缝。施工时，砌块的龄期不应少于28d，以避免块体收缩引起砌体开裂。

2）砂浆强度等级不得低于M5。砂浆宜用预拌砂浆或专用砌筑砂浆。专用砌筑砂浆的和易性好、黏结力强，易保证灰缝饱满和墙体不开裂。

3）砌块进场后，应按品种、规格型号、强度等级分别码放整齐，堆高不超过2m。堆场应有防潮措施。蒸压加气混凝土砌块应防止雨淋。

4）普通混凝土小型空心砌块及吸水率小的轻骨料混凝土小型空心砌块砌筑前可不浇水，当气候炎热干燥时可提前喷水湿润；雨天及砌块表面有浮水时不得施工。对吸水率大的轻骨料混凝土小型空心砌块应提前1~2d浇水湿润，其相对含水率宜为40%~50%。加气块的含水率应小于30%。蒸压加气混凝土砌块采用薄砂浆砌筑时不得浇水；采用普通砂浆或专用砂浆砌筑时，应在切筑当天对砌筑面浇水湿润。

2. 编绘砌块排块图

砌块砌体施工前，应按房屋设计图编绘小砌块平、立面排块图（见图4-10），以便指导砌块准备和砌筑施工。砌块排列应错缝搭接，并以主规格砌块为主，不得与其他块体或不同强度等级的块体混砌。

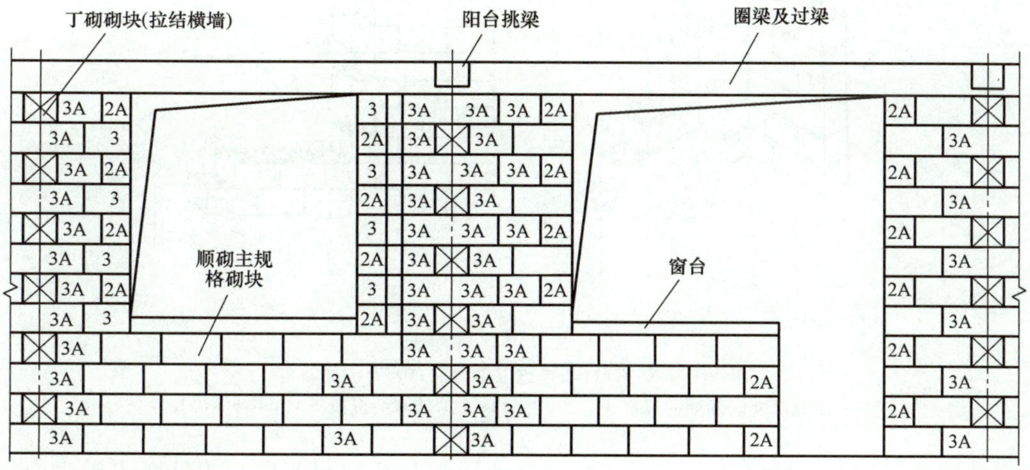

图4-10 立面排块图

4.3.2 施工要求

1. 结构墙体砌筑

砌块砌体施工的主要工艺包括抄平弹线、基层处理、立皮数杆、挂线砌筑、勾缝。主要施工要求如下：

（1）基层与底部处理 拉标高准线，用砂浆找平砌筑基层。当底层砌块下的找平层厚度大于 20mm 时，应用细石混凝土找平。砌筑时，防潮层以下应采用水泥砂浆砌筑，用不低于 C20 的混凝土灌实小砌块的孔洞。

（2）墙体砌筑要点

1）墙体砌筑应从房屋外墙转角定位处开始，按照设计图和砌块排块图进行施工。墙厚大于 190mm 者应双面挂线。

2）砌块以全顺形式组砌，空心砌块应上下皮对孔错缝搭接，单排孔砌块的搭接长度不少于 1/2 块长，多排孔砌块不少于 1/3 块长。个别部位不能满足搭砌要求时，应在水平灰缝砂浆层中设 $\phi 4$ 钢筋网片（图 4-11），或采用配块砌筑。墙体竖向通缝不得超过 2 皮。

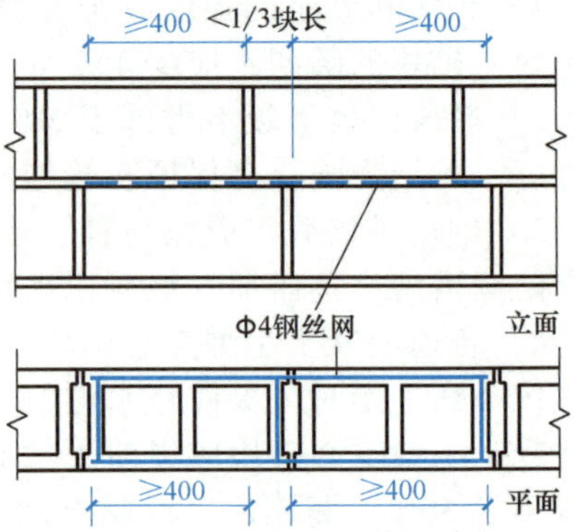

图 4-11　设置拉结钢筋网片

3）应将砌块制作时的底面朝上反砌于墙上，以利铺设砂浆和保证饱满度。为保证芯柱断面不削弱，该处砌块底部的毛边应清理干净。

4）墙体转角处和纵横交接处应同时砌筑。其他临时间断处应砌成斜槎，其水平投影长度不小于斜槎高度。施工临时洞口可留直槎，但在补砌时应用 Cb20 或 C20 混凝土灌孔（见图 4-12）。厚度为 190mm 的自承重墙宜与承重墙同时砌筑，厚度小于 190mm 时宜后砌且按设计要求留拉结筋或钢筋网片。

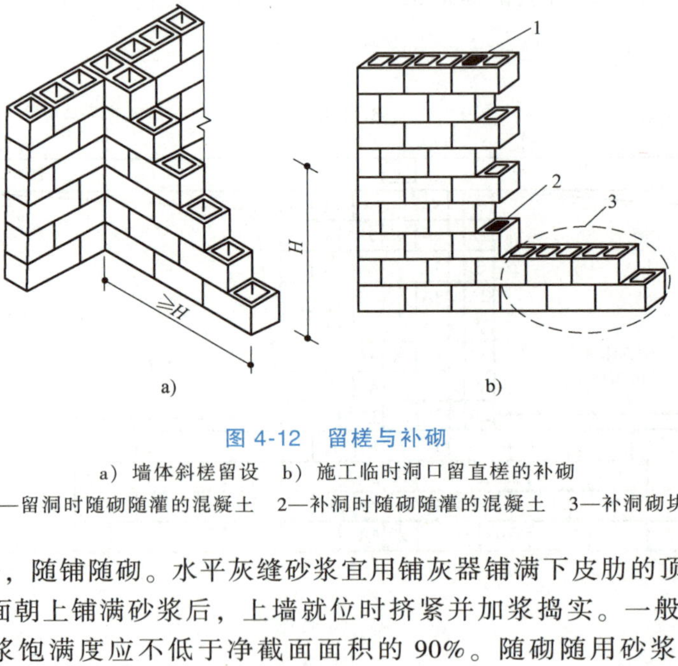

图 4-12　留槎与补砌

a）墙体斜槎留设　b）施工临时洞口留直槎的补砌

1—留洞时随砌随灌的混凝土　2—补洞时随砌随灌的混凝土　3—补洞砌块

5）采用铺浆法，随铺随砌。水平灰缝砂浆宜用铺灰器铺满下皮肋的顶面或封底面；竖向灰缝，应将砌块端面朝上铺满砂浆后，上墙就位时挤紧并加浆捣实。一般砂浆的灰缝厚度和宽度同砖砌体，砂浆饱满度应不低于净截面面积的 90%。随砌随用砂浆勾缝，凹缝深度宜为 2mm。

6）在固定门窗框处应砌入实心混凝土砌块或灌孔形成芯柱；水电管线、孔洞、预埋件等应与砌筑及时配合进行，不得事后凿槽打洞。

7）小砌块砌体应采用双排脚手架或工具式脚手架。当需在墙上设置脚手眼时，可采用辅助规格的小砌块侧砌，利用其孔洞作脚手眼，完工后再用混凝土填实孔洞。

8）正常施工条件下，每日砌筑高度宜控制在 1.4m 或一步脚手架高度内。

9）芯柱（见图 4-13）部位的墙体，应采用不封底的通孔砌块砌筑。每根芯柱的柱脚部位，应采用带清扫口的砌块砌筑。芯柱混凝土应待墙体砌筑砂浆强度大于 1MPa 后浇筑。浇筑前，应先清除孔洞内的杂物，并冲洗湿润孔壁，排出积水后，用模板封闭清扫口。浇筑时，先注入 50mm 厚与芯柱混凝土配比相同的去石砂浆，再浇筑混凝土。每浇筑 400~500mm 高度，用小直径振捣棒振捣一次，或边浇边用插入式振捣棒捣实。每层连续浇筑。与圈梁交接者，应浇至圈梁下 50mm 处停止，以保证其可靠连接。芯柱混凝土在预制楼盖处应贯通，且不得削弱截面尺寸。

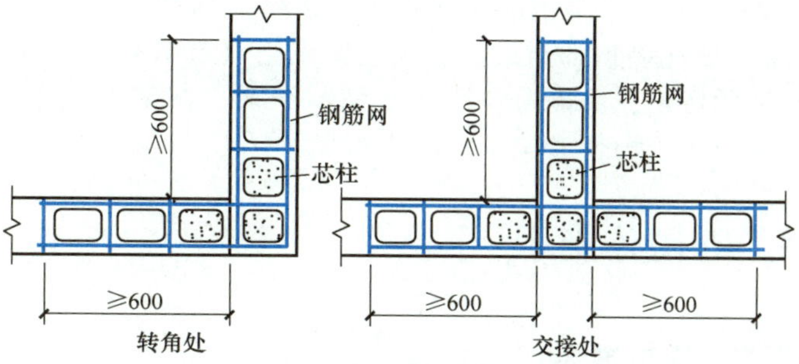

图 4-13 钢筋混凝土芯柱平面

2. 填充墙砌筑

填充墙是框架、框架-剪力墙等结构的围护墙或主体结构内的隔墙，常采用轻骨料混凝土小型空心砌块、蒸压加气混凝土砌块、空心砖等轻体砌块砌筑，多用于主体结构不脱开的形式。轻体砌块填充墙构造如图 4-14 所示。

填充墙砌筑演示　加气块隔墙砌筑　砌块墙薄灰砌法

施工时，在满足相应块体砌筑要求的前提下，应注意以下要点：

1）采用轻骨料混凝土小型空心砌块或蒸压加气混凝土砌块砌筑厨房、卫生间、浴室等处墙体者，底部宜现浇混凝土坎台，高度宜为 150mm，以利于提高墙底防水效果。

2）填充墙应在该部位主体结构检验批验收合格后进行砌筑。不同种类、不同强度等级的砌块不得混砌（墙顶填塞及门窗洞口处除外），以避免收缩裂缝。

3）应设置拉结钢筋等与主体结构连接，抗震设防结构常采用沿墙全长贯通设置。与结构采用化学植筋锚固者应做拉拔试验，确保在 6kN 拉力下无开裂和滑移。拉结钢筋处的下皮砌块应为半盲孔或灌孔砌块。

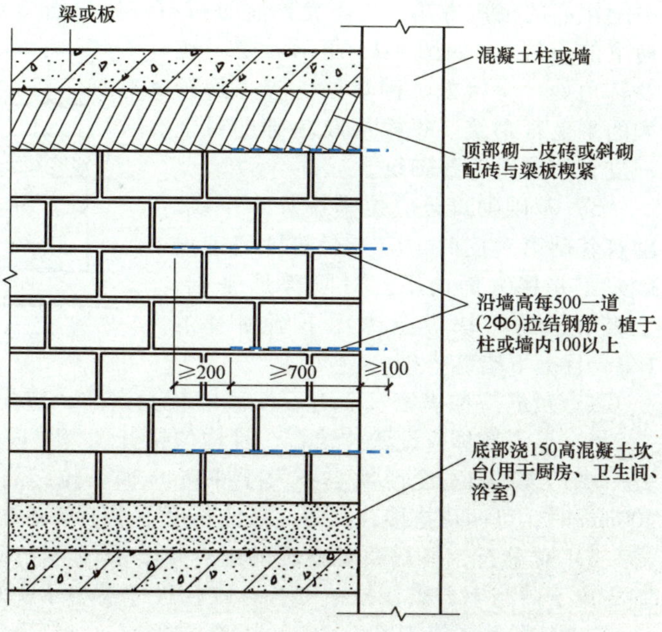

图 4-14 轻体砌块填充墙构造

4）空心砌块应采用整块砌筑；蒸压加气混凝土砌块宜用整块砌筑，需截断时应采用无齿锯切割，最小长度不得小于整块长的 1/3。水平及竖向灰缝砂浆饱满度均不得低于 80%。

5）蒸压加气混凝土砌块上下搭接的长度不宜小于块长的 1/3 和 150mm。否则应设置 2ϕ6 钢筋或 ϕ4 钢筋网加强，自错缝部位起每侧搭接长度不小于 700mm。用一般砂浆及专用砂浆砌筑时，灰缝厚度不得超过 15mm。若用薄层砂浆砌筑法砌筑时，应采用专用黏结砂浆，灰缝厚度为 2~4mm，拉结钢筋需在砌块上镂槽、铺浆卧入。

6）填充墙顶部与梁、板间应留出空（缝）隙，在砌墙 14d 以后填补。这样做既可减少结构变形的影响，又能避免墙体收缩、干燥、沉降产生上部脱离、缝隙。填补常采用普通砖斜砌顶紧或用干硬性砂浆、混凝土塞紧。

4.4 石砌体施工

4.4.1 施工准备

石砌体所采用的石材应质地坚实、无裂纹和无明显风化剥落。用于清水墙、柱表面的石材，尚应色泽均匀。石材表面的泥垢、水锈等杂质，砌筑前应清除干净。石材及砂浆强度等级必须符合设计要求；石材的放射性应经检验合格。

4.4.2 石砌体施工工艺

石砌体应采用铺浆法砌筑，砂浆饱满度不小于 80%。转角处及交接处应同时砌筑，临时间断处应砌成斜槎。每天的砌筑高度不得大于 1.2m。

1. 毛石砌体施工

1）毛石砌体所用毛石应呈块状，无细长扁薄和尖锥。砌体的灰缝厚度宜为 20~30mm，且不大于 40mm；石块间不得出现无砂浆相互接触现象。

2）石砌体应分皮卧砌，错缝搭接长度不小于 80mm。内外搭砌时，不得采用外面侧立、中间填心的砌筑方法，也不允许有过桥石、铲口石（尖石倾斜向外的石块）和斧刃石（尖石向下的石块），如图 4-15 所示。第一皮及转角处、交接处、洞口处，应采用较大的平毛石砌筑。每楼层及基础的最上一皮宜用较大毛石砌筑。

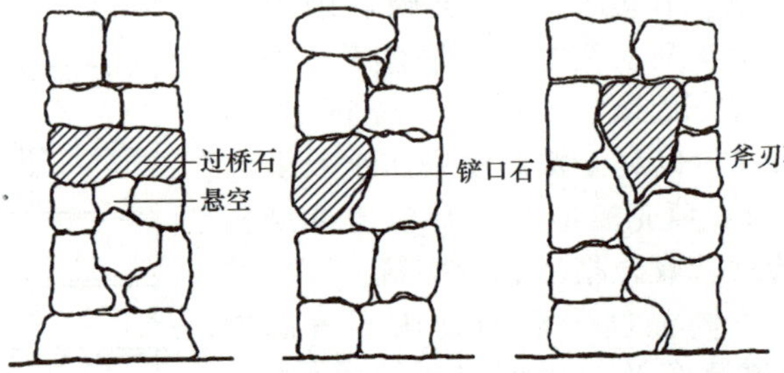

图 4-15 过桥石、铲口石、斧刃石示意

3）基础砌筑时应拉垂线及水平线。砌筑基础第一皮时，应先在基坑底铺设砂浆，并将大面向下。对阶梯形基础，上级阶梯的石块应至少压下级阶梯的 1/2，且上下错缝搭砌。

4）灰缝应饱满密实。对石块间的较大空隙，应先填塞砂浆，再用碎石块嵌实。

5）毛石砌体应设置拉结石，且均匀错开。每皮内间隔不大于 2m，且墙面每 0.7m^2 至少设置一块。当基础宽度或墙厚不大于 400mm 时，拉结石的长度应与基础宽度或墙厚相等；大于 400mm 时，可两块搭接，其中一块的长度不少于基础宽度或墙厚的 2/3，相互搭接 150mm 以上。

6）对毛石、料石和实心砖的组合墙，石砌体与砖砌体应同时砌筑，并每隔 4~6 皮砖用 2~3 皮丁砖与毛石砌体拉结砌合，咬合尺寸不小于 120mm，两种砌体间的空隙应填实砂浆。

2. 料石砌体施工

1）料石基础的第一皮应用丁砌层坐浆砌筑。料石墙的第一皮及每个楼层最上一皮应丁砌。

2）料石墙体厚度等于一块料石宽度时，采用全顺叠砌形式；墙厚等于两块料石宽度时，可采用丁顺叠砌、两顺一丁或丁顺组砌的砌筑形式（见图 4-16）。

3）料石砌体的水平灰缝应平直，竖向灰缝宽窄一致。灰缝厚度，细料石砌体不大于 5mm，粗料石、毛料石砌体不大于 20mm。

3. 石挡土墙施工

石挡土墙可采用毛石或料石砌筑。砌筑毛石挡土墙时，所用毛石的中部厚度不宜小于200mm，每砌筑3~4皮为一个分层高度，顶部找平一次；两个分层高度间的错缝不小于80mm。料石挡土墙宜采用丁顺相间的砌筑形式，当中间部分用毛石填砌时，丁砌料石伸入毛石部分的长度不应小于200mm。

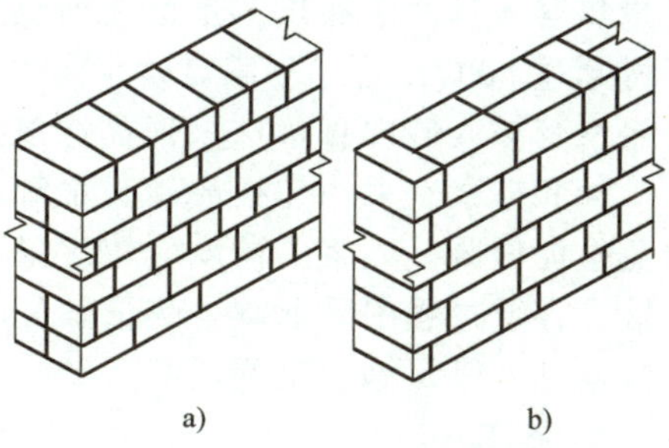

图4-16 料石墙组砌形式
a）两顺一丁 b）丁顺组砌

砌筑挡土墙，应按设计要求架立坡度板收坡或收台，并应设置伸缩缝和泄水孔。泄水孔应均匀设置，在每米高度内水平间隔不大于2m。泄水孔直径不小于50mm，与土体间铺设长宽均不小于300mm、厚不小于200mm的卵石或碎石做疏水层。

挡土墙内侧回填土必须分层夯填密实，每层松铺厚度为300mm。墙顶土面应有适当坡度，使水流向挡土墙外侧面。

4. 石砌体勾缝

石砌体勾缝一般采用1∶1水泥砂浆，多做成平缝或10mm深的凹缝，表面均需压实溜光，也可在平缝砂浆初凝后再抹砂浆并捋成40mm宽的凸缝。砂浆应做好养护。

4.5 砌体的冬期施工

冬期施工时，砌体的砂浆会在负温下冻结，水化作用停止，失去黏结力。经解冻后，砂浆的强度虽可继续增长，但最终强度明显降低，砂浆的压缩变形增大，使砌体的沉降量增加，稳定性降低。实践证明，砂浆的用水量越多、遭受冻结越早、冻结时间越长；灰缝厚度越大，其冻结的危害程度就越大，反之亦然。因此，冬期施工时必须采取有效措施，尽可能减少冻害，以确保砌体工程质量。

4.5.1 冬期施工的要求

规范规定，当预计室外日平均气温连续5d稳定低于5℃或当日最低气温低于0℃时，砌体工程应采取冬期施工措施。施工前，应制订完整的冬期施工方案。

1. 块材

冬期施工的块材，在砌筑前应清除表面的污物和冰霜，不得使用遭水浸冻的砖或砌块。

对烧结砖、蒸压的灰砂砖及粉煤灰砖、吸水率较大的轻骨料混凝土小型空心砌块，当气温高于0℃时，应浇水湿润并即时砌筑。气温在0℃及以下时不应浇水，以避免结冰，但应增大砂浆稠度。抗震设防烈度为9度的建筑物，当烧结砖及蒸压粉煤灰砖无法浇水湿润时，不得砌筑。

对普通混凝土砌块、混凝土砖及采用薄灰砌法的加气砌块不应浇水。

2. 砂浆

当轻骨料混凝土小型空心砌块的砌筑砂浆强度低于10MPa时，应比常温施工提高一个等级，以保证承载能力。

冬期施工不得使用无水泥砂浆。拌制砂浆的水泥宜采用普通硅酸盐水泥；砂中不得含有冰块和大于10mm的冻结块；石灰膏应防止受冻，如遭冻结应融化后使用。

砂浆应具有足够的初温，以满足砌筑及前期强度增长的需求。因此常采用热拌砂浆，即在拌制前对材料预先加热。砂浆的温度要求及材料加热温度应根据热工计算确定。由于水的质量热容大且便于加热，是首选加热对象。可将蒸汽直接通入水箱或用铁桶等烧水，但水温不得超过 80℃；若还不满足砂浆温度要求则需将砂也加热。砂可用蒸汽排管、火坑加热，也可将汽管插入砂内直接送汽（需注意砂的含水率变化），砂温不得超过 40℃。

拌和砂浆宜采用先投放砂、水等材料，经一定搅拌后再投放水泥的两步投料法拌制，以避免水泥假凝。砂浆的稠度应较常温适当增大，搅拌时间应较常温增加 0.5~1 倍，并在搅拌、运输、存放过程中采取减少热量散失的有效措施。砌筑时，砂浆的温度不应低于 5℃，以保证其流动性、满足饱满度要求。

3. 施工

冬期施工时，砖砌体应采用“三一”砌筑法施工；砌块砌体应随铺灰随砌筑。每日砌筑高度不宜超过 1.2m。砌体表面应清理干净，面层不得留有砂浆。砌筑后及时用保温材料覆盖。较常温施工多留一组同条件养护的砂浆试块，用于检验转入常温 28d 的强度。

4.5.2 冬期施工方法

砌体的冬期施工常采用外加剂法和暖棚法。由于掺外加剂砂浆在负温条件下强度可以继续增长，砌体不会发生沉降变形，施工工艺简单，因此冬期施工应以外加剂法为主。对地下工程或急需使用的工程，可采用暖棚法。

1. 外加剂法

该法是在拌合水中掺入氯化钠、氯化钙或亚硝酸钠等抗冻早强剂，以降低冰点和加速硬化。并通过热拌、保温等措施，使砂浆在砌筑时具有 5℃以上初温；砌筑后，砂浆降至负温时强度仍可继续增长。这种方法施工工艺简单，经济可靠，沉降变形小，故应用广泛。

采用外加剂法砌筑承重砌体，若日最低气温在-15℃及以下时，其砂浆强度应较常温施工提高一级，以弥补后期强度损失。外加剂溶液应由专人配置，并应先配置成规定浓度溶液置于专用容器中，再按使用规定加入搅拌机。搅拌时，若需在氯盐砂浆中掺加增塑剂，则应先加氯盐溶液再加增塑剂，以减少氯盐对增塑剂微沫的消泡作用。砌筑时，块体与砂浆的温度差值宜控制在 20℃以内，不应超过 30℃，以防热量迅速传递和损失而产生冰膜。

当采用掺氯盐砂浆时，其掺量可参考表 4-3。

表 4-3 氯盐砂浆的掺盐量（无水盐占拌合水质量的%）

序号	掺加方法			日最低气温/℃			
				≥-10	-11~-15	-16~-20	-21~-25
1	单掺(%)	氯化钠	砖、砌块	3	5	7	—
2			石	4	7	10	—
3	复掺(%)	氯化钠	砖、砌块	—	—	5	7
4		氯化钙		—	—	2	3

由于氯盐对钢材具有较强的腐蚀作用，因此，应预先对需埋设的钢筋及钢埋件进行防腐处理；配筋砌体不得采用掺氯盐的砂浆施工。此外，掺氯盐的砂浆还会使砌体产生析盐、吸湿现象，故不得在以下工程中使用：①可能影响装饰效果的建筑物；②使用湿度大于 80%的建筑物；③热工要求高的工程；④变电所、发电站等接近高压电线的建筑物；⑤经常处于地下水位变化范围内，而又没有防水措施的砌体；⑥经常受 40℃以上高温影响的建筑物。

2. 暖棚法

该法是利用简易结构和廉价的保温材料，将需要砌筑的空间临时封闭起来，并在棚内加热，使砌体在正温条件下砌筑和养护。暖棚法需耗费较多的设备、材料和劳动力，成本较高，仅适用于地下工程、基础工程以及建筑面积不大又急需使用的砌体结构工程。

搭设的暖棚应牢固、整齐，宜在背风面设置出入口，并应采取保温避风措施。暖棚的加热，可优先采用热风装置，如使用天然气、焦炭炉等，则必须注意安全、防火。

用暖棚法施工时，块体和砂浆在砌筑时的温度均不得低于5℃，距所砌结构底面0.5m处的棚内温度也不得低于5℃。砌体在暖棚内的养护时间，应根据表4-4确定。

表4-4 暖棚法砌体的养护时间

暖棚内温度/℃	5	10	15	20
养护时间不少于/d	6	5	4	3

工程案例

本章工程案例包括：某工程砌体结构施工方案、某办公楼工程框架填充墙砌体的施工，详见本书配套电子资源。

习　题

1. 砌筑工程常用的砖和砌块有哪些？
2. 砌筑砂浆对原材料有哪些要求？
3. 砌筑砂浆的搅拌和使用时间是如何规定的？
4. 试述砖墙的组砌形式及其适用条件。
5. 试述砖基础的砌筑要点。
6. 砖砌体的施工工艺流程与施工要点有哪些？
7. 摆砖样的目的是什么？
8. 皮数杆的作用是什么，设置与安装的要求有哪些？
9. 试述砖砌体施工的“三一”砌筑法和砌块砌筑施工的铺浆法。
10. 什么是“马牙槎”？留设要求有哪些？
11. 构造柱有何作用？施工要求如何？
12. 对砖砌体的质量要求有哪些？
13. 砌块排块图的作用和绘制依据是什么？
14. 砌块砌体的施工要点有哪些？
15. 试述芯柱混凝土浇筑的施工要点。
16. 用轻体砌块砌筑厨房、卫生间墙体时，其底部应如何处理？
17. 简述用砌块砌筑填充墙时，对砌块搭砌长度、灰缝砂浆饱满度的要求？
18. 试述石砌体的施工要点。
19. 简述砌体冬期施工的条件及常用方法。
20. 砌体冬期施工的要点有哪些？

第5章

混凝土结构工程

学习目标

了解钢筋的质量检验方法，熟悉钢筋的配料计算、加工方法与设备，掌握钢筋连接的方法、适用范围及质量要求，掌握钢筋的安装要求；熟悉模板的类型、组成、构造，掌握安装及拆模要求；掌握混凝土配料、搅拌、运输、浇筑捣实和养护的方法与要求；了解混凝土冬期施工原理及方法，掌握冬期施工的主要要求，熟悉混凝土的质量检验方法。

混凝土结构在土木工程中占有最重要的地位，它不但应用广泛、使用量大，而且往往作为结构的主体，决定着结构的安全和寿命。它的施工，对整个工程的工期、成本、质量具有极大的影响。

混凝土结构按施工方法可分为现浇和预制装配两种。前者整体性好、抗震能力强、结构形体灵活、可不需大型的起重机械，但工期较长、受气候条件影响大。后者构件常在工厂批量生产，具有施工工期短、机械化程度高、劳动强度低、绿色环保程度高等优点，但耗钢量较大，需大型起重运输设备。为了发挥长处，这两种方法在施工中往往兼而有之。

钢筋混凝土工程是混凝土结构工程的主要内容，它由钢筋、模板和混凝土三个分项工程组成，其工艺流程如图5-1所示。在施工中三者要密切配合，才能确保工程质量和工期。

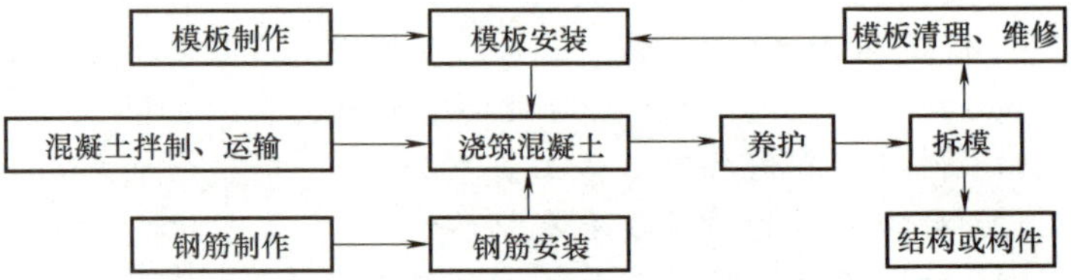

图5-1 钢筋混凝土工程的工艺流程

近年来，随着施工材料、方法、机具、工艺的改进和创新，钢筋混凝土工程朝着提高寿命、保证质量、加快进度和降低造价的方向快速发展。

5.1 钢筋工程

混凝土结构用的普通钢筋，可分为热轧钢筋、热处理钢筋和冷加工钢筋。热轧钢筋包括低碳钢（HPB）钢筋、低（微）合金钢（HRB）钢筋；热处理钢筋包括用余热处理（RRB）或晶粒细化（HRBF）等工艺加工的钢筋，该类钢筋强度较高，但强屈比低且焊接性能不佳；冷加工钢筋强度较高但脆性大，已很少使用。

热轧或热处理钢筋按屈服强度分为300MPa、400MPa、500MPa、600MPa四个等级，按表面形状分为光圆钢筋和带肋钢筋；直径12mm以下的钢筋来料多为盘圆，18mm以上为直条。

5.1.1 钢筋的性能与检验

1. 钢筋的性能

施工中，需特别注意的钢筋性能，主要包括钢筋的冷作硬化、松弛和焊接性。

1）钢筋的冷作硬化。在常温下，通过强力使钢材发生塑性变形，则钢材的强度、硬度可大大提高。根据这一性能，对钢筋进行冷拔、冷轧等冷加工，可节约钢材。但由于钢筋脆性加大，影响结构的延性，目前冷加工仅用于工厂制作高强钢丝和定位焊接网片，而现场则将其原理用于直螺纹连接。

2）钢筋的松弛。它是指在高应力状态下，钢筋的长度不变但其应力随时间推移逐渐减少的性能。但钢材的松弛是有限的，一旦完成将不再松弛。在预应力施工中应采取措施，以防止或减少该性能造成的预应力损失。

3）钢筋的焊接性。钢筋均具有焊接性，但其焊接性能差异较大。影响焊接性能的主要因素包括钢材的强度或硬度、化学成分、焊接方法及环境等。一般强度越高的钢材越难以焊接；含碳、锰、硅、硫等越多的钢材越难以焊接，而含钛、铌多的钢材则易于焊接。

2. 钢筋进场检验

钢筋进场时，应检查产品合格证及出厂检验报告等质量证明文件、钢筋外观，并抽样检验力学性能和重量偏差。

钢筋外观检查应全数进行，要求钢筋平直，无损伤，表面无裂纹、油污、颗粒状或片状老锈。抽样检验应按国家标准分批次、规格、品种，每5~60t抽取2根钢筋制作试件，通过试验检验其屈服强度、抗拉强度、伸长率、弯曲性能，并检验尺寸及单位长度重量偏差，检验结果应符合相关标准规定。

抗震结构所用抗震钢筋的实测强屈比不得小于1.25；超屈比（屈服强度实测值与标准值之比）不大于1.3；最大力下总伸长率不小于9%。

当施工中发现钢筋脆断、焊接性能不良或力学性能显著不正常等现象时，应停止使用，并对该批钢筋进行化学成分检验或其他专项检验。

5.1.2 钢筋的连接

钢筋的连接方法包括焊接、机械连接和搭接连接。连接的一般规定如下：

1）钢筋的接头宜设置在受力较小处；抗震设防结构的梁端、柱端箍筋加密区内不宜设置接头，不得进行钢筋搭接。

2）同一纵向受力钢筋不宜设置两个或两个以上接头。

3）接头末端至钢筋弯起点的距离不应小于钢筋直径的10倍。

4）钢筋接头位置宜相互错开。当采用焊接或机械连接时，在同一连接区段（35倍钢筋直径且不小于500mm）内，受拉接头的面积百分率不应大于50%（见图5-2）；受压接头，或避开框架梁端、柱端箍筋加密区的Ⅰ级机械接头不限。

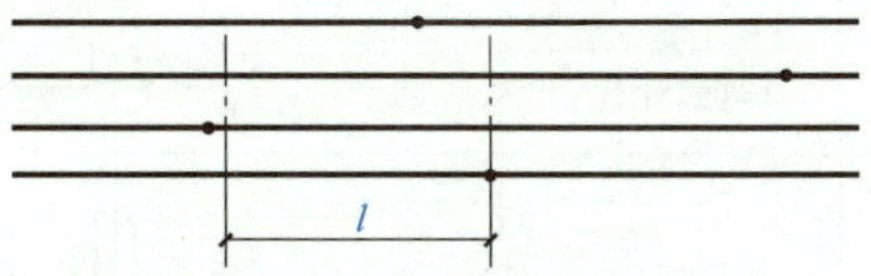

图5-2 钢筋接头设置

注：l 区段内有接头的钢筋面积按2根计。

5）直接承受动力荷载的结构构件中，不宜采用焊接接头；采用机械连接时，同区段内的接头量不应大于50%。

6）钢筋机械连接或焊接连接接头试件应从完成的实体中截取，并应按规定进行性能检验。

1. 焊接连接

钢筋焊接常用方法及适用范围见表 5-1。

表 5-1 钢筋焊接常用方法及适用范围

焊接方法		接头形式	适用范围	
			钢筋牌号	钢筋直径/mm
电阻点焊			HPB300 HRB400~HRB500，HRBF400~HRBF500 CRB550	6~16 6~16 4~12
闪光对焊		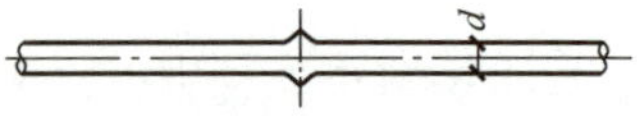	HPB300 HRB400~HRB500，HRBF400~HRBF500 RRB400W	8~20
电弧焊	帮条双面焊	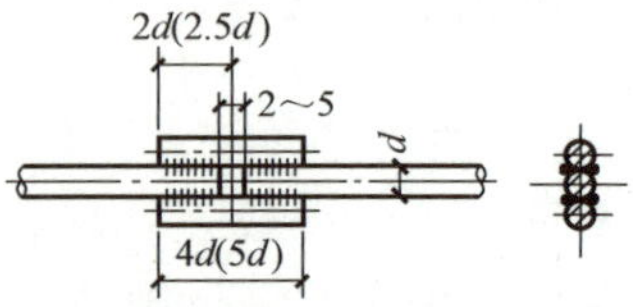	HPB300 HRB400，HRBF400 HRB500，HRBF500 RRB400W	10~22 10~40 10~32 10~25
	帮条单面焊	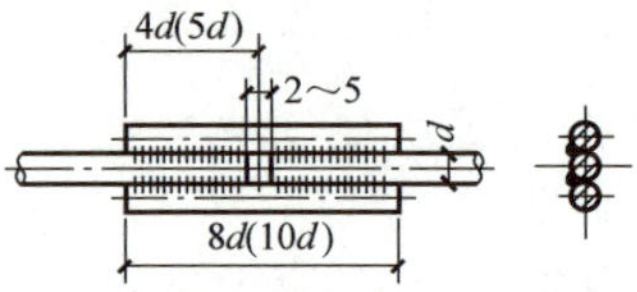		
	搭接双面焊	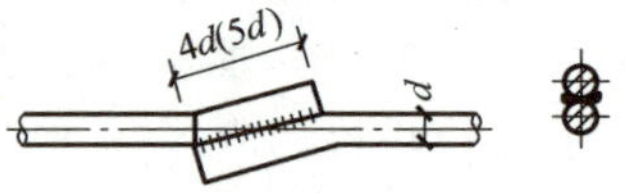		
	搭接单面焊	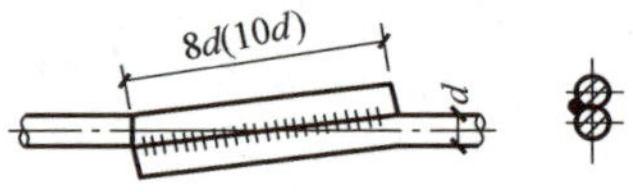		
	坡口平焊		HPB300 HRB400，HRBF400 HRB500，HRBF500 RRB400W	18~22 18~40 18~32 18~25
	钢筋与钢板搭接焊	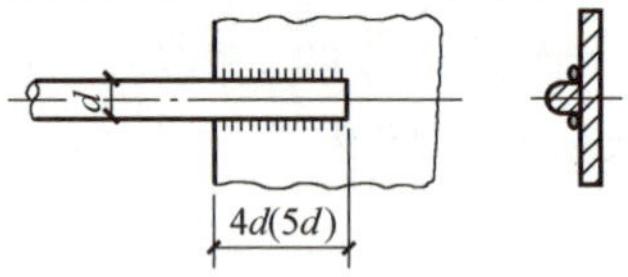	HPB300 HRB400，HRBF400 HRB500，HRBF500 RRB400W	8~22 8~40 8~32 8~25
	预埋件埋弧压力焊、埋弧螺柱焊	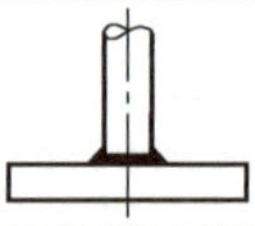	HPB300 HRB400，HRBF400	6~22 6~28
	预埋件穿孔塞焊	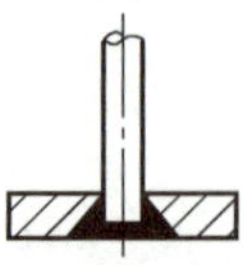	HPB300 HRB400，HRBF400 HRB500 RRB400W	20~22 20~32 20~28 20~28
电渣压力焊			HPB300 HRB400 HRB500	12~22 12~32 12~32

注：接头形式栏中，括号内的数据用于 400 级及以上钢筋，括号外数据用于 HPB300 钢筋。

焊工必须持相应焊接方法的考试合格证上岗操作，并经现场焊接工艺试验合格，方可正式焊接。当环境温度低于-5℃时应调整焊接参数或工艺，低于-20℃时不得进行焊接，雨、雪及大风天气应采取遮挡措施。直径大于28mm的热轧钢筋及细晶粒钢筋的焊接参数应经试验确定，余热处理钢筋不宜焊接。

对焊演示

对焊

（1）闪光对焊　闪光对焊是将两钢筋以对接形式安放在对焊机上，通以低电压的强电流，将其端部轻微接触，产生强烈闪光和飞溅，待接触点金属熔化，迅速施加顶锻力，使两根钢筋焊接到一起的压焊方法（见图5-3）。该法广泛用于直条粗钢筋下料前的接长或制作直径为6~16mm的闭口箍筋，焊接质量好，价格低廉，适用范围广，可减少料头、节约钢筋。

1）闪光对焊工艺。

① 连续闪光焊。该工艺是在闭合电源后，通过杠杆摇臂调整活动电极，使两钢筋总保持轻微接触，接触点很快熔化并产生火花，形成连续闪光现象。待接头烧平、闪去杂质和氧化膜、端头处于白热熔化状态时，施加轴向压力迅速顶锻，使两钢筋融合焊牢。该种工艺适于焊接直径小于等于20mm的HPB300、HRB400钢筋。直径大或HRB500钢筋可采用以下工艺。

② 预热闪光焊。对于较粗且端面较平整的钢筋，在闪光焊之前，先反复将接头处作闭合和断开的动作，使钢筋通过本身的电阻预热，然后连续闪光，烧化后加压顶锻。通过预热可增加热影响区，提高焊接质量。

③ 闪光-预热闪光焊。对于较粗且端面不平整的钢筋，应通过连续闪光将钢筋端部烧平后，再进行预热闪光焊。

注意：含碳、锰、硅较高的500MPa级，应控制焊接温度，并使热扩散区加长，以防接头局部过热造成脆断。焊接时宜用强电流焊接，焊后应对接头进行退火或高温回火的热处理，以改善接头的塑性。热处理方法：当对焊接头冷却至常温后松开夹具，放大钳口距离重新夹住钢筋，进行低频脉冲式通电加热（频率约2次/s，通电5~7s），待钢筋表面呈橘红色停止即可。

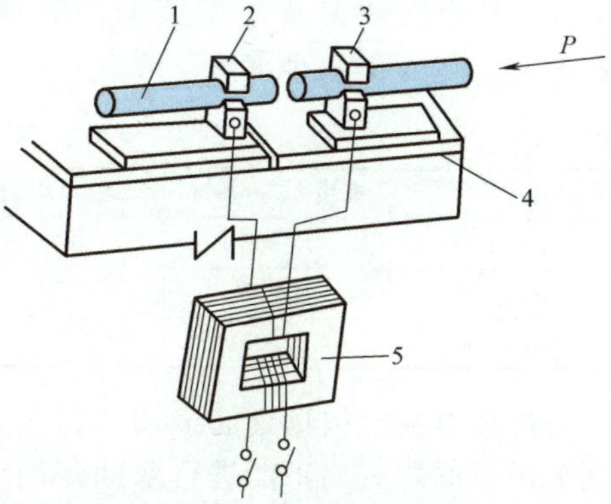

图5-3　闪光对焊示意图

1—钢筋　2—固定电极　3—活动电极

4—机座　5—焊接变压器

2）闪光对焊参数。闪光对焊参数主要包括调伸长度、闪光留量、闪光速度、预热留量、顶锻留量、顶锻速度、顶锻压力及变压器次级等。这些参数可从相关手册或钢筋焊接及验收规程中查阅。图5-4所示为钢筋闪光对焊各项留量图解。

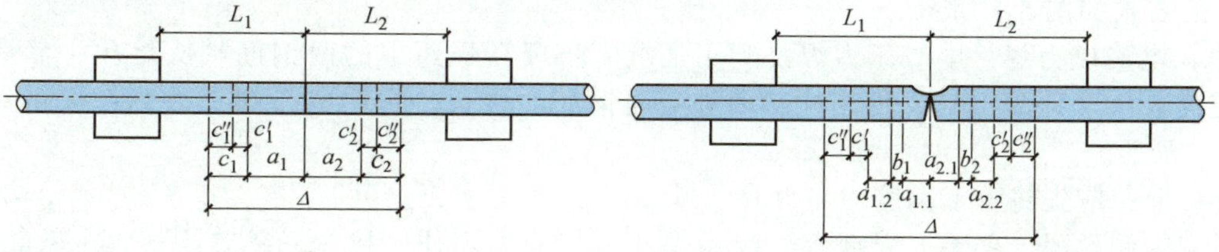

a)　　　　b)

图5-4　钢筋闪光对焊各项留量图解

a）连续闪光对焊　b）闪光-预热闪光对焊

L_1、L_2—调伸长度　a_1+a_2—闪光留量　$a_{1.1}+a_{1.2}$——次闪光留量　$a_{2.1}+a_{2.2}$—二次闪光留量

b_1+b_2—预热留量　c_1+c_2—顶锻留量　$c_1'+c_2'$—有电顶锻留量　$c_1''+c_2''$—无电顶锻留量

3）质量检验

① 性能检验。在同一台班内，由同一焊工完成的300个相同钢筋接头作为一批。从每批成品中切取6个试件，3个进行拉伸试验，3个进行弯曲试验。如有一个不合格，则加倍取样，重做试验，如仍有一个不合格则该批接头为不合格品，需切除接头重焊。

② 外观检查。每批抽查10%的接头且不得少于10个。接头处应有圆滑、带毛刺的镦粗，不得有裂纹；与电极接触处不得有明显的烧伤；接头的弯折不得大于2°，轴线偏移不得大于钢筋直径的0.1倍和1mm。

（2）电弧焊 电弧焊是利用弧焊机使焊条与焊件之间产生高温电弧，熔化焊条和焊件金属，待其凝固后便形成焊缝或接头。电弧焊广泛用于各种钢筋接头、焊制钢筋骨架、钢筋与钢板的焊接及结构安装的焊接。钢筋接头的常用形式有搭接焊、帮条焊、坡口焊等（见表5-1）。

电弧焊

电弧焊的设备包括焊接电源（弧焊机）、焊枪、焊把线和焊条。弧焊机有交流和直流两种，工地上常用交流弧焊机。焊条型号规格较多，例如，E4303、E4315、E5016等。其中，“E”表示焊条；前两位数字（如43、50等）表示熔敷金属抗拉强度的最小值（$430N/mm^2$、$500N/mm^2$）；第三、四位数字（如03、15、16等）表示适用的焊接方位、电流种类及药皮类型。选择焊条时，强度型号取决于钢筋级别及接头形式（见表5-2），药皮的类型取决于焊接环境，焊条直径应取决于焊件尺寸及焊机电流大小。

表5-2 电弧焊的焊条选择

钢筋牌号	搭接焊、帮条焊	坡口焊、预埋件穿孔塞焊	窄间隙焊	钢筋与钢板搭接焊、预埋件T形角焊
HPB300	E4303	E4303	E4316	E4303
HRB400	E5003	E5503	E5516	E5003
HRB500	E5503	E6003	E6016	E5503

焊接电流应根据钢筋级别、焊条直径、接头形式和焊接方位进行调整。搭接焊、帮条焊宜采用双面焊，当不能进行双面焊时，方可采用单面焊。焊接时，引弧应在垫板、帮条或形成焊缝的部位进行，不得烧伤主筋。

对采用搭接焊的钢筋，焊前应将端头的焊接段做适当弯折，以保证焊后钢筋同轴。

焊接后，焊缝表面的药皮结晶应清理干净，焊缝应均匀、无裂纹，钢筋表面无弧坑。当采用帮条焊或搭接焊时，焊缝长度L不应小于帮条或搭接长度；单面焊时，HPB300钢筋$L \geq 8d$（d为钢筋直径），HRB400、HRB500钢筋$L \geq 10d$，双面焊时减半（见表5-1）。焊缝高度h与宽度b的要求如图5-5所示。

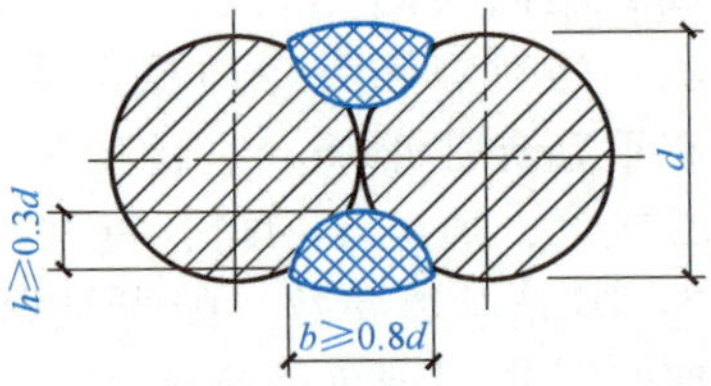

图5-5 焊缝高度h与宽度b的要求

（3）电渣压力焊 电渣压力焊是利用强电流将埋在焊药中的两钢筋端头熔化，然后施加压力使其熔合（见图5-6）。用于柱、墙等竖向钢筋的接长。它比电弧焊工效高、成本低、质量好。

焊接前，应先将上下钢筋对正并用夹头夹牢，在上下钢筋间放引弧用的钢丝团，再装上焊剂盒，装满焊药将接头处埋住。接通电路，用手柄调整上下钢筋的间距将电弧引燃。钢筋端头及其周围焊剂熔化后形成渣池。稳弧数秒后，用加压手柄下压上部钢筋，使其沉入渣池，电弧熄灭，利用电阻加热。经20~40s，渣池有足够的液体后，迅速下压上部钢筋进行顶锻，以挤出熔化金

电渣压力焊演示

电渣压力焊

属和熔渣，形成牢固的接头。冷却后拆除夹头卡具和焊剂盒，回收未熔化焊药并清除接头渣壳。

电渣压力焊要根据钢筋级别和直径选择适宜的焊接参数：开路电压不得低于 380V，电极电压一般为 40V，电流密度为 $1\sim2A/mm^2$，通电时间为 25～40s，焊药常采用 HJ 431 焊剂。具体焊接参数见焊接规程。

电渣压力焊接头应有均匀焊包，其凸出钢筋表面的高度不得小于 4mm；当钢筋直径为 28mm 及以上时不得小于 6mm。其他质量的检查与要求同闪光对焊，但不需进行弯曲试验。

（4）电阻点焊　电阻点焊用于钢丝或较细钢筋的交叉连接，常用来制作钢筋骨架或网片。其原理是利用钢筋交叉点电阻较大，在通电瞬间受热而熔化，并在电极的压力下焊合（见图 5-7）。

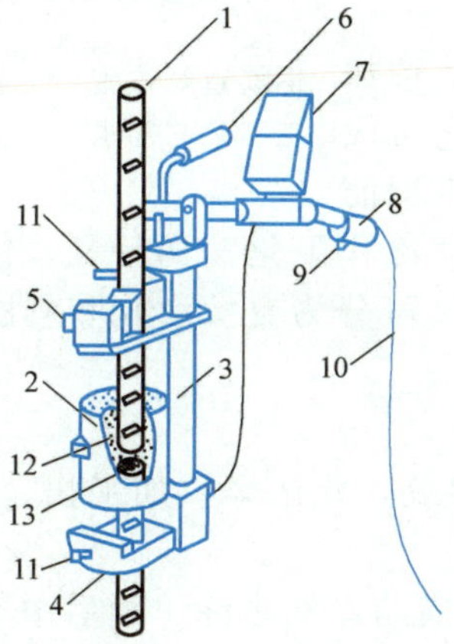

图 5-6　电渣压力焊

1—待接钢筋　2—焊剂盒　3—单导柱
4—固定夹头　5—活动夹头　6—加压手柄
7—监控仪表　8—操作把　9—开关　10—控制电缆
11—电极插座　12—焊药　13—钢丝团

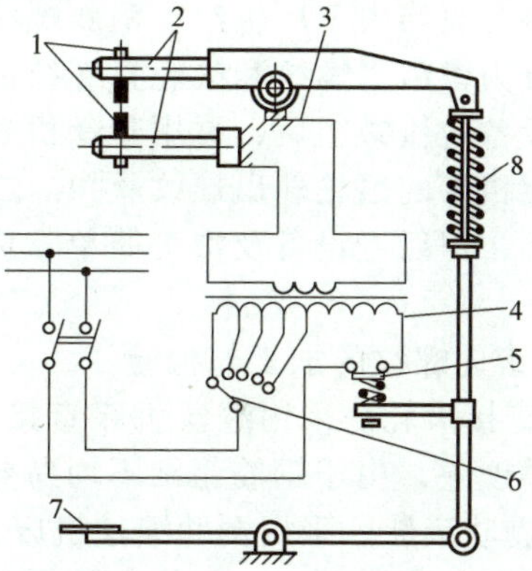

图 5-7　电阻点焊的工作原理

1—电极　2—电极臂　3—变压器次级线圈
4—变压器初级线圈　5—断路器
6—变压器调节开关　7—踏板
8—压紧机构

预制厂多使用台式点焊机，包括单点式和多点式。多点点焊机常用于宽大钢筋网片的联动焊接。施工现场多使用手提式点焊机。

点焊的主要工艺参数为电流强度、通电时间和电极压力。参数选择取决于钢筋的直径和级别。焊点应有足够的相互压入深度，其值应为较小钢筋直径的 18%～25%。

点焊

2. 机械连接

钢筋的机械连接是利用与连接件的咬合作用来传力的连接方法。它具有以下优点：接头质量稳定、可靠；操作简便，施工速度快，不受气候、环境条件影响；无污染，无火灾隐患，施工安全等。机械连接被广泛用于粗钢筋的连接中。

（1）连接方法与接头等级　常用机械连接方法有直螺纹连接和挤压连接，适用范围见表 5-3。

表 5-3　常用钢筋机械连接方法及适用范围

<table>
<tr><th colspan="2" rowspan="2">常用机械连接方法</th><th colspan="2">适用范围</th></tr>
<tr><th>钢筋牌号</th><th>钢筋直径/mm</th></tr>
<tr><td colspan="2">挤压连接</td><td>HRB400、HRB500、RRB400、HRBF400、HRBF500</td><td rowspan="3">16～50</td></tr>
<tr><td rowspan="2">直螺纹连接</td><td>镦粗直螺纹</td><td>HRB400</td></tr>
<tr><td>滚轧直螺纹</td><td>HPB300、HRB400、HRB500、RRB400、HRBF400、HRBF500</td></tr>
</table>

钢筋接头根据抗拉强度、残余变形、延性及承受反复拉压性能的差异分为三个等级。钢筋接头等级及其抗拉强度见表5-4。工程中常采用Ⅱ级接头。

表5-4 钢筋接头等级及其抗拉强度

接头等级	Ⅰ级	Ⅱ级	Ⅲ级
接头极限抗拉强度	$\geqslant f_{stk}$ 钢筋拉断 或 $\geqslant 1.1f_{stk}$ 连接件破坏	$\geqslant f_{stk}$	$\geqslant 1.25f_{yk}$

注：f_{stk} 为钢筋抗拉强度标准值；f_{yk} 为钢筋屈服强度标准值。

（2）直螺纹连接　直螺纹连接是在钢筋端部做出相同直径的丝扣螺纹，拧入内壁带有丝扣的高强度套管进行连接的方法。该法施工速度快，对环境要求低，接头强度高（可达到Ⅰ级接头标准）、价格适中，得到了广泛应用。

钢筋直螺纹施工工艺与要求　　直螺纹加工与连接

连接套筒均由工厂生产，钢筋螺纹则在施工现场加工。按加工方法分为镦粗直螺纹和滚轧直螺纹。前者是将钢筋端部连接段用液压设备挤压镦粗后，再用套丝机切削出丝扣。后者是将钢筋端部利用机床的滚轮轧出螺纹丝扣。二者均是利用了钢材“冷作硬化”的特性，使接头可与母材等强，但后者设备及加工简单，应用广泛。滚轧螺纹又可分为直接滚轧和剥肋滚轧两种加工方法。

1）滚轧螺纹的加工与检验。

① 直接滚轧。采用滚丝机床直接在钢筋端部滚轧出螺纹。此法螺纹加工快、设备简单，但螺纹精度差，由于钢筋粗细不均易导致螺纹直径差异。

② 剥肋滚轧。采用剥肋滚丝机床，前部先将钢筋的纵横肋剥切去除，随后滚轧螺纹。此法使钢筋断面略有减少，但螺纹精度高，接头质量稳定。

加工中应随时检查滚丝段长度、螺纹丝扣高度和质量，并立即拧上套筒，另端戴好保护帽。

2）现场连接施工。根据待接钢筋所在部位及转动难易情况，选用不同的套筒类型和螺纹旋向，安装方法如图5-8、图5-9所示。钢筋安装时可用管钳扳手拧紧，使钢筋丝头在套筒中央位置相互顶紧，其最小拧紧扭矩值要求见表5-5。安装后应有露出套筒的螺纹，但不宜超过两圈。

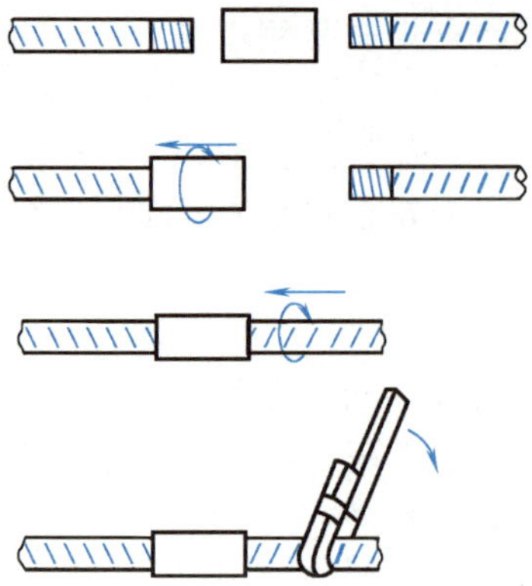

图5-8 标准型接头安装

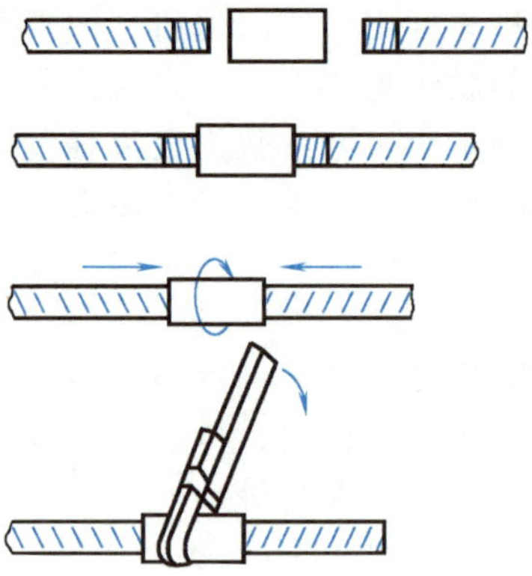

图5-9 正反丝扣型接头安装

表5-5 直螺纹安装时的最小拧紧扭矩值要求

钢筋直径/mm	≤16	18～20	22～25	28～32	36～40
拧紧扭矩/N·m	100	200	260	320	360

丝头加工的质量及安装的拧紧扭矩应抽检不少于10%。接头的质量检验以500个同批号、

同种钢套筒及其接头为一批，不足500个仍为一批，随机截取三个试件做抗拉试验，若其中一个不合格，应加倍抽取试件进行复试。

（3）挤压连接　该法是将两根待接钢筋均匀地插入钢套筒后，用液压设备沿径向挤压套筒，使之产生塑性变形，通过套筒与钢筋肋纹的咬合力将两根钢筋连接成整体（见图5-10）。这种接头质量稳定可靠，受力能力不低于母材；但只能连接带肋钢筋，施工速度较慢，操作强度大，套筒体型大且对其强度及塑性要求较高，故综合成本高。

钢筋挤压连接

连接时，钢筋表面应洁净，端头齐平，肋纹完整；钢筋插入套筒前应做标记，端头距套筒中点不宜多于10mm，以确保连接长度，防止压空；钢筋与套筒同轴对正。挤压应从套筒中央逐道向端部进行，每端挤压点数量，随钢筋直径和等级增大而增多，一般每侧为3~8道。压痕深度为套筒外径的10%~15%，压后套筒不得有肉眼可见裂纹。接头的质量检验批及要求同直螺纹连接。

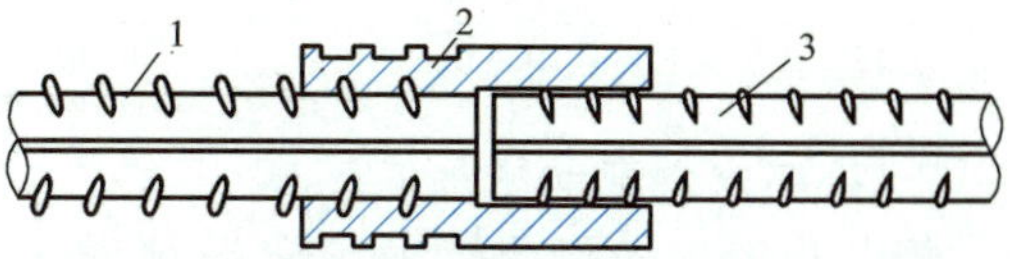

图5-10　钢筋挤压连接

1—已挤压的钢筋　2—钢套筒　3—待挤压的钢筋

5.1.3　钢筋的配料

钢筋配料是根据施工图计算构件中各号钢筋的下料长度、根数及质量，然后编制钢筋配料单，以此作为备料、加工、验收及结算的依据。

在施工图上，构件尺寸扣掉保护层厚度可以得到钢筋外包尺寸。钢筋弯折处的外包尺寸大于轴线尺寸，其差值称为量度差值。在钢筋末端因构造要求所做的弯钩，其增加值未包含在外包尺寸之内。如图5-11所示，钢筋的下料长度L应为

L=各段外包尺寸之和−各弯折处的量度差值+末端弯钩的增加值

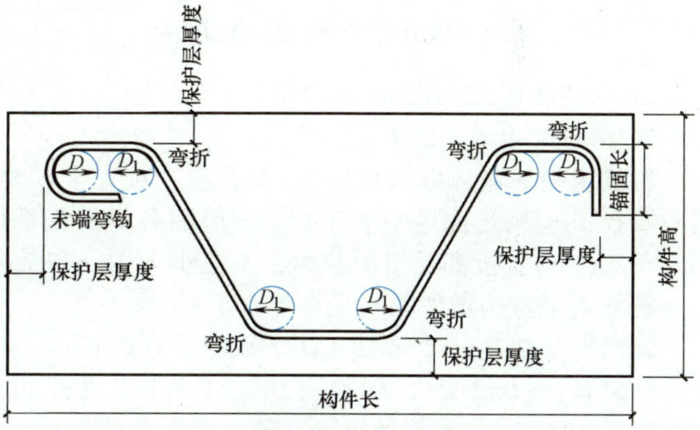

图5-11　构件中钢筋外包尺寸与弯折、弯钩示意图

1. 钢筋中间弯折处的量度差值

规范规定，钢筋弯折时其弯弧内径D_1，对于300MPa级钢筋不应小于$2.5d$（d为钢筋直径）；对400MPa级不应小于$4d$；对500MPa级不应小于$6d$。如图5-12所示，若取$D_1=5d$时，弯折角度为α，钢筋弯折处的外包尺寸为折线$A'B'$与$B'C'$之和

$$A'B'+B'C'=2A'B'=2\left(\frac{D_1}{2}+d\right)\tan\frac{\alpha}{2}=2\left(\frac{5d}{2}+d\right)\tan\frac{\alpha}{2}=7d\tan\frac{\alpha}{2}$$

钢筋弯折处的轴线长度（ABC弧）为

$$\widehat{ABC}=\left(\frac{D_1}{2}+\frac{d}{2}\right)\frac{\alpha\pi}{180}=(D_1+d)\frac{\alpha\pi}{360}=6d\frac{\alpha\pi}{360}$$

则钢筋弯折处的量度差值为

$$7d\tan\frac{\alpha}{2}-6d\frac{\alpha\pi}{360}=7d\tan\frac{\alpha}{2}-\frac{\alpha\pi d}{60}=\left(7\tan\frac{\alpha}{2}-\frac{\alpha\pi}{60}\right)d$$

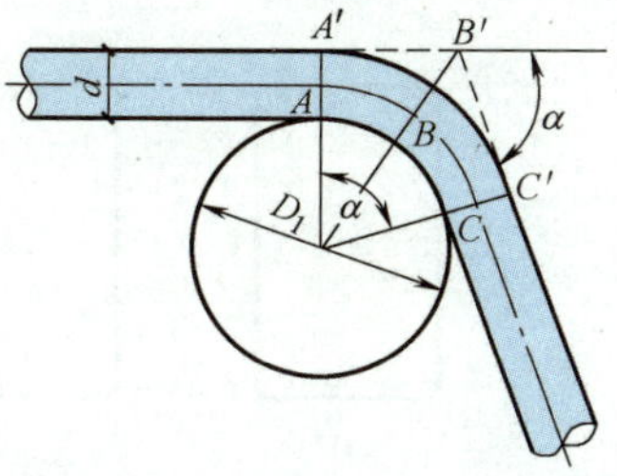

图5-12　钢筋弯折处的外包尺寸与轴线长度示意图

例如，当弯折45°时，即将$\alpha=45°$代入上式，其量度差

值为

$$\left(7\tan\frac{45°}{2}-\frac{45°}{60}\pi\right)d=\left(7\times0.414-\frac{3}{4}\times3.14\right)d=0.543d$$，常取 $0.5d$。

当 $D_1=5d$ 时，常用弯折角度的计算量度差值及取用值见表 5-6。

表 5-6 常用弯折角度的计算量度差值及取用值

弯折角度	量度差值	取用值	弯折角度	量度差值	取用值
30°	$0.306d$	$0.3d$	60°	$0.9d$	$1d$
45°	$0.543d$	$0.5d$	90°	$2.29d$	$2d$

2. 钢筋末端弯钩增加值计算

规范规定，光圆受拉钢筋末端须做 180°弯钩，HPB300 钢筋的弯弧内直径 D 不应小于 $2.5d$（d 为钢筋直径），弯钩末端平直部分长度不宜小于 $3d$。从图 5-13 可知，弯成一个 180°标准弯钩所需的钢筋长度 AE' 为

$$AE'=\overset{\frown}{ABC}+CE=\frac{\pi}{2}(D+d)+3d$$

取 $D=2.5d$，则 $AE'=\frac{\pi}{2}(2.5d+d)+3d=8.5d$

因一般钢筋外包尺寸由 A 量至 F'，则 $AF'=\frac{D}{2}+d=\frac{2.5d}{2}+d=2.25d$，故每个弯钩增加长度为

$$AE'-AF'=8.5d-2.25d=6.25d$$

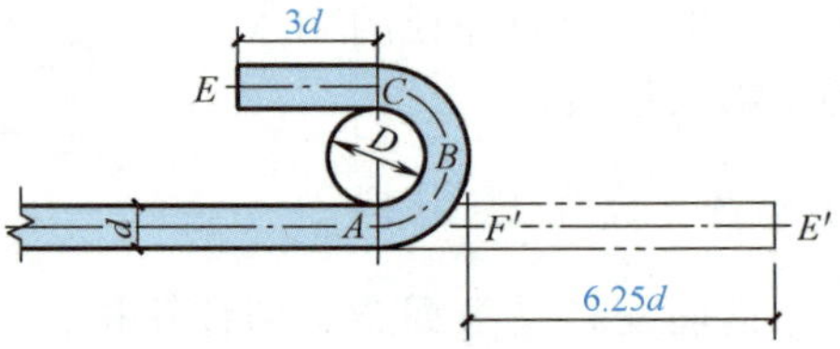

图 5-13 钢筋末端 180°弯钩长度计算示意图

3. 箍筋弯钩增加值

箍筋末端的弯钩形式如图 5-14 所示。对有抗震要求或受扭的结构，应按图 5-14a 加工。弯心直径 D 应满足前述要求且不小于所箍各纵向钢筋的直径；弯钩平直段的长度，一般结构不小于 $5d$，对抗震和受扭的结构，不应小于 $10d$ 和 75mm。

箍筋每个弯钩增加值（见图 5-15）为：

90°者：$(D/2+d/2)\pi/2-(D/2+d)$+平直段长

135°者：$(D/2+d/2)3\pi/4-(D/2+d)$+平直段长

对于 135°/135°弯钩的矩形箍筋，其下料长度可近似计算为

$$L=\text{箍筋外包尺寸}+2\times\text{平直段长度}$$

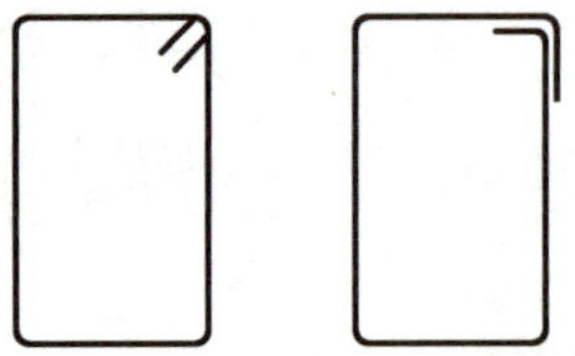

a) b)

图 5-14 箍筋末端的弯钩形式

a）135°/135° b）90°/90°

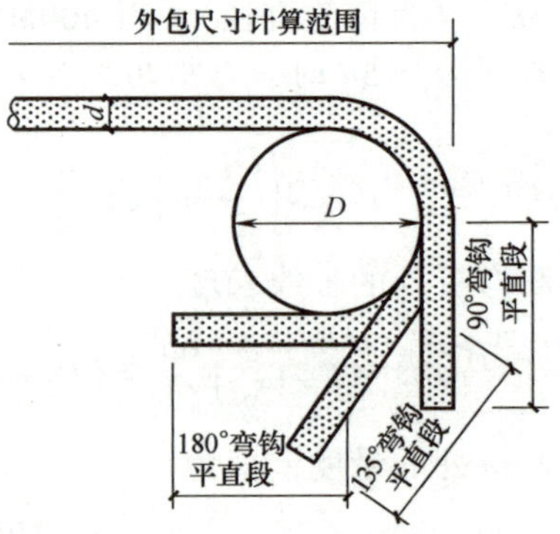

图 5-15 箍筋弯钩增加值计算简图

【例 5-1】 某房屋为抗震结构，有现浇钢筋混凝土主梁 L_1 共 5 根，配筋图如图 5-16 所示，③、④号钢筋为 45°弯起，试计算各种钢筋的下料长度及 5 根梁的钢筋总质量。

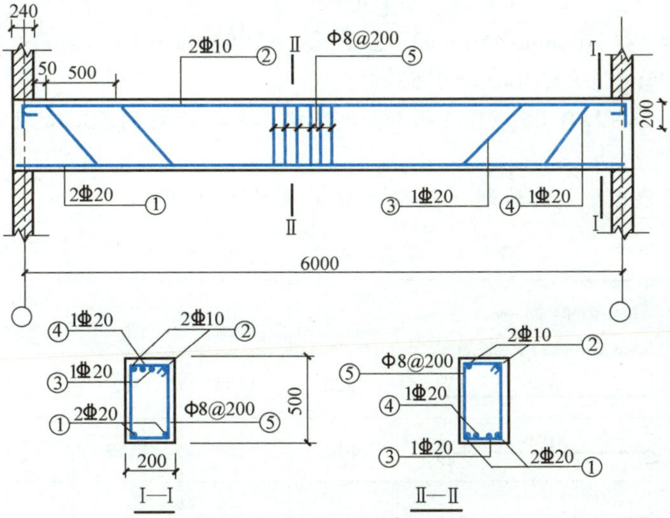

图 5-16 梁 L_1 配筋图

解：

(1) 钢筋下料长度及质量计算

构件处于室内环境，箍筋保护层厚度取 20mm，梁主筋保护层厚度则为 20mm+8mm=28mm。

①号钢筋（受拉主筋）：

下料长度 $L_{①}$=6000mm+2×120mm−2×28mm=6184mm

每根钢筋质量=2.47kg/m×6.184m=15.27kg

②号钢筋（架立筋）：

外包尺寸 6000mm+2×120mm−2×28mm=6184mm

下料长度 $L_{②}$=6184mm+2×6.25×10mm=6309mm

每根质量 0.617kg/m×6.309m=3.89kg

③号钢筋（弯起筋）：

外包尺寸分段计算：

端部平直段长 240mm+50mm+500mm−28mm=762mm

斜段长 (500mm−2×28mm)×1.414=444mm×1.414=628mm

中间直段长 6240mm−2×(240mm+50mm+500mm+444mm)=3772mm

端部竖直外包长 200mm

下料长度 $L_{③}$=2×(762mm+628mm+200mm)+3772mm−2×2d−4×0.5d

=(6952mm−2×2×20mm−4×0.5×20mm)=6832mm

每根质量 2.47kg/m×6.832m=16.88kg

④号钢筋（弯起筋）：下料长度及质量与③号筋相同，分别取为 6832mm、16.88kg。

⑤号钢筋（箍筋）：

外包宽度 200mm−2×20mm=160mm

外包高度 500mm−2×20mm=460mm

箍筋有三处 90°弯折，每个量度差值为 2d=2×8mm=16mm

抗震结构，箍筋取 135°/135°形式，D 取 25mm；平直段长 10d=80mm，已不小于 75mm。

则每个弯钩增加值为

$$\frac{3}{8}\pi(D+d)-\left(\frac{D}{2}+d\right)+80\text{mm}=\left[\frac{3}{8}\pi(25+8)-\left(\frac{25}{2}+8\right)+80\right]\text{mm}=98\text{mm}$$

下料长度 $L_{⑤}=2\times(160\text{mm}+460\text{mm})-3\times16\text{mm}+2\times98\text{mm}=1388\text{mm}$

每根质量 $0.395\text{kg/m}\times1.388\text{m}=0.55\text{kg}$

箍筋根数 $[(6.24-2\times0.05)\div0.2+1]$根$=32$根（箍筋自梁端 50mm 处起步绑扎）

（2）编制下料单

该种梁下料单见表 5-7。供计划、备料、加工及验收使用。

表 5-7 某工程主梁 L_1 钢筋下料单

构件名称	钢筋编号	钢 筋 简 图	钢号与直径	下料长度/mm	单根质量/kg	单梁根数	合计根数	质量/kg
L_1 梁，共 5 根	①		Φ20	6184	15.27	2	10	152.7
	②	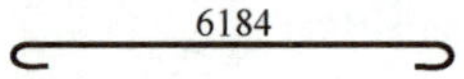	Φ10	6309	3.89	2	10	38.9
	③	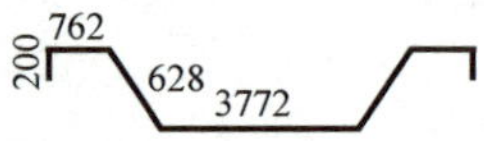	Φ20	6832	16.88	1	5	84.4
	④		Φ20	6832	16.88	1	5	84.4
	⑤	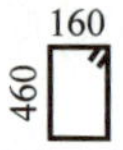	Φ8	1388	0.55	32	160	88.0
钢筋质量合计/kg								448.4

5.1.4 钢筋的代换

钢筋的级别、种类和直径应按设计要求采用，如因供应缺乏或安装困难等确需代换，应办理设计变更文件。

1. 钢筋代换的原则

钢筋的代换按代换后抗力不减的原则进行，即应满足下式要求：

$$A_{s2}f_{y2}\geqslant A_{s1}f_{y1} \tag{5-1}$$

式中 A_{s1}、f_{y1}——原设计钢筋总面积、设计强度；

A_{s2}、f_{y2}——代换后钢筋总面积、设计强度。

当结构按最小配筋率配筋或用同级别钢筋代换时，应满足下式

$$A_{s2}\geqslant A_{s1} \tag{5-2}$$

2. 钢筋代换注意事项

1）对重要构件，不宜用 HPB300 级光圆钢筋代换 HRB400、HRB500 级带肋钢筋。

2）钢筋代换后，应满足构造规定，如钢筋的最小直径、间距、根数、锚固长度等。

3）每根钢筋的拉力差不应过大（直径差不大于 5mm），以免构件受力不匀。

4）受力不同的钢筋应分别代换。

5）当构件受抗裂或挠度控制时，钢筋代换后应进行抗裂度或挠度验算。

6）预制构件的吊环，必须采用 HPB300 级热轧钢筋制作，严禁以其他钢筋代换。

7）钢筋代换应征得设计单位同意。

5.1.5 钢筋的加工与安装

1. 钢筋的加工

钢筋的加工包括调直、除锈、切断、弯曲等。经加工后，钢筋的形状、尺寸必须符合设计要求；表面应洁净、无损伤，油污和铁锈等应在使用前清除干净。

钢筋的调直宜采用机械方法。直径较小的钢筋（盘圆）可采用调直机调直（如 TQY4-4/14 型钢筋调直机，可调直 4~14mm 直径的钢筋，同时还具有除锈和自动切断功能）。粗钢筋可采用锤直和扳直的方法调直。调直过程中不得损伤带肋钢筋的横肋。钢筋除锈常用电动除锈机或喷砂除锈。经调直机或抻拉调直的钢筋，一般不必再除锈，但有鳞片状锈斑者必须除锈。

调直切断

钢筋下料时须按下料长度进行切断。切断可采用钢筋切断机剪切或切割机锯切。前者切断速度快，但端面呈马蹄状、不平整；采用机械连接接头的钢筋应锯切。

钢筋弯曲常采用弯曲机或弯箍机进行。弯曲时应先画线，以保证成品的尺寸和角度。对弯曲形状较为复杂的钢筋，应先放实样再进行弯曲。

2. 钢筋的安装

（1）搭接长度　钢筋搭接连接是利用混凝土的黏结锚固作用及自身抗力来传递钢筋应力的。因此，必须满足搭接长度的要求。受拉钢筋的最小搭接长度应符合表 5-8 的规定且不应小于 300mm。对直径大于 25mm 的带肋钢筋，其最小搭接长度应按相应数值乘以系数 1.1；对一、二级抗震设防的结构构件，应乘以 1.15，三级应乘以 1.05。

钢筋弯曲　钢筋绑扎安装

表 5-8　受拉钢筋的最小搭接长度

钢筋类型		混凝土强度等级							
		C25	C30	C35	C40	C45	C50	C55	≥C60
光面钢筋	300 级	41d	37d	34d	31d	29d	28d	—	—
带肋钢筋	400 级	48d	43d	39d	36d	34d	33d	31d	30d
	500 级	58d	52d	47d	43d	41d	39d	38d	36d

注：d 为钢筋直径。两搭接筋的直径不等时，以较细者计算。

受压钢筋搭接长度取受拉钢筋搭接长度的 70%，但不应小于 200mm。

（2）搭接位置　钢筋的搭接位置应相互错开（见图 5-17）。在 1.3 倍搭接长度范围内，纵向钢筋搭接接头面积百分率，梁、板类构件不宜大于 25%，柱类不宜大于 50%；不满足要求时，其搭接长度应乘以 1.15~1.35 的系数。

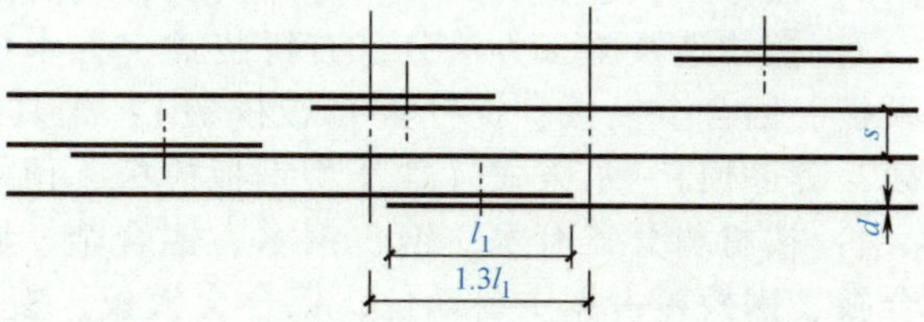

图 5-17　钢筋搭接位置错开及净距示意图

注：图中所示 $1.3l_1$ 区段内，有接头的钢筋面积按两根计。

（3）钢筋净距　绑扎搭接处钢筋的净距 s 不应小于钢筋直径 d 且不应小于 25mm。

（4）箍筋的安装　箍筋的弯钩或焊点应均匀错开设置，起步筋距构件边缘宜为 50mm。受拉搭接区段的箍筋间距不应大于搭接钢筋较小直径的 5 倍且不应大于 100mm；受压搭接区段不应大于 10 倍和 200mm。

（5）保护层厚度控制　钢筋的混凝土保护层厚度是保证结构构件寿命的关键。当设计无具体要求时，最外层钢筋（含箍筋、构造筋、分布筋）的混凝土保护层厚度应符合表 5-9 的规定。当混凝土强度等级为 C25 及以下时，需增加 5mm。有混凝土垫层的基础，保护层最小厚度为 40mm。钢筋接头套筒的保护层厚度不得少于钢筋保护层厚度的 0.75 倍和 15mm。

表 5-9 最外层钢筋的混凝土保护层最小厚度 （单位：mm）

环境等级	主要特征	板、墙、壳	梁、柱
一	室内干燥环境；无侵蚀浸水	15	20
二 a	室内潮湿；非寒冷地区露天	20	25
二 b	干湿交替；寒冷地区露天	25	35
三 a	寒冷地区水位变动；海风	30	40
三 b	盐渍土；除冰盐作用；海岸	40	50

为保证保护层厚度，常用预制混凝土、水泥砂浆或塑料等垫块、卡环（见图 5-18）等间隔件垫在钢筋与模板之间，其设置间距一般不大于 1m，采用梅花形布置。为防止间隔件窜动，需用细钢丝与钢筋扎牢。上下钢筋网片的间隔尺寸可用钢筋马凳或钢支架来控制。

5.1.6 钢筋的验收

钢筋工程属于隐蔽工程。在浇筑混凝土之前，施工单位应会同监理或建设单位、设计单位对钢筋及预埋件进行检查验收并做隐蔽工程记录。

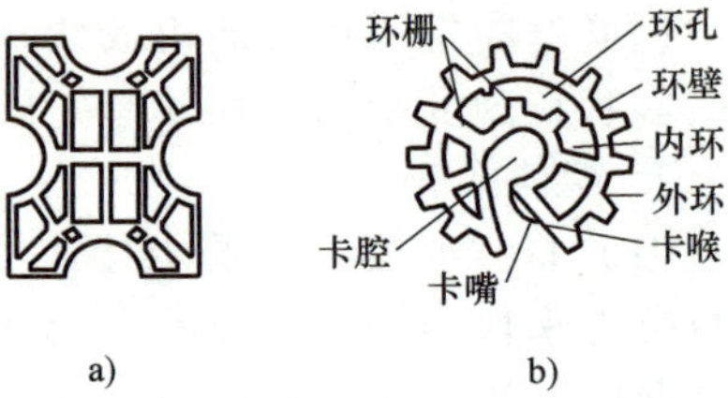

图 5-18 控制保护层厚度的间隔件

a）塑料垫块 b）塑料卡环

验收时，应对照图样检查钢筋的级别、直径、根数和间距是否正确，应特别注意负弯矩筋的固定状况，并防止施工时踩倒。应注意检查钢筋接头位置及搭接长度、端头锚固长度是否满足要求，是否有变形、松脱和开焊的现象，保护层厚度是否符合要求，钢筋表面有无油污或模板隔离剂，预埋件位置及数量是否正确，钢筋安装位置偏差是否在规范允许范围内。验收合格后，有关各方应在验收书上签字，以备查考。

5.2 模板工程

模板工程主要包括模板和支架两部分。模板是使新浇的混凝土成形的模型，由与混凝土直接接触的面板及支撑、连接件组成。

模板的种类较多，分类如下：

1）按结构构件类型分，有基础、柱、墙、梁、楼板、楼梯模板等。

2）按作用及承载种类分，有侧模板、底模板。

3）按构造及施工方法分，有拼装式（如木模板、胶合板模板）、组合式（如定型组合式钢模板、铝合金模板、钢框胶合板模板）；工具式（如大模、台模）、移动式模板（如爬模、滑模、隧道模）、永久式（如压型钢板模板、预应力混凝土薄板、叠合板）等。

4）按材料分，有木、钢、钢木、铝合金、胶合板、塑料、玻璃钢模板等。目前木（竹）胶合板、钢模板占据主要地位，铝合金模板、塑料模板将得到快速发展。

对模板的基本要求如下：

1）保证结构和构件的形状、尺寸、位置准确和饰面效果。

2）具有足够的承载力、刚度和整体稳定性。

3）构造简单、装拆方便，便于钢筋安装和混凝土浇筑、养护。

4）表面平整、拼缝严密，能满足混凝土内部及表面质量要求。

5）材料轻质、高强、耐用、环保，利于周转使用。

5.2.1 一般现浇构件的模板构造

1. 基础模板

基础模板主要由侧模及支撑构成（见图5-19）。安装时，要满足各台阶的高度要求、保证整体浇筑且上下模板不发生相对位移。条形基础的上一台阶需采用吊模（见图5-20）或设置底部支撑。

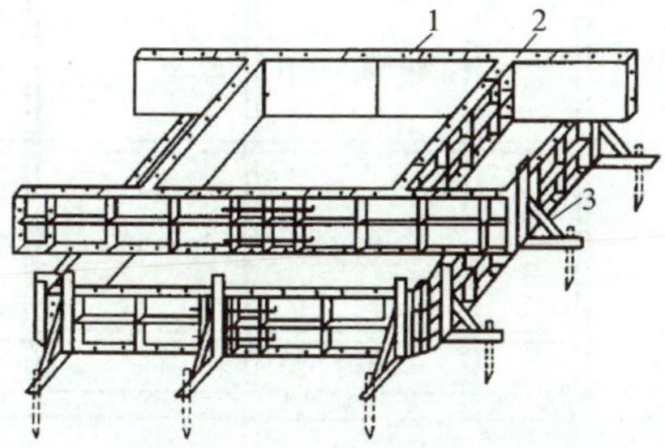

图5-19 阶梯形基础模板

1—钢（铝）模板 2—T形连接件 3—钢三角撑

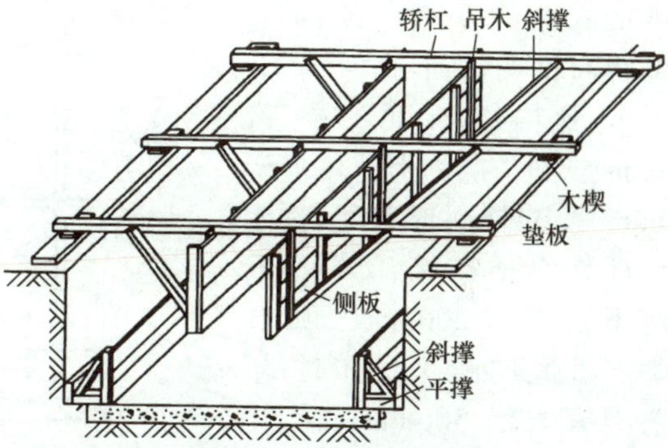

图5-20 条形基础模板

2. 柱模板

一般矩形柱模板由四块拼板围成（见图5-21）。外侧设置柱箍，以抵抗浇筑混凝土产生的侧压力，其间距主要取决于柱子高度和混凝土的坍落度，一般为0.5~1.0m。对于截面较大的柱子，还应在截面中间设置对拉螺栓。为了保证柱子的位置和垂直度，模板周围应设置足够的支撑或拉杆。工具式圆柱模板自带可调支腿和操作平台，如图5-22所示。

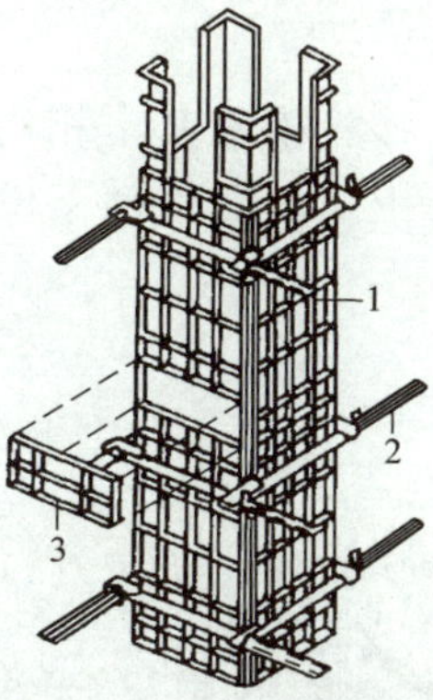

图5-21 矩形柱模板

1—钢模板 2—柱箍

3—浇注孔盖板

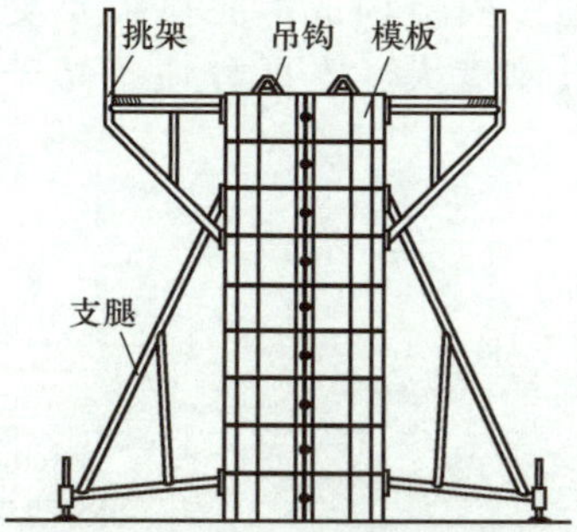

图5-22 工具式圆柱模板

柱墙梁板模板安装演示

3. 梁、板模板

梁模板由底模及夹住底模的两片侧模组成。底模下应设有足够的支架，以承受压力并保证稳定；侧模外侧应设置斜撑（见图5-23），当梁高大于600mm时，其腰部还应增设对拉杆件，以抵抗新浇混凝土的侧压力。

楼板模板由支架、主次龙骨和面板组成，面板宜用大块模板（如覆膜胶合板），以减少接缝和提高平整度。

楼板支模

铝合金模板安装工艺演示

铝模施工工艺流程

为了避免在钢筋和新浇混凝土重力作用下，模板及支架的压缩变形使梁、板产生挠度，支模时应起拱。当梁、板的跨度大于等于4m时，跨中起拱高度应为跨度的1‰~3‰。

一般梁、板模板的支架常采用落地式脚手架材料搭设。立杆纵距、横距均不应大于1.5m，底部应设置不少于50mm厚的垫板，顶部使用可调高度的U形托（螺杆插入钢管内的长度不少于150mm，外露不大于300mm）。立杆间应有足够的水平杆件纵横拉结，其底杆距地不宜大于200mm，顶杆距梁、板底的距离，扣件式支架不宜大于500mm，碗扣式支架不宜大于650mm，中间拉杆的间距不大于1.8m。支架周边应连续设置竖向剪刀撑，中间剪刀撑的间距不宜大于8m，以防整体失稳。

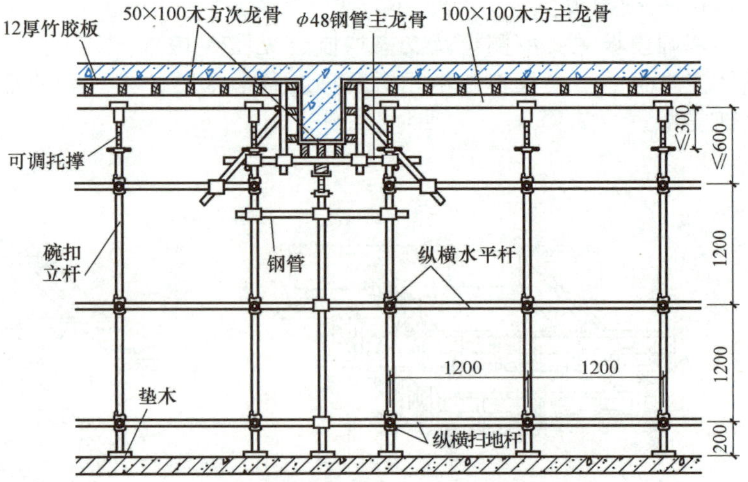

图5-23 现浇梁及楼板模板

4. 墙模板

墙模板由面板、纵横肋、对拉螺栓及支撑构成（见图5-24）。面板常用钢、铝模板（含平模、角模）或胶合板模板，通过纵横钢肋组拼成大块模板，以提高刚度和便于安装。对拉螺栓应能承受新浇混凝土的侧压力、冲击力及振捣荷载，其间距、直径应经计算确定。对拉螺栓上应套塑料管，以便拆模后抽出重复使用。

5. 楼梯模板

楼梯模板由支架、底模板和踏步模板构成。底模板及支架构造与楼板模板基本相同；踏步模板宜采用定型楼梯钢模板，其刚度大，支拆方便，易于保证混凝土质量。楼梯支模构造如图5-25所示。

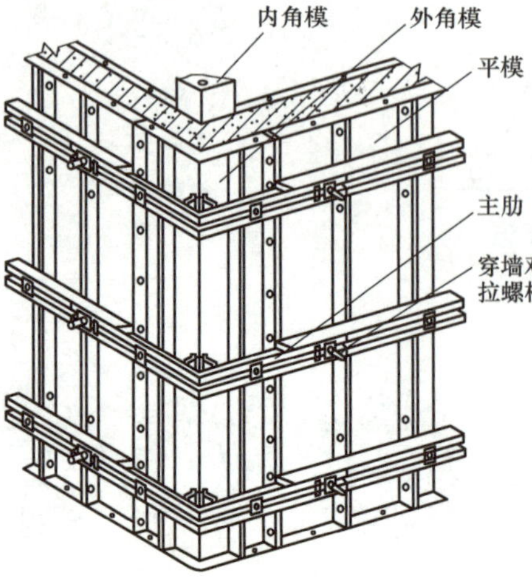

图5-24 墙模板构造

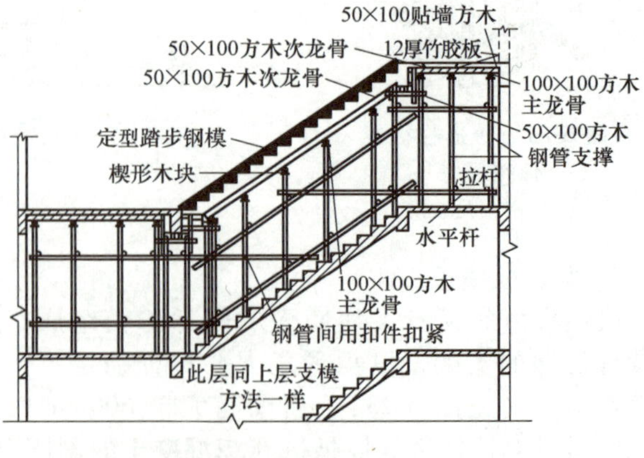

图5-25 楼梯支模构造

注：下一楼层的支架未画。

5.2.2 组合式模板

组合式模板是由工厂制造、具有多种标准规格面板和相应配件的模板体系。它具有通用性强、装拆方便、周转次数多的特点。施工时，可按设计要求事先组拼成梁、柱、墙的大块模板，整体吊装就位；也可采用散装散拆方法。

1. 组合式钢模板

组合式钢模板是目前使用较广泛的一种通用性组合模板。按肋高分为55、60、70、86等系列（肋高大则刚度及块体大）。组合式钢模板的部件主要由钢模板、连接件和支承件三部分组成。

（1）钢模板　钢模板采用Q235或低合金钢材制成，钢板厚度2.5mm，对于宽度大于或等于400mm宽面钢模板应采用2.75mm或3.0mm钢板。钢模板主要包括平板模板、阴角模板、阳角模板、连接角模，如图5-26所示。

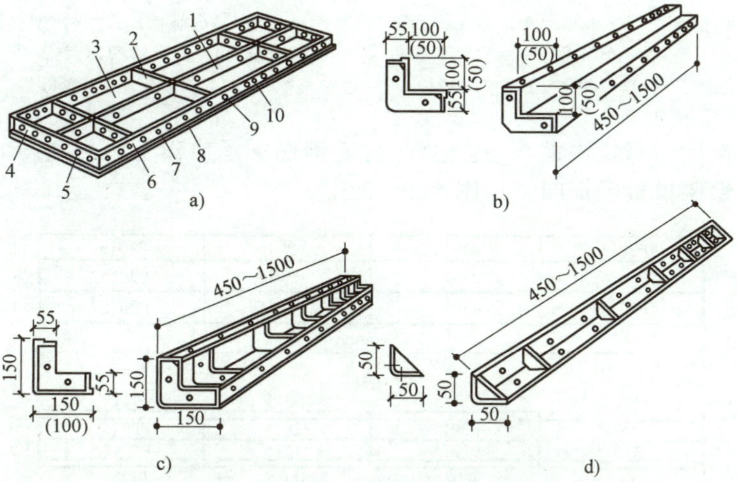

图5-26　55系列组合式钢模板构造

a）平板模板　b）阳角模板　c）阴角模板　d）连接角模

1—中纵肋　2—中横肋　3—面板　4—横肋　5—插销孔　6—纵肋

7—凸棱　8—凸鼓　9—U形卡孔　10—钉子孔

结合我国建筑模数制，55系列钢模板的肋高为55mm，平模宽度有300mm、250mm、200mm、150mm、100mm五种规格，长度有1500mm、1200mm、900mm、750mm、600mm、450mm六种规格，可横竖拼装。当配板设计出现空缺，可用木枋补足。

平模与角模边框留有连接孔，孔距均为150mm，以便连接。平模的代号为P。例如，宽300mm、长1500mm的平模，其代号为P3015。

阴角模的代号为E，阳角模的代号为Y，连接角模的代号为J。

（2）连接件　定型钢模板的连接件主要有钩头螺栓、L形插销、U形卡、紧固螺栓等，如图5-27所示。

（3）支承件　支承件包括支承梁、板模板的托架、支撑桁架和顶撑及支撑墙模板的斜撑等。

（4）钢模配板与安装　由于同一面积的模板可以有不同的配板方案，而方案的优劣直接影响到工程速度、质量和成本。所以配板设计时要找出最佳方案。配板时应尽量采用大规格模板，减少木模嵌补量；模板的长边宜与结构的长边平行布置，最好采用错缝拼接，以提高

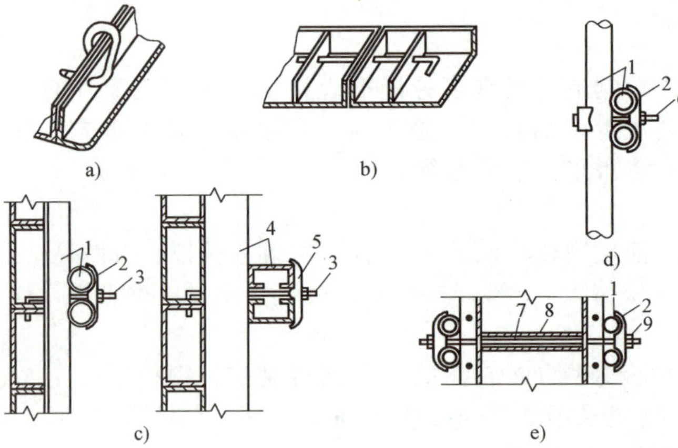

图 5-27 组合式钢模板的连接件

a）U 形卡连接 b）L 形插销连接 c）钩头螺栓连接 d）紧固螺栓连接 e）对拉螺栓连接

1—圆钢管钢楞 2—“3”形扣件 3—钩头螺栓 4—内卷边槽钢钢楞

5—蝶形扣件 6—紧固螺栓 7—对拉螺栓 8—塑料套管 9—螺母

模板的整体性和刚度；每块钢模板应至少有两道钢楞支承，以免在接缝处出现弯折。配板方案选定之后，应绘制模板配板图，如图 5-28 所示。

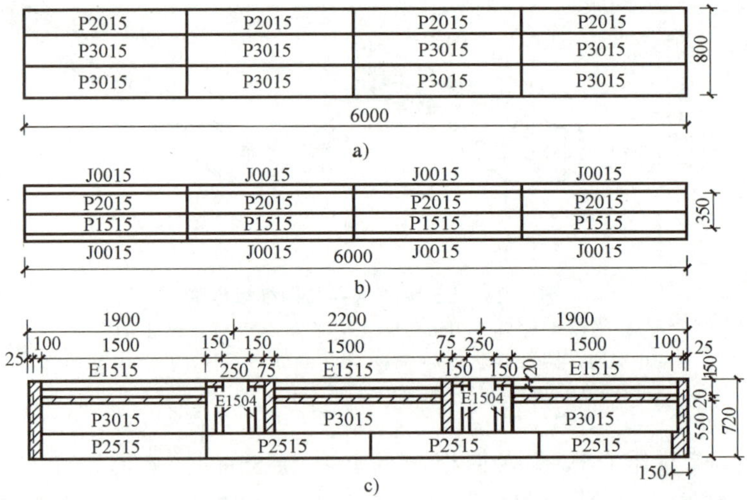

图 5-28 某边梁配板图

a）外侧模板 b）底模板 c）内侧模板

模板的支设方法主要有两种，即单块就位组装（散装）和预组拼安装。采用预组拼方法，可以提高工效和模板的安装质量。预组拼时，可分片组拼，也可整体组拼。

2. 组合式铝合金模板

组合式铝合金模板是新一代的绿色模板技术。它主要由模板系统、支撑系统、紧固系统、附件系统等构成，具有质量轻、刚度大、稳定性好、板面大、精度高、拆装方便、周转次数多、回收价值高、利于环保等特点。

该种模板常采用 3.2mm 厚平板与加强背肋制成。54 型铝合金模板共有 135 种规格，最大板面为 2700mm×900mm。

组合式铝合金模板以销连接为主，施工方便快捷。可将墙与楼板或梁与楼板模板拼装为一体，先浇竖直结构，后浇水平结构是对模板支撑稳定的有效措施，稳定性好，如图 5-29 所示。顶板模板和支撑系统实现了一体化设计，支撑杆件少，可采用早拆技术，提高模板的周转率。

图 5-29　铝合金模板支设的墙体、楼板模板

组合式铝合金模板，由于质量轻，可全人工拼装，也可以拼成中型或大型模板后，用机械吊装，可作为柱、梁、墙、楼板的模板以及爬模等使用。

3. 钢框胶合板模板

钢框胶合板模板由钢框和防水木胶合板或竹胶合板组成，如图 5-30 所示。胶合板平铺在钢框上，用沉头螺栓与钢框连牢。通过钢边框上的连接孔，可用连接件纵横连接，组装各种尺寸的模板，它具有定型组合钢模板的优点，质量轻、易脱模、保温好、可打钉，能周转 50 次以上，还可翻转或更换面板。

按肋高有 55、70、75 系列，模板的宽度有 300mm、600mm 两种，长度有 900mm、1200mm、1500mm、1800mm、2400mm 等，可作为混凝土结构柱、梁、墙、楼板的模板。

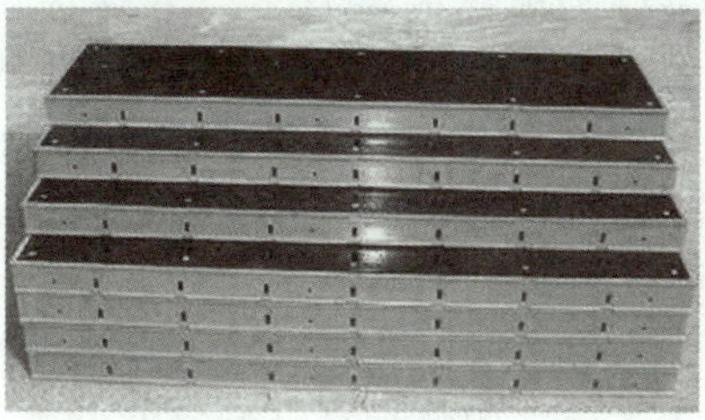

图 5-30　钢框胶合板模板

5.2.3　工具式模板

1. 大模板

大模板是用于墙体施工的大型工具式模板，具有施工速度快、机械化程度高、混凝土表观质量好等优点，但其通用性较差。大模板在剪力墙结构施工中应用最为广泛。

（1）构造　大模板由面板、主次肋、操作平台、稳定机构、穿墙螺栓和附件组成，如图 5-31 所示。下面主要介绍钢制大模板。

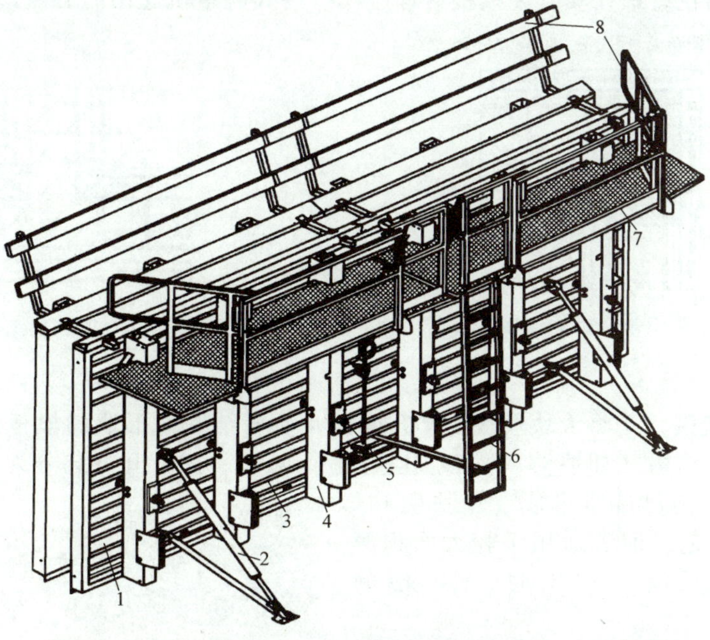

图 5-31　大模板构造与组装

1—面板　2—稳定机构　3—次肋　4—主肋　5—穿墙螺栓　6—爬梯　7—操作平台　8—栏杆

大模板构造组成演示

1）面板。面板用5~6mm厚的钢板制成，表面平整光滑，拆模后墙表面可不再抹灰。

2）次肋。次肋的作用是固定模板、保证模板的刚度，并将力传递到主肋上去。次肋可单向设置或双向设置，常用8号槽钢或方木制作，间距一般为300~500mm。

3）主肋。主肋的作用是保证模板刚度，并作为穿墙螺栓的固定点，承受模板传来的水平力和垂直力。一般用背靠背的两根8号以上槽钢或铝、钢管制作，间距为0.9~1.2m。

4）穿墙螺栓。穿墙螺栓的主要作用是承受主肋传来的混凝土侧压力并控制墙体厚度。为保证抽拆方便，穿墙螺栓常做成锥形（见图5-32），也可加设塑料套管。

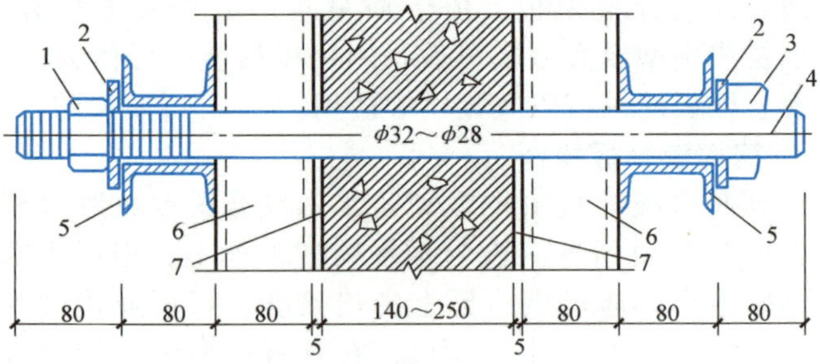

图5-32 穿墙螺栓的连接构造

1—螺母 2—垫板 3—板销 4—螺杆 5—主肋 6—次肋 7—面板

5）稳定机构。稳定机构的作用是调整模板的垂直度，并保证模板的稳定性。一般通过旋转花篮螺栓套管，即可达到调整模板垂直度的目的。

（2）安装与拆除 大模板停放时，应按照其自稳角度面对面放置，对没有稳定机构的模板应放在插放架内，避免倾覆伤人。在安装之前，应做好表面清理，并涂刷隔离剂。

大模板安装时，应按照布置图对号入座。按安装控制线调整位置，连接对拉螺栓后，调整垂直度并做好缝隙处理。转角处用特制角模连接（见图5-33、图5-34）。阳角模板与相邻平模之间，宜采用型钢直芯带和钢楔子连接，以保证连接点刚度和接缝严密。

大模板施工

混凝土浇筑后，达到1~1.2MPa以上强度方可拆除大模板。拆模时，应先解除对拉螺栓，再旋转稳定机构的花篮螺栓套管使模板后仰脱模。塔式起重机起吊时要缓慢，防止碰撞墙体。

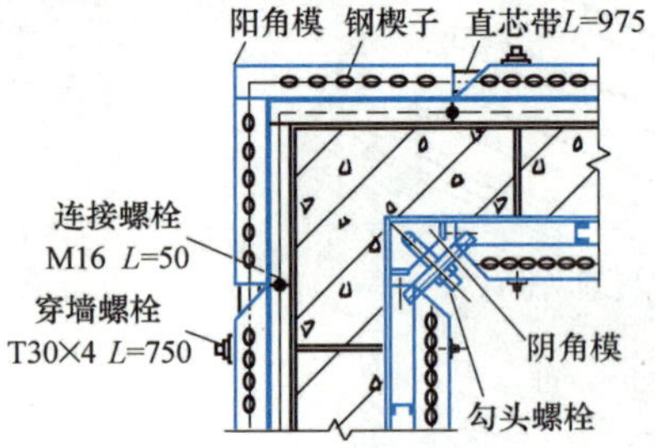

图5-33 阴阳角模板的连接

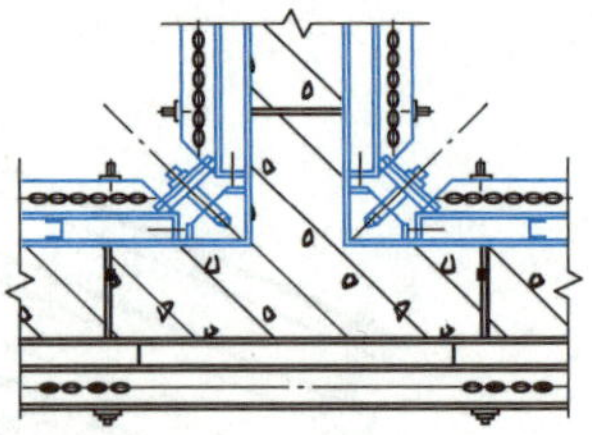

图5-34 丁字墙角模的连接

2. 爬升模板

爬升模板（爬模）是将大块模板与爬升或提升系统结合而形成的模板体系，适用于现浇混凝土竖直或倾斜结构（如墙体，桥墩、塔柱等）施工。按上升方式分为爬架式、导轨式和顶升式等种类。目前已逐步形成“单块爬升”“整体爬升”等工艺。前者适用于较大面积房屋的墙体施工，后者多用于筒、柱、墩的施工。

爬模（爬架式）演示　导轨式爬模构造　导轨式爬模施工动画　爬模（顶升平台式）

（1）组成与构造 爬升模板由大模板、爬架和爬升（提升）设备三部分组成（见图5-35）。

模板可通过爬升（提升）设备，随结构浇筑混凝土的升高而交替升高。爬架可利用提升葫芦与模板互爬，或利用导轨通过液压千斤顶爬升。

（2）特点与适用 爬升模板综合大模板与滑升模板工艺和特点，具有大模板和滑升模板共同的优点，适用于高层、超高层建筑的墙体或核心筒施工。

爬架支撑点在施工层下1~2层，混凝土的强度易于满足承受模板系统荷载的要求（≥10MPa），故可加快施工速度（如2天一层）。由于带有爬升机构，减少了施工中吊运大模板的工作量；本身装有操作脚手架，施工时有可靠的安全围护，故不需搭设外脚手架。模板逐层分块安装，垂直度和平整度易于调整和控制，可避免施工误差的积累。但由于爬升模板的位置固定，无法实行分段流水施工，因此模板周转率低，配置量多于大模板。

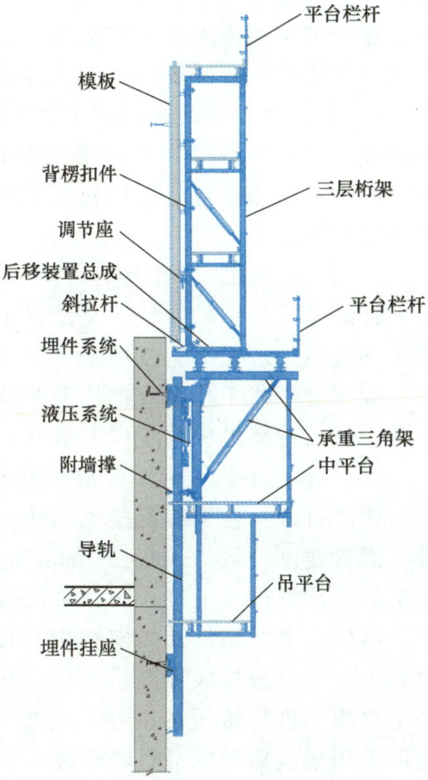

图5-35 某导轨式爬升模板构造

3. 滑升模板

滑升模板简称滑模，它是随着混凝土的浇筑，通过千斤顶或提升机等设备，带动模板沿着混凝土表面向上滑动而逐步完成浇筑的模板装置。主要用于现浇高耸的构筑物和建筑物，如剪力墙结构、筒体结构的墙体，尤以烟囱、水塔、筒仓、桥墩、沉井等更为适用。对有较多水平构件或截面变化频繁者，效果较差。

滑模仅需一次安装和一次拆除，可节省大量模板、脚手架材料和装拆用工用时，降低工程费用，加快施工进度。但滑模设备一次性投资较大，对施工技术和管理水平要求较高，质量控制难度较大。

（1）构造 滑模由模板系统、操作平台系统和提升系统三部分组成（见图5-36）。

1）模板系统。模板系统由模板、围圈和提升架组成。为保证结构准确成形，模板应具备一定的强度和刚度，以承受新浇混凝土的侧压力、冲击力和滑升时与混凝土产生的摩阻力。模板的高度取决于滑升速度和混凝土达到出模强度（0.2~0.4MPa）所需要的时间，一般取1.0~1.2m。模板拼板高度一般不超过500mm，多为钢模或钢木混合模板。为保证刚度，模板背面设有加劲肋。相邻模板用螺栓或U形卡连接到一起，模板挂在或搭在围圈上。

为减小滑升摩阻力，便于混凝土脱模，内外模板应形成上口小、下口大的形式。一般单面倾斜度为0.2%~0.5%。

围圈多用槽钢制作，其作用是固定模板和保证模板刚度，并将模板与提升架连

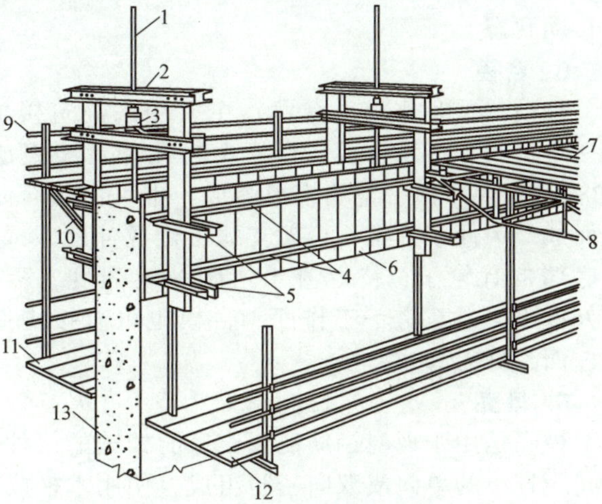

图5-36 滑模组成示意图

1—支承杆 2—提升架 3—液压千斤顶 4—围圈 5—围圈支托 6—模板 7—操作平台 8—平台桁架 9—栏杆 10—外挑三角架 11—外吊脚手 12—内吊脚手 13—混凝土墙体

接起来。当提升架上升时，通过围圈带动模板上升。

提升架多用槽钢或工字钢制作，其作用是固定围圈的位置，防止模板侧向变形，承受模板系统和操作平台系统传来的全部荷载，并将其传给千斤顶。

2）操作平台系统。操作平台系统包括操作平台、内外吊脚手和外挑三角架，承受施工时的荷载。操作平台应具有足够的强度、刚度和稳定性，多用型钢制作骨架，上铺木板制成。当采用滑一层墙体浇一层楼板工艺时，平台的中间部分应做成便于拆卸的活动式结构，以便现浇楼板的施工。

3）提升系统。常用提升系统包括支承杆、液压千斤顶和操作台等，是滑模的动力装置。支承杆既是千斤顶的导轨，又是整个滑模的承重支柱。其接头可采用丝扣连接、榫接或焊接，接头部位应处理光滑，以保证千斤顶顺利通过。

液压穿心式千斤顶有楔块卡头式和钢珠卡头式两种。它可以通过给油回油沿支承杆单向上升，从而带动模板系统向上滑升。

（2）滑升工艺　滑模应根据混凝土凝结速度、出模强度、气温情况等采用适宜的滑升速度。速度过快，会引起混凝土出模后流淌、坍落；过慢，因与混凝土黏结力过大，使滑升困难。滑升速度一般为100~350mm/h。一般每滑升300mm高度浇筑一层混凝土。滑升时，要保证全部千斤顶同步上升，防止结构倾斜。

滑模主要用来浇筑竖向结构，如柱、墙等。现浇楼板常采用逐层空滑法。此法是当墙体滑到上一层楼板板底标高后，将模板空滑至其下口脱离墙体一定高度后，吊走操作平台的活动平台板，进行楼板的支模、扎筋和浇筑混凝土工作，然后继续滑升墙体，如此逐层进行。也可采用楼板后跟或最后降模施工。

4. 隧道移动模板

隧道移动模板是经过一次拼装后，可沿隧道水平移动，逐段完成浇筑混凝土的工具模板。当一段混凝土浇筑并有一定强度后，调节支撑下降并内缩模板，通过滚轮向前移动至下一个浇筑面，复位后再行浇筑。如图5-37所示隧道移动模板，其左侧为复位状态，右侧表示脱模移动状态。

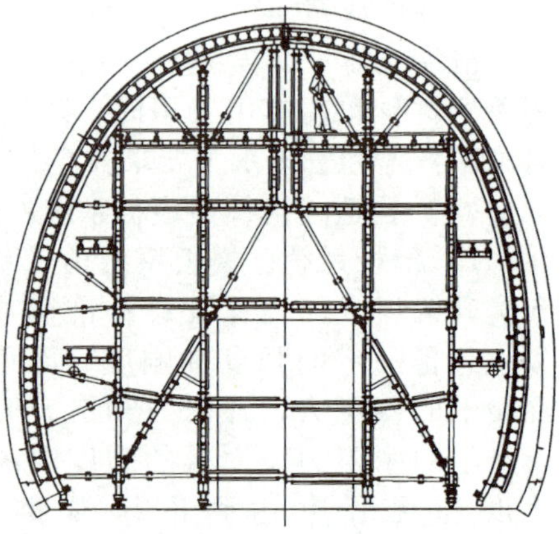

图5-37　隧道移动模板

5. 台模

台模（或称飞模、桌模）主要用来浇筑楼板，一般以一个房间为一块台模。台模由台面和台架组成（见图5-38）。台面可由一整块模板组成，也可由组合式模板拼装而成。为便于拆模，台架支腿可做成伸缩式或折叠式，其底部带有轮子，待混凝土达到一定强度，落下台面，向外推出，吊至另一工作面。台模也可直接支撑在墙面或柱面，称无脚式台模。

6. 模壳

模壳是用于现浇钢筋混凝土密肋楼盖的一种工具式模板。密肋楼盖由薄板和间距较小的单向或双向密肋组成，使用木模或组合式模板组拼难度较大且不经济。采用塑料或玻璃钢按密肋楼盖的规格尺寸加工成需要的模壳，具有一次成型多次周转使用的特点。模壳主要采用玻璃纤维增强塑料和聚丙烯塑料制成，配置以钢支柱（或门架）、钢（木）龙骨、钢拉杆及斜撑等支撑系统（见图5-39）。

模壳施工

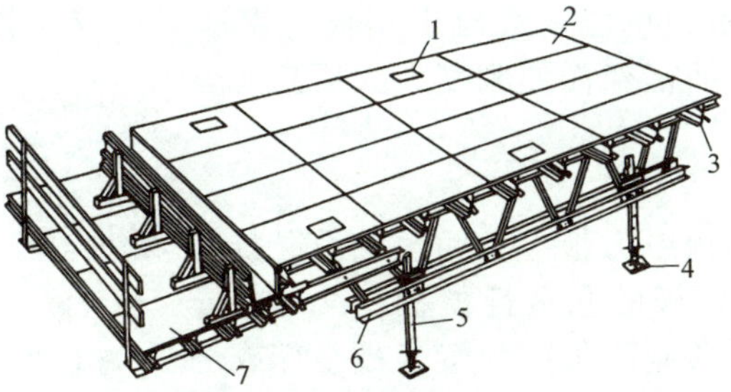

图 5-38 台模组成示意图

1—吊点 2—胶合板面板 3—铝龙骨 4—底座
5—可调钢支腿 6—铝合金桁架 7—操作平台

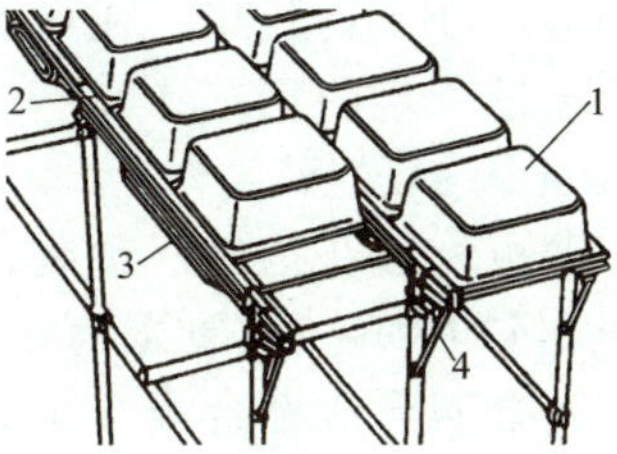

图 5-39 模壳及支撑系统

1—模壳 2—柱头 3—梁 4—悬挑斜撑

7. 模板早拆体系

早拆原理是根据短跨支撑、早期拆模的思想，利用早拆柱头、立柱和丝杠组成的竖向支撑，使原设计的梁、板跨度处于短跨（立柱间距<2m）受力状态，即可在其混凝土达到设计强度的50%后拆除模板，而竖向支撑原位保留。该体系可加快模板的周转速度，以减少梁、板模板的用量；同时，又能够满足现浇结构保留支撑2~3层以上以分散、传递施工超载的需求。

图5-40所示为模板早拆体系。它是在一般模板的基础上，增添早拆支撑调整器（早拆柱头）即可。拆模时，旋转早拆头的上手柄，将龙骨及楼板模板降落拆除，而支柱不动。此种早拆体系可节省模板和钢楞2/3，具有良好的经济效益。

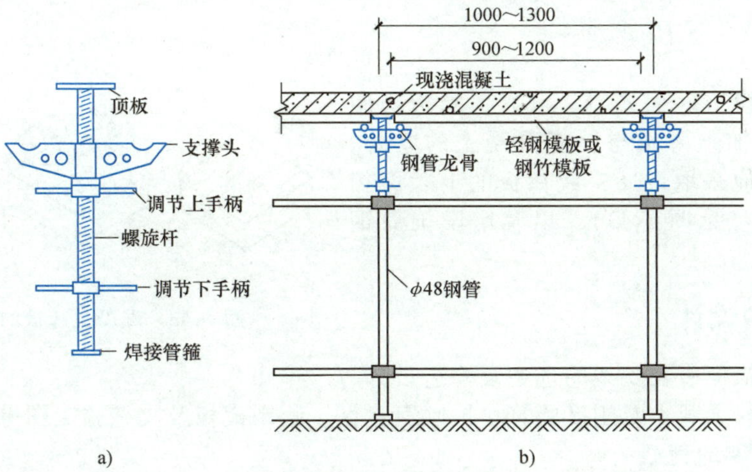

图 5-40 模板早拆体系

a）早拆柱头 b）早拆模板构造

5.2.4 永久式模板

永久式模板在浇混凝土时起模板作用，而施工后不需拆除，并可成为结构的一部分。其种类有压型钢板、混凝土薄板、玻纤水泥波形板等。其特点是施工简便、速度快，可减少大量支撑，不但节约材料，也可减少施工层之间的干扰和等待，从而缩短工期。

1. 压型钢板模板

压型钢板模板在钢框架结构的楼板施工中应用最为广泛，它是采用镀锌等防腐处理的薄钢板，经冷轧成具有开口或闭口梯形、燕尾形截面的槽状钢板（见图5-41）。安装时，板块相互搭接，并通过栓钉与钢梁焊接，不但固定了模板，也能使混凝土楼板与钢框架连成一体，以提高结构的刚度。近几年，在压型钢板上焊接钢筋桁架而使刚度大大提高的楼承板得到了进一步应用。

楼承板施工

2. 混凝土薄板模板

混凝土薄板一般在构件厂预制，分为普通板和预应力板。带肋预应力混凝土薄板如图 5-42 所示。混凝土薄板可以作为现浇楼板的永久性模板，又可与现浇混凝土结合而形成叠合板，构成受力结构。在预制薄板中配置楼板全部或部分钢筋，安装后绑扎构造筋或其余钢筋、浇筑混凝土叠合层即可。混凝土薄板在装配整体式的混凝土剪力墙结构、框架结构中有广泛应用。

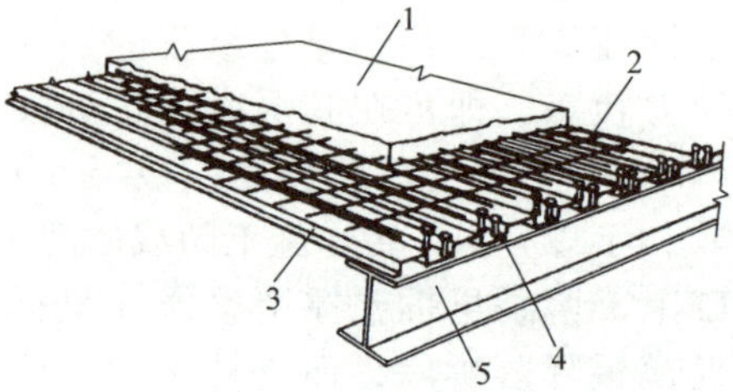

图 5-41 压型钢板模板示意图

1—现浇混凝土楼板 2—钢筋 3—压型钢板 4—与钢梁焊接的栓钉 5—钢梁

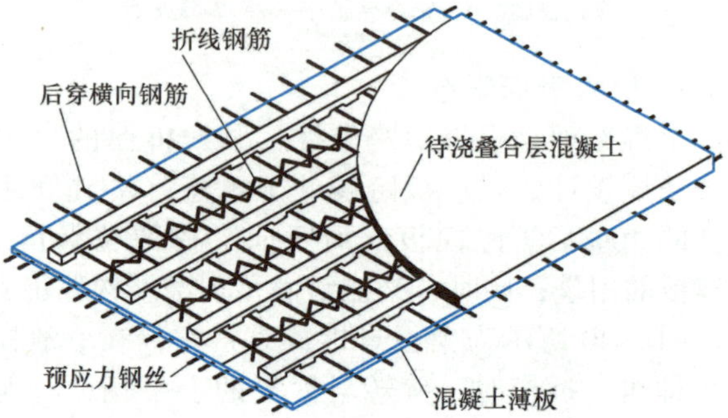

图 5-42 带肋预应力混凝土薄板

混凝土薄板模板底面光滑，可以免除板底的抹灰作业。为了加强薄板与叠浇混凝土的结合，在薄板生产时，应采取设肋，或在板的上表面扫毛、压痕、凹坑（见图 5-43），以及增设抗剪钢筋等措施处理。

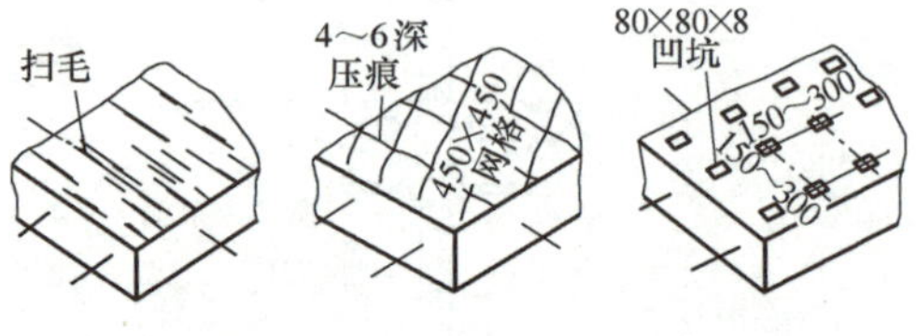

a) b) c)

图 5-43 混凝土薄板的表面处理

a）扫毛 b）压痕 c）凹坑

5.2.5 模板的设计

模板设计包括模板及支架的选型及构造设计、荷载及效应计算、承载力及刚度验算、抗倾覆验算、绘制模板及支架施工图等。

1. 模板及支架的荷载

（1）荷载标准值

1）模板及支架自重（G_1）。应依据模板施工图确定。梁、楼板模板及支架的自重标准值可按表 5-10 采用。

表 5-10 梁、楼板模板及支架的自重标准值 （单位：kN/m^2）

项目名称	木模板	定型组合钢模板
无梁楼板的模板及小楞	0.3	0.5
有梁楼板模板（包含梁的模板）	0.5	0.75
楼板模板及支架（楼层高度为 4m 以下）	0.75	1.10

2）新浇混凝土的自重（G_2）。根据混凝土实际重度确定。普通混凝土可取 $24kN/m^3$。

3）钢筋自重（G_3）。应依据施工图确定。对一般梁板结构，每立方米混凝土的钢筋用量可取：楼板 1.1kN；梁 1.5kN。

4）新浇混凝土的侧压力（G_4）。新浇筑混凝土对模板的侧压力与混凝土的骨料种类、坍落度、外加剂及浇筑速度等有关。当采用插入式振动器且在高度方向浇筑速度不大于 10m/h、混凝土坍落度不大于 180mm 时，新浇筑的混凝土对模板的侧压力可按下式（5-3）和式（5-4）分别计算，并取其中的较小值。

$$F=0.28r_c t_0 \beta V^{\frac{1}{2}} \tag{5-3}$$

$$F=r_c H \tag{5-4}$$

式中 F——新浇筑混凝土作用于模板的最大侧压力标准值（kN/m^2）；

r_c——混凝土的重度（kN/m^3）；

t_0——新浇混凝土的初凝时间（h），可按实测确定，当缺乏试验资料时，可按 $t_0=200/(T+15)$ 计算，T 为混凝土的温度（℃）；

β——混凝土坍落度影响修正系数，当坍落度为 $50mm<S\leqslant 90mm$ 时取 0.85，$90mm<S\leqslant 130mm$ 时取 0.9，$130mm<S\leqslant 180mm$ 时取 1.0；

V——混凝土在高度方向的浇筑速度（m/h）；

H——混凝土侧压力计算位置处至新浇筑混凝土顶面的总高度（m）。

当浇筑速度大于 10m/h 或混凝土坍落度大于 180mm 时，侧压力可按式（5-4）计算。混凝土侧压力的计算分布图形如图 5-44 所示，其中 h 为有效压头高度，$h=F/\gamma_c$（m）。

5）施工人员及设备荷载（Q_1）。可按实际情况计算且不小于 $2.5kN/m^2$。

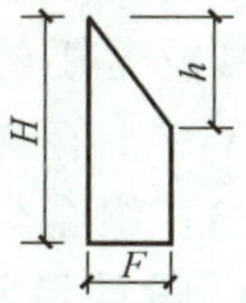

图 5-44 混凝土侧压力的计算分布图形

h—有效压头高度

H—模板内混凝土总高度

F—最大侧压力

6）混凝土下料产生的水平冲击荷载（Q_2）。施工中采用泵管、导管或溜槽、串筒下料，取 $2kN/m^2$；用吊斗下料或小车直接倾倒时，取 $4kN/m^2$。该荷载的作用范围可取为有效压头高度之内。

7）附加水平荷载（Q_3）。采用泵送混凝土或不均匀堆载等因素将对模板支架产生附加水平荷载。该荷载可取计算工况下竖向永久荷载标准值的 2%，并应作用在模板支架上端水平方向。

8）风荷载（Q_4）。可按 GB 55001—2021《工程结构通用规范》的有关规定确定，此时基本风压可根据基本风速值计算，但其取值不小于 $0.2kN/m^2$。

（2）荷载效应组合

1）荷载组合。进行模板及支架承载力计算时，其荷载可按表 5-11 组合确定，并应采用最不利者。而进行模板及支架刚度或变形验算时，则仅组合永久荷载（G_i）。

表 5-11 参与模板及支架承载力计算的各项荷载

计算内容		参与荷载项
模板	底面模板的承载力	$G_1+G_2+G_3+Q_1$
	侧面模板的承载力	G_4+Q_2
支架	支架水平杆及节点的承载力	$G_1+G_2+G_3+Q_1$
	立杆的承载力	$G_1+G_2+G_3+Q_1+Q_4$
	支架结构的整体稳定	$G_1+G_2+G_3+Q_1+Q_3$ $G_1+G_2+G_3+Q_1+Q_4$

2）设计荷载效应值（S）。模板及支架的荷载基本组合的效应设计值按下式计算

$$S=1.35\alpha\sum_{i\geqslant 1}S_{G_{ik}}+1.4\psi_{cj}\sum_{j\geqslant 1}S_{Q_{jk}} \tag{5-5}$$

式中 $S_{G_{ik}}$——第 i 个永久荷载标准值产生的效应值；

$S_{Q_{jk}}$——第 j 个可变荷载标准值产生的效应值；

α——模板及支架的类型系数，侧模取 0.9，底模及支架取 1.0；

ψ_{cj}——第 j 个可变荷载的组合系数，宜取 $\psi_{cj} \geqslant 0.9$。

2. 模板及支架承载力计算要求

由于模板属临时结构，模板及支架应按短暂设计状况进行承载力计算。计算其承受的荷载时，可根据模板及支架的重要性，将荷载基本组合的效应设计值乘以 0.9~1 的折减系数。而对于模板及支架的承载能力，也需根据重复使用情况做适当折减。

3. 设计时应注意的问题

（1）模板及支架的刚度验算规定　按永久荷载标准值计算的构件变形值，不得超过如下限值：

① 对结构表面外露的模板，为模板构件计算跨度的 1/400。

② 对结构表面隐蔽的模板，为模板构件计算跨度的 1/250。

③ 支架的轴向压缩变形或侧向挠度，为计算高度或计算跨度的 1/1000。

④ 清水混凝土的模板，应满足设计要求。

（2）模板及支架的稳定性　首先要从构造上保证是稳定性结构。立柱必须有相互垂直的两个方向的撑拉杆件，长细比应符合要求。桁架的平面刚度不应过小，当支架高宽比大于 3 时，必须加强整体稳固措施，如应设置水平和垂直支撑、剪刀撑等。

模板支架的钢构件允许最大长细比为：立柱及桁架 180；斜撑、剪刀撑 200；受拉杆件 350。

（3）组合模板、大模板、爬升模板及滑模的设计尚应符合其相应规范的有关规定。

4. 设计示例

【例 5-2】 某工程地下室墙体高 3m，厚 180mm，宽 3.3m。拟用组合钢模板组拼。钢模板采用 55 系列 P3015、P2515、P1015 分二行竖排拼成。次龙骨采用 2 根 ϕ48mm×3.5mm 钢管，间距为 750mm，主龙骨采用同一规格钢管，间距为 900mm。对拉螺栓采用 M20，间距为 750mm（见图 5-45）。

混凝土重度为 24kN/m^3，强度等级 C30，坍落度为 90mm，采用泵管下料，浇筑速度为 1.8m/h，混凝土温度为 20℃，用插入式振捣器振捣。钢材抗拉强度设计值：Q235 钢为 215N/mm^2，普通螺栓为 170N/mm^2。钢模的允许挠度：面板为 1.5mm，主次龙骨为 3mm。试验算：钢模板、龙骨和对拉螺栓是否满足设计要求。

解：

（1）荷载设计值

1）混凝土侧压力标准值。按式（5-3）和式（5-4）计算。其中初凝时间 $t_0 = \dfrac{200}{20+15}\text{h} = 5.71\text{h}$；坍落度系数 $\beta = 0.85$。

$$F_1 = 0.28 r_c t_0 \beta V^{\frac{1}{2}} = 0.28 \times 24\text{kN/m}^3 \times 5.71\text{h} \times 0.85 \times 1.8^{\frac{1}{2}}\text{m/h} = 43.76\text{kN/m}^2$$

$$F_2 = r_c H = 24\text{kN/m}^3 \times 3\text{m} = 72\text{kN/m}^2$$

取两者中小值，即 $F = 43.76\text{kN/m}^2$。

2）混凝土下料时产生的水平冲击荷载。采用泵管下料，取 2kN/m^2。

3）混凝土侧压力设计荷载组合效应值。按表 5-11 进行荷载组合，并按式（5-5）计算，得

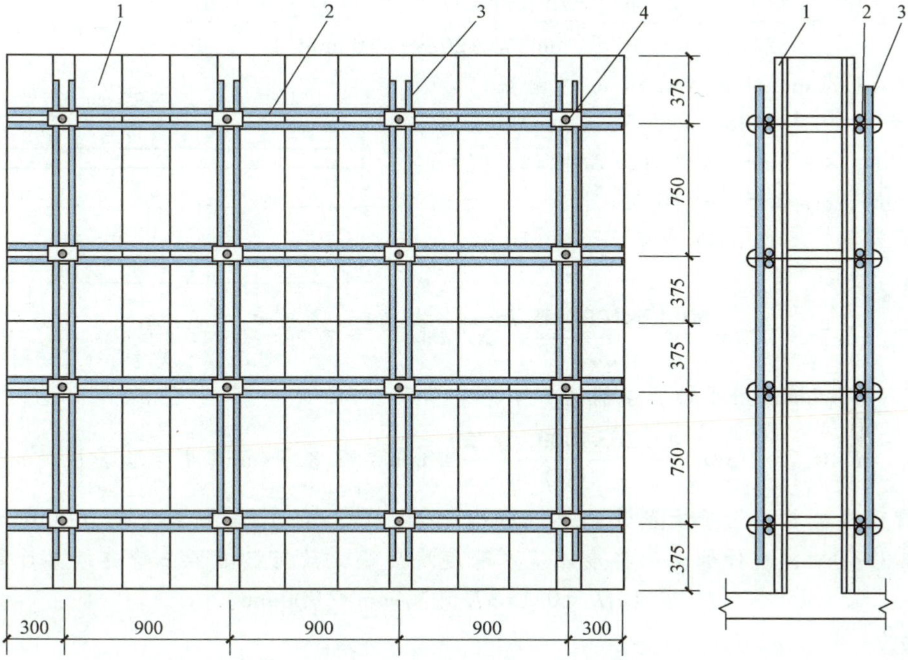

图 5-45 墙体组合钢模板拼装图

1—组合钢模板 2—次（内）龙骨 3—主（外）龙骨 4—对拉螺栓

$$F'=1.35\times0.9\times43.76\text{kN/m}^2+1.4\times0.9\times2\text{kN/m}^2=55.69\text{kN/m}^2$$

因模板属短暂性承载，对一般工程应乘以 0.9 重要性系数作为承载力设计值，则

$$F_{设}=55.69\text{kN/m}^2\times0.9=50.12\text{kN/m}^2$$

（2）验算

1）钢模板验算。以强度、刚度较差的大块模板进行验算。查《建筑施工手册》可知，P3015 钢模板（$\delta=2.5$mm）截面特征，$I_{xj}=26.97\times10^4\text{mm}^4$，$\omega_{xj}=5.94\times10^3\text{mm}^3$。

① 计算简图，如图 5-46 所示。

化为线均布荷载

$$q_1=F_{设}\times0.3/1000=\frac{50.12\times1000\times0.3}{1000}\text{N/mm}=15.04\text{N/mm}(\text{用于计算承载力})$$

$$q_2=F\times0.3/1000=\frac{43.76\times1000\times0.3}{1000}\text{N/mm}=13.13\text{N/mm}(\text{用于验算挠度})$$

② 抗弯强度验算

$$M=\frac{q_1m^2}{2}=\frac{15.04\text{N/mm}\times(375\text{mm})^2}{2}=1.06\times10^6\text{N}\cdot\text{mm}$$

组合钢模板受弯状态下的模板应力为

$$\sigma=\frac{M}{W}=\frac{1.06\times10^6\text{N}\cdot\text{mm}}{5.94\times10^3\text{mm}^3}$$

$$=178.45\text{N/mm}^2<f_m=215\text{N/mm}^2\quad(\text{满足})$$

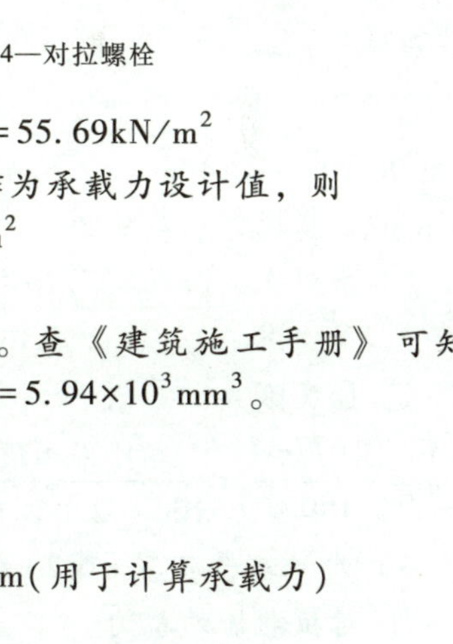

图 5-46 钢模板计算简图

③ 挠度验算

$$\omega=\frac{q_2m}{24EI_{xj}}(-l^3+6m^2l+3m^3)$$

$$=\frac{13.13\text{N/mm}\times375\text{mm}\times(-750^3+6\times375^2\times750+3\times375^3)\text{mm}^3}{24\times(2.06\times10^5\text{N/mm}^2)\times(26.97\times10^4\text{mm}^4)}$$

$=1.36\text{mm}<[\omega]=1.5\text{mm}$ （满足）

2）次龙骨（2 根 $\phi48\text{mm}\times3.5\text{mm}$ 钢管）验算。

2 根 $\phi48\text{mm}\times3.5\text{mm}$ 钢管的截面特征为 $I=2\times12.19\times10^4\text{mm}^4$，$\omega=2\times5.08\times10^3\text{mm}^3$。

① 计算简图，如图 5-47 所示。

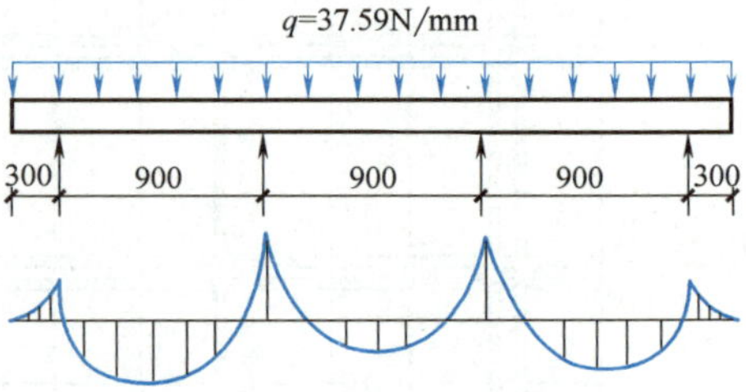

图 5-47 次龙骨计算简图

化为线均布荷载

$$q_1=F_{设}\times0.75/1000=\frac{50.12\times1000\times0.75}{1000}\text{N/mm}$$

$=37.59\text{N/mm}$（用于计算承载力）

$$q_2=F\times0.75/1000=\frac{43.76\times1000\times0.75}{1000}\text{N/mm}=32.82\text{N/mm}\text{（用于验算挠度）}$$

② 抗弯强度验算。由于次龙骨两端的伸臂长度（300mm）与基本跨度（900mm）之比，300/900=0.33<0.4，则伸臂端头挠度比基本跨度挠度小，故可按近似三跨连续梁计算。

$$M=0.1q_1l^2=0.1\times37.59\text{N/mm}\times(900\text{mm})^2$$

抗弯承载能力

$$\sigma=\frac{M}{W}=\frac{0.1\times37.59\text{N/mm}\times(900\text{mm})^2}{2\times5.08\times10^3\text{mm}^3}$$

$=299.68\text{N/mm}^2>f_y=215\text{N/mm}^2$（不满足）

改用 2 根 $60\text{mm}\times40\text{mm}\times2.5\text{mm}$ 方钢管，其截面特征为：$I=2\times21.88\times10^4\text{mm}^4$，$W=2\times7.29\times10^3\text{mm}^3$，其抗弯承载能力

$$\sigma=\frac{M}{W}=\frac{0.10\times37.59\text{N/mm}\times(900\text{mm})^2}{2\times7.29\times10^3\text{mm}^3}=208.83\text{N/mm}^2<f_y=215\text{N/mm}^2\text{（满足）}$$

③ 挠度验算。

$$\omega=\frac{0.677q_2l^4}{100EI}\times\frac{0.677\times32.82\text{N/mm}\times(900\text{mm})^4}{100\times(2.06\times10^5\text{N/mm}^2)\times(2\times21.88\times10^4\text{mm}^4)}\text{mm}=1.62\text{mm}<3.0\text{mm}\text{（满足）}$$

3）对拉螺栓验算。M20 螺栓净截面面积 $A=241\text{mm}^2$。

① 对拉螺栓的拉力。

$$N=F_{设}\times\text{次龙骨间距}\times\text{主龙骨间距}=50.12\text{kN/m}^2\times0.75\text{m}\times0.9\text{m}=33.83\text{kN}$$

② 对拉螺栓的应力。

$$\sigma=\frac{N}{A}=\frac{33.83\times10^3\text{N}}{241\text{mm}^2}=140.38\text{N/mm}^2<170\text{N/mm}^2\text{（满足）}$$

5.2.6 模板的安装与拆除

1. 模板的安装

安装现浇结构的上层模板及其支架时，下层楼板应具有承受上层荷载的承载能力，或加设支架；模板支撑于自然地面的，地基强度应满足模板支架的荷载，并应铺设混凝土垫层，设置排水措施；涂刷模板隔离剂时，不得沾污钢筋和混凝土接槎处；模板的起拱高度满足要求，接缝不应漏浆；固定在模板上的预埋件和预留孔、洞不得遗漏，应安装牢固。在浇筑混凝土之前，应对模板工程进行验收。现浇结构模板安装的允许偏差应符合表 5-12 的规定。

表 5-12 现浇结构模板安装的允许偏差及检验方法

项目		允许偏差/mm	检验方法
轴线位置		5	尺量
底模上表面标高		±5	水准仪或拉线、尺量
模板内部尺寸	基础	±10	尺量
	柱、墙、梁	±5	
	楼梯相邻踏步高差	5	
柱、墙垂直度	层高≤6m	8	经纬仪或吊线、尺量
	层高>6m	10	
相邻两板表面高差		2	尺量
表面平整度		5	2m靠尺和塞尺量测

注：检查轴线位置时，当有纵、横两个方向时，沿纵、横两个方向量测，并取其中的较大值。

2. 模板的拆除

模板拆除时，可采取先支的后拆、后支的先拆，先拆非承重模板、后拆承重模板的顺序，并应从上向下进行拆除。现浇钢筋混凝土拆模时应符合下列规定：

1）侧模应在混凝土强度能保证其表面及棱角不受损伤后，方可拆除。

2）底模及其支架应在混凝土的强度达到设计要求后再拆除。当设计无具体要求时，与结构构件同条件养护的混凝土试件的抗压强度应满足：跨度小于等于2m的板，达到设计强度等级值的50%以上；跨度为2~8m的板和跨度小于等于8m的梁、拱、壳，应达到75%；跨度大于8m的梁、板、拱、壳以及任何跨度的悬臂构件，应达到100%。

3）多个楼层的梁板支架拆除，宜保持在施工层下有2~3个楼层的连续支撑，以分散和传递较大的施工荷载。

4）对后张法施工的预应力混凝土构件，侧模宜在预应力筋张拉前拆除，底模及支架应在预应力建立后拆除。

5）模板拆除时，不得强砸硬撬、损坏构件，不应对楼层形成冲击。拆下的模板和支架宜分散堆放并及时清运和修复。

5.3 混凝土工程

混凝土工程包括配料、搅拌、运输、浇筑、振捣和养护等工序。各工序具有紧密的联系和影响，必须保证每一工序的质量，以确保混凝土的强度、刚度、密实性和整体性。

5.3.1 混凝土的制备

1. 原材料质量与检查

1）水泥进场时，应检查产品合格证、出厂检验报告，并抽样复验其强度、安定性及凝结时间等指标。同种水泥袋装者不超过200t、散装者不超过500t作为一个检验批。水泥出厂超过三个月时应进行复验，并按复验结果使用。

2）骨料以400m^{3}或600t为一检验批。检验颗粒级配、含泥量、泥块含量以及粗骨料中针片状颗粒含量等指标，必要时还应对骨料进行碱活性检验。砂中氯离子含量不得多于干砂质量的0.06%，对预应力混凝土不得多于0.02%。石子粒径，对一般构件不应超过其最小截面尺寸的1/4和3/4钢筋净距，对楼板则不超过板厚的1/3和40mm。

3）饮用水可直接使用，使用其他水时应检验其成分；严禁使用海水。

2. 混凝土配制强度的确定

混凝土配合比应经试验确定。由于施工中干扰因素较多，为使混凝土强度保证率达到95%以上，实验室在进行初步配合比计算和配合比确定时应按下式确定配制强度

$$f_{cu,0}=f_{cu,k}+1.645\sigma \tag{5-6}$$

式中 $f_{cu,0}$——混凝土的施工配制强度（MPa）；

$f_{cu,k}$——混凝土立方体抗压强度标准值（MPa）；

σ——混凝土强度标准差（MPa）。

当不具备30组以上的近期同品种混凝土强度资料时，强度标准差 σ 可按表5-13取用。

表5-13 混凝土强度标准差 σ 值 （单位：MPa）

混凝土强度等级	≤C20	C25～C45	C50～C55
σ	4.0	5.0	6.0

当配制C60及以上强度的混凝土时，配制强度应按下式确定

$$f_{cu,0}\geqslant 1.15f_{cu,k} \tag{5-7}$$

3. 混凝土施工配合比

混凝土的施工配合比是指在施工现场的实际投料比例，是根据实验室提供的实验配合比（骨料中不含水）及考虑现场砂石的含水率而确定的。

假设实验室配合比为：水泥∶砂∶石子＝1∶x∶y，水胶比为 W/C。现场测得砂含水率为 W_x，石子含水率为 W_y，则施工配合比为

$$水泥∶砂∶石子∶水=1∶x(1+W_x)∶y(1+W_y)∶(W-xW_x-yW_y)$$

【例5-3】 某工程混凝土实验室配合比为1∶2.18∶3.62，水胶比 $W/C=0.55$，水泥用量为315kg/m^3，现场实测砂石含水率分别为3%和1%，求施工配合比。如采用出料容量为350L的搅拌机，求搅拌每盘混凝土的各种材料投料量。

解：

（1）混凝土施工配合比为

$$\begin{aligned}水泥∶砂∶石子∶水&=1∶x(1+W_x)∶y(1+W_y)∶(W-xW_x-yW_y)\\&=1∶[2.18\times(1+3\%)]∶[3.62\times(1+1\%)]∶(0.55-2.18\times3\%-3.62\times1\%)\\&=1∶2.25∶3.66∶0.448\end{aligned}$$

（2）搅拌机每盘投料量为：

水泥 $315\text{kg/m}^3\times0.35\text{m}^3=110\text{kg}$，取100kg（即2袋），则：

砂 $100\text{kg}\times2.25=225\text{kg}$

石子 $100\text{kg}\times3.66=366\text{kg}$

水 $100\text{kg}\times0.448=44.8\text{kg}$

拌制混凝土时，各种材料应准确称量，其偏差不得超过：水泥、矿物掺合料±2%，粗细骨料±3%，水、外加剂±1%，以保证拌合物的质量。

4. 混凝土搅拌机的选择

混凝土宜采用机械搅拌。搅拌机按搅拌原理可分为自落式和强制式两大类，其各自构造如图5-48所示。混凝土结构施工宜采用预拌混凝土，预拌厂都使用强制式搅拌机。

自落式搅拌机是依靠旋转的搅拌筒内壁上的弧形叶片将物料带到一定高度后自由落下而互相混合，拌和能力较差，只适宜搅拌流动性较大的普通混凝土。这类搅拌机已逐渐被淘汰。

强制式搅拌机是通过搅拌叶片的强行转动，推动物料旋转、剪切、交流而达到拌和的目

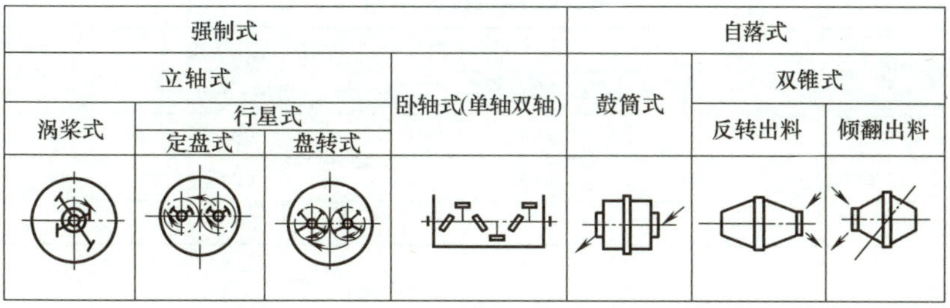

图5-48　混凝土搅拌机类型及各自构造

的。其搅拌作用强烈，拌和质量好，生产效率高，操作简便、安全，但能耗大，叶片衬板磨损快，适于拌制各种混凝土。对于干硬性混凝土、轻骨料混凝土及高性能混凝土，必须用该类机械搅拌。

搅拌机的选择应根据混凝土工程量大小、坍落度、骨料种类及大小等来选定，在满足技术要求的同时也要考虑经济效益和节约能源、环境保护等问题。

5. 混凝土的拌制

为了获得均匀优质的混凝土拌合物，除需合理选择搅拌机外，还应严格控制原材料质量，正确确定搅拌制度，包括装料量、投料顺序和搅拌时间等。

(1) 装料量　搅拌机一次能装各种材料的松散体积之和称为装料容量。经搅拌后，各种材料由于互相填补空隙而使总体积变小，即出料量小于装料量。一般出料系数为0.5~0.75。搅拌机不宜超量装料，如超过10%，将会因搅拌空间不足而影响拌合物的均匀性。反之，装料过少又降低了生产率。因此，必须根据搅拌机的出料容量和施工配合比计算各种材料的投料量。

(2) 投料顺序　它是指各种材料投入搅拌机的先后顺序。投料顺序将影响到混凝土的搅拌质量、搅拌机的磨损程度、拌合物与机械内壁的黏结程度，以及能否改善操作环境等问题。有以下三种投料顺序。

1) 一次投料法。该法是在上料斗中先装石子，再装水泥和砂，最后一次投入搅拌筒内，水泥夹在石子和砂子之间，减少飞扬，水泥和砂先进入搅拌筒内形成水泥砂浆，可缩短包裹石子的时间。对于出料口在下部的立轴强制式搅拌机，为防止漏水，应在投入原料的同时，缓慢均匀地加水。

2) 二次投料法。该法也叫砂浆裹石法，是先投入砂、水泥、水，待搅拌1min左右后再投入石子，最后搅拌1min左右。此方法可避免水向石子表面集聚的不良影响，水泥包裹砂子，水泥颗粒分散性好，泌水性小，可提高混凝土的强度。

3) 两次加水法。该法也叫造壳法，是先将全部石子、砂和70%的拌合水倒入搅拌机，拌和15s，使骨料湿润后再倒入全部水泥进行造壳搅拌30s左右，最后加入30%的拌合水再搅拌60s左右即可。该法较前两者具有提高混凝土强度或节约水泥的优点。

粉煤灰、矿粉等掺合料宜与水泥同步投料。液体外加剂宜滞后于水和水泥投料，粉状外加剂宜溶解后再投料。

(3) 搅拌时间　它是指全部材料装入搅拌筒中起至开始卸料止的时间，过长或过短都会影响到混凝土的质量。当采用强制式搅拌机搅拌混凝土时，最短时间应满足表5-14的规定。当使用自落式搅拌机时，应各增加30s；当掺有外加剂或矿物掺合料时，搅拌时间应适当延长。

(4) 开盘鉴定　对首次使用的混凝土配合比应进行开盘鉴定，以检验原材料、强度、凝结时间、稠度等是否满足设计配合比的要求，并保存开盘鉴定资料和强度试验报告。

表 5-14 强制式搅拌机搅拌混凝土的最短时间 （单位：s）

混凝土坍落度/mm	搅拌机出料量/L		
	<250	250~500	>500
≤40	60	90	120
>40 且<100	60	60	90
≥100	60		

5.3.2 混凝土的运输

1. 对混凝土运输的基本要求

1）在运输中应避免产生分层离析现象，否则要在浇筑前进行二次搅拌。

2）运输容器及管道、溜槽应严密、不漏浆、不吸水，保证通畅，并满足环境要求。

3）尽量缩短运输时间，以减少混凝土性能的变化。

4）连续浇筑时，运输能力应能保证浇筑强度（单位时间浇筑量）的要求。

2. 运输工具的选择

混凝土的运输可分为地面水平运输、垂直运输和楼面水平运输。

混凝土运输

搅拌运输车及泵车原理

（1）地面水平运输 当采用预拌混凝土或运距较远时，最好采用混凝土搅拌运输车。该车在运输过程中，搅拌筒可缓慢转动而进行拌和扰动，以防止混凝土离析。当距离过远时，可装入干料，在到达浇筑现场前 10~15min 放入搅拌水，边行走边进行搅拌。例如，现场搅拌混凝土时，可采用载重 1t 左右、容量为 400L 的小型机动翻斗车或手推车运输。

（2）垂直运输 可采用塔式起重机配合混凝土吊斗运输并完成浇筑。当混凝土量较大时，宜采用泵送运输。

（3）楼面水平运输 多采用混凝土泵通过布料杆运输、布料，塔式起重机也可兼顾楼面水平运输，少量时可用双轮手推车。

3. 混凝土泵送运输

混凝土泵送运输是以混凝土泵为动力，通过管道、布料杆将混凝土直接运至浇筑地点。泵送运输是施工现场混凝土输送与灌注的主要方式。

搅拌车运输与泵车浇筑

泵送混凝土配制时应符合下列规定：骨料最大粒径与输送管内径之比不宜大于 1∶4；通过 0.315mm 筛孔的砂不应少于 15%；砂率宜控制在 35%~45%；最小胶凝材料用量为 300kg/m^3；混凝土的坍落度宜为 80~180mm；泵送高度大于 200m 时，坍落度可取 200~260mm 或更大，扩展度可达 450~740mm；混凝土内宜掺加适量的外加剂以改善混凝土的流动性。

泵送施工时，应先打部分水泥浆或水泥砂浆润滑管路。混凝土输送完毕后应及时清洗管路。

泵送混凝土浇筑速度快，对模板侧压力较大，模板系统要有较高的强度和稳定性。由于水泥用量较大，要注意浇筑后的养护，以防止龟裂。

5.3.3 混凝土的浇筑

1. 准备工作

混凝土浇筑前应做好必要的准备工作，对模板及其支架、钢筋、预埋件和预埋管线必须进行检查，并做好隐蔽工程的验收，符合设计要求后方能浇筑混凝土。

在地基或基土上浇筑混凝土时，应清除淤泥和杂物，并应有排水和防水措施。对表面干燥的地基、垫层、模板应用水湿润；现场环境温度高于 35℃时，宜对金属模板进行洒水降温；洒水后模板表面不得留有积水。

在浇筑混凝土之前，应将模板内的杂物和钢筋上的油污等清理干净；对模板的缝隙及孔洞应予堵严；对无覆膜的木模板应浇水湿润，但不得有积水。

2. 浇筑的一般规定

1）混凝土运输、输送、浇筑过程中严禁加水；运输、输送、浇筑过程中散落的混凝土严禁用于结构浇筑。

2）混凝土入模温度不应低于 5℃，也不应高于 35℃。不宜在降雨雪时露天浇筑。必须浇筑时，应采取确保混凝土质量的有效措施。

筏基底板及外墙浇筑

3）混凝土浇筑应分层进行，以便于振捣密实和防止损坏模板。每层厚度，若振捣采用内部插入式振动器时，不得超过振捣棒长度的 1.25 倍；使用表面振动器时不超过 200mm。

4）混凝土运输、输送入模的过程宜连续进行，从运输到输送入模的延续时间不宜超过表 5-15 的规定，且不应超过总时间限值的规定。

表 5-15　运输到输送入模的延续时间及总时间限值　（单位：min）

条件	运输到输送入模的延续时间		运输、输送入模及其间歇总的时间限值	
	气温≤25℃	气温>25℃	气温≤25℃	气温>25℃
不掺外加剂	90	60	180	150
掺外加剂	150	120	240	210

5）同一结构或构件混凝土宜连续浇筑，即各层、块之间不得出现初凝现象。当预计超过初凝时间时应留置施工缝或后浇带。

6）为减少下料冲击，浇筑结构构件时应先竖向、后水平，先低区域、后高区域。

7）控制倾落高度，防止分层离析。浇筑柱、墙混凝土时，若骨料粒径大于 25mm，则倾落高度不得超过 3m，骨料粒径在 25mm 及以下时不得超过 6m；在钢管内浇筑自密实混凝土时，倾落高度不宜大于 9m。否则应使用串筒、溜管、溜槽等，以防下落动能大的粗骨料积聚在结构底部，造成混凝土分层离析。

8）采用输送管浇筑混凝土时，宜由远而近浇筑；多根输送管同时浇筑时宜速度一致。

3. 施工缝与后浇带的留设及处理

后浇带的留设位置应符合设计要求。后浇带和施工缝的留设及处理方法应符合施工方案要求。

（1）施工缝　施工缝是指由于设计要求或施工需要分段浇筑而在先、后浇筑的混凝土之间所形成的接缝。施工缝处由于连接较差，特别是粗骨料不能相互嵌固，抗剪强度大大降低。

1）施工缝的位置：施工缝应在混凝土浇筑之前确定，并宜留置在结构受剪力较小且便于施工的位置。规定如下：

① 柱的水平施工缝，柱底可留置在基础或楼层结构顶面及以上 100mm 范围内，柱顶可留在梁或柱帽下的 50mm 范围内（见图 5-49）。

② 梁与板应同时浇筑，但当梁断面过大时可先浇筑梁，将水平施工缝留置在板底面以下 20mm 内。

③ 单向板的垂直施工缝可留置在平行于短边的任何位置。

④ 有主次梁的楼盖宜顺着次梁方向浇筑，垂直施工缝应留置在次梁中间的 1/3 跨度范围

内（见图 5-50）。

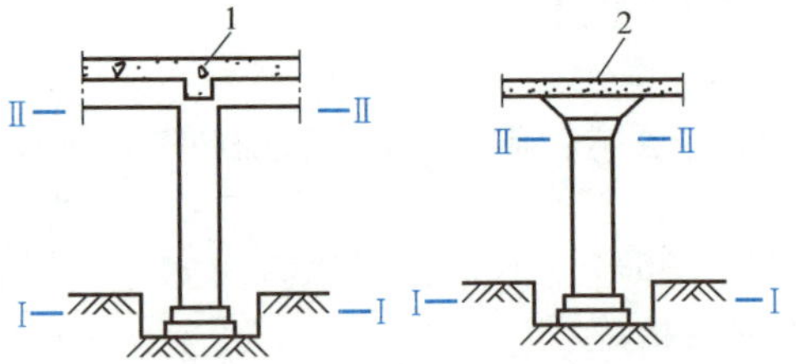

图 5-49 柱的水平施工缝位置

Ⅰ—Ⅰ、Ⅱ—Ⅱ—施工缝位置

1—肋形楼盖 2—无梁楼盖

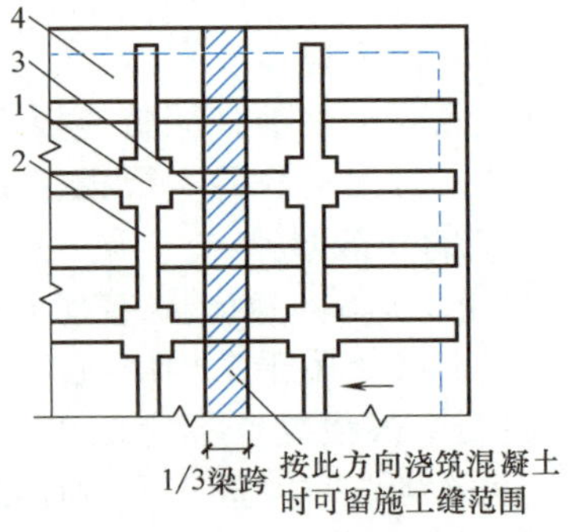

图 5-50 有主次梁楼盖的施工缝位置

1—柱 2—主梁 3—次梁 4—楼板

⑤ 墙的水平施工缝，墙底可留在基础或楼层结构顶面及以上 300mm 范围内，墙顶可留在距水平构件下 50mm 范围内；竖向施工缝宜设置在门洞口过梁的跨中 1/3 范围内，也可留设在纵横墙交接处。

⑥ 受力复杂或有防水抗渗要求的结构构件、特殊结构部位，留设施工缝应经设计单位确认。

2）留设方法：水平施工缝应在浇筑混凝土前，在钢筋或模板上弹出浇筑控制线。垂直施工缝应采取支模板或固定快易收口网、钢板网、钢丝网等封挡，以保证缝口垂直。

3）接缝处理：在施工缝处继续浇筑混凝土时，应符合下列规定：

① 已浇筑的混凝土强度不应低于 1.2MPa。

② 结合面应提前进行粗糙处理，清除浮浆、松动石子以及软弱混凝土层，并经冲洗湿润，但不得有积水。

③ 接缝时，宜先铺 10～30mm 厚与混凝土浆液同成分的水泥砂浆接浆层，随即浇筑混凝土。

④ 浇混凝土时应细致捣实，使新旧混凝土紧密结合，但不得碰触原混凝土。

（2）后浇带　后浇带是既满足混凝土结构变形需要又能保证刚性连接的接缝，用于不允许设置变形缝且后期变形趋于稳定的结构。后浇带包括收缩后浇带和沉降后浇带。前者是为了避免面积或体型原因造成混凝土收缩开裂，后者是为了避免高度或重量差异过大而造成沉降开裂。

后浇带留设的宽度一般为 0.7～1.2m，钢筋不断。梁、板的后浇带常留在其 1/3 跨度处，可采用支设模板留出。后浇带处梁板的底模应单独支设，以便既不妨碍其他部位拆模，又能使后浇带部位保持支撑而防止其两侧结构受到损伤。

后浇带的封闭时间应待混凝土收缩或结构沉降基本完成，且不得少于 14d，并应经设计单位认可后进行。按施工缝处理后，宜浇筑高一个等级的减缩混凝土，并加强养护。

4. 框架、剪力墙结构的浇筑

同一施工段内，每排柱子应由外向内对称地顺序浇筑，不应自一端向另一端顺序推进，以防止柱模板向一侧推移倾斜，造成误差积累过大而难以纠正。

浇筑梁板　浇筑墙体

为防止混凝土墙、柱“烂根”（根部出现蜂窝、麻面、漏筋、漏石、孔洞等现象），在浇筑混凝土前，除了对模板根部缝隙进行封堵外，还应在底部先浇筑 20~30mm 厚与所浇筑混凝土浆液同成分的水泥砂浆，再浇筑混凝土，并加强根部振捣。

应控制每层浇筑厚度，以保证振捣密实、上下均匀一致。

竖向构件（柱子、墙体）与水平构件（梁、板）宜分两次浇筑，做好施工缝留设与处理。若欲将柱墙与梁板一次浇筑完毕，不留施工缝时，则应在柱墙浇筑完毕后停歇 1~1.5h，待其混凝土初步沉实后，再浇筑上面的梁板结构，以防止柱墙与梁板之间由于沉降、泌水不同而产生缝隙。

对有窗口的剪力墙，在窗口下部应薄层慢浇、加强振捣、排净空气，以防出现孔洞。窗口两侧应对称下料，以防压斜窗口模板。

当柱、墙混凝土强度比梁、板混凝土高两个等级及以上时，必须保证节点为高强度等级混凝土。施工时，应在距柱、墙边缘不少于 500mm 的梁、板内，用快易收口网或钢丝网等进行分隔。然后先浇节点的高强度等级混凝土，在其初凝前，及时浇筑梁板混凝土。

梁板混凝土应同时浇筑。梁混凝土宜自两端节点向跨中用赶浆法浇筑。楼板混凝土浇筑应拉线控制厚度和标高。在混凝土初凝前和终凝前，应分别对混凝土裸露表面进行 2 次抹面处理。

5. 大体积混凝土浇筑

大体积混凝土是指结构或构件的最小边长尺寸在 1m 以上，或可能由于温度变形而开裂的混凝土。在工业与民用建筑中多为设备基础、桩基承台或基础底板等。

大体积混凝土浇筑方案演示

由于基础的整体性要求高，大体积混凝土需连续浇筑，不留施工缝。施工工艺上既要做到分层浇筑、分层捣实，又必须保证上下层混凝土在初凝之前结合好，不致形成“冷缝”。在特殊的情况下方可留设施工缝或后浇带。

（1）浇筑方案的确定　大体积混凝土常用的浇筑方案有全面水平分层、分块分层和斜面分层三种（见图 5-51），应根据结构形状、大小、钢筋疏密、混凝土供应等具体情况进行选用，一般宜采用斜面分层法。

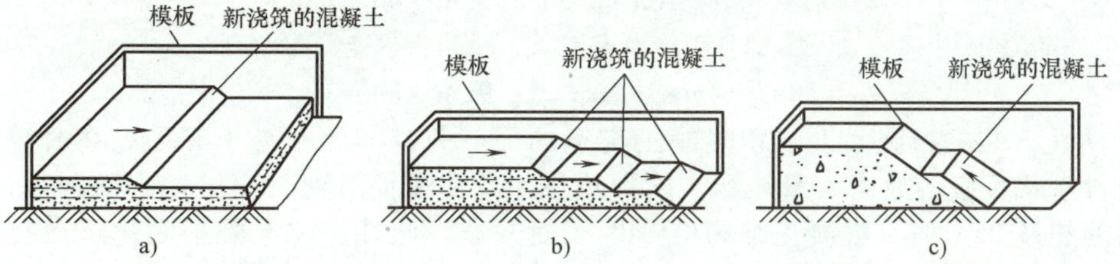

图 5-51　大体积混凝土浇筑方案

a）全面水平分层　b）分块分层　c）斜面分层

1）全面水平分层：是在整个基础内按水平分层浇筑混凝土。要做到第一层全部浇筑完毕回来浇筑第二层时，所到之处的第一层混凝土均未初凝，如此逐层进行，直至浇筑完毕。这种方案适用于结构的平面尺寸不太大的工程。

2）分块分层：混凝土从底层开始浇筑，进行一定距离（一个段长）后回来浇筑第二层；如此依次向前浇筑各层段。该法适用于厚度不太大而面积较大的结构。

3）斜面分层：适用于结构的长度较大的工程，是目前大型建筑基础底板或承台最常用的方法。当结构宽度较大时，可采用多台机械分条同步浇筑，使其形成连续整体。分条宽度不宜大于 10m，斜面的坡度根据混凝土坍落度确定，一般不大于 1∶7。每条的振捣应从浇筑层斜面的下端开始，逐渐上移，或在不同高度处分区振捣，以保证混凝土施工质量。

大体积混凝土浇筑的分层厚度取决于振动器的棒长和振动力的大小，也需考虑混凝土的供应能力和可能浇筑量的多少，一般不宜超过500mm。

为保证结构的整体性，在初定浇筑方案后要计算混凝土的最小浇筑强度 Q［见式(5-8)］，以检验在现有供应能力下方案的可行性，或采用初定方案时确定资源配置。

$$Q=\frac{FH}{T} \tag{5-8}$$

式中 Q——混凝土最小浇筑强度（m^3/h）；

F——所定方案中每层的面积（m^2）；

H——每层浇筑厚度（m）；

T——从开始浇筑到混凝土初凝的延续时间（初凝时间-运输及等待时间）（h）。

【例 5-4】 某工程混凝土承台，南北长30m，东西宽28m，厚1.5m，为C30混凝土，要求整体连续浇筑。拟使用两台混凝土泵车（各负责一半宽度）从南向北平行等速浇灌，每台泵车的实际输送能力为$35m^3/h$。拟采取斜面分层浇筑方案，斜面坡度为1∶6，每层厚0.5m。所用混凝土的初凝时间为3h。配备充足的混凝土搅拌运输车供料，混凝土的地面运输及泵送时间需1h。试完成以下内容：

1）通过计算判断该方案是否可行？

2）在正常施工情况下，该承台浇筑的时间是多少？

3）允许的最长浇筑时间（不出现冷缝的时间）是多少？

解：

1）计算保证整体性的最小浇筑强度，判断方案可行性。

每台泵浇筑宽度14m，正常层每层长度 $(1.5^2+9^2)^{0.5}m=9.12m$

最小浇筑强度 $Q=\frac{FH}{T}=\frac{14m\times 9.12m\times 0.5m}{3h-1h}=31.92m^3/h$

泵车输送能力 $35m^3/h>Q=31.92m^3/h$，该方案可行。

2）在正常施工情况下，该承台浇筑的时间

$$T_1=30m\times 14m\times 1.5m\div(35m^3/h)=18h$$

3）允许的最长时间（超过此时间，内部肯定存在“冷缝”缺陷）

$$T_2=30m\times 14m\times 1.5m\div(31.92m^3/h)=19.74h$$

（2）防止开裂的措施　大体积混凝土浇筑的另一关键问题是易于开裂。在升温阶段，由于水泥进行水化反应会放出大量热能，内部热量不断积聚而升温，而结构表面散热快温度低，当内外温差超过25℃时，混凝土结构将产生表面开裂。此外，在混凝土水化反应接近完成的降温阶段，由于体积收缩受到地基土、垫层、钢筋或桩等的约束，使结构受到很大的拉应力，当其超过当时混凝土的抗拉强度时，混凝土会被拉裂，甚至裂缝会贯穿整个混凝土截面，造成断裂。

要防止大体积混凝土浇筑后产生裂缝，需尽量减少水化热，避免水化热的积聚，避免过早过快降温。为此，首先应选用低水化热的水泥（如矿渣、火山灰、粉煤灰类水泥等）；掺入适量的粉煤灰以减少水泥用量；扩大浇筑面和散热面，降低浇筑速度或减小浇筑层厚度，在低温时浇筑。其次在必要时可采取人工降温措施，如采用风冷却；用冰水拌制混凝土；在混凝土内部埋设冷却水管，用循环水来降低混凝土温度等。控制入模温度不高于30℃，最大温升不超过50℃；在混凝土浇筑后，采取保温措施，延缓降温时间，提高混凝土的抗拉能力，减少收缩阻力等。

此外，现代施工中，对超长体型的混凝土结构或构件，为避免温度裂缝，常采用留设后浇带、设置膨胀加强带、采用跳仓法施工（见图5-52）等措施。留设后浇带时，需待两侧混凝土收缩完成且龄期不少于14d后，补浇强度高一等级的微膨胀混凝土。设置膨胀加强带是在结构浇筑时，在需设后浇带处浇筑宽度约2m的膨胀型混凝土带，以补偿两侧混凝土的收缩而避免裂缝。采用跳仓法施工时，补仓浇筑应待周围块体龄期不少于7d后进行。

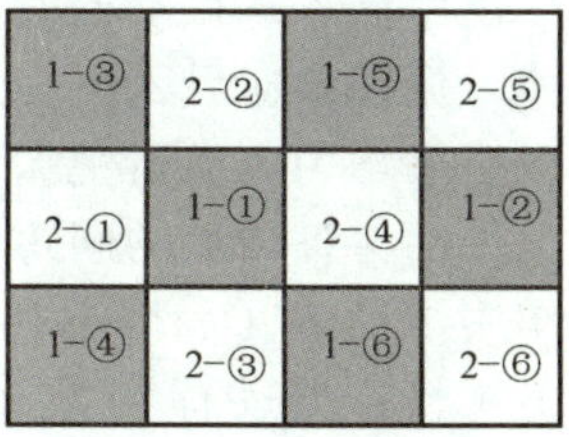

图5-52　跳仓法施工示意图

6. 混凝土的密实成型

混凝土只有经密实成型才能达到设计的强度、抗冻性、抗渗性和耐久性。

目前混凝土密实成型的方法主要有以下三种：一是利用机械振动克服拌合物的黏结力和内摩擦力而使之液化、沉实；二是通过在拌合物中掺减水剂、增大坍落度等措施，使其自流成型；三是在拌合物中增加用水量以提高流动性、便于成型，然后用离心法、真空吸水法或透水模板，将多余的水分和空气排出。工程中应用最多的是振捣密实。

(1) 机械振捣密实成型　机械振捣密实的原理是通过机械振动，使混凝土黏结力和骨料间的摩擦力减小，流动性增加，骨料在自重作用下下降，气泡逸出，孔隙减少，使混凝土密实地充满模板内的全部空间，达到密实成型的目的。

振动捣实机械的类型可分为内部（插入式）振动器、表面（平板式）振动器、外部（附着式）振动器和振动台（见图5-53）。在施工现场，主要是应用插入式振动器和平板式振动器。

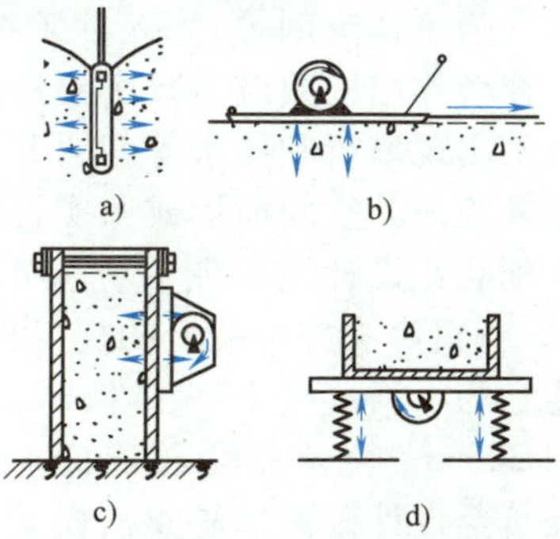

图5-53　振捣机械的类型

a）内部（插入式）振动器

b）表面（平板式）振动器

c）外部（附着式）振动器　d）振动台

1）插入式振动器。它又称内部振动器，由电动机、软轴和振动棒三部分组成。振动棒是工作部分，棒管内安装着偏心振子，在电动机驱动下，偏心振子的离心力使整个棒体产生圆振动。工作时，将它插入混凝土中，可把振动能量直接传给混凝土，故振实效率高。插入式振动器适用于基础、柱、梁、墙等深度或厚度较大的结构构件的混凝土捣实。

按振动棒激振原理的不同，插入式振动器可分为偏心轴式和行星滚锥式（简称行星式）两种（见图5-54）。偏心轴式的激振原理是利用安装在振动棒中心具有偏心质量的转轴，在作高速旋转时所产生的离心力使振动棒产生圆振动。由于其振动器的频率低（5000～8000次/min）、软轴磨损较大，已逐渐被行星式所取代。

行星式是利用振动棒中一端空悬的滚锥，在它自转时，还能沿棒壳内的圆锥面（即滚道）作公转滚动，从而形成行星运动。自转一周可公转若干周，而每公转一周，振动棒壳体即可产生一次圆振动，故振动频率可达1.2万～1.9万次/min。行星式振动器具有振捣效率高、机械磨损少等优点，因而得到普遍的应用。

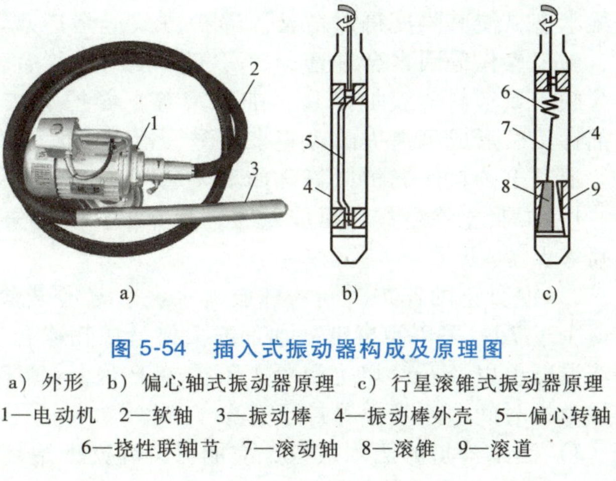

图5-54　插入式振动器构成及原理图

a）外形　b）偏心轴式振动器原理　c）行星滚锥式振动器原理

1—电动机　2—软轴　3—振动棒　4—振动棒外壳　5—偏心转轴

6—挠性联轴节　7—滚动轴　8—滚锥　9—滚道

使用插入式振动器时，要使振动棒自然地垂直沉入混凝土中。为使上下层混凝土结合成整体，振动棒应插入下一层混凝土中不少于50mm。振捣时，应将棒上下抽动，以保证混凝土上下振捣均匀。应避免振动棒碰撞钢筋、模板和埋设物。

振动棒各插点的间距不得超过振动棒有效作用半径 R（一般取棒半径的8~10倍）的1.4倍，振动棒与模板的距离不应大于0.5R。插点的布置方式有行列式与交错式两种（见图5-55），其中交错式重叠、搭接较多，振捣效果较好。振动棒在各插点的振动时间，以混凝土表面基本平坦、不再明显塌陷、泛出水泥浆、不再冒气泡为止。

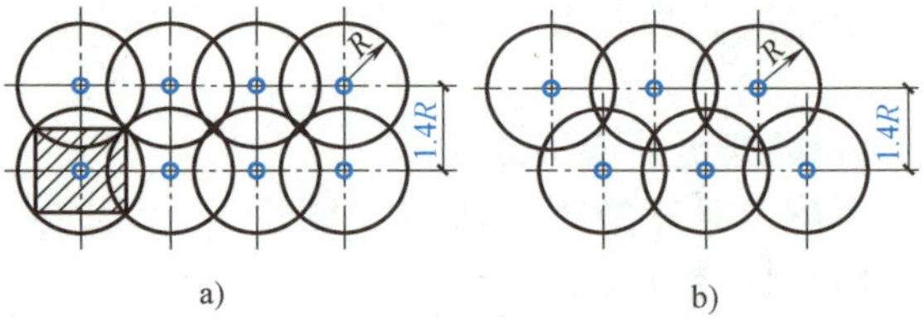

图5-55 插点的布置方式

a）行列式 b）交错式

2）平板式振动器。它是将带有偏心块的电动机固定在平板上而成，适用于捣实楼板、地坪等平面面积大而厚度较小的混凝土构件。振捣时，每次移动的间距应保证底板能与上次振捣区域重叠50mm左右，以防止漏振。

（2）自密实混凝土 自密实混凝土又称免振混凝土，是通过外加剂（包括高性能减水剂、超塑化剂、稳定剂等）、超细矿物粉等胶结材料和粗细骨料的搭配、配合比的精心设计，使混凝土拌合物屈服剪应力减小到适宜范围，同时又具有足够的塑性黏度，使骨料悬浮于水泥浆中，不出现离析和泌水等问题，在不用外力振捣的条件下通过自重作用实现自由流淌，充分填充模板内的空间而形成密实且均匀的结构体。

配合比设计及配制时，应重点控制拌合物的工作性（主要包括黏聚性、流动性和保水性），着重解决好混凝土的高工作性与混凝土硬化强度及耐久性的矛盾。自密实混凝土的工作性能宜为：坍落度250~270mm，扩展度550~700mm，流过高差≤15mm。骨料最大粒径不宜大于20mm。浇筑前确定好布料点和下料间距；浇筑时应控制浇筑速度和单次下料量，并应分层浇筑至设计标高，防止模板受损。

5.3.4 混凝土的养护

混凝土的养护是指混凝土浇筑后，在硬化过程中进行温度和湿度环境的控制，使其达到设计强度。混凝土的主要养护方法有自然养护和人工环境养护（如蒸汽养护）。施工现场多采用自然养护法，构件厂常用蒸汽养护法。

1. 自然养护

自然养护是通过洒水、覆盖、喷涂养护剂等方式，使混凝土在规定的时间内保持足够的温湿状态，使其强度得以增长。养护方式应考虑现场条件、环境温湿度、构件特点、技术要求、施工操作等因素合理选择，可单独使用或复合使用。覆盖法是在混凝土裸露表面覆盖塑料薄膜，或塑料薄膜加麻袋、加草帘等。养护剂法是将养护剂喷涂在已凝结的混凝土表面，溶剂挥发后形成可消失的薄膜来保湿，常用于大面积结构或不易覆盖者（如墙体）。

混凝土的自然养护应符合如下规定：

1）混凝土终凝抹面后应及时进行养护，防止失水开裂。对高性能混凝土宜在浇筑时即开始喷雾保湿。

2）混凝土的养护时间：硅酸盐水泥、普通硅酸盐水泥或矿渣硅酸盐水泥拌制的混凝土，不得少于7d；采用缓凝型外加剂或大掺量矿物掺合料配制的混凝土、大体积混凝土、后浇带、抗渗混凝土以及C60以上混凝土不得少于14d；地下室底层和结构首层的柱、墙混凝土宜适当增加养护时间，且带模养护不宜少于3d。

3）洒水养护的洒水次数，应能保持混凝土始终处于湿润状态。养护用水应与拌制用水相同；当日最低温度低于5℃时，不应采用洒水养护。

4）采用塑料薄膜覆盖养护时，应覆盖严密，并应保持薄膜内有凝结水。

5）喷涂养护剂养护时，其保湿效果应通过试验检验。喷涂应均匀无遗漏。

6）混凝土强度达到1.2MPa前，不得上人施工。

2. 蒸汽养护

该法是将构件放在充满饱和蒸汽的养护室内或就地覆盖围挡后通入蒸汽，在较高的温湿度环境中加速水泥水化反应，使混凝土强度快速增长的养护方法。蒸汽养护主要用于构件厂制作构件，也可用于现场冬期施工。

5.3.5 混凝土冬期施工

1. 冬期施工原理

根据当地多年气象资料，当室外日平均气温连续5d稳定低于5℃时，以及混凝土未达到受冻临界强度而气温骤降至0℃以下时，混凝土工程应采取冬期施工措施，及时采取气温突然下降的防冻措施。

冻结对早期混凝土将造成严重危害。其主要原因是混凝土内部的水结冰后体积膨胀，冰晶应力使强度还很低的混凝土内部产生无法弥补的微裂纹；其次，导热性强的钢筋、粗骨料表面易形成冰膜，削弱了砂浆与石子、混凝土与钢筋间的握裹力，导致混凝土最终强度损失。试验证明，混凝土遭冻时间越早，水胶比越大，则强度损失越多，反之则少。

混凝土受冻后，当温度恢复至正温时其强度还能继续增长。当混凝土达到某一初期强度值后遭到冻结，解冻后再经28d标养，其强度如能达到设计等级的95%以上时，则受冻前的初期强度值称为混凝土的允许受冻临界强度。规范规定见表5-16。

表5-16　混凝土允许受冻临界强度规定

混凝土种类	受冻临界强度
用硅酸盐、普通硅酸盐水泥配制的混凝土	30%设计强度等级值
用矿渣硅酸盐水泥等配制的混凝土	40%设计强度等级值
抗渗混凝土	50%设计强度等级值
有抗冻耐久性要求的混凝土	70%设计强度等级值

注：当施工需提高混凝土强度等级时，应按提高后的强度等级确定受冻临界强度。

2. 冬期施工要求与方法

（1）原材料的选择及要求

1）水泥。应优先选用水化热高、早期强度高的水泥，如硅酸盐或普通硅酸盐水泥，水泥用量不少于280kg/m^3，水胶比不大于0.55。

2）骨料。不得含有冰雪和冻块；当掺用含钾、钠离子的防冻剂时，不得混有活性骨料。

3）外加剂。不宜使用氯盐类防冻剂；对抗冻性要求高的混凝土，宜使用引气剂或减水剂。

（2）原材料的加热　冬期施工常用热拌混凝土。在拌制前应优先考虑对水进行加热，当其不能满足要求时，再对骨料进行加热。水泥不得加热，宜运至暖棚中存放。水及骨料的加热温度，应根据热工计算确定，但不得超过表5-17的规定。在任何情况下，水泥都不得与80℃以上的水直接接触，以避免出现“假凝”现象。

表5-17　拌合水及骨料加热最高温度　（单位：℃）

普通硅酸盐水泥、矿渣硅酸盐水泥的强度等级	拌合水	骨料
42.5级以下	80	60
42.5级及以上	60	40

（3）混凝土的搅拌　在混凝土搅拌前，先用热水或蒸汽冲洗、预热搅拌机。搅拌投料顺序是：当水温不高于表5-17的规定时，可将水泥和骨料先投入，干拌均匀后再加入水，直至搅拌均匀为止；否则应先投入骨料和热水，拌至温度下降后再投入水泥。

混凝土的搅拌时间应较常温延长50%以使拌和及温度均匀，拌合物的出机温度不宜低于10℃，预拌混凝土或远距离运输者不宜低于15℃。

（4）混凝土运输和浇筑　运输混凝土所用的容器应有保温措施，运输时间应尽量缩短，保证混凝土的入模温度不低于5℃。混凝土在浇筑前，应清除模板和钢筋上的冰雪和污垢；不得在强冻胀性地基上浇筑；当在弱冻胀性地基上浇筑时，基土不得遭冻。当分层浇筑大体积混凝土时，已浇筑层在被上一层覆盖前，不得低于按热工计算要求的温度，不得低于2℃。

（5）混凝土养护方法　冬期施工混凝土的养护方法，一般要经过技术经济比较确定。在免遭冻害的前提下，选择质量优、费用低、污染小且简单易行的方法。

1）蓄热养护法。该法是利用原材料加热及水泥水化放热，并采取适当保温措施延缓混凝土冷却，在混凝土温度降到0℃前达到受冻临界强度。该法具有施工简单、节省能源、费用低等特点，适用于室外最低温度不低于-15℃时，地面以下的工程或表面系数（表面积/体积）不大于$5m^{-1}$的结构。当表面系数较大（$5\sim15m^{-1}$）时，可在混凝土中掺加具有减水、引气功能的早强剂而构成综合蓄热法。

蓄热法养护的关键要素：混凝土的入模温度、围护层的总传热系数和水泥水化热值。采用该法时，宜使用水化热高的水泥，适量掺用早强剂，提高入模温度，采用导热系数小、价廉耐用且具有一定防火性能的保温材料（如岩棉被），加强棱角处覆盖。

2）外加剂法。该法是通过外加剂抗冻、早强、催化、减水等功能，降低混凝土的冰点，在负温下能继续硬化，尽早达到要求的强度。使用该法应做好试验检验工作，避免不同类型外加剂间的相互影响，防止产生不利作用和环境污染；保证混凝土入模、初始温度符合要求。

3）加热养护法。

① 蒸汽养护法。蒸汽养护法是利用蒸汽对混凝土进行加热，以达到受冻临界强度。该法效果好，但费用较高。具体方法包括蒸汽室法、蒸汽套法、毛细管法和构件内部通汽法等。使用该法，应得到设计单位同意，并严格控制温度和升降温速度。混凝土加热养护前的温度不得低于2℃；当加热温度需在40℃以上时，应采取防止产生较大温度应力的措施。

② 电热养护法。电热养护法分电极法和电热器法两种。电极法是在新浇筑的混凝土中，事先按一定间距埋入电极，利用混凝土本身的电阻或电极钢筋的电阻将电能转变为热能进行加热养护。电热器法是利用各种电加热器（如电热毯、工频涡流、线圈感应、红外线辐射等）对混凝土加热养护，此法要注意防止混凝土早期脱水，最好在表面覆盖一层塑料薄膜。

4）暖棚法。暖棚法是在建筑物或构件周围搭起暖棚，棚内设置热源，以维持棚内不低于5℃的环境，使混凝土养护硬化。此法施工操作与常温无异，但搭设暖棚耗资大、耗能多，仅适用于建筑面积不大而混凝土工程又很集中的工程，在地下及基坑中施工使用较多。

（6）质量控制　冬期施工应加强混凝土温度的监测，以便及时采取措施，保证混凝土安全达到受冻临界强度。因此，要按规范要求布置和留设测温孔、安排专人按时测温。每次留置混凝土抗压强度试件时，应增加不少于2组同条件养护试件，以检查受冻时的强度和最终强度。

5.3.6 混凝土的质量检查

混凝土的质量检查包括施工过程中的质量检查及成品的强度、外观检查。

1. 施工过程中的质量检查

在拌制和浇筑过程中，对拌制混凝土所用原材料的品种、规格和用量的检查，每一工作班至少两次；当混凝土配合比由于外界影响有变动时，应及时检查并调整；混凝土的搅拌时间，应随时检查。

2. 混凝土试块的留置

为了检查混凝土的强度等级是否达到设计或施工阶段的要求，应制作试块，进行抗压强度试验。混凝土试块的尺寸及强度换算系数见表5-18。

（1）检查混凝土是否达到设计强度等级　检查方法是，制作标准养护试块，经28d养护后做抗压强度试验。其结果作为确定结构或构件的混凝土强度是否达到设计要求的依据。

表5-18　混凝土试块的尺寸及强度换算系数

骨料最大粒径/mm	试块尺寸/mm×mm×mm	强度换算系数
≤31.5	100×100×100	0.95
≤40	150×150×150	1.00
≤63	200×200×200	1.05

注：对C60及以上的混凝土试块，其强度的尺寸换算系数可通过试验确定。

标准养护试块，应在浇筑地点随机取样制作。其组数，应按下列规定留置：

1）每个工作班、每一楼层、每拌制100盘、每$100m^3$的同配合比的混凝土，取样均不得少于一次。

2）每次取样应至少留置一组（3个）标准试块。每组试块应在同盘混凝土中取样制作。

（2）检查各施工各阶段混凝土的实体强度　为了确定结构或构件能否拆模、运输、吊装、施加预应力或临时负荷等，或应结构实体要求，尚应留置与结构或构件同条件下养护的试块。其数量按实际需要确定，但不得少于3组。取样应均匀分布在施工周期内。

3. 混凝土强度的评定

（1）每组试块强度代表值的确定　混凝土强度应分批进行验收。同一验收批的混凝土应由强度等级、龄期、生产工艺和配合比相同的混凝土组成。每一验收批的混凝土强度，应以同批内各组标准试块的强度代表值来评定。每组试块的强度代表值按以下规定确定：

1）取三个试块试验结果的平均值，作为该组试块的强度代表值。

2）当三个试块中的最大或最小的强度值，与中间值相比超过15%时，取中间值代表该组的混凝土试块的强度。

3）当三个试块中最大和最小的强度值，与中间值相比均超过15%时，该组试块作废。

（2）混凝土强度评定方法　根据混凝土生产情况，在混凝土强度检验评定时，有以下三种评定方法：

1）标准差已知统计法。当混凝土的生产条件在较长时间内能保持一致，同一品种混凝土的强度变异性能保持稳定时，由连续的三组试块代表一个验收批进行评定。

2）标准差未知统计法。当混凝土的生产条件不能满足上述规定，或在前一个检验期内的同一品种混凝土没有足够的数据用以确定标准差时，应由不少于10组的试块代表一个验收批，进行强度评定。

3）非统计法。对零星生产的预制构件的混凝土或现场搅拌的批量不大的混凝土，可采用非统计法评定。此时，验收批混凝土的强度必须满足：同一验收批混凝土立方体抗压强度平均值不低于1.15倍设计标准值，其中最小值不低于95%设计标准值。

4. 现浇结构的外观检查

（1）检查内容与处理要求　现浇钢筋混凝土拆模后应检查构件的轴线位置、标高、截面尺寸、表面平整度、垂直度、外观缺陷、连接及构造做法；预埋件数量、位置；结构的轴线位置、标高、全高垂直度等。不影响受力和使用功能的外观和尺寸偏差属一般缺陷，否则属于严重缺陷。对严重缺陷不得擅自处理，施工单位应制订专项修整方案，经论证审批后再实施。

（2）现浇结构的尺寸偏差 现浇结构拆模后的尺寸允许偏差和检验方法应符合表 5-19。

表 5-19 现浇结构拆模后的尺寸允许偏差和检验方法

项目			允许偏差/mm	检验方法
轴线位置	整体基础		15	经纬仪及尺量
	独立基础		10	
	柱、墙、梁		8	尺量
垂直度	层高	≤6m	10	经纬仪或吊线、尺量
		>6m	12	
	全高（H）	≤300m	H/30000+20	经纬仪、尺量
		>300m	H/10000 且≤80	
标高	层高		±10	水准仪或拉线、尺量
	全高		±30	
截面尺寸	基础		+15，-10	尺量
	柱、梁、板、墙		+10，-5	
	楼梯相邻踏步高差		6	
电梯井	中心位置		10	尺量
	长、宽尺寸		+25，0	
表面平整度			8	2m 靠尺和塞尺量测
预埋件中心位置	预埋板		10	尺量
	预埋螺栓		5	
	预埋管		5	
预留洞、孔中心线位置			15	尺量

注：1. 检查柱轴线、中心线位置时，沿纵、横两个方向量测，并取其中偏差的较大值。
2. H 为全高，单位为 mm。

工程案例

本章工程案例详见本书配套电子资源。

习 题

一、问答题

1. 试述钢筋进场检验的内容与要求。
2. 钢筋有哪些连接方法？一般要求有哪些？
3. 试述闪光对焊工艺种类与适用范围，质量检查的内容与要求。
4. 电弧焊连接钢筋的接头形式，对焊缝各有哪些要求？
5. 钢筋代换时应注意哪些问题？
6. 钢筋的机械连接方法有哪些？各自特点及适用范围如何？
7. 钢筋直螺纹连接“接头与母材等强”的原理是什么？连接的位置及质量要求有哪些？
8. 梁、板、柱钢筋的保护层的厚度如何保证？
9. 对模板的基本要求有哪些？
10. 柱、梁、板、墙，钢筋绑扎与模板安装的先后顺序各如何？
11. 梁、板模板为什么要起拱？怎样起拱？起多少？
12. 试述大模板及爬升模板各自适用的结构类型，大模板的安装与拆除要点。
13. 现浇楼板何时拆除底模和支撑？为什么要保持支撑 2~3 层以上？
14. 模板拆除时，对混凝土强度有何要求？

15. 模板设计的主要内容有哪些？设计梁底模板时应考虑哪些荷载？设计墙模板时应考虑哪些荷载？

16. 现场混凝土的搅拌、运输、浇筑常使用哪些机具？

17. 对混凝土运输的基本要求有哪些？

18. 混凝土泵送运输时，对混凝土有何要求？

19. 防止混凝土柱“烂根”的措施有哪些？

20. 混凝土每层浇筑厚度如何确定？振捣的方法及要求有哪些？

21. 试述确定混凝土施工缝留设位置的原则，接缝的时间与施工要求。

22. 大体积混凝土的浇筑方法及要点有哪些？

23. 框架结构浇注顺序如何？当梁、柱采用不同强度等级的混凝土时，应如何施工？

24. 混凝土浇筑后，何时需开始养护？养护多少时间？何时允许上人继续作业？

25. 混凝土冬期施工的方法有哪些？什么是混凝土的受冻临界强度？材料加热温度的要求是什么？

二、计算题

1. 计算图5-56所示梁的钢筋下料长度（抗震结构），并绘制出配料单。该梁共10根。

注：各种钢筋单位长度的质量为：Φ8（0.395kg/m），Φ12（0.888kg/m），Φ22（2.98kg/m），Φ25（3.85kg/m）。

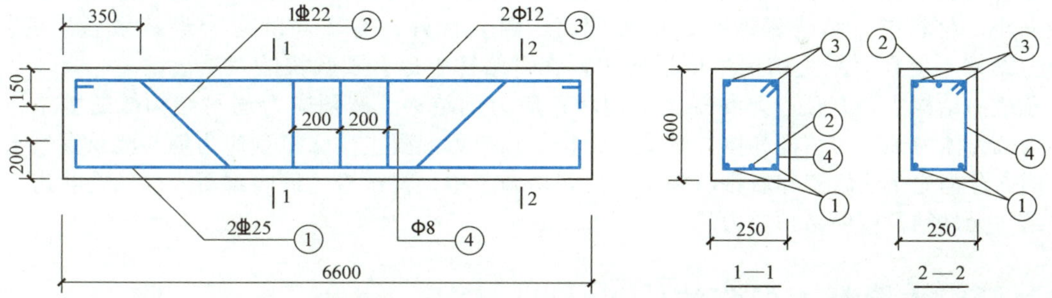

图 5-56

2. 某钢筋混凝土梁主筋原设计采用HRB335级4根直径18mm的钢筋，现无此种钢筋，拟用HRB400级钢筋代换，试计算需代换钢筋面积、直径和根数。

3. 某混凝土墙高4m，采用坍落度为150mm的普通混凝土，浇筑速度为2m/h，浇筑入模温度为22℃。试计算模板的设计荷载组合效应值及侧压力的有效压头高度。

4. 某C30混凝土的试验配合比为1∶2.11∶3.65，水胶比为0.56，水泥用量为320kg/m^3，现场砂石含水率分别为4%和2%。若用出料容量为350L的搅拌机拌制混凝土，求施工配合比及每盘配料量（用散装水泥）。

5. 某混凝土设备基础：长×宽×厚＝15m×4m×3.2m，要求整体连续浇筑，拟采取全面水平分层浇筑方案。现有3台搅拌机，每台生产率为6m^3/h，若混凝土的初凝时间为3h，运输时间为0.5h，每层浇筑厚度为400mm，试确定：

（1）此方案是否可行？

（2）搅拌机最少应开动几台？

（3）该设备基础浇筑的可能最短时间与允许的最长时间。

6. 三组混凝土试块的强度分别为18.5MPa、20.3MPa、21.8MPa，16.2MPa、20.1MPa、24.6MPa，17.5MPa、20.4MPa、25.2MPa。试求各组试块的强度代表值。

第6章

预应力结构工程

学习目标

了解常用的预应力筋，理解预应力混凝土的概念；掌握先张法、后张法施工工艺与要求，熟悉常用的夹具、锚具和张拉设备；掌握预应力筋下料长度的计算，了解预应力钢结构工程中预应力的施加方法。

预应力结构是在结构或构件承受设计荷载之前，预先对其施加压应力，以改善使用性能的结构形式。预应力可以提高结构或构件的刚度、抗裂性和耐久性，增加结构的稳定性，也能将散件拼装成整体。预应力结构能有效地发挥高强材料的作用，结构跨度大、自重轻，构件截面小、材料省，结构变形小、抗裂度高、耐久性好，有较高的综合经济效益。近年来，预应力结构不但在混凝土结构中广泛应用，在钢结构中也有了较快的发展。

预应力结构主要有预应力混凝土结构和预应力钢结构。按预应力筋与结构体的关系，预应力结构分为体内预应力结构和体外预应力结构。预应力混凝土按张拉预应力筋与浇筑混凝土的顺序不同，分为先张法施工和后张法施工。后张法施工中，按预应力筋与混凝土的结合状态，分为有黏结、无黏结及缓黏结预应力施工。

6.1 预应力混凝土先张法施工

先张法施工是先在台座上张拉预应力筋，并临时固定于台座，然后浇筑混凝土，养护至设计强度的75%以上后进行放张，预应力筋回弹，对构件混凝土施加预压应力。其主要工艺顺序如图6-1所示。先张法具有钢筋和混凝土之间黏结可靠度高、构件整体性好、节省锚具、

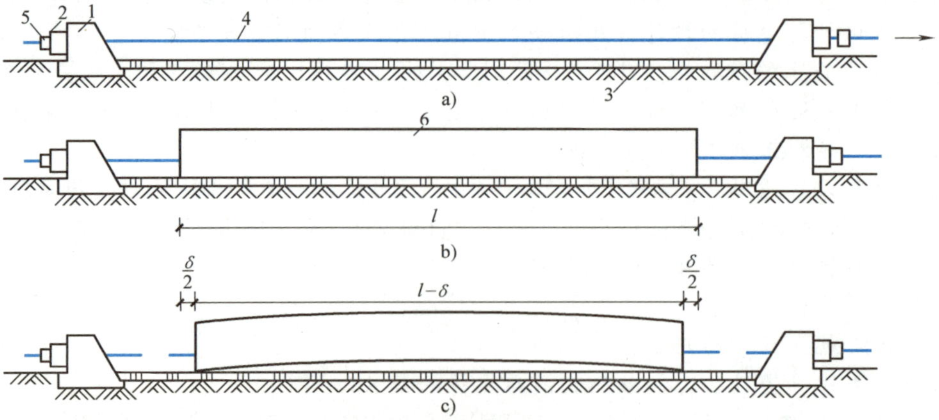

图6-1 先张法施工的主要工艺顺序

a）张拉、固定预应力筋 b）浇筑、养护混凝土构件 c）切断预应力筋

1—台座 2—横梁 3—台面 4—预应力筋 5—锚固夹具 6—混凝土构件

经济效益高等优点；缺点是生产占地面积大，养护要求高，必须有承载能力强且刚度大的台座。因此，该法仅适用于构件厂生产中小型构件。

6.1.1 材料、设备与机具

1. 材料

预应力混凝土结构或构件的预压应力来自于预应力筋的回弹力，因此，对预应力筋的要求较高，包括高强度、低松弛、与混凝土黏结性能好等。目前以高强钢材为主，碳纤维、纤维增强树脂等非钢预应力筋也开始探索性使用。同时，预应力结构或构件所用的混凝土也应协调配套，其强度等级不应低于C30（宜C40以上），以提供足够的抗压支撑力。

预应力筋按材料类型可分为预应力用钢丝、钢绞线、螺纹钢筋等。预应力筋进场时应检查规格、尺寸、外观及质量证明文件，并抽样复验。在预应力筋的运输、存放、加工、安装过程中，应采取防止损伤、锈蚀、污染等措施。

（1）钢丝　常用钢丝包括中强度钢丝和消除应力钢丝两类。

预应力混凝土用中强度钢丝是将低碳钢通过冷拔、冷轧等冷加工或再进行稳定化热处理制成，其屈服强度为620~980MPa。中强度钢丝常加工成螺旋肋或刻痕等形式，提高了锚固性能，宜用于先张法施工的构件。由于其存在脆性大、残余应力大等弱点，故使用较少。

消除应力钢丝是将高碳钢盘条经淬火、酸洗、拉拔和回火处理制成，极限强度为1470~1860MPa。钢丝直径一般为3~8mm。

（2）钢绞线　预应力用钢绞线（见图6-2）是将冷拉钢丝在绞线机上绞和，并经回火消除应力处理而成。钢绞线的强度高（极限强度1570~1960MPa），柔性较好，施工方便，应用极为广泛。

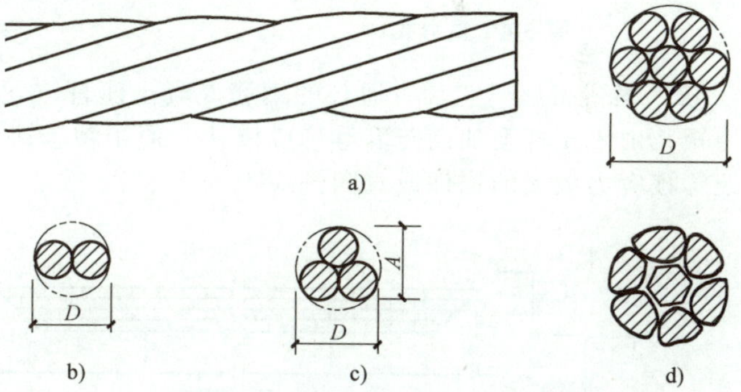

图6-2　预应力混凝土用钢绞线

a）1×7钢绞线　b）1×2钢绞线　c）1×3钢绞线　d）模拔钢绞线

D—钢绞线公称直径　A—1×3钢绞线测量尺寸

钢绞线除强度等级差异外，根据加工要求又可分为标准型、刻痕和模拔等形式。

1）标准型钢绞线。标准型钢绞线由冷拉光圆钢丝捻制，常用低松弛钢绞线。其力学性能优异、质量稳定、价格适中，是用途最广、用量最大的一种预应力筋。

2）刻痕钢绞线。刻痕钢绞线由刻痕钢丝捻制而成，与混凝土的握裹力强。其力学性能与低松弛钢绞线相同。

3）模拔钢绞线。它是在捻制成型后，再经模拔处理制成。钢绞线内的钢丝在模拔时被挤压，各根钢丝间成为面接触，使钢绞线的密度提高约18%。在相同截面面积时，其外径较小，可减少所需孔道直径，或在同径孔道内可增加钢绞线的数量，与锚具的接触面较大，锚固效率高。

图6-3　预应力螺纹钢筋

（3）预应力螺纹钢筋　预应力混凝土用螺纹钢筋也称为精轧螺纹钢筋（见图6-3）。其表面热轧成不连续的外螺纹，可用带有内螺纹的套筒连接或螺母锚固。其直径有 18mm、25mm、32mm、40mm、50mm 几种，按屈服强度分为 785MPa、930MPa、1080MPa 三个等级，以代号“PSB”加上规定屈服强度值表示。这种钢筋具有强度较高、锚固及接长简单、无须焊接、施工方便等优点。

2. 台座

台座是先张法生产的主要设备，将承受预应力筋的全部张拉力，故应有足够的强度、刚度和稳定性。台座种类有固定于地面的墩式台座、槽式台座，也可利用钢模板作为台座。

(1) 墩式台座　墩式台座主要靠台座自重和土压力来平衡张拉力及其引起的倾覆力矩。其基本形式有重力式（见图 6-4）和构架式（见图 6-5）等。其长度一般可达 100~150m，张拉一次预应力筋可生产多个构件（长线台座），不但能减少张拉的工作量，还可减少应力损失。墩式台座常用于生产屋架、空心板、平板等中小型构件。

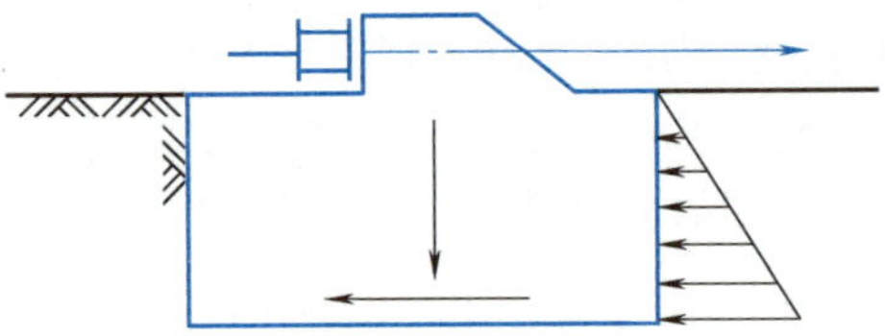

图 6-4　重力式

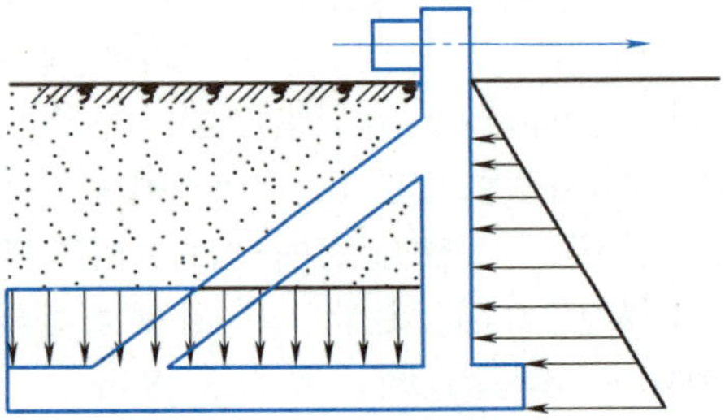

图 6-5　构架式

(2) 槽式台座　它具有通长的钢筋混凝土压杆（见图 6-6），故可承受较大的张拉力和倾覆力矩。由于压杆上加砌砖墙等形成槽状，便于覆盖进行蒸汽养护。槽式台座常用于生产梁、屋架等预应力较大的构件或双向预应力构件。

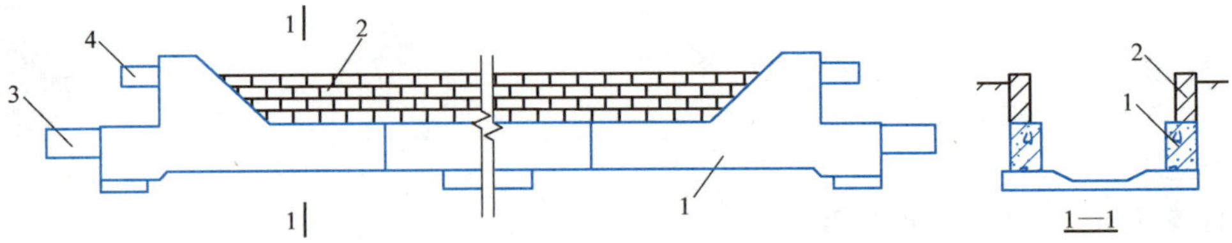

图 6-6　槽式台座

1—钢筋混凝土压杆　2—砖墙　3—下横梁　4—上横梁

(3) 钢模台座　它是将具有足够刚度的钢模板作为预应力筋的锚固支座，一块模板中可制作 1 个或几个构件。便于移位和吊运至蒸汽池养护，常在流水线上使用。钢模台座主要用于楼板、管桩、轨枕等较小构件的制作。

预应力板制作

3. 张拉机具与夹具

预应力张拉常采用液压千斤顶作为主要设备，并使用悬吊、支撑、连接等配套组件。夹具是在先张法施工中用于夹持或固定预应力筋的工具，可重复使用。将预应力筋与张拉机械相连的夹持工具称为张拉夹具，张拉后将预应力筋固定于台座者称为锚固夹具。应根据预应力筋种类及数量、张拉与锚固方式不同，选用相应的机具和夹具。

(1) 单根钢筋张拉　单根螺纹钢筋的张拉常用拉杆式千斤顶（见图 6-7）。张拉时，将千斤顶的螺母与钢筋螺纹旋紧而连接。张拉后，通过垫板和拧紧的螺母锚具（见图 6-8）锚固于台座横梁。

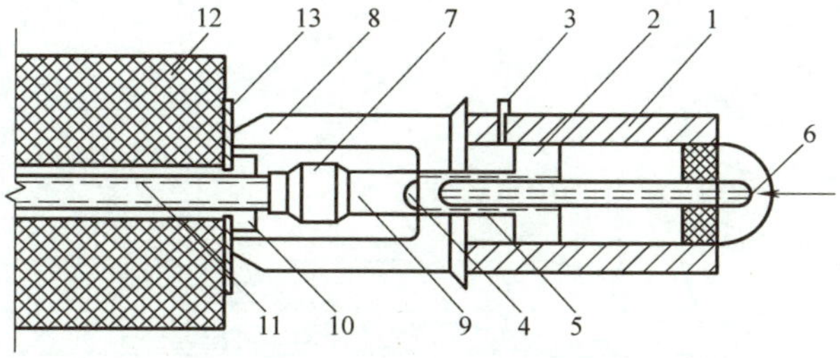

图 6-7　拉杆式千斤顶张拉单根粗钢筋原理图

1—主缸　2—主缸活塞　3—主缸进油孔　4—副缸
5—副缸活塞　6—副缸进油孔　7—连接器　8—传力架
9—拉杆　10—螺母　11—预应力筋　12—台座横梁
13—钢板

图 6-8　螺母锚具

四横梁张拉

自锁紧夹片夹具

（2）多根钢筋成组张拉　多根钢筋成组张拉时，可采用三横梁装置，通过台座式液压千斤顶对横梁进行张拉，如图 6-9 所示。其张拉夹具固定于张拉横梁上；张拉后，将锚固夹具锁固于前横梁上。所用锚固夹具，对螺纹钢筋可采用螺母锚具；对非螺纹钢筋可采用套筒夹片式锚具（见图 6-10），通过楔形原理夹持住预应力筋。施工中应使各钢筋锚固长度及松紧程度一致。

（3）钢丝张拉　钢丝常采用多根成组张拉。先将钢丝进行冷镦头，固定于模板端部的梳筋板夹具（见图 6-11，楼板用）上，用千斤顶依托钢模横梁、用张拉抓钩拉动梳筋板，再通过螺母锚固于钢模横梁上。当采取单根张拉时，可使用夹片夹具（见图 6-12）。

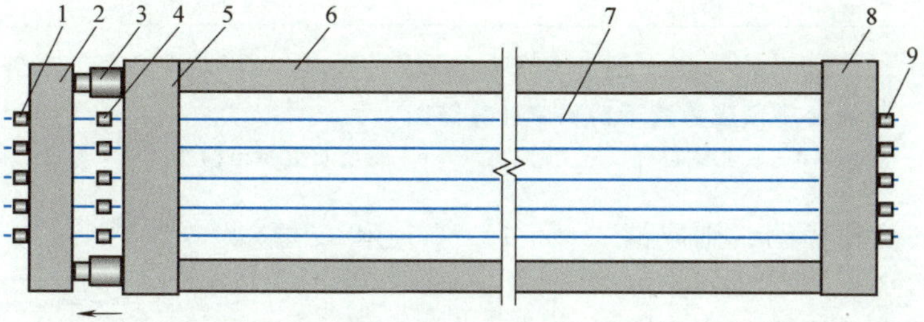

图 6-9　三横梁装置示意图（张拉中）

1—张拉端锚固夹具　2—张拉横梁　3—台座式千斤顶　4—待锁紧锚固夹具
5—前横梁　6—台座传力柱　7—预应力筋　8—后横梁　9—固定端锚固夹具

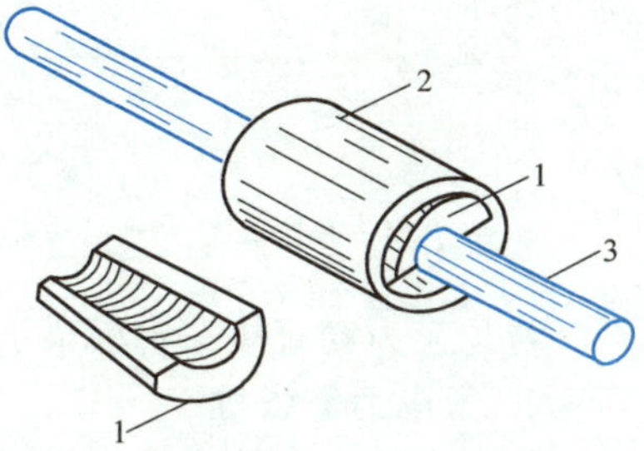

图 6-10　套筒夹片式锚具

1—夹片　2—套筒　3—预应力筋

6.1.2　先张法施工工艺

1. 预应力筋下料

先张法预应力圆孔板制作

先张法长线台座上的预应力筋（见图 6-13），根据张拉装置不同，可采取单根张拉方式或整体张拉方式。其下料长度 L 按下式计算

$$L=l_1+l_2+l_3-l_4-l_5 \tag{6-1}$$

式中　l_1——长线台座长度；

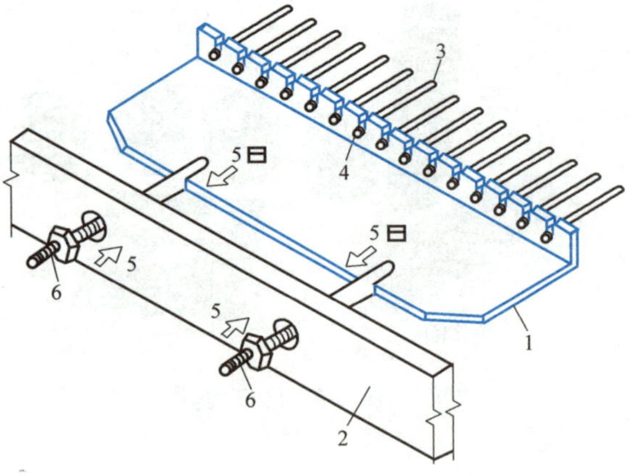

图 6-11 模板端部的梳筋板夹具

1—梳筋板 2—钢模横梁 3—预应力钢丝 4—镦头
5—千斤顶张拉时抓钩孔及支撑位置 6—固定用螺母

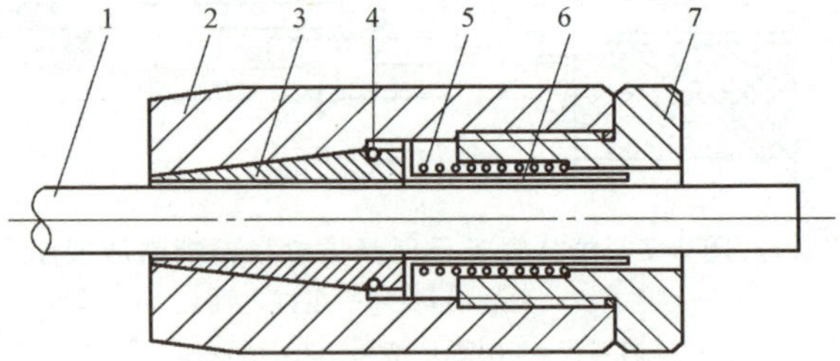

图 6-12 单根钢丝夹片夹具

1—预应力钢丝 2—套筒 3—夹片 4—钢丝圈
5—弹簧圈 6—顶杆 7—顶盖

l_2——张拉装置长度（含外露预应力筋长度）；

l_3——固定端所需长度；

l_4、l_5——张拉端、固定端工具式拉杆长度。

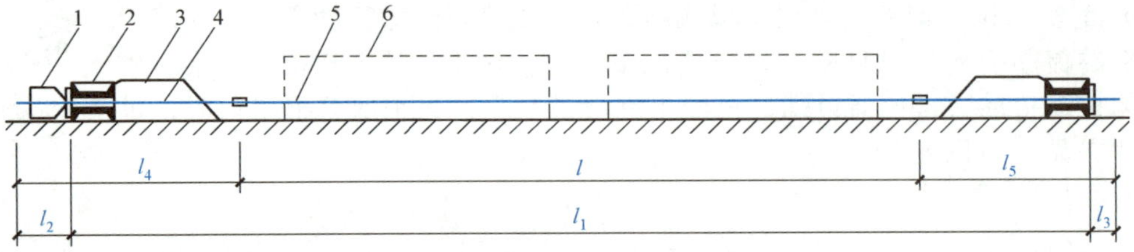

图 6-13 长线台座预应力筋下料长度计算简图

1—张拉装置 2—钢横梁 3—台座 4—工具式拉杆 5—预应力筋 6—待浇筑混凝土构件

若预应力筋直接在钢横梁上张拉和锚固，则取消式（6-1）中 l_4 和 l_5 值。

2. 预应力筋张拉

预应力筋的张拉应根据设计要求严格按张拉程序进行。

（1）张拉控制应力 根据 GB 50010—2010《混凝土结构设计规范》的规定，预应力筋的张拉控制应力 σ_{con} 应满足表 6-1 的要求。

表 6-1 张拉控制应力和超张拉允许最大应力

项次	预应力筋种类	张拉控制应力 σ_{con}	调整后的最大应力限值 σ_{max}
1	消除应力钢丝、钢绞线	$0.75f_{ptk}$	$0.80f_{ptk}$
2	中强度预应力钢丝	$0.70f_{ptk}$	$0.75f_{ptk}$
3	预应力螺纹钢筋	$0.85f_{pyk}$	$0.90f_{pyk}$

注：1. f_{ptk} 为预应力筋极限抗拉强度标准值。
2. f_{pyk} 为预应力筋屈服强度标准值。

（2）张拉程序 预应力筋张拉一般可按下列程序进行：

$0 \rightarrow 1.05\sigma_{con} \xrightarrow{\text{持荷 2min}} \sigma_{con} \rightarrow$ 固定；或 $0 \rightarrow 1.03\sigma_{con} \rightarrow$ 固定。

上述张拉程序中，都有超过张拉控制应力的步骤，其目的是减少预应力筋松弛造成的预应力损失。在高应力状态下，钢筋在 1min 内可完成应力松弛的 50%，24h 可完成 80%。前者，先超张拉 $5\%\sigma_{con}$ 经持荷 2min 再调整到控制应力，则可减少大部分松弛损失，建立的预应力值较为准确，但工效较低，所用锚夹具应能允许反复拆装或调整；后者，将 $3\%\sigma_{con}$ 作为松弛损失的补偿，其特点是工艺简单、工效高，但预应力值的准确度略低。

（3）张拉施工要点　预应力筋的张拉应根据设计要求的控制应力及程序进行。张拉要点如下：

1）做好材料、设备检查，并做好预应力筋张拉记录。

2）在已张拉钢筋（丝）后进行其他钢筋绑扎、预埋件安装、模板安装以及混凝土浇筑等操作时，要防止踩踏、敲击或碰撞预应力筋。

3）单根张拉时，应从台座中间向两侧对称进行，以防偏心损坏台座。多根成组张拉时，应用测力计抽查钢筋的应力，保证各预应力筋的初应力一致。

4）张拉要缓慢进行；顶紧夹片时，用力不要过猛，以防钢丝折断；在拧紧螺母时，应注意压力表读数始终保持所需的张拉力。

5）预应力筋张拉完毕后，与设计位置的偏差不得大于 5mm，也不得大于构件截面最短边长的 4%。

6）冬期施工张拉时，环境温度不得低于-15℃。

7）台座两端应有防护设施，端头严禁站人，也不准进入台座。

3. 混凝土施工

预应力筋张拉完成后，应及时浇筑混凝土。混凝土应采用低水胶比，控制水泥用量和骨料级配以减少收缩和徐变，降低预应力损失。混凝土的浇筑必须一次完成，不得留设施工缝。应振捣密实，注意加强端部的振捣，并防止振捣设备碰触预应力筋。

混凝土可采用自然养护或蒸汽养护。若进行蒸汽养护，应采用二次升温法，即控制初期升温速度，使蒸汽与构件间的温差不超过 20℃，以免预应力筋膨胀而台座长度无变化所引起的预应力损失；当混凝土强度达到 10MPa 以上后，方可转入正常蒸养温度。

4. 预应力筋放张

（1）放张要求　放张预应力筋时，混凝土强度必须达到设计要求值。当设计无要求时，不得低于混凝土设计强度标准值的 75%。以减少预应力筋滑动等引起的预应力损失。

（2）放张顺序　预应力筋的放张应按设计规定的顺序进行。若设计无规定，可按下列要求进行：

1）轴心受预压的构件（如拉杆、桩等），所有预应力筋应同时放张。

2）偏心受预压的构件（如梁等），应先同时放张预压力较小区域的预应力筋，再同时放张预压力较大区域的预应力筋。

3）如不能满足前两项要求时，应分阶段、对称、交错地放张，以防止在放张过程中构件产生弯曲、裂纹和预应力筋断裂。

（3）放张方法

1）板类构件。宜从生产线中间处开始放张，以减少回弹量且有利于脱模；对每一块板，应从外向内对称放张，以免构件扭转而端部开裂。其钢丝或细钢筋，可直接用钢丝钳剪断或切割机锯断。

2）粗钢筋放张。放张应缓慢进行，以防击碎端部混凝土，目前常采用千斤顶放张。放张时，对单根钢筋应拉动钢筋、松开螺母，然后缓慢回油放松；对成组张拉者应推动钢梁、退出夹片，再缓慢回油放松。

6.2 预应力混凝土后张法施工

后张法施工工艺

后张法是先制作结构或构件，待其混凝土达到一定强度后，张拉预应力筋的方法（见图 6-14）。该法直接在结构构件上进行预应力张拉，不需要台座，灵活性大；但锚具需留在结构体上，费用较高，工艺较复杂。它是现场进行预应力混凝土结构施工的必用方法，也用于构件厂制作大型预应力构件。

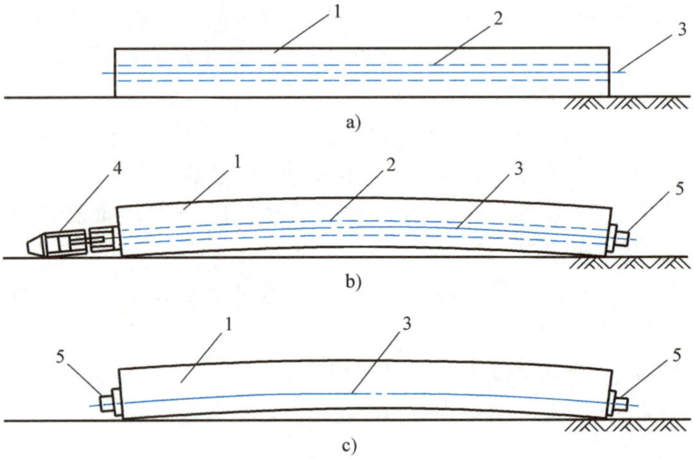

图 6-14 后张法施工过程示意图

a）制作混凝土构件 b）张拉预应力筋 c）锚固及孔道灌浆

1—混凝土构件 2—预留孔道 3—预应力筋 4—千斤顶 5—锚具

6.2.1 机具设备

1. 锚具及连接器

锚具是在后张法结构或构件中，为保持预应力筋拉力并将其传递给混凝土的永久性锚固装置。锚具有多种类型，可根据预应力筋的种类按表 6-2 选用。

表 6-2 常用锚具的选用

预应力筋品种	张拉端	固定端	
		安装在结构外部	安装在结构内部
钢绞线	夹片锚具 压接锚具	夹片锚具 挤压锚具 压接锚具	压花锚具 挤压锚具
钢丝束	镦头锚具 冷(热)铸锚具	冷(热)铸锚具	镦头锚具
预应力螺纹钢筋	螺母锚具	螺母锚具	螺母锚具

常用的锚具按锚固机理分为支承式（如螺母锚具和镦头锚具等）、夹片式（由锚杯和夹片组成，分为块状夹片锚具和包裹式夹片锚具两类）、握裹式（如挤压锚具和压花锚具等）和锥塞式（如钢质锥形锚具等）等几大类。下面，根据预应力筋种类介绍相应的锚具。

（1）螺纹钢筋锚具 采用精轧螺纹钢筋作为预应力筋，其张拉端和非张拉端均可使用螺母锚具（见图 6-8）。它由螺母和垫板构成，一般采用 45 号钢制作。预应力筋需接长时，可使用螺纹接长套筒。装配形式如图 6-15 所示。

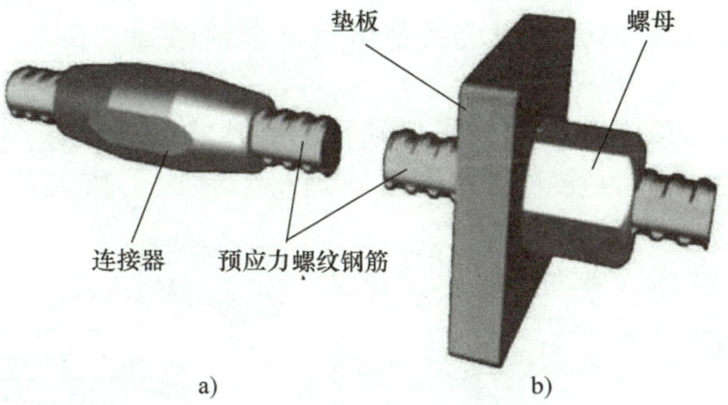

图 6-15　螺纹钢筋锚具装配形式

a）接长　b）锚固

（2）钢丝锚具

1）镦头锚具。单根钢丝或钢丝束预应力筋均可使用镦头锚具。高强钢丝的镦头宜采用冷镦，镦头的强度应不低于钢丝强度标准值的98%。钢丝束镦头锚具分A型与B型。A型由锚杯与螺母组成，可用于张拉端；B型为锚板，用于固定端，其构造如图6-16所示。

镦头锚具后张法

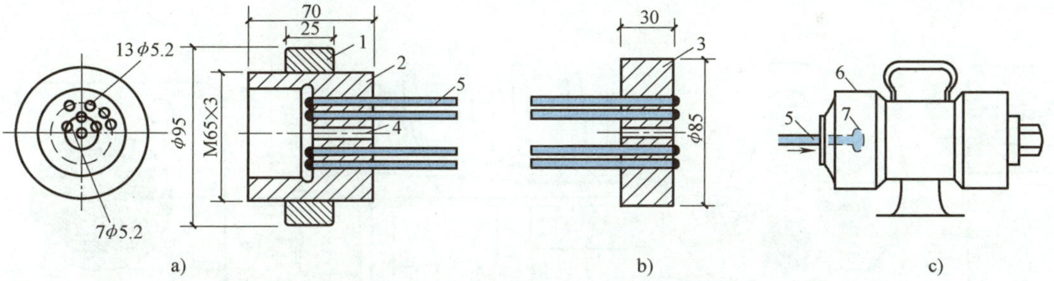

图 6-16　镦头锚具构造与镦头机具

a）张拉端锚杯与固定螺母　b）固定端锚板　c）液压冷镦器

1—螺母　2—锚杯　3—锚板　4—排气注浆孔　5—预应力钢丝　6—冷镦器　7—镦粗头

2）钢质锥形锚具。该种锚具由锚杯和锚塞组成（见图6-17），用于锚固钢丝束。其尺寸较小，便于分散布置。其缺点是易产生单根滑丝现象且很难补救，钢丝回缩量较大，故应力损失也大。

钢质锥锚

除上述几种形式的锚具之外，对钢丝束还可以采用铸锚。其工作原理

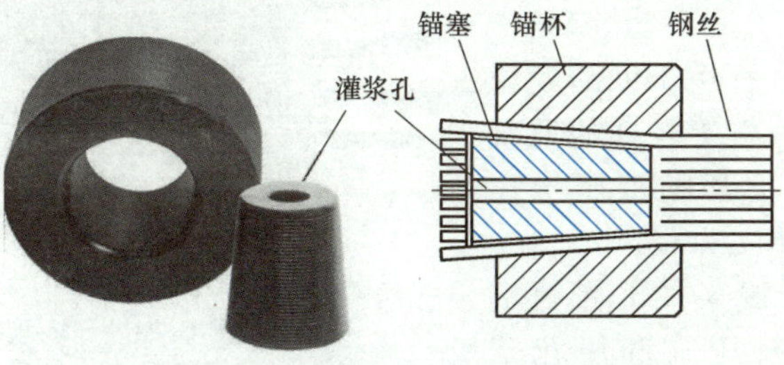

图 6-17　钢质锥形锚具及装配图

与镦头锚具类似，是将钢丝束的端部铸在锚杯里。铸锚分为冷铸锚和热铸锚，前者一般通过有机结合剂锚固，后者则通过向锚杯里浇铸低熔点合金锚固。

（3）钢绞线锚具

1）张拉端。钢绞线作预应力筋时，张拉端常用夹片式锚具。该类锚具由锚杯与楔形夹片组成。夹片包裹并夹持住预应力筋，利用楔形原理挤紧锁固。按夹片的数量分为二夹片式或三夹片式，夹片的开缝形式有斜开缝和直开缝。按照一个锚杯（或称锚板）可锚固钢绞线的数量又分为单孔式和多孔式。

① 单孔锚具。它由一个圆锥形孔的锚杯（套筒）和二或三个夹片组成，适用于单根钢绞线的锚固，如图 6-18 所示。

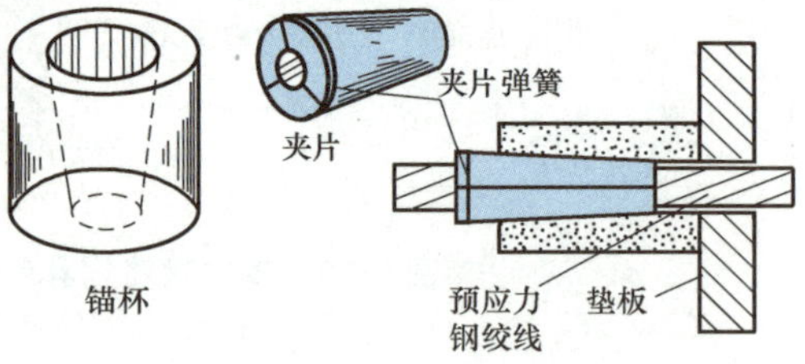

图 6-18　单孔锚具构成与装配图

② 多孔圆形锚具。它由开有多个锥形孔的圆形锚板和多组夹片构成，利用每孔内的夹片来夹持一根预应力筋的楔紧式锚具（见图 6-19）。其特点是每根预应力筋都是分开锚固的，某根钢绞线的锚固失效，不会引发整体失效。该类锚具适用于锚固 3~51 根钢绞线，也可锚固钢丝束。

多孔圆形锚具常采用将端头垫板与喇叭管铸成整体的锚座，以分散端部混凝土局部压力，保证孔道严密和便于灌浆。其装配构造如图 6-20 所示。

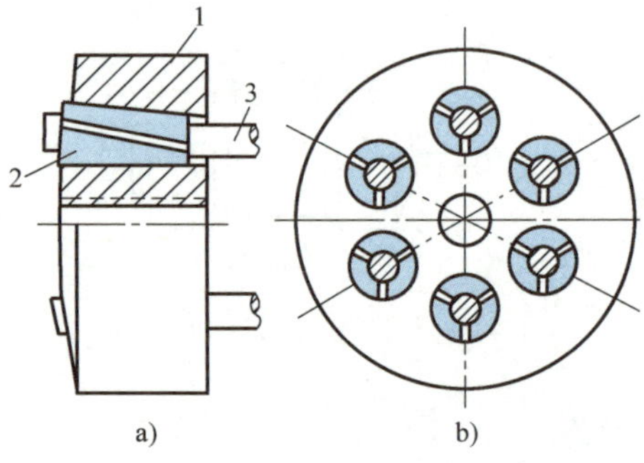

图 6-19　多孔圆形锚具

a）装配图　b）锚板

1—锚板　2—夹片　3—预应力钢绞线

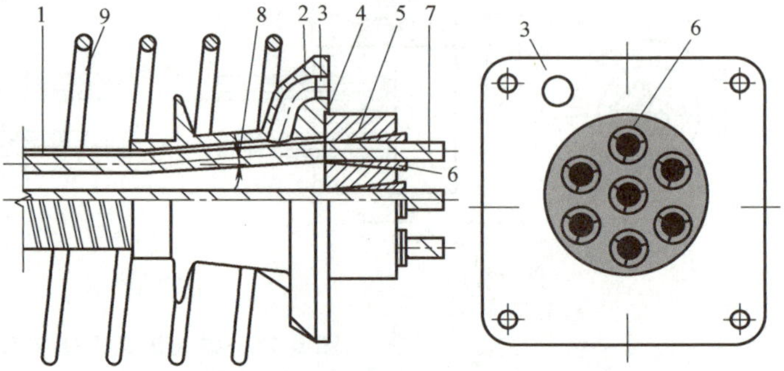

图 6-20　多孔圆形锚具装配构造图

1—波纹管　2—喇叭管锚垫板　3—灌浆孔　4—对中企口

5—锚板　6—夹片　7—钢绞线　8—钢绞线折角　9—螺旋箍筋

③ 多孔扁形锚具（BM 型）。BM 型锚具是一种新型的多孔夹片式扁形群锚，简称扁锚。它由扁锚板、扁形喇叭管锚垫板及扁形波纹管等组成，构造如图 6-21 所示。

由于张拉槽口扁小，可用于低高度箱梁、槽形梁、肋梁、空心板等较薄的混凝土结构构件。张拉时有配套的液压千斤顶。钢绞线单根张拉，施工方便。

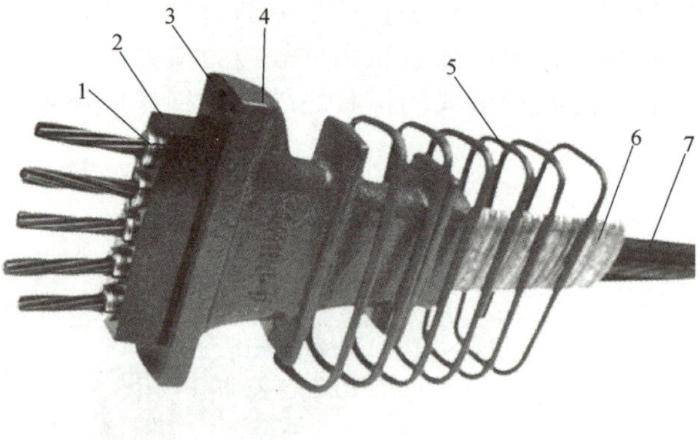

图 6-21　BM 型锚具构造图

1—夹片　2—扁锚板　3—注浆孔　4—扁形喇叭管锚垫板

5—加强箍筋　6—扁形波纹管　7—预应力钢绞线

2）非张拉端。钢绞线束的非张拉端（固定端）的锚固，有挤压式和压花式锚具。

① 挤压锚具。挤压锚具利用液压压头机将套筒挤紧在钢绞线端头，并通过垫板锚固预应力筋（见图6-22）。挤压锚具适用于受力大或端部尺寸受限的情况，安装时要保证套筒与垫板顶紧。

② 压花锚具。压花锚具是利用液压压花机将钢绞线端头压成梨形散花状的一种锚具（见图6-23）。

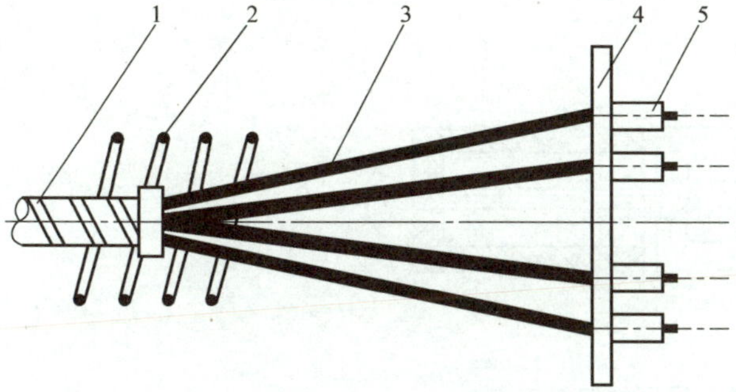

图6-22 挤压锚具

1—波纹管 2—螺旋筋 3—预应力钢绞线 4—钢垫板 5—挤压套筒

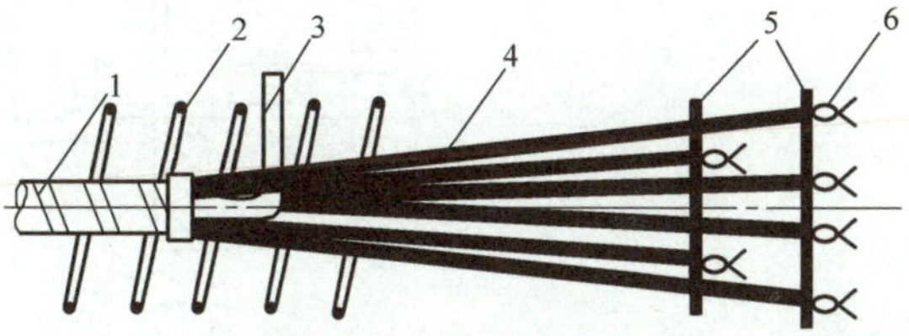

图6-23 压花锚具

1—波纹管 2—螺旋筋 3—灌浆管 4—预应力钢绞线 5—钢筋支架 6—梨形自锚头

2. 后张法张拉设备

后张法的张拉设备由液压千斤顶、高压液压泵、悬吊支架和控制系统组成。常用的液压千斤顶有穿心式、拉杆式、锥锚式和前置内卡式。

（1）穿心式千斤顶 穿心式千斤顶（见图6-24）是将预应力筋穿过中心孔而锚固于尾部，利用双液缸完成预应力筋张拉和顶紧锚具夹片的双作用千斤顶。穿心式千斤顶既适用于需要顶压的锚具，配上撑脚与拉杆后，也可用于螺杆锚具和镦头锚具。该系列产品有YC20D、YC60、YC120和YC200等型号。

穿心式千斤顶

YC60型千斤顶的最大张拉力可达600kN，其构造如图6-24所示。张拉预应力筋时，张拉油嘴进油、顶压缸油嘴回油，顶压液压缸带动撑脚右移顶住锚杯；张拉液压缸带动工具锚左移张拉预应力筋。顶压锚固时，在保持张拉力稳定的条件下，顶压缸油嘴进油，顶压活塞右移将夹片强力顶入锚杯内。张拉缸采用液压回程，此时张拉缸油嘴回油、顶压缸油嘴进油。顶压活塞采用弹簧回程，此时张拉缸和顶压缸油嘴同时回油，顶压活塞在弹簧力作用下回程复位。

（2）拉杆式千斤顶 拉杆式千斤顶适用于张拉使用螺母锚具、镦头锚具等的预应力筋。

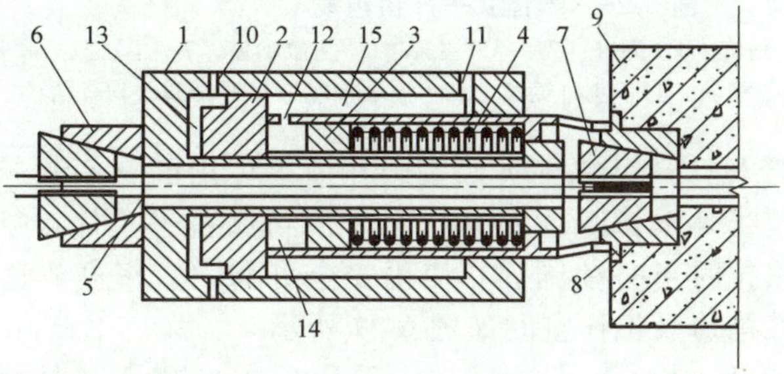

图6-24 穿心式千斤顶构造与安装

1—张拉液压缸 2—张拉活塞 3—顶压活塞 4—回程弹簧 5—预应力筋 6—工具锚 7—楔块 8—工作锚环 9—构件 10—张拉缸油嘴 11—顶压缸油嘴 12—油孔 13—张拉工作油室 14—顶压工作油室 15—张拉回程油室

其构造与安装如图 6-25 所示。张拉预应力筋时，首先使连接器与预应力筋的螺纹端杆相连接，传力架支撑在构件端部的预埋钢板上。高压油进入主缸时，则推动主缸活塞向右移动，并带动拉杆和连接器以及螺纹端杆同时向右移动，对预应力筋进行张拉。达到设定拉力时，拧紧预应力筋的螺母完成锚固。高压油再进入副缸，推动副缸使主缸活塞和拉杆向左移动，使其回到初始位置。

目前，常用的拉杆式千斤顶为 YL60 型，另外还有 YL400 型和 YL500 型。

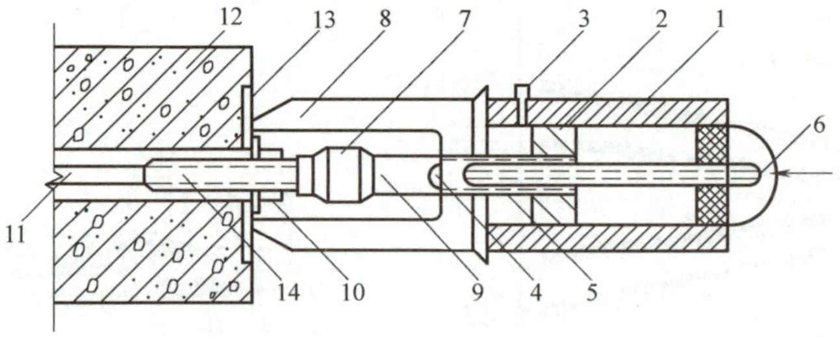

图 6-25 拉杆式千斤顶构造与安装

1—主缸 2—主缸活塞 3—主缸进油孔 4—副缸 5—副缸活塞 6—副缸进油孔 7—连接器 8—传力架 9—拉杆 10—螺母 11—预应力筋 12—混凝土构件 13—预埋钢板 14—螺旋筋或螺纹端杆

（3）锥锚式千斤顶 锥锚式千斤顶是具有张拉、顶锚和退楔功能的三作用千斤顶，适用于张拉使用钢质锥形锚具的钢丝束。锥锚式千斤顶常见的型号有 YZ38 型、YZ60 型和 YZ85 型。

锥锚式千斤顶由主缸、副缸、退楔装置、锥形卡环等组成（见图 6-26）。其工作原理是：当主缸进油时，主缸活塞被压移，使固定在其上的预应力筋被张拉；张拉后，改由副缸进油，其活塞将锚塞顶入锚杯中；主缸、副缸同时回油，活塞在弹簧作用下回程复位。

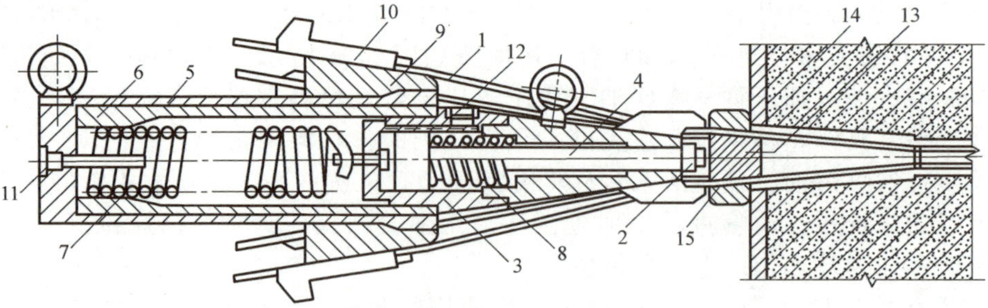

锥锚式千斤顶

图 6-26 锥锚式千斤顶组成

1—预应力筋 2—预压头 3—副缸 4—副缸活塞 5—主缸 6—主缸活塞 7—主缸拉力弹簧 8—副缸压力弹簧 9—锥形卡环 10—楔块 11—主缸油嘴 12—副缸油嘴 13—锚塞 14—构件 15—锚杯

（4）前置内卡式千斤顶 它是将工具锚安装在前端体内的穿心式千斤顶。由于工作夹具在千斤顶前端，只要钢绞线外露长度在 200mm 以上即可张拉。其优点是节约预应力筋、小巧灵活、操作简单快捷、张拉时可自锁锚固、使用安全可靠、效率高，适用于单根钢绞线张拉或多孔锚具单根张拉。其构造及工作空间如图 6-27 所示。

（5）大孔径穿心式千斤顶 大孔径穿心式千斤顶主要用于群锚钢绞线束的整体张拉，YDC 系列外形如图 6-28 所示。该类千斤顶有多种型号，张拉力为 650~12000kN，穿心孔径为 72~280mm，外形尺寸为 ϕ200mm×300mm~ϕ720mm×900mm，每次张拉行程 200mm。该类千斤顶张拉力大、操作简单、性能可靠。其张拉安装构造如图 6-29 所示。

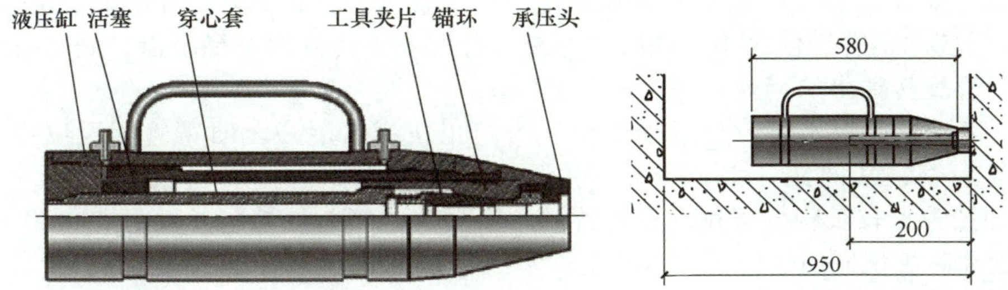

图 6-27　前置内卡式千斤顶构造及工作空间示意图

图 6-28　大孔径穿心式千斤顶

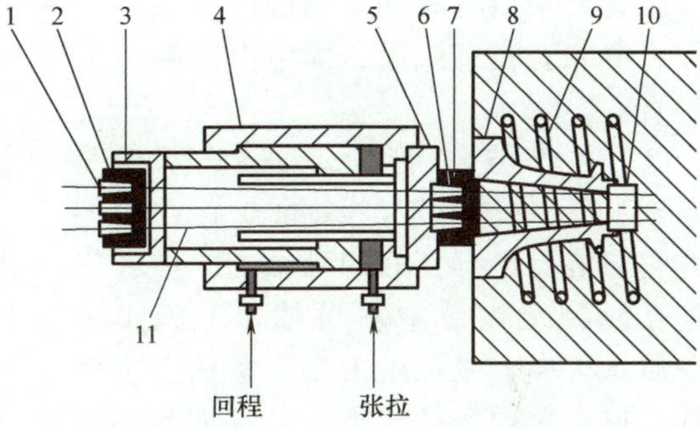

图 6-29　大孔径穿心式千斤顶张拉安装构造示意图

1—工具夹片　2—工具锚杯　3—过渡套　4—千斤顶
5—限位板　6—工作夹片　7—工作锚杯
8—锚垫板　9—螺旋筋　10—波纹管　11—预应力筋

张拉机具设备及仪表，应定期维护和校验。张拉设备应配套标定，并配套使用。张拉设备的标定期限不应超过半年。当在使用过程中出现反常现象时或在千斤顶检修后，应重新标定。

6.2.2　后张法施工工艺

后张法施工可分为有黏结、无黏结和缓黏结预应力施工三种。

1. 后张有黏结预应力施工

其施工过程如图 6-14 所示。混凝土结构或构件制作时，在预应力筋部位预先留设孔道，然后浇筑混凝土并进行养护；制作预应力筋并将其穿入孔道；待混凝土达到设计要求的强度后，张拉预应力筋并用锚具锚固；最后进行孔道灌浆与封锚。这种施工方法通过孔道灌浆使预应力筋与混凝土相互黏结，提高了结构或构件的整体性、锚固的可靠性与耐久性，广泛用于主要承重构件或结构。

后张
有黏结预应
力施工演示

（1）孔道留设　孔道留设方法有钢管或胶管抽芯法及埋管法，抽芯法仅用于构件厂。孔道留设位置应准确、内壁光滑，端部预埋钢板应与孔道中心线垂直。孔道的直径应比预应力筋（束）及连接器外径大 6~15mm，截面面积为钢筋的 3~4 倍，以利于预应力筋穿入、张拉和注浆黏结。在留设曲线孔道时，对峰谷差较大者还应留设排气孔。

1）孔道留设方法。

① 钢管抽芯法。该法是在制作构件时，在预应力筋位置预先安置钢管，在混凝土浇筑后，每隔 10~15min 慢慢转动钢管，使之不与混凝土黏结，待混凝土初凝后、终凝前（浇筑后 80~100℃·h）再将钢管旋转抽出的留孔方法。

钢管要平直，表面要光滑，安放位置须准确。为防止在浇筑混凝土时钢管产生位移，需用钢筋井字架固定钢管，其间距不超过 1m。钢管长度一般不超过 15m，外露长度不少于 0.5m，以便旋转和抽管。较长构件可用两根钢管用木塞对接，接头处外包长度为 30~40cm 的薄钢板套管。钢管抽芯法仅适用于留设直线孔道。

抽管顺序宜先上后下，可用人工或卷扬机边转边抽，应速度均匀、与孔道成一直线。

② 胶管抽芯法。它是在绑扎构件钢筋时，在预应力筋的位置处安装固定胶管，待混凝土终凝后（浇后 200℃·h）拔出的留孔方法。采用该法既可以留设直线孔道，也可以留设曲线孔道。

胶管常采用衬有钢丝网的厚壁胶管，利用其弹性易于拔出。胶管用钢筋井字架与其他钢筋固定牢靠。在直线段，固定点间距不大于 0.5m，曲线段应适当加密。抽管宜先上后下，先曲后直。

③ 预埋波纹管法。波纹管（见图 6-30）为特制的带波纹的金属或塑料管，它与混凝土有良好的黏结力。波纹管预埋在混凝土构件中不再抽出，施工方便、质量可靠、张拉阻力小，常用于大型构件，更适合现场结构施工。预埋时固定间距不得大于 0.8m。

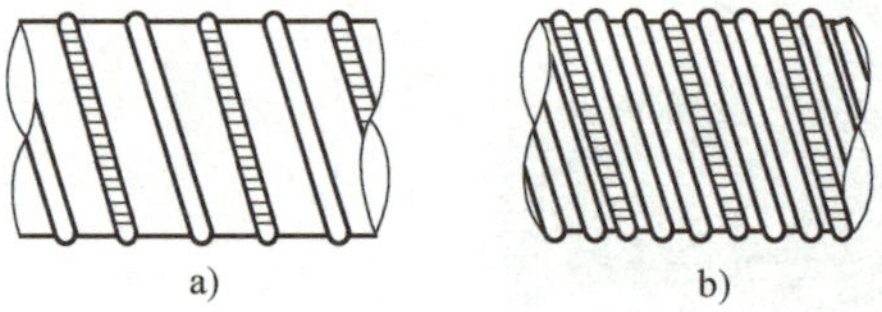

图 6-30 波纹管

a）单波纹管 b）双波纹管

预应力梁波纹管留设孔道

2）灌浆孔、排气孔和泌水孔留设。孔道留设时应设置灌浆孔和排气孔。构件两端可利用锚具或锚垫板上的留孔，中间部位需利用灌浆管引至构件外。孔径不宜小于 20mm。对抽芯成型孔道，灌浆孔和排气孔的间距不宜大于 12m。

曲线预应力筋孔道的每个波峰处，应设置泌水管，其间距不大于 30m，伸出构件顶面的高度不宜小于 0.3m，泌水管也可兼作灌浆孔和排气孔（见图 6-31）。波峰应留在孔道顶部，而波谷则应从孔道侧面引出。对现浇预应力结构金属波纹管，可用带嘴的塑料弧形压板接塑料管留设（见图 6-32）；一般预制构件的灌浆孔，也可采用木塞留设。

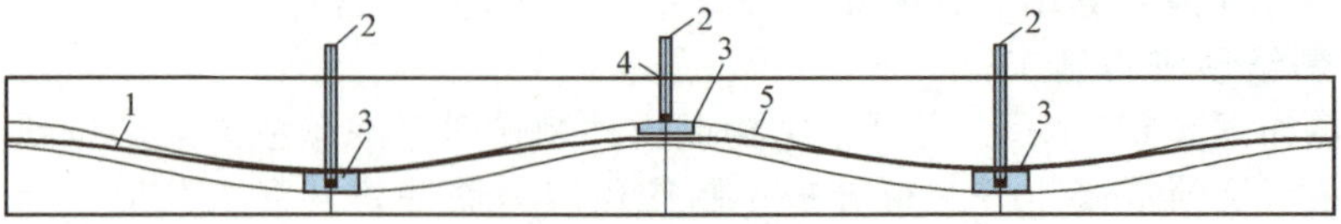

图 6-31 排气孔设置及做法

1—预应力筋 2—排气孔 3—弧形盖板 4—塑料管 5—波形管孔道

（2）预应力筋制作 预应力筋下料应采用砂轮锯或切断机切断，下料长度应经计算确定。

1）钢绞线束。钢绞线一般成盘状供应。先开盘，然后按照计算下料长度切断。切断前，应在切口两侧各 50mm 处用钢丝绑扎，以免松散。

如图 6-33 所示，采用夹片式锚具时，钢绞线束的下料长度 L，按下列两式计算，尺寸单位均为 mm。

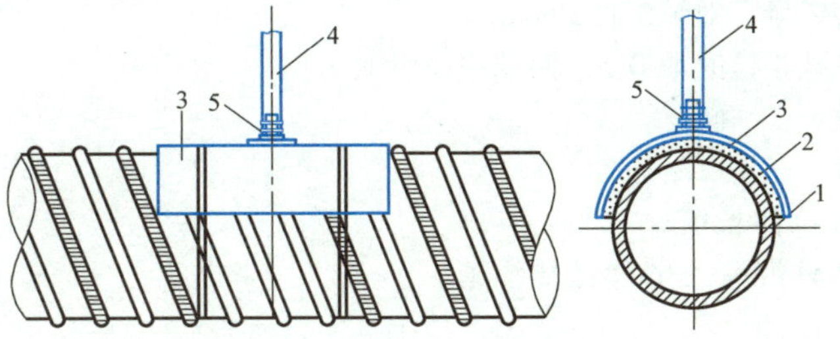

图 6-32　波纹管上留孔构造

1—波纹管　2—海绵垫　3—塑料弧形盖板　4—塑料管　5—固定卡子

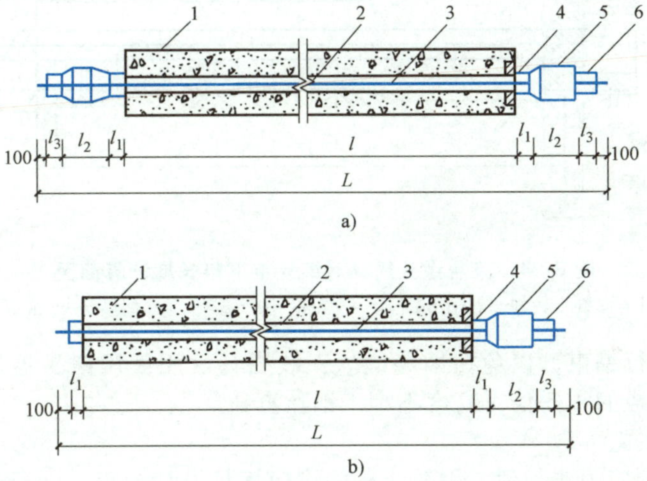

图 6-33　钢绞线束下料长度计算简图

a）两端张拉　b）一端张拉

1—混凝土构件　2—孔道　3—预应力筋　4—夹片式工作锚　5—穿心式千斤顶　6—夹片式工具锚

两端张拉

$$L=l+2(l_1+l_2+l_3+100) \tag{6-2}$$

一端张拉

$$L=l+2(l_1+100)+l_2+l_3 \tag{6-3}$$

式中　l——构件的孔道长度，对抛物线形孔道长度取 l_p，可按 $l_p=\left(1+\frac{8h^2}{3l^2}\right)l$ 计算；

l_1——夹片式工作锚厚度；

l_2——穿心式千斤顶长度，当采用前置内卡式千斤顶时，仅算至千斤顶体内工具锚处；

l_3——夹片式工具锚厚度；

h——预应力筋抛物线的矢高。

2）钢丝束。钢丝束两端均采用镦头锚具（见图 6-34）时，同一束钢丝长度应一致，最大差值不得超过钢丝长度的 1/5000，不得大于 5mm。当成组张拉时，各钢丝的极差不得大于 2mm。为了保证下料长度准确，应采用应力法下料，常用控制应力取 300N/mm^2。钢丝的下料长度 L 可按钢丝束张拉后螺母位于锚杯中部计算，见式（6-4）。

$$L=l+2(h+s)-K(H-H_1)-\Delta L-c \tag{6-4}$$

式中　l——构件的孔道长度；

h——锚杯底部厚度或锚板厚度；

s——钢丝镦头留量，对Φ^P5取10mm；

K——系数，一端张拉时取0.5，两端张拉时取1.0；

H——锚杯高度；

H_1——螺母高度；

ΔL——钢丝束张拉伸长值；

c——张拉时构件混凝土的弹性压缩值。

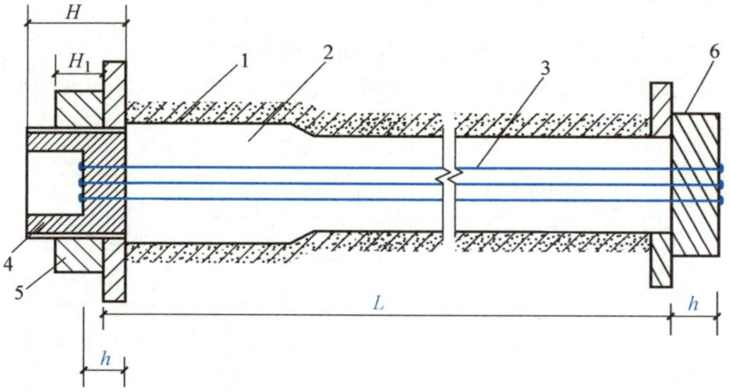

图 6-34 采用镦头锚具时钢丝束下料长度计算简图

1—混凝土构件 2—孔道 3—钢丝束 4—锚杯 5—螺母 6—锚板

钢丝下料后应进行编束，以免扭结缠绕。安装锚具后用液压镦头器进行冷镦头。镦头的直径不得小于钢丝直径的1.5倍，高度不小于钢丝直径。

（3）预应力筋张拉

1）张拉条件。预应力张拉时，混凝土的强度应满足设计要求，同条件养护的试件强度不低于强度等级值的75%，梁、板混凝土的龄期分别不少于7d和5d。

2）张拉应力与张拉程序。预应力筋的张拉控制应力、调整后的最大应力限值及常用的张拉程序同先张法施工，此处不再赘述。

3）张拉力计算。预应力筋的张拉力大小，直接影响预应力效果。因此，设计人员在图样上不仅要标明张拉力大小，还要注明所考虑的预应力损失项目与取值，以便施工人员据实际情况调整张拉力，确保预应力值准确。

① 预应力筋张拉力。预应力筋的张拉力P_j按下式计算

$$P_j=\sigma_{con}A_p \tag{6-5}$$

式中 σ_{con}——预应力筋的张拉控制应力；

A_p——预应力筋的截面面积。

预应力筋的张拉控制应力应符合设计要求。施工时如需超张拉，其调整后的最大应力不宜超过表6-1的限值。

② 预应力损失。根据发生的时间，预应力筋应力损失可分为瞬间损失和长期损失。张拉阶段瞬间损失包括孔道摩擦损失、锚固损失、弹性压缩损失等；张拉以后长期损失包括预应力筋应力松弛损失和混凝土收缩徐变损失等。对先张法施工，有时还有热养护损失；对后张法施工，还有锚口摩擦损失、变角张拉损失等；对平卧重叠生产的构件，还有叠层摩阻损失。

上述预应力损失的主要项目（孔道摩擦损失、锚固损失、应力松弛损失、收缩徐变损失等），设计时都计算在内。当施工条件变化时，应复算预应力损失值，调整张拉力。

4）张拉顺序。预应力筋的张拉顺序应符合设计要求，并根据结构受力特点及操作安全，

同时要考虑均匀、对称的原则来确定。对现浇预应力混凝土楼盖，宜先张拉楼板、次梁，再张拉主梁预应力筋；对预制屋架等叠浇构件，应从上至下逐层张拉，逐层加大拉应力，但顶底相差不得超过5%，如不能满足，应在移开上部构件后，进行二次补强。

5）张拉要求。根据预应力混凝土结构的特点、预应力筋形状与长度，以及施工方法的不同，预应力筋张拉要求如下：

① 采用应力控制法张拉时，应校核最大张拉力下预应力筋的伸长值。实测伸长值与计算伸长值的偏差应在±6%以内，否则应查明原因并采取措施后再张拉。必要时，应测定孔道摩擦系数并据实测结果调整张拉控制力。

② 张拉方式。较短的预应力筋可一端张拉；对长度大于20m的曲线预应力筋和长度大于35m的直线预应力筋，应两端张拉，以减少预应力损失。两端张拉可两端同时进行，也可一端张拉锚固后，在另一端补足。当预应力筋长超过50m时，宜采取分段张拉和锚固措施。

③ 对配有多束预应力筋的构件或结构应分批、对称进行张拉。此时应考虑，后批预应力筋张拉所产生的混凝土弹性压缩对先批造成的预应力损失，所以先批的张拉力应加上该弹性压缩损失值。

（4）孔道灌浆　预应力筋张拉后，对腐蚀极为敏感，应及时进行孔道灌浆，以防止预应力筋锈蚀、提高预应力筋与混凝土间的黏结，也有利于结构的整体性和耐久性。灌浆应饱满、密实。

1）灌浆材料。灌浆所用的水泥浆，应具备强度高、黏结力大、流动性大、干缩性及泌水性小等特点。因此，配制水泥浆常采用强度等级不低于42.5级的普通硅酸盐水泥（泌水率小），水胶比不得大于0.45；普通灌浆稠度宜为12~20s，真空灌浆宜为18~25s；搅拌后3h泌水率宜为0，不应大于1%，泌水应在24h内全部被水泥浆吸收。浆体的强度不得低于30MPa。为了增加灌浆的密实度和强度，可使用对预应力筋无锈蚀作用的膨胀剂和减水剂，但24h的膨胀率应不大于6%，采用真空灌浆工艺时不应大于3%。

2）灌浆施工。灌浆前应全面检查构件孔道及灌浆孔、泌水孔、排气孔是否畅通。对抽芯孔道可采用压力水冲洗；对预埋管孔道可采用压缩空气清孔。灌浆前，应采用水泥浆或水泥砂浆封闭锚具缝隙。封堵材料的抗压强度大于10MPa后方可灌浆。

灌浆顺序宜先灌下层孔道，后灌上层孔道，以免漏浆堵塞；直线孔道灌浆应从构件的一端到另一端，曲线孔道灌浆应从孔道最低处开始向两端进行。

灌浆应缓慢均匀地进行，不得中断，并应排气通畅。在孔道两端冒出浓浆并封闭排气孔后，宜再继续加压至0.5~0.7MPa，稳压1~2min后封闭灌浆孔。

水泥浆拌制后至灌浆完毕的时间不得超过30min。较长的孔道宜采用真空辅助灌浆。

（5）封锚　张拉后应切除多余预应力筋，其露出锚具的长度应不小于1.5倍预应力筋直径和30mm，宜采用机械切割。灌浆后，按照设计要求进行封端处理。对凹入式锚固区，常用微胀混凝土或低收缩防水砂浆密封。对凸出式锚固区，可采用外包钢筋混凝土圈梁封闭。锚具的保护层厚度不得小于50mm。预应力筋的保护层厚度，正常环境下不小于20mm，易受腐蚀的环境下不小于50mm。

2. 后张无黏结预应力施工

无黏结预应力是后张法预应力的一个分支，是指预应力筋不与混凝土接触，而通过锚具传递预应力的方法。施工时，把无黏结预应力筋安装固定在模板内，然后浇筑混凝土，待混凝土达到要求的强度时，进行预应力张拉和锚固。与后张有黏结预应力施工相比，该法占用空间小，施工简单，无须预留孔道和孔道灌浆；在受力方面，当荷载作用于结构构件不同位置时，预应力筋可

无黏结
预应力筋施工

自行调整使各部位的应力基本相同，但构件整体性略差，预应力完全依靠锚具传递，因此对锚具要求高。该法在现浇楼板中应用最为广泛。

（1）无黏结预应力筋　无黏结预应力筋由预应力筋、涂料层和护套组成，如图6-35所示。其预应力筋一般采用钢绞线、钢丝等柔性较好的钢材制作。涂料层主要起润滑、防腐蚀作用，应具有较好的耐高低温和耐久性，常用油脂、环氧树脂等。护套材料应具有足够的刚度、强度及韧性，能防水抗蚀，低温不脆化，高温化学稳定性好，常用高密度的聚乙烯或聚丙烯，其厚度不得小于1mm。材料进场后，应成盘立放，避免挤压和暴晒。

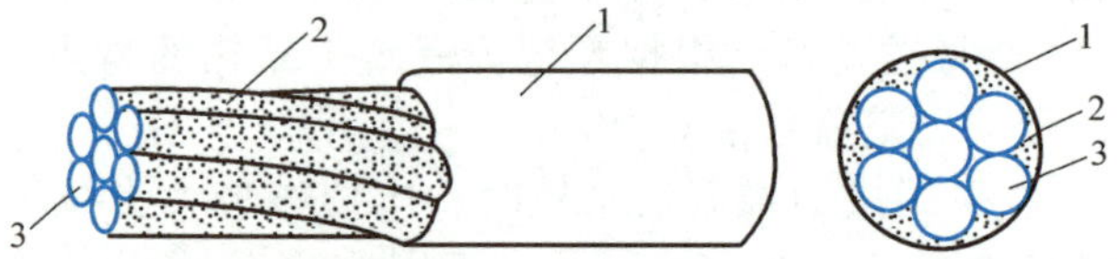

图6-35　无黏结预应力筋组成

1—护套　2—涂料层　3—预应力筋

（2）无黏结筋的铺设

1）铺设顺序。无黏结预应力筋的铺设，通常是在底部钢筋铺设后进行，并按先低后高的顺序铺设，避免两个方向的无黏结筋相互穿插编结。

2）就位固定。应按设计要求的位置进行固定。竖向位置，宜用支撑钢筋或钢筋马凳控制，其间距为1~2m。水平位置应保持顺直。在支座部位，无黏结筋可直接绑扎在梁或墙的顶部钢筋上。

3）端部做法。应按施工图所标预应力筋的位置，将张拉端的模板钻孔。张拉端的承压板钉固在端模板上或焊在钢筋上（见图6-36a）；当张拉端采用凹入式做法时，可采用泡沫塑料或塑料穴模等形成凹口（见图6-36b）。固定端（见图6-36c）锚座应与其他钢筋绑扎或焊接固定，并使挤压锚具的套筒与锚座顶紧。若预应力筋为曲线筋或折线形式时，曲线段的起始点至张拉锚固点应有不小于300mm的直线段，固定承压板时应保证与预应力筋末端的切线垂直。

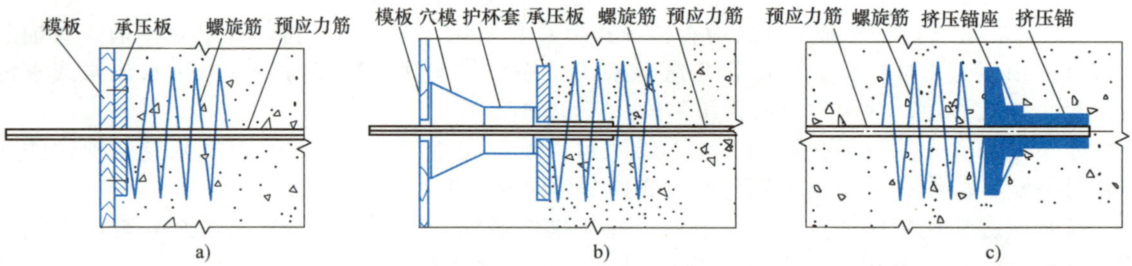

图6-36　端部做法

a）张拉端承压板与模板固定　b）张拉端用塑料穴模留孔　c）固定端锚具组装

（3）混凝土浇筑　无黏结预应力筋应经隐蔽工程验收合格后，方可浇筑混凝土。无黏结预应力筋的护套不得有破损。混凝土浇筑时，严禁踏压碰撞无黏结预应力筋、支撑钢筋及端部预埋件；张拉端与固定端混凝土应仔细捣实。

（4）无黏结预应力筋的张拉　张拉前应清理承压板表面，并检查承压板后面的混凝土质量。混凝土楼盖结构，宜先张拉楼板，后张拉次梁、主梁。板中的无黏结筋，可依次张拉。梁中的无黏结筋宜对称张拉。张拉时一般采用前卡式千斤顶单根张拉，并用单孔夹片锚具锚固。

无黏结预应力筋的长度超过40m时，宜采取两端张拉。当预应力筋长超过50m时，宜采取分段张拉。

（5）端部处理　无黏结预应力筋张拉完成后，应及时对锚固区进行保护。锚固区必须有严格的密封防护措施，严防水汽进入产生锈蚀。

先切除多余的预应力筋，使锚固后的外露长度不小于30mm，多余部分用砂轮锯或液压剪切割，不得用热熔法切割。在锚具与承压板表面涂防锈漆或环氧树脂涂料、锚具端头涂防腐润滑油脂后，罩上封端塑料盖帽，再用微胀混凝土或低收缩防水砂浆密封（见图6-37）。

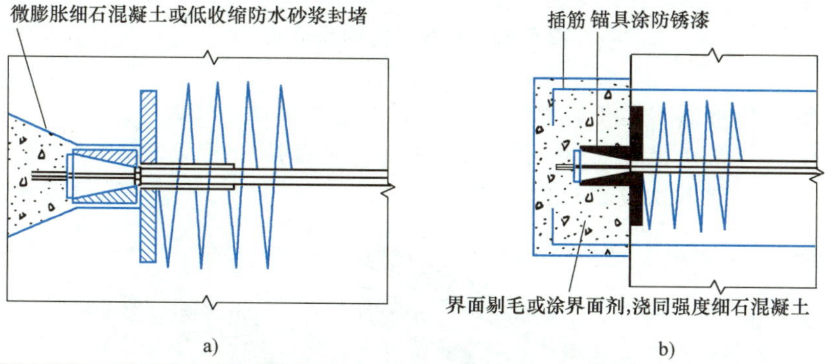

图6-37　端部处理示意图

a）凹口式的封锚处理　b）外露式的封锚处理

3. 后张缓黏结预应力施工

缓黏结预应力是一种新的后张法预应力施工技术。它综合了无黏结预应力与有黏结预应力各自的优点。预应力筋截面小、布筋自由、使用方便、张拉阻力小、无须留设孔道和压浆，又具有构件整体性好、锚固能力及抗腐蚀性强等优点。

缓黏结预应力筋（见图6-38）的作用机理是在预应力筋的外侧包裹一种特殊的缓凝砂浆或胶黏剂，这种砂浆或胶黏剂在5~40℃密闭条件下，能够根据工程实际需要，在一定时期内不凝结，以满足施工现场张拉预应力筋的时间要求。其后开始逐渐硬化，并对预应力筋产生握裹、保护作用，并能最终达到一定的抗压强度。

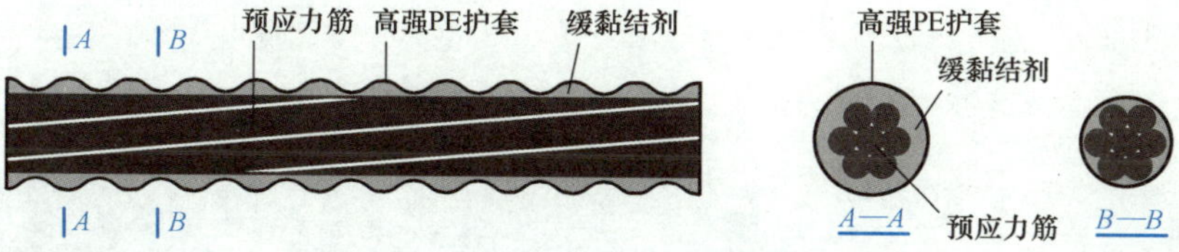

图6-38　缓黏结预应力筋剖面图

缓黏结预应力施工工艺与无黏结预应力施工工艺基本相同，不再赘述。

6.3　预应力钢结构施工

预应力空间钢结构是在现代大型公用建筑物中常用的一种屋盖承重结构形式。它是在三维结构中引入预应力而形成的新结构体系，其中，又分传统型和创新型两大类。前者如预应力平板网架、预应力网壳，后者如张弦穹顶、索穹顶等。由于这类结构具有空间结构的科学性，又有预应力钢结构的优越性，所以成为现代工程结构中的优秀承重体系。

6.3.1　预应力钢结构张拉设备

对锚固在钢结构或混凝土支承结构上的预应力钢索，可采用常规的单根张拉千斤顶或整束张拉千斤顶。对两端安装在铰支座轴销上的预应力钢索或钢拉杆（见图6-39），需通过调节套筒改变其长度来施加预应力者，可据施工条件及张拉值选择设备，如：

图 6-39 钢拉杆的构造组成

1）倒链与测力传感器。用于轻型钢丝束体系，拉力不大于 50kN。

2）测力扳手与大扭矩液压扳手（见图 6-40）。前者拉力不大于 40kN；后者拉力不大于 100kN。它们适用于一般的预应力拉索支撑等。

图 6-40 测力扳手与大扭矩液压扳手

3）专用张拉装置（见图 6-41）。可以用带叉耳或卡具的双螺杆传力架，利用两台液压千斤顶张拉，再拧调节套筒紧固。该设备适用于拉力不大于 500kN 的各类斜拉索。

4）专用四缸液压千斤顶装置（见图 6-42）。先用 4 台液压千斤顶组成的传力架卡住两根钢棒的连接部位进行张拉，然后用卡链式扳手将连接套筒锁紧。其拉力可达 1000kN，适用于大吨位钢棒支撑与钢棒拉索。

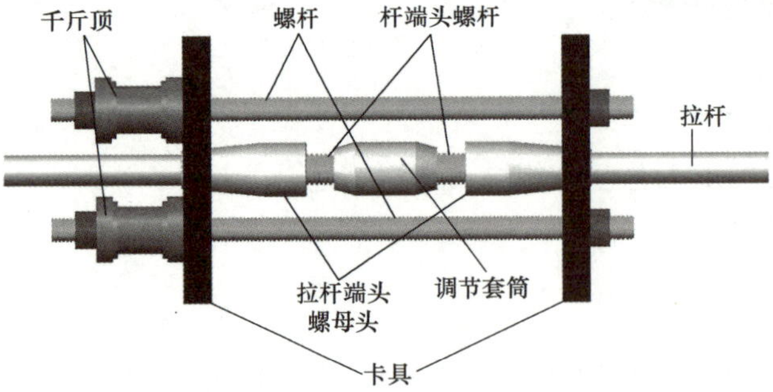

图 6-41 专用张拉装置

图 6-42 专用四缸液压千斤顶装置

6.3.2 预应力钢索与锚固体系

对体内布置的预应力钢索，通常采用钢绞线束；其张拉端采用夹片锚具，固定端采用挤压锚具。近几年来，结合工程需要，开发出了多种体外预应力拉索与锚固体系，分述于下。

1. 轻型钢丝拉索体系

轻型钢丝拉索体系由钢丝束、镦头锚具、调节螺杆、带叉耳的索帽等组成。钢丝束涂防腐油脂裹麻布各两道或采用镀锌钢丝，外套钢管刷防锈漆。该体系仅用于小型工程现场自行制作。

2. 钢丝束冷铸锚具拉索体系

钢丝束冷铸锚具拉索体系由平行扭绞镀锌钢丝束和热铸锚具组成，外包高密度聚乙烯护套（内层为黑色防老化护套，外层为淡灰白色护套）。该体系适用于重型斜拉索。

冷铸锚具主要由锚杯、锚板、锚固螺母和冷铸填料等部分构成（见图6-43）。冷铸填料一般由环氧树脂、钢球、矿粉、固化剂和增韧剂等组成。该体系主要用于锚固平行钢丝束。

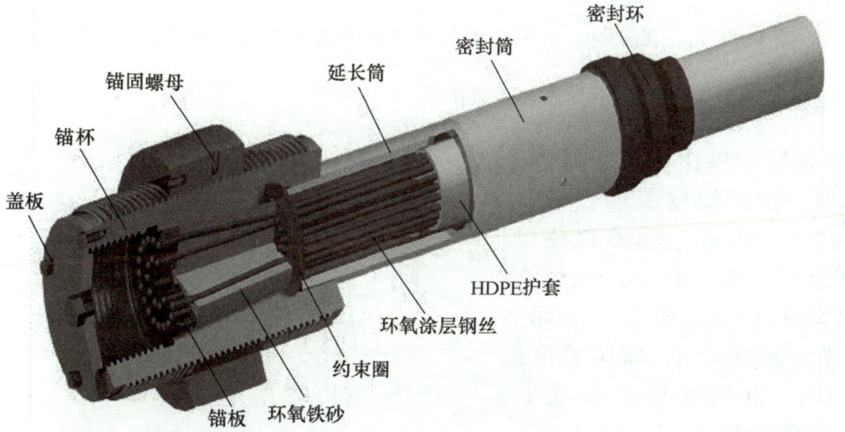

图6-43　冷铸锚具构造示意图

3. 钢丝束热铸锚具拉索体系

钢丝束热铸锚具拉索体系的组成同钢丝束冷铸锚具拉索体系，但采用热铸锚具。热铸料常采用锌铜合金，浇铸时温度不得高于460℃。该体系用途广泛，工厂化生产。

4. 单根钢绞线拉索体系

单根钢绞线拉索体系直接采用镀锌钢绞线，包覆厚度大于1mm的高密度聚乙烯套管。夹片锚具的锚杯有外螺纹，通过螺母可调整索力。该体系也可采用镀有锌-5%铝-混合稀土合金钢绞线的高钒索与冷压接或铸接螺杆锚具组成。该体系适用于索网结构等。

5. 钢绞线群锚拉索体系

钢绞线群锚拉索体系由镀锌钢绞线或无黏结钢绞线组成，再整束外套钢管或高密度聚乙烯管。为使拉索固定端与铰支座连接，配有挤压锚具的锚杯与叉耳、索帽。拉索张拉端可穿过锚箱或柱头，利用低应力状态下使用的夹片锚具锚固，并配有防松装置。该体系适用于各类斜拉索。

6.3.3　施加预应力方式

钢结构施加预应力方式可分为直接张拉方式、整体下压方式和整体顶升方式等。

1. 直接张拉方式

直接张拉方式是采用张拉设备直接张拉预应力筋与拉索的一种常用张拉方式，适用于各类预应力桁架、网壳、索网、斜拉结构等。

张拉成型方式是在直接张拉方式的基础上发展起来的，通过张拉预应力筋使整个屋盖结构起拱成型，无须起重设备。例如，广州白云机场飞机库预应力钢拱结构（见图6-44）。

2. 整体下压方式

整体下压方式是利用屋盖桁架等整体下压在钢索上，使钢索受到横向压力而建立预应力的一种张拉方式。例如，安徽体育馆（见图6-45）、上海杨浦体育馆、潮州体育馆等索桁架结构体系。

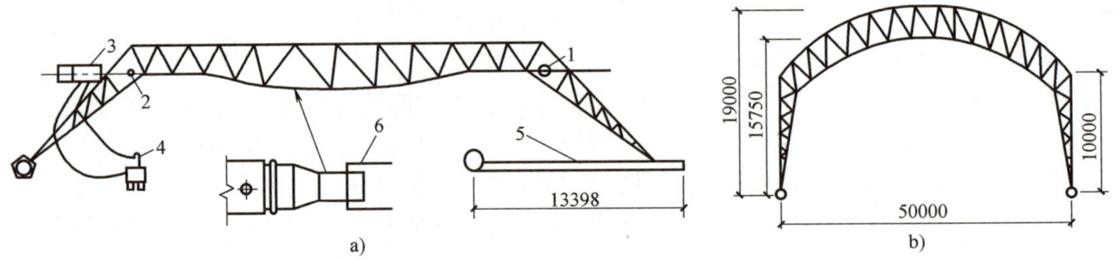

图 6-44 广州白云机场飞机库预应力钢拱结构

a）张拉前 b）张拉后

1—固定端锚具 2—张拉端锚具 3—千斤顶 4—液压泵 5—滑道 6—下弦杆的伸缩套管

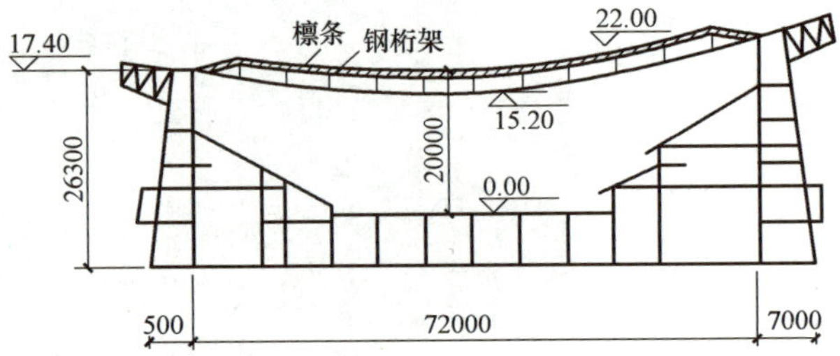

图 6-45 安徽体育馆索桁架结构体系

安徽省体育馆中央比赛大厅屋盖采用索桁架结构。索桁架屋盖轴长 72m，横向跨度为 45.8~53.4m，呈八角棱形。悬索沿轴向倾斜布置，长 72.52m，索距 1.5m，锚固在 17.4m 和 22.0m 标高的水平横梁上。跨向设 11 榀梯形钢桁架，间距 6.0m，钢桁架压在悬索上，端支座固定在框架柱上（见图 6-45），从而桁架对悬索加以横向压张预应力，达到悬索支承桁架，桁架稳定悬索，形成大跨度空间索桁结构。

3. 整体顶升方式

整体顶升方式是利用支承柱等整体顶升索膜屋盖使索膜受拉而建立预应力的一种张拉方式。例如，深圳欢乐谷中心剧场索膜穹顶（见图 6-46）、秦皇岛体育馆双层索膜结构等。

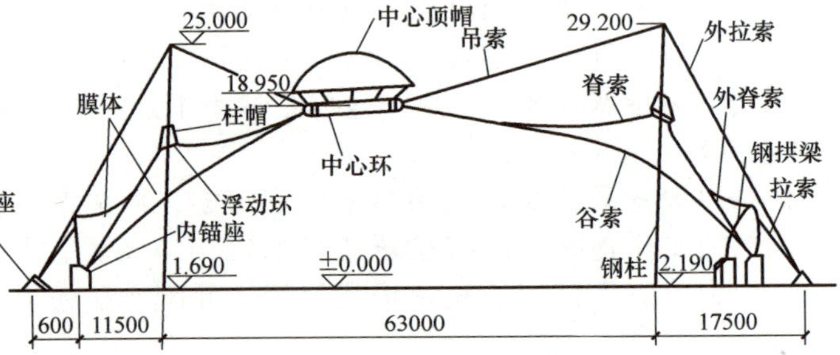

图 6-46 深圳欢乐谷中心剧场索膜穹顶

深圳欢乐谷中心剧场索膜穹顶施加预应力，是利用柱脚处设置液压千斤顶顶升钢柱达到的（见图 6-47），顶升距离为 800mm。整个顶升过程中，采用位移与应力双控制，保证了结构体系最终形状与应力状态的正确性。

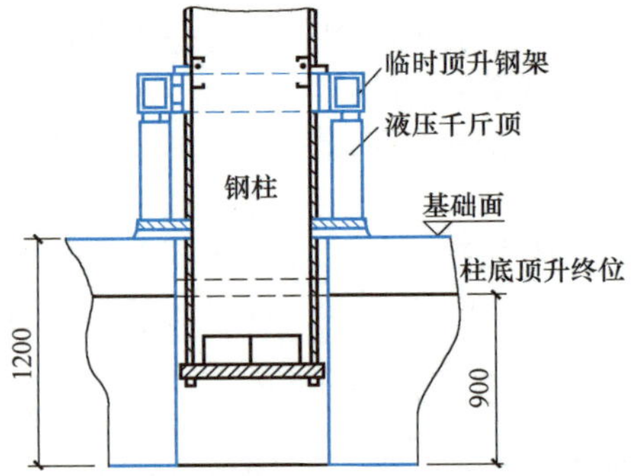

图 6-47 柱脚处液压千斤顶顶升钢柱

6.3.4 预应力索布置与张拉

1. 预应力索的布置方式

在空间钢结构中，预应力索的布置原则：在预应力的作用下，结构具有最多数量的卸载杆，最少数量的增载杆，以最大限度地发挥高强度钢索的承载力。

柔性空间结构（张力结构）的刚度由预应力提供。索系的布置与相应的预应力应满足结构几何形状的要求。

2. 预应力索的张拉力

预应力索的张拉力，应根据钢结构特点、荷载、体形、钢索布置等确定。对体内布置的钢索，张拉应力可取 $(0.6 \sim 0.7) f_{ptk}$。对体外索、下弦拉索、斜拉索等，设计索的张拉应力通常为 $(0.2 \sim 0.4) f_{ptk}$。

对索桁架，钢索只能承受轴向拉力。在最不利荷载作用下，索单元中不允许出现压力，一般应保留一定的拉力值，以确保索桁架正常工作。

在空间结构中，张拉力的大小与张拉顺序对结构变形很敏感，有时需要由变形限值控制。采用计算机模拟分析，可合理确定张拉顺序与分批拉力。

近几年开发的多次预应力，每增加一次恒载，施加一次预应力。这样，可以将作用于基本结构的荷载引起的内力最大限度地转移到钢索上，获得最大的经济效果。

3. 预应力索的施工要求

1）施工前应对钢索、锚具及零配件的出厂报告、产品质量保证书、检测报告，以及索体长度、直径、品种、规格、色泽、数量等进行验收，验收合格后再进行预应力施工。

2）预应力索结构施工张拉前，应进行全过程施工阶段结构分析，并以分析结果为依据确定张拉顺序，编制索的施工专项方案。

3）预应力索结构施工张拉前，应进行钢结构分项验收，验收合格后方可进行预应力张拉施工。

4）预应力索张拉应符合分阶段、分级、对称、缓慢匀速、同步加载的原则，并根据结构和材料特点确定张拉的要求。

5）预应力索结构宜进行索力和结构变形监测，并应形成监测报告。

6）钢棒拉索体系：由圆钢棒与端螺杆组成，或由圆钢棒、端叉耳（或耳板）、锥形锁紧螺母与调节套筒组成，最大拉力可达 1000kN。该体系适用于大型铰接钢排架之间的抗风支撑或斜拉结构的拉索等。

工程案例

本章配套工程案例详见本书配套电子资源。

习　　题

一、问答题

1. 试述预应力混凝土先张法与后张法在施工顺序上的区别、各自特点及适用范围。
2. 张拉钢筋的程序有哪几种？为什么要进行超张拉？
3. 先张法施工时，预应力筋放张需注意哪些问题？放张的方法有哪些？
4. 简述后张法施工的工艺过程。
5. 后张法施工的孔道留设方法有哪些？应注意哪些问题？
6. 什么是应力松弛？在后张法中如何避免或减少预应力筋的应力损失？
7. 分批张拉预应力筋时，如何避免混凝土弹性压缩应力损失？
8. 预应力筋的张拉顺序与要求有哪些？
9. 无黏结预应力筋铺放定位应如何进行？

10. 预应力钢结构的锚固体系有哪些？

11. 试述预应力钢结构的预应力施加方式与施工要求。

二、计算题

1. 某预应力混凝土构件用先张法工艺制作。采用直径 5mm 的高强钢丝作预应力筋，其抗拉强度标准值 $f_{ptk}=1570\text{N/mm}^2$，使用梳筋板镦头夹具，每次张拉 6 根，张拉程序为 $0\rightarrow1.03\sigma_{con}$。试根据规定的控制应力求每次张拉力。

2. 某预应力混凝土构件采用有黏结后张法施工。所留设孔道为抛物线形，其水平长度为 23.6m，孔道抛物线矢高 0.7m，采用钢绞线束作为预应力筋，拟用 YCQ100 型千斤顶两端张拉。千斤顶外形尺寸为 ϕ258mm×440mm，其夹片式工具锚厚度为 50mm，工作锚厚度为 60mm。试计算钢绞线束下料长度。

3. 某工程跨度为 15m 的空心楼板，采用后张法施工。设计采用抗拉强度标准值 $f_{ptk}=1860\text{N/mm}^2$ 的高强低松弛钢绞线作为无黏结预应力筋，公称直径为 15.2mm，公称面积 $A_g=140\text{mm}^2$，弹性模量 $E_g=1.95\times10^5\text{MPa}$。试确定张拉程序并计算张拉力。

第7章

装配式结构安装工程

学习目标

掌握装配式混凝土结构单层厂房安装前准备工作，掌握结构吊装工艺、吊装方法，掌握吊装方案选择的主要内容；掌握多高层装配式房屋结构安装的主要方法、工艺流程及构件安装与连接要点，了解空间结构的不同安装方法与适用条件。

结构安装就是利用起重机械或其他设备将预制构件或部分结构安装到设计位置的施工过程，是装配式结构施工的主导工程。该类工程施工的主要特点：工期短，工业化程度高，利于绿色施工和环境保护；预制构件或结构的类型和质量直接影响安装的进度和质量；安装方法及起重设备的选择是关键；运输及安装过程受力与设计承载力差异大且复杂；高空作业多且易发生安全事故，应采取有效技术措施，加强安全管理。

起重吊装作业前，必须编制吊装作业的专项施工方案，并应进行安全技术措施交底；作业中，未经技术负责人批准，不得随意更改。

7.1 单层工业厂房结构安装

单层工业厂房常采用排架结构。按结构材料分为混凝土结构、钢结构、轻钢结构及混合结构等。其中，混凝土结构的构件质量大，吊装难度相对较大，本节予以阐述。

结构安装是单层工业厂房施工中的主导工程，除基础外，其他构件一般均为预制，其中大型钢筋混凝土屋架、柱子多在现场预制，其他构件可由预制厂制作。

7.1.1 安装前的准备

1. 清理场地与铺设道路

在起重机进场前，应做好吊装场地的清理、平整和压实工作，并铺设运输道路。

2. 构件的运输与堆放

要按照进度计划和平面布置图将构件运至现场并准确就位，避免二次搬运。构件运输时，混凝土强度不应低于设计强度的75%；要合理选择运输机具、支承合理、固定牢靠，避免开裂、变形。堆放场地要坚实平整、排水良好，垫点及堆高应符合设计要求，垫木要在同一条垂直线上。图7-1所示为柱、吊车梁、屋架等构件运输示意图。

3. 构件的检查

检查构件的外形尺寸、预埋件位置、吊环规格、平直度是否符合规范要求，有无开裂变形；混凝土强度是否达到设计要求，如无要求，柱和屋架混凝土应分别达到设计强度等级的75%和100%，预应力屋架孔道灌浆的强度应不低于15MPa。

4. 构件的拼装

为了便于运输，天窗架和有些工程的屋架在预制厂分块预制，运至现场后进行拼装。

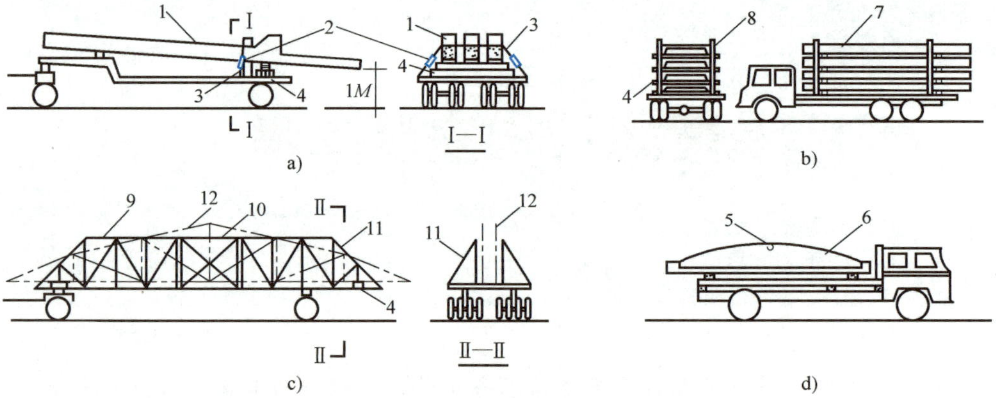

图 7-1　柱、吊车梁、屋架等构件运输示意图

a）用拖车两点支撑运输柱子　b）汽车运输屋面板　c）用钢拖架运输屋架　d）汽车运输吊车梁

1—柱子　2—倒链　3—钢丝绳　4—垫木　5—钢丝　6—鱼腹式吊车梁　7—大型屋面板

8—木杆　9—钢托架首节　10—钢托架中节　11—钢托架尾节　12—屋架

构件拼装有平拼和立拼两种方法，平拼即将构件平卧地面或操作台上进行拼装，拼完后进行翻身，操作方便，不需支承，但在翻身中容易损坏或变形，因此，平拼仅用于天窗架（见图 7-2）等小型构件的拼装。立拼是将块体立着拼装，两侧须有夹木支撑，可直接拼装于起吊时的最佳位置，以减少翻身扶直的工序，降低损坏或变形的风险。图 7-3 所示为钢筋混凝土屋架的立拼图。拼装时，要保证构件的外形几何尺寸准确，上下弦均在一个垂直面上，不断裂，无旁弯，保证连接质量。

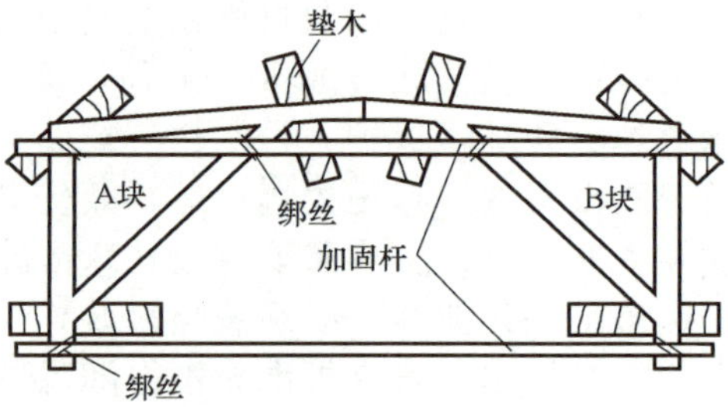

图 7-2　天窗架的平卧式拼装与加固

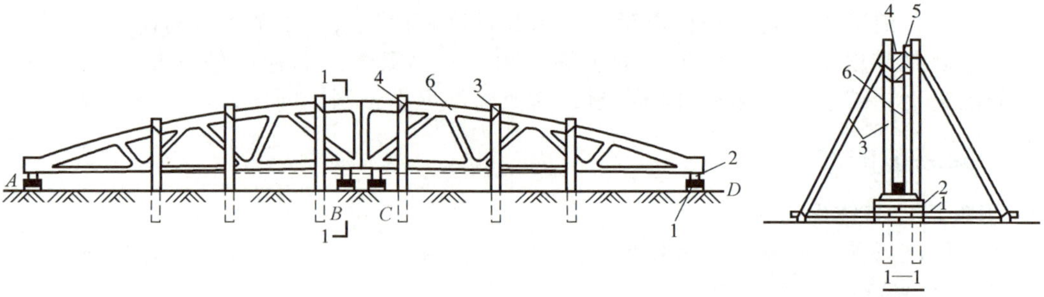

图 7-3　钢筋混凝土屋架的立拼图

1—砖砌支垫　2—方木或钢筋混凝土垫块　3—三角架　4—钢丝

5—木楔　6—屋架块体

5. 构件弹线与编号

在构件表面弹出吊装中心线和对位准线，作为对位、校正的依据；对每个构件按轴线编号，避免安装错位或反向。

对柱子，应在柱身的三面弹出其几何中心线，此线应与柱基础杯口上的中心线相吻合；在柱顶面和牛腿面上要弹出屋架及吊车梁的安装准线（见图 7-4）。对屋架，应在上弦顶面弹出几何中心线、天窗架及屋面板的安装准线，在两个端头弹出与柱对位准线。对吊车梁，应在两端面及顶面弹出安装中心线。

6. 杯形基础的弹线与杯底抄平

在杯口顶面弹出十字交叉中心线，作为吊装柱子的对位及校正准线。根据每根柱子的实际制作尺寸，用水泥砂浆或细石混凝土将所对应的基础杯底从预留调整位置垫至合适的高度，以保证各柱安装后牛腿顶面或柱顶的标高一致（见图7-5）。

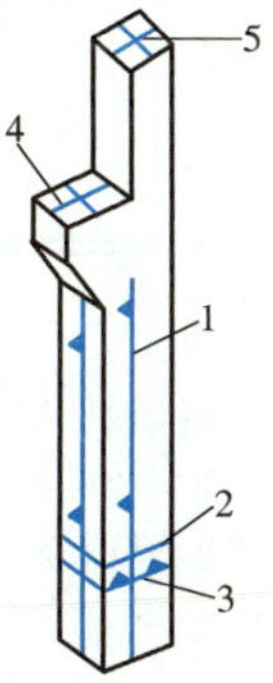

图7-4　柱子弹线图

1—柱子中心线　2—标高控制线　3—基础顶面线　4—吊车梁对位线　5—屋架对位线

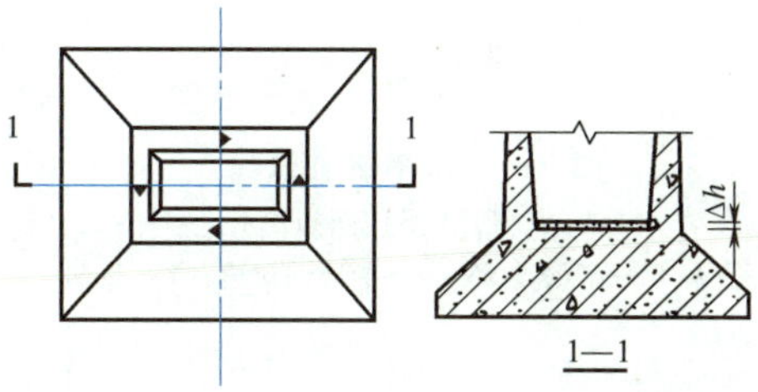

图7-5　杯口顶面弹线、杯底标高调整

7. 构件的应力核算与加固

构件在起吊、安装过程中，受力点或支撑形式往往与设计不同，造成内力及变形与设计工况有较大差异。因此，吊装前须进行适当的验算或模拟，必要时采取加固措施。

7.1.2　构件吊装工艺

构件吊装的主要工艺过程包括绑扎、起吊、就位、临时固定、校正及最后固定。

1. 柱的吊装

柱子一般在杯口附近现场预制。对于大型柱可采用双机抬吊，一般柱可单机吊装。

柱子旋转法与滑行法吊装演示

（1）柱的绑扎　根据柱的尺寸、质量及起吊时柱身的抗弯能力确定吊点的数量和位置。一般中小型柱只需一点绑扎，重型柱、配筋少的柱，为防止起吊中断裂，需多点绑扎。一点绑扎时，绑扎点多位于牛腿根部；多点绑扎时，应保证吊索的合力作用点高于柱的重心。柱的绑扎方法有斜吊绑扎法和直吊绑扎法两种。

1）斜吊绑扎法（见图7-6）。柱在平卧预制状态，不需翻身，吊索从柱下穿入，捆扎后从上面引出。吊起时柱略呈倾斜状。起重钩可低于柱顶（但吊索高度不少于2m），故所需起重高度小，但柱与基础对位不太方便。

2）直吊绑扎法（见图7-7）。此法是先将柱翻身侧立，使其牛腿朝天。吊索分别设在柱两侧，通过横吊梁与起重钩相连接。起吊后柱身垂直，容易对位；起吊中，柱截面的抗弯能力较大，不易损坏。此法的缺点是增加了柱翻身工序；起重机吊钩需超过柱顶，使起重高度增大。

（2）柱的起吊　柱的起吊方法有旋转法和滑行法两种，应根据柱的质量及长度、起重机性能和现场条件选定。

1）旋转法（见图7-8）。此法是在起吊过程中，起重机边升钩边回转，使柱绕柱脚旋转而立起，再插入杯口。柱在吊装过程中振动小，但柱在预制或堆放时，柱脚要靠近基础；柱的绑扎点、柱脚中心、基础杯口中心三点应同在以起重机停机点为圆心，以停机点到绑扎点的距离为半径的圆弧上（即三点共弧）。

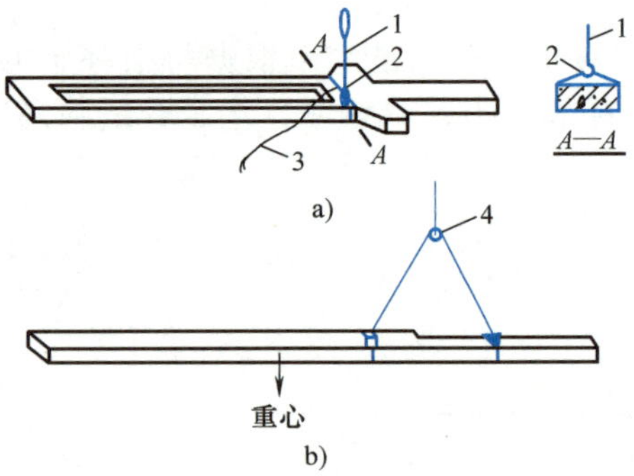

图 7-6 斜吊绑扎法

a）一点绑扎 b）两点绑扎

1—吊索 2—活络卡环 3—卡环销拉绳 4—滑车

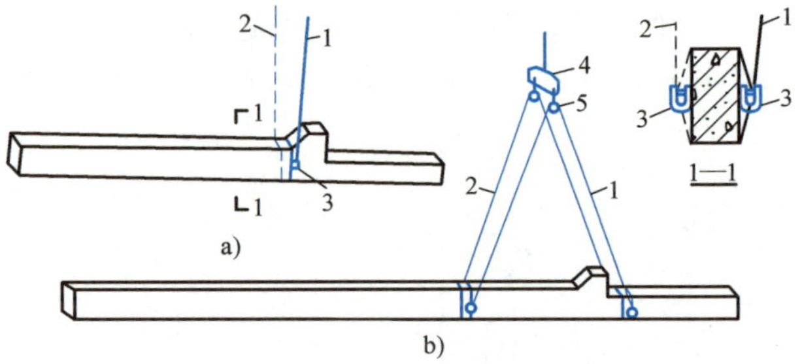

图 7-7 直吊绑扎法

a）一点绑扎 b）两点绑扎

1—第一支吊索 2—第二支吊索 3—活络卡环 4—横吊梁 5—滑车

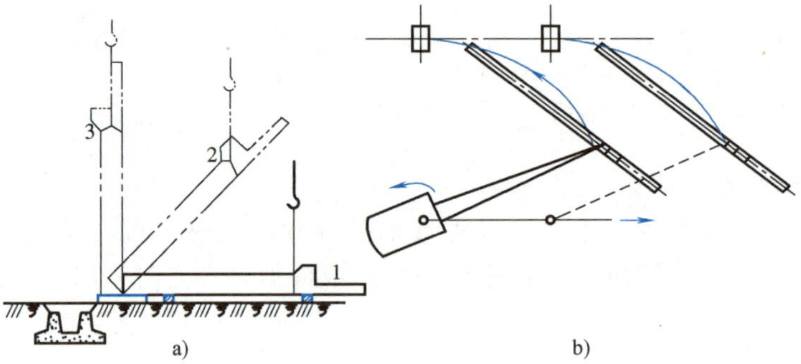

图 7-8 旋转法吊柱

a）旋转过程 b）平面布置

1—柱平放时 2—起吊中途 3—直立

2）滑行法（见图 7-9）。这种方法吊装时，起重机只升吊钩，起重杆不动，使柱脚沿地面滑行逐渐立起而插入杯口。柱预制或排放时，绑扎点应布置在杯口附近，并与杯口中心共弧（即两点共弧）。

滑行法的优点是柱子布置较为灵活且节省场地，可沿厂房纵向、横向、斜向布置。滑行法的缺点是柱在地面滑行时受到振动，起吊阻力较大（宜垫设方木或设置滚轮小车予以改善）。

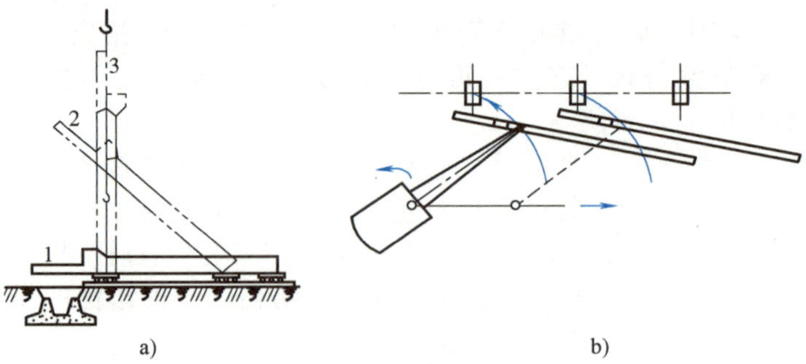

图 7-9 滑行法吊柱

a）滑行过程 b）平面布置

1—柱平放时 2—起吊中途 3—直立

（3）柱的就位与临时固定 柱脚插入杯口内，距杯底30~50mm处即应悬空对位，用八只楔块从四边插入杯口（见图7-10），用撬棍拨动柱脚使线对正，然后放松吊钩使其沉底就位。复核无误后打紧楔块，并用石块将柱脚与杯底四周顶紧；起重机脱钩。较高柱子尚应加设缆风绳或斜撑来加强。

（4）柱的校正 主要是垂直度的校正。校正方法是用两台经纬仪从柱的相邻两边检查柱的中心线是否垂直。其偏差允许值为：当柱高$H \leq 6$m时，为5mm；柱高$H>6$m时，为10mm。校正可用螺旋千斤顶进行斜顶或平顶，或利用可调钢管支撑进行斜顶等方法（见图7-11）。

（5）柱的最后固定 柱校正后应立即进行最后固定。方法是在柱脚与基础杯口的空隙间浇筑高一强度等级的细石混凝土。浇筑工作分两阶段进行，第一次先浇至楔块底面，待混凝土强度达到30%设计强度后，拔出楔块，第二次将杯口浇满。

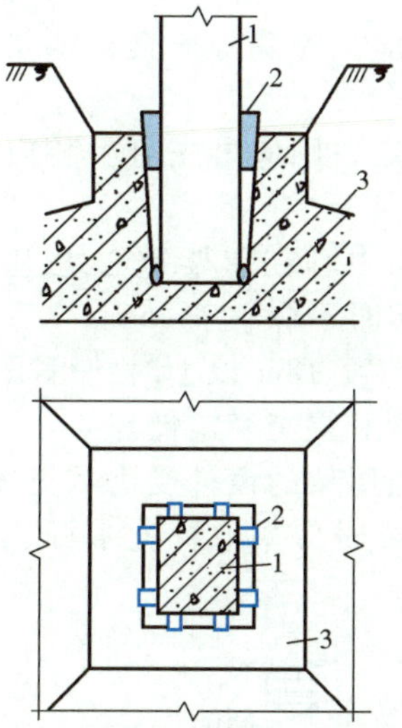

图7-10 柱的临时固定

1—柱子 2—楔块

3—杯形基础

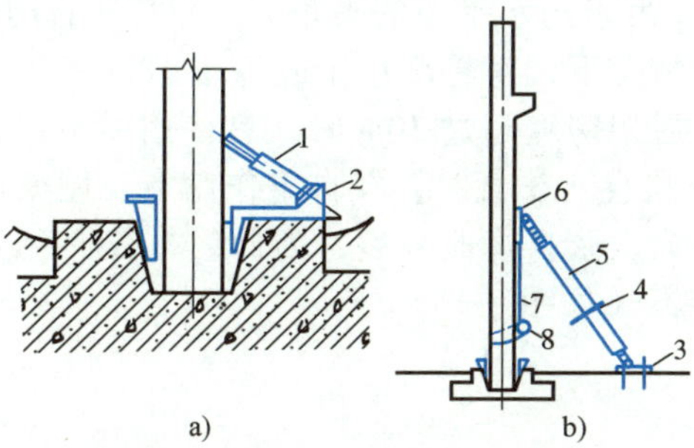

图7-11 柱垂直度校正方法

a）螺旋千斤顶斜顶 b）钢管支撑斜顶

1—千斤顶 2—反力座 3—底板 4—转动手柄 5—可调钢管支撑 6—摩擦板 7—拉绳 8—绳结

2. 吊车梁的吊装

吊车梁须在基础杯口二次浇筑的混凝土达到50%设计强度后方可进行吊装。

绑扎点应在距两端各1/5~1/6梁长处，吊索与水平面夹角不得小于45°。起吊时保持水平（见图7-12），在梁的两端需用溜绳控制，就位时应缓慢落钩，争取一次对好纵轴线。吊车梁高宽比大于4时，需与柱焊拉结钢板做临时固定。

吊车梁的校正应在厂房结构固定后进行，主要为垂直度和平面位置的校正。垂直度可通过铅锤检查，并在梁与牛腿面之间垫入楔形垫铁来纠正。平面位置的校正方法常用拉钢丝通线法检测校正（见图7-13），对较重者宜随吊随用经纬仪监测校正。

吊车梁校正完毕后，立即将其与柱子牛腿上的埋件焊牢，并在其与柱的空隙处浇筑细石混凝土。

图7-12 吊车梁的吊装

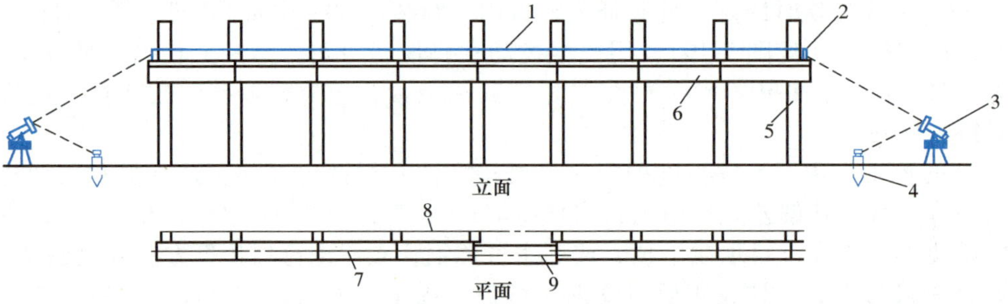

图 7-13 拉钢丝法检测校正吊车梁

1—钢丝通线 2—支架 3—经纬仪 4—木桩 5—柱 6—吊车梁 7—吊车梁设计中线 8—柱设计轴线 9—偏位的吊车梁

3. 屋架的吊装

大跨度的钢筋混凝土屋架，一般在现场平卧叠浇预制。吊装前，先翻身扶直，排立在跨内一侧地面上，然后统一吊装，也可边扶边吊。

（1）绑扎 屋架吊点的数目及位置一般由设计确定，如无规定，则应事先对吊装应力进行核算，满足要求方可起吊，否则应采取加固措施。

屋架的绑扎点应在靠近两端的上弦节点处，左右对称，绑扎中心在屋架重心之上（见图 7-14）。吊索与水平面的夹角 α，翻身扶直时不宜小于 60°，吊装时不应小于 45°。

一般情况下，对跨度小于或等于 18m 的屋架，可两点绑扎；跨度 18m 以上时，可采取四点绑扎；屋架跨度超过 30m 时，宜使用横吊梁，以降低吊钩的高度和提高稳定性。

（2）扶直 扶直时，在自重作用下，屋架承受平面外的力，与屋架的设计受力状态不同，有时会造成上弦杆挠曲开裂，因此，事先必须进行应力核算，必要时应采取绑扎木杆、钢管等加固措施（见图 7-15）。

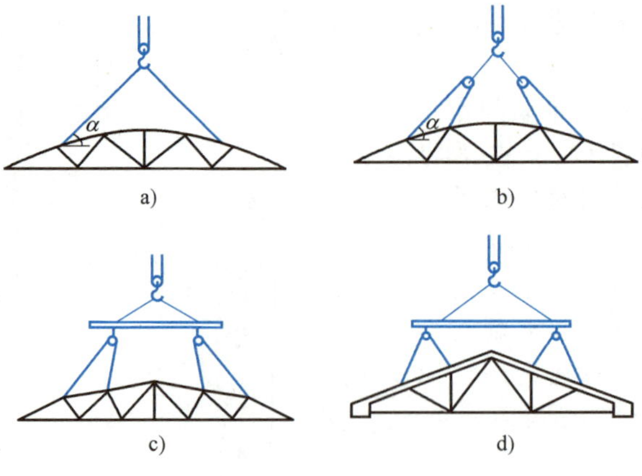

图 7-14 屋架的绑扎

a）跨度≤18m 时 b）跨度>18m 时 c）跨度≥30m 时 d）三角形组合屋架

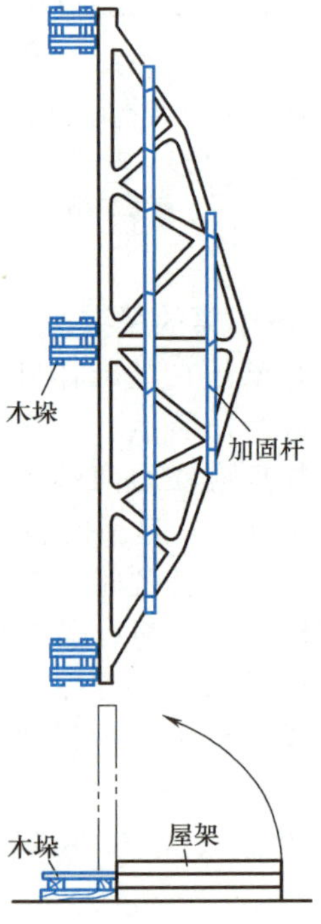

图 7-15 扶直前的加固及垫木垛

根据起重机与屋架的相对位置不同，扶直屋架有正向扶直与反向扶直两种方法。

1）正向扶直。起重机位于屋架下弦一侧，以吊钩对准屋架上弦中点，收紧吊钩，同时略加起臂使屋架脱模。然后升钩、起臂，使屋架以下弦为轴缓缓转为直立状态（见图 7-16a）。

2）反向扶直。起重机位于屋架上弦一侧，吊钩对准上弦中点，边升钩边降臂，使屋架绕下弦转动而立起（见图 7-16b）。

两种扶直方法：一为升臂，一为降臂，目的都是保持吊钩始终位于上弦中点的垂直上方。升臂比降臂易于操作，起重力矩变化较小，较安全，故应尽量采用正向扶直。

屋架翻身扶直后应随即立放于柱列附近。其位置取决于起重机的性能和吊装方法，同时应考虑屋架的安装顺序，预埋件的朝向。一般靠柱边斜放，应尽量少占场地，并按平面布置图对号入座。放置位置与屋架预制位置在起重机开行路线同一侧时，称作同侧就位，反之称作异侧就位。

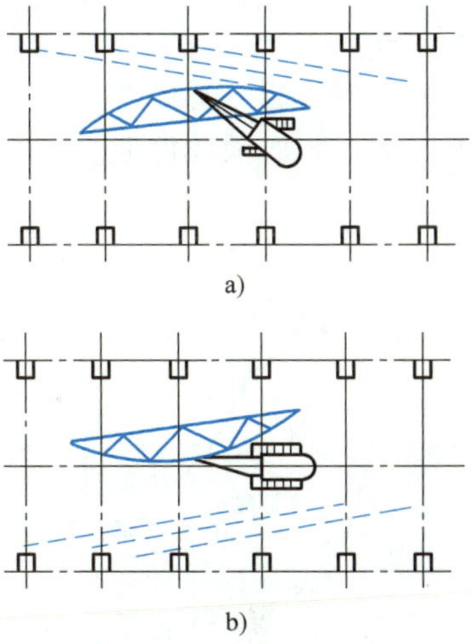

图 7-16　屋架的扶直就位

a）正向扶直，同侧就位

b）反向扶直，异侧就位

(3) 起吊、就位与临时固定　起吊时，先将屋架吊离地面 200~300mm，检查机械的稳定性及绑扎牢固程度，然后升钩将屋架吊至超出柱顶 300mm 左右，再边对位边缓缓降至柱顶，就位后应立即进行临时固定。

第一榀屋架的临时固定，一般是用四根缆风绳从两面拉牢上弦。其他各榀屋架可用至少两个校正器，支撑在前一榀屋架上进行临时固定和校正（见图 7-17）。

(4) 校正及最后固定　屋架的校正主要是垂直度。方法是，在屋架上弦中央和两端各安装一个卡尺（在外伸的 500mm 处做有标记），然后在距屋架轴线 500mm 处的地面上支设经纬仪，检查三个标尺上的标志是否在同一个垂直面上（见图 7-17）。

屋架校正无误后，应立即与柱顶焊接固定，并按照先垂直后水平、先中间后两端的顺序安装屋架间的支撑，随后安装屋面板。与柱焊接时，应在屋架两端的不同侧面同时施焊，以防因焊缝收缩而导致屋架倾斜。

4. 屋面板和天窗架的吊装

屋面板吊装时，应由两边檐口向屋脊逐块对称地进行，以利于屋架稳定，受力均匀。屋面板上有预埋吊环，一般可采用一钩多吊（见图 7-18），以加快吊装速

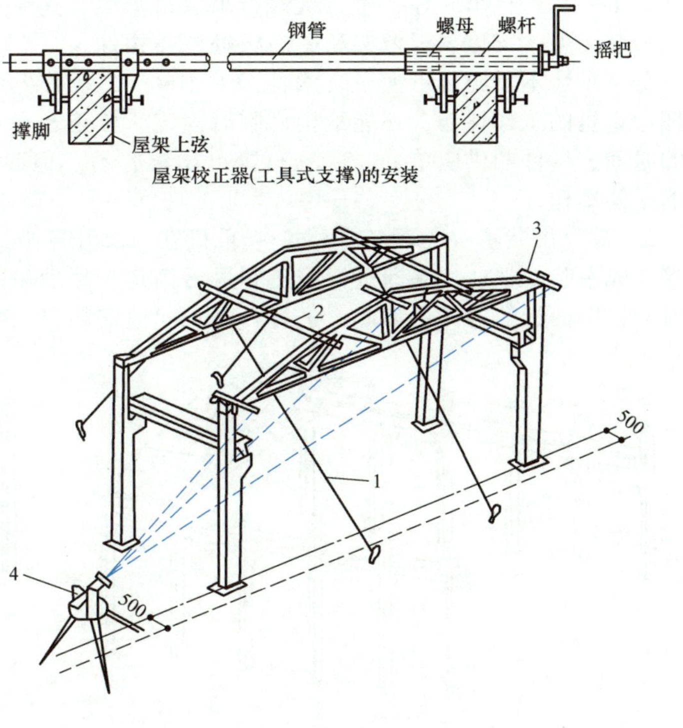

图 7-17　屋架的临时固定与校正

1—缆风绳　2—屋架校正器　3—标尺　4—经纬仪

度。屋面板就位后，应立即与屋架上弦焊牢。除每间的最后一块屋面板外，每块板焊接应不少于三点。

天窗架吊装（见图 7-19）应待两侧屋面板安装后进行。经对位校正后，将天窗架底脚焊牢于屋架上弦的预埋件上。

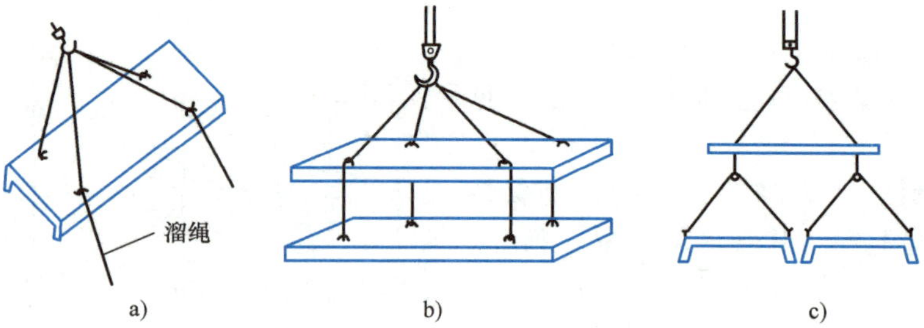

图 7-18 屋面板的绑扎与起吊

a）单块起吊 b）多块叠吊 c）多块平吊

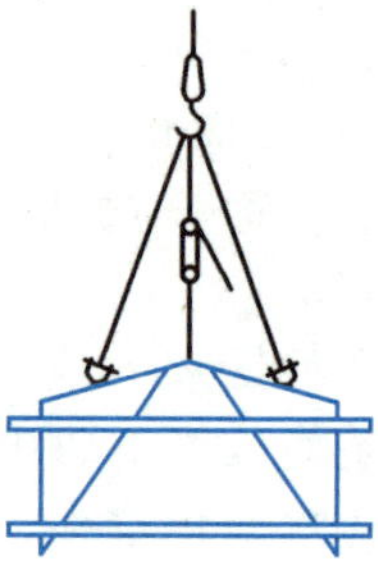

图 7-19 天窗架吊装

7.1.3 结构安装方案

结构安装方案的内容主要包括选择结构吊装方法和起重机，确定起重机开行路线及构件的平面布置。

1. 结构吊装方法

单层厂房结构吊装方法有分件吊装法和综合吊装法两种。

1）分件吊装法（见图 7-20a）。该法是起重机每开行一次仅吊装一种类型构件。第一次开行吊装柱，第二次开行吊装吊车梁、连系梁等；第三次开行分节间吊装屋架、支撑、天窗架和屋面板等屋盖构件。

单厂分件吊装法

分件吊装不需经常更换吊装索具，工作单一、操作熟练、效率高，能充分发挥起重机的工作性能，还能给构件临时固定、校正及最后固定等工序提供充裕的时间，构件的供应单一，现场布置也比较容易。但起重机开行路线长，不能迅速形成稳定的空间结构。

2）综合吊装法（见图 7-20b）。起重机在一次开行中，分间吊装完各种类型的构件。具体步骤：先吊装 4 根柱，立即进行校正和最后固定；然后吊装该节间的吊车梁、连系梁、屋架、天窗架、屋面板等构件；如此，进行一间一间地安装。

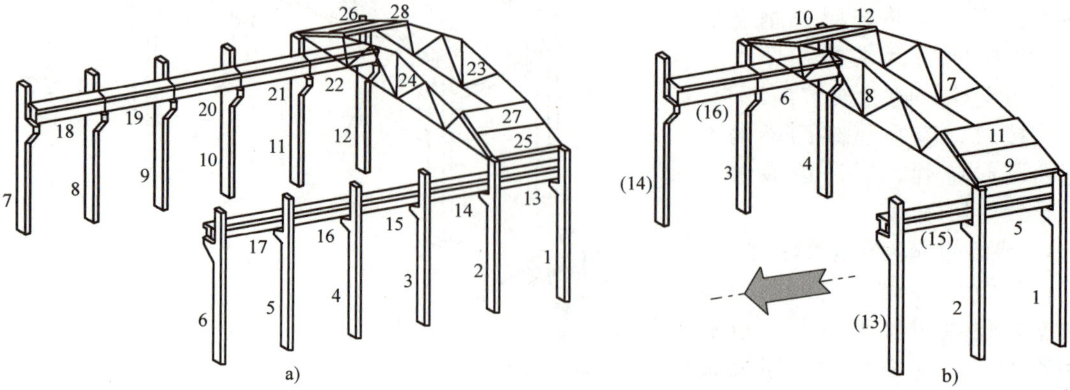

图 7-20 单层厂房结构吊装方法

a）分件吊装法 b）综合吊装法

这种方法起重机开行路线短，停机次数少，能及早为下道工序提供工作面。但由于在一个停机点要分别吊装不同种类构件，造成索具更换频繁，影响吊装效率；校正及固定的时间紧迫，误差积累后不易纠正；构件供应种类多，平面布置杂乱，不利文明施工。所以，该法常用于已安装了大型设备、不便于机械开行的厂房，或急需交工的部位。

2. 起重机的选择

（1）起重机类型的选择　主要根据厂房的跨度、高度、构件的尺寸与质量，以及施工现场条件和现有起重设备等确定。对高度不大的中小型厂房多采用自行杆式起重机。高度较大的厂房可选用塔式起重机吊装屋盖结构。大跨度重型厂房，可选用大型自行杆式起重机以及重型塔式起重机进行安装。

（2）起重机型号的选择　应根据构件的尺寸、质量及安装位置等，使起重机的三个工作参数（起重量的、起重高度、起重半径）均满足构件吊装的要求。

1）起重量。起重机的起重量必须大于所吊装构件的质量与索具及加固材料质量之和，即

$$Q \geqslant Q_1 + Q_2 \tag{7-1}$$

式中　Q——起重机的起重量（t）；

Q_1——构件质量（t）；

Q_2——索具及加固材料的质量（t）。

2）起重高度。起重机的起重高度，必须满足所吊构件的安装高度要求（见图 7-21），即

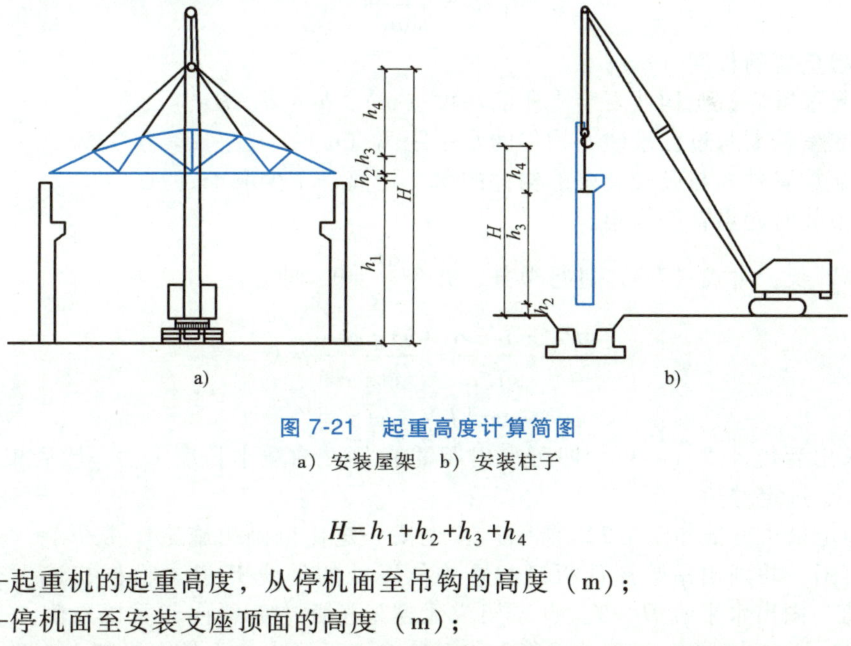

图 7-21　起重高度计算简图

a）安装屋架　b）安装柱子

$$H = h_1 + h_2 + h_3 + h_4 \tag{7-2}$$

式中　H——起重机的起重高度，从停机面至吊钩的高度（m）；

h_1——停机面至安装支座顶面的高度（m）；

h_2——安装间隙（不小于 0.3m）或安全距离（需跨越人员或设备时不小于 2.5m）；

h_3——绑扎点至所吊构件底面的高度（m）；

h_4——索具高度，即自绑扎点至吊钩中心的高度（m）。

3）起重半径（起重幅度）。当起重机可以不受限制地开到安装支座附近去安装构件时，可不验算起重半径；否则应验算当起重半径为限定值时，其起重量与起重高度能否满足吊装要求。

4）最小臂长。当起重臂须跨过已安装好的结构去吊装构件时（如跨过屋架或天窗架去安装屋面板等），为了避免起重臂与安装好的结构碰撞，起重机必须有足够的臂长。最短臂长的确定可按比例画图去寻找（即图解法），也可用数解法，如图 7-22a 所示。数解法计算如下

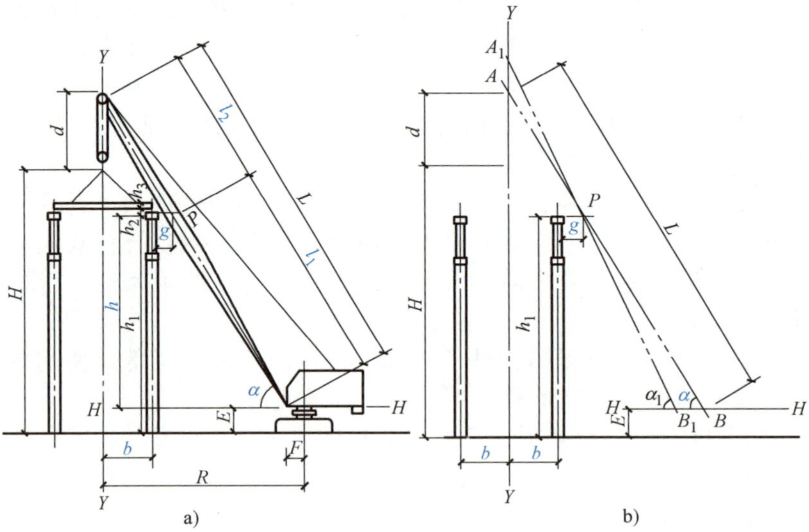

图 7-22 跨过屋架吊装屋面板时起重机最小臂长的计算简图

a）数解法 b）图解法

$$L=l_1+l_2=\frac{h}{\sin\alpha}+\frac{b+g}{\cos\alpha} \tag{7-3}$$

式中 L——起重臂的长度（m）；

h——起重臂底铰至构件安装支座的高度（m），$h=h_1-E$；

b——起重钩需跨过已吊装好构件的水平距离（m）；

g——起重臂轴线与已安装好的构件的水平距离，至少取 1m；

α——吊装时起重臂的仰角。

为求最小臂长，对式（7-3）进行微分，并令$\frac{\mathrm{d}L}{\mathrm{d}\alpha}=0$，即

$$\frac{\mathrm{d}L}{\mathrm{d}\alpha}=\frac{-h\cos\alpha}{\sin^2\alpha}+\frac{(b+g)\sin\alpha}{\cos^2\alpha}=0$$

$$\alpha=\arctan[h/(b+g)]^{1/3} \tag{7-4}$$

将 α 值求出后代入式（7-3），即可求出所需起重杆的最小长度 $L_{\min}$，然后根据起重机起重臂的构造尺寸选定臂长。

图解法确定最小臂长如图 7-22b 所示。首先按一定比例画出施工厂房一个节间的纵剖面图，并画出吊装屋面板时起重钩位置处的垂线 $Y—Y$。根据初选起重机的 E 值，画出水平线 $H—H$。自屋架或天窗架顶面中心线向起重机一侧水平方向量出一距离 g，令 $g=1$m，可得点 P。过 P 点可画出若干条直线与 $Y—Y$ 直线和 $H—H$ 直线相截，其中最短的一根即所求的最短臂长。

最小臂长图解法

在确定起重臂长 L 时，不但需进行屋架中间一块板的验算，还应满足屋架两端边缘一块屋面板的吊装要求。

3. 起重机开行路线与构件的平面布置

开行路线直接关系到现场预制构件的平面布置与结构的吊装方法，因此在构件预制之前就应设计好起重机的开行路线及吊装方法。布置现场预制构件时应遵循以下原则：

1）各跨构件尽量布置在本跨内。

2）在满足吊装要求前提下应尽量紧凑，并保证起重作业及构件运输道路畅通，起重机回

转时不与建筑物或构件相碰。

3）后张预应力构件的布置应有抽管、穿筋、张拉等所需操作场地。

对非现场预制的构件，最好随运随吊，否则也应事先按上述原则确定堆放位置。

（1）吊柱时开行路线及构件布置

1）起重机开行路线。根据厂房的跨度、柱的尺寸和质量及起重机的性能确定起重机的开行路线，有跨中开行和跨边开行两类（见图 7-23）。

2）柱的平面布置。柱的现场预制位置尽量为吊装阶段的就位位置。采用旋转法吊装时，柱斜向布置；采用滑行法吊装时，柱可纵向或斜向布置。

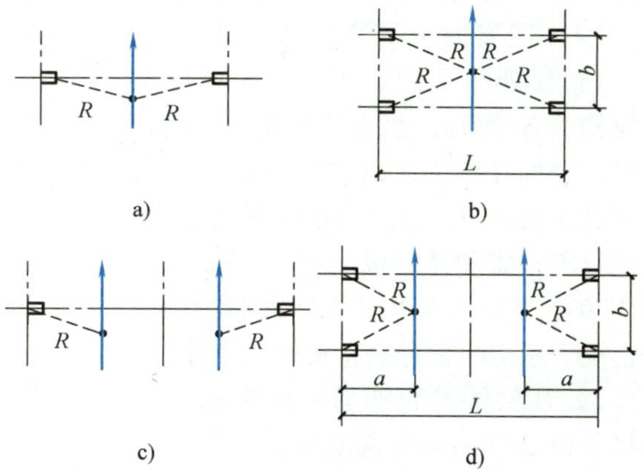

图 7-23 起重机的开行路线

a）、b）跨中开行 c）、d）跨边开行

① 旋转法吊装柱的平面布置，尽量按三点共弧斜向布置（见图 7-24a）。绘制施工图时，首先画出与柱列轴线相距为 a 的平行线（a 必须小于 R 且大于起重机的最小回转半径），此线即吊柱的开行路线；再以柱杯口中心为圆心，以 R 为半径画弧交于开行路线上一点 O，O 点即吊装该柱时起重机的停机点。然后以 O 点为圆心，以 R 为半径画弧，并依据柱底至绑扎点的距离在弧上确定 K（柱底中心）、S（绑扎点）两点，应使 K 点与基础尽量靠近但不少于 1m。最后以 KS 为柱轴线画出柱的模板图。有时由于场地限制，很难做到三点共弧，也可柱脚中心与杯口中心两点共弧（见图 7-24b）。吊装时，可先升臂，当起重半径由 R' 变为 R 时，再按旋转法起吊。

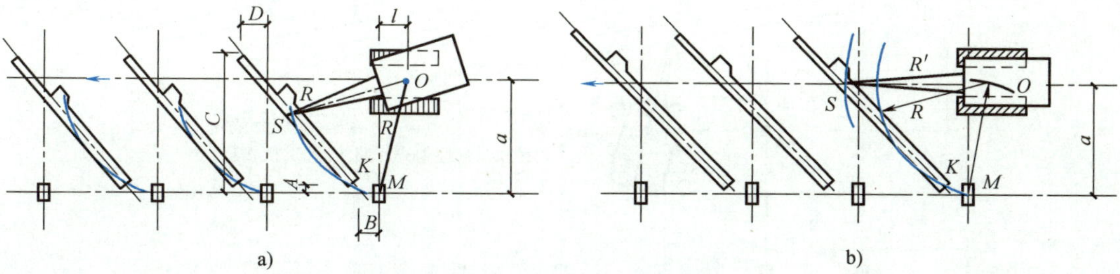

图 7-24 旋转法吊装柱的平面布置

a）三点共弧布置法 b）两点共弧布置法

② 滑行法吊装柱的平面布置，可按两点共弧斜向或纵向布置。绘制施工图时绑扎点与杯口中心共弧，为减少占地、对不太长的柱，也可采用两柱纵向叠浇布置（见图 7-25）或纵向

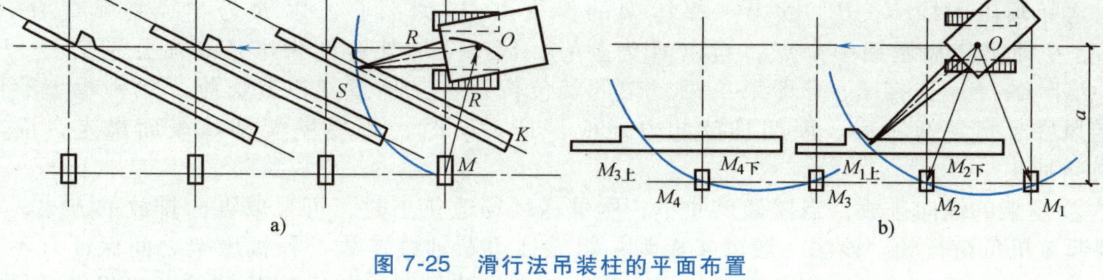

图 7-25 滑行法吊装柱的平面布置

a）单层斜向布置 b）两层叠制纵向布置

平行布置，但均应使柱的绑扎点分别与各自的杯口中心共弧。

（2）屋架的预制及扶直布置

1）屋架的预制布置。屋架及屋盖其他构件吊装时，起重机宜跨中开行。屋架一般均在跨内平卧叠浇预制，每叠不超过4榀。布置方式有正面斜向布置、正反斜向布置和正反纵向布置三种（见图7-26）。应优先选用正面斜向布置，因为它便于屋架的翻身扶直及就位排放。

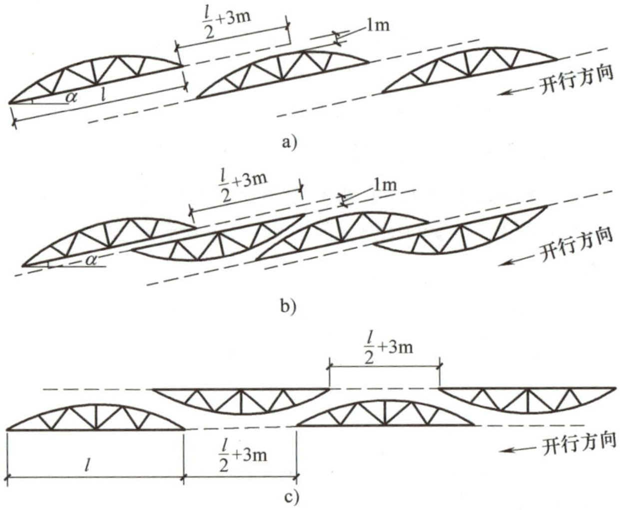

图7-26 屋架预制时的几种布置方式

a）正面斜向布置 b）正反斜向布置 c）正反纵向布置

2）屋架的扶直布置。屋架的扶直是将平卧叠浇的屋架翻身立起后排放到吊装前的最佳位置。其排放位置有靠柱边斜向排放及纵向排放两种。排放时应尽量靠近其安装处。在考虑屋架排放时，还要给本跨的天窗架和屋面板留有一定的位置，以便其及时吊装。

① 屋架的斜向排放。屋架斜向排放的布置方法如下（见图7-27）：

A. 确定起重机开行路线及停机点。一般情况下吊装屋架时起重机均在跨内正中开行，吊装前应确定吊装每榀屋架的停机点。如第二榀屋架，其确定方法是以屋架轴线中点 M_2 为圆心，以屋架吊装起重半径 R 为半径，划弧与开行路线交于 O_2 点即停机点。

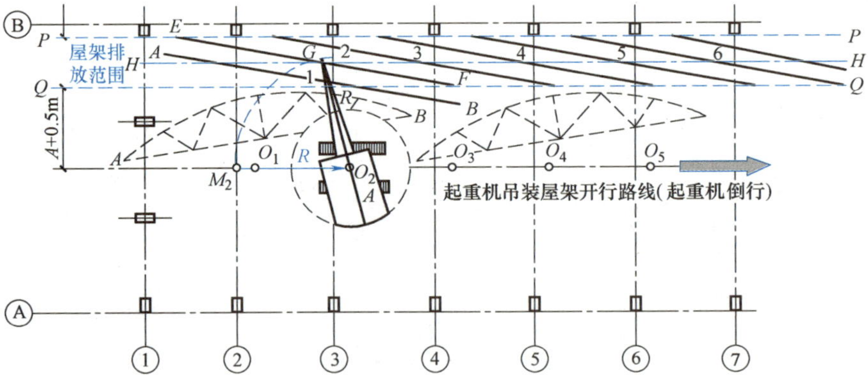

图7-27 屋架的斜向排放

B. 确定屋架排放位置。在距柱边缘不小于200mm处画一直线 $P—P$ 与柱轴线平行，再画一条距开行路线不小于 A+0.5m（A 为起重机机尾长）的平行线 $Q—Q$，并在 $P—P$ 线与 $Q—Q$ 线之间画出中线 $H—H$。以第二榀屋架的停机点 O_2 为圆心，以 R 为半径划弧交 $H—H$ 于 G，G 即第二榀屋架中心点，再以 G 为圆心，以1/2屋架跨度为半径划弧分别交 $P—P$、$Q—Q$ 于 E、F。连接 E、F 即第二榀屋架的就位位置，其他屋架以此类推。第一榀屋架因有抗风柱，可灵活布置。屋架排放的方向应保证吊装时，每榀屋架都从表面吊走，而非从中间抽出。

② 屋架的纵向排放。当屋架尺寸小、质量轻且场地狭小时，可采取纵向排放的方式，但需要起重机负荷行驶。该法一般以4榀为一组靠柱边顺轴线排放，各榀屋架之间保证有不小于200mm的净距，相互之间要支撑牢靠，为防止在吊装过程中与已安装好的屋架相碰，每组

屋架的中点应位于该组屋架倒数第二榀安装轴线之后约 2m 处（见图 7-28）。

（3）吊车梁、连系梁、屋面板的堆放　吊车梁、连系梁放在其安装位置的柱列附近，有条件时也可随运随吊。屋面板宜靠柱边堆放（见图 7-29），每叠不多于 6 块。在跨内堆放时，退后 3~4 个节间；在跨外则退后 1~2 个节间。

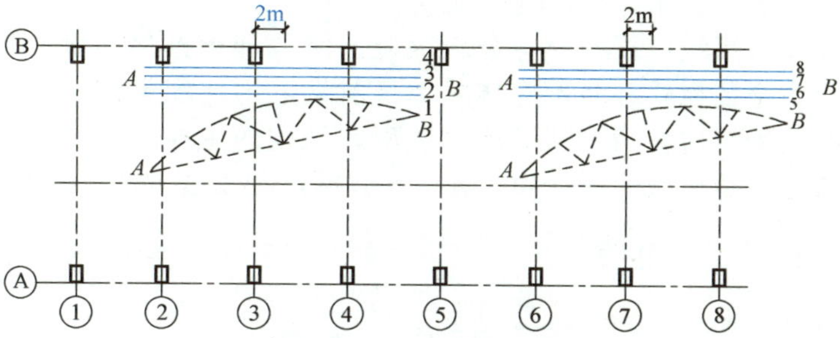

图 7-28　屋架的纵向排放

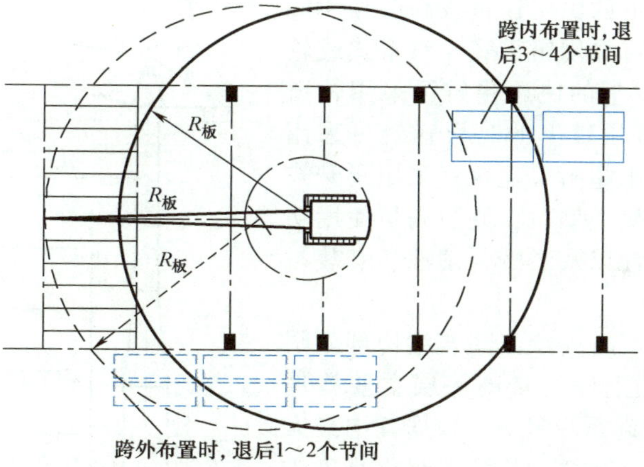

图 7-29　屋面板的布置

（4）柱子、屋架的预制及吊装　柱子、屋架的预制及吊装平面布置示例，如图 7-30 所示。

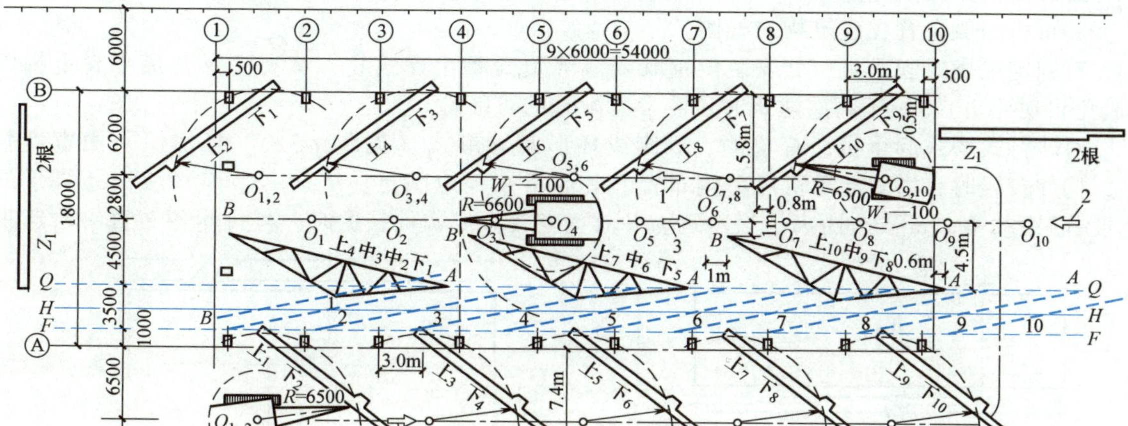

图 7-30　柱子、屋架的预制及吊装平面布置示例

1—起重机吊装柱开行路线　2—起重机扶直屋架开行路线　3—起重机吊装屋架开行路线

7.2 多高层装配式房屋结构安装

装配式结构的全部构件为预制，在施工现场用起重机械安装成整体，具有施工速度快、节约模板、减少现场垃圾、利于保护环境等优点。

多层及高层装配式房屋结构按其材料分为混凝土结构和钢框架结构。装配式混凝土结构按构件的连接方式分为全装配式和装配整体式，目前常采用装配整体式框架结构和装配整体式剪力墙结构；装配式钢结构多为框架结构。装配式结构的主导工程是结构安装工程。在制订安装方案时主要考虑吊装机械的选择和布置、安装顺序和安装方法等问题。

7.2.1 吊装机械的选择与布置

1. 吊装机械的选择

吊装机械类型的选择要根据建筑物的结构形式、高度、平面布置、构件的尺寸及质量等条件来确定。对5层以下的民用建筑或高度在18m以下的多层工业厂房，可采用履带式、汽车式或轮胎式起重机；对10层以下的民用建筑可采用轨道式塔式起重机，对于10层以上的高层建筑可采用附着式塔式起重机，对于超高层建筑宜采用爬升式塔式起重机。选择起重机类型时，既要满足使用功能要求，也要考虑安全性以及经济合理性、安装与拆除的可行性等。

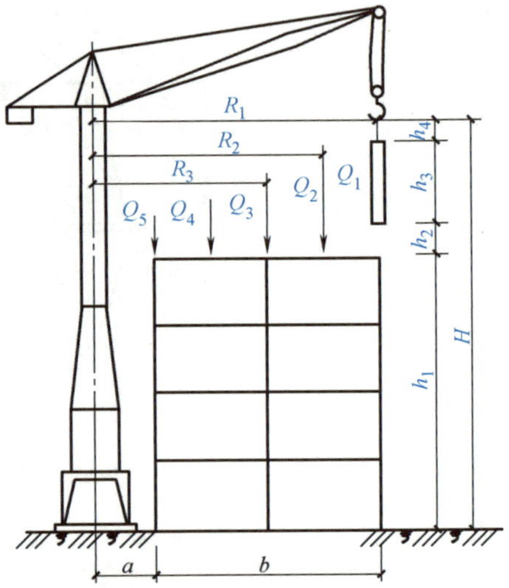

图 7-31 吊装参数计算简图

选择起重机型号时，首先绘出建筑结构剖面图（见图7-31），在剖面图上注明最高一层主要构件的起重量 Q 及所需要的起重半径 R，根据其中最大的起重力矩 M_{max}（$M_{max}=QR$）及最大起重高度 H 来选择起重机。应保证每个构件所需的 H、R、Q 均能同时满足。

2. 吊装机械的布置

起重机一般布置在建筑物的外侧。

对固定式塔式起重机，其安装位置既要能够覆盖整个建筑物，又要注意其最小起重幅度（避免出现死角）。用于高层建筑时还需考虑附着的可能性。

对轨行式塔式起重机，有单侧、双侧或环形布置形式（见图7-32）。当房屋平面宽度较小，构件较轻时，塔式起重机可单侧布置。其起重半径应满足：$R \geqslant b+a$，其中 a = 外脚手的宽度+轨距/2+0.5m安全距离。当建筑物平面宽度较大或构件较重时，可每侧各布置一台起重

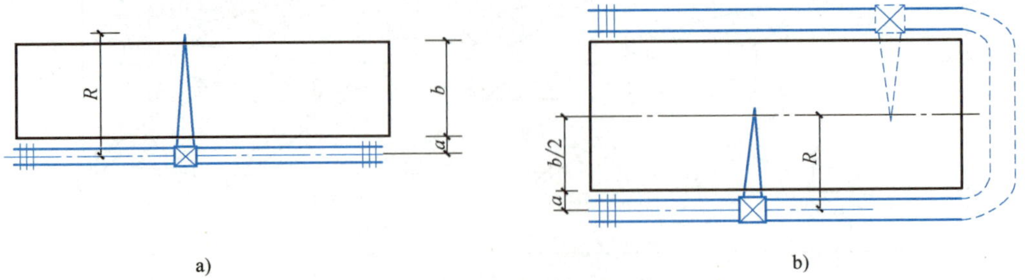

图 7-32 轨行式塔式起重机布置形式

a）单侧布置 b）双侧（或环形）布置

机或单机环形布置，其起重半径 $R \geqslant (b/2)+a$。

当布置两台以上塔式起重机时，应保证各塔式起重机安装及运行时，任何部位的最小间距均不小于2m，以防止钩挂碰撞。对于高层建筑，应采用附着式或安装于建筑内的爬升式塔式起重机，以保证吊装机械的稳定性。

7.2.2 结构吊装方法与吊装顺序

多高层装配式结构的吊装方法也有分件和综合吊装法，一般多采用分件吊装法。

1. 分件吊装法

为了使已吊装好的构件尽早形成稳定结构并为后续工作提供工作面，分件吊装法又分为分层分段流水吊装法和分层大流水吊装法两种。

分层分段流水吊装法一般是以一个楼层为一个施工层，再将每一个施工层划分为若干个流水段，以便于构件的吊装、校正、焊接及接头灌浆等工序的流水作业。起重机在每一流水段内每次开行吊装一种构件，待一层各流水段构件全部吊装完毕并最后固定，形成牢固的结构体系，再吊装上一层构件。图7-33所示的框架结构，其顺序为：Ⅰ段柱→Ⅰ段梁→Ⅱ段柱→Ⅱ段梁→Ⅰ、Ⅱ段板。分层大流水吊装法是按楼层组织各工序的流水。

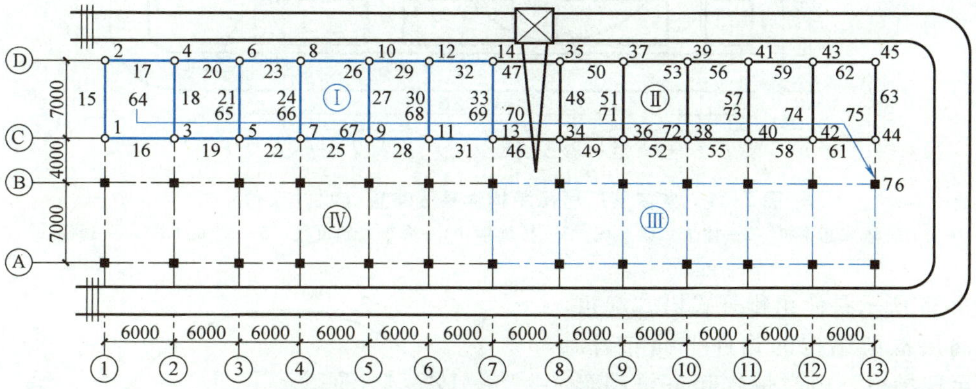

图7-33 用分层分段吊装法吊装一个楼层构件的顺序

Ⅰ、Ⅱ、Ⅲ、Ⅳ—流水段编号 1、2、3…—构件安装顺序

2. 综合吊装法

综合吊装法是以一个节间或若干个节间为一个流水段来组织流水。起重机把一个流水段的构件吊装至房屋的全高，然后转移到下一个流水段。采用此法吊装时，起重机可布置在跨内，采取边吊边退的行车路线。

多层综合安装

该法的一般特点同单层厂房。此外若为混凝土构件，需等待接头达到75%强度才能安装上层构件，吊装长时间间断而影响工期；吊装构件品种不断变换不利于其供应和排放；施工中工人上下频繁，劳动强度较大。因此较少使用。

7.2.3 构件的平面布置与排放

构件运至现场后，应按规格、品种、所用部位、吊装顺序分别设置堆场。堆场应在起重机工作范围内，避免起吊盲点，堆垛之间宜设置通道。构件布置一般应遵循以下原则：

1）尽量避免二次搬运。预制构件应尽量布置在起重机的回转半径之内。

2）主近零远。量大的主要构件应尽量布置在起重机附近，零星构件可在外侧或较远处。

3）方便起吊。构件布置地点及朝向应与构件吊装到建筑物上的位置相配合，以便在吊装时减少起重机的变幅及构件空中调头。

4）防止损坏和倾覆。做好场地压实排水，构件底部及层间正确支垫，控制堆放高度，避免倾覆和压裂。柱、梁构件叠堆不得超过 2 层，楼板不得超过 6 层。墙板应依插放架或靠放架立放，倾角不得大于 10°。

图 7-34 所示为使用轨行式塔式起重机跨外吊装多层厂房的构件平面布置，柱、梁斜向布置在靠近起重机轨道外，板布置在较远处。

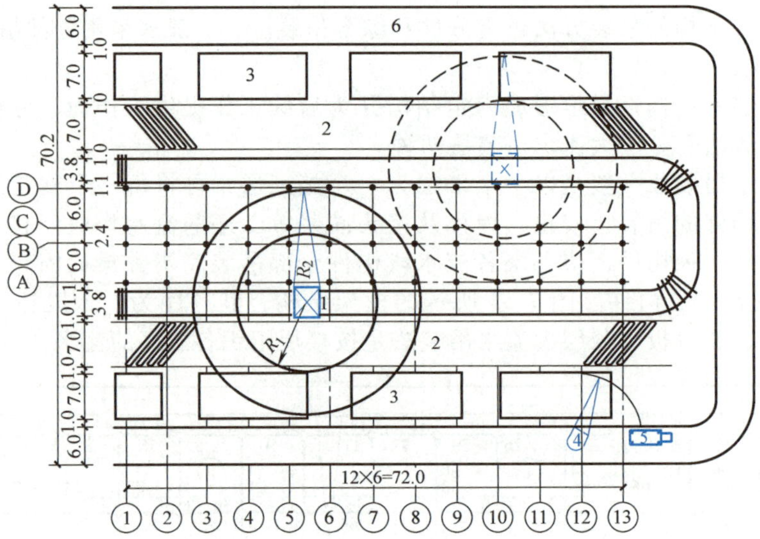

图 7-34　某多层厂房吊装构件平面布置（尺寸单位：m）

1—塔式起重机　2—柱子、梁堆场　3—板堆场　4—汽车式起重机　5—运输汽车　6—道路

图 7-35 所示是使用爬升式塔式起重机吊装高层框架结构的构件平面布置。构件运至现场后，由履带式起重机卸车堆放。

装配整体式框架结构施工

7.2.4　混凝土结构的安装工艺

安装前，应做好构件检查、弹线编号，吊具及工具、安装基面处理等准备工作。

1. 框架结构安装

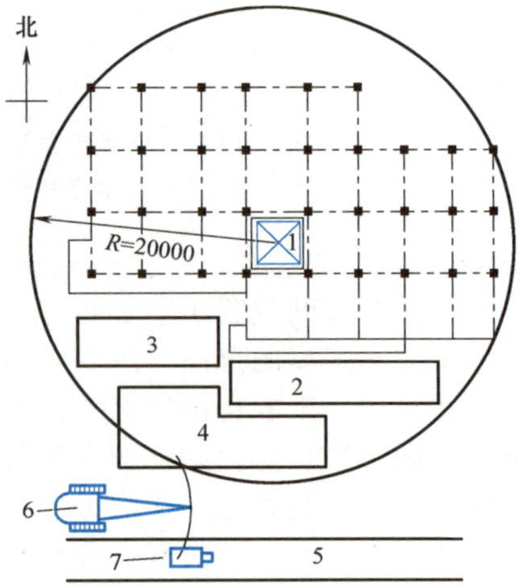

图 7-35　高层框架结构吊装构件的平面布置

1—爬升式塔式起重机　2—梁堆放区　3—柱堆放区　4—板堆放区　5—道路　6—履带式起重机　7—运输汽车

装配式框架结构的安装顺序一般为柱、主梁、次梁、楼板。柱吊装后，先安装下部纵筋位置低的梁。叠合板安装后，进行节点处柱箍筋、梁板面钢筋的绑扎安装。接头混凝土宜与梁、板叠合层连续浇筑。

（1）柱的吊装　柱的吊装顺序宜为：角柱→边柱→中柱，先吊装与现浇部分连接的柱。柱子常采用一点直吊绑扎，柱子较长时，可采用两点绑扎，但应对吊点位置进行强度和抗裂度验算。

柱的起吊方法也有旋转法和滑行法两种。应做好柱底的保护工作，或采用双机抬吊、空中转体等方法。

柱的就位应以轴线和外轮廓线为控制线，边柱和角柱应以外轮廓线控制为准。就位前应设置垫块等柱底调平装置，以控制安装标高。柱安装就位后应在两个方向设置钢管支撑及钢丝绳等可调临时固定装置（见图7-36）。其上端与套在柱上的夹箍或埋件相连，位置距柱根宜为2/3柱高以上，不得低于1/2柱高；下端与梁板上的预埋件相连，旋转中间节钢管产生推力或拉力而校正柱的垂直度。校正时应以最下柱的根部中心线为准，避免误差积累。

图7-36 柱的起吊就位与临时固定

（2）梁、板吊装 梁常采用叠合梁，并做成槽形顶面或端部带有键槽，以加强连接。板常采用预制叠合板，分有钢筋桁架和无钢筋桁架两种，前者刚度大不易开裂。梁、板预埋吊环的位置应在距跨端1/5~1/6跨度处。吊装时，起重吊索与水平面夹角不宜小于60°且不应小于45°，宜使用横吊梁或吊架等专用吊具。

叠合板制作工艺

梁的安装顺序宜遵循先主梁后次梁、先低后高的原则；按设计要求位置搭设临时支撑架，并校核其标高以确保与梁底标高一致；在柱上弹出梁边控制线。安放就位时，搁置长度应满足设计要求，底部可设置厚度不大于20mm的坐浆或垫块。校准位置并做好临时固定后方可摘钩。安装就位后应对水平度、安装位置、标高进行检查（见图7-37）。

预制楼板或叠合板吊装前应按设计要求搭设并调平临时支撑架（见图7-38），吊装时宜采用专用吊具，就位时接缝宽度、相邻板底高差均应满足设计要求，否则应将构件重新吊起调整对位、再就位，不得撬动。

梁、板等叠合构件的临时支撑应保持至少连续两层设置，且上下层立柱对正。临时支撑应在后浇的叠合层混凝土强度达到设计要求后方可拆除。

（3）接头施工

1）柱、墙纵筋的连接。柱、墙接头首先应能传递轴向压力，其次是弯矩和剪力。柱、墙接头的主要形式有套筒注浆、螺栓连接和焊接接头。

图 7-37 叠合梁的吊装

图 7-38 叠合板的吊装

① 套筒注浆连接（见图 7-39）。该种连接是目前竖向构件钢筋连接的主要方法，是在构件底端的钢筋端头设置套筒。套筒上设有注浆孔和出浆孔，均以 PVC 管引出构件。构件纵筋与套筒可直螺纹连接或待以后注浆连接（即半注浆连接或全注浆连接）。构件安装时，经对位下落，下层构件钢筋进入套筒内。构件校正后，向套筒内压注专用浆液形成整体。灌浆前应将柱、墙接缝周边封闭，浆液应从下口压入，上口流出后要及时用胶塞封堵，必要时可分仓进行灌浆。灌浆料拌和后应在 30min 内用完，施工时温度不低于 5℃，养护温度不低于 10℃。

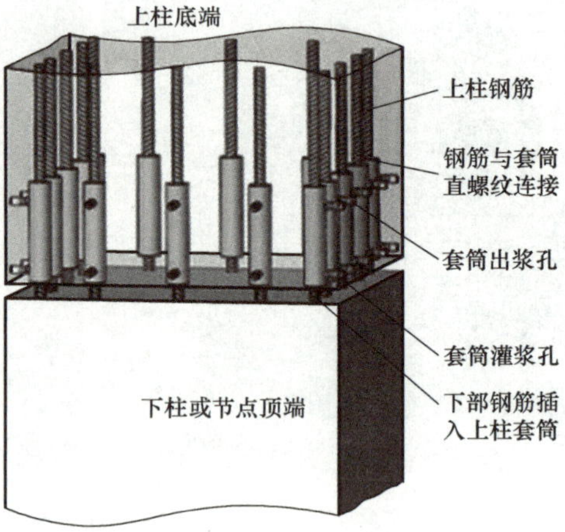

图 7-39 柱的套筒注浆连接构造示意图

② 螺栓连接（见图 7-40）。在柱或墙纵筋底端焊有钢制连接座，柱、墙根部留凹槽使其外露；安装下落时，下部柱、墙的螺纹钢筋或预埋螺栓插入连接座孔，拧上螺母而成；最后通过灌浆充填缝隙并封堵凹槽。柱、墙安装前，应对支座表面抄平、设置垫块或调节下柱螺杆上的支撑螺母。

③ 焊接接头。在柱或墙构件底端通过留设混凝土键槽而露出纵筋或预埋钢板，以便安装后与下层钢筋焊接，最后补浇键槽混凝土。

2）梁、柱节点连接。梁和柱子的节点连接是关系到结构强度、刚度和抗震性能的重要环节。常用现浇节点构成整体式接头（见图 7-41）。

梁搭在柱上一般不少于 15mm，梁钢筋锚入节点足够的长度，连续梁的钢筋常采用焊接连接或全注浆套筒连接。柱箍筋需加密。接头所浇混凝土的强度等级，应不低于各构件的混凝土设计强度，骨料粒径不大于连接处最小尺寸的 1/4。浇筑前应清理和润湿接头，浇筑过程中应确保捣实，必要时可掺微膨胀剂及早强剂，以避免开裂和提早进行上层的施工。

此外，还可以在预制梁、柱中留孔，安装后通过施加预应力形成预压型接头。

2. 墙板结构安装

（1）安装顺序　预制墙板结构的安装顺序，应根据房屋的构造特点和现场具体情况而定。一般多采用逐间封闭法安装。为减小误差积累，对较长的建筑物可从中间某一个开间开始，先吊装与现浇墙、柱连接的预制墙板，再按照外墙先行吊装的原则逐间封闭，适当拉结，以保证施工期间的整体稳定性（图 7-42）。

全装配剪力墙结构施工

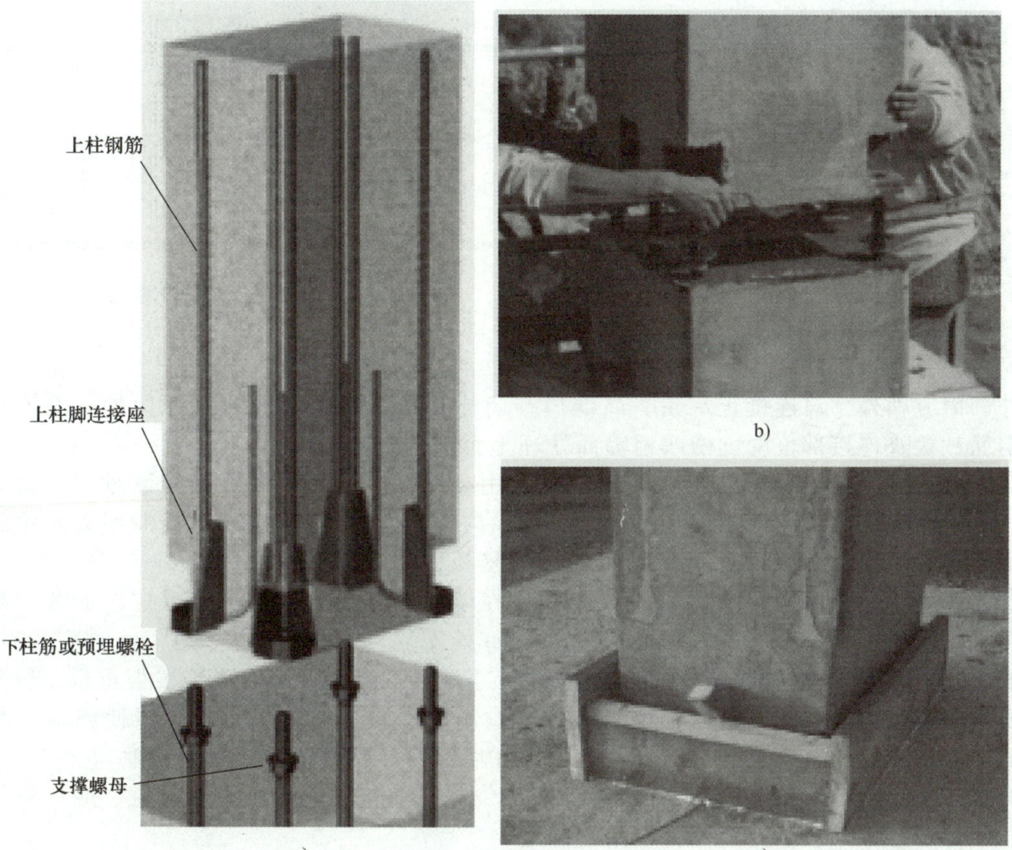

a) b) c)

图 7-40 柱的螺栓连接

a）连接构造 b）对正就位后拧紧螺母 c）支模后灌浆

a) b)

图 7-41 柱梁整体式接头

a）槽形梁与预制柱的节点 b）键槽梁与现浇柱的节点

一段预制墙板吊装完成后，即可浇筑各预制墙板之间的立缝，或现浇内墙混凝土与外预制墙板形成整体。拆除接缝或墙体模板后，安装叠合板支架，吊装叠合板、阳台板及楼梯构件。然后进行管线安装及附加钢筋、负弯矩筋的绑扎及焊接，再浇筑叠合层混凝土。

（2）预制墙板吊装

1）工艺流程：放线→安装调节垫片或支垫螺母→坐浆→预制墙板起吊、调平→预留钢筋对孔→预制墙板就位安放→斜支撑安装→预制墙板垂直度校正→摘钩→钢筋连接、灌浆或套筒灌浆。

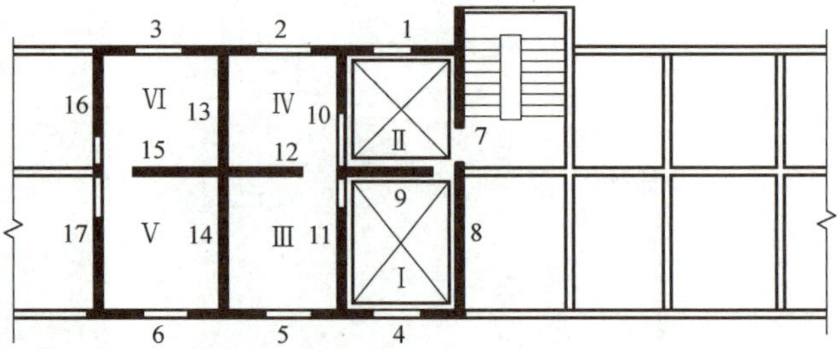

图 7-42 逐间封闭法安装墙板

1、2、3—墙板安装顺序；Ⅰ、Ⅱ、Ⅲ—逐间封闭顺序；☒—标准间

2）安装前的准备：

① 预制墙板堆放与检查。应使用有足够刚度的插放架或靠放架，并支垫稳固，防止倾倒和下沉。外预制墙板的外饰面应朝外，对连接止水条、高低口、墙体转角等薄弱部位应加强保护；检查与调正预埋钢筋；检查连接部位的键槽或粗糙面处理是否符合设计要求等。

② 抄平放线。首层可根据标准桩或控制点用经纬仪定出房室的纵横控制轴线，据此弹出各轴线及墙体安装边线或控制准线。在预制墙板构件上弹出建筑标高 1m 控制线以及预制构件的中线。安装后，在墙板顶面下 100mm 处弹出楼板安装标高控制线。

③ 安放垫块及坐浆。预制墙板吊装前，应在墙底放置垫块并抄平，以控制安装标高。当预制墙板长度小于 2m 时，可在两端 200~300mm 处安装，当墙板长度大于 2m 时应适当增加。垫块的总厚度不得大于 20mm，标高误差不得超过 2mm。垫块大小取决于墙板重量，应满足承载力要求。对采用坐浆的，应在垫块以外的部位满铺砂浆且略高于垫块，以使墙板安装接缝密实；对采用封缝的，砂浆应沿四周铺设，或在墙板安装后填堵封闭周边缝隙。

3）安装方法与要求：为了保证连接钢筋的位置准确和便于墙板安装对位，应在浇筑前一层时，用专用定位架控制连接墙板钢筋的位置。

预制墙板吊装宜采用横吊梁等专用吊具，并满足吊索与水平面夹角大于 45°的要求，以保护构件；对构件受力薄弱部位应进行临时加固（见图 7-43）。起吊时，预制墙板两端应各设一人通过牵拉溜绳或手扶控制构件，避免与其他构件碰撞。起吊时要遵循“三三三制”，即先将预制墙板吊离地面 300mm 高后停稳 30s，检查构件是否水平、吊具连接是否牢固、钢丝绳有无扭结错位、构件有无破损等，确认无误后，所有人员远离构件 3m 以上再开始吊升；若发现问题应放回原位调整处理。

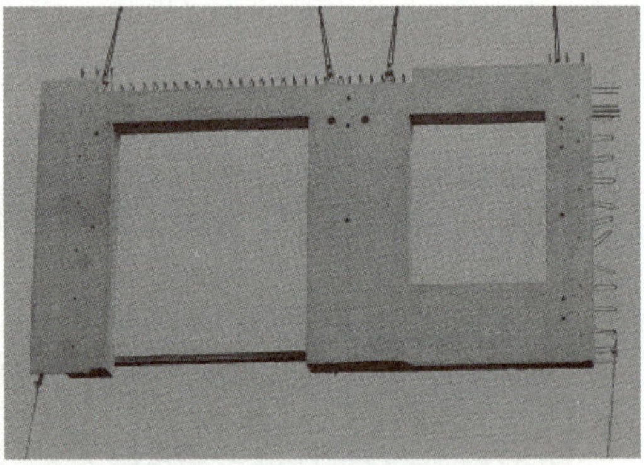
图 7-43 预制墙板起吊

预制墙板的安装对位，应以轴线或边线为控制线，外墙则应以轴线和外轮廓线双控。一般预制墙板连接套筒的内径与所插入钢筋的直径差仅 10~15mm，钢筋对中偏差要求不大于 5mm，故安装对位精度要求高。因此，预制墙板吊至接近设计位置后要缓慢下放，在距离安装面 500mm 高度处停止，由安装人员扶住预制墙板、配合塔式起重机司机将预制墙板对准安装位置后缓缓下放；预制墙板降至下层构件的预留钢筋附近时停止，用反光镜确认钢筋是否在套筒正下方，微调至准确对位后继续下放，降至距安装面约 50mm 后再停止，使构件对准控制线后下落至垫块上。

预制墙板安装就位后，采用可调式钢管支撑将墙板与楼层拉结（见图 7-44），每块预制墙板不少于 2 道，墙板长于 4m 者应增加支撑。支撑一般安装在预制墙板的同一侧面，每道 2 根，呈“八”字形上下设置，两端分别与楼面及预制墙板的预埋件连接牢固。主支撑与楼面的夹角宜为 45°~60°，上部与墙板的连接点位置应大于墙板高度的 2/3。

就位校正时应测量预制墙板的平面位置、垂直度、高度等。若有位置偏差，应让塔式起重机施加构件重量80%的起升力，用手推或撬动移位调整；若有高度偏差应重新起吊构件后查找原因（如垫块移位、掉落，墙板下有硬物等），并进行处理和调整；对于对垂直度偏差，可转动临时支撑钢管，通过螺杆伸缩进行调整。预制墙板临时固定后，塔式起重机方可摘钩。

预制墙板安装后，墙底及钢筋连接部位应进行灌浆等接头连接处理。对预制外墙板需按构造要求进行竖向接缝的保温、防水处理，之后进行墙板之间或墙板与现浇墙体间的节点钢筋绑扎、模板安装、混凝土浇筑。待现浇墙体及接头处混凝土达到设计强度后方可拆除临时支撑。

图7-44　预制墙板的安装与临时固定

预制叠合梁、板及阳台板安装时，可采用钢管支架、单支顶或门架等支架形式，其具体构造应通过计算确定。叠合梁、板的安装方法与要求同前述框架结构，不再赘述。

7.2.5　钢框架结构安装

安装前，应做好构件检查、弹线编号、吊具及工具、焊机、应力核算及临时加固等准备工作。

1. 柱基准备及柱底灌浆

第一节钢柱一般直接安装在钢筋混凝土柱基上，通过预埋的地脚螺栓固定。埋设时，应用套板控制螺栓之间的距离，立固定支架控制螺栓群位置，以保证准确。

为了精确控制上部结构的标高，基础浇筑时需预留50mm高的调整间隙。在钢柱吊装前，根据基础及钢柱的实际制作尺寸，在基础表面浇筑临时支撑标高块进行调整，其设置形式如图7-45所示。标高块用不低于M30的无收缩砂浆，表面埋设16~20mm厚的钢板。对质量较轻的柱子，也可在每个预埋螺栓的中下部拧一螺母，用于支垫柱子和标高调整。

待第一节钢柱吊装、校正、固定后，进行柱底灌浆。灌浆前应在钢柱底板四周立模板（见图7-46），用水清洗基础表面但不得积水，灌浆应从一边连续进行，灌浆后做好养护。

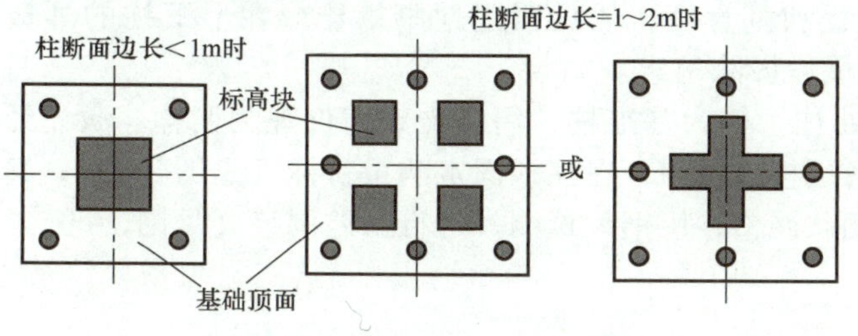

图7-45　临时支撑标高块的设置

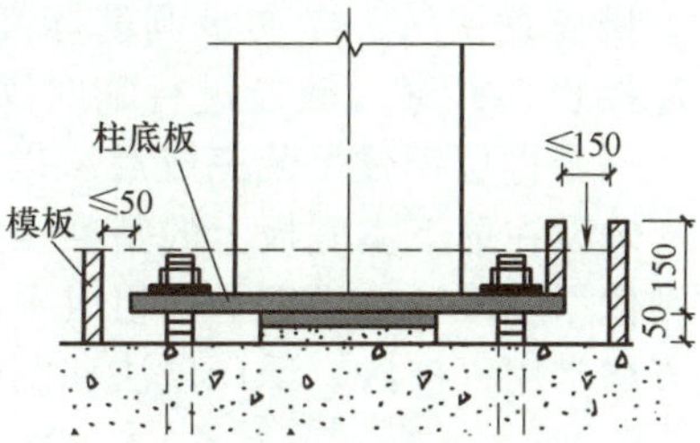

图7-46　柱底灌浆示意图

2. 吊装与校正

钢结构安装时，先安装一个流水段的一节柱，随即安装主梁，迅速形成空间结构单元。安装顺序的确定应考虑安装过程中的整体稳定性和对称性，一般由中央向四周扩展，可减少焊接误差。某工程钢结构安装顺序如图7-47所示。柱与柱、主梁与柱的接头处用临时螺栓连接，其数量应根据安装过程所承担的荷载计算确定，但每个节点不应少于总数的1/3和2个。

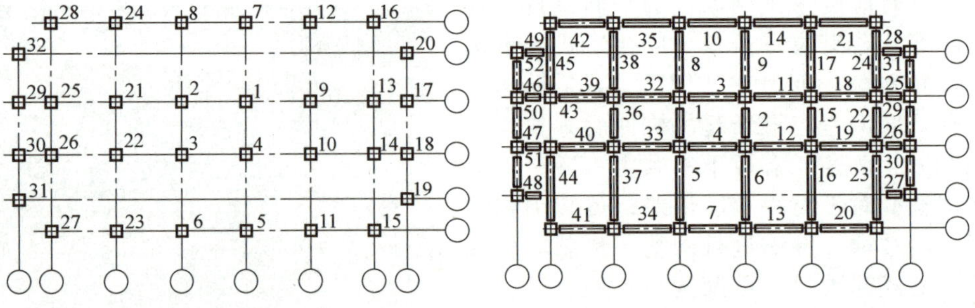

图 7-47 某工程钢结构安装顺序

a）柱子安装顺序 b）主梁安装顺序

钢结构的柱、梁、支撑等主要构件吊装就位后，应立即进行校正。校正时应考虑风力、温差、日照等外界环境和焊接变形等因素的影响。一般柱子的垂直偏差要校正到±0，安装主梁时，要根据焊缝收缩量预留变形量。

（1）钢柱 钢柱多为 H 形截面或箱形截面。为减少连接和加快吊装速度，多制作成 2~3 层一节。分节位置宜在梁顶标高以上 1~1.3m 处，节与节之间用坡口焊连接。

在第一节钢柱吊装前，应在预埋的地脚螺栓上加设保护套或使用导入器，以防钢柱就位时碰坏螺栓丝牙。

钢柱的吊点设在吊耳处（柱子制作时焊好吊耳，用于吊装和临时固定，焊接固定后割除）。吊装时，根据柱子的质量和起重机能力，可用单机吊装或双机抬吊（见图 7-48）。单机吊装时需在柱子根部垫以垫木，用旋转法起吊，严禁柱根拖地。双机抬吊时，将柱吊离地面后在空中回直。

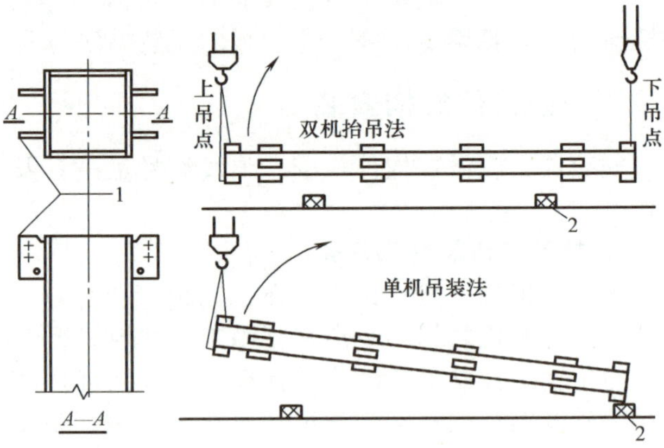

图 7-48 钢柱吊装

1—吊耳 2—垫木

钢柱就位后，先初步调整标高、位置和垂直度，然后紧固地脚螺栓或在上下柱的耳板间加连接板，并穿入螺栓进行临时固定，最后拆除吊索。

一个楼层钢柱吊装完成后，以转角处柱子作为基准柱，用激光经纬仪观测调整。激光经纬仪一般设在地下室底板上的基准点处，各层楼板留洞，在柱顶固定测量目标（见图 7-49）；其他柱则依据基准柱拉设钢丝，组成平面封闭状网格，用钢尺量测，进行偏差调整（见图 7-50）。校正方法常用钢楔法、千斤顶法和倒链法。

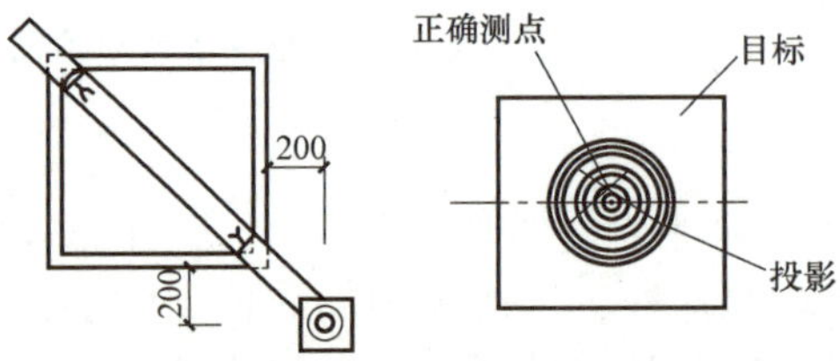

图 7-49 钢柱顶设置的激光测量目标

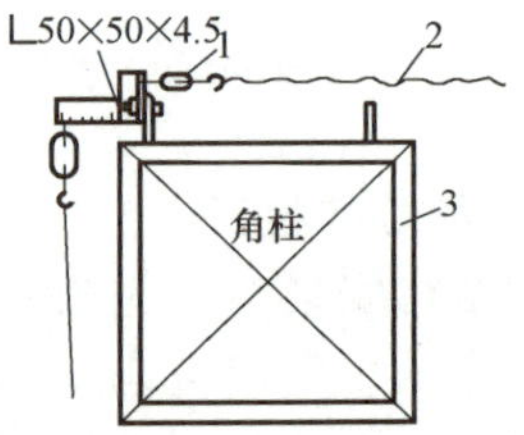

图 7-50 钢柱校正用钢丝

1—花篮螺栓 2—钢丝 3—钢柱

（2）钢梁 钢梁在吊装前，应检查柱子间距和牛腿标高；对于采用高强螺栓连接者，需检查梁、柱端及连接板的抗滑移系数能否满足设计要求，不足时，需进行打磨或喷砂、喷丸、酸洗处理；主梁吊装前，应安装扶手杆和扶手绳，以保证施工人员安全。

对同一列柱的钢梁，安装应从跨中开始对称地向两端扩展；一节柱需安装多层钢梁时，同一跨钢梁宜按从上至下的顺序安装。一般钢梁常采用单机吊装，重型钢梁可双机抬吊，较小的钢梁可采用两梁或三梁串吊，以提高吊装效率（见图7-51）。

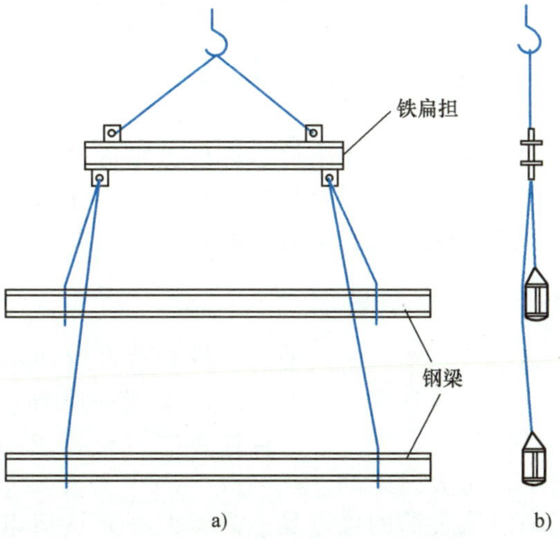

图7-51 钢梁两梁串吊示意图

a）正面图 b）侧面图

钢梁一般采用二点吊，采用吊索捆扎或焊接吊耳、使用专用吊卡具以及在上翼缘处开孔作为吊点等绑扎方法。对H型钢捆扎时，应做好翼缘的保护。钢梁吊装就位后应立即进行临时固定连接。

安装主梁时，要根据焊缝收缩量预留焊缝变形量，做好柱子垂直度的检测。楼层的钢楼板或压型钢板的安装应与结构同步进行。安装压型钢板时，应先在梁上画出安装位置线。铺放压型钢板时，要搭接合格、槽口对正，以保证现浇板中钢筋顺利通过，并按照设计要求焊好足够的栓钉，以满足钢板的固定及梁板的整体性要求。

3. 连接与固定

钢结构的柱与柱、柱与梁、梁与梁的连接，一般采用高强螺栓连接、焊接连接以及二者并用的连接方式。对后者应先栓后焊，既可及时提高结构的稳定性，又能避免因焊接变形而影响螺栓安装。

扭剪型高强螺栓连接演示

（1）高强螺栓连接 高强螺栓连接节点，应先用冲钉和临时螺栓定位、调整。高强螺栓应自由穿入，严禁强行敲打。为使接头处构件与连接板搭叠密贴，高强螺栓应从螺栓群中央向外逐个拧紧。高强螺栓的拧紧需按初拧和终拧两步进行。初拧的扭矩为施工扭矩的50%左右。对于螺栓数量较多、钢板较厚的大型节点，在初拧后还需复拧，以使各螺栓均达到初拧值。终拧应达到要求的扭矩，对扭剪型高强螺栓，则用专用电动扳手拧掉螺栓尾部梅花头即可。终拧后，螺栓丝扣应露出螺母2~3扣。

（2）焊接 接头焊接要充分考虑焊缝收缩变形的影响。在建筑平面上，各接头的焊接可以从柱网中央向四周扩散进行，或由四个角区向柱网中央集中进行；若建筑平面呈长条形，可分成若干单元分头进行，留下适量的调节跨。

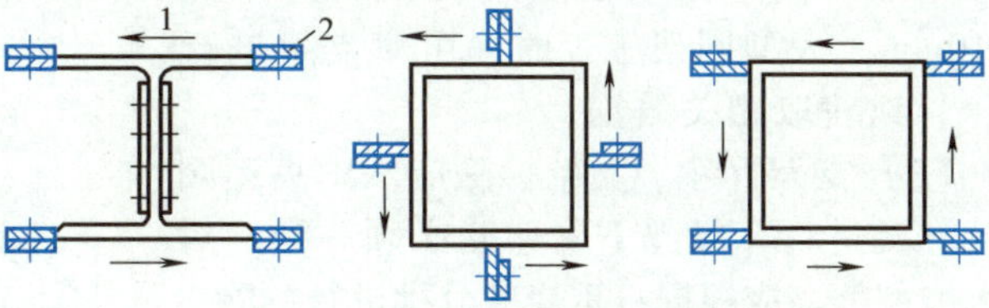

图7-52 柱与柱的接头焊接方向

1—焊接方向 2—耳板及临时固定连接板

柱与柱的接头焊接也应遵循对称原则，由两个焊工在对面以相等速度对称进行焊接（见图7-52）。H型钢的梁与柱、梁与梁的接头，先焊下翼缘板，后焊上翼缘板。一根梁的两个端头先焊一个端头，等一端焊缝冷却达到常温后，再焊另一个端头。

施工现场接头的焊接常采用 CO_2 保护焊或焊条电弧焊。当风力大于3m/s时，要采取防风措施才能进行焊接。对厚板焊接，应做好预热和后热处理。

接头焊接完成后，焊工必须在焊缝附近打上自己的代号钢印。焊缝冷却后，检查人员对焊缝做外观检查和超声波或X光探伤检查。探伤检查应在外观检查合格后进行。探伤检查量，对一级焊缝为100%，二级焊缝不少于20%。凡不合格的焊缝在清除后，应以同样的焊接工艺进行补焊，一条焊缝修理不得超过2次。

7.3 大跨度空间结构安装

大跨度屋盖常用由许多杆件沿平面或立面按一定规律组成的空间结构形式，一般采用钢管或型钢通过焊接或螺栓连接而成。由于杆件之间互相支撑，所以结构的稳定性好，空间刚度大，能承受来自各个方向的荷载。下面以网架结构为例，介绍常用的空间结构安装方法。

7.3.1 高空散装法

高空散装法是将网架的杆件和节点（或小拼单元）直接在高空设计位置上，组拼成整体。该法适用于各种网架，尤其适用于螺栓球节点、毂节点等非焊接连接的网架，并宜采用少支架的悬挑施工方法。对焊接连接的网架若用高空散装法，则标高和轴线控制难度大，还需增加安全、防火设施。

高空散装法的优点是不需要大型起重运输设备即可完成拼装。其缺点是现场及高空作业量大，同时需要大量的支架材料。对于大面积网架，可采用移动支架分块进行安装。

1. 工艺特点

高空散装法分全支架法（即搭设满堂支撑脚手架）和悬挑法两种。全支架法可将每根杆件、每个节点的散件在支架上总拼或以一个网格为小拼单元在高空总拼；悬挑法是为了节省支架，将部分网架悬挑。

2. 拼装支架

用于高空散装法的拼装支架必须牢固可靠，设计时应对单肢稳定、整体稳定进行验算，并估算其沉降量。沉降量不宜过大，并应采取措施，能在施工中随时进行调整。

（1）支架稳定验算　常采用满堂支撑脚手架，可按脚手架有关规定验算。

（2）支架沉降控制　对支架的地基应夯实加固，并铺木垫板以分散支柱传来的集中荷载。高空散装法要求支架沉降不超过10mm。大型网架施工时，可对支架进行试压，以获取相关数据。

（3）支架拆除　支架拆除应从中央逐圈向外分批进行，每圈下降速度必须一致。对于大型网架，应根据自重挠度分批进行拆除。

3. 螺栓球节点网架拼装

螺栓球节点网架的安装精度由工厂保证，现场无法进行大量调整。高空拼装时，一般从一端开始，以一个网格为一排，逐排前进。拼装顺序：下弦节点→下弦杆→腹杆及上弦节点→上弦杆→校正→全部拧紧螺栓。校正前，螺栓均不拧紧。图7-53

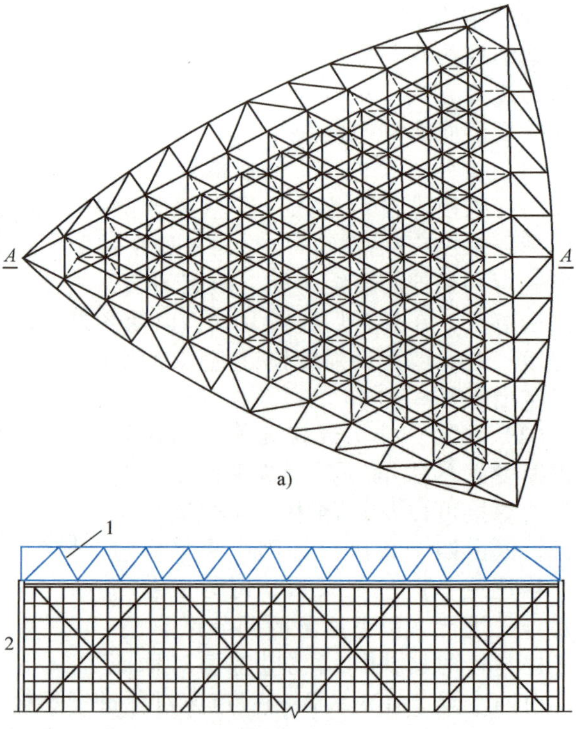

图7-53 某宾馆多功能大厅网架拼装实例

a）平面图 b）A—A剖面图

1—网架 2—拼装支架

所示为某宾馆多功能大厅网架拼装实例。

7.3.2 分条（分块）吊装法

分条（分块）吊装法是将网架从平面分割成若干条状或块状单元，每个条（块）状单元在地面拼装后，再由起重机吊装到设计位置总拼成整体。该法适用于分割后网架的刚度和受力状况改变较小的各类中小型网架，如两向正交正放四角锥、正放抽空四角锥等网架。

1. 工艺特点

由于条（块）状单元是在地面拼装，因而高空作业量较高空散装法大为减少，拼装支架也减少很多，又能利用较小的起重设备，故较经济。

2. 条（块）单元划分

网架分割成条（块）状单元后，其自身应有足够的刚度且为几何不变体，否则应采取临时加固措施。对于正放类网架，分成条（块）状单元后，一般不需要加固。但对于斜放类网架，分成条（块）状单元后，由于上（下）弦为菱形结构可变体系，必须加固后方可吊装，增加了施工费用，因此这类网架宜整体安装或高空散装。

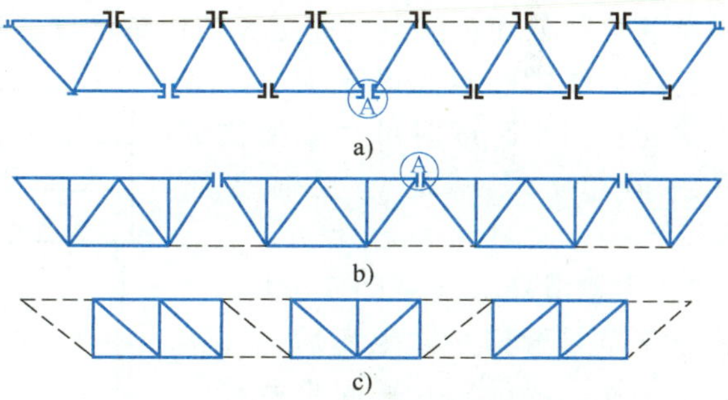

图 7-54 条（块）状单元分割方法

注：A 表示剖分式安装节点。

条（块）状单元有如下几种分割方法。

1）单元相互靠紧，下弦用双角钢分在两个单元上（见图 7-54a），可用于正放四角锥网架。

2）单元相互靠紧，上弦用剖分式安装节点连接（见图 7-54b），可用于斜放四角锥网架。

3）单元间空一网格，在单元吊装后再在高空将此空格拼成整体（见图 7-54c），可用于两向正交正放或斜放四角锥网架。

3. 挠度控制

条状单元在吊装就位过程中的受力状态属平面结构体系，而网架是按空间结构设计的，因此条状单元在总拼前的挠度比形成整体网架后的挠度大，故在合拢前必须在中部用支撑顶起，调整其挠度使其与整体网架挠度相符。块状单元在地面拼成后，应模拟高空支承条件，测出其挠度，以确定是否需要调整。

4. 条（块）状单元几何尺寸控制

条（块）状单元尺寸、形状必须准确，以保证高空总拼时节点吻合及减少积累误差，可采取预拼装或在现场临时配杆等措施解决。

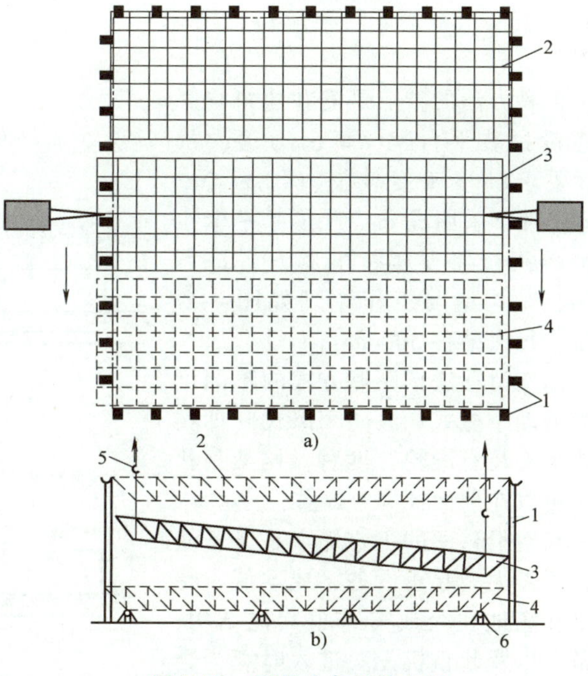

图 7-55 网架分条吊装实例

a）平面图 b）立剖面图

1—柱 2—已吊装就位条 3—正在吊装条

4—已拼装待吊条 5—起重机吊钩 6—拼装支架

图 7-55 所示为一平面尺寸为 45m×

45m 的两向正交正放网架分条吊装实例。网架共分 3 个条状单元，每条质量分别为 15t、17t、15t 的条状单元由两台起重机抬吊一单元进行吊装，条状单元间空一网格，在总拼时进行高空连接。由于施工场地十分狭小，以致条状单元只能在建筑物内制作，吊装时倾斜起吊后就位，总拼前用钢管加千斤顶调整挠度，利用脚手架连接单元间杆件。

7.3.3 高空滑移法

该法是将网架条状单元在建筑物一端拼装，通过在轨道上顶推或牵拉而滑移到设计位置的安装方法。高空滑移法适用于能设置平行滑轨且可划分为条形单元的空间网格结构，尤其是必须跨越施工或场地狭窄、起重不便等情况。

1. 工艺特点

高空滑移法分为下列两种方法。

1）逐条滑移法（见图 7-56a）是将条状单元一条一条地分别从一端滑移到另一端就位，各条单元之间分别在高空再连接，即逐条滑移、逐条连成整体。

此种方法的特点是摩阻力小，如装上滚轮，当小跨度时可用轻型机械牵引，但单元之间的连接需要脚手架。

2）累积滑移法（见图 7-56b）是先将条状单元滑移一段距离后，连接第二条单元，两条单元一起再滑移一段距离，再接第三条，三条又一起滑移一段距离，如此循环操作直至接上最后一条单元将整体网架滑移至设计位置。

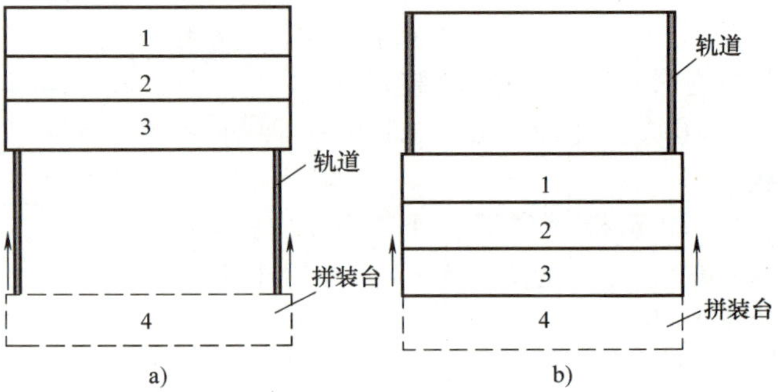

图 7-56 高空滑移法的分类

a）逐条滑移法 b）累积滑移法

此种方法的特点是需在建筑物一端搭设拼装平台架，牵引力逐次加大，要求滑移速度较慢（约为 1m/min）。现常采用提升千斤顶水平牵拉或液压爬行器（爬行机器人）进行推移，其构造与工作原理如图 7-57 所示，每次推移 300mm。

高空滑移法按摩擦方式的不同可分为滑动摩擦式和滚动摩擦式（即在网架上安装有滚轮）两种。网架条状单元可以在地面或高空制作。

高空滑移法的主要优点是设备简单，不需大型起重设备，成本低。特别是在场地狭小或需跨越其他结构、设备，以及起重机无法进入时更为合适。其次是网架的滑移可与其他土建工程平行作业，而使总工期缩短。

端部拼装支架最好利用室外的建

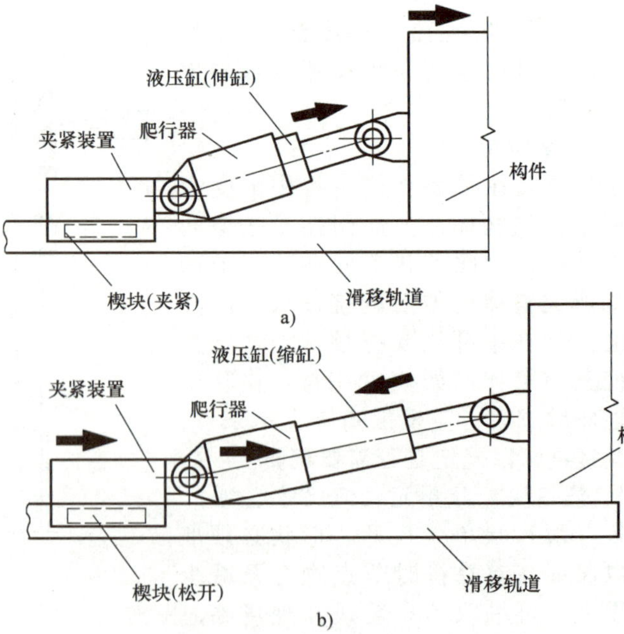

图 7-57 液压爬行器构造与工作原理

a）液压缸伸展，推动构件滑移 b）液压缸回缩，拖动爬行器前移筑物或搭设在室外，以便空出室内更多的空间给其他工程平行作业。在条件不允许时才搭设在室内的一端。

图7-58所示为累积滑移法安装网架工程实例。该工程平面尺寸为45m×55m，斜放四角锥网架，沿长跨方向分为7条，为便于运输，沿短跨方向又分为两条，每条尺寸为22.5m×7.86m，重7~9t，单元在室内高空平台上直接拼装。

2. 滑移装置

1）滑轨。滑移用轨道有多种形式（见图7-59），对于中小型网架可用圆钢、扁铁、角钢或小槽钢构成，对于大型网架可用钢轨、工字钢、槽钢等构成。滑轨可用焊接或螺栓固定于梁顶面或专用支架上。其安装水平度及接头要求与吊车梁轨道相同。滑轨表面应光滑平整且涂润滑油。滑轨标高宜与网架支座同高，这样拆除滑轨较方便。对大跨度结构，宜在跨中增设中间滑轨，以补充施工期间的刚度不足。

2）导向轮。导向轮为滑移安全保险装置，一般设在导轨内侧，在正常滑移时导向轮与导轨脱开，其间隙为10~20mm，只有当同步差或拼装偏差超出规定值较大时才会发生碰触（见图7-60）。

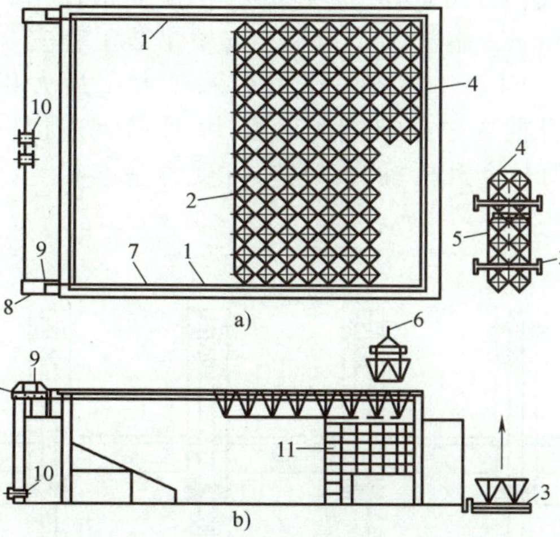

图7-58　累积滑移法安装网架工程实例

a）平面图　b）剖面图

1—天沟梁及滑轨　2—网架　3—拖车架　4—条状单元　5—临时加固杆件　6—起重机吊钩　7—牵引绳　8—反力架　9—牵引滑轮组　10—卷扬机　11—拼装平台支架

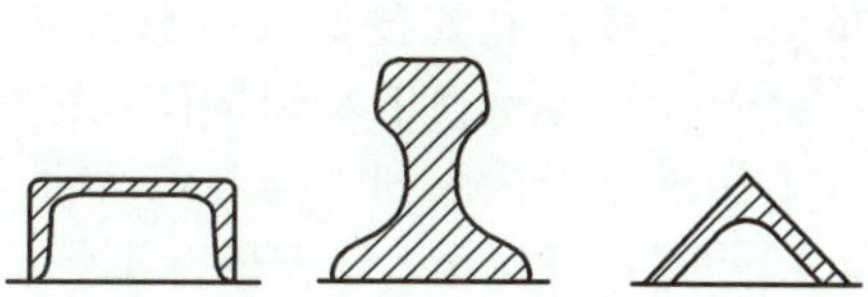

图7-59　各种滑轨形式

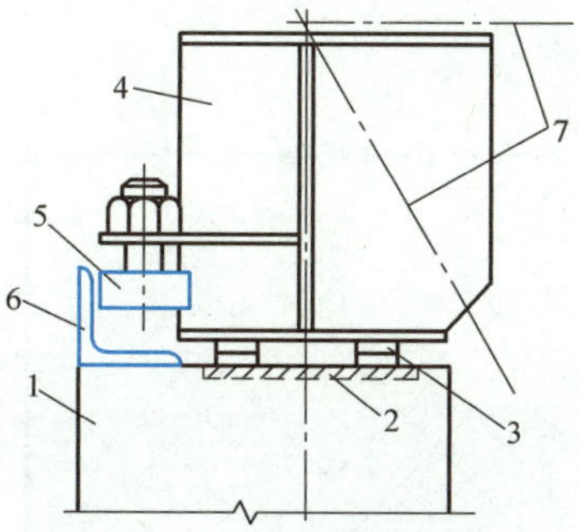

图7-60　导轨与导向轮设置

1—天沟梁　2—预埋钢板　3—滑轨　4—网架支座　5—导向轮　6—导轨　7—网架

7.3.4　整体提升及顶升法

将网架在地面就位拼成整体，用起重设备垂直地将网架整体提（顶）升至设计标高并固定的方法，称整体提（顶）升法。

整体提升法和整体顶升法的共同优点是可以将屋面板、防水层、顶棚、采暖通风与电气设备等全部在地面或最有利的高度施工，从而大大节省施工费用；同时，提（顶）升设备较小，效益较高。提升法适用于周边支承或点支承网架；顶升法则适用于支点较少的点支承网架的安装。

1. 整体提升法

提升的概念是起重设备位于网架的上面，通过吊杆将网架提升至设计标高。可利用结构柱作为提升的临时支承结构，也可另设格构式提升架或钢管支柱。提升设备可用提升千斤顶、通用千斤顶或升板机。对于大中型网架，提升点位置宜与网架支座相同或接近，中小型网架则可略有变动，数量也可减少，但应进行施工验算。

有时也可把网架作为滑模或提模平台，劲性钢骨架柱子作为提升架，柱混凝土随网架提升而逐渐浇筑完成，这种方法俗称升网滑（提）模法，如图7-61所示。

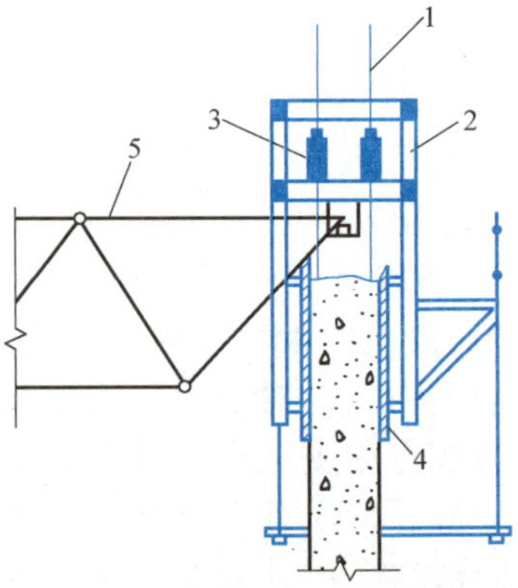

图7-61 升网滑（提）模法

1—支承杆 2—提升架 3—液压千斤顶 4—模板 5—网架

图7-62所示为用升板机整体提升网架的工程实例。该工程平面尺寸为44m×60.5m，屋盖选用斜放四角锥网架，网架重约110t，设计时考虑了提升工艺要求，将支座搁置在柱间框架梁中间，柱距5.5m，柱高16.20m。提升前将网架就位总拼，并安装好部分屋面板。然后在各柱上均安装一台升板机，吊杆下端则钩挂在框架梁上。柱每隔1.8m有一停歇孔，作倒换吊杆用。整个提升工作进行得较顺利，提升点间最大升差为16mm，小于《建筑施工起重吊装工程安全技术规范》规定的30mm。这种提升工艺的主要问题是网架相邻支座反力相差较大（最大相差约15kN），提升时可能出现提升机故障或倾斜。提升前在框架梁端用两根10号槽钢连接，并对1/4网架吊杆的应力进行跟踪测量，检测结果表明每个升板机的一对吊杆受力基本相等，吊杆内力能自行调整。

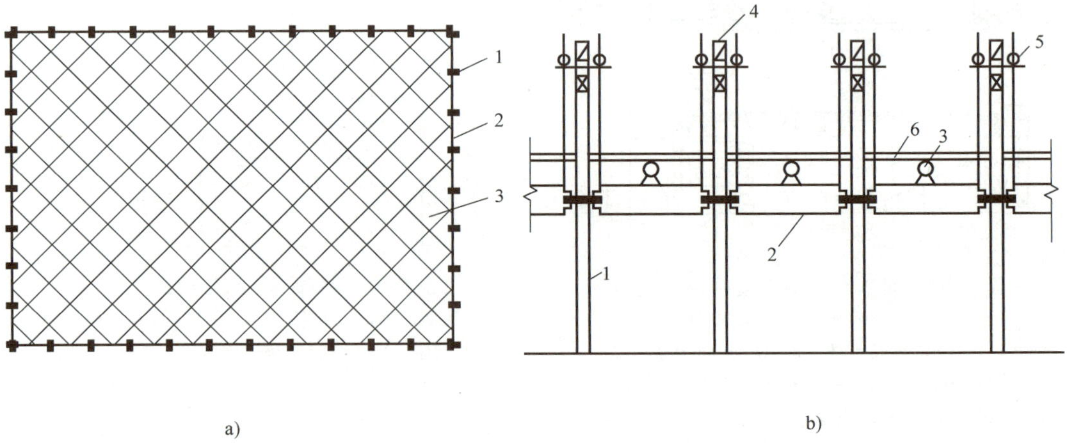

图7-62 用升板机整体提升网架的工程实例

a）网架平面图 b）升梁抬网工艺立面

1—柱 2—框架梁 3—网架 4—工具柱 5—升板机 6—屋面板

2. 整体顶升法

顶升的概念是千斤顶位于网架之下，一般是利用结构柱作为网架顶升的临时支承结构。

图7-63所示为某六点支承的抽空四角锥网架，平面尺寸为59.4m×40.5m，网架重约45t，用六台起重能力为320kN的通用液压千斤顶，采用整体顶升法将网架顶升至8.7m高。

顶升法安装演示

为了便于在地面整体拼装而不搭设拼装支架，采用了与网架同高的伞形柱帽。由四根角钢组成的柱子从腹杆间隙中穿过，千斤顶的使用行程为150mm（最大行程为180mm）。根据千斤顶的尺寸、行程、横梁尺寸等确定上下临时缀板的距离为420mm，缀板作为搁置横梁、千斤顶和球支座用，即顶升一个循环的总高度为420mm。千斤顶共分三次（150mm+150mm+120mm）顶升到该高度，顶升允许不同步值为1/1000支点距离（即24.3mm）。顶升时用等步法（每步50mm）观测控制同步。顶升过程如图7-64所示。

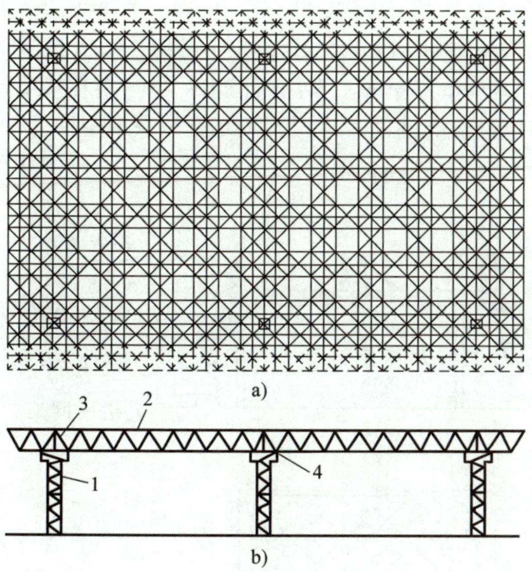

图7-63 某网架顶升施工图

a）网架平面图 b）施工立面图

1—柱 2—网架 3—柱帽 4—球点支座

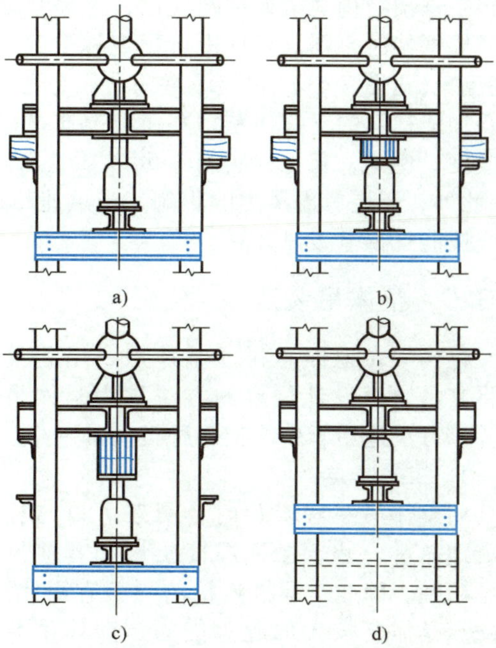

图7-64 顶升过程图

a）顶升150mm，两侧垫方形垫块 b）回油，垫圆垫块，重复1、2循环后 c）垫两圆垫块，顶升后，安装两侧缀板 d）回油，下缀板升一级

3. 施工要点

（1）提（顶）升设备布置及负荷能力 设备的布置原则是：

1）网架提（顶）升时的受力情况应尽量与设计的受力情况相似。

2）每个提（顶）升设备所承受的荷载尽可能接近。

为了安全使用设备，必须将设备的额定负荷能力乘以折减系数，作为使用负荷。当提升时，电动螺杆升板机取0.7~0.8，穿心式液压千斤顶取0.5~0.6。顶升时，液压千斤顶取0.4~0.6。

（2）同步控制 网架在提（顶）升过程中各吊点的提（顶）升差异，将对网架结构的内力、提（顶）升设备的负荷及网架偏移产生影响。提升应同步，相邻提升点的高差不得超过其距离的1/400和30mm。当用顶升法时，相邻两顶升点的高差不得超过其间距的1/1000和30mm。

整体顶升法规定的允许升差值较提升法严。这是因为顶升的升差不仅引起杆力增加，更严重的是会引起网架随机性的偏移，一旦网架偏移较大时，就很难纠偏。因此，顶升时的同步控制主要是为了减少网架的偏移，其次才是为了避免引起过大的附加内力。提升时升差虽也会造成网架偏移，但危险程度要小。

顶升时应以预防偏移为主，严格控制升差并设置导轨。导轨不仅能保证网架垂直地上升，还是一种安全装置。导轨可利用结构柱或单独设置。当网架的偏移值达到需要纠正的程度时，可将千斤顶垫斜，另采用加千斤顶横顶或人为造成反升差等措施逐步纠正，严禁操之过急，以免发生事故。

（3）柱的稳定性　提（顶）升时一般均用结构柱作为提（顶）升时的临时支承结构，因此，可利用原设计的框架体系等来增加施工期间柱的刚度。例如，当网架升到一定高度后，先施工框架结构的梁或柱间支撑，再提升网架。当原设计为独立柱或提（顶）升期间结构不能形成框架时，则需对柱进行稳定性验算。如果稳定性不够，则应采取加固措施。采用升网滑模法（见图 7-61）尤应注意柱的稳定性，因为混凝土的出模强度低（0.1～0.3N/mm^2），所以要加强柱间的支撑体系，并使混凝土 3d 后达到 10N/mm^2 以上，施工时即据此要求控制滑模速度。例如，某工程实测 1.5d 混凝土强度可达 14N/mm^2 左右，则滑升速度可控制在 1.3m/d。此外，还应考虑风力的影响，当风速超过五级时应停止施工，并用缆风绳拉紧锚固，缆风绳应按能抵抗七级风计算。

7.3.5　整体吊装法

多机抬吊网架

将网架在地面总拼成整体后，用起重设备将其吊装至设计位置的方法称为整体吊装法。该方法适用于中小型各种类型的网架。

1. 工艺特点

用整体吊装法安装时，网架可以与柱错位就地总拼，易于保证焊接质量和几何尺寸的准确性，因此，焊接连接的网架宜用此法。其缺点是需要较大的起重能力。整体吊装法往往由若干台自行式或桅杆式起重机进行抬吊。因此，大致上可分为多机抬吊法（见图 7-65）和桅杆吊装法（见图 7-66）两类。吊装时，先将网架抬吊至高空，再旋转或平移到设计位置。需合理选择吊点，并注意起重机械的同步与协调控制。由于桅杆的起重量大，故大型网架多用此法，但需大量的钢丝绳、大型卷扬机及劳动力。

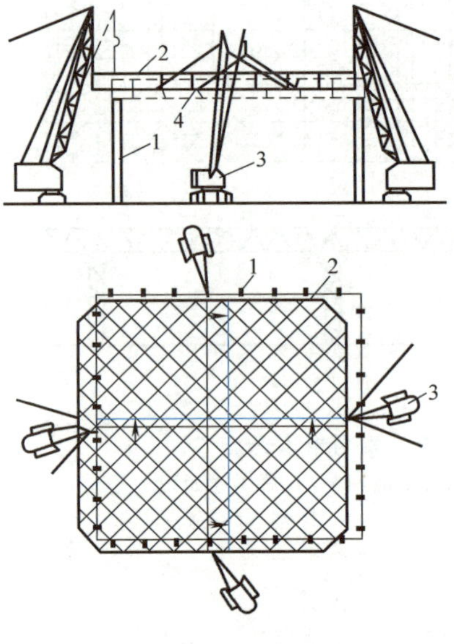

图 7-65　多机抬吊法

1—柱　2—网架　3—履带式起重机　4—吊点

2. 空中移位

当采用多根桅杆吊装时，有网架在空中移位的问题，其原理是利用每根桅杆两侧起重滑轮组中产生的不等水平分力（即水平合力不等于零）来推动网架移动。当网架垂直提升时（见图 7-67a），桅杆两侧滑轮组夹角相等，两侧滑轮组受力相等（$T_1=T_2$），水平力也相等（$H_1=H_2$）。网架在空中移位时（见图 7-67b），每根桅杆的同一侧滑轮组钢丝绳徐徐放松，而另一侧滑轮组不动。此时右侧钢丝绳因松弛而拉力 T_2 变小，左边则由于网架重力作用相应增大，水平分力也不等，即 $H_1>H_2$，这就打破了平衡状态，网架就朝 H_1 所指的方向移动。至放松的滑轮组停止放松后，重新处于拉紧状态，则 $H_1=H_2$，网架恢复平衡（见图 7-67c），移动即停止。此时力的平衡方程式为

$$T_1\sin\alpha_1+T_2\sin\alpha_2=Q \tag{7-5}$$

$$T_1\sin\alpha_1=T_2\sin\alpha_2 \tag{7-6}$$

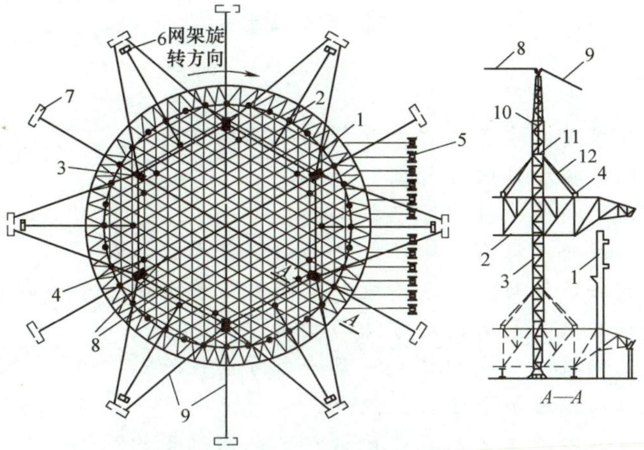

图 7-66　桅杆吊装法

a）平面图　b）立面图

1—柱　2—网架　3—桅杆　4—吊点

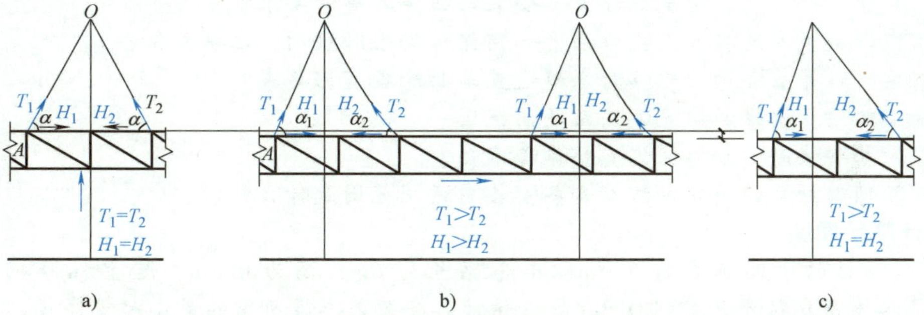

图 7-67　空中移位原理图

a）垂直提升，水平分力相等　b）空中移位过程中，水平分力不等　c）移位后恢复平衡状态

因为 $\alpha_1>\alpha_2$，故 $T_1>T_2$。

吊装时，如桅杆各滑轮组相互平行布置，则网架发生平移；如各滑轮组布置在同一圆周上，则发生旋转。网架移动时，由于钢丝绳的放松，网架会产生少量下降。

3. 负荷折减系数与同步控制

当采用多根桅杆或多台起重机抬吊时，有可能出现快慢、先后不同步情况，使某些起重机负荷加大，因此应将每台起重机额定负荷能力乘以 0.75 的折减系数。多根桅杆吊装时，桅杆安装必须垂直，缆风绳的初始拉力值宜取吊装时缆风绳中拉力的 60%。

网架整体吊装时，相邻吊点的允许高差为吊点距离的 1/400 且不大于 100mm。控制同步最简易的方法是等步法，即各起重机同时吊升一段距离后停歇检查，调平后再吊升一段距离，直至设计标高。也可采用自动同步指示装置观测提升差值。

工 程 案 例

本章工程案例详见本书配套电子资源。

习　　题

一、问答题

1. 单层厂房结构安装前的准备工作主要包括哪些内容？
2. 基础杯底抄平的依据和目的是什么？
3. 预制构件吊装前的质量检查内容包括哪些？
4. 柱子的绑扎方法有哪些？哪种绑扎方法易引起截面损坏？
5. 什么是柱子旋转法吊装与滑行法吊装？这两种吊装方法在平面布置时有何区别？
6. 试述柱子的校正方法、最后固定方法与要求。
7. 什么是屋架的正向扶直和反向扶直？哪一种方法较好？
8. 试述分件吊装法与综合吊装法的优缺点。
9. 单层厂房结构吊装方案主要内容是什么？是如何确定的？
10. 试述单层工业厂房结构吊装起重机械型号的选择方法。
11. 多层装配式房屋结构安装如何选择起重机械？
12. 简述装配式框架结构的安装顺序及接头连接方法。
13. 构件吊装时，对吊索与水平面的夹角有何要求？为什么？
14. 对柱子、墙板的临时支撑设置、安装与拆除各有何要求？
15. 试述墙板竖向连接的主要方法，如何保证安装时顺利、准确就位？
16. 对梁、板等叠合构件的临时支撑设置与拆除各有何要求？
17. 简述钢结构构件的组装方法及适用范围。
18. 钢结构安装时，如何保证其整体稳定性？
19. 空间网架结构的吊装方法有哪些？各自适用范围是什么？

二、计算绘图题

1. 某车间柱的牛腿标高为7.2m，吊车梁长为6m，高为0.8m，起重机停机面标高为-0.3m，吊车梁吊环位于距梁端0.8m处。试计算安装吊车梁所需的最小起重高度。

2. 某屋架跨度18m，其腹杆及下弦杆具体尺寸如图7-68所示（数值单位均为mm）。采用履带式起重机将屋架安装到标高为14.8m柱顶上，场地地面标高为-0.6m，采用不加铁扁担的四点绑扎（绑扎点在上弦节点）。试求履带式起重机的最小起重高度。

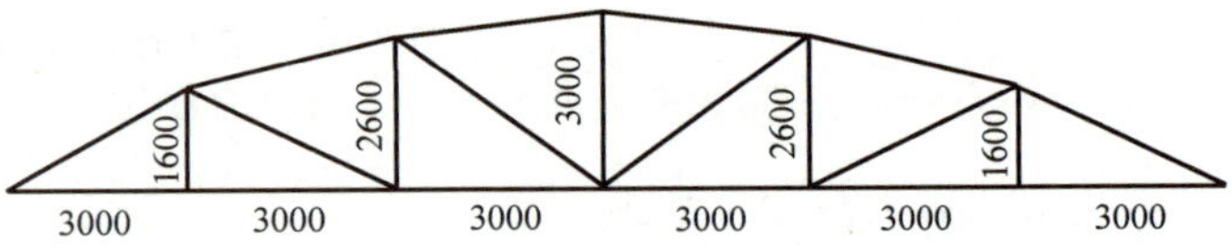

图7-68　某屋架腹杆及下弦杆尺寸

3. 某厂金工车间柱距6m，结构剖面图如图7-69所示，屋架索具绑扎点如图7-70所示（外侧吊索与水平面的夹角为45°），已知屋架重65kN，索具重5kN，临时加固材料重3kN；吊车梁高度为0.7m，长6m，重28 kN，索具重2kN，索具绑扎点距梁两端均为1m，吊索与水平面的夹角为45°。屋面板厚0.24m，起重机底铰距停机面的高度E=2.1m。结构吊装时，场地相对标高为-0.5m，吊装所需安装间隙均为0.3m。

试求：

（1）吊装吊车梁的起重量及起重高度。

（2）吊装屋架的起重量及起重高度。

（3）吊装跨中屋面板所需的最小起重臂长度。

4. 某四层装配式框架办公楼，平面长45m，宽度b=8m+3m+8m，地面以上结构总高度为16.5m。较大构件包括柱子（高3.2m、需起重量24kN）、横向叠合梁（长7.4m、需起重量29kN）、

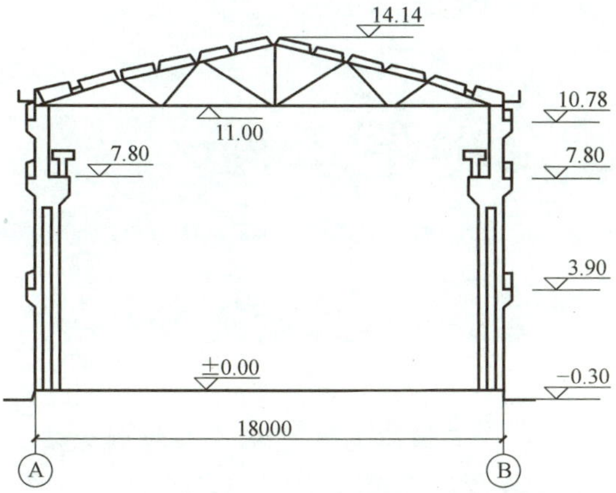

图 7-69 车间结构剖面图

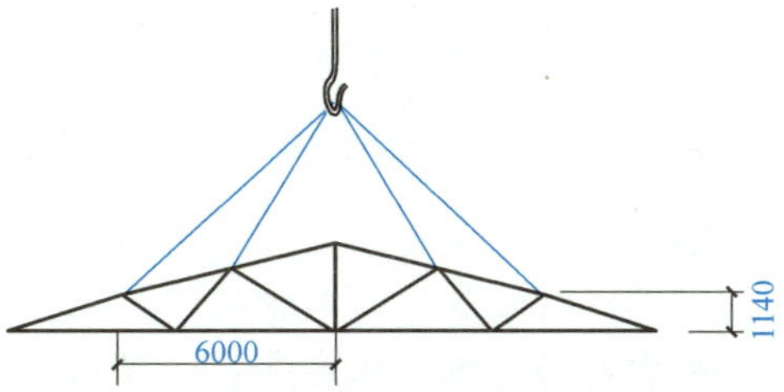

图 7-70 屋架吊索及绑扎点示意图

叠合板（长×宽=3.6m×2m、需起重量 13.5kN）。此外屋顶设备安装所需起重量分别为 $Q_1=24\text{kN}$；$Q_2=31\text{kN}$；$Q_3=35\text{kN}$，各自距塔式起重机轨道中心线的距离分别为 $R_1=23\text{m}$，$R_2=20\text{m}$，$R_3=16\text{m}$。拟采用 QTD60 型轨行式塔式起重机施工，如图 7-71 所示，轨道中心线距办公楼外侧轴线 $a=5\text{m}$。该起重机最大起重力矩为 600kN · m，安装臂长为 30m。最大起重幅度为 25m 时，吊钩高度为 23m；最小幅度为 8m 时，吊钩高度为 42m。试验算该起重机是否满足使用要求。

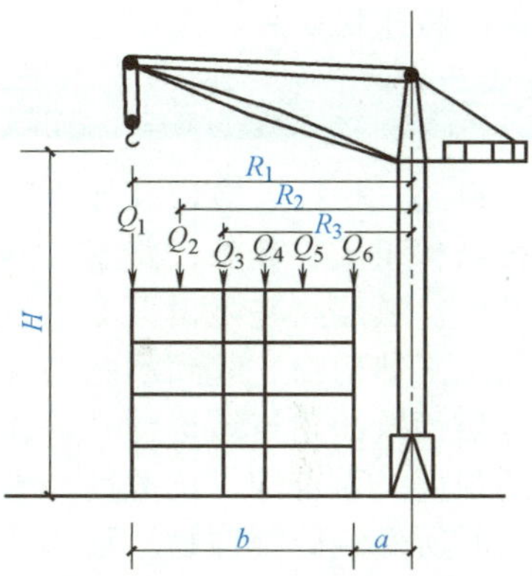

图 7-71 起重机位置及吊装参数

5. 某单层工业厂房车间跨度 18m，柱距 6m，共 6 个节间，吊柱时起重机在跨内开行，起重半径为 9m，开行路线距柱轴线 7m。已知柱长 10.8m，牛腿下绑扎点距柱底 7.8m。试按旋转法吊装施工画出柱子的平面布置图（画一根即可）。

6. 某单层工业厂房跨度 18m，柱子已全部吊装完毕，屋架预制平面布置图局部如图 7-72 所示。已知起重机吊装屋架的回转半径为 8m，屋架堆放范围在 P—P、Q—Q 线内。试画出起重机的开行路线及各榀屋架在吊装前的斜向立放图。

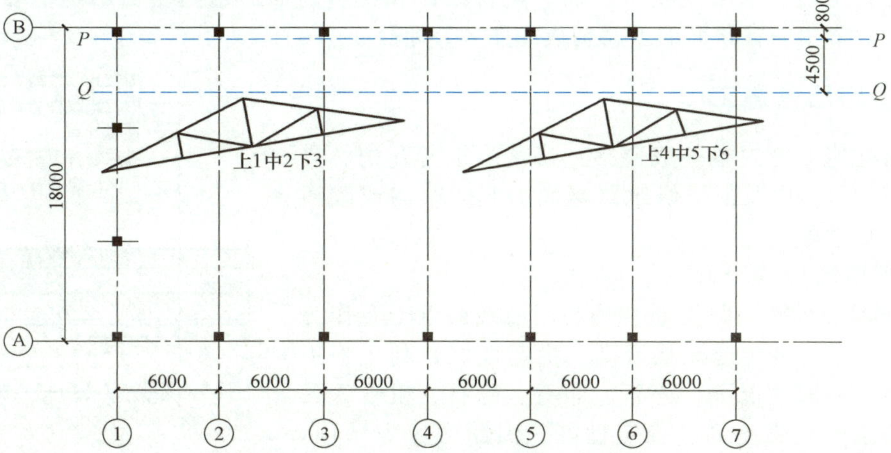

图 7-72 屋架预制平面布置图局部

第 8 章

道路、桥梁、隧道及地下工程

学习目标

了解道路路基路面工程结构与施工程序、技术要求，掌握路基压实标准与控制方法，熟悉路面基垫层施工技术要求，掌握热拌沥青混合料与水泥混凝土面层施工的步骤与要求，了解桥梁工程主要施工程序，掌握桥梁基础与墩台以及梁桥的施工方法和技术要求，掌握隧道施工方法及掘进、支护与衬砌、塌方事故处理的方法与要求，熟悉常见地下建筑施工的开挖方法与要求。

道路、桥梁、隧道及地下工程均属于土木工程学科的主要分支。道路工程主要由路、桥工程结构组成，其中，路基、路面结构构成道路的主体，桥梁是实现道路连续体的跨越性节点设施。道路路基是由天然土石材料按照道路线形要求填挖而成，具有一定强度和稳定性的带状土工结构物，起到承托路面及行车荷载的作用；道路路面是在路基表面采用各种筑路材料分层铺筑的建筑结构物，提供车辆在其上安全、快速、舒适、经济的行驶条件，需具有足够的强度、稳定性、抗滑性和平整度；桥梁结构是在道路跨越河流、沟谷和其他障碍物或建筑物时所修筑的结构物。隧道及地下工程包括道路及地铁的隧道、地铁车站以及地下房屋建筑等的施工建设。

8.1 路基路面工程

道路按使用性质分为城市道路、公路、厂矿道路、农村道路、林区道路等；按道路面层材料分为沥青路面、水泥混凝土路面、块料路面和粒料路面。道路路面结构主要包括路基、垫层及面层。常用沥青路面的道路构成如图 8-1 所示。

8.1.1 道路路基施工

道路路基施工的内容一般包括：路基填筑与开挖、排水、防护与加固，以及由于修筑路基而引起的改沟或改河工程、路基整修等。

1. 路堤填筑

(1) 填料的选择　路堤通常是利用沿线就近土石作为填筑材料。但应尽可能选择强度高、稳定性好并利于施工的土石材料。一般情况下，碎石、卵石、砾石、粗砂等具有良好的透水性、强度高、稳定性好，因此可优先采用。粉土、粉质黏土等经压实后也具有足够的强度，故也可采用。粉性土水稳性差，不宜作路堤填料。黏性土等由于透

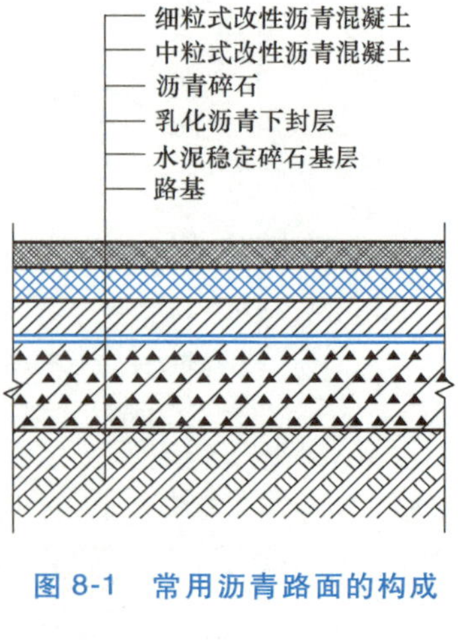

图 8-1　常用沥青路面的构成

水性差，应慎重采用。

（2）基底的处理　为使填筑在天然地面上的路堤与原地面紧密结合，以保证路堤填筑后不产生沿基底的滑动和过大变形，填筑前应根据基底的土质、水文、坡度、植被和填土高度等对基底进行适当处理。

1）当基底为松土或耕地时，应先将原地面认真压实后再填筑。当路线经过水田、洼地、池塘时，应根据实际情况采取疏干、挖除淤泥、换土、打砂桩、抛石挤淤等措施进行处理后方能填筑。

2）基底土密实稳定且地面横坡缓于 1∶10 时，可不做处理；但在不填挖或路堤高度小于 1m 的地段，应清除原地表杂草。横坡为 1∶10～1∶5 时，应清除地表草皮杂物再填筑。横坡陡于 1∶5 时，清除草皮杂物后还应将坡面挖成不小于 1m 宽的台阶。若地面横坡超过 1∶2.5，则外坡脚应进行特殊处理，例如，修筑护脚或护墙等。

（3）填筑方案　路堤的填筑必须考虑不同土质，从原地面逐层填筑，分层压实。填方方法有水平分层填筑法、竖向填筑法和混合填筑法三种。

1）水平分层填筑法。水平分层填筑是一种将不同性质的土有规则地分层填筑和压实的方法，该法易于达到规定的压实度，易于保证质量，是填筑路堤的基本方案。水平分层填筑应遵守以下规定：

① 用不同性质的土填筑路堤时，应分层填筑，不得混杂乱填。

② 用透水性较小的土填筑路堤下层时，应做成 4% 的双向横坡；如用以填筑上层时，不得覆盖在透水性较大的土所填筑的下层边坡上，避免出现“水囊”现象。

③ 凡不因潮湿或冻融而改变其体积的优良土应填在上层，强度较小的土应填在下层。

④ 河滩路堤填土，应在整个宽度上连同护道在内一并分层填筑，受水浸淹部分的填料，应选用水稳定性好的土料。

⑤ 桥涵、挡土墙及其他构筑物的回填土，以采用砂砾或砂性土为宜，并应适时分层回填压实，以防产生桥头过大沉降变形。

不同路堤填筑方案，如图 8-2 所示。此外，对于高填方路堤的填筑，应按技术规范的有关规定进行稳定性检验。

2）竖向填筑法。竖向填筑指沿公路纵向或横向逐步向前填筑（见图 8-3a）。该法多在路

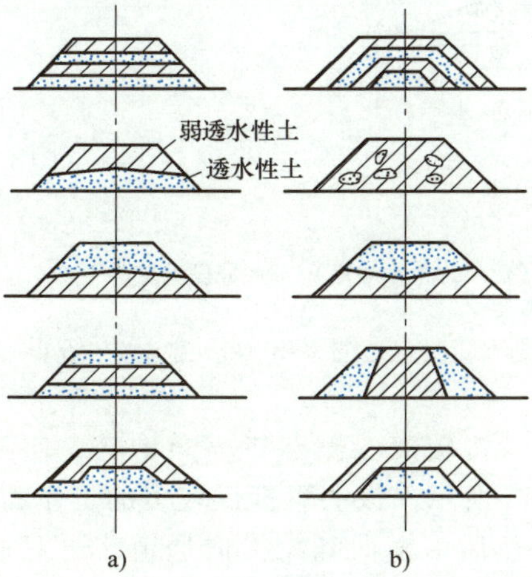

图 8-2　路堤填筑方案

a）正确　b）错误

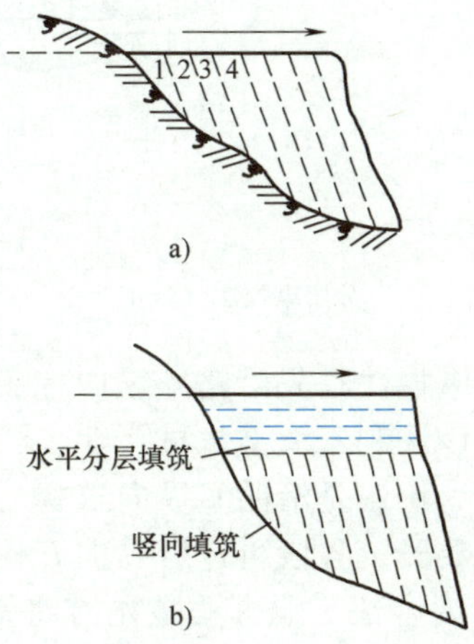

图 8-3　路堤竖向与混合填筑方案

a）竖向填筑　b）混合填筑

线跨越深谷陡坡地形时，由于地面高差大，作业面小，难以采用水平分层填筑时使用。竖向填筑由于填土过厚而难以压实，因此应选用高效能压实机械施工。

3）混合填筑法。混合填筑指路堤下层采用竖向填筑，而上层采用水平分层填筑。因其上部经分层碾压，易达到足够的压实度，如图 8-3b 所示。

2. 路堑开挖

土质路堑的开挖方法有横挖法、纵挖法和混合法几种。

（1）横挖法　对路堑整个横断面的宽度和深度，从一端或两端逐渐向前开挖的方法称为横挖法（见图 8-4）。该法适于短而深的路堑。用人力按横挖法开挖路堑时，可在不同高度分几个台阶开挖，其深度视工作需求与安全而定，一般宜为 1.5～2.0m。无论自两端一次横挖到路基标高或分台阶横挖，均应设单独的运土通道及临时排水沟。

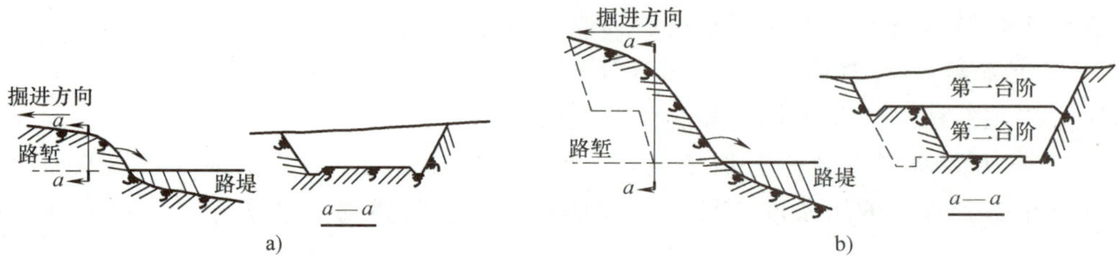

图 8-4　横挖法

a）全深度开挖　b）分台阶开挖

（2）纵挖法　纵挖法有分层纵挖法、通道纵挖法和分段纵挖法三种。

分层纵挖法是沿路堑全宽以深度不大的纵向分层挖掘前进（见图 8-5a）。该法适用于较长的路堑开挖。挖掘可用铲运机作业，在短距离及坡度大时可用推土机，较长较宽的路堑可用挖土机并配备运土机具进行挖掘。

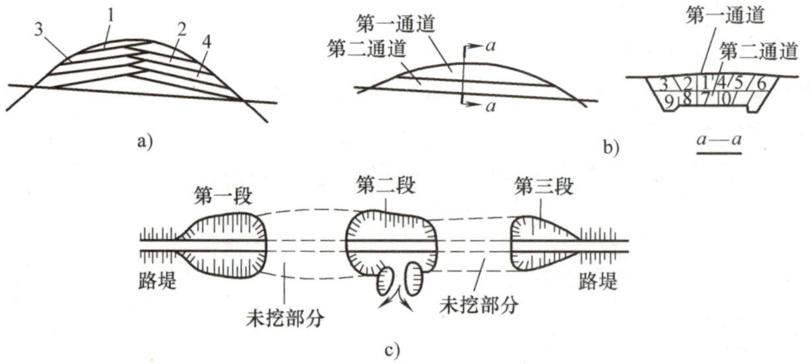

图 8-5　纵挖法

a）分层纵挖法（数字为挖掘顺序）　b）通道纵挖法（数字为拓宽顺序）　c）分段纵挖法

通道纵挖法是先沿路堑纵向挖一通道，继而向两侧开挖（见图 8-5b）。之后再依此法挖第二通道。该法利于大型机械作业。

分段纵挖法是沿路堑纵向选择一个或几个适宜处，将较薄一侧路堑横向挖穿，使路堑分成两段或数段，各段再进行纵向开挖的方法，如图 8-5c 所示。该法可提供较多的工作面。

（3）混合法　混合法是先沿路堑纵向开挖通道，然后沿横向开挖横向通道，再双通道沿纵横向同时掘进，每一坡面应设一个施工小组或一台机械作业，多工作面同时作业，如图 8-6 所示。

3. 路基压实

路基施工破坏了土体的原始天然结构，使土体呈松散状态。为使路基具有足够的强度和稳定性，必须对土体进行压实以提高其密实度。实验证明：经过压实后的土体不仅强度提高、抗变形能力增强，而且透水性明显减小、毛细水作用减弱和饱水量等减小，从而使其水稳性得以大大提高。因此，各级道路的路堤和路堑均应按规定进行压实并达到规定的密实度。

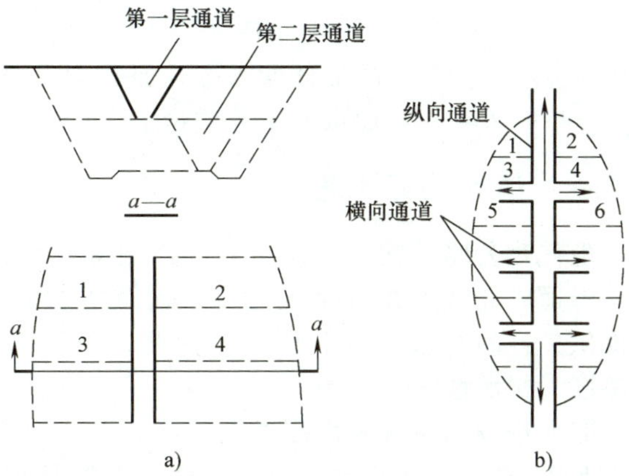

图 8-6　混合法

a）纵向通道与开挖分层分块　b）纵横通道设置平面

（1）压实标准　通常采用干密度作为检验土路基密实程度的指标。压实后土的干密度与该种土标准击实试验所得的最大干密度之比称为压实度，它是衡量土路基密实程度的重要标准。

压实土体的干密度 ρ_d' 可按式（8-1）计算

$$\rho_d' = \frac{\rho_w}{1+0.01\omega} \tag{8-1}$$

式中　ρ_w——土的天然湿密度（g/cm^3），一般以环刀法或灌砂法现场测定；

ω——土的含水率（%），一般以酒精燃烧法或烘干法测定。

规范对不同道路等级及路床不同深度的压实度要求不同。道路等级越高，压实度要求也越高，路基上部压实度比下部高。公路土质路基的压实度标准见表 8-1。

表 8-1　公路土质路基的压实度标准

填挖类型		路床顶面以下深度/m	压实度(%)		
			高速公路、一级公路	二级公路	三、四级公路
路堤	上路床	0~0.30	≥96	≥95	≥94
	下路床	0.30~0.80	≥96	≥95	≥94
	上路堤	0.80~1.50	≥94	≥94	≥93
	下路堤	>1.50	≥93	≥92	≥90
零填及挖方路基		0~0.30	≥96	≥95	≥94
		0.30~0.80	≥96	≥95	—

（2）施工要求与质量控制

1）压实施工要求。

① 根据土质正确选择压实机具，掌握不同机具适宜的碾压土层松铺厚度及碾压遍数。

② 采用的压路机应遵循先轻后重、先静压后振动的原则，碾压速度应先慢后快。

③ 碾压路线应先边缘后中间，超高路段则应先低后高，相邻两次的碾压轮迹应重叠轮宽的 1/2~1/3，以保证压实均匀而不漏压，对压不到的边角辅之以小型机具夯实。

④ 应控制压路机行驶速度。光轮静碾宜为 2~5km/h，振动压路机宜为 3~6km/h。

2）路基压实质量的控制。路基在碾压过程中，应经常检查含水率及压实度，以控制压实工作。

土的含水率应接近最佳含水率。若含水率过高时应摊开晾晒，含水率过低时需均匀洒水［洒水量 P 见式（8-2）］，至接近最佳含水率方可碾压。

$$P=(\omega_0-\omega)\frac{G}{1+\omega} \tag{8-2}$$

式中 ω_0、ω——土的最佳含水率及原状含水率（%）；

G——需加水的土的质量。

8.1.2 道路路面工程

现代化公路运输，不仅要求道路能全天候通行车辆，而且要求车辆能以一定的速度，安全、舒适、经济地在道路上运行，这就要求分层铺筑的路面结构层应具有良好的使用性能，能提供良好的行驶条件和服务。因此，路面应具有足够的强度与刚度、水稳定性、耐久性、平整度、抗滑性等。

路面按技术条件及面层类型不同，可分为高级路面、次高级路面、中级路面、低级路面，见表 8-2。按力学条件分为刚性路面和柔性路面。路面施工程序如图 8-7 所示。

表 8-2 路面类型

路面等级	面层类型	路面等级	面层类型
高级路面	1. 沥青混凝土 2. 水泥混凝土 3. 厂拌沥青碎石 4. 整齐石块或条石	中级路面	1. 碎、砾石（泥结或级配） 2. 不整齐块石 3. 其他粒料
次高级路面	1. 沥青贯入式碎、砾石 2. 路拌沥青碎、砾石 3. 沥青表面处置 4. 半整齐石块	低级路面	1. 粒料加固土 2. 其他当地材料加固或改善土

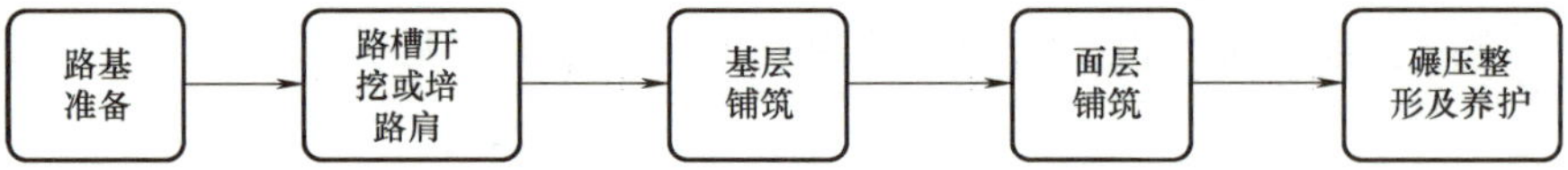

图 8-7 路面施工程序

1. 路面基层与垫层施工

基层是直接位于面层下的结构层次，而垫层是基层和路基之间的结构层次，基层与垫层间有时还设置底基层。基层和垫层主要起承重、扩散荷载应力和改善路基水稳状况的作用。因此，基层和垫层应具有一定的刚度和水稳定性。常用的基层和垫层有级配碎（砾）石类基垫层和结合料稳定类基垫层。

（1）级配碎（砾）石类基垫层

1）路拌法施工。级配碎石类基垫层的施工工艺流程如图 8-8 所示。

① 备料。确定未筛分碎石或不同粒级碎石与石屑的掺配比例，确定各路段基层的宽度、厚度和预定的压实干密度，计算各段所需的碎石和石屑的数量，并计算每车料的堆放距离。

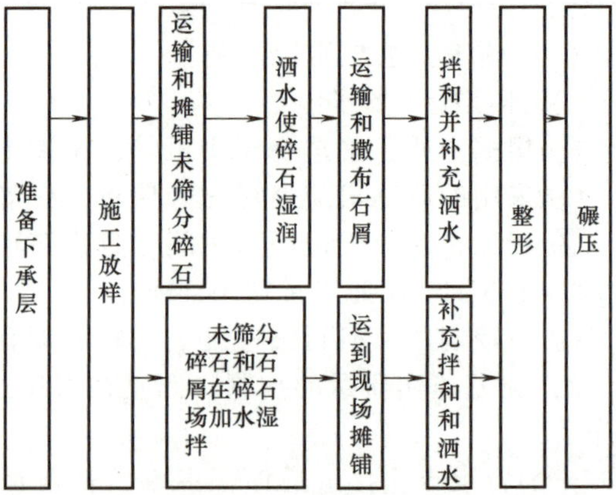

图 8-8 级配碎石类基垫层的施工工艺流程

料场中未筛分碎石的含水率应较最佳含水率（约 4%）大 1%左右，以减少集料在运输过程中的离析现象。当在料场与石屑按设计比例混合时，应同时洒水加湿，使混合料的含水率较最佳含水率（约 5%）大 1%左右，以减轻施工现场的拌和工作量和运输过程中的离析现象。

② 运输和摊铺集料。运输集料时，要求每车料的数量基本相同。在同一料场供料的路段内，应由远到近将料卸在下承层上。卸料的距离应严格掌握或由专人负责，不得卸置成一条“埂”。当预定碎石和石屑在路段上拌和时，则石屑不应预先运送，以免雨淋受潮。

运料时应注意：集料可在摊铺前几天运到，以免在下承层上的堆放时间过长而水分蒸发过多。在雨期施工时，宜当天运输、摊铺、压实，以免下雨时料堆下面积水。

应事先通过试验确定集料的松铺系数。人工摊铺混合料时，松铺系数为1.40~1.50；平地机摊铺混合料时，松铺系数为1.25~1.35。

摊铺机械一般采用平地机，应将集料均匀地摊铺在预定的宽度上，表面力求平整，并具有规定的路拱。路肩用料应同时摊铺。摊铺集料时应注意：当采用不同粒级的碎石和石屑时，应分层摊铺，大碎石铺在最下面，中碎石铺在大碎石上，小碎石铺在中碎石上，洒水使碎石湿润后，再摊铺石屑。采用未筛分碎石和石屑时，应在未筛分碎石摊铺平整后，在其较潮湿的情况下，按设计比例向上运送石屑，用平地机并辅以人工将石屑均匀地摊铺在碎石层上，也可用石屑撒布机撒匀。

混合料摊铺后，应检查其松铺厚度是否符合预计要求，必要时应进行减料或补料工作。

③ 拌和及整形。为保证级配碎石的密实级配，拌和均匀非常重要。应采用稳定土拌和机来拌和级配碎石，在无稳定土拌和机的情况下，也可采用平地机或多铧犁与缺口圆盘耙相配合进行拌和。

用稳定土拌和机拌和时，拌和深度应达到级配碎石层底，如发现有“夹层”，应在进行最后一遍拌和之前先用多铧犁紧贴底面翻拌一遍。一般应拌和两遍以上。

用平地机拌和的方法是，用平地机将铺好石屑的碎石料翻拌，使石屑均匀分布到碎石料中。拌和时第一遍由路中心开始，将碎石混合料向中间翻，第二遍应是相反，从两边开始，将混合料向外翻。拌和过程中用洒水车洒足所需的水分。平地机拌和的作业长度，每段以300~500m为宜。

对在料场已经混合好的级配碎石混合料，若摊铺后有粗细颗粒离析，应采用平地机进行补充拌和。

拌和结束时，混合料的含水率应该均匀，并较最佳含水率大1%左右，没有粗细颗粒离析现象。

混合料拌和均匀后用平地机按规定的路拱进行整平和整形，其方法同稳定土基层施工。在整形过程中，应注意消除粗细集料的离析现象，并禁止任何车辆通行。

④ 碾压。整形后，当混合料的含水率等于或略大于最佳含水率时，立即用12t以上三轮压路机、振动压路机或轮胎压路机进行碾压。碾压时应坚持“四先四后”的原则（先轻后重、先边后中、先慢后快、先静后振），后轮应重叠1/2轮宽且必须超过两段的接缝处。碾压应一直进行到要求的密实度为止（压实度要求：基层和中间层为98%，底基层为96%）。一般需碾压6~8遍。应使表面无明显轮迹，并在路面两侧多压2~3遍。

对于含土的级配碎石层，应进行滚浆碾压，压至无多余细土泛出为止。滚到表面的浆（或事后变干的薄层土）应清除干净。

在已完成的或正在碾压的路段上严禁压路机调头和紧急制动，并禁止开放交通。

2）集中厂拌法施工。级配碎石用作半刚性路面的中间层时，应采用集中厂拌法拌制混合料，并用摊铺机摊铺。集中厂拌法施工时应注意：掺配比例要正确；拌制前先调试设备，使混合料的颗粒组成和含水率均达到规定的要求；在采用未筛分的碎石和石屑时，若其颗粒组成发生明显变化，则应重新调整掺配比例。

（2）结合料稳定类基垫层　结合料稳定类基垫层是指掺加适当的结合料，通过物理、化学作用，使各种土、碎（砾）石混合料或工业废渣的工程性质得到改善，成为具有较高强度和稳定性的路面结构层次。常用的结合料有水泥、石灰和沥青等。应用较为广泛的有水泥稳定土、石灰稳定土、石灰工业废渣等基垫层，其施工工艺及要求类似。下面仅以水泥稳定土为例，介绍该类基垫层的施工方法。

1）施工前的准备。水泥稳定土是将能被经济地粉碎且符合一定技术要求的土配以适量的水泥、水等拌制而成。水泥不限品种，但终凝时间应大于6h。施工前，应据表8-3的抗压强度标准，通过试验确定水泥掺量和混合料的最佳含水率，找出水泥稳定土混合料的合理配合比。在需要改善土的颗粒组成时，还应确定掺加料的比例。

路面施工演示

表8-3 水泥稳定土的抗压强度标准 （单位：MPa）

层位＼公路等级	二级和二级以下公路	高速公路和一级公路
基层	2.5～3.0	3.0～5.0
底基层	1.5～2.0	1.5～2.5

考虑损耗及现场条件与实验室条件的差异，工地实际水泥掺量应比试验值增加0.5%～1.0%。一般情况下，集中厂拌法施工时可增加0.5%；路拌法施工时增加1.0%。

2）基垫层的施工。

① 路拌法施工。路拌法施工的工艺流程如图8-9所示。

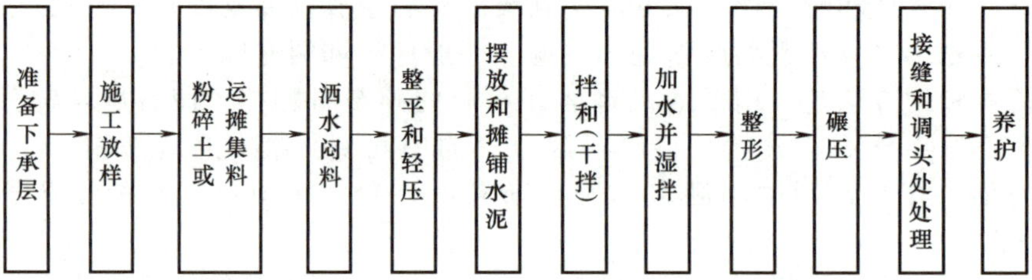

图8-9 水泥稳定土基垫层路拌法施工工艺流程

a. 下承层处理。水泥稳定土的下承层表面应平整、坚实，具有规定的路拱。施工前应对下承层进行检查验收，内容有：高程、宽度、横坡、平整度、压实度及弯沉值。

b. 施工放样。包括：恢复中线；基层宽度每侧应比面层宽0.3～0.6m，并在两侧路肩边缘外0.3～0.5m处设指示桩；在两侧指示桩上用红油漆标出水泥稳定土层边缘的设计高。

c. 备料。经过试验选定料场后，在采集前应将树根、草皮和杂土清除干净。采集的集料应进行粉碎过筛，土块粒径不超过15mm。在预定深度范围内采集集料，不应分层采集或将不合格的集料采集在一起。

水泥应提前运到现场，但最好不超过一个星期，并注意防雨防潮。每平方米水泥稳定土的水泥用量由水泥稳定土层的厚度、预定的干密度和水泥掺量计算而得。先算出每袋水泥应摊铺的面积，再确定现场摆放的纵横间距。

运输集料前，应先计算材料数量。通常先根据各路段水泥稳定土层的厚度、宽度及预定的干密度，计算各路段需要的干集料数量，然后根据集料的含水率和运料车的吨位，计算每车料的堆放距离，集料装车时，应控制每车料的数量基本相等。

堆料前，应先在预定堆料的下承层上洒水湿润。卸料时应有专人负责或标志卸料距离，集料应卸在下承层的中间或两侧，料堆每隔一定距离留一缺口；集料在下承层上的堆放时间不宜过长，应尽快摊铺施工，以免淋雨积水。

d. 摊铺集料。应先通过试验确定集料的松铺系数。摊铺集料应在摊铺水泥的前一天进行，摊铺长度应以够次日一天完成摊铺水泥、拌和、碾压成形为宜。但在雨期不宜过早摊开，以免雨淋。

施工时，一般采用平地机等机械将集料均匀地摊铺在预定的宽度上。表面力求平整，并有规定的路拱。摊铺时，应将土块、超尺寸颗粒及其他杂物清除。当集料中土块较多时，应进行粉碎。摊铺后要检查松铺集料层的厚度是否符合预计的厚度。集料摊铺结束后，禁止车辆在其上通行。

摊铺后的集料如果含水率过小，应在集料层上洒水闷料。细粒土洒水后应闷料一夜；中粒土和粗料土，视其中细土含量的多少，可缩短闷料时间。洒水闷料的目的是使水分在集料层内分布均匀并透入颗粒和大小土团的内部，同时还可减少拌和过程中的洒水次数和数量，从而缩短延迟时间。

为了使水泥能均匀地摊铺在集料层上，对人工摊铺的集料层整平后，用6~8t两轮压路机碾压1~2遍，使其表面平整。然后按计算的每袋水泥摆放的纵横间距备好水泥，经检查无误后，将水泥倒在集料层表面，并按每袋水泥的摊铺面积，用刮板均匀地摊开。水泥摊铺后，表面应没有空白或过分集中点。

e. 拌和。多采用轮胎式稳定土拌和机，其拌和宽度约2m，最大拌和深度0.4~0.6m。施工时，应使拌和深度达到层底，并深入下承层表面1cm左右为宜，以利上下层粘结。作业时，设专人跟在拌和机后，发现拌和深度不够，应及时告知拌和机操作人员进行调整，严禁底部留有“素土”夹层。拌和机通常需2~3遍能将混合料拌和均匀。要彻底消除“素土”夹层，可在最后一遍拌和前，先用多铧犁紧贴底面翻拌一遍，再用拌和机拌和。

拌和好的混合料应达到色泽一致，没有灰条、灰团和花面，没有粗、细颗粒“窝”，水分合适、均匀。拌和结束后，应立即检查混合料中水泥的掺量。

f. 整形。混合料拌和均匀后，马上用平地机做初步整平与整形。在直线段，平地机应由两侧向中间进行刮平，在平曲线段，应由内侧向外侧进行刮平，必要时可再返回刮一遍。随后拖拉机、平地机或轮胎压路机立即在初平的路段上快速碾压一遍，以暴露潜在的不平整。再按上述步骤刮一遍、压一遍。经过两次刮平、轻压后出现的局部低洼处，应用齿耙将其表层5cm以上耙松，并用新拌的水泥混合料进行找补整平。最后用平地机再整形一次，以达到规定的路拱和坡度，并注意接缝顺畅平整。

在整形过程中，不允许任何车辆通行，并配合人工消除集料的离析现象。

在低等级公路上用人工整形时，应用锹和耙先将混合料摊平，用路拱板进行初步整形。然后用拖拉机初压，确定纵横断面的标高，设置标记和挂线，再用锹、耙和路拱板整形。

g. 碾压。事先应根据路宽、压路机的轮宽和轮距的不同，制订碾压方案，以求各部分碾压到的次数尽量相同，但路面的两侧应多压2~3遍。压路机的吨位与每层铺土的压实厚度要协调。一般用12~15t三轮压路机碾压时，每层铺土的压实厚度不应超过15cm；用18~20t的压路机或大能量的振动压路机碾压时不应超过20cm。分层铺筑时，每层铺土的最小压实厚度为10cm。

整形后，当混合料的含水率等于或略大于最佳含水率时，立即用12t以上的三轮压路机、重型轮胎式压路机或振动压路机在路基全宽内进行碾压。碾压应遵循先两边后中间（平曲线段先内侧后外侧）、先轻后重、先慢后快、互相搭接的原则。碾压时，后轮应重叠1/2轮宽，并在规定的时间内碾压到要求的压实度（见表8-4）。一般需碾压6~8遍。碾压速度：前两遍采用1.5~1.7km/h，以后以2~2.5km/h为宜。

碾压过程中应注意：严禁压路机在已完成的或正在碾压的路段上调头和紧急制动，以免破坏稳定土层的表面；水泥稳定土表面应始终保持潮湿，如表层水分蒸发过快，应及时补洒少量水；如土层发生“弹簧”、松散、起皮等现象，应及时翻开重新拌和（加适量水泥）或用其他方法处理，使其达到质量要求。

表 8-4 基层和底基层压实度

基层			底基层		
公路等级	材料类型	压实度(%)	公路等级	材料类型	压实度(%)
高速公路 一级公路			高速公路 一级公路	水泥稳定中粒土、粗粒土	96
				水泥稳定细粒土	95
其他公路	水泥稳定中粒土、粗粒土	97	其他公路	水泥稳定中粒土、粗粒土	95
	水泥稳定细粒土	93		水泥稳定细粒土	93

碾压结束之前，用平地机再终平一次，使其纵向顺适，路拱和超高符合设计要求。终平应仔细进行，必须将局部高出部分刮除，并扫出路外。局部低洼处，不再进行补找平，留待铺筑面层时处理。严禁用薄层贴补进行找平。

碾压结束后，应马上用灌砂法、水袋法检查压实度。

h. 接缝和调头处处理。水泥稳定土基层的接缝按施工时间的不同，有两种处理方式：

一是当天施工的两作业段的接缝，采用搭接拌和方式，即把第一段已拌好的混合料留下5~8m暂不碾压，第二段施工时，将前段留下来未压部分再加部分水泥重新拌和，与第二段一起碾压。

二是先将已压实段的接缝处，沿稳定土挖一条垂直于路中线的横贯全路宽的槽，要求槽宽约30cm，槽深达到下承层顶面，靠稳定土的一面应切成垂直面。然后将长度为水泥稳定土层宽的一半、厚度与其压实厚度相同的两根方木放在槽内，并紧靠稳定土的垂直面，再用原挖出的素土回填槽内其余部分。第二天施工段摊铺水泥及湿拌后，除去方木，用混合料回填，靠近方木未能拌和的一小段，应用人工补充拌和，整平压实，并刮平接缝处。

如拌和机械或其他机械必须到已压成的水泥稳定土层上调头，可先在用于调头的约8~10m长的稳定土层上，铺一层塑料布，再覆盖约10cm厚的土、砂或砂砾，以保护稳定土层。结束后，用平地机除去覆盖土层，但不要刮破塑料布，再用人工除去余土并收起塑料布。

i. 养护。每个作业段碾压结束，并经压实度检查合格后，马上进行保湿养护，时间不宜少于7d。养护方法可采用不透水薄膜或湿砂、沥青乳液覆盖等。用湿砂养护时，砂的摊铺厚度应为7~10cm，并保持在整个养护期内处于潮湿状态。用沥青乳液养护时，应洒布沥青含量为35%左右的慢凝沥青乳液，用量为1.2~1.4kg/m^2，分两次喷洒，待其破乳后，撒布3~5mm或5~10mm的小碎石，覆盖率以60%为宜。也可以在完成的基层上马上做下封层，利用下封层进行养护。

无上述条件时，也可用洒水车经常及时洒水进行养护，每天洒水次数视气候而定。

养护期间应封闭交通（洒水车除外）。否则应在水泥稳定土层上采取覆盖措施，禁止重车通行，车速不得超过30km/h。

水泥稳定土施工应注意季节气候，一般宜在春末和气温较高的季节施工。施工期的最低气温应在5℃以上，并应在第一次重冰冻（-3~-5℃）到来前半个月至一个月完成。雨期施工应特别注意气候变化，避免水泥和混合料遭雨。降雨时应停止施工，但已经摊铺的水泥混合料，应尽快碾压密实。

② 集中厂拌法施工。厂拌设备一般由供料系统（包括各种料斗）、拌和系统、控制系统（包括各种计量器和操纵系统）、输送系统和成品储存系统五大部分组成（见图8-10）。

集中厂拌法拌制的水泥稳定土运至现场后，一般采用摊铺机摊铺。其下承层的准备、摊铺的整形、碾压及养护等方法与要求同路拌法。

安路牙及沥青路面铺筑

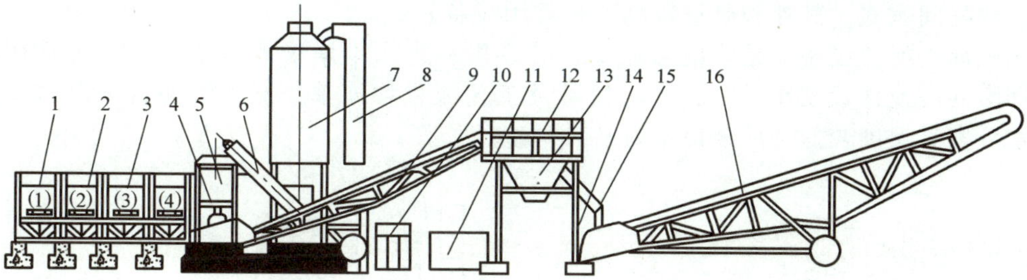

图 8-10 稳定土厂拌设备主要构造组成

1—配料斗 2—皮带供料机 3—水平皮带输送机 4—小仓 5—叶轮供料器 6—螺旋送料器 7—大仓 8—垂直提升机 9—斜皮带输送机 10—控制柜 11—水箱水泵 12—拌和筒 13—混合料储仓 14—拌和筒立柱 15—溢料管 16—大输料皮带机

2. 沥青路面施工

沥青路面是用沥青材料作结合料铺筑面层的路面的总称。沥青面层是由沥青材料、矿料及其他外掺剂按要求比例混合、铺筑而成的单层或多层式结构层。

沥青路面按施工方法分为层铺法、路拌法和厂拌法。层铺法是每层先洒布沥青，再铺撒矿料和碾压，重复几次而达到厚度要求的铺筑方法。路拌法即在施工现场用人工或机械将冷料与热油或冷油拌和，再摊铺和碾压。厂拌法即集中设置拌和基地，采用专用设备进行拌和，再将混合料运至工地热铺热压或冷铺冷压（当使用液体沥青时），碾压终了即可开放交通。厂拌法是铺筑沥青路面的常用方法。

（1）热拌沥青混合料路面施工　该种路面的施工包括混合料的拌制、运输、摊铺和压实成型四个主要过程。施工温度是保证工程质量的关键，对普通沥青的施工温度要求见表 8-5。当使用聚合物改性沥青时，一般应提高 10~20℃。

表 8-5 普通沥青的施工温度要求　（单位：℃）

施工工序		石油沥青的标号			
		50号	70号	90号	110号
沥青加热温度		160~170	155~165	150~160	145~155
矿料加热温度	间隙式拌和机	集料加热温度比沥青温度高 10~30			
	连续式拌和机	矿料加热温度比沥青温度高 5~10			
沥青混合料出料温度		150~170	145~165	140~160	135~155
混合料储料仓储存温度		储料过程中温度降低不超过 10			
混合料废弃温度，不低于		200	195	190	185
运输到现场温度，不低于		150	145	140	135
混合料摊铺温度，不低于	正常施工	140	135	130	125
	低温施工	160	150	140	135
开始碾压的混合料内部温度，不低于	正常施工	135	130	125	120
	低温施工	150	145	135	130
碾压终了的表面温度，不低于	钢轮压路机	80	70	65	60
	轮胎压路机	85	80	75	70
	振动压路机	75	70	60	55
开放交通的路表温度，不高于		50	50	50	45

1）沥青混合料拌制。沥青混合料在沥青拌和厂内拌制。拌和设备可分为间歇强制式和连续滚筒式两类。

间歇强制式拌和设备如图 8-11 所示。它是将初步级配好的冷集料加入到干燥筒内，经过烘干加热，然后将热集料提升，再由振动筛筛分，通过热料仓储存计量，与计量好的填充物（矿粉）和结合料（沥青）一起加入到拌和筒内，均匀拌和成沥青混合料。一筒出料后再拌另一筒，故称间歇式。其拌和质量较高，是常用设备。

连续式沥青搅拌设备，是使动态计量后的冷集料进入干燥滚筒内加热，然后就在与其相连的搅拌滚筒内搅拌成沥青混合料。其设备及工艺流程均简单，能连续加料和出料，但拌合料残余水分多且温度较低，配合比不易及时调整。

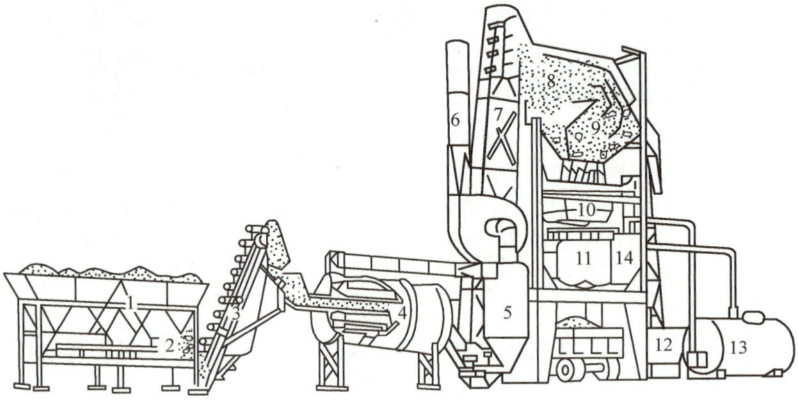

图 8-11 间歇强制式拌和设备构成

1—冷集料存料斗 2—冷料供应阀门 3—冷料输送机 4—烘干机 5—集尘器 6—排气管 7—热料提升机 8—筛分装置 9—热料集料斗 10—集料称量斗 11—拌和筒或叶片拌和机 12—矿质填料储存设备 13—热沥青储存器 14—沥青称料斗

2）运输。热拌沥青混合料采用自卸汽车运输到摊铺地点。运送路途中，为减少热量散失、防止雨淋或污染环境，应采用封盖式车厢或在混合料上覆盖篷布。混合料运送到摊铺地点的温度应符合相应规定。为防止沥青同车厢的粘结，车厢底板上应涂薄层掺水柴油（油：水为1∶3）。运送到工地时，已经成团块、温度不符合要求或遭雨淋的沥青混合料，应予废弃。

3）铺筑。现场铺筑包括基层准备、放样、摊铺、整平、碾压等工序。

① 基层准备。铺筑沥青面层的基层必须平整、坚实、洁净、干燥，标高和横坡符合要求。除放样和安装路缘石等工作外，对路面原有的坑槽应用沥青碎石材料填补，泥砂、尘土应扫除干净。铺筑前应洒布粘层油、透层油或铺筑下封层。

② 摊铺。摊铺前，混合料摊铺可分为机械摊铺和人工摊铺两类，一般均采用机械摊铺。

机械摊铺采用轮胎式或履带式沥青混合料摊铺机。摊铺机主要由螺旋摊铺器、振捣梁和熨平装置组成，可连续完成铺开、初步捣实和熨平整形工作。摊铺时，热混合料由自卸汽车卸入摊铺机的料斗内，由传送机经流量控制门送至螺旋分配器；随摊铺机向前行进，螺旋分配器自动将混合料均匀摊铺在整个宽度上；由夯棒或振动装置对摊铺层进行初步压实，附在摊铺机后面的整平板熨平混合料的表面，调节和控制层厚及路拱（见图 8-12）。

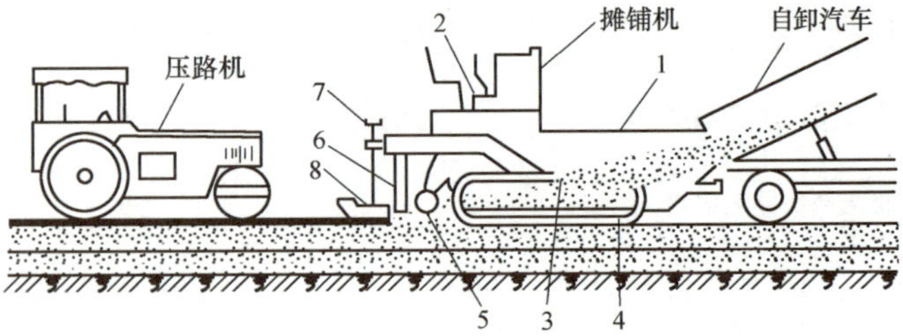

图 8-12 路面沥青混合料摊铺作业示意图

1—料斗 2—驾驶台 3—送料器 4—摊铺机履带 5—摊铺器 6—振捣器 7—厚度调节螺杆 8—整平板

混合料摊铺时应注意的问题如下：保证混合料的摊铺温度符合规范规定；摊铺混合料在表观上应均匀致密，无离析等现象；摊铺层表面应平整，没有摊铺速度变化、摊铺操作不均匀或集料级配异常所引起的不平整；摊铺层厚度和路拱符合设计要求；横向和纵向接缝的筑作正常，接头处无明显不平。

横缝可采用平接缝和斜接缝两种方式筑作。纵缝则有热接缝和冷接缝两种方式筑作。热接缝由多台摊铺机在全断面用梯队作业摊铺方式完成；冷接缝则是在不同时间分幅摊铺时采用的方式。

③ 碾压。碾压是保证沥青混合料使用性能的最重要的一道工序。沥青混合料需要在一定的温度和一定的压实方法下才能取得良好的压实度。

一般采用光轮压路机和轮胎压路机或振动压路机组合的方式来压实混合料。光轮的优点是施压后表面平整，但易将矿料压碎；轮胎路碾对路面的压强虽不大（0.3~0.7MPa），但对材料起良好搓揉作用，促使混合料均匀、紧密和构成平整表面。

压实作业可分为初压、复压和终压三个阶段。其顺序为，先用双轮光面压路机（6~8t）进行初压，从横断面上低的一侧逐步移向高的一侧，每处碾滚2遍即可。初压之后进行复压，复压改用15t以上的轮胎压路机或12t以上的三轮光面压路机碾压4~6遍，至稳定和无轮迹为止。最后，在不产生轮迹的情况下再换用6~8t双轮光面压路机进行终平碾压。各次碾压时，均以压路机的驱动轮先压，以免从动轮先压可能使混合料出现推移现象。

碾压后的密实度一般不应低于试验标准密实度的95%。

（2）沥青碎石路面施工　沥青碎石路面是由级配碎石、不掺或少量掺加矿粉、用沥青作结合料，按一定比例配制，经拌和、压实成形的路面。沥青碎石路面承载能力强，但孔隙比较大而影响耐久性。厂拌法施工时可用于高级路面，也常用于面层的下层、联结层、整平层和基层。

沥青碎石路面的施工方法和施工要求与沥青混凝土路面基本相同。热铺沥青碎石主要依靠碾压成形，故碾压的遍数较多，一般10遍左右，直到混合料无显著轮迹为止。冷铺沥青碎石路面的施工程序与热铺相同，但其最终成形需靠开放交通后行车的碾压，故在铺筑时碾压的遍数可以减少。

（3）沥青表面处治路面施工　沥青表面处治面层是用沥青和矿料按层铺或拌和的方法，修筑的厚度不大于3cm的一种薄层路面面层，适用于三级及三级以下路面的面层。

层铺法沥青表面处治的施工工序及要求如下：

1）清理基层。在表面处治层施工前，应将路面基层清扫干净，使基层的矿料大部分外露并保持干燥。对有坑槽、不平整的路段应先修补和整平；若基层整体强度不足，则应先予补强。

2）洒布沥青。在浇洒透层沥青后4~5h，或已做透层（或封层）并开放交通的基层清扫后，即可浇洒第一次沥青。沥青要洒布均匀，不应有空白或积聚现象，以免日后产生松散或拥包和推挤等病害。另外，应按洒布面积来控制单位沥青用量。

3）铺撒矿料。洒布沥青后应趁热迅速铺撒矿料，按规定用量一次撒足，并铺撒均匀。

4）碾压。铺撒一层矿料后随即用6~8t双轮压路机或轮胎压路机及时碾压。碾压应从一侧路缘压向路中心，然后再从另一边开始压向路中。碾压时，每次轮迹重叠约30cm，碾压约3~4遍。压路机行驶速度开始不宜超过2km/h，以后可适当提高。

双层式和三层式沥青表面处治的第二、三层施工重复第2）、3）、4）工序。

5）初期养护。碾压结束后即可开放交通，但应禁止车辆快速行驶（不超过20km/h），要控制车辆行驶的路线，使路面全幅宽度获得均匀碾压，加速处治面层反油稳定成形。对局部泛油、松散、麻面等现象，应及时修整处理。

（4）沥青贯入式路面施工　沥青贯入式面层是在初步压实的碎石（或轧制砾石）上，分层浇洒沥青、撒布嵌缝料，经压实而成的路面结构，厚度通常为4~8cm。沥青贯入式适用于三级、四级公路面层，也可作为沥青路面的联结层或基层。

根据沥青材料贯入深度的不同，贯入式路面可分为深贯入式（6~8cm）和浅贯入式（4~5cm）两种。其施工程序与要求如下：

① 放样和安装路缘石。

② 清扫基层。

③ 浇洒透层或粘层沥青（浅贯式）。

④ 撒铺主层矿料，其规格和用量符合规定，并检查其松铺厚度。

⑤ 摊铺主层矿料后，先用6~8t压路机进行慢速初压，至无明显推移为止。然后再用10~20t压路机碾压，直至主层矿料嵌挤紧密、无明显轮迹而又有一定孔隙，使沥青能贯入为止。

⑥ 浇洒第一次沥青。

⑦ 趁热撒铺第一次嵌缝料，撒铺应均匀，扫匀后应立即用10~12t压路机碾压（约4~6遍），随压随扫，使其均匀嵌入。

⑧ 浇洒第二层沥青，撒铺第二层嵌缝料，然后碾压；再浇洒第三层沥青，铺封面料，进行最后碾压。最后碾压采用6~8t压路机压2~4遍，即可开放交通。

交通控制及初期养护等工作与沥青表面处治相同。

3. 水泥混凝土路面施工

（1）施工准备工作

1）混凝土材料的准备。根据技术设计要求与当地材料供应情况，做好混凝土各组成材料的试验，进行混凝土各组成材料的配合比设计。选择合适的混凝土拌和场地。

2）基层的检查与整修。基层的宽度、路拱与标高、表面平整度和压实度，均应检查其是否符合要求。混凝土摊铺前，基层表面应洒水润湿。

（2）混凝土面层的施工　面层板的施工程序为：安装模板→设置传力杆→混凝土的制备与运输→混凝土的摊铺和振捣→接缝处治→表面整修→混凝土的养护与填缝。

1）安装边模。在摊铺混凝土前，应先安装两侧模板。两侧用铁钎打入基层以固定位置。模板顶面用水准仪检查其标高，不符合时予以调整。

2）设置传力杆。两侧模板安装后，即按要求在胀缝或缩缝位置上设置传力杆。一般是在嵌缝板上预留圆孔以便传力杆穿过，嵌缝板上面设木制或金属压缝板条，其外侧再放一块胀缝模板，如图8-13所示。传力杆在后浇的混凝土内的区段，应套塑料管或表面涂刷沥青等做防腐隔离处理，端头金属套帽内填闭孔弹性材料。

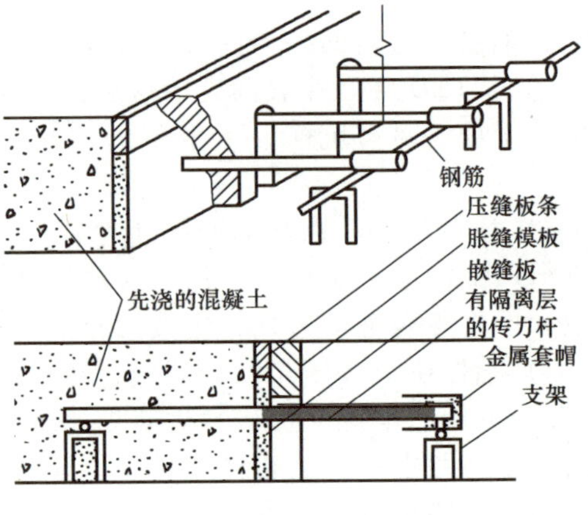

图8-13　胀缝传力杆的架设

3）混凝土的制备与运输。混凝土混合料的制备可采用以下两种方式：用搅拌机在施工现场拌制；在预拌厂集中制备，而后用搅拌运输车运送到现场。

在制备时，所用材料应过秤，计量允许偏差：水泥、掺合料、水为±1%，砂、粗集料为±2%。每一工作班应对配料精确度检查至少2次，每半天检查混合料的坍落度2次。拌和时间为60~120s。

4）混凝土的摊铺和振捣。当混凝土运到摊铺地点后，一般由运输车直接倒向安装好侧模的路槽内，并用人工找补均匀。要注意防止出现离析现象。摊铺时应考虑混凝土振捣后的沉降量，可高出设计高度10%左右，使捣实后的面层标高与设计相符。

混凝土的振捣，应由平板振捣器、插入式振捣器和振动梁配套作业。随后，再用直径75~100mm的通长无缝钢管，两端放在侧模上，沿道路纵向滚压一遍。

摊铺或振捣作业时，不要碰撞模板和传力杆，以避免其移动变位。

5）接缝处治。

① 缩缝。缩缝是为防止水泥混凝土路面在气温降低时产生不规则裂缝而设置的收缩缝。对缩缝有两种筑作方法。一是在混凝土捣实整平后，利用振动梁将“T”形振动刀准确地按缩缝位置振出一条槽；或是在混凝土硬结后，用锯缝机切割出要求深度的槽口。

对纵缝一般筑做成企口式，即模板内壁做成凸样状，拆模后，混凝土板侧面即形成凹槽。需设置拉杆时，模板在相应位置处要钻成圆孔，以便拉杆穿入。浇筑另一侧混凝土前，应先在凹槽壁上涂抹沥青，以防粘结。

② 胀缝。胀缝是为防止水泥混凝土路面在气温升高时，在缩缝边缘产生挤碎或拱起而设置的伸胀缝。施工时先浇筑胀缝一侧混凝土，取去胀缝模板后，再浇筑另一侧混凝土，钢筋支架浇在混凝土内。压缝板条在混凝土初凝后、终凝前抽出。

6）表面整修与防滑措施。混凝土终凝前必须用人工或机械抹平其表面。为保证行车安全，混凝土表面应具有粗糙抗滑的表面。最普通的做法是用棕刷或金属丝梳子梳成深1~2mm的横槽。也可用锯槽机将路面锯割成深5~6mm、宽2~3mm、间距20mm的小横槽。

7）混凝土的养护与填缝。为防止混凝土中水分蒸发过快而产生缩裂，并保证水泥水化过程的顺利进行，混凝土应及时潮湿养护或利用塑料薄膜、养护剂保湿养护。养护完成后，进行缝隙清理和嵌缝。

混凝土强度必须达到设计强度的90%后，方可开放交通。

（3）混凝土路面的机械化施工　高等级道路路面的工程量大、技术标准高，要保证施工进度和工程质量，宜用轨道式和滑模式摊铺机进行机械化施工。

1）轨道式摊铺机施工。轨道式摊铺机铺筑混凝土板，是利用主导机械（例如，摊铺机、拌和机等）和配套机械（例如，运输车辆、振捣器等）的有效组合，完成混凝土路面的铺筑。其工艺流程及设备组合如图8-14所示。

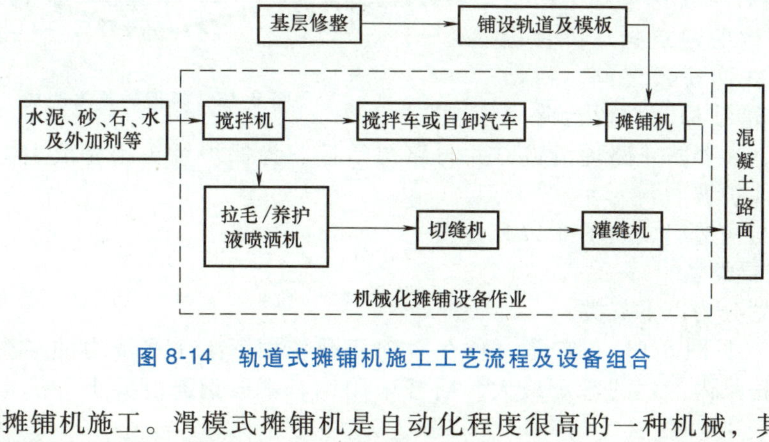

图8-14　轨道式摊铺机施工工艺流程及设备组合

2）滑模式摊铺机施工。滑模式摊铺机是自动化程度很高的一种机械，其模板就安装在机器上，无须人工设置，可将摊铺路面的各道工序——铺料、振捣、挤压、整平、设传力杆等一气呵成。机器经过之后，即形成一条规则的水泥混凝土路面，不但施工速度快，而且路面平整度高，特别是整段路的宏观平整度更优于其他施工方式。

滑模摊铺混凝土路面

滑模式摊铺机是由螺旋杆及刮板将混凝土按要求高度摊铺之后，用振动器、振捣棒、整形板、侧板捣固，用刮板、修边器进行修整的连续摊铺的机械，如图 8-15 所示。它集布料、摊铺、密实和成型、抹光等功能于一体，结构紧凑，行走方便，由于采用电液伺服调平系统或液压随动调平系统，故操作简单、轻便。

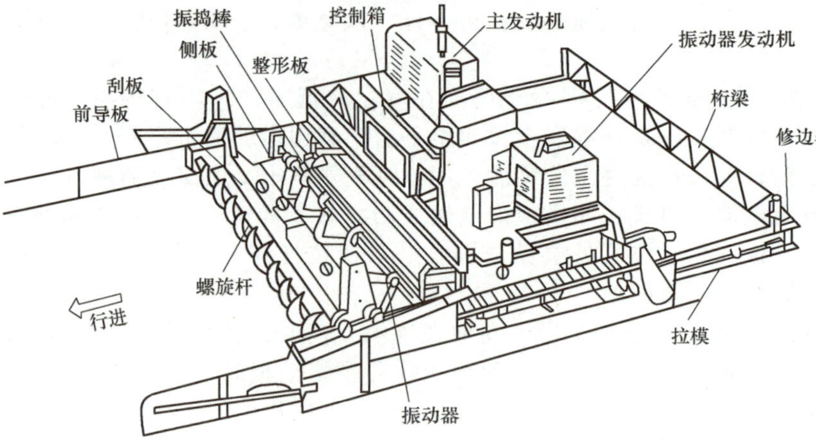

图 8-15 滑模式摊铺机构造

8.2 桥梁工程

8.2.1 桥梁工程基本知识

1. 桥梁的基本组成与体系

桥梁由桥跨结构和桥墩、桥台以及基础三个主要部分组成，如图 8-16 所示。

1）桥跨结构（或称桥孔结构、上部结构）。它是道路遇到障碍而中断时，跨越这类障碍的结构物。

2）桥墩、桥台（统称下部结构）。它是支承桥跨结构的建筑物。桥台设在两端，桥墩则在两桥台之间。桥墩的作用是支承桥跨结构，而桥台除了支承桥跨结构外，还要防止路堤滑坡，并与路堤衔接。为保护桥头路堤填土，每个桥台两侧常做成石砌的锥体护坡。

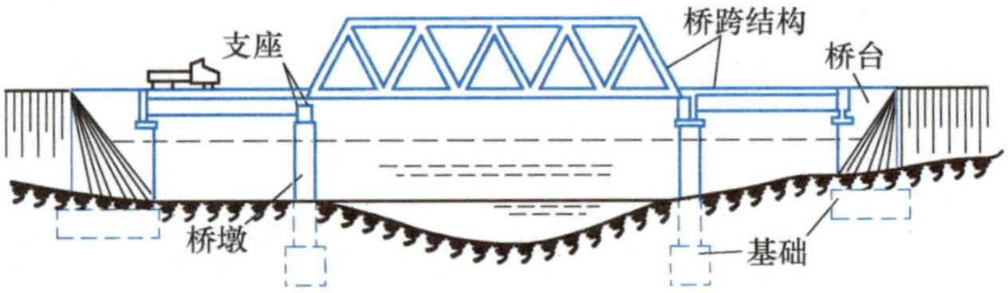

图 8-16 桥梁的基本组成

桥梁的类型与构造组成如图 8-17 所示。

2. 桥梁的主要类型

按结构体系划分为以下五类：

（1）梁式桥（见图 8-18） 它是一种在竖向荷载作用下无水平反力的结构。与其他结构体系相比，梁式桥梁内产生的弯矩最大，通常采用钢、木、钢筋混凝土等抗弯能力强的材料建造。

（2）拱桥（见图 8-19） 主要承重结构是拱圈或拱肋。与同跨径的梁相比，拱的弯矩和变形要小得多。拱桥的承重结构以受压为主，通常可用砖、石、混凝土块砌筑，跨度较大时用钢筋混凝土、钢管混凝土等来建造。拱桥的跨越能力大，外形也较美观。

（3）刚架桥（见图 8-20） 刚架桥的主要承重结构是梁或板与柱或墙整体结合在一起的刚架结构，其受力状态介于梁式桥与拱桥之间。跨中弯矩比梁式桥小，可减少断面；刚结处受力大，若用普通钢筋混凝土修建易裂缝。

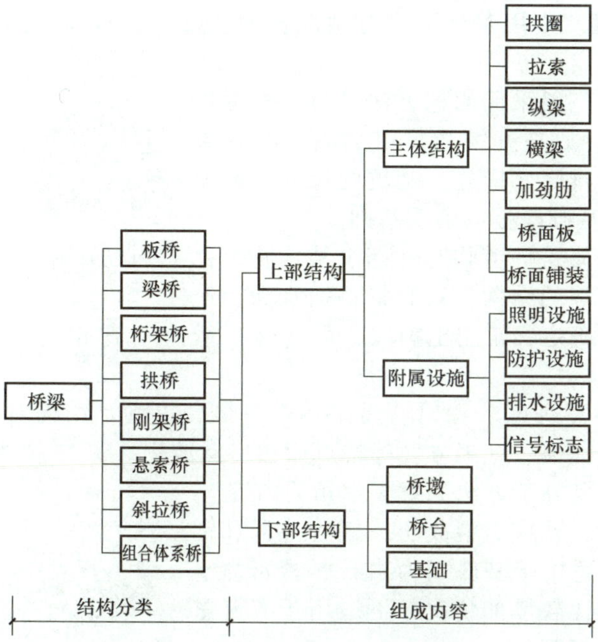

图 8-17　桥梁的类型与构造组成

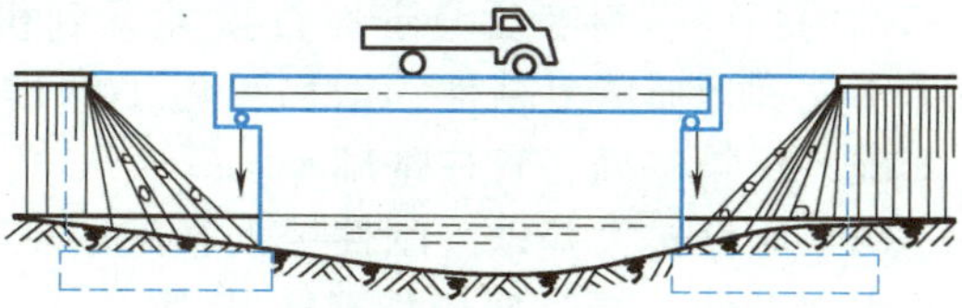
图 8-18　梁式桥

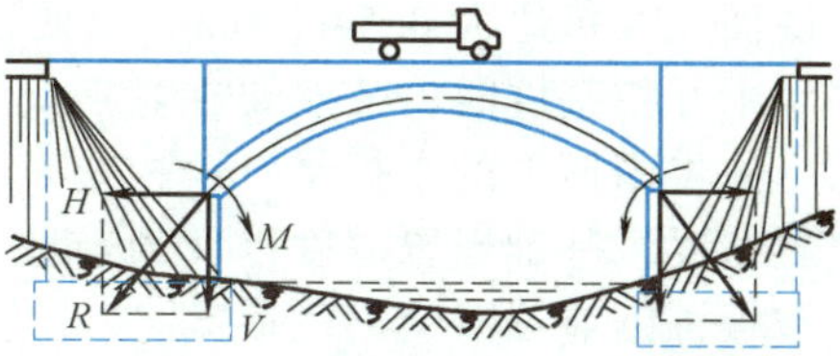

图 8-19　拱桥

图 8-20　刚架桥

(4) 吊桥（见图 8-21）　吊桥的主要承重结构是悬挂在塔架上的强大缆索，有悬索、斜拉等形式。吊桥自重较轻，跨度很大。但在车辆动荷载和风荷载作用下，有较大的变形和振动。

(5) 组合体系桥（见图 8-22）　它是根据结构的受力特点，由几个不同体系的结构组合而成的桥梁。组合体系桥的种类很多，但究其实质不外乎利用梁、拱、吊三者的不同组合，上吊下撑以形成新的结构。

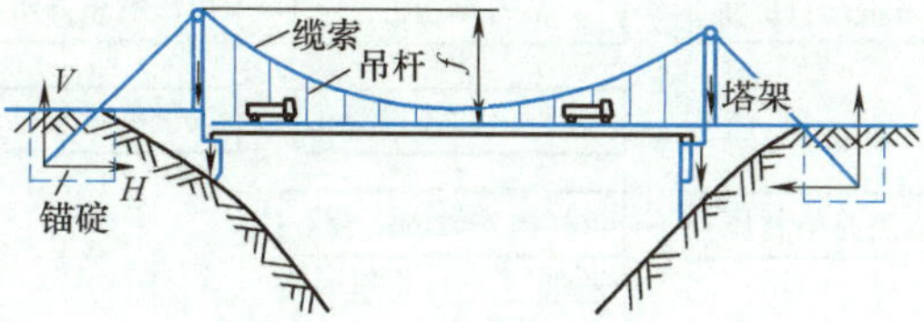

图 8-21　吊桥（悬索式）

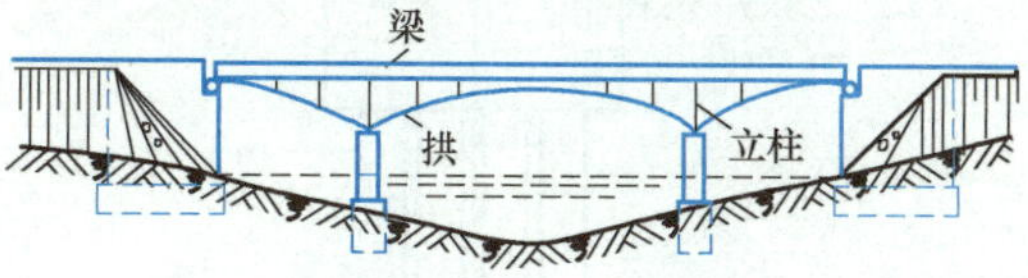

图 8-22　梁拱组合桥

3. 桥梁工程施工的一般程序

桥梁施工的内容及主要程序如图 8-23 所示。图中各施工程序中，基础和上部结构施工是主体工序。

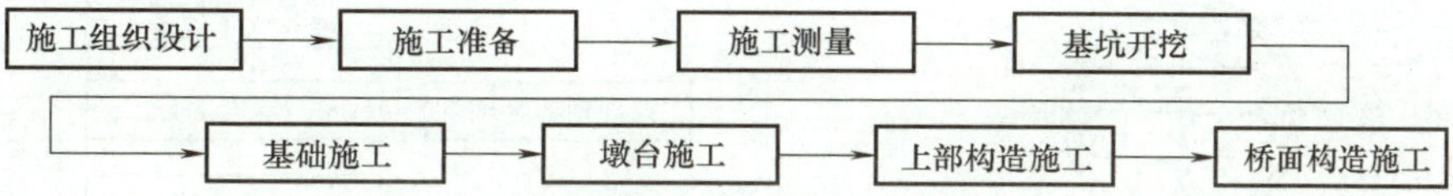

图 8-23　桥梁施工的内容及主要程序

8.2.2　桥梁下部结构施工

1. 桥梁基础施工

基础一般处于水下河床内的基岩或土质地基上，直接承受上部结构传来的全部荷载。桥梁基础的强度、刚度及稳定性直接关系到桥梁的安全和使用寿命，是桥梁工程的重要环节。由于水文和地质的复杂性，增加了施工的难度。常用基础形式有刚性扩大基础、桩基础、沉井基础、沉箱基础、管柱基础等。

（1）刚性扩大基础　刚性扩大基础的施工一般采用明挖方法进行。根据地质、水文条件，结合现场情况选用垂直开挖、放坡开挖或护壁加固的开挖方法。当基坑需挖至地下水位以下时，则需采取排降水措施。基坑的尺寸一般要比基础底面尺寸每边大 0.5~1.0m，以便设置基础模板或砌筑基础。

钢管桩围堰施工演示

在水中开挖基坑时，一般要在其四周预先修筑一道临时性挡水结构物，称为围堰，先将围堰中的水排干，再挖基坑。围堰的结构形式和材料据水深、流速、地质情况、基础埋置深度以及通航要求等确定，常用土围堰、草（麻）袋围堰、钢板桩围堰及双壁钢围堰等。

（2）桩基础　当地基浅层土质较差，持力层埋藏较深时，需采用深基础，以满足结构对地基强度、变形和稳定性要求。桩基础因适应性强、施工方便等特点而被广泛应用。

桩基础常采用钻孔灌注桩和挖孔灌注桩，其施工方法见第 2 章相关内容。

（3）管柱基础　管柱基础是由钢筋混凝土、预应力混凝土或钢管柱群和钢筋混凝土承台组成的基础结构（见图 8-24），适用于基底面为岩石、紧密黏土或页岩基础，深水、潮汐影响较大，覆盖淤泥比较厚的情况；不适用于有严重地质缺陷的地区，如严重松散区域或断层破碎带等。

管柱基础施工演示

由于管柱基础条件不同，其施工方法按照是否需要设置防水围堰分为两类。设置围堰时的施工工艺流程如图 8-25 所示。

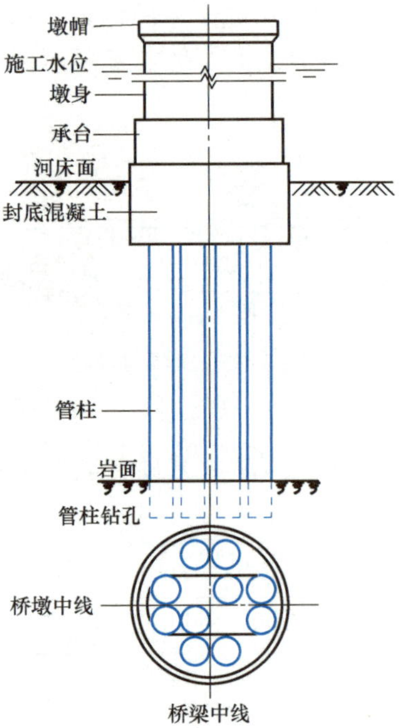

图 8-24　管柱基础

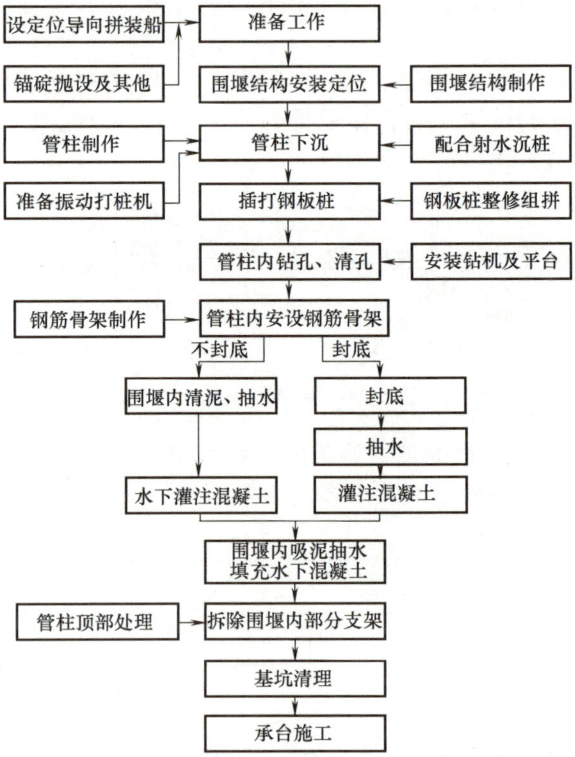

图 8-25　设置围堰时的施工工艺流程

1）管柱的制作。管柱由柱身、连接法兰和管靴（刃脚）构成。柱身又称管壁，为圆筒形，可用钢、钢筋混凝土、预应力混凝土等制成。管柱也系装配式构件，分节预制。

2）管柱下沉。管柱下沉前首先设置导向设备，其作用是在管柱下沉时，控制倾斜和位移，以保证管柱符合设计位置，在浅水时采用导向框架，在深水时采用整体围笼。

管柱下沉方法根据土质情况和管柱下沉的深度而定，常用方法包括：振动沉桩机振动下沉管柱；振动配合管内除土下沉管柱；振动配合吸泥机吸泥下沉管柱；振动配合高压射水下沉管柱；振动配合射水、射风、吸泥下沉管柱等方法，以减少下沉阻力。土质较硬时，也可先在地层中钻成大直径孔，再把预制的管柱插入孔中，并在柱壁与孔壁之间压注水泥砂浆，使管柱与土层紧密连接，以提高承载力。

3）基岩成孔及管内浇筑。如管柱落于基岩，可利用管壁作套管，进行凿岩钻孔。管柱内可填充混凝土或钢筋混凝土，施工方法参见钻孔灌注桩。

2. 墩、台的施工

桥梁墩、台按施工方法分为砌筑、就地浇筑和预制装配式。砌筑墩、台（包括砖、石、混凝土砌块）的主要工艺为定位放线、砌筑、勾缝、养护；就地浇筑混凝土墩台是在现场支模、扎筋、浇筑混凝土成型；预制装配式是在工厂或预制场将墩台分块预制，运至桥位处拼装成整体结构。装配式墩台多为空心结构。装配式桥墩主要由就地浇筑实体部分墩身、拼装部分墩身和基础组成。装配式预应力混凝土空心桥墩的施工工艺流程如图8-26所示。墩、台施工的主要工艺与要求如下：

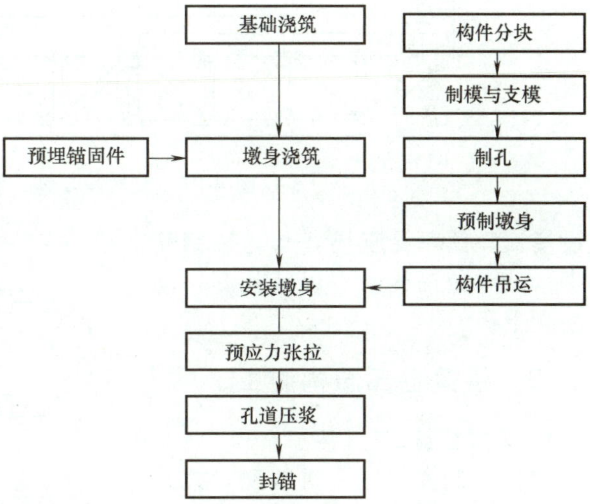

图8-26 装配式预应力混凝土空心桥墩的施工工艺流程

（1）墩、台定位 墩台的中心桩测定后，每墩台应各设一组十字桩，用以控制墩台的纵轴和横轴。纵轴顺线路方向，称为纵向中心线，横轴垂直于线路方向，称为横向中心线。

（2）钢筋混凝土墩台施工

1）现浇墩台的施工。墩台钢筋安装时，桩顶锚固筋与承台或墩台基础锚固筋应连接牢固，形成一体。由于形状复杂、体型大，墩台常为清水混凝土，墩台模板制作安装要求严格，可采用整体式模板（见图8-27）、拼装式模板和滑升模板。

墩台混凝土一般体积较大，可分块浇筑。分块宜合理布置，各块面积不宜小于50m^2，高度不宜超过2m。应采取有效措施控制混凝土水化热温度，可在混凝土中埋放石块。自高处向模板内浇筑混凝土应防止离析。

2）预制墩柱的安装。应在钢筋混凝土承台或扩大基础施工时浇筑混凝土杯口，并保证位置准确，与墩柱留有20mm空隙。预制墩柱应作编号，吊入杯口就位时应量测定位，并初步固定后方可摘除吊钩，灌注杯口细石混凝土。

3）砌筑墩台的施工 墩台砌筑前应按设计位置放线，基底应清理坐浆，砌筑时应水平分层、内外搭砌、上下错缝，按先角后面再腹的顺序砌筑（见图8-28）。以砂浆砌缝，不得留有空隙，石砌墩台严禁采用先干砌再灌浆方法。砖砌墩台砌筑前应浸润砖块，缝宽8~12mm。

墩台的顶帽是支撑上部结构的重要部位，一般为混凝土结构。施工包括确定标高与轴线、

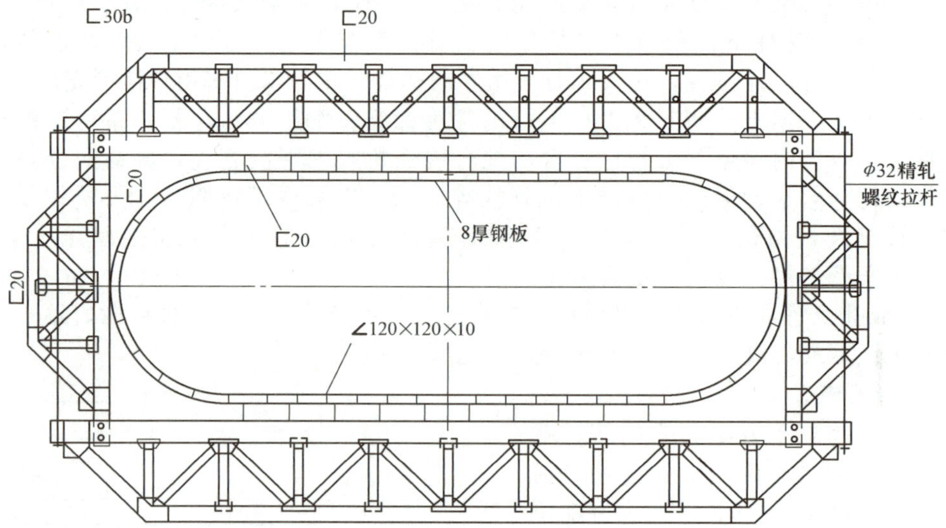

图 8-27 某墩身定型无拉杆整体式钢模板

支设模板、预埋支座垫（与骨架钢筋焊牢）或预留锚栓孔，以及扎筋、浇筑混凝土等。

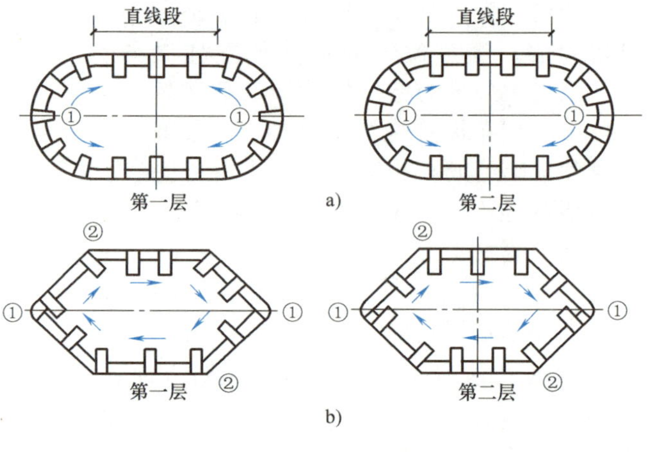

图 8-28 墩台的砌筑顺序与拉结错缝

a）圆端形桥墩 b）尖端形桥墩

8.2.3 桥梁上部结构施工

1. 梁式桥施工

（1）预制安装法 对装配式梁式桥的梁、板构件通常在施工现场的预制场或在桥梁厂内预制，采用陆运、浮运等方法运至现场进行安装。

梁的架设方式分为陆地架设、浮吊架设及利用架桥机或塔架与缆索的高空架设等。每一类架设方式中，按起重、吊装等机具的不同，又可分为各种独具特色的安装方法。一般梁、板构件架设安装的工序，均包括起吊、纵移、横移、落梁等。

1）陆地架设法。

① 自行杆式起重机架梁。在桥不高，现场又可设置行车便道的情况下，宜采用自行杆式起重机架设中、小跨径的桥梁（见图 8-29a）。并视吊装重量不同，可采取单机吊装或双机抬吊方法。

② 跨墩门式起重机架梁。在桥不太高、架桥孔数较多、沿桥墩两侧铺设轨道不困难的情况下，可以采用一台或两台跨墩门式起重机来架梁（见图 8-29b）。

③ 摆动排架架梁。用木排架或钢排架作为承力的摆动支点，由牵引卷扬机和制动卷扬机控制摆动速度。当预制梁被摆过后，再用千斤顶落梁就位（见图 8-29c）。此法适用于小跨径、少跨数的桥梁。

④ 移动支架架梁。对于高度不大的中、小跨径桥梁，当桥下地基良好能设置简易轨道时，可采用木或钢制的移动支架来架梁（见图 8-29d）。随着牵引索前拉，移动支架带梁沿轨道前

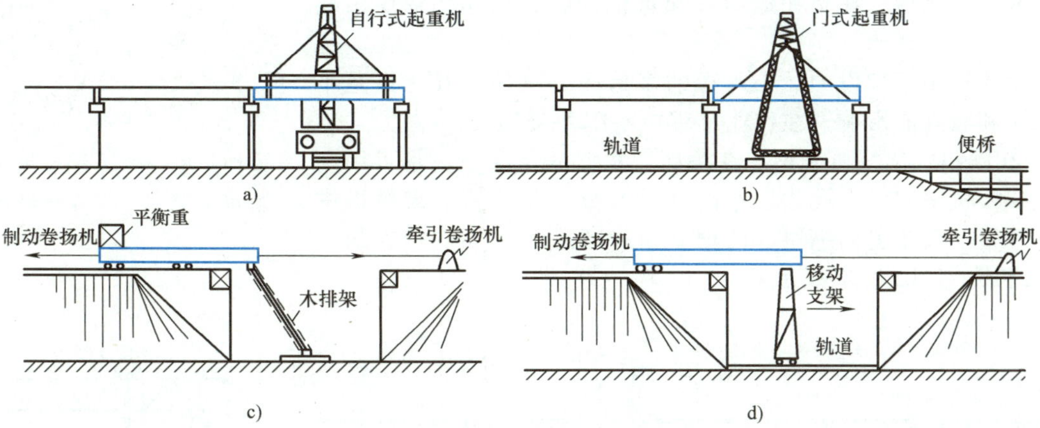

图 8-29　陆地架设法

a）自行杆式起重机架梁　b）跨墩门式起重机架梁　c）摆动排架架梁　d）移动支架架梁

进，到位后再用千斤顶落梁。

2）浮吊架设法。在海上或深水大河上修建桥梁时，常用浮吊架设法（见图 8-30）。该法吊装能力大，工效高，高空作业较少、施工较安全，但需要大型浮吊设备。

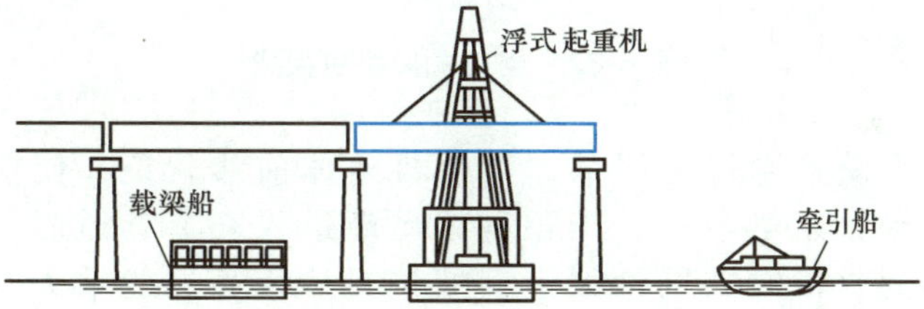

图 8-30　浮吊架设法

3）高空架设法。

① 联合架桥机架梁。联合架桥机由一根两跨长的钢导梁、两套龙门架和一个托架三部分组成，如图 8-31 所示。

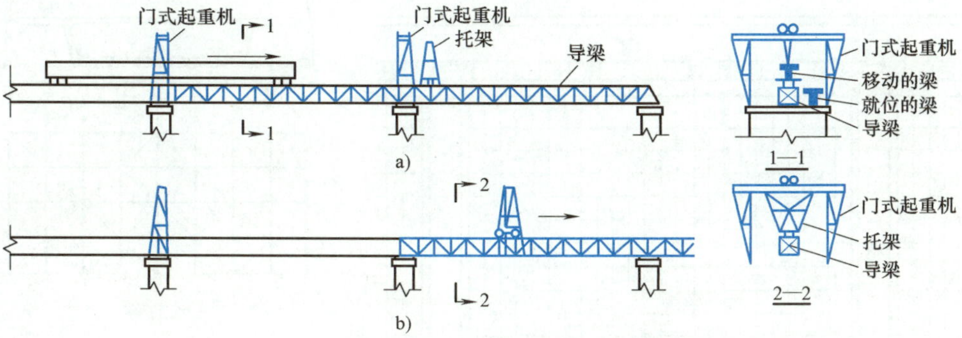

图 8-31　联合架桥机架梁

a）在导梁上运送预制梁　b）导梁前移后，托架顶起门式起重机前移

该法是采用钢导梁配合墩顶门式起重机、托架等完成预制梁的安装。在导梁上铺有钢轨，先将门式起重机由托架通过钢轨托运至墩顶就位并固定，再将预制梁通过导梁上的平车运到桥孔处，利用两台门式起重机吊起并横移就位。待中间梁运到吊起后，将导梁前伸腾出空间，

落梁就位。之后，托架托运门式起重机前移，用同样程序吊装下孔。

此法适用于架设中、小跨径的多跨简支梁桥，其优点是不受水深和墩高的影响，在作业过程中不阻塞交通。

② 闸门式架桥机架梁。在桥高、水深的情况下，也可用闸门式架桥机来架设多孔中、小跨径的装配式梁式桥。架桥机主要由两根分离布置的纵梁、两根起重横梁和可伸缩的钢支腿三部分组成，如图 8-32 所示。

闸门式架桥机架梁

60 体系盘扣架支设桥梁模架

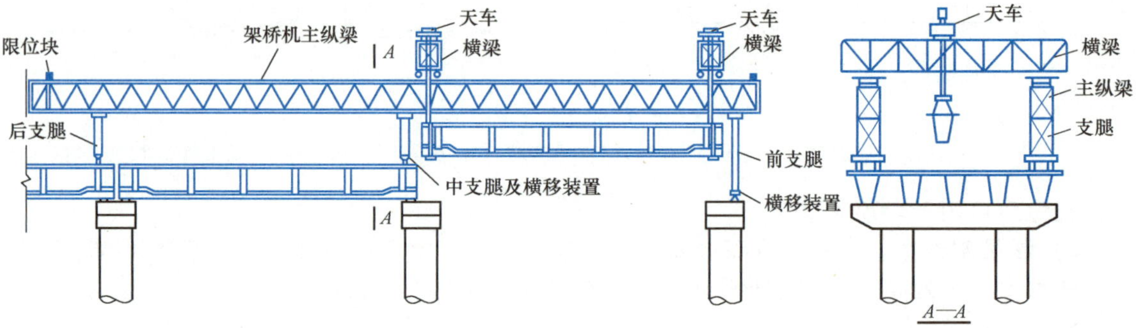

图 8-32 闸门式架桥机架梁

作业时，先将起重横梁均移至尾部，架桥机整体前移就位，使前支腿支承在架梁孔的前墩上。前方起重横梁运梁前进，当预制梁尾端进入安装巷道时，后方起重横梁接替运梁车将梁吊起，两起重横梁共同运梁至安装位置后，通过起重天车横移、落梁并安装就位。

（2）支架浇筑法 对钢筋混凝土现浇梁桥常采用支架浇筑法施工。这种方法是先搭支架，然后在支架上支模、扎筋和浇筑混凝土。由于工艺简单，所需设备较少，对施工技术力量要求较低，故应用较多。但此法要求桥高较低，桥下无水或水流较小，故不适用于大跨度桥和跨峡谷桥。当前应用较多的是城市立交桥和大桥引桥的施工，如图 8-33 所示。

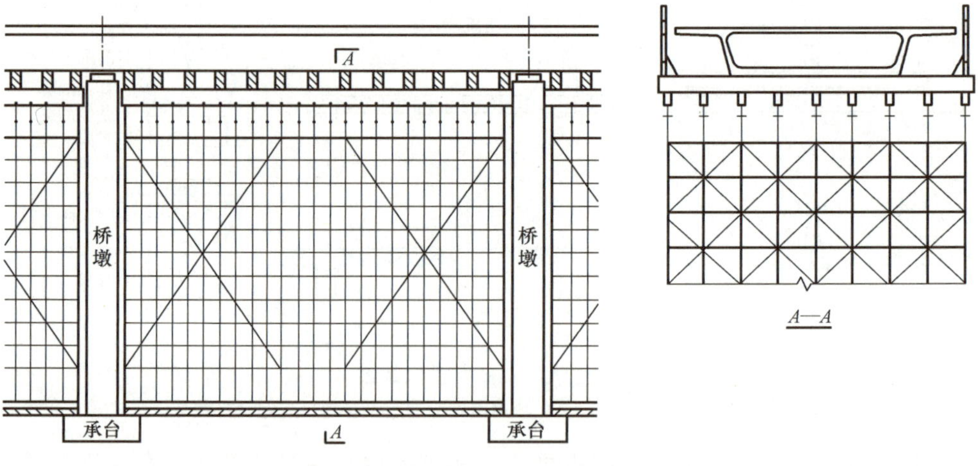

图 8-33 支架浇筑法施工

目前，在桥梁施工中采用较多的是钢管脚手架搭设简易支架或工具式支架系统。

（3）悬臂施工法　悬臂施工法是直接从墩台顶部逐段向跨径方向延伸施工桥梁的一种方法（见图8-34）。该法不需搭设支架，能减少施工设备，可在高空施工，不影响交通，可多孔结构同时施工以利于缩短工期。广泛用于建造预应力混凝土悬臂桥、连续梁桥、斜拉桥和拱桥等。

图8-34　悬臂浇筑法施工

悬臂现浇箱梁

对于梁体与墩柱成刚性固结的T形刚架桥，可在墩顶桥段完成后直接悬伸；对非固结者，则需将墩顶段通过垫块、支撑或拉结等方法进行临时固定。由于T形刚架桥施工时的受力状态与使用荷载下的受力状态基本一致，故既能减少施工中的额外消耗，又可简化工序，能充分发挥悬臂施工法的优越性。

1）悬臂浇筑法。悬臂浇筑法施工（见图8-34）利用悬吊式的活动脚手架（或称挂篮），在墩柱两侧对称平衡地浇筑梁段混凝土（每段长2~5m），每浇筑完一对梁段待达到规定强度后张拉预应力筋并锚固，然后向前移动吊篮，进行下一梁段的施工，直到悬臂端为止。

2）悬臂拼装法。悬臂拼装法施工（见图8-35）是在预制场将梁体分段预制，然后用船或平车运至架设地点，并用吊机向墩柱两侧对称均衡地拼装就位，张拉预应力筋。重复这些工序直至拼装完全部块件为止。

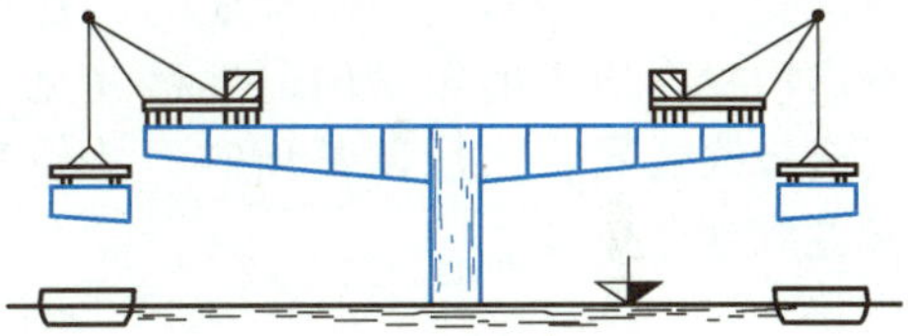

图8-35　悬臂拼装法

（4）移动式模架逐孔施工法　移动式模架逐孔施工法（见图8-36、图8-37），是近年来现浇预应力混凝土桥梁机械化施工方法。其设备的承载梁长度稍大于两跨（前段作导梁用），模板支承（或悬挂）在承载梁上，合模后在桥跨内进行现浇施工，待混凝土达到一定强度后解除钢筋吊杆并脱模，随后承载梁前移，整孔模架沿梁前移至下一浇筑桥孔。如此有节奏地逐孔推进直至全桥施工完毕。除上行式悬吊移动模架外，还有将模架系统安装在桥梁下墩身上的下行式。

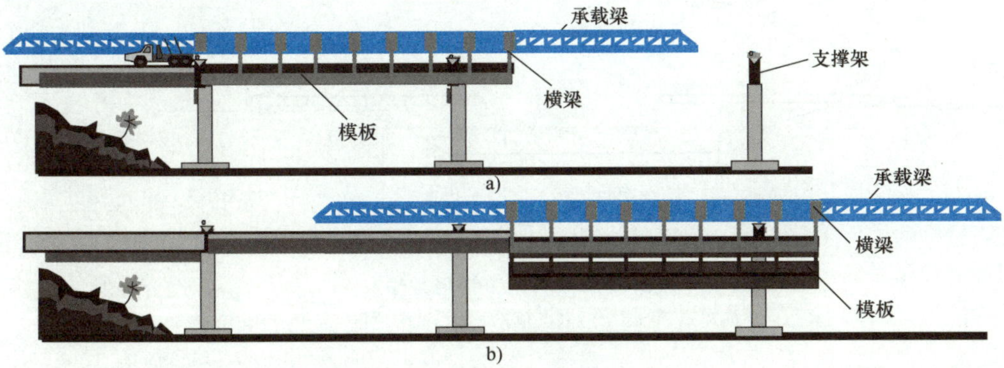

图8-36　上行式移动悬吊模架施工示意图

a）浇筑混凝土状态　b）模板降下，完成推进

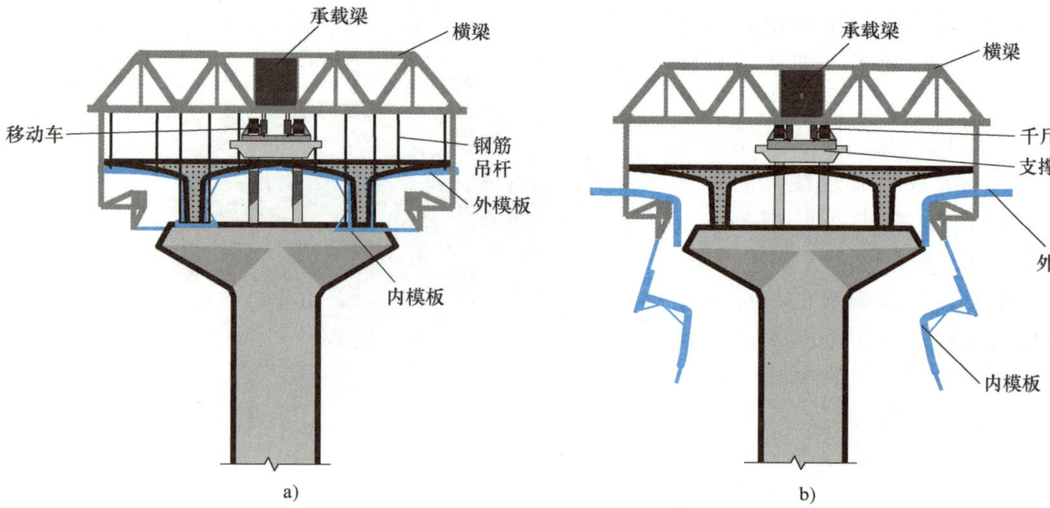

图 8-37 上行式移动悬吊模架施工剖面

a）浇筑混凝土状态 b）模板降下，模架处于推进位置

（5）顶推法施工 顶推法施工是先在岸边逐段浇筑箱梁，再借助千斤顶顶推到位。其基本工序为：在桥台后面的引道上或在刚性好的临时支架上设置制梁场，集中制作（现浇或预制装配）一般为等高度的箱形梁段（约 10～30m 一段），待有 2～3 段后，在上、下翼板内施加能承受施工中变号内力的预应力，然后用水平千斤顶等顶推设备将支承在四氟乙烯塑料板与不锈钢板滑道上的箱梁向前推移（见图 8-38），推出一段再接长一段，这样周期性地反复操作直至最终位置；之后调整预应力，使其满足后加恒载和活载内力的需要；最后，将滑道支承移置成永久支座。

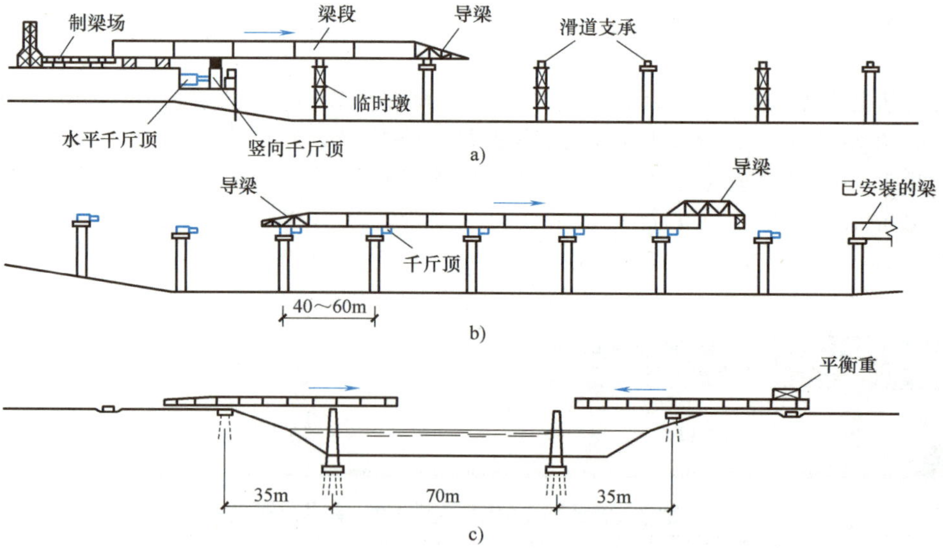

顶推法
造桥

图 8-38 连续梁顶推法施工常用方法

a）单向单点顶推 b）多点顶推 c）双向顶推

顶推法施工可分为单向顶推和双向顶推以及单点顶推和多点顶推等（见图 8-38）。单向单点顶推时，顶推设备只设在一岸桥台处，适宜建造跨度 40～60m 的多跨连续梁桥。多点顶推时，在墩顶上均可设置顶推（或牵拉）设备。双向顶推可不设临时支墩而修建中跨跨径更大

的连续梁桥。

2. 拱桥的施工

拱桥是一种能充分发挥材料抗压性能、外形美观、维修管理费用少的合理桥型，因此被广泛采用。拱桥的施工，从方法上可分为有支架施工和无支架施工两大类。前者常用于石拱桥和混凝土现浇、预制块拱桥；后者多用于肋拱、双曲拱、箱形拱、折架拱等大跨度拱桥，其主要方法包括支架法、缆索吊装法、转体法、悬臂法、劲性骨架法等。拱桥的几种施工方法如图 8-39 所示。

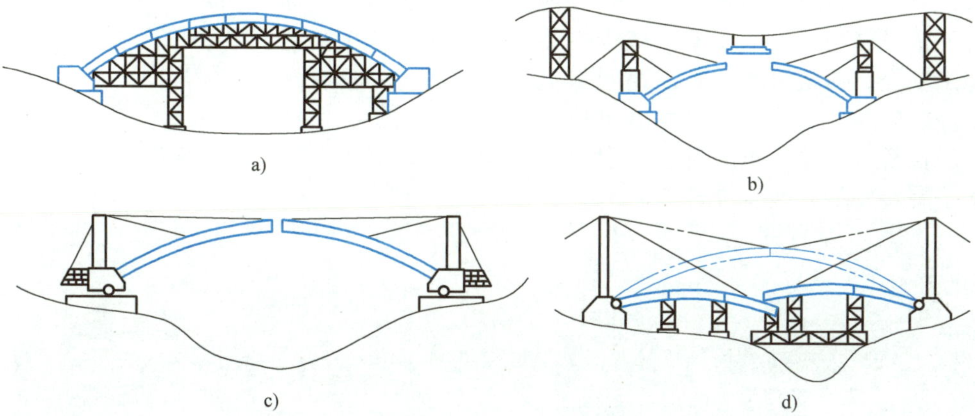

图 8-39　拱桥的几种施工方法

a）支架法　b）缆索吊装法　c）水平转体法　d）竖向转体法

（1）支架法施工　石拱桥、现浇混凝土拱桥以及混凝土预制块砌筑的拱桥，都采用支架法的施工方法修建，其主要施工工序有材料的准备，拱圈放样（石拱桥拱石的放样），拱架制作与安装，拱圈及拱上部位的砌筑或浇筑等。

1）拱架。拱架的种类很多，按使用材料可分为木、钢、竹拱架等。结构形式上分为立柱式、撑架式、桁架式拱架等。拱架的计算同其他结构物。在拱顶处的预拱度，可据各种因素的下沉量计算确定。拱桥施工后，应严格控制卸架程序：对于满布式拱架的中小跨径拱桥，可从拱顶开始，逐次向拱脚对称卸落；对于大跨径的悬链线拱圈，为了避免其“M”形变形，可从两边 1/4 跨度处对称向拱脚和拱顶均衡卸落。

2）拱圈及拱上建筑的施工。修建拱圈时，为保证施工过程中拱架受力均匀、变形小、质量符合设计要求，必须选择适当的砌筑方法和顺序。跨径在 10～15m 以下的拱圈，可按拱的全宽和全厚，由两侧拱脚同时对称地向拱顶砌筑，并使在拱顶合龙时，拱脚处的混凝土应未初凝或石拱桥拱石砌缝中的砂浆尚未凝结。跨径稍大时，宜在拱脚预留空缝，由拱脚向拱顶按全宽、全厚进行砌筑（浇筑）；为了防止拱架的拱顶部分上翘，可在拱顶区段适当预先压重，待拱圈砌缝的砂浆达到设计强度 70%（或混凝土达到设计强度）后，再将拱脚预留空缝用砂浆（或混凝土）填塞。大、中跨径的拱桥，一般采用分段施工或分环（分层）与分段相结合的施工方法。

拱上建筑的施工，应在拱圈合拢不少于 3d，混凝土或砂浆达到设计强度 30%后进行。施工时应避免使主拱圈产生过大的不均匀变形。

（2）缆索吊装施工　在峡谷或水深流急的河段或在通航河流、通车线路上修建拱桥，宜考虑采用无支架的施工方法。缆索吊装就是一种较好的方法。该法具有跨越能力大，水平和垂直运输机动灵活，适应性广，施工较方便等优点，在修建拱桥时较多采用。

缆索吊装系统主要包括塔架、主索、地锚、天线滑车以及起重索、牵引索、起重及牵引绞车、风缆和扣索系统等。在预制场制作拱肋（箱），移运至桥位附近拼装后进行吊装。吊装从两拱脚段开始向中间对称进行，直至最后跨中合龙。每个安装段就位后应做好临时固定，主拱圈拼装、合龙后，进行拱上建筑及桥面结构的施工。拱肋预制有立式密排预制和卧式叠制两种，跨径在30m以内者可不分段或分两段，30~80m可分为3段，大于80m者一般分为5段，以便于移运和吊装。

（3）转体法施工 转体法是在桥址岸边或所需跨越的路旁设置支架，制作桥体，然后通过在基础上设置的球铰和滑道，利用水平对称设置的液压牵引器拖动桥墩连带上部桥梁一同转动，达到设计位置合龙成桥。转体法施工可不搭设费用昂贵的支架，减少安装架设工序，减少高空作业，施工安全，质量可靠，施工期间基本不中断通行，具有良好的技术经济效益。该法近年来发展迅速，不仅用于拱桥，还在梁式桥、斜拉桥（见图8-40）中大量使用，从单跨桥发展到多跨桥，从水平旋转发展到竖直旋转。

转体法施工演示

拱桥水平转体施工演示

图8-40 长238m、重2.48万t的菏泽丹阳路斜拉立交桥单球铰转体82°

（4）劲性骨架法施工 这种方法是用劲性钢材（例如，钢管或角钢、槽钢等型钢）作为拱圈的受力钢材，在施工过程中，先把这些钢骨架拼装成拱，作施工钢拱架使用，然后再浇筑混凝土，形成钢管混凝土拱或钢-钢筋混凝土拱。该方法可以减少施工设备的用钢量，整体性好，拱轴线易于控制，施工进度快等，但结构用钢量大。

8.3 隧道工程

常见的隧道工程包括铁路、道路及地铁、水底隧道等的施工建设。依据地层性质，隧道工程施工可分为在岩层或土层中施工两类。隧道的施工过程主要为掘进、衬砌和安装作业。本节主要介绍岩层隧道的施工。

8.3.1 隧道开挖方法

隧道的开挖方法主要有钻爆法、新奥法、掘进机法、盾构法、沉管法和明挖法。其中，钻爆法是岩层隧道最常用、最基本的挖掘方法。新奥法是在保证隧道稳定、安全情况下的一种经济施工方法，可用于岩层隧道，也可用于土层中的隧道。掘进机法及盾构法则是集安全防护、开挖、出渣、支护于一体的机械化隧道施工方法；其中，掘进机法用于在岩层中的隧道开挖，而盾构法则主要用于土层隧道。沉管法是通过预制、沉入构筑水下隧道。明挖法是在地面条件允许，埋深较浅的情况下，开挖明沟后施作隧道结构的方法。施工时应适当选择。

1. 钻爆法

钻爆法也称矿山法，是在隧道岩面上钻孔、爆破、出渣，使隧道成型的方法，该法能在较短的开挖地段施工，较为经济。钻爆法适用于各种岩层地质、地下水条件及各种断面形式，是目前修建山岭隧道的最通行的挖掘方法。

（1）施工工艺与要点

1）钻孔。要先设计炮孔方案，然后按设计的炮孔位置、方向和深度严格钻孔。单线隧道全断面开挖时，采用钻孔台车配备中型凿岩机，钻孔深度约为2.5~4.0m。双线隧道全断面开挖则可采用大型凿岩台车配备重型凿岩机，钻孔深度可达5.0m。炮孔直径约为40~50mm。炮孔分为掏槽孔（开辟临空面）、掘进孔（保证进尺）和周边孔（控制轮廓）。

2）装药。在掘进孔、掏槽孔和周边孔内装填炸药。一般装填硝胺炸药，有时也用胶质炸药。装填炸药率约为炮眼长度的60%~80%，周边孔的装药量要少些。

3）爆破。常采用电力或导爆索、导爆管通过雷管引爆。在全断面掘进中，为了减低爆破对围岩的震动和破坏，并保证爆破的效果，多采用分时间阶段爆破的电雷管或毫秒微差雷管起爆。一般拱部采用光面爆破，边墙采用预裂爆破。

4）出渣。在开挖作业中，装渣机可采用多种类型，例如，后翻式、装载式、扒斗式、蟹爪式和大铲斗装载机等。运输机车有内燃牵引车、电瓶车等，运输车辆有大斗车、槽式列车、梭式矿车及大型自卸汽车等。运输线分有轨和无轨两种。

由钻孔直到出渣完毕称为一个开挖循环，其中最主要的工序为钻孔及出渣。一般在单线全断面开挖中24h能作两个循环，每个循环能进3.5m深度。

（2）掘进方式 钻爆法开挖常用的掘进方式有全断面开挖和分部开挖，见表8-6。

1）全断面开挖。该法是整个开挖断面一次钻孔爆破、开挖成型、全面推进（见图8-41）。在隧洞高度较大时，也可分为上下两部分，形成台阶，同步爆破，并行掘进。施工时，一般采用带有凿岩机的台车钻孔，用毫秒爆破，锚喷支护。

全断面开挖的特点是作业空间大，相互干扰小，机械效率高，对围岩扰动小，工序少，便于施工组织和改善工作条件。在地质条件许可、有大型装渣运输机械和通风设备时，宜优先采用。

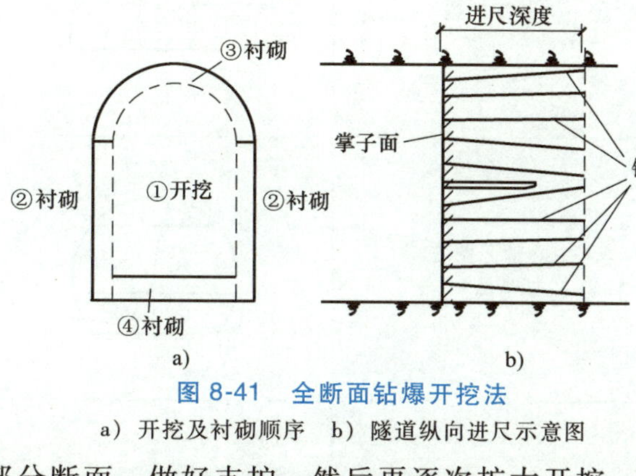

图8-41 全断面钻爆开挖法

a）开挖及衬砌顺序 b）隧道纵向进尺示意图

2）分部开挖。它是在开挖围岩稳定性较差的大断面隧道时，先开挖一部分断面，做好支护，然后再逐次扩大开挖。分部开挖法又包括台阶开挖法（见图8-42）、预留核心土环形开挖法、双侧壁导坑开挖法、中洞开挖法、中隔壁开挖法、交叉中隔壁开挖法等，见表8-6。

表8-6 钻爆法开挖常用的掘进方式及挖掘顺序

序号	名　称	横断面示意图	纵断面示意图
1	全断面开挖法		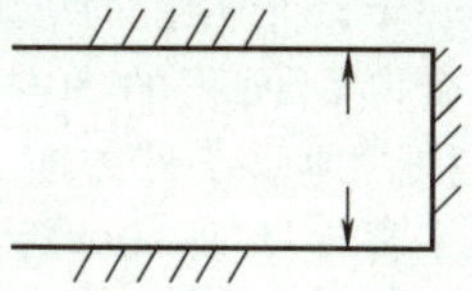

（续）

序号	名　　称	横断面示意图	纵断面示意图
2	台阶开挖法	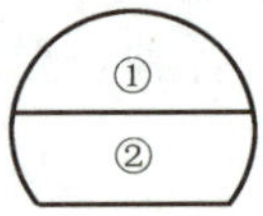	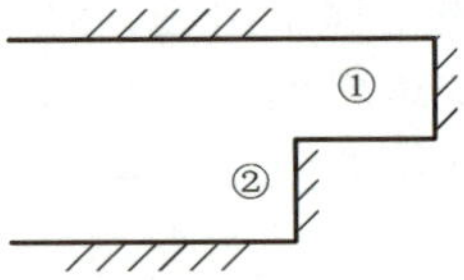
3	预留核心土环形开挖法	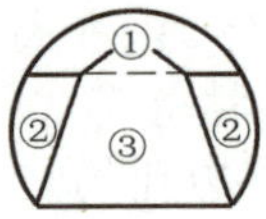	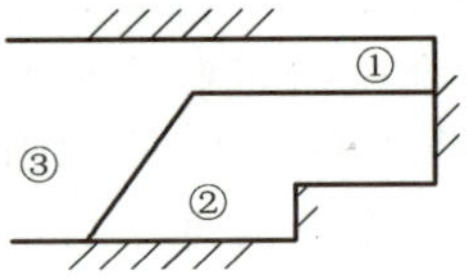
4	双侧壁导坑开挖法	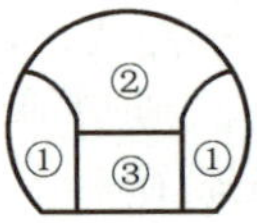	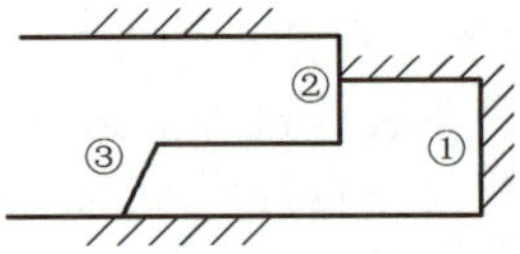
5	中洞开挖法	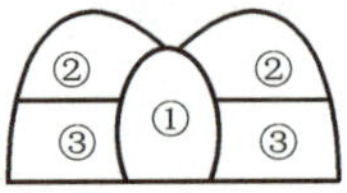	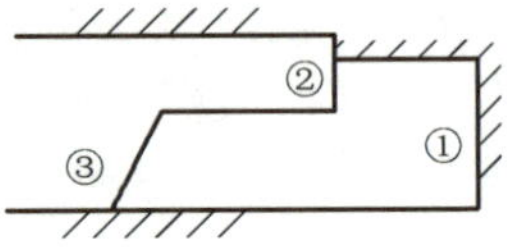
6	中隔壁开挖法 （CD法）	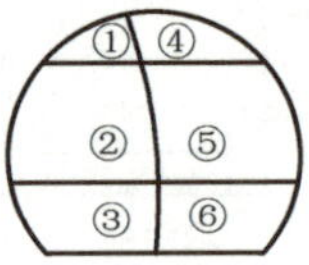	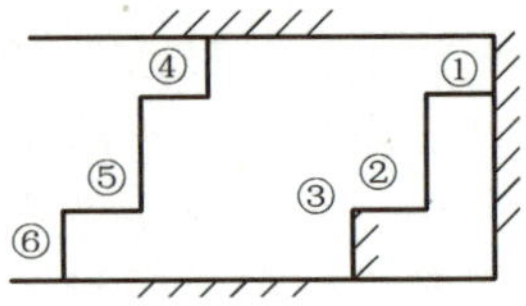
7	交叉中隔壁开挖法 （CRD法）	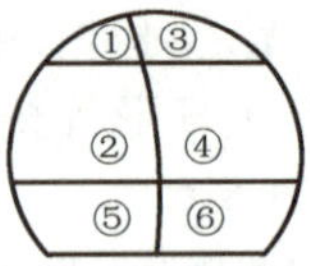	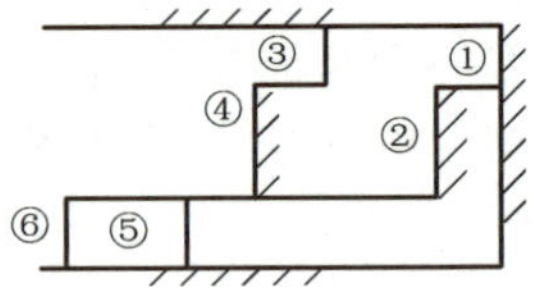

预留核心土环形开挖时，环形开挖进尺宜为0.5~1.0m，核心土面积应不小于整个断面面积的50%；开挖后应及时安装钢架支撑、打锁脚锚杆、锚喷支护。地质条件差时，开挖前应进行超前支护。下台阶应在上台阶喷射混凝土强度达到70%后再挖，核心土应待支护完成且达到70%强度

两台阶隧道开挖法

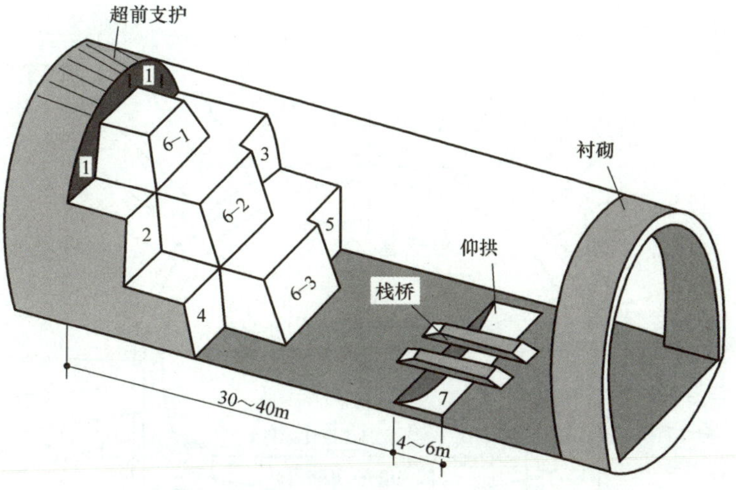

图 8-42　某隧道的三台七步开挖法

后再挖。

双侧壁导坑开挖法是先挖一侧导坑、喷射混凝土，待其强度达到设计要求后再挖另一侧导坑，应保证两侧导坑开挖工作面的纵距不小于 15m。地质条件差时，每个台阶底部均应设临时钢架或临时仰拱。侧壁导坑开挖后方可进行下一步开挖。当开挖形成全断面时应及时完成全断面初期支护闭合。中隔壁及临时支撑应在浇筑二次衬砌时逐段拆除。

中隔壁开挖法（CD 法）是在软弱围岩大跨度隧道中，先开挖隧道的一侧，并施作中隔壁，然后再开挖另一侧的施工方法。该法主要应用于双线隧道、Ⅳ类围岩或深埋硬质岩地段。交叉中隔壁开挖法（CRD 法）则是在中隔壁开挖法的基础上，再用仰拱把断面上下分割进行开挖的方法。两种方法中，均应在全断面闭合、各断面的位移充分稳定后，才能拆除中壁。

（3）钻爆法施工要点　根据围岩的软弱状况和隧道断面，选择合理的开挖方法，以少扰动为宗旨，把开挖对围岩的损伤程度控制在最小，最大限度地发挥围岩的自支护能力，确保隧道施工和隧道主体的安全。根据开挖方法，确定每开挖循环进尺，选择合理的周边眼、辅助眼、掏槽眼、底板眼等的布设方法、间距、角度、深度、装药量、爆破顺序。在开挖过程中，根据爆破效果和围岩的监测数据，不断修正爆破参数。

2. 新奥法

新奥法主要是利用锚杆和喷射混凝土作为支护结构，并使围岩和与其紧贴的支护结构形成的洞周支撑环共同承受压力，来保持围岩稳定的施工方法。它推翻了“把围岩看成是一种荷载，用厚壁混凝土支护松动围岩”的传统方法，最大限度地利用了围岩本身的承载力，成为在软弱破碎围岩地段修筑隧道的一种基本方法。新奥法施工的隧道剖面构造如图 8-43 所示。

新奥法的施工程序为：开挖→初期支护→二次支护。开挖与初期支护作业同时交叉进行，初期支护应尽早进行以保护围岩的自身支撑能力。新奥法施工的核心是锚喷支护、光面开挖和加强监测。主要方法与要求如下：

（1）开挖　开挖作业的内容依次为：钻孔、装药、爆破、通风、出渣等。开挖应采用光面爆破或机械开挖，并尽量采用全断面开挖方式，减少对围岩的振动，以保证其整体性和稳定性。同时注意隧道表面尽可能平滑，避免局部应力集中。地质条件较差时可以采用分块多次开挖。一次开挖长度应根据岩质条件和开挖方式确定。一般在中硬岩中长度约为 2~2.5m，在膨胀性地层中约为 0.8~1.0m。

（2）初期支护　初期支护作业内容包括：喷射混凝土、打锚杆、联网、复喷混凝土。

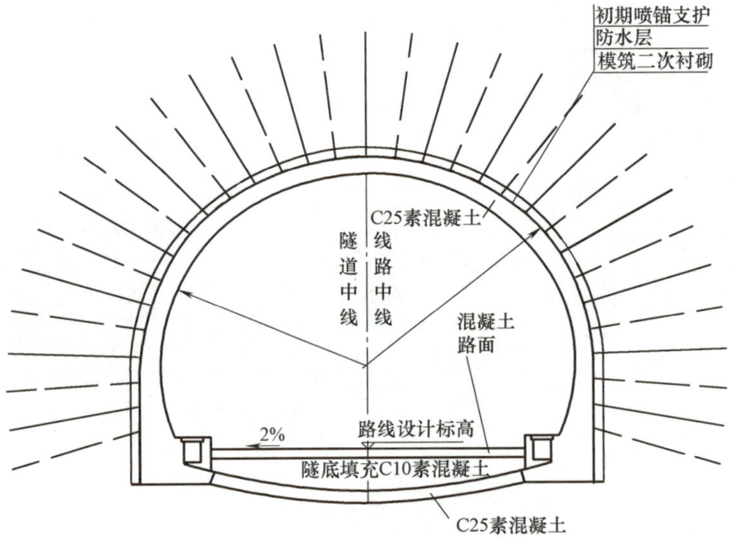

隧道初期支护-初喷

图 8-43 某新奥法施工的隧道剖面

隧洞开挖一个作业长度后，应尽快薄喷一层混凝土（30～50mm 厚）。对较松散的围岩，为争取时间，应喷完混凝土后再出渣。锚杆应按设计要求布置、打设，铺设金属网应与锚杆连接固定。复喷混凝土应达到设计厚度（一般 100～150mm），并将锚杆、金属网等均覆裹在喷射混凝土内。

对地质条件非常差的破碎带或膨胀性地层（例如，风化花岗岩等），为了延长围岩的自稳期，给初期支护争取时间，需要在开挖工作面的前方围岩进行超前支护（预支护），然后再开挖。

安装锚杆时，需在围岩和支护中埋设仪器或测点，对围岩位移和应力进行现场监测，以掌握围岩的动态及支护与围岩的适应程度。

（3）二次支护　在围岩变形趋于稳定时（由监测结果得到），进行第二次支护和封底，即永久性的支护（衬砌）。常用方法为补喷混凝土或浇筑混凝土内拱，并尽快封底（或做仰拱），形成封闭式的支护体系，以确保侧墙及顶部的支护和围岩稳定。

新奥法施工简单、经济、安全，适用于具有较长自稳时间的多种岩体，甚至黏土层。但在地下水丰富的地层中，需先解决地下水的问题方可施工。

3. 掘进机法

掘进机法是在整个隧道断面上，用连续掘进的联动机械施工的方法。隧道掘进机是将机械切割地层、破碎岩石、出渣，甚至与支护结合，实行连续作业的综合设备。

按掘进机在工作面上的切削过程，分为全断面掘进机和部分断面（悬臂式）掘进机；全断面掘进机又分为开敞式（用于硬岩）和护盾式（用于软岩）。按破碎岩石原理不同，又可分为滚压式（盘形滚刀）掘进机和铣切式掘进机。铣切式掘进机适用于煤层及软岩中。

大型工程多采用滚压式全断面掘进机，适于开挖中硬岩至硬岩。掘进机的前端是一个金属圆盘，圆盘上装有数十把特制刀具。在推进油缸的轴向压力作用下，电动机驱动滚刀盘旋转，将岩石切压破碎，圆盘周边装有若干勺斗，随转动将切割的碎石倒在运输带上，自后部运出。机身中部有数对可伸缩的支撑机构，当刀具切割地层时，它先外伸撑紧在周围岩壁上，以平衡强大的扭矩和推力。图 8-44 所示为某隧道开挖使用的开敞式掘进机。

图 8-44　某隧道开挖使用的开敞式掘进机

掘进开挖时，硬岩不需支护，软岩支护可喷射、浇灌混凝土或安装预制块。

掘进机法的优点是掘进效率高，对围岩扰动少，断面准确，所需操作人员少，作业安全，在岩性均匀、隧道超过一定长度时使用，经济合理。但掘进机结构复杂，造价较高。有的掘进机对多变的地质条件适应性较差。

8.3.2　隧道支护与衬砌

1. 隧道支护

隧道支护是为满足隧道在开挖、建造和使用过程中对稳定、安全等方面的要求，而采取的加固措施。其中，紧跟开挖、为维护围岩稳定所进行的支护称为初期支护。为了保证在运营期间的安全、耐久、减少阻力和美观，一般采用混凝土或钢筋混凝土进行内层衬砌，称为二次支护。此外，若围岩完全不能自稳，随挖随坍甚至不挖即坍，则须支护后再开挖，称为超前支护；必要时，开挖前还须注浆加固围岩和截、降水，称为地层改良。

锚喷支护、钢架喷射混凝土支护是隧道工程中最基本的初期支护形式。对于Ⅰ～Ⅲ类围岩常采用喷混凝土或锚喷支护，其混凝土厚度均应不少于 50mm，底部铺设仰拱预制块。对于软弱围岩，则采用安装钢架支撑、安装仰拱块，同时加密锚杆支护，全断面喷不少于 100mm 厚的混凝土。

（1）锚喷支护　锚喷支护是由喷射混凝土、锚杆、钢筋网等支护部件进行适当组合的支护形式。它可使得围岩能够及时有效得以支撑加固，并能填充封闭裂隙、凹陷，隔绝水和空气对围岩的风化剥落、潮解和膨胀，保护原有岩体，并大大提高了围岩的强度，防止其松动破坏。通过锚杆伸入围岩并对其产生约束作用，使锚杆和岩体形成一个协同作用的整体，承载能力和稳定能力显著增强。

1）锚喷支护的设计。锚喷支护的设计一般按工程类比、理论计算和现场监控量测三步进行。其程序是：用工程类比法先进行初步设计；再根据工程实际情况，选择适当的理论计算方法，分析洞室稳定性，验算初步设计的支护参数；然后在施工中对“围岩—支护”结构体系的力学动态进行必要而有效的现场监控量测，以提供数据信息和围岩地质详细情况，据此对调整设计和施工提出明确要求。

隧道初期支护-锚杆

隧道初期支护-钢筋网与拱架

2）锚杆的施工。锚杆种类繁多，应据地质条件及功能要求等适当选用。按锚固的围岩种类分为岩层锚杆和土层锚杆（见第1章），岩层锚杆按锚固方式可分为机械锚固型和黏结锚固型两类。

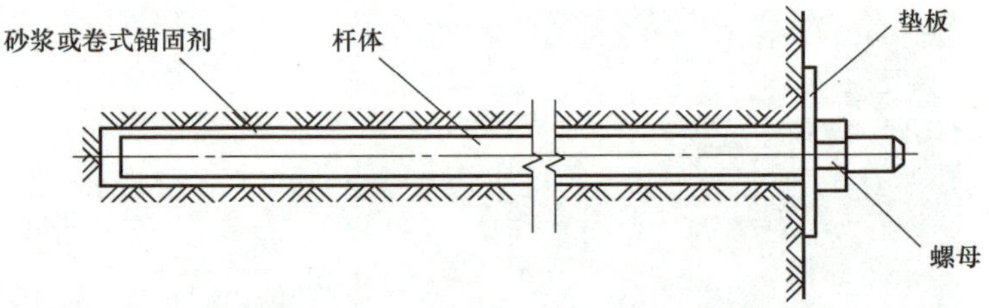

图 8-45 黏结锚固型锚杆的构造

锚喷支护通常用树脂或水泥浆、水泥砂浆等沿杆体全长与围岩锚固的黏结锚固型锚杆（见图 8-45），其长度和间距视围岩性质而定，一般为2~5m。

① 注浆锚杆施工。注浆锚杆是在打孔、插入钢锚杆（见图 8-46）后注入普通水泥砂浆或早强水泥砂浆的锚杆。其施工要点如下：

a. 锚杆施工应在初喷混凝土后进行。施工前清理危石，测量放线并画出锚杆孔位。

b. 钻孔可采用风动凿岩机等设备，钻孔应按设计图所示位置、孔径、长度和方向进行，并应特别注意不破坏周边岩层，钻孔深度大于锚杆长度100mm，直径应保证锚杆外侧的水泥砂浆保护层厚度不少于8mm。

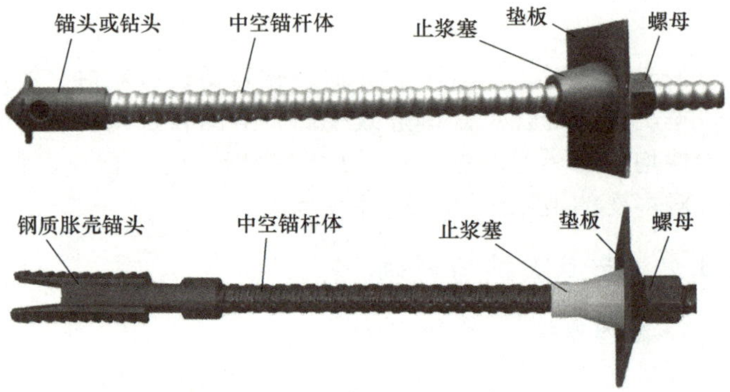

图 8-46 普通中空注浆锚杆

c. 用高压风清孔后将钢锚杆插入孔内，做好居中固定。宜选用水胶比为0.5~0.55的纯水泥浆或灰砂比为1∶0.5~1∶1的砂浆，对仰、斜孔采用先插杆后注浆的方法时，务必在孔口设置止浆器及排气管，待排气管或中空锚杆空腔出浆时方可停止注浆；自钻式锚杆宜采用边钻边注水泥浆工艺，直至钻至设计深度。

d. 锚杆安装后，在注浆体强度达到70%设计强度前，不得敲击、碰撞或牵拉，与钢筋网连接的锚杆，孔口处必须固定牢固。锚杆孔内砂浆达到设计强度80%以上时，方可进行垫板安装的外部操作。

② 早强药包锚杆。早强药包锚杆是以快硬水泥卷或早强砂浆卷或树脂卷作为内锚固剂的内锚头锚杆，其施工要点如下：

a. 钻孔深度应使锚杆有足够的外露长度，以便与挂网或与钢架焊接。清除孔内残留物，防止药包送入受阻。

b. 对快硬水泥药包（卷），应将药包两头扎孔，放进清水中浸泡1min，然后将其送入孔中并到底；其他药包直接放入。药包（卷）直径和孔径要协调，以保证锚杆插入后砂浆饱满无空隙。用风钻将锚杆边旋转边插入塞有药包（卷）的孔中就位。

3）喷射混凝土。喷射混凝土是用喷射机，将掺有速凝剂的细石混凝土喷射到岩壁表面，迅速固结而形成一层支护结构。要求混凝土的抗压强度，1d龄期时应不低于5.0MPa，28d龄期应不低于20MPa。与岩石的最小黏结强度不得小于0.8MPa。喷射混凝土的厚度不应少于50mm，若在含水岩层应不少于80mm。

喷射混凝土工艺分为干喷和湿喷。为减少粉尘污染，宜采用干喷法，即将掺有速凝剂的干拌混凝土，用压缩空气经管道输送至喷嘴，与压力水混合后喷射到岩石面上，一次可喷

30~50mm厚。作业前，应埋设厚度控制钉、喷射线作为标志，以控制喷射厚度。喷射作业应分段分片进行，其顺序应由上而下。

喷射前，用压风清除岩面的松石、浮渣和尘埃，用压力水湿润受喷岩面。在大面积喷射作业前，应先对岩面上的空洞、凹穴和较宽的张开裂隙喷射混凝土充填；喷射时，喷嘴指向与受喷面应保持90°夹角；喷嘴与受喷面的距离宜不大于1.5m；每层厚度，边墙70~100mm（掺速凝剂者），拱部50~60mm。前层终凝后再喷后层。下一循环的放炮应在混凝土终凝3h后进行。喷水养护应在喷射混凝土完成后立即进行，时间不少于5d。

在混凝土中掺入一些钢纤维或在岩面挂钢丝网，可提高锚喷支护的强度。钢筋网宜采用HPB300或HRB400钢筋，直径6~12mm，钢筋间距150~300mm。钢筋网与壁面间隙宜为30mm，钢筋保护层厚度不应小于20mm。钢筋网喷射混凝土厚度不小于80mm，也不宜大于250mm。喷射时应减少喷嘴与受喷面的距离，以避免钢筋背面产生空隙。

（2）钢架喷射混凝土支护　对围岩自稳时间很短，或Ⅳ类、Ⅴ类围岩中的大断面隧道及高挤压、大流变岩体中的隧道工程，以及土质隧道工程，宜采用钢架喷射混凝土支护。

刚性钢架可用型钢拱架或由钢筋焊接成的格栅拱架；可缩性钢架宜选用U型钢制作，其喷射混凝土层应在可缩性节点处设置伸缩缝；钢架间距一般不大于1.2m，并设置纵向钢拉杆牢靠连接。钢架的立柱，埋入地坪下的深度不应小于250mm，不得置于浮渣上；钢架与壁面之间必须楔紧，缝隙用喷射混凝土充填密实。

隧道初期支护-小导管与复喷

隧道二次衬砌

钢架安装前应检查其制作质量是否符合设计要求，安装位置应准确，横向和垂直向偏差均不大于50mm，垂直度偏差不大于2°。喷射混凝土时，应先喷钢架与壁面之间的混凝土，再喷射钢架之间的混凝土；除可缩性钢架的可缩节点部位外，钢架应被完全覆盖，保护层厚度不应小于40mm。

2. 隧道衬砌

为了保证隧道工程的长期使用、安全，要对开挖好的隧道进行衬砌，其形式有整体式、复合式和锚喷衬砌。整体式衬砌主要用于钻爆法施工的隧洞。锚喷衬砌是只用锚喷手段对围岩支护增加一定的安全储备量，主要适用于Ⅳ类及以上围岩条件。复合式衬砌由初期支护和二次衬砌组成，常采用模筑衬砌法。

明探顺作法地铁车站施工方法演示

模筑衬砌是采用现浇混凝土进行内层衬砌的方法。施工时，以纵向每9~12m为一段，每段内采用由下而上、先墙后拱的顺序连续浇筑混凝土。其方法与要求如下：

（1）模板选型　模筑衬砌应选用便于装卸和就位的模板，常用类型如下：

1）整体移动式模板台车。它是将大块曲面模板、机械式脱模、附着式振捣设备集装成整体，可在轨道上行走的设备（见图8-47）。它具有刚度大、墙拱连续浇筑、施工速度快的特点，但一次性投资较大。它适用于全断面一次开挖成形或大断面开挖成形的隧道衬砌。

图8-47　整体移动式模板台车

模板台车的长度即一次模筑段长度，应据混凝土生产能力和浇筑技术要求以及隧道的曲线半径等条件来确定。

2）穿越式分体移动模板台车。这种设备的走行机构与整体模板可以分离，因此可用一套行走机构与几套模板配合，以提高行走机构的利用率。施工时可以多段衬砌同时进行，提高衬砌速度。

3）拼装式拱架模板。该种模板是采用型钢制作或现场用钢筋加工成桁架式拱架、配合定型组合钢模板，拼装组合成的衬砌模板。为便于安装和运输，整榀拱常分为2~4节，现场进行组装。为减少安、拆工作量，可将几榀拱架连成整体并安设简易轨道，构成简易移动式拱架。

（2）衬砌施工

1）施工前准备。根据隧道中线和水平测量，检查开挖断面是否符合设计要求，欠挖部分进行修凿。观察隧道稳定状态，注意支护的变形、开裂、侵入净空等现象，并做好记录。模板安装前，根据隧道中线、标高及断面尺寸，测量确定衬砌立模位置。做好钢筋的安装固定及检查验收。

2）模板就位。采用整体移动式模板台车时，先确定轨道的位置。为了保证衬砌不侵入建筑限界，须预留误差量和沉落量并且要注意曲线加宽。先在洞外组装并调试好各机构的工作状态，检查好各部尺寸，保证进洞后能正常使用。每次脱模后应予检修。

使用拼装式拱架模板时，立模前应在洞外进行试拼，检查其尺寸、形状，不符合要求的应予修整。要备齐配件，模板表面要涂刷防锈剂。应按计算的施工尺寸做好模板放样，安装和就位后，应进行位置、尺寸、方向、标高、坡度、稳定性等各项检查。

3）浇筑混凝土。由于洞内狭小，混凝土多在洞外拌制，用运输工具运送到工作面灌筑，要协调设备、控制时间，保证浇筑的连续。混凝土运送宜用搅拌运输车或泵送方式，应确保运至浇筑地点时不离析、坍落度满足要求。浇筑时应使混凝土充满所有角落并进行充分捣固。

8.3.3 塌方事故的处理

隧洞开挖时，导致塌方的原因很多，概括起来可归结为：一是自然因素，即地质状态、受力状态、地下水变化等；二是人为因素，即不适当的设计，或不适当的施工作业方法等。由于塌方往往会给施工带来很大的困难和经济损失。因此，需尽量排除可能导致塌方的各种因素，尽可能避免塌方的发生。若发生塌方应采取适当的处理方法与措施。

1）隧道发生塌方，应及时迅速处理。处理时必须详细观测塌方范围、形状、塌穴的地质构造，查明塌方发生的原因和地下水活动情况。经认真分析，制订处理方案。

2）处理塌方应先加固未坍塌地段，防止继续发展，并按下列方法进行处理：

① 小塌方，纵向延伸不长、塌穴不高，首先加固塌体两端洞身，并抓紧喷射混凝土或采用锚喷联合支护封闭塌穴顶部和侧部，再进行清渣。在确保安全的前提下，也可在塌渣上架设临时支架，稳定顶部，然后清渣。临时支架须等灌注衬砌混凝土达到设计强度要求后方可拆除。

② 大塌方，塌穴高，塌渣数量大，塌渣体完全堵住洞身时，宜采取先护后挖的方法。在查清塌穴规模大小和穴顶位置后，可采用管棚法和注浆固结法稳固围岩体和渣体，待其基本稳定后，按先上部后下部的顺序清除渣体，采取短进尺、弱爆破、早封闭的原则挖塌体，并尽快完成衬砌。

③ 塌方冒顶，在清渣前应支护陷穴口，地层极差时，在陷穴口附近地面打设地表锚杆，洞内可采用管棚支护和钢架支撑。

④ 洞口塌方，一般易塌至地表，可采取暗洞明作的办法。

3）处理塌方的同时，应加强防排水工作。塌方往往与地下水活动有关，治塌应先治水。防止地表水渗入塌体或地下，引截地下水防止渗入塌方地段，以免塌方扩大。具体措施如下：

① 地表沉陷和裂缝，用不透水土壤夯填紧密，开挖截水沟，防止地表水渗入塌体。

② 塌方通顶时，应在陷穴口地表四周挖沟排水，并设雨篷遮盖穴顶。陷穴口回填应高出地面并用黏土或圬工封口，做好排水。

③ 塌体内有地下水活动时，应用管槽引至排水沟排出，防止塌方扩大。

4）塌方地段的衬砌，应视塌穴大小和地质情况予以加强。衬砌背后与塌穴洞孔之间必须紧密支撑。当塌穴较小时，可用浆砌片石或干砌片石将塌穴填满；当塌穴较大时，可先用浆砌片石回填一定厚度，其以上空间应采用钢支撑等顶稳围岩。

5）采用新奥法施工的隧道或有条件的隧道，塌方后要加设量测点，增加量测频率，根据量测信息及时研究对策。浅埋隧道，要进行地表下沉测量。

8.4 地下工程

地下工程包括地铁隧道，地铁车站、地下房屋建筑，以及构筑物等的建设工程。地下工程施工与地上结构施工的主要区别在于开挖方法。常用施工方法包括明挖法、盖挖法、浅埋暗挖法、盾构法、沉井法等。此外，还涉及众多辅助工法，包括注浆技术、锚喷支护、挡墙支护、冻结法、气压法和截降水方法等支护、控水工法。本节主要介绍土层地下工程施工中常用的明挖法、盖挖法、浅埋暗挖法、盾构法等内容。

8.4.1 明挖法与盖挖法

明挖法与盖挖法均是在土壁稳定或做好围护结构后，由上向下开挖，而后进行地下结构施工的方法。常用于埋深较浅的地下工程。

1. 明挖法

明挖法是先自地表向下开挖基坑至设计标高，然后自下而上构筑防水设施和主体结构，最后回填恢复路面的地下工程施工方法。其工艺简单、作业效率高、工期短、造价低、质量易于保证，但对生态环境有明显破坏，影响交通，易造成扬尘和噪声污染。

明挖法的基坑分为敞口式和设有围护结构式两种形式。深坑、槽的四周一般应设有板（桩）墙等垂直的挡土围护结构，其支撑结构依据土质及周围环境采取外锚式或内撑式。

明挖法的施工程序一般为：施作挡墙→逐层施作支撑（或拉锚）和开挖，直至基底→施作垫层、底板防水层、底板及反梁→拆除底道支撑，施作底层外墙防水、墙柱及梁板→拆除底部第二道支撑，施作上层外墙防水、墙柱及梁板→…→拆除顶层支撑，结构顶部防水及填土，恢复地面或路面。

明挖法施工过程中，由于坑内开挖，围护结构在外侧压力作用下易产生水平位移，引起外侧土体的变形，进而造成基坑外土体或建（构）筑物沉降；同时，开挖卸荷也会引起坑底土体隆起。为保证周围环境及施工安全，应采取有效措施。

控制基坑变形的主要方法有：

① 提高围护结构和支撑的刚度。

② 增加围护结构的入土深度。

③ 加固基坑内被动区土体。

④ 确保先撑后挖，并推迟围护结构根部的开挖时间、加快支撑施工速度。

⑤ 通过调整围护结构嵌入深度和降水方法，控制降水对环境、变形的影响。保证深基坑坑底稳定的方法有：加深围护结构入土深度、坑底土体加固、坑内降水或坑外减压等措施。

2. 盖挖法

盖挖法是在地下连续墙等围护结构施工后，将基坑开挖一定深度，先做隧道或地下建筑的顶部结构，在顶部结构保护下进行下部结构施工。按下部结构的施工顺序，分为盖挖顺作法和盖挖逆作法。盖挖顺作法是指在顶板的保护下，自上而下开挖、支撑，再由下而上浇筑结构。而盖挖逆作法则是在顶板的保护下，自上而下开挖、并浇筑结构，其施工程序如图 8-48 所示。其中，盖挖顺作法的顶板可以是结构板，也可以采用临时铺设钢板的方法。

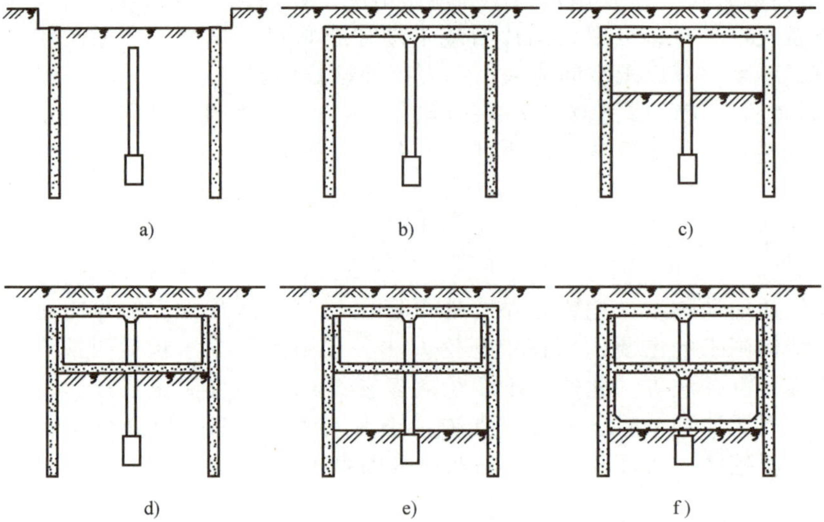

盖挖逆作法施工

图 8-48 盖挖逆作法常用施工程序

a）挖土后构筑围护结构、支撑柱 b）施作顶板后回填土、恢复路面 c）开挖上层土 d）施作上层主体结构 e）开挖下层土 f）施作下层主体结构

盖挖法施工的围护结构常采用桩+内衬墙的柱墙结构、地下连续墙或地下连续墙+内衬墙的墙体结构。按内衬墙与围护结构间的关系分为分离式和复合式。

盖挖法施工适用于深度较大的地下工程，其优点有：

1）缩短占道时间，减少施工对周围的干扰，施工受外界气候影响小。

2）可减少水平支撑系统，围护结构变形小，有利于保护邻近建筑物和构筑物。

3）基坑底部土体稳定，隆起小，施工安全。

4）盖挖逆作法施工可不设内部支撑或锚碇，能增大施工空间。

盖挖法施工的缺点主要是施工工序较复杂，交叉作业多；出土、运料不方便；板墙柱接头多，防水困难；工效低，施工速度慢、费用较高；中间支承柱承受荷载有限。

8.4.2 浅埋暗挖法

浅埋暗挖法是从新奥法发展而来，是在距离地表较近的地下进行各种类型地下洞室暗挖施工的一种方法。它是以改造地质条件为前提，以控制地表沉降为重点，以格栅（或其他钢结构）和喷锚作为初期支护手段，按照“管超前、严注浆、短开挖、强支护、早封闭、勤量测”十八字原则，在软弱围岩地层中和浅埋条件下进行施工。

该法的特点是在开挖中采用多种辅助施工措施加固围岩，合理调动围岩的自承能力，开挖后及时支护，封闭成环，使其与围岩共同作用形成联合支护体系，有效地抑制围岩的过大变形。该法宜用于无地下水（或降排水）、无大范围淤泥质软土及粉细砂地层的地下工程。

采用浅埋暗挖法施工时，常见的典型施工方法是正台阶法以及适用于特殊地层条件的其他施工方法，如全断面法、正台阶环形开挖法等。浅埋暗挖法主要的开挖方式、特点与适用条件见表 8-7。

表 8-7　浅埋暗挖主要开挖方式、特点与适用条件

施工方法	示意图	重要指标比较					
		适用条件	沉降	工期	防水	初期支护拆除量	造价
全断面法	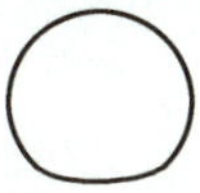	地层好，跨度≤8m	一般	最短	好	无	低
正台阶法	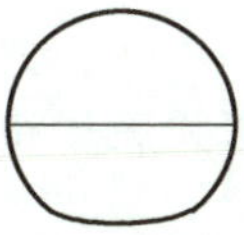	地层较差，跨度≤12m	一般	短	好	无	低
正台阶环形开挖法	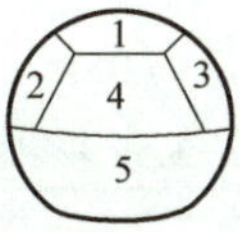	地层差，跨度≤12m	一般	短	好	无	低
单侧壁导坑法	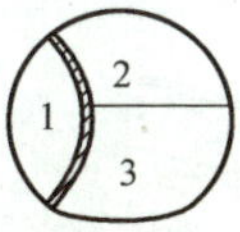	地层差，跨度≤14m	较大	较短	好	小	低
双侧壁导坑法	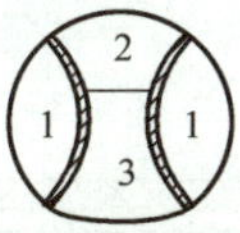	小跨度，连续使用可扩大跨度	大	长	效果差	大	高
中隔壁法（CD 工法）	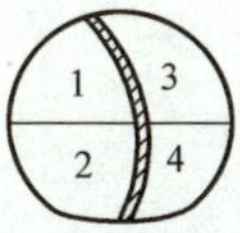	地层差，跨度≤18m	较大	较短	好	小	偏差
交叉中隔壁法（CRD 工法）	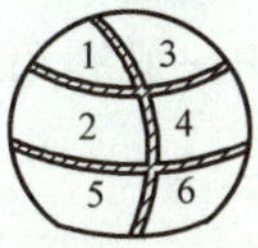	地层差，跨度≤20m	较小	长	好	大	高
中洞法	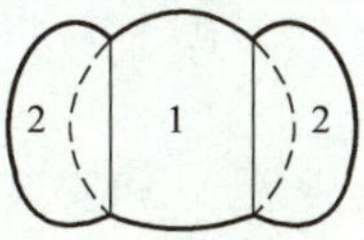	小跨度，连续使用可扩成大跨度	小	长	效果差	大	较高
侧洞法	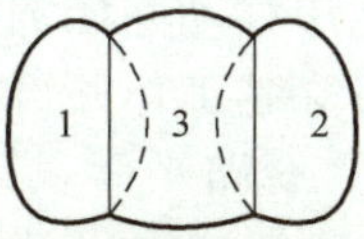	小跨度，连续使用可扩成大跨度	大	长	效果差	大	高
柱洞法		多层多跨	大	长	效果差	大	高

浅埋暗挖施工必须配合开挖及时支护，保证施工安全。初期支护常采用锚喷支护，围岩

的稳定较差时可采用钢拱架喷射混凝土等组合支护形式。在浅埋软岩地段、自稳性差的软弱破碎围岩、断层破碎带、砂土层等不良地质条件下施工时，当围岩自稳时间短，不能保证安全地完成初次支护时，应采用超前小导管周边注浆或围岩深孔注浆、管棚超前支护、设置临时仰拱、地表锚杆或地表注浆加固等各种辅助技术进行加固处理。

8.4.3 盾构法

盾构法隧道施工

盾构管片的安装

顶管盾构法隧道施工

盾构法是用盾构机，边控制围岩稳定，边进行掘进、出渣，在盾尾拼装管片并注浆形成衬砌，不扰动围岩而修筑隧道的方法。其机械化、自动化程度高，施工快速、安全、不影响地上地下设施与交通，在松软含水地层中修建埋深较大的长隧道最具技术、经济优势。

盾构法施工的最主要设备是盾构机（见图 8-49）。常用密闭式盾构机，按开挖面压力平衡与出土形式，分为土压平衡式和泥水平衡式两种。

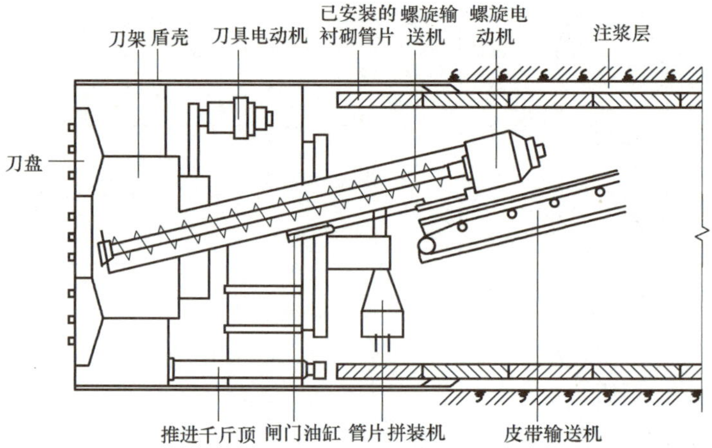

图 8-49 土压平衡盾构机主要构造示意图

盾构法施工概貌如图 8-50 所示，其主要步骤为：

1）在拟建隧道起始端和终结端各建一个工作井。城市地铁一般利用车站的端头作为始发或到达的工作井。

2）盾构在起始端工作井内安装就位。

3）依靠盾构千斤顶推力（作用在工作井后壁或新拼装好的衬砌上）将盾构从起始工作井的墙壁开孔处推进。

4）盾构在地层中沿着设计轴线逐步推进，同时不断出土（泥）和安装衬砌管片。

5）盾尾脱出后，及时向衬砌背后的空隙注浆，以防止地层移动并稳定衬砌环位置。

6）盾构进入终结端工作井并被拆除，如施工需要，也可穿越工作井再向前推进。

盾构掘进施工中，必须保证正面土体稳定，并根据地质、线路平面、高程、坡度等条件，正确编组千斤顶。同时必须严格控制推进轴线，使盾构的运动轨迹在设计轴线的允许偏差范围内。

盾构施工时应重点控制开挖面变形、盾构姿态、盾尾处的变形及衬砌质量。控制出土量是控制开挖面变形的主要措施。由于直接准确地控制出土量较为困难，土压平衡盾构施工时还要控制土仓压力，泥水平衡盾构还要控制泥水压力。要对盾构的姿态和位置进行控制，以

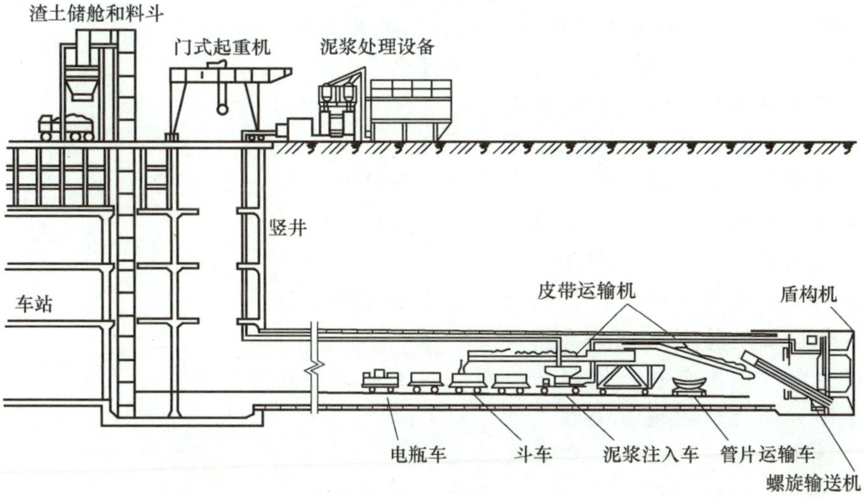

图 8-50　盾构法施工概貌

避免或减少纠偏引起地层变形。盾构推进至每节盾尾脱出后，应及时采用浆液填充，注浆时应控制注浆量和注浆压力。

盾构掘进应均衡施工，保持连续作业，以保证工程质量、减小对地层的扰动和地层沉降。当确需停止时，应采取防止盾构正面与盾尾土体流入而造成盾构和地面沉降的措施。

当遇到以下几种情况时，应及时处理：

1）盾构前方地层发生坍塌或遇有障碍。

2）盾构本体滚动角达到 3°以上。

3）盾构轴线偏离隧道轴线 50mm 以上。

4）盾构推力与预计值相差较大。

5）管片严重开裂或严重错台。

6）壁后注浆系统发生故障无法注浆。

7）盾构掘进扭矩发生异常波动。

8）动力系统、密封系统、控制系统等发生故障。

工程案例

本章配套工程案例资源详见本书配套电子资源。

习　　题

1. 路基施工的内容有哪些？
2. 路堤填筑施工应注意的主要方面是什么？
3. 路堤填筑方案有哪几种？各自适用范围及主要要求有哪些？
4. 路堑开挖主要有什么方式？各有何特点？
5. 路基压实标准与施工要求有哪些？
6. 试述路面级配碎石类基垫层的拌和与碾压工序中应注意的主要问题。
7. 结合料稳定类基垫层施工程序是什么？其技术要点如何？

8. 热沥青混合料摊铺与压实方法及应注意问题是什么？
9. 水泥混凝土路面面层的施工程序是什么？其施工要点有哪些？
10. 桥梁刚性扩大基础施工方法与要求是什么？
11. 管柱基础施工程序与要求是什么？
12. 现浇墩台混凝土的浇筑应注意哪些问题？
13. 装配式梁桥安装方法有哪些？各自适用条件如何？
14. 悬臂法、移动模架法施工各适于建造何种桥梁？
15. 拱桥施工的常用方法有哪些？
16. 隧道的施工过程有哪些？常用的开挖方法有哪些？
17. 简述新奥法的特点及施工要点。
18. 隧道支护方法有哪些？锚杆及喷射混凝土施工要点有哪些？
19. 隧道塌方的处理措施有哪些？
20. 简述地下工程明挖法施工程序及特点。
21. 明挖法施工中控制基坑变形的主要方法有哪些？
22. 盖挖顺作法和盖挖逆作法的施工程序有何区别？
23. 简述浅埋暗挖法施工的十八字方针及含义。
24. 浅埋暗挖法典型的施工方法有哪些？
25. 盾构机的分类有哪些？盾构机的主要功能有哪些？
26. 盾构法施工的主要步骤是什么？

第9章

防水工程

学习目标

了解防水的原则、分类及等级要求，熟悉防水工程对材料、构造、施工及质量要求。了解地下工程防水方案及材料选用；熟悉防水混凝土的配制要求，掌握防水混凝土结构的细部处理及施工要点；掌握地下卷材防水、涂膜防水的施工工艺及要点；了解屋面防水等级和设防要求、卷材防水屋面的构造及各层作用；熟悉涂膜防水屋面施工要点；掌握卷材防水屋面施工工艺及要点。

土木工程防水是防止结构体受到水的渗入、侵蚀，使结构和内部空间免受水的危害而采取的一系列专门措施。防水是土木工程的一项重要内容，其工程质量直接影响到建（构）筑物的使用寿命、功能和使用环境。防水工程按部位分为地下结构防水，建筑屋面、外墙和楼地面防水，桥梁、隧道防水，以及水池、水塔等储水构筑物的防水；按构造做法又可分为结构自防水和附加防水层防水。本章主要讨论具有代表性的地下工程防水、屋面工程防水的施工方法与工艺要点。

9.1 概述

1. 工程防水的原则与工作年限

工程防水应遵循因地制宜、以防为主、防排结合、综合治理的原则。GB 55030—2022《建筑与市政工程防水通用规范》规定防水设计工作年限为：地下工程不应低于工程结构设计工作年限，屋面工程不应低于20年，室内工程不应低于25年。

2. 工程防水的分类

工程按其防水功能的重要程度分为甲、乙、丙三类（见表9-1），按其使用环境划分为Ⅰ、Ⅱ、Ⅲ三类（见表9-2）。

表9-1 建筑与市政工程防水类别

<table>
<tr><th colspan="2" rowspan="2">工程类型</th><th colspan="3">工程防水类别</th></tr>
<tr><th>甲类</th><th>乙类</th><th>丙类</th></tr>
<tr><td rowspan="4">建筑工程</td><td>地下工程</td><td>有人员活动的民用建筑地下室，对渗漏敏感的建筑地下工程</td><td>除甲类和丙类以外的建筑地下工程</td><td>对渗漏不敏感的物品、设备使用或贮存场所，不影响正常使用的建筑地下工程</td></tr>
<tr><td>屋面工程</td><td>民用建筑和对渗漏敏感的工业建筑屋面</td><td>除甲类和丙类以外的建筑屋面</td><td>对渗漏不敏感的工业建筑屋面</td></tr>
<tr><td>外墙工程</td><td>民用建筑和对渗漏敏感的工业建筑外墙</td><td>渗漏不影响正常使用的工业建筑外墙</td><td>—</td></tr>
<tr><td>室内工程</td><td>民用建筑和对渗漏敏感的工业建筑室内楼地面和墙面</td><td>—</td><td>—</td></tr>
</table>

（续）

工程类型		工程防水类别		
		甲类	乙类	丙类
市政工程	地下工程	对渗漏敏感的市政地下工程	除甲类和丙类以外的市政地下工程	对渗漏不敏感的物品、设备使用或贮存场所，不影响正常使用的市政地下工程
	道桥工程	特大桥、大桥，城市快速路、主干路上的桥梁，交通量较大的城市次干路上的桥梁，钢桥面板桥梁	除甲类以外的城市桥梁工程；道路隧道工程	—
	蓄水类工程	建筑室内水池、对渗漏水敏感的室外游泳池和嬉水池。市政给水池和污水池、侵蚀性介质贮液池等工程	除甲类和丙类以外的蓄水类工程	对渗漏水无严格要求的蓄水类工程

表 9-2　建筑与市政工程防水使用环境类别

工程类型		工程防水使用环境类别		
		Ⅰ类	Ⅱ类	Ⅲ类
建筑工程	地下工程	抗浮设防水位标高与地下结构板底标高高差 $H\geq0$m	抗浮设防水位标高与地下结构板底标高高差 $H<0$m	—
	屋面工程	年降水量 $P\geq1300$mm	400mm $\leq$ 年降水量 $P<1300$mm	年降水量 $P<400$mm
	外墙工程	年降水量 $P\geq1300$mm	400mm $\leq$ 年降水量 $P<1300$mm	年降水量 $P<400$mm
	室内工程	频繁遇水场合，或长期相对湿度 RH $\geq$ 90%	间歇遇水场合	偶发渗漏水可能造成明显损失的场合
市政工程	明挖地下工程	抗浮设防水位标高与地下结构板底标高高差 $H\geq0$m	抗浮设防水位标高与地下结构板底标高高差 $H<0$m	
	道桥工程	严寒地区，使用化冰盐地区，酸雨、盐雾等不良气候地区的使用环境	除Ⅰ类环境外的其他使用环境	
	蓄水类工程	冻融环境，海洋、除冰盐氯化物环境，化学腐蚀环境	除Ⅰ类环境外，干湿交替环境	除Ⅰ类环境外，长期浸水、长期湿润环境，非干湿交替的环境

3. 工程防水的等级

工程防水等级应依据工程类别和工程防水使用环境类别分为一级、二级、三级。工程防水使用环境类别为Ⅱ类的明挖法地下工程，当该工程所在地年降水量大于 400mm 时，应按Ⅰ类防水使用环境选用；暗挖法地下工程防水等级应根据工程类别、工程地质条件和施工条件等因素确定。其他工程防水等级不应低于表 9-3 的规定。

表 9-3　工程防水的等级要求

防水使用环境类别	工程防水类别		
	甲类	乙类	丙类
Ⅰ类	一级	一级	二级
Ⅱ类	一级	二级	三级
Ⅲ类	二级	三级	三级

4. 对主要防水材料的要求

防水材料的耐久性应与工程防水设计工作年限相适应。材料性能应与工程使用环境条件相适应；每道防水层厚度应满足防水设防的最小厚度要求；防水材料影响环境的物质和有害物质限量应满足要求。外露使用防水材料的燃烧性能等级不应低于 B2 级。

（1）防水混凝土　防水混凝土的施工配合比应通过试验确定，其强度等级不应低于C25，试配混凝土的抗渗等级应比设计要求提高0.2MPa，以保证施工后的可靠性。防水混凝土应采取减少开裂的技术措施。防水混凝土除应满足抗压、抗渗和抗裂要求外，尚应满足工程所处环境和工作条件的耐久性要求。

（2）防水卷材和防水涂料　防水材料应经耐水性和热老化测试试验合格，外露使用的防水材料应经人工气候加速老化试验合格。防水卷材搭接接缝的剥离强度应满足标准规定，搭接缝应能在0.2MPa压力下30min内不透水。用于混凝土桥面防水工程的防水材料与混凝土基层在23℃时的黏结强度不应小于0.25MPa。钢桥面防水粘结层的材料性能应能保障在交通荷载、温度作用等疲劳荷载作用下的正常使用和耐久性要求。耐根穿刺防水材料应通过耐根穿刺试验。长期处于腐蚀性环境中的防水卷材或防水涂料，应通过腐蚀性介质耐久性试验。卷材防水层的最小厚度应符合表9-4的规定。涂料防水层的最小厚度，反应型高分子类防水涂料、聚合物乳液类防水涂料、水性聚合物沥青类防水涂料不小于1.5mm，热熔施工橡胶沥青类防水涂料不小于2.0mm。当热熔施工橡胶沥青类防水涂料与防水卷材配套使用且也作为一道防水层时，其厚度不应小于1.5mm。

表9-4　卷材防水层最小厚度

防水卷材类型			卷材防水层最小厚度/mm
聚合物改性沥青类防水卷材	热熔法施工聚合物改性防水卷材		3.0
	热沥青黏结和胶粘法施工聚合物改性防水卷材		3.0
	预铺反粘防水卷材（聚酯胎类）		4.0
	自粘聚合物改性防水卷材（含湿铺）	聚酯胎类	3.0
		无胎类及高分子膜基	1.5
合成高分子类防水卷材	均质型、带纤维背衬型、织物内增强型		1.2
	双面复合型		主体片材芯材0.5
	预铺反粘防水卷材	塑料类	1.2
		橡胶类	1.5
	塑料防水板		1.2

（3）水泥基防水材料　外涂型水泥基渗透结晶型防水材料的性能应符合国家标准的规定，防水层的厚度不应小于1.0mm，用量不应小于1.5kg/m^2。

聚合物水泥防水砂浆与聚合物水泥防水浆料的抗渗压力、黏结强度、抗冻性及吸水率应符合国家标准的规定。地下工程使用时，聚合物水泥防水砂浆防水层的厚度不应小于6.0mm，掺外加剂、防水剂的砂浆防水层的厚度不应小于18.0mm。

（4）其他材料　天然钠基膨润土防水毯的单位面积干重不应小于5.0kg/m^2，耐久性指标应符合标准规定。

用于屋面压型金属板的厚度应由结构设计确定，且公称厚度不应小于以下要求：压型铝合金面层板为0.9mm，压型钢板面层板为0.6mm，压型不锈钢面层板为0.5mm。

5. 地下及屋面工程防水的构造要求

（1）一般要求

1）种植屋面和地下建（构）筑物种植顶板工程防水等级应为一级，并应至少设置一道具有耐根穿刺性能的防水层，其上应设置保护层。

2）地下工程迎水面主体结构应采用防水混凝土，并应满足抗渗等级要求；防水混凝土结构厚度不应小于250mm；防水混凝土的裂缝宽度不应大于结构允许限值且不应贯通。寒冷地区抗冻设防段防水混凝土抗渗等级不应低于P10。在受中等及以上腐蚀性介质作用的地下工程中，防水混凝土强度等级不应低于C35，设计抗渗等级不应低于P8，迎水面主体结构应采用耐侵蚀性防水混凝土，外设防水层应满足耐腐蚀要求。

3）附加防水层采用防水涂料时，应设置胎体增强材料；结构变形缝设置的橡胶止水带应满足结构允许的最大变形量；防水穿墙套管与穿墙管之间应密封。

4）基底至结构底板以上 500mm 范围及结构顶板以上不小于 500mm 范围的回填层压实系数不应小于 0.94。

（2）地下建筑工程　采用明挖法施工的地下建筑工程，其现浇混凝土结构防水做法应符合表 9-5 的规定。

表 9-5　主体结构防水做法

防水等级	防水做法	防水混凝土	外设防水层		
			防水卷材	防水涂料	水泥基防水材料
一级	不应少于 3 道	为一道，应选； 不低于 P8	不少于 2 道； 防水卷材或防水涂料不应少于 1 道		
二级	不应少于 2 道	为一道，应选； 不低于 P8	不少于 1 道； 任选		
三级	不应少于 1 道	为一道，应选； 不低于 P6	—		

注：1. 水泥基防水材料指防水砂浆、外涂型水泥基渗透结晶防水材料。
2. 表中防水混凝土为用于现浇结构的抗渗等级，装配式衬砌应提高一级。

（3）建筑屋面工程　平屋面及瓦屋面工程的防水做法应符合表 9-6 规定。

表 9-6　平屋面及瓦屋面工程的防水做法

防水等级	防水做法	平屋面防水层		瓦屋面防水层		
		防水卷材	防水涂料	屋面瓦	防水卷材	防水涂料
一级	不应少于 3 道	卷材防水层不应少于 1 道		为 1 道，应选	卷材防水层不应少于 1 道	
二级	不应少于 2 道	卷材防水层不应少于 1 道		为 1 道，应选	不应少于 1 道； 任选	
三级	不应少于 1 道	任选		为 1 道，应选	—	

金属屋面工程除金属板作为一道防水层外，对一级、二级防水应加铺不少于 1 道防水卷材。一级防水者，宜采用全焊接金属板屋面，且加铺的防水卷材厚度不应小于 1.5mm。

6. 防水工程的特点与施工的一般要求

防水工程具有质量要求高、受环境影响大、薄弱部位多、构造及工序较为复杂、材料种类多且性能差异大等特点。因此，应严格控制工程质量。

防水材料及配套辅助材料进场时应提供产品合格证、质量检验报告、使用说明书、进场复验报告。防水卷材进场复验报告应包含无处理时卷材接缝剥离强度和搭接缝不透水性检测结果。

防水施工前应确认基层已验收合格，基层质量应符合防水材料施工要求。

雨天、雪天或五级及以上大风环境下，不应进行露天防水层施工。

施工队伍和作业人员应具有相应专业的资质；防水施工前应依据设计文件编制防水专项施工方案，并做好技术、安全交底。应按工艺标准及施工方案要求进行施工，并进行全过程质量控制，做好各道工序的检查验收。

防水层施工应采取绿色施工措施；防水层施工完成后，应采取成品保护措施。

7. 防水工程质量的合格标准

防水工程质量检验合格判定标准见表 9-7。

表 9-7　防水工程质量检验合格判定标准

工程类型		工程防水类别		
		甲类	乙类	丙类
建筑工程	地下工程	不应有渗水，结构背水面无湿渍	不应有滴漏、线漏，结构背水面可有零星分布的湿渍	不应有线流、漏泥砂，结构背水面可有少量湿渍、流挂或滴漏
	屋面工程	不应有渗水，结构背水面无湿渍	不应有渗水，结构背水面无湿渍	不应有渗水，结构背水面无湿渍
	外墙工程	不应有渗水，结构背水面无湿渍	不应有渗水，结构背水面无湿渍	
	室内工程	不应有渗水，结构背水面无湿渍		
市政工程	地下工程	不应有渗水，结构背水面无湿渍	不应有线漏，结构背水面可有零星分布的湿渍和流挂	不应有线流、漏泥砂，结构背水面可有少量湿渍、流挂或滴漏
	道桥工程	不应有渗水	不应有滴漏、线漏	
	蓄水类工程	不应有渗水，结构背水面无湿渍	不应有滴漏、线漏，结构背水面可有零星分布的湿渍	不应有线流、漏泥砂，结构背水面可有少量的湿渍、流挂或滴漏

9.2　地下防水工程

地下防水工程是防止地下水对地下构筑物或建筑基础的浸透，保证地下空间使用功能正常发挥的一项重要工程。由于地下水具有一定压力且长期作用于结构，而结构又存在变形缝、施工缝等众多薄弱部位，因此对施工质量要求高；此外，地下防水施工的环境较差、敞露及拖延时间长、受气候及水文条件影响大、成品保护难，加大了技术和保证质量的难度。地下防水施工的原则为：

① 杜绝防水层对水的吸附和毛细渗透。

② 接缝严密，形成封闭的整体。

③ 消除所留孔洞、缝隙造成的渗漏。

④ 防止不均匀沉降而拉裂防水层。

⑤ 防水层做至可能渗漏范围以外。

为了保证施工质量，地下防水工程施工期间，必须保持地下水位稳定在距工程最低处500mm以下，必要时采取降水措施。

9.2.1　地下防水的构造作法

常用地下工程防水构造及材料如图9-1所示，目前多采用混凝土结构自防水+卷材或涂膜柔性防水层的刚柔结合做法。建筑物的地下室多为一、二级防水，常采用二道或多道设防的

- 地下防水构造
  - 防水混凝土结构
    - 普通防水混凝土
    - 外加剂防水混凝土（引气剂、防水剂、减水剂、密实剂……）
    - 补偿收缩防水混凝土（膨胀型水泥、微膨胀防水剂……）
    - 水泥基渗透结晶型掺合剂防水混凝土……
  - 附加防水层
    - 卷材防水层
      - 高聚物改性沥青类(SBS弹性体、聚乙烯胎、本体自粘)
      - 合成高分子类(三元乙丙、聚氯乙烯、聚乙烯丙纶、自粘胶膜)
    - 涂膜防水层（橡胶类、树脂类、改性沥青类、渗透性结晶类……）
    - 膨润土防水层(毯、板)
    - 塑料板、金属板防水层

图 9-1　常用地下工程防水构造及材料

防水构造（见图 9-2）。

9.1.2 防水混凝土结构施工

防水混凝土是通过调整配合比或掺加外加剂、掺合料，以提高自身的密实性和抗渗性的特种混凝土。它兼有承重、围护和防水等功能，耐久性、耐腐蚀性强，造价增加少，也是其他防水层的刚性依托。

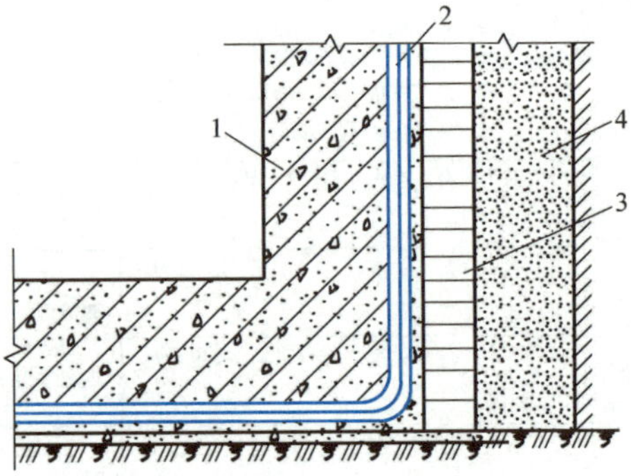

图 9-2 地下室多道防水示例

1—防水混凝土底板与墙体 2—卷材或涂膜防水层 3—保护层 4—灰土减压层

防水混凝土施工

1. 防水混凝土的种类与抗渗等级

防水混凝土有多个品种。普通防水混凝土是通过降低水胶比、增加水泥用量和砂率、石子粒径小及精细施工，从而减少毛细孔的数量和直径、减少混凝土内部的缝隙和孔隙、提高混凝土的密实性和抗渗性。外加剂防水混凝土是在普通防水混凝土的基础上，掺入引气剂、减水剂、密实剂、防水剂等材料，进一步阻塞、减小混凝土的毛细孔道。补偿收缩防水混凝土主要通过掺入膨胀型防水剂，使防水混凝土具有一定的膨胀功能，不但能减少毛细孔道，还能通过补偿收缩而避免宏观开裂，是最常用的品种。

防水混凝土的抗渗能力用抗渗等级表示，它反映了混凝土在不渗漏时的允许水压值。其设计抗渗等级最低为 P6（抗渗压力 0.6MPa），埋深大、要求高的工程可达 P12。

2. 防水混凝土配制要求

防水混凝土的配合比应通过试验确定。为了保证施工后的可靠性，在进行防水混凝土试配时，其抗渗等级应比设计要求提高 0.2MPa。

1）材料：水泥品种宜采用硅酸盐水泥或普通硅酸盐水泥。粉煤灰的级别不低于Ⅱ级，烧失量不大于 5%。碎石或卵石应坚硬、洁净，最大粒径不大于输送管径的 1/4 和 40mm，含泥量不大于 1%。选用坚硬、洁净抗风化性强中粗砂，含泥量不大于 3%。不宜使用海砂，不得使用碱活性骨料。水应洁净，不含有害物质。

2）配合比：胶凝材料总用量不宜小于 320kg/m^3，其中水泥用量不得少于 260kg/m^3；砂率宜为 35%~40%，泵送时可增至 45%；灰砂比宜为 1∶1.5~1∶2.5；水胶比不得大于 0.50；预拌混凝土的入泵坍落度宜为 120~160mm，每小时损失不应大于 20mm，总损失不大于 40mm。预拌混凝土的初凝时间宜为 6~8h。

3. 防水细部处理

防水混凝土结构的混凝土施工缝、结构变形缝、后浇带、穿墙管道、预埋件、预留孔及穿墙螺栓等是防水薄弱部位。施工中，应按设计及规范要求认真做好这些细部的处理，并进行全数检查验收，以保证整个防水工程的质量。

（1）混凝土施工缝 防水混凝土应尽量连续浇筑，宜少留施工缝。顶板及底板防水混凝土均应连续浇筑，不宜留设施工缝。墙体与水平构件交接时，其水平施工缝应留在高出底板表面不小于 300mm 以及拱、板以下 150~300mm 的墙体上，距预留孔的边缘不小于 300mm；如需留设垂直施工缝时，其位置应避开地下水和裂隙水多的地段。为了避免施工缝处渗漏，常采用图 9-3 所示做法。对止水板、条、带、管要适时安装，位置居中，并做好固定。

止水板安装

在施工缝处浇筑混凝土时，已浇筑的混凝土抗压强度不应低于 1.2MPa。浇筑前，应清除其表面浮浆和杂物，然后涂刷混凝土界面处理剂或水泥基渗透结晶型防水涂料等结合层，

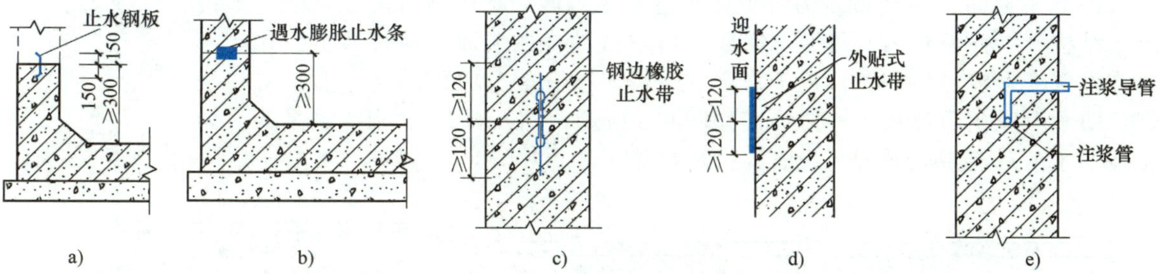

图 9-3 防水混凝土施工缝的留设位置及防水措施

a）加止水板 b）加止水条 c）中置止水带 d）外贴止水带 e）预埋注浆管

并及时浇筑混凝土。对水平施工缝，浇筑前还应先铺 30～50mm 厚的 1∶1 水泥砂浆，以防“烂根”。

（2）结构变形缝 结构变形缝一般包括伸缩缝和沉降缝。为满足变形要求且能密封防水，常采用埋入橡胶、塑料、金属止水带的方法，其构造如图 9-4 所示。

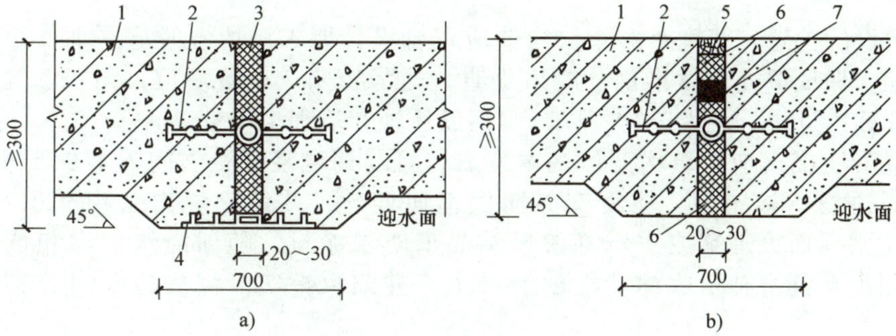

图 9-4 变形缝防水构造

a）中埋式止水带与防水层复合 b）中埋式止水带与止水条复合

1—混凝土结构 2—中埋式橡胶止水带 3—留缝材料 4—外贴式止水带或防水层

5—嵌缝材料 6—背衬材料 7—遇水膨胀止水条

安装止水带时，其圆环中心必须对准变形缝中央，转弯处应做成直径不小于 150mm 的圆角，接头应在水压最小且平直处。现场拼接时，应采用热压或热熔焊接，不得叠接。止水带安装时，宜采用专用钢筋套或扁钢固定（见图 9-5），以保证位置准确。水平设置的止水带宜安装成盆状（见图 9-5b），以利于混凝土浇筑密实。浇筑混凝土时，要避免结合处粗骨料集中，要细致捣实且振捣棒不碰触止水带。

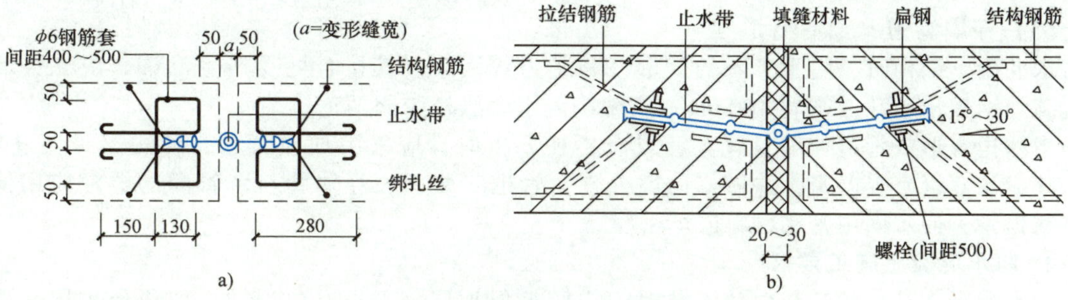

图 9-5 止水带固定方法示意图

a）钢筋套固定 b）扁钢拉筋固定

（3）后浇带　后浇带是为避免施工过程中因收缩应力或沉降差可能造成混凝土结构开裂而留置的，待变形完成后再进行补浇的混凝土刚性接缝，用于不允许设置变形缝且后期变形趋于稳定的结构，按功能分收缩后浇带和沉降后浇带。防水混凝土后浇带的构造形式如图 9-6 所示。图 9-6c 所示构造，是为了防止地下水从后浇带处涌入所采取的构造措施。

底板后浇带施工

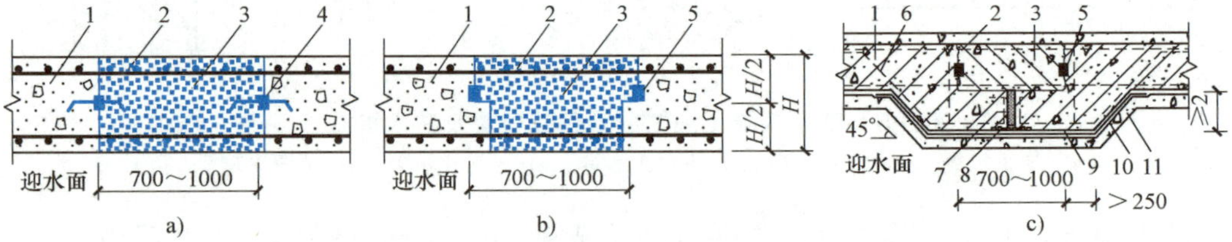

图 9-6　防水混凝土后浇带的构造形式

a）平接式　b）阶梯式　c）超前止水后浇带

1—先浇混凝土　2—结构主筋　3—后浇补偿收缩混凝土　4—止水钢板　5—遇水膨胀止水条　6—附加钢筋　7—留缝材料　8—外贴止水带　9—细石混凝土保护层　10—卷材防水层　11—混凝土垫层

后浇带留设的位置、宽度及形式、构造应符合设计要求。留置时应采取支模或固定快易收口网等措施，保证留缝位置准确、断口垂直、边缘密实。留缝后应做封挡、遮盖保护，防止边缘损坏或缝内进水、垃圾杂物，以减少钢筋锈蚀和清理工作量。

后浇带混凝土浇筑应待结构变形基本完成，且与两侧浇混凝土间隔不少于 42d，施工宜在气温较低时进行。施工前，应将交界面做糙面处理，并消除缝内杂物和积水。施工时，先在交界面涂刷界面处理剂或水泥基渗透结晶型防水涂料，随即浇筑抗渗和抗压强度等级均不低于两侧、且具有补偿收缩功能的混凝土，并细致捣实。浇后应及时养护，时间不少于 28d。

（4）穿墙对拉螺栓　支设墙体模板所用对拉螺栓（见图 9-7），应在中部加焊钢板止水环而构成止水螺栓。止水环钢板厚度不宜小于 3mm，直径（或边长）应比螺栓直径大 50mm 以上，并与螺栓满焊，以免出现渗水通道。拆模后应将留下的凹坑封堵密实，并宜在迎水面涂刷防水涂料。

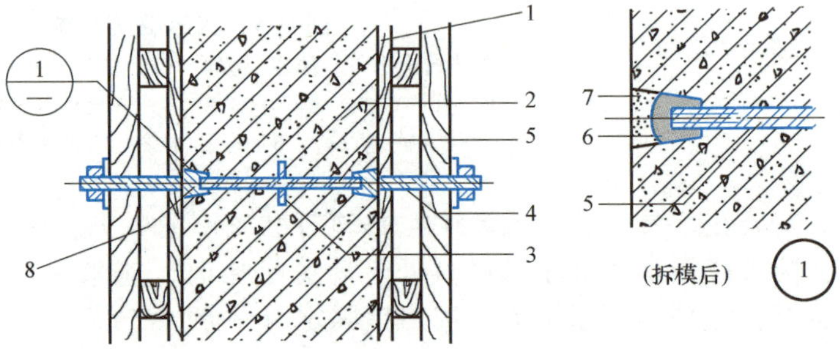

图 9-7　工具式止水对拉螺栓

1—模板　2—结构混凝土　3—止水环　4—工具式螺栓　5—止水螺栓　6—密封材料　7—聚合物水泥砂浆　8—圆台形对接螺母

（5）穿墙管道　当有管道穿过防水混凝土结构时，由于二者的变形、黏结力等因素，其接合处易产生渗漏，应在穿墙管道上满焊钢板止水环（环宽 100mm）或缠绕遇水膨胀橡胶圈两道。

当结构变形或管道伸缩量较大，或有更换要求时，应采用预埋防水套管法（见图 9-8）。止水环应与套管满焊严密，并做好防腐处理。管道安装后，穿墙管与套管间的缝隙应用橡胶圈填塞顶紧，迎水面用密实材料嵌填密实。

4. 防水混凝土施工要求

防水混凝土结构的钢筋绑扎安装时，应留足保护层，不得有负误差。留设保护层必须采用与防水混凝土成分相同的细石混凝土或砂浆垫块，严禁用钢筋或塑料等支架支垫。固定钢筋网片的支架和“s”钩、绑扎钢筋的钢丝、钢筋焊接的镦粗点及机械式连接的套筒等，均应有足够的保护层，不得碰触模板。

防水混凝土应配合比准确、搅拌均匀。运输应及时、快捷，若有离析现象应进行二次搅拌。当坍落度损失过大而不能满足浇筑要求时，应加入原水胶比的水泥浆或掺加同品种的减水剂进行搅拌，严禁直接加水。

防水混凝土应尽量连续浇筑，使其成为封闭的整体。当在大型地下工程中，竖向结构与水平结构难以实现连续浇筑时，宜采用底板→底层墙体→底层顶板→墙体→…分几个部位浇筑的程序。基础底板面积较大，宜采取分区段分层浇筑；墙体高度大，宜分层交圈浇筑，并保证上下层的连续。对大体积混凝土应制订可靠的综合措施以防开裂，确保其抗渗性能。

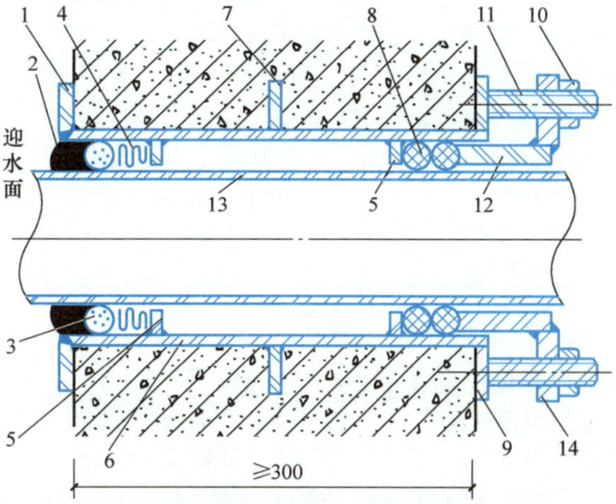

图 9-8　穿墙管采用预埋防水套管的构造做法

1—翼环　2—嵌缝密封材料　3—衬垫条　4—填缝材料　5—挡圈　6—套管　7—止水环　8—橡胶圈　9—套管翼盘　10—螺母　11—双头螺栓　12—短管　13—主管　14—法兰盘

浇筑时，应控制倾落高度，防止分层离析；应分层浇筑，每层厚度不得大于500mm；采用机械振捣，并避免漏振、欠振和过振。

混凝土浇筑后应及时进行保湿养护，养护温度不得低于5℃，时间不少于14d。拆模不宜过早，墙体带模养护不少于3d。拆模时混凝土表面与环境温差不得超过15~20℃，防止开裂和损坏。冬期施工时不得采用电热法或蒸汽直接加热养护，应采取保湿保温措施。

应按规定留置抗压强度试块和抗渗试块。抗渗试块应在浇筑地点与其他试块同时制作，每连续浇筑混凝土500m^3留置一组，每项工程不得少于两组，每组为6块（圆台体）。其中一组进行28d标准养护，另一组与结构同条件下养护，其抗渗等级均不应低于设计等级。

9.1.3 卷材防水层施工

1. 材料要求

卷材防水是地下防水工程的主要做法，往往作为整个工程防水的第一道屏障。卷材常采用耐久、抗拉及变形性能较好的高聚物改性沥青防水卷材、合成高分子防水卷材等。其品种、规格应符合设计要求，进场应检查外观、核实出厂合格证及质量检测报告，并按规定进行现场抽样复检，合格后方准使用。常用卷材的性能见表9-8、表9-9。

表 9-8　高聚物改性沥青防水卷材的主要性能要求

物理性能＼卷材品种		弹性体改性沥青防水卷材			自粘聚合物改性沥青防水卷材	
		聚酯毡胎体	玻纤毡胎体	聚乙烯膜胎体	聚酯毡胎体	无胎体
拉伸性能	拉力/(N/50mm)	≥800(纵横向)	≥500(纵横向)	≥140(纵向) ≥120(横向)	≥450(纵横向)	≥180(纵横向)
	延伸率(%)	最大拉力时 ≥40(纵横向)	—	断裂时 ≥250(纵横向)	最大拉力时 ≥30(纵横向)	断裂时 ≥180(纵横向)
低温柔度/℃		-25,无裂纹				
热老化后低温柔度/℃		-20,无裂纹		-22,无裂纹		
不透水性		压力0.3MPa,保持时间120min,不透水				

表 9-9 合成高分子防水卷材的主要性能要求

物理性能＼卷材品种	三元乙丙橡胶卷材	聚氯乙烯卷材	聚乙烯丙纶复合卷材	高分子自粘胶膜卷材
断裂拉伸强度(≥)	7.5MPa	12 MPa	60 N/10mm	100 N/10mm
断裂伸长率(≥)	450%	250%	300%	400%
撕裂强度(≥)	25 kN/m	40 kN/m	20N/10mm	120N/10mm
低温弯折性	-40℃，无裂纹	-20℃，无裂纹	-20℃，无裂纹	-20℃，无裂纹
不透水性	压力 0.3MPa，保持时间 120min，不透水			

2. 施工程序与方法

地下卷材防水常用全外包防水做法，即将卷材防水层设置在地下防水结构的外表面（迎水面），称为外防水。按结构墙体与卷材防水层的施工先后顺序，可分为外贴法和内贴法两种程序。

（1）外防外贴法　外贴法是指在结构墙体施工完成后，在外墙外表面直接粘贴卷材。其防水构造如图 9-9a 所示。临时性保护墙应用石灰砂浆砌筑，内表面用石灰砂浆做找平层，以便于做墙体防水层时搭接处理；基础底板处的卷材，应先铺贴底面，后铺贴立面，多层卷材的交接处应交错搭接。结构墙体完成后，铺贴墙面卷材前，应将临时保护墙拆除，卷材表面清理干净。墙面卷材从上至下铺贴，与底板处卷材错槎搭接，上层卷材应盖过下层卷材，如图 9-9b 所示。

地下防水-外贴法

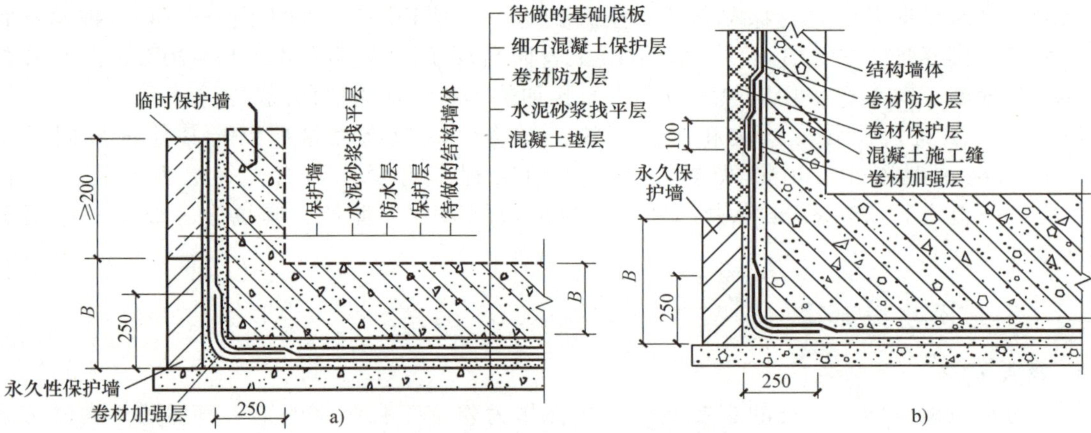

图 9-9 外防外贴法卷材防水构造

a）基础底板施工前　b）结构及防水层施工后

采用外防外贴防水的地下结构施工程序如下：

浇筑基础混凝土垫层并抹平→垫层边缘上干铺卷材隔离层→砌永久性保护墙和临时保护墙→在保护墙内侧抹水泥砂浆找平层→养护干燥后，在垫层及墙面的找平层上涂布基层处理剂、分层铺贴防水卷材→检查验收→做卷材的保护层→底板和墙身结构施工→结构墙外侧抹水泥砂浆找平层→拆除临时保护墙→粘贴墙体防水层→验收→保护层和回填土施工。

（2）外防内贴法　内贴法是将立面卷材防水层先粘贴在保护墙上，再进行结构的外墙施工。其防水构造如图 9-10 所示。采用内贴法施工时，卷材宜先铺贴立面，后铺贴平面。铺贴立面时，先转角后大面。采用外防内贴防水的地下结构施工程序如下：

在混凝土垫层边缘上做永久性保护墙→在保护墙及垫层上抹水泥砂浆找平层→立面及平面防水层施工→检查验收→平面及立面保护层施工→底板和墙身结构施工。

外贴法卷材防水层施工

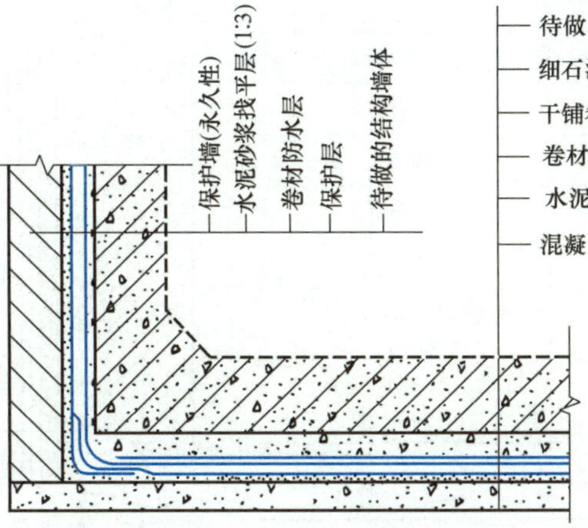

地下防水-内贴法

图 9-10　外防内贴法卷材防水构造

内贴法可节约场地及模板、工序少，但若墙体结构施工时造成防水层损坏，则难以发现和修补，故一般认为可靠性较差。因此，往往用于施工场地狭小，不能采用外贴法施工的工程或部位。

3. 防水层施工工艺

工艺流程为：基面找平→涂布基层处理剂→细部增强处理→铺贴卷材→保护层施工。

（1）基层处理

① 卷材防水层的基层必须坚实、平整、干燥、洁净。对凹凸不平的基体表面应抹水泥砂浆找平层；平整的混凝土表面若有气孔、麻面，可用加膨胀剂的水泥砂浆填平。找平层应做好养护，防止出现空鼓和起砂现象。

② 各部位的阴阳角均应做成圆弧或45°坡角，避免卷材折裂。

③ 防水层施工时，其基层含水率一般应低于9%。检查时可在基层表面铺设1m×1m的防水卷材，静置3~4h后掀开，若基层表面及卷材内表面均无水印，即可视为含水率达到要求。

④ 铺贴防水卷材前，应在基面上涂布基层处理剂，以加强卷材与基体的黏结。所用材料要与卷材及其粘结材料的材性相容。涂刷应均匀、不露底。

⑤ 复杂部位增强处理。基层处理剂干燥后，先在转角处、变形缝、施工缝、管根等部位铺贴卷材加强层，其宽度不少于500mm。变形缝处应先干铺一卷材隔离层再贴加强层，并留足变形量。

（2）防水层施工

1）基本要求。

① 结构底板垫层混凝土部位的卷材可采用空铺法或点粘法施工，外贴法的侧墙、顶板部位的卷材必须采用满粘法施工。

② 卷材搭接处和接头部位应粘贴牢固，接缝口应封严或采用材性相容的密封材料封缝。

③ 卷材接头应相互错开，同层相邻两幅卷材短边搭接错缝距离不应小于500mm。墙面应从上向下盖压（见图9-11）。

④ 上下两层和相邻两幅卷材的接缝应错开至少1/3幅宽，且不应互相垂直铺贴。同层卷材搭接不应超过3层。

⑤ 卷材铺贴应平整顺直，不应有起鼓、张口、翘边等现象。卷材收头应固定密封。

⑥ 不同品种防水卷材的最小搭接宽度应符合表9-10的规定。

表 9-10 防水卷材最小搭接宽度（mm）

防水卷材类型	搭接方式	搭接宽度
聚合物改性沥青类防水卷材	热熔法、热沥青	≥100
	自粘搭接（含湿铺）	≥80
合成高分子类防水卷材	胶粘剂、粘结料	≥100
	胶粘带、自粘胶	≥80
	单缝焊	≥60，有效焊接宽度不应小于25
	双缝焊	≥80，有效焊接宽度10×2+空腔宽
	塑料防水板双缝焊	≥100，有效焊接宽度10×2+空腔宽

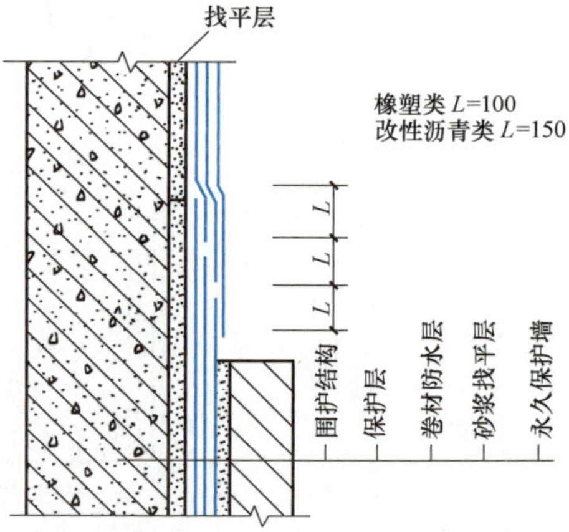

图 9-11 外贴法墙面与底板卷材搭接要求

2）改性沥青卷材防水层粘贴。改性沥青卷材的粘贴可依据施工环境、现有设备及卷材本身特点，选用热熔、冷粘或自粘等方法进行粘贴。主要工艺与要求如下：

① 热熔法。热熔法是利用火焰加热卷材底面及基层处理剂，熔化后铺贴并压实。该法施工简便、粘贴牢固、使用广泛，可在环境温度不低于-10℃时施工；但易造成污染或火灾隐患。

铺贴时，先将卷材放在铺贴位置上，打开1m左右长度，用汽油喷灯或燃气具的火炬烘烤卷材的底面，沥青熔融后粘贴固定在基层表面。端部固定后，将未粘贴部分卷好，用火炬对准卷材与基层表面夹角（见图 9-12），并保持喷枪嘴距角顶0.5m左右，边熔融卷材和基层，边向前缓慢滚铺，随即用压辊排除空气并压实。滚铺时，卷材接缝部位必须有沥青热熔胶溢出，并随即刮封接口，使接缝黏结严密。

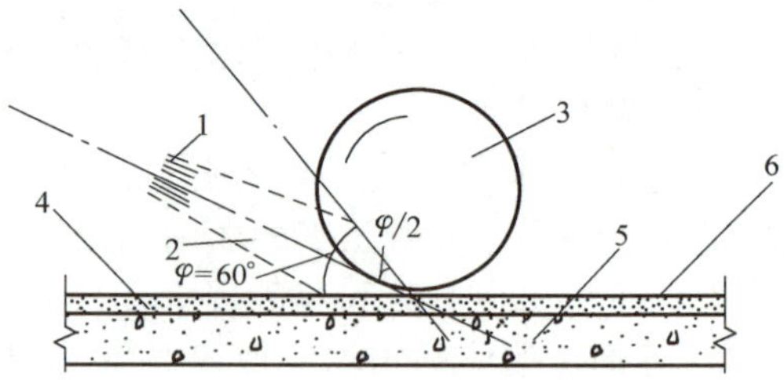

图 9-12 热熔火焰的喷射方向

1—喷嘴 2—火焰 3—改性沥青卷材
4—水泥砂浆找平层 5—混凝土层 6—卷材防水层

② 冷粘法。冷粘法是利用改性沥青冷胶黏剂粘贴卷材，可在温度不低于5℃时施工。铺贴时，把搅拌均匀的冷胶黏剂均匀涂刷在基层上，涂刷宽度略大于卷材幅宽，厚度1mm左右。干燥10min后，按顺序铺设卷材，并用压辊由中心向两侧滚压排气，使其粘牢。

③ 自粘法。自粘法用于自粘型改性沥青卷材。该类卷材分有胎和无胎两种，无胎型的延伸率可达到500%，弹性强、有自恢复功能、施工方便、防水效果好。

铺贴时，将卷材放在确定的位置，经揭纸、粘头后，随揭隔离纸随滚铺卷材（见图 9-13），并用压辊压实，排出空气。边角及接缝处要反复压实粘牢；环境温度不得低于5℃，温度低于10℃时应采用热风加热辅助施工。

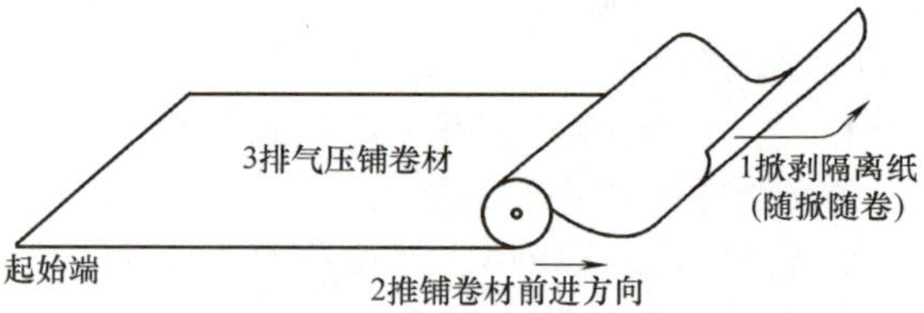

图 9-13 自粘型卷材滚铺法施工示意图

3）合成高分子卷材防水层粘贴。该类防水卷材的粘贴可依据卷材本身特点，选用冷粘法、自粘法进行粘贴。对于三元乙丙橡胶卷材、聚氯乙烯卷材常采用相应的胶黏剂粘贴，对于聚乙烯丙纶复合卷材则常采用配套的聚合物砂浆湿作业粘贴；而对于自粘胶膜卷材则可采用预铺反粘防水技术。采用冷粘法、自粘法施工时，环境温度应不低于5℃。主要工艺与要求如下：

铺贴橡胶防水卷材

① 胶黏剂冷粘法。

a. 涂布基层胶黏剂。将胶黏剂分别在卷材表面（搭接边除外）和基层表面，用滚刷均匀涂布，静置10~20min，指触不粘时，即可进行铺贴。

b. 铺贴卷材。根据卷材配置方案弹出基准线，按线从一端开始铺贴。平面与立面相连的卷材，应先铺平面再向上铺立面，使卷材与阴阳角贴紧。接缝部位应离开阴阳角200mm以上。铺设时，不得将卷材拉得过紧或出现褶皱。

每铺完一张卷材后，立即用干净松软的长把滚刷沿卷材横向顺序用力滚压一遍，以排除粘结层的空气。平面部位再用ϕ200mm×300mm、重30~40kg外包橡胶的铁辊滚压一遍，垂直面上再用手持压辊滚压，使其粘结牢固。

c. 卷材接缝的粘结。大面积卷材铺好后，先将接缝处的表面清理干净，在两粘结面涂刷接缝专用胶黏剂，晾胶至指触基本不粘手时再进行粘贴，并用手持压辊顺序混压一遍。不得有气泡和褶皱。在接缝粘结后，其边口应嵌填密封膏。对于要求较高的工程，还宜在接缝处附加补强层（见图9-14）。

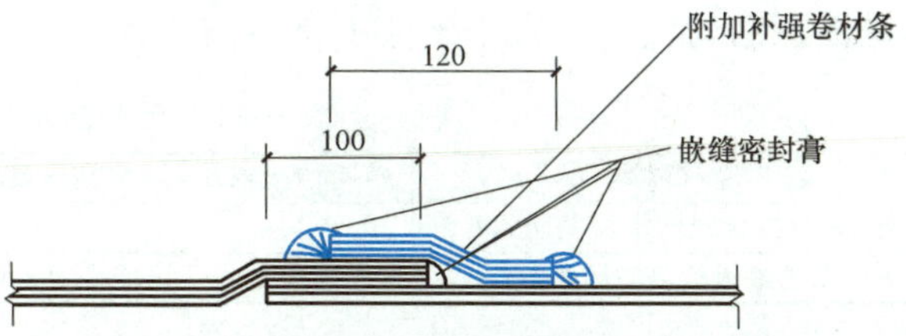

图9-14 卷材接缝处附加补强处理示意图

当卷材为聚氯乙烯等热塑性材料时，可用热风焊机进行热熔接缝，粘结效果更好。

② 预铺反粘法。预铺反粘法常采用高分子自粘胶膜防水卷材防水层、该种卷材系在高密度聚乙烯卷材上涂覆高分子自粘胶层和耐候层的复合卷材。高密度聚乙烯主要提供高强度；自粘胶层具有良好的粘结性能，可以承受结构产生的裂纹影响；耐候层既可以使卷材在施工时适当外露，同时提供不粘的表面供工人行走，使得后道工序可以顺利进行。该种卷材具有较高的断裂拉伸强度和撕裂强度，胶膜的耐水性好，单层使用时也可达到一级防水要求。

自粘胶膜卷材预铺反粘施工

预铺反粘法适用于地下工程底板和侧墙的外防内贴法防水施工。在平面上，将高密度聚乙烯面朝下空铺于垫层上，胶粘层朝上；用于立面时，将卷材高密度聚乙烯面朝外，固定在保护墙找平层或支护结构面上，胶粘层也朝向待做的结构层（即防水混凝土墙体），在搭接部位临时固定卷材。墙体防水卷材施工后，不需铺设保护层，可以直接进行绑扎钢筋、支模板、浇筑混凝土等后续工序施工。

混凝土浇筑过程中，未凝固混凝土与卷材的耐候层和胶黏层接触、作用。在混凝土固化后，卷材与混凝土之间能形成牢固、连续的粘结，从而实现对结构混凝土的直接防水保护，防止防水层局部破坏时，外来水在防水层和结构混凝土之间窜流。该技术在提高防水层对结构保护可靠性的同时，大幅度降低可能发生的漏水维修难度和费用。

（3）保护层施工　卷材防水层经检查合格后，应及时做保护层。基础底板防水层铺贴后，平面上浇筑不少于50mm厚细石混凝土保护层，待其达到足够强度后方可进行基础底板施工。

墙体采用内贴法施工时，可抹压20mm厚1：2.5水泥砂浆保护层，或粘贴5~6mm厚聚氯乙烯泡沫塑料片材作软保护层。抹水泥砂浆前，应在卷材表面涂刷胶黏剂，并撒粗砂或粘麻丝，以利砂浆粘结。

墙体采用外贴法施工时，可粘贴泡沫塑料片材、聚苯乙烯挤塑板，或铺抹1：2.5水泥砂浆、砌筑保护砖墙等。塑料板、片材应接缝严密，粘贴牢固；保护墙应在转角处及每隔5~6m处断开，断开的缝隙用卷材条填塞，保护墙与防水层之间空隙应随时用砌筑砂浆填实。

9.1.4 涂膜防水层施工

涂膜防水是在常温下涂布防水涂料，经溶剂挥发或水分蒸发或反应固化后，在基层表面形成的具有一定坚韧性的涂膜的防水方法。性能较好的防水涂料层可单独作为防水层，但对重要的工程，往往作为防水混凝土或防水砂浆的附加防水层。涂膜防水常采用冷作法施工，工艺较为简单，尤其适用于形状复杂的结构。

防水涂料种类较多，可分为无机防水涂料和有机防水涂料两大类型，其性能指标见表9-11、表9-12。在地下工程中，无机防水涂料常采用掺外加剂或掺合料的水泥基防水涂料、水泥基渗透结晶型防水涂料，其凝固快，与基面有较强的黏结力，宜用于地下结构的背水面做防水过渡层。有机防水涂料常采用反应型、水乳型或聚合物水泥等涂料，其抗水性好，但与基面黏结力较小，宜用于地下结构迎水面。

表9-11 无机防水涂料的性能指标

涂料种类	抗折强度/MPa	粘结强度/MPa	一次抗渗性/MPa	二次抗渗性/MPa	冻融循环/次
掺外加剂、掺合料的水泥基防水涂料	>4	>1.0	>0.8	—	>50
水泥基渗透结晶型防水涂料	≥4	≥1.0	>1.0	>0.8	>50

表9-12 有机防水涂料的性能指标

涂料种类	可操作时间/min	潮湿基面粘结强度/MPa	抗渗性/MPa			浸水168h后拉伸强度/MPa	浸水168h后断裂伸长率(%)	耐水性(%)	表干/h	实干/h
			涂膜(120min)	砂浆迎水面	砂浆背水面					
反应型	≥20	≥0.5	≥0.3	≥0.8	≥0.3	≥1.7	≥400	≥80	≤12	≤24
水乳型	≥50	≥0.2	≥0.3	≥0.8	≥0.3	≥0.5	≥350	≥80	≤4	≤12
聚合物水泥	≥30	≥1.0	≥0.3	≥0.8	≥0.6	≥0.6	≥80	≥80	≤4	≤12

涂料地下防水也宜采用外包防水做法。按地下结构与防水层的施工程序不同，分为外涂法和内涂法，其施工顺序与卷材的外贴法和内贴法基本相同，具体构造如图9-15、图9-16所示。

涂料防水层严禁在雨雾天或五级以上大风时施工；不得在环境温度低于5℃及高于35℃或烈日暴晒时施工；涂膜固化前如有降雨可能时，应及时覆盖保护。材料多为易燃品且有一定毒性，应做好防火、通风和劳动保护工作。不同防水涂料的施工方法及要求类似。下面仅以常用的聚氨酯防水涂料为例，介绍地下防水涂膜的施工要点。

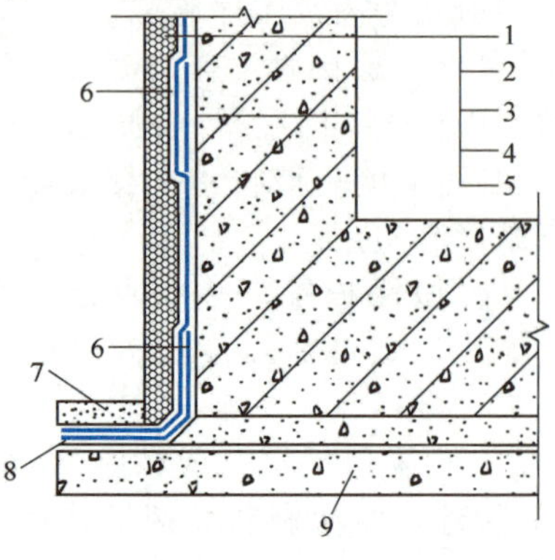

图9-15 外防外涂构造

1—保护墙 2—砂浆保护层 3—涂料防水层 4—砂浆找平层 5—结构墙体 6—加强层 7—搭接部位保护层 8—防水层搭接部位 9—混凝土垫层

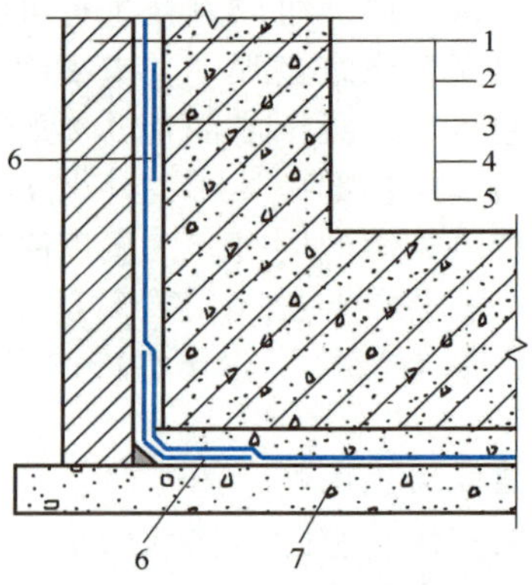

图9-16 外防内涂构造

1—保护墙 2—砂浆找平层 3—涂料防水层 4—砂浆保护层 5—结构墙体 6—加强层 7—混凝土垫层

单组分聚氨酯防水涂料属反应固化型（湿气固化）的防水涂料，具有强度高、延伸率大、耐水性能好等特点。对基层变形的适应能力强，价格适中，在无紫外线照射下一般可使用20年以上。其地下防水构造与卷材防水基本相同，涂膜总厚度应为1.2~2.0mm，在阴、阳角等薄弱部位应作增强处理。

1. 施工准备

（1）材料　应据设计要求进场，并检查质量和抽样复检。

（2）基层处理　涂膜防水要求基层表面必须坚实、平整、清洁、干燥。

① 混凝土基础垫层表面应抹20mm厚1∶3水泥砂浆或无机铝盐防水砂浆（无机铝盐防水剂掺量为水泥用量5%~10%）等，要抹平压光，不得有空鼓、开裂、起砂、掉灰等缺陷。

② 混凝土立墙如有孔眼、蜂窝、麻面及凸凹处应进行剔补，并用掺膨胀剂的水泥砂浆或乳胶水泥腻子（乳胶掺量为水泥的15%）填充刮平。若立墙为砖砌体，应待其沉降等变形完成后，抹20mm厚水泥砂浆或防水砂浆。

③ 穿墙管道、洞口、变形缝、埋件、穿墙螺栓等防水薄弱部位均应按要求做好处理，并经检查验收合格。各阴阳角处均应做成半径10~20mm的圆角。

④ 基层上的尘土、油污、砂粒及各种杂物均应清理干净。防水层施工前用墩布擦净晾干或用风机吹净。

⑤ 防水层施工时，必须保持基层干燥，含水率应不大于9%。

2. 施工工艺

聚氨酯防水涂料的主要施工工艺流程如下：

平面：基层清理→涂布基层处理剂→细部增强处理→刮第一道涂膜层→刮第二道涂膜层→保护层施工。

立面：基层清理→涂布基层处理剂→细部增强处理→刮四道涂膜层→保护层施工。

（1）涂布基层处理剂　基层处理剂的功能是提高涂膜与基层的粘结强度，隔绝基层潮气，防止涂膜起鼓脱落、出现针眼气孔等缺陷。因此，必须在基层满涂一道，其用量为0.15~0.2kg/m^2。

当基面较潮湿时，应涂刷湿固化型界面处理剂或潮湿界面隔离剂。施工时，先在阴阳角、管根等薄弱部位涂一遍，然后再用长把滚刷在基层上全面、均匀涂布。涂刷时需稍用力，使涂料尽可能地挤进基层表面的毛细孔中，以增强结合力和封闭性。涂后应干燥固化4h以上，手感不粘时方可做下道工序。

（2）细部增强处理　基层处理剂固化干燥后，在阴阳角、变形缝、管根等处做增强处理。其做法是，用防水涂料粘贴一层胎体增强材料（常用聚酯纤维无纺布），并增涂2~4遍防水涂料，宽度不小于600mm。固化后再进行整体防水层施工。

（3）涂膜层施工

1）涂料搅拌。单组分聚氨酯防水涂料一般为桶装，开盖前应滚动，使桶内涂料混匀，达到内部各部分浓度一致；或开盖后倒入开口大桶，用机械搅拌均匀后再用。未用完的涂料应加盖密封；桶内有少量结膜现象，应清除或过滤后再用。

2）涂布防水涂料。

① 方法与要求。立面涂布涂料宜采用蘸涂法，涂刷应均匀；平面涂布时可先倒在基面上，用橡胶刮板均匀刮开。在局部增强处理部分基本干燥固化后，开始进行第一道涂膜施工，用量为0.8~1kg/m^2，涂层厚度为0.6~0.8mm。第一道涂膜层干燥后（一般间隔12~24h），涂刮第二道涂膜层，涂膜层厚度为0.8~1.0mm。两层成膜总厚度约为1.5mm。当涂膜层设计厚度为2mm时，在第二层涂料固化、不粘手时，再涂刷0.3~0.5mm厚的第三道涂膜层。

② 注意问题。各涂层间应按相互垂直方向涂刷，以提高防水层的整体性和均匀性。涂刷

时应避免裹入气泡，如有气泡应及时消除。同层涂膜的先后搭接宽度宜为30～50mm，甩槎处的搭接宽度应不小于100mm。每道涂层施工前，应将前道涂层或甩槎表面上的灰尘、杂质清理干净，检查并修补前道涂层的缺陷。

若做胎体增强时，应在涂刮第二道前进行铺贴，并随即涂刮涂料，使其浸透到底层涂膜上。胎体应平顺无褶皱，相互搭接宽度应不少于100mm。收头处应裁剪整齐，并用密封材料压边，宽度不少于10mm。分条涂布涂料时，分条宽度应与胎体增强材料宽度相一致。

3）涂膜防水层的厚度检测。厚度检测可用针测法，或割取20mm×20mm的实样用卡尺量测。要求平均厚度应满足设计要求，最小厚度不得小于设计厚度的90%。

（4）保护层施工　同卷材防水层，但在平面的防水层与保护层之间宜设置隔离层。

9.1.5 膨润土防水毯施工

膨润土防水材料是利用天然钠基膨润土或人工钠化膨润土制成的地下防水材料，具有遇水止水的特性。其防水机理是：当与水接触后逐渐发生水化膨胀，在一定的限制条件下，形成渗透性极低的凝胶体而达到阻水抗渗之目的。它具有良好的不透水性、耐久性、耐腐蚀性和耐菌性，广泛应用于河、湖、渠道防渗及隧道、地下工程和大型建筑的地下防水。

膨润土防水材料包括膨润土防水毯及膏、粉等配套材料。目前国内的膨润土防水毯主要有三种产品，一是由两层土工布包裹钠基膨润土颗粒针刺而成的毯状材料，二是又覆有高密度聚乙烯膜的针刺毯，三是用胶黏剂把膨润土颗粒粘结到高密度聚乙烯板上的膨润土防水毯，其构造见图9-17，性能要求见表9-13。膨润土防水层采用机械固定法铺设，用于地下结构的迎水面。

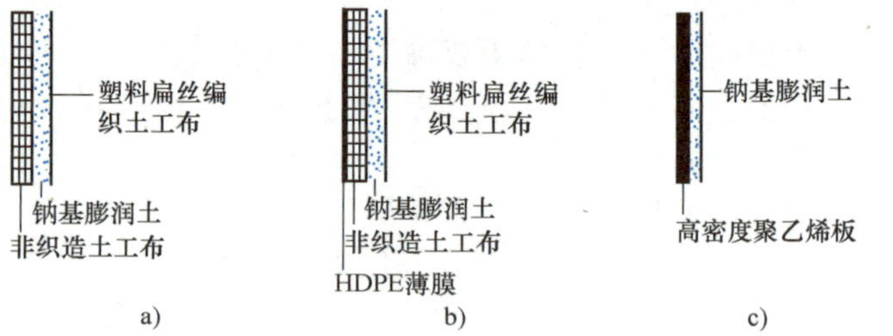

图9-17 膨润土防水毯的种类与构造

a）针刺法钠基膨润土防水毯　b）针刺覆膜法钠基膨润土防水毯　c）胶粘法钠基膨润土防水毯

1. 施工工艺流程

主要工艺流程为：基面处理→加强层设置→铺防水毯（或挂防水板）→搭接缝封闭→甩头收边、保护→破损部位修补。

表9-13 膨润土防水毯物理力学性能指标

项目		性能指标		
		针刺法钠基膨润土防水毯	针刺覆膜法钠基膨润土防水毯	胶粘法钠基膨润土防水毯
单位面积质量/(g/m^2)，干重		≥4000		
膨润土膨胀指数/(mL/2g)		≥24		
拉伸强度/(N/100mm)		≥600	≥700	≥600
最大负荷下伸长率(%)		≥10	≥10	≥8
剥离强度/(N/100mm)	非织造布与编织布	≥40	≥40	—
	PE膜与非织造布	—	≥30	—
渗透系数/(m/s)		$\leq 5.0\times10^{-11}$	$\leq 5.0\times10^{-12}$	$\leq 1.0\times10^{-12}$
耐静水压		0.4MPa，1h，无渗漏	0.6MPa，1h，无渗漏	0.6MPa，1h，无渗漏
滤失量/mL		≤18		
膨润土耐久性/(mL/2g)		≥20		

2. 基层及细部处理

铺设膨润土防水层的基层混凝土强度等级不得小于C15，水泥砂浆强度等级不得低于M7.5。基层应平整、坚实、清洁，不得有明水和积水。

阴阳角部位可采用膨润土颗粒、膨润土棒材、水泥砂浆进行倒角处理，做成直径不小于 30mm 的圆弧或坡角。

变形缝、后浇带等接缝部位应设置宽度不小于 500mm 的加强层，加强层应设置在防水层与结构外表面之间。穿墙管件部位宜采用膨润土橡胶止水条、膨润土密封膏或膨润土粉进行加强处理。

3. 施工要点

① 膨润土防水毯的织布面或防水板的膨润土面应与结构外表面或底板垫层混凝土密贴。立面和斜面铺设膨润土防水材料时，应上层压着下层，并应贴合紧密，平整无褶皱。

② 甩槎与下幅防水材料连接时，应将收口压板、临时保护膜等去掉，将搭接部位清理干净，涂抹膨润土密封膏后搭接固定。搭接宽度应大于 100mm，搭接处的固定点距搭接边缘宜为 25~30mm。平面搭接缝可干撒膨润土颗粒进行封闭，用量为 0.3~0.5kg/m。

③ 膨润土防水材料应采用水泥钉加垫片固定。水泥钉的长度应不小于 40mm，立面和斜面上的固定间距为 400~500mm，呈梅花形布置。平面上应在搭接缝处固定；永久收口部位应用收口压条和水泥钉固定，并用膨润土密封膏覆盖。

④ 对于需要长时间甩槎的部位应采取遮挡措施，避免阳光直射造成老化变脆。

⑤ 破损部位应采用与防水层相同的材料进行修补，补丁边缘与破损部位边缘距离不应小于 100mm。

⑥ 穿墙管道处应设置附加层，并用膨润土密封膏封严，如图 9-18 所示。

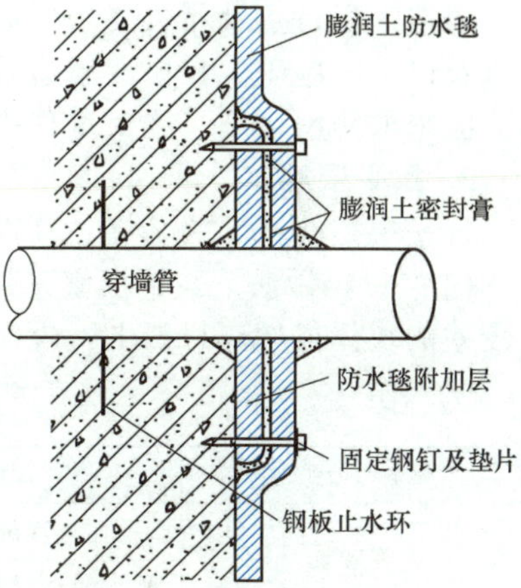

图 9-18 穿墙管道处的处理

9.3 屋面防水工程

屋面防水是防止雨水、雪水对屋面的间歇性浸透，保证建筑物的寿命及使用功能正常发挥的一项重要工程。

防水屋面的种类包括卷材防水屋面、涂膜防水屋面、瓦屋面等。下面介绍常用的卷材、涂膜防水屋面的施工。该类防水屋面按防水层与保温层设置位置不同，分为正置式和倒置式屋面，其构造见图 9-19。

屋面的施工应按构造做法由下至上分层次进行。例如，正置式屋面主要为：找坡层及保温层施工→找平层施工→防水层施工→隔离层及保护层施工。其中，找坡层及保温层应根据设计要求的材料做法，在结构完成后及时进行施工，以保护结构。当屋面防水层为“卷材+涂膜”时，应先做涂膜再铺贴卷材，既能黏结牢固，又可增加可靠性及耐久性。

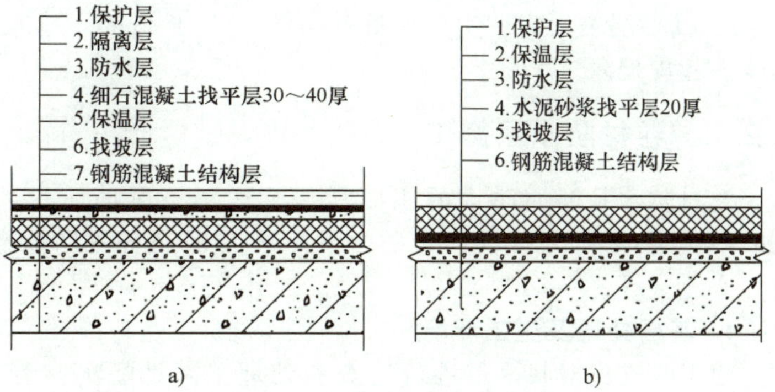

图 9-19 卷材、涂膜防水屋面构造

a）正置式屋面 b）倒置式屋面

9.2.1 施工条件与基层找平

正置式屋面保温防水施工

1. 施工条件

屋面防水层应在屋面以上其他工程完成且找平层干燥后进行施工。其干燥程度据所选防水卷材或涂料的特性确定，一般含水率应低于9%，可用干铺卷材法检验。

防水工程应由有相应资质的工作队伍进行施工，作业人员应持证上岗。施工单位应编制专项施工方案或技术措施，并进行现场技术、安全交底。

所用材料的品种、规格、性能等应符合设计和标准要求，并经抽样复试合格。

根据工程特点及相关要求，制订安全、防火措施，并做好准备工作。严禁在雨雪天和五级风及以上时施工；在屋面周边及预留孔部位设置安全护栏和安全网。当屋面坡度大于30%时，应采取防滑措施。施工过程中应采取防止杂物堵塞排水系统的措施。

2. 找平层施工

找平层是防水层的基层，其性能与质量直接影响到防水层的质量和防水效果。

（1）材料做法　找平层宜采用水泥砂浆或细石混凝土，做法详见表9-14。在整体性及刚度较差的块体或散碎材料上，应做细石混凝土找平层。

表9-14　找平层厚度和技术要求

找平层分类	适用的基层	厚度/mm	技术要求
水泥砂浆	整体现浇混凝土板	15～20	1：2.5水泥砂浆
	整体材料保温层	20～25	
细石混凝土	装配式混凝土板	30～35	C20混凝土，宜加钢筋网片
	板状材料保温层		C20混凝土

（2）施工要求　施工时，处于保温层上的找平层应留设分格缝，以避免因温度变形开裂而影响防水层。纵横缝的间距均不宜大于6m，用分格条进行留设，缝宽宜为5～20mm。装配式结构的分格缝宜留设在屋面板板端处。缝内嵌填密封材料。

卷材屋面的找平层与突出屋面结构（如女儿墙、立墙、风道口等）的连接处、管根处及基层的转角处（檐口、天沟、屋脊、雨水口等），均应做成圆弧，以防卷材折裂。铺高聚物改性沥青防水卷材者，圆弧半径为50mm，铺合成高分子防水卷材者为20mm。

施工时，对不易与找平层结合的基层应做界面处理。找平层应在初凝前压实、抹平，收水后进行二次压光且在终凝前完成，并及时取出分格条。终凝后应及时进行养护，时间不少于7d。找平层表面应密实，平整度偏差不大于5mm；排水坡度符合设计要求，不得有酥松、起砂、起皮现象。

9.2.2 卷材防水层施工

卷材防水是屋面防水的主要做法，适用于屋面防水的各个等级。常用材料包括高聚物（如SBS、APP等）改性沥青防水卷材、合成高分子防水卷材以及相应的胶黏剂、基层处理剂、嵌缝膏等。

1. 基层处理及施工环境

施工时需先对找平层进行检查和处理，满足坚实、干净、平整且无孔隙、起砂和裂缝的要求。并涂刷基层处理剂，以增强卷材与基层的黏结力。基层处理剂的种类应与卷材或胶黏剂的材性相容，可用喷涂或涂刷法施工，应均匀一致，干燥后应立即铺贴卷材。

卷材铺贴应选择在好天气时进行，严禁在雨、雪天施工，有五级以上的大风时不得施工，热熔法和焊接法的施工环境温度不宜低于-10℃，冷粘法不宜低于 5℃，自粘法不宜低于 10℃。

2. 卷材铺贴

（1）铺贴顺序　卷材防水层施工，应按“先高后低，先远后近”的顺序进行铺贴，即高低跨屋面，先铺高跨后铺低跨；等高的大面积屋面，先铺离上料地点远的部位，以防运输、踩踏而损坏。

对每一跨的铺贴，应先做节点、附加层和排水集中部位（如雨水口处、檐口、天沟、檐沟等）的加强处理，然后再由屋面最低处向上进行大面积铺贴，以保证顺水搭接。

（2）铺设方向　屋面卷材宜平行屋脊铺贴，上下层卷材不得相互垂直铺贴；檐沟、天沟卷材应顺其长度方向铺贴，以减少搭接。

（3）搭接要求　卷材铺贴应采用搭接法连接，平行于屋脊的搭接缝应顺流水方向搭接，卷材搭接宽度：用胶黏剂粘贴时，合成高分子防水卷材不应少于 80mm，改性沥青防水卷材不少于 100mm；采用自粘型改性沥青防水卷材时不应少于 80mm。搭接形式与要求如图 9-20 所示，相邻两幅卷材短边的搭接缝应错开不小于 500mm，上下层卷材长边的搭接缝应均匀错开且不应小于幅宽的 1/3。

（4）粘贴形式　卷材防水层的粘贴形式按其底层卷材是否与基层全部粘结，分为满粘法、空铺法、条粘法或点粘法（见图 9-21）。各层卷材之间应满粘。

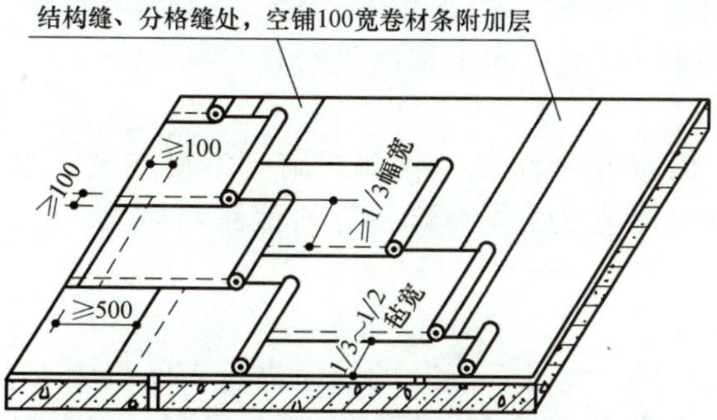

图 9-20　改性沥青防水卷材搭接形式与要求（热熔法粘贴）

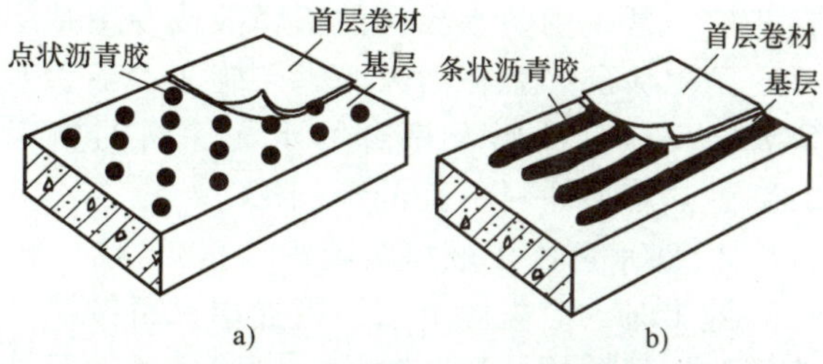

图 9-21　点粘、条粘法示意图
a）点粘法　b）条粘法

立面或大坡面铺贴卷材时，必须采用满粘法，并宜减少短边搭接接头数量。

当卷材防水层上有重物覆盖或基层变形较大时，应优先采用空铺法、点粘法或条粘法，以避免结构变形拉裂防水层；当保温层或找平层含水率较大且干燥有困难时，也应采用空铺法、点粘或条粘法铺贴，并在屋脊设置排气孔而形成排气屋面，以防止水分蒸发造成卷材起鼓。

采用空铺法、点粘法或条粘法时，在屋脊、檐口和屋面的转角处应满粘，其宽度不少于 800mm，卷材间的搭接处也必须满粘。条粘法铺贴时，每幅卷材与基层粘结面不少于两条，每条宽度不小于 150mm；点粘法铺贴时，卷材与基层的粘结点，每平方米不少于 5 个，每点面积为 100mm×100mm。

卷材的收头、雨水口、管根、变形缝、出入口等处，均应按构造要求做好细部处理。当屋面坡度大于 25%时，卷材应满粘并采取钉压固定措施。

（5）粘贴要求　卷材的粘贴工艺见地下卷材防水层施工，需注意问题和要求如下：

① 采用热熔法铺贴高聚物改性沥青防水卷材时，火焰加热器的喷嘴距卷材面的距离应适中，幅宽内加热均匀，使卷材表面熔融至光亮黑色为度，随即滚铺卷材。滚铺时应排除空气，

使之平展无褶皱，并辊压粘牢。卷材接缝部位应有热熔的改性沥青胶溢出，其宽度不少于8mm。

② 采用热粘法铺贴改性沥青防水卷材时，宜采用专用导热油炉熔化热熔型改性沥青胶结料，加热温度不应高于200℃，使用时温度不宜低于180℃。铺贴时，应随刮涂胶结料随滚铺卷材，并应展平压实。胶结料的厚度宜为1~1.5mm。

③ 采用冷粘法铺贴卷材时，应根据胶黏剂的性能，控制好胶黏剂涂刷与卷材铺贴的间隔时间。胶黏剂涂刷应均匀，不得露底、堆积。卷材铺贴应平整顺直，搭接尺寸准确，不得扭曲、褶皱。铺贴时应排除卷材下的空气，并辊压粘牢。卷材的搭接缝应满涂配套胶黏剂，辊压粘牢，溢出的胶黏剂随即刮平封口，并用材性相容的密封材料进一步封严。

④ 铺贴自粘型卷材，应在基层处理剂干燥后及时进行。铺贴时，应将隔离纸撕净，并排除空气，辊压粘牢。搭接尺寸应准确，不得扭曲、褶皱。低温施工时，立面、大坡面及搭接部位宜用热风机加热，并随即粘牢。接缝口用材性相容的密封材料进一步封严。

9.2.3 涂膜防水层施工

涂膜防水层施工的工艺顺序为：细部处理→基层处理→涂膜防水层施工→保护层施工。

屋面涂膜防水施工

1. 基层处理及施工环境

涂膜防水屋面对基层的要求及处理方法同卷材防水屋面。当采用溶剂型、热熔型及反应固化型防水涂料时，基层应干燥。基层处理剂应与上部涂膜的材性相容，常采用防水涂料的稀释液或专用基层处理剂。

防水涂层严禁在雨天、雪天施工；五级风以上时或预计涂膜固化前有雨时不得施工；水乳型、反应型涂料及聚合物水泥涂料的施工环境温度宜为5~35℃，溶剂型涂料宜为-5~35℃，热熔型涂料不宜低于-10℃。

2. 防水层施工顺序与要求

施工时，应先做节点、附加层，再按照“先高后低、先远后近”的顺序进行大面积施工。涂层施工可采用抹压、滚涂、刷涂或喷涂等方法，分层分遍涂布。后层涂料应待前一层干燥成膜后进行，涂刷的方向应与前一层垂直；对屋面转角及立面的涂层，应薄涂多遍，以避免流淌和堆积现象。高聚物改性沥青涂膜防水层的厚度不应少于3mm，合成高分子防水涂料成膜厚度不应少于1.5mm。

对于有胎体增强的涂膜防水层，宜采用聚酯无纺布或化纤无纺布作为增强材料。在第三遍涂料涂刷前即可铺贴胎体增强材料。铺贴胎体应边涂刷边铺设，并刮平粘牢，排出气泡。干燥后，在胎体上涂布涂料时，应使涂料浸透胎体，覆盖完全，不得有外露现象。最上面的涂膜厚度不得少于1mm。胎体铺贴方向应视屋面坡度而定，当屋面坡度小于15%时可平行于屋脊铺设，否则应垂直于屋脊铺设，以防其下滑。铺贴应由低向高进行，顺水流方向搭接，长边搭接宽度不得小于50mm，短边搭接宽度不得小于70mm。上下层不得相互垂直铺设，搭接缝位置应错开，其间距不少于1/3幅宽。

涂膜防水层的收头应用防水涂料多遍涂刷或用密封材料封严。在涂膜实干前，不得在防水屋面上进行其他作业，涂膜防水屋面上不得直接堆放物品。

9.2.4 细部处理

防水屋面的接缝、收头、雨水口、变形缝、伸出屋面管道等处是防水薄弱部位。施工中，应按设计及规范要求认真做好这些细部的处理，并进行全数检查验收。

1. 防水层接缝

防水层接缝处理在工程中是极为重要的一环，应封闭严密。如采用热熔法铺贴改性沥青防水卷材，其缝口必须溢出沥青热熔胶，并形成 8mm 宽的均匀沥青条，如图 9-22 所示。采用冷粘法铺贴卷材或铺贴自粘型卷材，则应用密封膏封严缝口，宽度不小于 10mm。

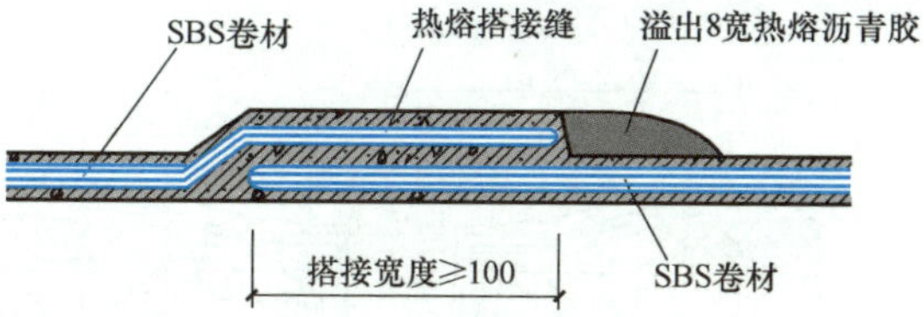

图 9-22　热熔法铺贴改性沥青防水卷材的搭接缝

2. 易变形、开裂处局部空铺处理

在屋面平面与立墙交接处、找平层分格缝、无保温层的装配式屋面板板端缝等处，易因结构、温差等变形将防水层拉裂而导致渗漏，故均应空铺（或单边点粘）宽度不少于 100mm 的卷材条，以适应变形的需要。

3. 防水层收头

檐口、女儿墙、突出屋面的通风口、出入口等部位，均应做好防水层的收头处理。常采取增设附加层、金属压条固定、密封材料封口等方法，立面处还需设置金属盖板。女儿墙收头如图 9-23、图 9-24 所示。

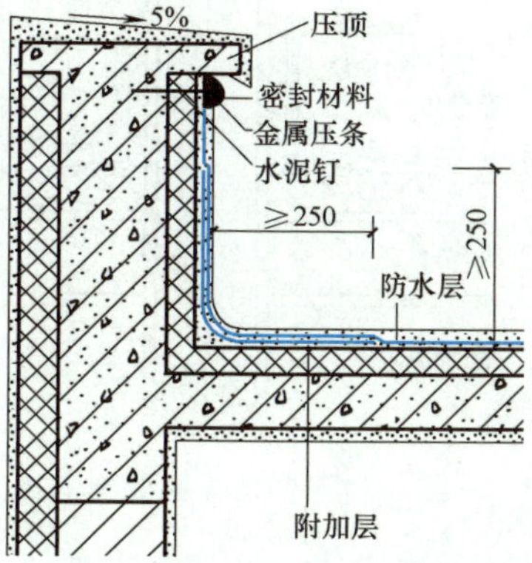

图 9-23　低女儿墙处的卷材收头

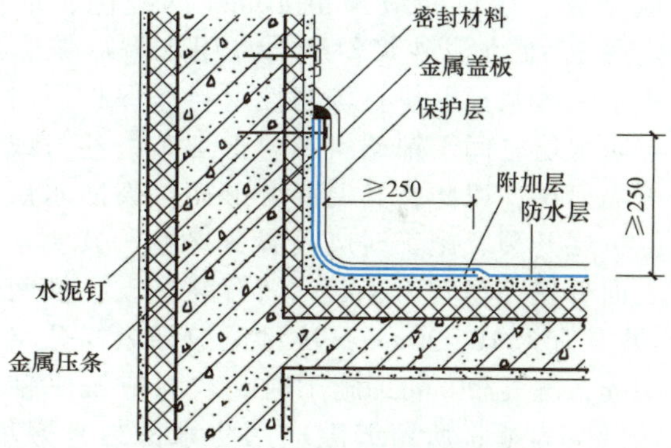

图 9-24　高女儿墙处的卷材收头

4. 雨水口处理

雨水口是最易渗漏的部位。应注意：

① 在雨水口管与基层混凝土交接处留置凹槽（20mm×20mm），嵌填密封材料。

② 雨水口杯的上口高度，应根据沟底坡度、雨水口周围 500mm 范围内 5%的排水坡度及附加层厚度，计算出杯口的标高，并确保其在沟底最低处。

③ 施工的层次顺序依次为增设的涂膜层、附加防水层及设计防水层，防水层及附加层均应伸入排水口中不少于 50mm，并粘结牢固，封口处用密封材料嵌严，如图 9-25、图 9-26 所示。

5. 伸出屋面的管道

伸出屋面管道周围的找平层应抹成圆锥台，高出屋面找平层 30mm，以防止根部积水，如图 9-27 所示。管道泛水处的防水层下应增设附加层，附加层在平面和立面的宽度均不少于 250mm。卷材收头应用金属箍箍紧，并用密封材料封严。涂膜收头应用防水涂料多遍涂刷。

9.2.5　保护层施工

卷材屋面应有保护层，以减少雨水、冰雹冲刷或其他外力造成的卷材机械性损伤，并可折射阳光、降低温度，减缓卷材老化，从而增加防水层的寿命。当卷材本身无保护层而又非架空隔热屋面或倒置式屋面时，均应另作保护层。

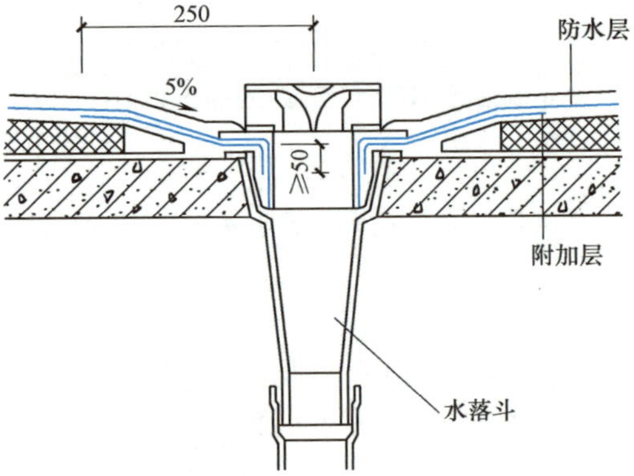

图 9-25 直式雨水口

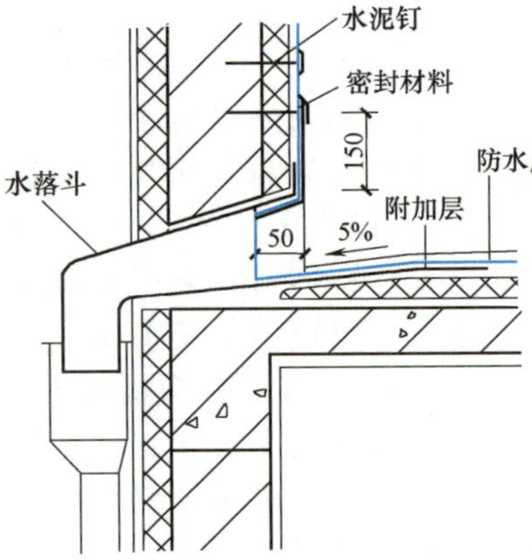

图 9-26 横式雨水口

保护层施工应在防水层经过验收合格，并将其表面清扫干净后进行。保护层施工后，其表面的坡度应符合设计要求，不得有积水现象。采用砂做结合层铺设块体时，砂结合层应平整，块体间应预留 10mm 的缝隙，缝内应填砂，并应用 1∶2 水泥砂浆勾缝。采用水泥砂浆、细石混凝土或用水泥砂浆铺贴块材等刚性材料作保护层时，应在保护层与防水层之间干铺塑料膜、土工布、卷材或抹低强度砂浆等隔离层，以防止其温度变形而拉裂防水层；为防止刚性保护层开裂，施工时应设置分格缝，其要求为：水泥砂浆表面分格面积宜为 1m^2；细石混凝土纵横间距不大于 6m，缝宽宜为 10~20mm；块材保护层纵横分格缝间距不大于 10m，缝宽 20mm；施工时，块材应铺平铺稳，块间用水泥砂浆勾缝；所留缝隙应用防水密封膏嵌填密实。刚性保护层与女儿墙之间需预留 30mm 宽缝隙，缝内宜填塞聚苯乙烯泡沫塑料，并应用密封材料嵌填密实。

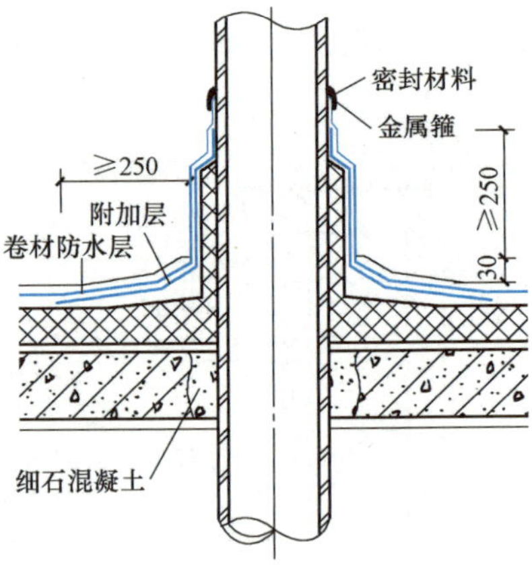

图 9-27 伸出屋面管道的处理

采用浅色涂料做保护层时，涂料应与防水层卷材、涂膜相容。浅色涂料应多遍涂刷，当防水层为涂膜时，应在涂膜固化后进行；涂层应与防水层黏结牢固，厚薄应均匀，不得漏涂；涂层表面应平整，不得流淌和堆积。

9.2.6 屋面及防水施工质量验收要点

1. 屋面工程的质量要求

屋面工程进行分部工程验收时，其质量应符合下列要求：

1）防水层不得有渗漏或积水现象。

2）屋面工程所使用的材料应符合设计要求和质量标准的规定。

3）找平层表面平整，不得有酥松、起砂、起皮现象。

4）保温层的厚度、含水率和表观密度应符合设计要求。

5）天沟、檐沟、泛水和变形缝等构造，应符合设计要求。

6）卷材铺贴方法和搭接顺序应符合设计要求，搭接宽度正确，接缝严密，不得有皱折、鼓泡和翘边现象。

7）涂膜防水层的厚度应符合设计要求，涂层无裂纹、皱折、流淌、鼓泡和露胎现象。

8）嵌缝密封材料应与两侧基层黏结牢固，密封部位光滑、平直，不得有开裂、鼓泡、下塌现象。

2. 屋面防水层的渗漏检查

屋面的每个层次及细部做法施工完成后，均应经检验合格后再进行下一道工序施工。屋面防水层的检查内容包括有无渗漏、积水，排水系统是否畅通等。检查应在中雨量级以上的雨后或持续淋水2h后进行；对能蓄水的屋面或檐沟，也可采用24h蓄水后进行检验。检查时应对顶层房间的顶棚，逐间进行仔细的检查。

如有渗漏现象，应记录渗漏的状态，查明原因，及时进行修补，直至无渗漏为止。后序施工不应损害防水层，在防水层上堆放材料应采取防护隔离措施。

工程案例

本章“某工程地下防水施工方案”等工程案例，详见本书配套电子资源。

习　题

1. 工程防水应遵循的原则是什么？工程防水的工作年限有何要求？
2. 工程防水等级是如何划分的？地下及屋面的一、二级防水在构造做法上各有何要求？
3. 地下及屋面防水工程质量的合格判定标准是什么？
4. 普通防水混凝土对原材料及配合比的要求有哪些？
5. 外加剂防水混凝土常用的外加剂有哪些？
6. 防水混凝土工程中，防水薄弱部位主要有哪些？各自处理方法与要求如何？
7. 简述防水卷材冷粘法、热粘法、热熔法及冷自粘法的施工方法。
8. 简述地下工程防水外贴法和内贴法的施工顺序及优缺点。
9. 简述地下工程涂料防水施工工艺。
10. 简述膨润土防水毯施工的主要构造与工艺。
11. 简述屋面防水做法及各自的适用范围。
12. 屋面防水卷材的铺贴方法有哪些？
13. 如何确定屋面防水卷材的铺贴方向与施工顺序？
14. 简述涂膜防水屋面的施工工艺。
15. 屋面防水的细部包括哪些，主要处理要求如何？
16. 简述屋面刚性防水保护层分格缝的作用及设置要求。
17. 屋面防水的质量要求有哪些？如何进行渗漏状况的检查？

第10章

装饰装修工程

学习目标

了解装饰的作用与特点；了解抹灰的组成、分类分级、基体处理及材料要求，掌握常见一般抹灰和装饰抹灰的主要工艺和质量要求；掌握常见饰面板（砖）安装的主要构造与工艺要点；了解幕墙、门窗及吊顶安装的主要方法；掌握涂饰及裱糊施工的要点。

装饰装修是指为保护建筑物或构筑物的主体结构、完善使用功能、协调结构与设备的关系和达到美化效果，采用装饰装修材料或饰物，对其内外表面及空间进行的各种处理过程。建筑装饰装修可分为室外和室内两大部分；按工艺方法和部位分为抹灰工程、门窗工程、地面工程、吊顶工程、隔墙隔断工程、饰面板（砖）工程、幕墙工程、涂饰工程、裱糊与软包工程、细部工程等。

装饰装修工程具有工序多、工艺复杂、工期长、造价高、用工多及质量要求高、成品保护难、环保要求高等特点。使用工厂化生产的构件与材料，用干作业代替湿作业，提高机械化施工程度，实行专业化施工等，是装饰装修施工的发展方向。这对于缩短工期、降低造价、提高质量、减轻劳动强度和保护环境有着重要意义。

10.1 抹灰工程

抹灰是将砂浆或灰浆涂抹在结构体表面，具有保护结构、找平及装饰等作用。在有水房间的地面及雨水较多地区的外墙面，常需抹水泥防水砂浆，使其兼具防水功能。

10.1.1 抹灰概述

1. 抹灰层的组成

抹灰施工一般需要分层进行，以利于粘结牢固、抹面平整和避免开裂。通常由底层、中层、面层三个层次构成，如图 10-1 所示。

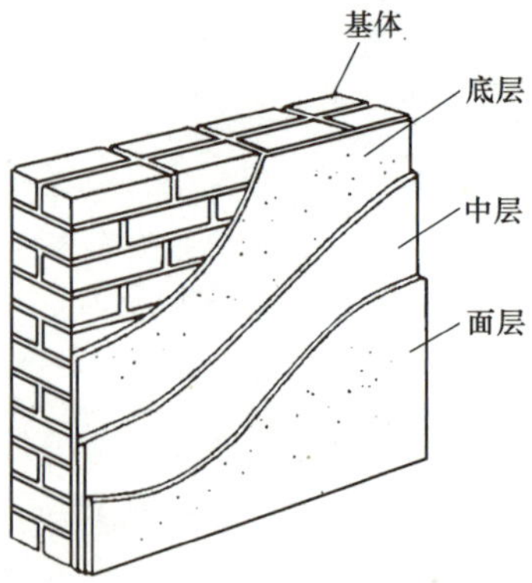

图 10-1 抹灰的层次构造

底层的主要作用是与基体粘结，兼初步找平。其材料应与基体的强度及温度变形能力、环境相适应，强度不得低于面层。对砖墙基体，室内宜采用石灰砂浆或水泥石灰砂浆；室外或室内有防潮要求者，则采用水泥砂浆。对混凝土或加气混凝土基体，表面宜用水泥砂浆或混合砂浆打底，打底前先刷界面剂。

中层主要起找平作用。其所用材料与底层材料基本相同（面层抹石膏灰者不得用水泥砂浆）；根据质量要求可一次抹成，也可分遍进行。

面层主要起装饰作用。室内墙面常用混合砂浆或石膏灰，室外抹灰常用水泥砂浆或水泥石渣类饰面层。对一般抹灰，中层、面层可一次成形；装饰抹灰则按工艺要求进行。

各抹灰层的厚度取决于基体的材料及表面平整度、砂浆的种类、抹灰质量要求和气候情况。抹水泥砂浆，每遍宜为5~7mm厚；石灰砂浆或水泥石灰混合砂浆宜为7~9mm；罩面层抹纸筋灰或石膏灰时，不得大于2~3mm，以免裂缝和起壳而影响质量与美观。

当抹灰总厚度大于等于35mm时，必须采取挂网等加强措施。

2. 抹灰的分类分级

抹灰工程按装饰效果或使用要求分为一般抹灰、装饰抹灰和特种抹灰三大类。一般抹灰包括水泥砂浆、水泥混合砂浆、聚合物水泥砂浆和粉刷石膏等抹灰；装饰抹灰包括水刷石、水磨石、斩假石、干粘石等以石渣饰面和拉毛灰、假面砖等以做法饰面的抹灰；此外还有防水、保温、抗渗等有特殊功能要求的特种抹灰。

一般抹灰按质量标准不同，又分为普通抹灰和高级抹灰两级。其构造做法、表面质量要求及适用范围见表10-1。

表10-1 一般抹灰各级的构造做法、表面质量要求及适用范围

级别	表面质量要求	适用范围
普通抹灰	表面光滑、洁净、接槎平整，阴阳角顺直、分格缝清晰	一般居住、公用和工业建筑（如住宅、宿舍、教学楼、办公楼）以及高标准建筑物中的附属用房等
高级抹灰	表面光滑、洁净，颜色均匀、美观，无接槎痕迹，阴阳角方正顺直，分格缝和灰线清晰美观	大型公共建筑物、纪念性建筑物（如剧院、礼堂、宾馆、展览馆等和高级住宅）以及有特殊要求的高级建筑等

3. 基体处理

为保证抹灰层与基体之间能粘结牢固，避免裂缝、空鼓和脱落等，在抹灰前应对基体进行处理。除需进行剔实凿平、嵌填孔洞沟槽、清理、润湿外，还应做好以下处理：

1）不同材料基体交接处应采取防开裂措施，当采用铺钉加强网时，加强网与各基体搭接宽度应不小于100mm（见图10-2）。

2）光滑的混凝土表面，应进行凿毛或涂刷胶黏性水泥浆、界面剂。

3）加气混凝土基体表面，应涂刷界面剂并拉毛，以封闭孔隙、增加表面强度。必要时可满钉金属加强网，以避免抹灰脱落。

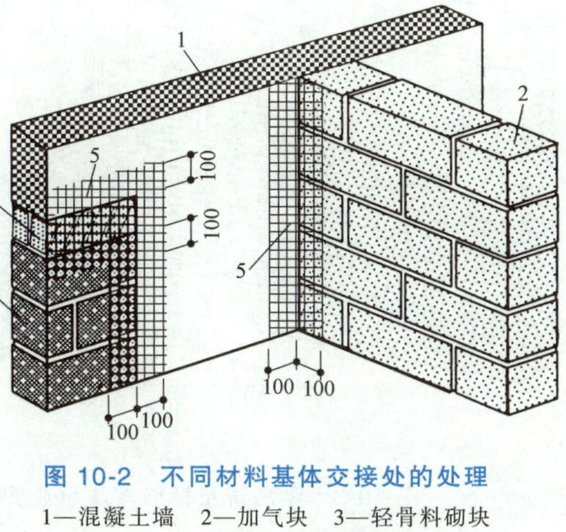

图10-2 不同材料基体交接处的处理

1—混凝土墙 2—加气块 3—轻骨料砌块 4—斜砌砖 5—加强网

4. 抹灰材料与要求

抹灰所用的石灰应熟化成灰膏，块状生石灰在灰膏池内熟化不少于15d；磨细生石灰粉泡水不少于3d。砂子、石粒应洁净、坚硬，并经过筛处理。麻刀、纸筋等纤维材料要纤细、洁净，并经过打乱、浸透处理。所用颜料应为耐碱、耐光的矿物颜料。化工材料（如胶黏剂等）应符合相应质量标准且不超过使用期限。

抹灰所用的砂浆要黏结力好、易操作，无明确强度要求，因此，常用体积配合比。但对于要求较高的装饰抹灰，最好经过配合比试验并采用质量配合比。

为了减少环境污染、提高施工质量和速度，宜使用按照功能需求、采用多种材料配兑好的预拌砂浆和粉刷石膏。预拌砂浆分袋装和散装，按品种分普通干拌砂浆（又分为：砌筑、内墙抹灰、外墙抹灰、地面抹灰等砂浆）和特种干拌砂浆（又分为：瓷砖粘贴、聚苯板粘贴、

外保温抹面等砂浆)。粉刷石膏主要用于室内墙面和顶板，具有黏结性好、质轻层薄、凝结硬化快、干缩小不开裂等优点，但表面强度及耐水防潮性能不足。

10.1.2 一般抹灰施工

一般抹灰工艺与要求演示

1. 墙面抹灰

墙面一般抹灰的总厚度，内墙普通抹灰不得大于20mm，高级抹灰不得大于25mm；外墙墙面抹灰不得大于20mm；勒脚及突出墙面部分，不得大于25mm。石墙墙面抹灰不得大于35mm。

抹灰时，不得将水泥砂浆抹在石灰砂浆层上，以防水泥砂浆空鼓脱落；石膏灰可抹在石灰砂浆或混合砂浆层上，不得抹在水泥砂浆层上，以免变形开裂；粉刷石膏可直接抹在混凝土或加气混凝土表面。

一般抹灰随抹灰等级的不同，其施工工序也有所不同。普通抹灰要求阳角找方、设置标筋、分层涂抹、赶平、修整、表面压光。高级抹灰则还要求阴角找方等。

(1) 做标志　为了有效地控制墙面抹灰层的厚度与垂直度、平整度，抹灰前应先做标志块（也称贴灰饼），并设置标筋（又称冲筋），作为中层找平的依据。

做标志时，先用托线板检查墙面的平整、垂直程度，据以确定抹灰厚度（最薄处不宜小于7mm），再在墙两边上角按底、中层抹灰的厚度，用砂浆各做一个“灰饼”。然后根据这两个灰饼，用托线板或线锤吊挂垂直，做出墙面下角的两个灰饼（一般在踢脚板上口）。随后以左右两灰饼面为准，分别拉线，每隔1.2~1.5m加做若干灰饼。待灰饼稍干后，在上下灰饼之间用砂浆抹一条宽50mm的垂直灰埂，即标筋，如图10-3、图10-4所示。

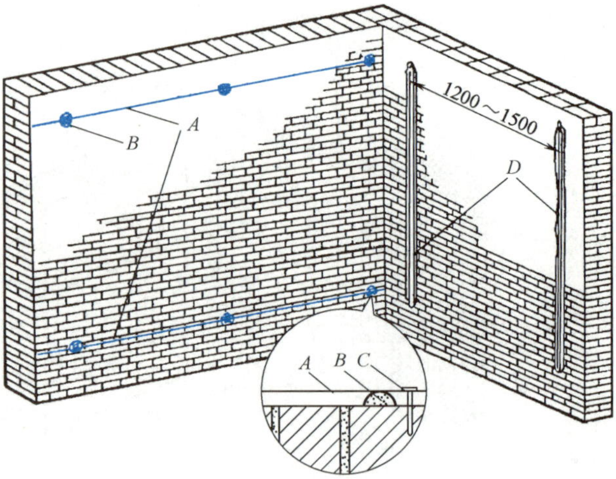

图10-3 贴灰饼及标筋做法示意图

A—引线 *B*—灰饼（标志块） *C*—钉子 *D*—标筋

图10-4 用托线板找垂直做标志

(2) 做护角　对墙、柱及门洞口的阳角，均需抹1∶2水泥砂浆护角，以提高强度，防止碰坏。同时，护角也可起到标筋作用。其高度一般应不低于2m，每侧宽不小于50mm，如图10-5所示。

(3) 底层和中层的涂抹　这道工序也叫装档。其方法是将砂浆涂抹于标筋之间，底层要低于标筋，待收水后立即进行中层抹灰，其厚度略高于标筋。随即用2m长杠尺按标筋刮平（见图10-6）。紧接着用木抹子搓压一遍，使表面平整密实。

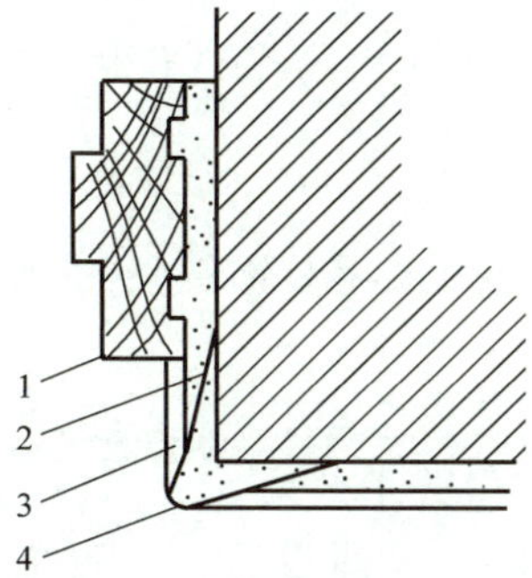

图 10-5 护角抹灰

1—门框 2—嵌缝砂浆 3—墙面层砂浆

4—1∶2水泥砂浆护角

图 10-6 装档刮平示意图

为使底层砂浆与基体粘结牢固，抹灰前应对基体浇水湿润，以防止基体过多吸水，使抹灰层产生空鼓或脱落。砖基体宜浇水两遍，使水渗入8~10mm深。混凝土基体宜在抹灰前一天浇水，使水渗入混凝土表面2~3mm。如果各层抹灰相隔时间较长，已抹砂浆层较干时，也应浇水湿润，才可抹后一层砂浆。

底层和中层抹灰也可先利用机械喷涂，再由机械或人工抹平。机械抹灰能将砂浆的搅拌、运输、喷涂和抹平通过一套抹灰机组完成，可大大降低劳动强度，加快施工进度，并可提高粘结强度。智能机械抹灰还可大大提高抹灰的效率和质量。

(4) 罩面压光 室内抹灰常用面层有混合砂浆、石膏灰、建筑腻子等。罩面层应待找平层五六成干后进行。石膏灰或建筑腻子应分纵横2遍涂抹，每遍厚1~2mm，经赶平压实后的总厚度，不得大于2mm。收水后用钢抹子压光，不得留抹纹。

室外抹灰常用1∶2.5的水泥砂浆罩面，厚度5~8mm。在底层、中层抹完后的第二天即可抹面层。为防止收缩开裂，一般应设分格缝，每格要一次抹完。施工时，首先将墙面润湿、弹线分格、粘分格条和滴水槽；然后薄刮一层水泥膏，抹罩面砂浆并用杠尺按分格条横竖刮平，木抹子搓毛，铁抹子压光，待其表面无明水时，用软毛刷蘸水按垂直于地面的同一方向轻刷一遍，以保证面层的颜色一致；最后将分格条等起出。面层抹完24h后，要洒水或涂刷养护剂保湿养护不少于7d，以防止开裂和强度不足。待灰层干后，用水泥膏勾缝。

2. 楼地面抹灰

楼地面抹灰须用水泥砂浆，厚度不小于20mm。砂浆宜用不低于42.5级的硅酸盐水泥或普通硅酸盐水泥、含泥量不大于3%的中砂或粗砂配制，配合比为1∶2，强度等级不应低于M15。砂浆的稠度应不大于35mm，以保证其强度和耐磨性，减少开裂。

楼地面抹灰的工艺流程为：清扫、清洗基层→弹面层线、做灰饼、标筋→扫素水泥浆→铺水泥砂浆→木杠刮平→木抹子压实、搓平→铁抹子压光（三遍）→养护。

施工前，应将基层清扫干净后用水冲洗并晾干。根据墙面准线在地面四周的墙面上弹出楼（地）面水平标高线，在四周做出灰饼，并拉线补做中间灰饼。按间距1.2~1.5m做好标筋。对有坡度、地漏的房间，标筋应呈放射状坡向地漏。

铺抹砂浆应在标筋凝结前进行，即冲软筋，以减少裂缝。抹灰时先在基层扫一遍水泥浆结合层。随扫随铺砂浆，并用长木杠按标筋刮平、拍实，再用木抹子反复压实搓平。之后，须经三遍压光成活。头遍是在搓平后立即用铁抹子抹压出浆、抹平，对出浆处撒 1∶1 干水泥砂子面；稍收水后抹压第二遍，要加力压实、抹光。初凝后（抹灰后 3~6h，踩上去有胶鞋纹印），进行第三遍压光，应抹除脚印和抹纹，全面压光，也可用抹光机压平。压光必须在终凝前完成。

面层抹完一天内，喷洒养护剂，或用湿锯末覆盖，每天浇水 3~4 次，养护不少于 7d。

10.1.3 装饰抹灰施工

装饰抹灰的底层和中层的做法与一般抹灰基本相同，而面层则采用装饰性强的材料或用特殊的处理方法做成。下面介绍几种常用的装饰抹灰施工。

1. 水刷石

水刷石主要用于室外首层墙面或柱面，往往以分格分色来获得艺术效果。

水刷石面层施工应在中层（一般 12mm 厚 1∶3 水泥砂浆）终凝后进行。首先在中层表面弹出分格线，按线用水泥浆粘贴分格条，两侧抹成八字形；然后将中层表面洒水湿润，薄刮一层素水泥浆结合层，随即抹稠度为 5~7cm、厚 10~20mm 的水泥石粒浆（水泥∶石粒=1∶1~1∶1.5）面层，用铁抹子反复拍平压实；当面层开始凝固时（手指按不显指痕，刷石粒不脱落），用刷子蘸水自上而下刷掉面层水泥浆，使石粒表面完全外露；用喷雾器自上而下喷水冲洗至石粒表面清洁；最后起出分格条，并用素灰修补缝格，24h 后洒水养护。

水刷石施工

外观质量应达到石粒清晰、分布均匀、紧密平整、色泽一致，无掉粒和接槎痕迹。

2. 干粘石

干粘石是将彩色石粒直接粘在砂浆层上的抹灰做法。该做法省石渣、费用低，装饰效果接近水刷石，适用于不易碰触到的外墙面。施工时，首先在已经硬化的 1∶3 水泥砂浆找平层上弹线分格、粘分格条；然后洒水湿润并刮素水泥浆，抹一层厚为 6~7mm 的 1∶2.5 的水泥砂浆找平层，随即抹厚为 4~5mm 的 1∶0.5 水泥石灰膏粘结层，同时甩粘或机喷粒径为 4~6mm 的石渣，并拍平压实在粘结层上，要求压入深度不少于 1/2 粒径，但不得把灰浆拍出，以免影响美观。最后在干粘石墙面经修补达到表面平整且石粒均匀后，起出分格条，用水泥浆勾缝，在常温施工 24h 后，用喷壶洒水养护。

干粘石的质量要求是石粒粘结牢固，分布均匀，颜色一致，不露浆，不漏粘，阳角处应无明显黑边。

3. 斩假石

斩假石又称剁斧石，是仿制天然花岗石、青条石的一种饰面，常用于勒脚、台阶及室外柱、墙面。施工时，在 1∶2 水泥砂浆找平层养护硬化后，弹线分格并粘分格条。在找平层表面洒水润湿并刮素水泥浆一道，随即抹 10mm 厚的 1∶1.25 水泥石粒浆（内掺 30%石屑）罩面层；抹平后用木抹子打磨拍实，用软毛刷蘸水顺待剁纹的方向将表面水泥浮浆轻轻刷掉，至均匀露出石粒为止。24h 后洒水养护 2~3d，待强度达 60%~70%即可试剁，如石粒颗粒不发生脱落便可正式斩剁；为了美观，一般在分格缝、阴阳角周边留出 15~20mm 宽的边框线不剁。斩剁的顺序一般为先上后下，由左到右，先剁转角和四周边缘，后剁中间。剁纹的深度一般以 1/3 石粒的粒径为宜。施剁时，用剁斧将面层斩毛，剁的方向要一致，剁纹深浅要均匀，一般两遍成活，即可做出类似用石料砌成的装饰面。

水磨石地面施工

4. 水磨石

水磨石多用于楼地面，具有整体性及耐久性好、可做成各种花色图案、装饰效果好等优点，但工艺较烦琐、施工周期长、产生污水多。

在找平层砂浆铺抹 12~24h 后弹分格线。按设计图案安装分格条，常采用 2~5mm 厚、10~14mm 宽的铜条。安装时两侧用水泥浆抹成八字形灰埂固定。灰埂高度及交接处留空要求如图 10-7 所示，以防止水磨石出现“秃斑”现象。分格条嵌完 12~24h 后，洒水养护 3~5d。

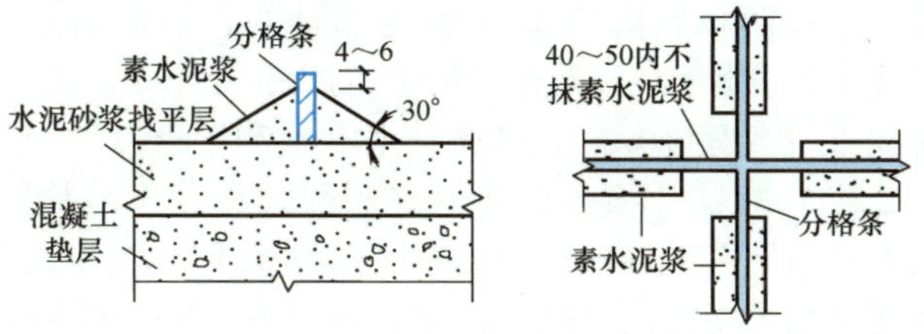

图 10-7　分格条粘嵌示意图

面层施工时，先在找平层上洒水湿润，刮水泥浆一层，随后将水泥石粒浆（水泥：石粒=1：1.25~1：2）填入分格中，厚度比分格条高出 1~2mm，抹平压实。有图案时，应先铺深色后铺浅色、先做大面后做镶边，待前一种凝固后，再做后一种。待收水后用滚筒反复滚压密实，次日洒水养护。

磨光开始时间应据气温、水泥品种及磨石机具而定，一般需养护 2~5d 后进行。开磨前，应先试磨，以石粒不松动、不脱落，表面不过硬为宜。磨石施工分粗磨、中磨和细磨三遍进行。其中，粗、中磨后应清理干净并擦同色水泥浆，以填补砂眼、缝隙，经养护 2~5d 再磨后遍；细磨后还可涂擦草酸一道，以分解石粒表面残存的水泥浆，再精磨至表面洁净无垢，光滑明亮。面层干燥后打蜡。

水磨石面层的外观质量要求为：表面应平整、光滑，石粒显露均匀，无砂眼、磨纹。分格条位置准确，顶部全部露出。

10.2　饰面与幕墙工程

饰面工程主要是指在结构体表面粘贴或安装石材、陶瓷、木质、塑料、金属及玻璃等板块装饰材料。它不但装饰效果好，而且有较高的强度和较好的耐久性，并可避免湿作业。饰面工程所用材料的种类较多，但基本上可分为饰面砖、饰面板两大类。其中前者多采用直接在结构上进行粘贴，而后者多采用相应的联结构造进行安装。建筑幕墙是将饰面板块安装于支承结构体系上，悬挂并包裹在结构体表面的轻质墙体。它不但有较好的装饰效果，还有外墙的围护作用和相应功能，相对主体结构有一定位移能力和变形能力。

10.2.1　饰面砖粘贴

饰面砖包括釉面砖、外墙面砖、马赛克等。面砖应颜色均匀，尺寸一致，边缘整齐，无缺釉、裂纹，平整度及吸水率符合要求。饰面砖应粘贴在湿润、干净、平整的基层上。故应按抹灰要求对基体进行处理，涂刷结合层后，分层分遍抹水泥砂浆找平层，并将表面用木抹子搓毛，终凝后洒水保湿养护 1~2d 即可贴砖。

内墙砖粘贴

1. 内墙釉面砖

釉面砖用于卫生间、厨房等内墙装修，其高度应进入吊顶内 50~100mm。施工工艺流程为：基层处理→选砖、浸水→弹线、排砖、做标志→粘贴→嵌缝及清理。

砖及石材地面软铺法

（1）准备　粘贴前先清扫基层，过干者应洒水湿润。釉面砖应经挑选，使规格、颜色一致，并在净水中浸泡 2h 以上，晾干或擦干明水后方可使用（用胶黏剂粘贴不需用水浸砖）。对粘贴基层应找好规矩，弹出横、竖控制线，按砖实际尺寸进行预排。在同一墙面最好只有一行（列）非整砖，应排在顶、底部或阴角处。非整砖的尺寸不得小于 1/4 砖。排列方法及缝宽（一般为 1~2mm）应符合设计要求，墙面阴角应留出 5mm 伸缩缝位置，待贴砖后用密封胶嵌填。用废瓷砖按粘结层厚度贴灰饼，间距为 1.5m 左右，阳角处要两面挂直（见图 10-8），以控制垂直度和平整度。

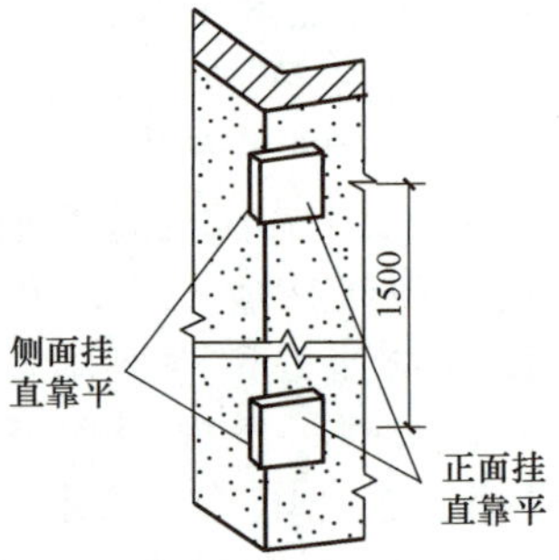

图 10-8 阳角两面挂直示意图

（2）粘贴 根据弹线稳好底部尺板，作为粘贴第一皮瓷砖的支撑，由下向上铺贴。应先粘贴角部及中间每隔 2m 的竖向标志带，以便挂水平线控制铺贴。层块间应设置间隔件控制缝宽。阳角处瓷砖应采取 45°对角，以减少露边。若墙面有突出的管线及卫生器具支承物、开关盒等，应用整砖套割吻合，不得用非整砖拼凑。

粘贴时，应在砖背面涂抹 1∶2 水泥砂浆（厚度宜为 5~10mm）进行粘贴。也可在基层和砖背面均涂批瓷砖胶黏剂，粘结层总厚度宜为 5mm。涂批时，先用带齿抹刀的无齿侧边刮抹压实，再用有齿边刮出齿槽。粘贴就位后沿齿槽横向挤揉压实，并满足位置及平整度要求，胶浆饱满，与基层黏结牢固。用水平尺随时检查平直、方正情况，调整缝隙。凡遇砂浆或胶黏剂亏欠、粘结不密实等情况时，应取下瓷砖补充砂浆或胶黏剂后重新粘贴，不得在砖口处塞填，以防空鼓。

（3）嵌缝及清理 釉面砖粘贴后，先用潮湿棉纱将表面拭净，然后用与面砖颜色相同的嵌缝剂或水泥浆嵌缝并适当压实，做到缝宽均匀、密实、无气孔和砂眼。嵌缝后擦拭干净，养护不少于 7d。

2. 外墙面砖

外墙面砖分毛面和釉面两种，宜选用背面有燕尾槽且深不小于 0.5mm 的产品。面砖的吸水率一般不应大于 6%，寒冷地区不应大于 3%，抗冻性检验应合格。粘贴面积大时应设置纵横伸缩缝，其间距不大于 6m，缝宽 20mm，并在施工后用耐候密封胶嵌填。

工艺流程为：基层处理→排砖、分格、弹线→粘面砖→勾缝→清理表面。

（1）准备 首先按面砖颜色、大小、厚薄进行分选归类。然后按设计要求的排列方式（直缝排列或错缝排列等）和砖缝尺寸绘制排布图。要求砖缝宽度不小于 5mm；尽量使墙面不出现非整砖，若必须使用时其宽度不得小于整砖的 1/3。最后进行分格、弹线。先用经纬仪找出垂直基准线，每隔 1.5~2.0m 做灰饼，粘结层总厚度控制在 3~8mm；按排布图弹出楼层水平线和垂直控制线、分格线，按皮数杆在墙面上弹出或挂砖缝水平线、垂直线。

（2）面砖粘贴 外墙面砖的铺贴应自上而下进行。宜采用水泥基类专用瓷砖胶黏剂粘贴。粘贴前，应清扫基层表面及面砖背面的粉状物，并在墙面找平层上刷结合层。粘贴时，用齿形抹刀在墙面上及砖背面均刮抹胶黏剂，排放在合适的铺装位置，垂直于胶黏剂齿槽方向轻轻揉压，确保全面粘着、胶黏剂饱满。若有亏空，取下重贴。并随时检查平整度、垂直度。

在粘贴时挤入缝中的胶黏剂应随手刮净。窗台、檐口、装饰线等部位的面砖粘贴，要注意搭盖关系，并符合流水坡度（不小于 5%）和滴水构造要求，如图 10-9 所示。

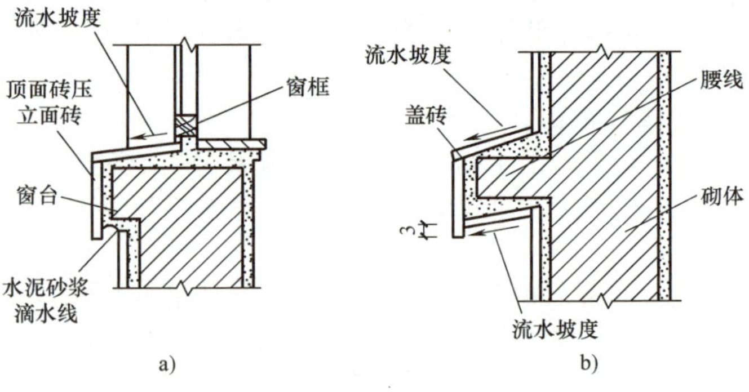

图 10-9 窗台及装饰线面砖粘贴示意图

a）窗台 b）腰线

（3）勾缝及清洗 一个层段贴完后，即可进行勾缝处理。勾缝应使用满足防水及变形缓冲要求的填缝材料，颜色符合设计。勾缝后的凹缝深度应按设计要求，但不宜大于 3mm。作业过程中，应随时将砖表面的污物擦净，特别是毛面面砖。待填缝硬化后，应对砖表面进行清洗。

3. 地砖及石材楼地面铺贴

（1）构造做法　地砖、大理石或花岗石面层是将其块材铺设在干硬性水泥砂浆（以手捏成团、落地即散为宜）找平层上。找平层的厚度应按设计要求，并考虑有无管线、垫层或楼板的平整度而定，一般为 25~35mm；配合比为 1∶3~1∶4。当找平层只能为 10~15mm 时，配合比为 1∶2，稠度为 25~35mm。一般构造如图 10-10 所示。

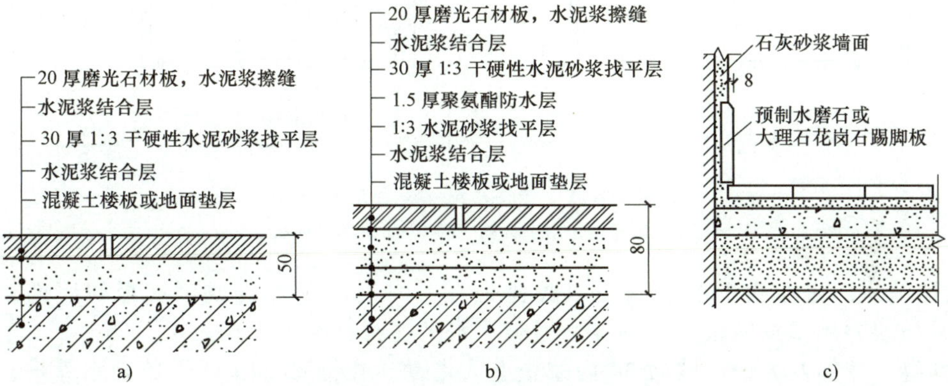

图 10-10　地砖及石材楼地面构造

a）一般楼地面　b）有防水层楼地面　c）踢脚与楼地面关系

（2）施工条件与准备　砖、石楼地面应在墙面抹灰、下部防水层及保护层、门框、管线、埋件安装及验收完毕后进行。

用于室内的花岗石应经放射性检验合格。为了阻止水泥砂浆析出的氢氧化钙渗透到石材表面而“泛碱”，石材背面应进行防碱背涂处理。陶瓷地砖应在前一天浸透、阴干备用。施工前应绘制板块排布图。排布时力求对称和减少切割，避免出现小于 1/4 的条块，否则应采取圈边处理；房间内外不同颜色或材料的接缝应在门底位置。

（3）施工方法　工艺流程：基层处理→找标高、挂线→试拼试排→逐块铺贴→灌缝、擦缝→养护。

1）基层处理。　应先挂线检查楼板或垫层的平整度，清除杂物、砂浆，并清扫干净。对光滑的混凝土板面，应凿毛处理或涂刷界面剂。提前一天浇水湿润。

2）找标高、挂线。根据设计要求，确定平面标高位置，在相应的立面上弹线。再根据板块排布图挂十字线（见图 10-11）。若房间与走廊使用同种材料直接相通，则在门口处与走廊地面拉通线。

地砖硬铺法

3）试拼试排。沿十字线双向各铺一干砂带，厚度不小于 30mm。按施工大样图干铺板块，以检查板块之间的缝隙，核对板块与墙面、柱、洞口等部位的相对位置。高档地砖和石材板块间的缝隙宽度应不大于 1mm，小块地砖离缝铺贴时宜为 5~10mm。

4）逐块铺贴。试铺合适后，先将干砂和板块移开并清扫干净，根据十字线铺纵横定位带作为标筋（见图 10-11）；然后再按标筋向四周扩展或从房间里侧向门口铺设，以便保护成品。

铺设每一块板材时，均需在基层上刷素水泥浆结合层（水胶比为 0.4~0.5），再摊铺找平层干硬性水泥砂浆，并用带齿抹灰刀刮平。搬起板块对好纵横控制线铺落，用橡皮锤敲击、振实砂浆至铺设高度后，再将板块轻轻搬起，检查砂浆是否密实。若有空虚则填补砂浆，再次铺上板块敲实，直至板材表面高度及与邻近石材关系基本满足要求、找平层砂浆紧密为止，

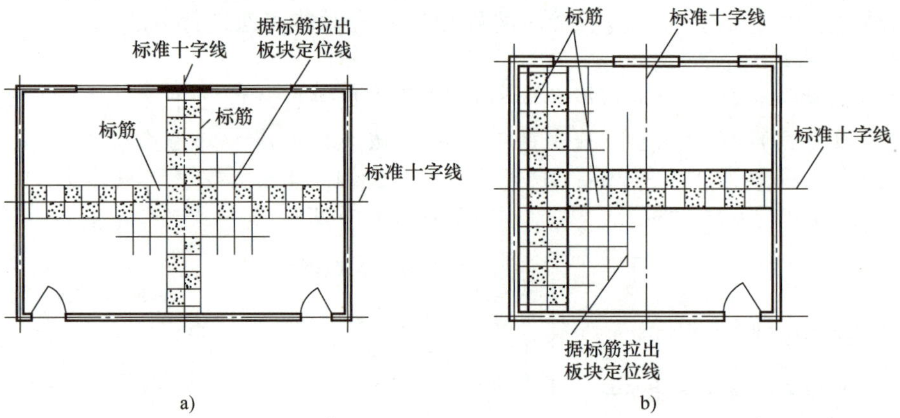

图 10-11 挂线及标筋设置示意图

a）房间内正十字标筋 b）小房间丁字标筋

然后正式镶铺。即先在找平层上满浇水胶比为 0.5 的素水泥浆（或刮在板块底面，2～3mm 厚），再铺板块并用橡皮锤敲实，高度、缝隙、水平度符合要求为止。

5）灌缝、擦缝及养护。铺后 3d 内禁止上人走动。在铺贴 24h 后开始洒水养护，3d 后用 1∶1 细砂浆灌缝至 2/3 高度，再用同色水泥浆擦缝，并将面层清理干净，继续养护 3～7d。

（4）注意事项

1）对浅色石材，粘结水泥浆应采用白水泥调制，以保证装饰效果。

2）板材铺贴后应及时用湿布擦净表面，避免污染。

3）对于浅色或高档石材在擦缝清理后，先铺盖塑料薄膜，再铺盖地垫等保护，并防止水泡串色。

4）对有地采暖的工程，地面面层与墙柱之间应留出不小于 10mm 的缝隙。

10.2.2 石材饰面板安装

石材饰面板可分为天然石材和人造石材。前者包括大理石板、花岗石板、青石板等；后者包括人造石板、陶瓷板、合成装饰板等。按石材表面加工方法分为天然面、麻面、条纹面、粗磨面、光面、镜面等。

安装高度不超过 1m 的小规格的饰面板（边长不大于 400mm），常采用与釉面砖类似的粘贴方法安装，不再赘述。大规格的饰面板则需使用一定的连接件来安装。

1. 湿挂法

湿挂法是传统安装方法，施工简单，但速度慢，易产生空鼓脱落和泛碱现象，仅能用于高度较小、效果要求不高的部位。其施工工艺流程为：基体处理→固定钢筋网→预拼编号→固定绑丝→板块就位及临时固定→灌水泥砂浆→清理及嵌缝。为了避免“泛碱”，安装前须对石材进行防碱背涂处理。

湿挂法安装构造如图 10-12 所示。该种方法由于弊病较多，已逐渐被干挂法取代。

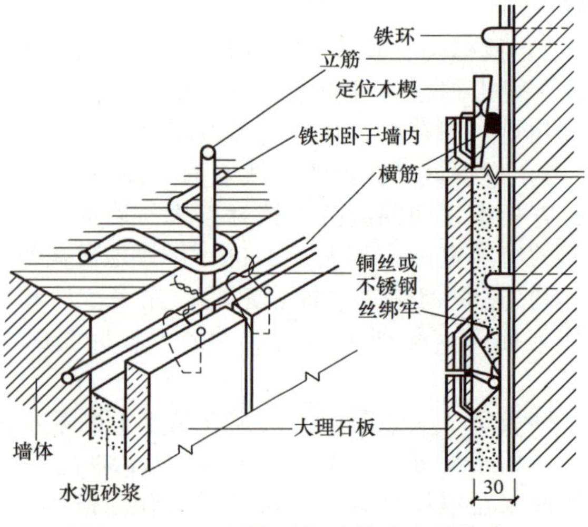

图 10-12 石材饰面板湿挂法安装构造

2. 干挂法

干挂法是将石材等饰面板通过连接件固定于结构表面。由于在板块与基体间形成空腔，故受结构变形影响较小，抗震能力强，并可避免泛碱现象；安装时无须间歇等待，施工速度快。现已成为石材饰面板安装的主要方法。

对表面较平整的钢筋混凝土墙体，一般采用直接干挂法，即通过不锈钢连接件将板材与结构墙体直接连接；对于表面不平整的混凝土墙体、非钢筋混凝土墙体或利用饰面板造型的墙体等，则需采用间接干挂（骨架干挂）法，即石材挂在固定于主体结构的金属龙骨上，形成石材幕墙。其常见构造如图 10-13 所示。

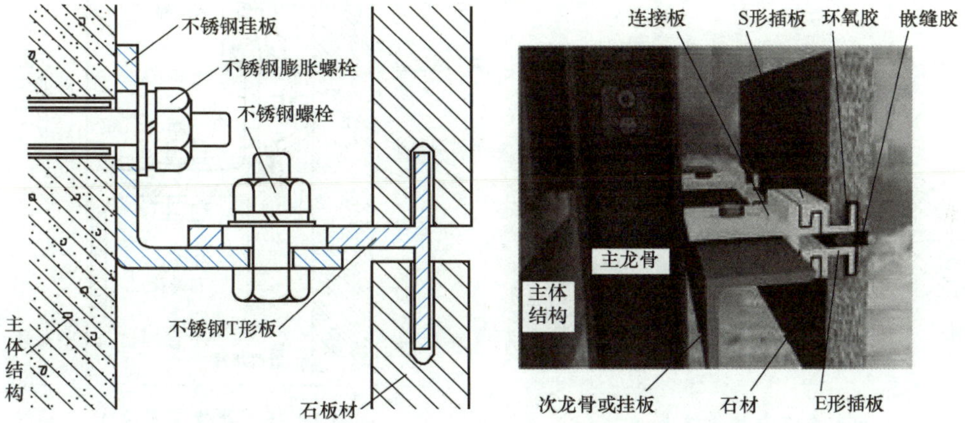

a)　　b)

石材直接干挂法安装

石材骨架干挂法安装

图 10-13　石材饰面板干挂法安装构造

a）直接干挂法　b）骨架干挂法

直接干挂法的施工工艺流程是：墙面修整、弹线、打孔→固定连接件→安装板块→调整固定→嵌缝→清理。

（1）准备　石材安装前，对混凝土墙体表面应进行凿平修整，弹出石材安装的位置线。在板材的上、下顶面钻孔或开槽，槽孔深度为 21~25mm，孔径或槽宽为 6mm。其位置及数量如图 10-14 所示。

（2）固定连接件　先按设计图及板材钻孔位置，准确地在结构墙上弹出水平线并做好标记；然后按点打孔，安放膨胀螺栓将挂板固定。挂板及连接板开有不同方向的槽形孔（见图 10-15），以便于安装时调节位置。

（3）安装固定板材　板材的安装应自下而上分层依次进行。先将石板下部孔槽内涂抹胶黏剂，并套在下部 T 形板的立板上；调整对位后，向板上部的孔槽内填胶，将锚固板插入石板上部槽内，调整垂直度、平整度和水平度，将各个螺栓紧固。锚固板进入槽的深度不小于 20mm。

骨架干挂法是在主体结构埋件上固定竖向主龙骨，安装次龙骨后在其上临时固定连接板、安装插板和石材，调整并紧固连接板螺栓。

近年来，每块石材可单独拆卸的连接方法及

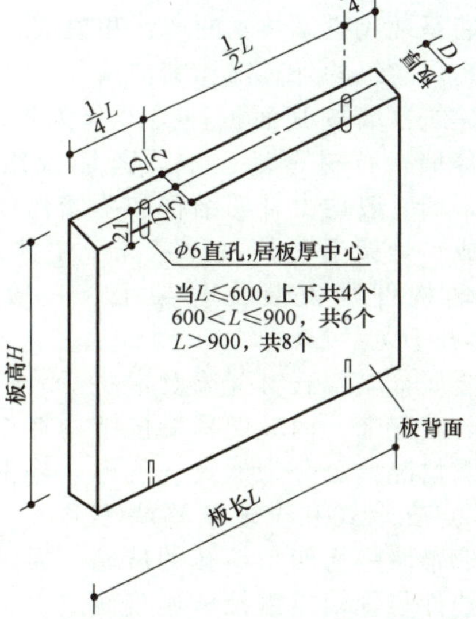

图 10-14　板材钻孔或开槽位置及数量

相应挂件得到广泛应用，如背栓挂件（见图 10-15b）、ES 插板挂件（见图 10-13b）等。背栓挂件是在石材背面用柱椎式钻头钻孔，安装背栓和挂插件（每块板四个点）后，再安装到与次龙骨临时固定的连接件上（见图 10-16），它不仅可用于墙面，还易于悬吊安装或任意角度拼挂造型。板材单独连接，可避免应力积累和集中；当主体结构发生较大位移或温差较大时，不会在板材内部产生过大附加应力，特别适于高层和抗震建筑。此外也便于板材的更换。

隐框构件式玻璃幕墙安装

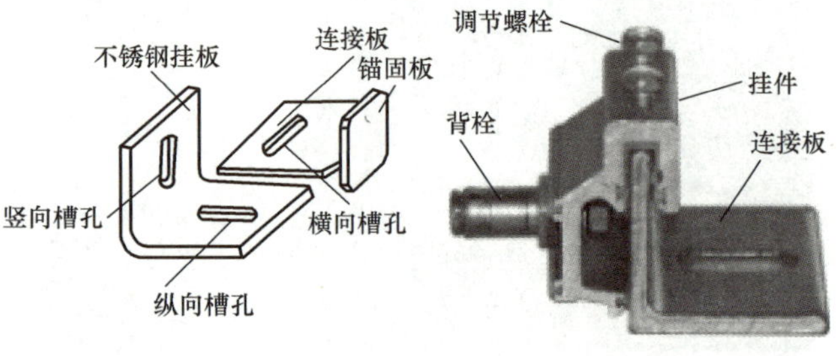

图 10-15　可三向调节的干挂件

a）锚固板挂件　b）背栓挂件

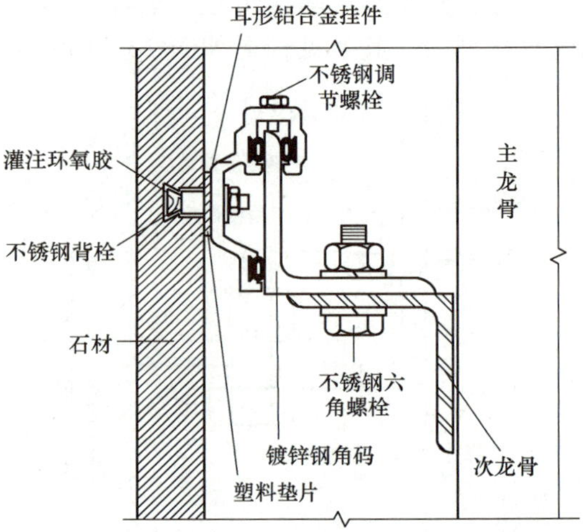

图 10-16　背栓式安装

（4）嵌缝　每一流水段安装后经检查无误，可清扫拼接缝，填塞聚乙烯泡沫嵌条，随后用胶枪嵌注密封硅胶。嵌缝构造如图 10-17 所示。

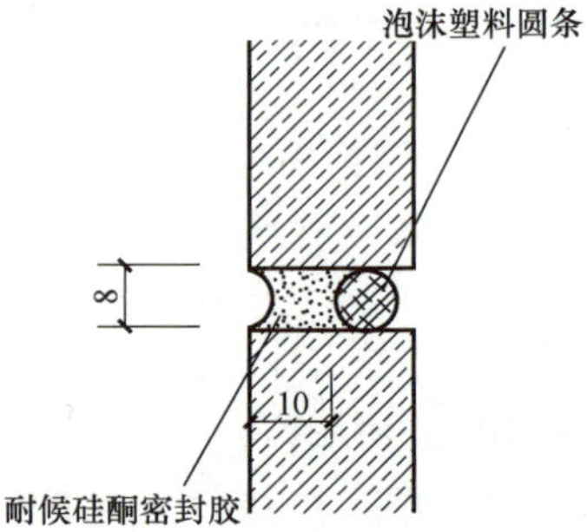

图 10-17　嵌缝构造示意图

10.2.3　建筑幕墙安装

建筑幕墙是指由金属构件与各种板材组成的悬挂在主体结构上的围护结构。它如同罩在建筑物外的一层薄薄的帷幕。建筑幕墙是现代科学技术的产物和象征，广泛用于各种大型、重要的高层建筑的外装饰和围护墙。

建筑幕墙按其面板种类可分为玻璃幕墙、金属幕墙、石材幕墙、木质幕墙及组合幕墙等。幕墙一般均由骨架结构和幕墙构件两大部分组成。骨架通过连接件悬挂于主体结构上，而幕墙构件则安装在骨架上。一般构造如图 10-18 所示。

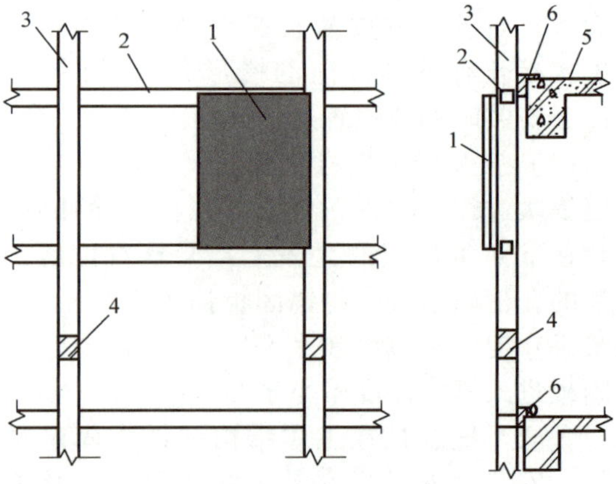

图 10-18　幕墙构造示意图

1—幕墙构件　2—横梁（横向龙骨）　3—立柱（竖向龙骨）　4—立柱活动接头　5—主体结构　6—立柱悬挂点

金属幕墙、石材幕墙及木质幕墙一般均将骨架隐蔽起来，而玻璃幕墙按结构特点和骨架的显露情况，可分为框式（明框、隐框、半隐框）、点支承式和全玻璃幕墙等形式。点支承式玻璃幕墙是将四角钻孔的玻璃，通过不锈钢四爪挂件与骨架或钢拉索连接而成。全玻璃幕墙则是采用大块钢化玻璃或夹层钢化玻璃竖立或悬挂（高大于4m者）而成，多用于建筑物首层较开阔的部位。

幕墙的骨架是由竖向和横向龙骨通过连接件组成的承力结构，常用有防腐层的型钢或铝合金制作的专用龙骨和连接件，并通过不锈钢固定件与主体结构上的埋件连接。

玻璃幕墙多采用中空玻璃作为幕墙构件。它由两层或两层以上的玻璃构成，中间充入干燥气体，周边铝框内填充干燥剂，以保证玻璃间的干燥度，外边用高强、高气密性复合胶黏剂将玻璃与铝框粘结密封，如图10-19所示。外层玻璃多为钢化或复合型安全玻璃，在其内侧进行镀膜等功能性处理。

各种幕墙的施工方法基本相同。一般均需在结构施工期间预埋防腐埋件或后植埋件，结构施工后进行幕墙骨架及幕墙构件安装。如对于有框架的幕墙，其安装工艺流程为：放线→框架立柱安装→框架横梁安装→幕墙构件安装→嵌缝及节点处理。框式玻璃幕墙也可将骨架与幕墙构件在工厂组合为一体，构成单元式幕墙，以提高质量并简化现场安装程序。

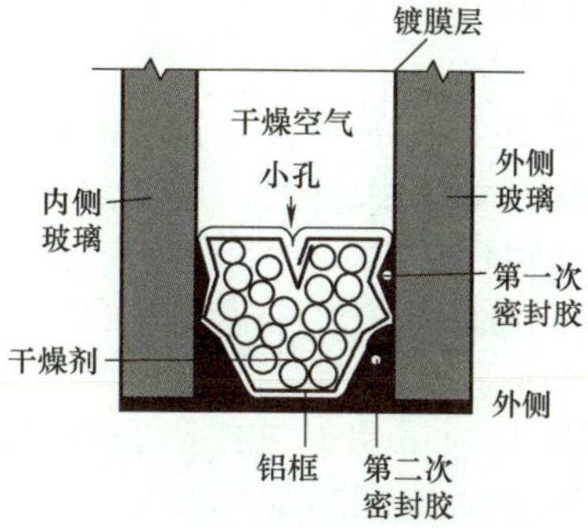

图10-19 中空玻璃构造示意图

石材幕墙背栓点挂安装

10.3 门窗与吊顶工程

10.3.1 门窗安装工程

门窗是建筑物的重要组成部分。由于在隔热、保温、密闭、隔声、防火、防盗等功能，装饰效果及保护环境等方面的要求越来越高，木窗、实腹及空腹钢窗的使用受到限制。目前，塑料（塑钢）门窗、断桥铝合金门窗、涂色镀锌钢板门窗、木门、不锈钢门、玻璃门等已成为主流。

门窗安装在满足装饰效果及使用功能要求的同时，必须保证牢固。对于能通视的成排成列的门窗，安装时应拉通线，以减少偏差。

1. 塑料及铝合金门窗的安装

塑料门窗、铝合金门窗、涂色镀锌钢板门窗均为材质较软的成品门窗，施工工艺流程及安装方法类似。这类门窗装饰性及保温、密闭功能强，但强度较低、刚度差、易损伤，因而，必须采用后塞口施工。按其安装构造，可分为带副框安装和不带副框安装两种。

一般施工工艺流程为：检查洞口尺寸、抹底灰→框上安装连接件→立框、校正→连接件与墙体固定→框边缝填塞弹性闭孔材料→做洞口饰面面层→注密封膏→安装玻璃→安装五金件→清理→撕下面层保护膜。

（1）施工准备　塑料及铝合金门窗的安装应在内外墙体湿作业（抹灰、贴砖等）完成后进行，否则应采取有效保护措施。带有副框的门窗，其副框可在湿作业前安装。

1）材料与工具。按设计要求仔细核对门窗的型号、规格、开起形式与方向，组合门窗的组合件、附件是否齐全。拆除门窗的包装物，但不得撕去门窗的外保护膜，逐一检查有无损坏。准备好电锤、手枪钻、射钉枪等机具和所需安装工具。

铝窗安装

2）检查及处理洞口。结构洞口与门窗框之间的间隙应据墙面装饰做法而定，清水墙宜为10mm；一般抹灰墙面为15~20mm；贴面砖为20~25mm；石材墙面为40~50mm。窗下框与洞口间隙还应考虑室内窗台做法，可根据设计要求确定。洞口尺寸合格后，在其周边抹3~5mm厚1∶3水泥砂浆底灰，用木抹子搓平并扫毛。

3）在洞口内按设计要求弹好门窗安装准线。准备好安装脚手架及安全设施。

（2）安装施工

1）安装连接件。先在门窗框上用 $\phi3.2$mm 的钻头钻孔，拧入 $\phi4$mm×15mm 自攻螺钉将连接件固定。连接件应采用 1.5mm 厚、宽度不少于 15mm 的镀锌钢板。连接件及固定点的位置应距门窗角、中横框、中竖框 150～200mm，中间固定点间距不大于 600mm（见图 10-20）。

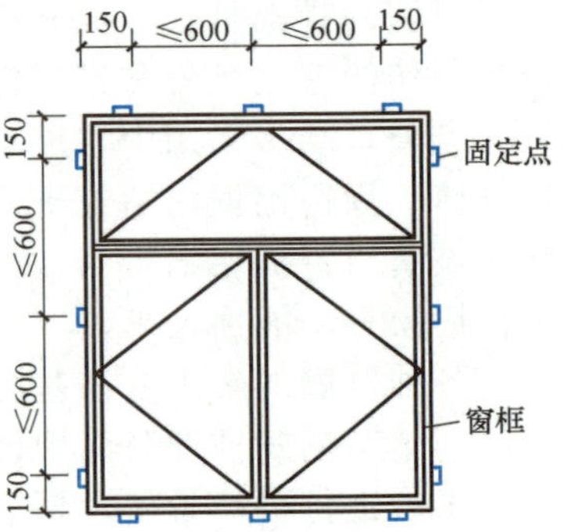

图 10-20 固定点的位置

2）立框与固定。

① 把门窗框放进洞口的安装线上就位，用对拔木楔临时固定。校正其正、侧面垂直度、对角线和水平度，合格后将木楔打紧。木楔应塞在边框、中竖框、中横框等能受力的部位。门窗框临时固定后，应及时开启门窗扇，反复开关检查灵活度。如有问题须及时调整。

② 混凝土墙洞口应采用射钉或膨胀螺栓固定连接件（见图 10-21）；砖墙洞口应采用膨胀螺栓或塑料胀管螺钉固定，使用螺钉时每个连接件不宜少于 2 只，应避开砖缝。固定点距结构边缘不得小于 50mm。

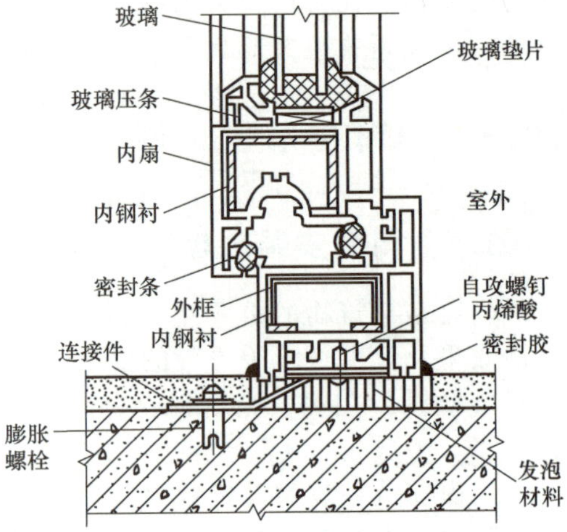

图 10-21 塑钢平开窗的节点与安装构造

3）填缝与嵌胶。门窗洞口面层抹灰前，在门窗周围缝隙内挤入硬质聚氨酯发泡胶等闭孔弹性材料，使之形成柔性连接，以适应温度变形，并密闭、保温、防止连接件锈蚀。洞口周边抹面层砂浆，硬化后，内外周边打耐候密封胶密封。

保温、隔声窗的洞口周边抹灰时，室外侧应采用 5mm 厚的片材，将抹灰层与窗框临时隔开，抹灰厚度应超出窗框（见图 10-22）。待抹灰层硬化后，应撤去片材，并将嵌缝膏挤入抹灰层与窗框缝隙内。

4）安装五金件。安装五金件时，必须先在框上钻孔，然后用自攻螺钉拧入。严禁锤击钉入。

5）安装玻璃。对可拆卸的门窗扇，可先在扇上装好玻璃，再把扇装到框上；对固定门窗，可在安框后，调正调平再装玻璃。

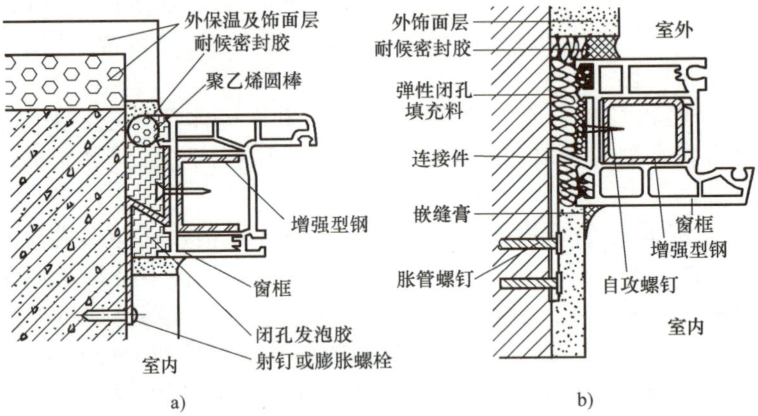

图 10-22 有保温、隔声要求的塑钢窗安装节点图

a）窗与有外保温墙体的连接固定 b）隔声窗的固定与填缝

玻璃不得与框扇的槽口直接接触，应在玻璃四边垫上不同厚度的橡胶垫块。在其下部靠近门窗扇的承重点应垫放承重垫块；其他部位的定位垫块，应采用聚氯乙烯胶粘贴固定。

（3）安装质量要求　门窗及附件质量应符合设计要求和有关标准的规定。门窗安装的位置、开起方向符合设计要求。预埋件的数量、位置、埋设连接方法必须符合要求，固定点及间距正确，框、扇安装牢固，推拉门窗扇有防脱落措施。门窗扇开关灵活（如塑料门窗，平开扇推拉力不大于 80N，推拉扇不大于 100N），关闭严密，无倒翘。门窗与墙体间缝隙用闭孔材料填嵌饱满，表面密封胶粘结牢固，光滑、顺直、无裂纹。

2. 钢质防火门的安装

防火门是为满足建筑防火要求而大量使用的一种门，一般还具有防盗、保温、隔声等功能，广泛用于防火分区、楼梯间和电梯间、外门、住宅户门等。

按耐火极限，防火门分为甲、乙、丙三级。耐火极限分别为 1.2h、0.9h 和 0.6h。按材质分为钢质、复合玻璃和木质防火门，其中钢质防火门应用最广。

钢质防火门是采用优质冷轧钢板作为门扇、门框的结构材料，经冷加工成型。门扇内部填充耐火材料。其构造如图 10-23 所示。

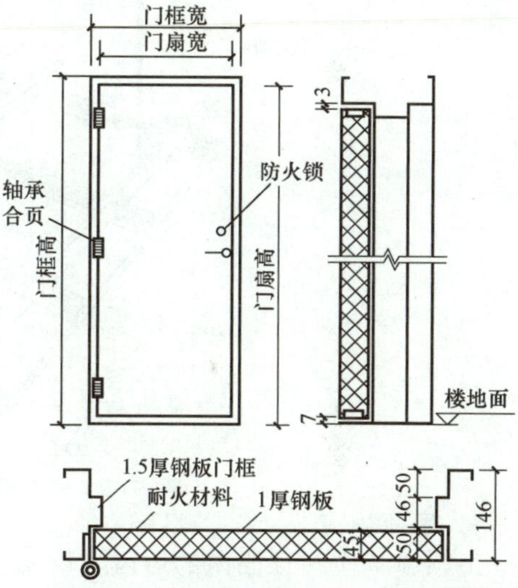

图 10-23　钢质防火门构造示意图

（1）施工工艺流程　弹线→立框→临时固定、找正→固定门框→门框填缝→安装门扇→五金安装→检查清理。

（2）施工要点

1）安装连接件

① 门洞两侧应预先做好预埋件或钻孔安装 ϕ12mm 膨胀螺栓，其位置应与门框连接点相符，如图 10-24 所示。当门框宽度为 1.2m 以上时，在其顶部也应设置两个连接点。

② 在门框上安装“Z”形金属脚，以备与预埋件或膨胀螺栓焊接，如图 10-25 所示。

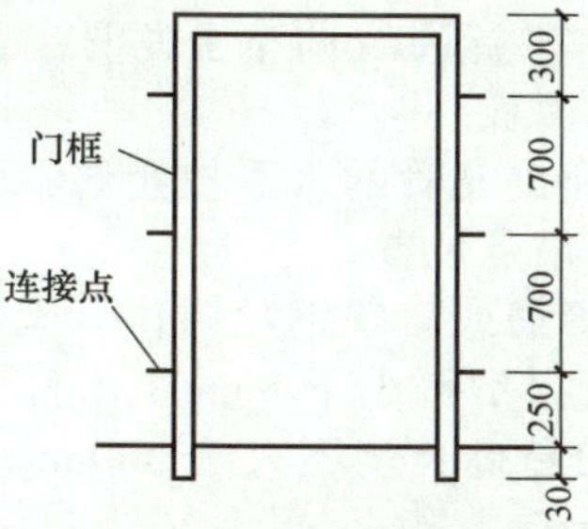

图 10-24　门框连接点的位置

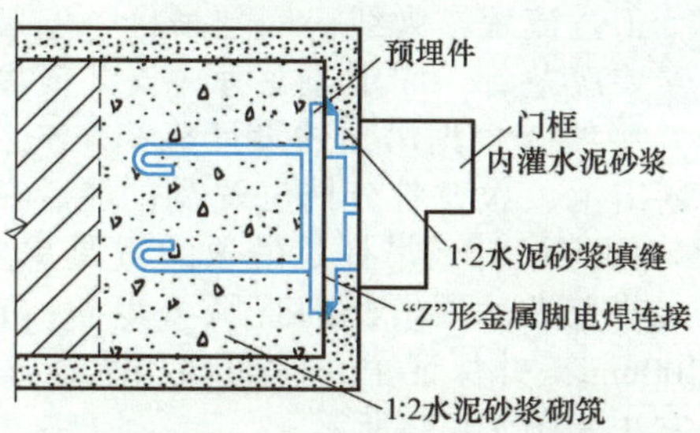

图 10-25　门框与预埋件的连接

2）安门框。按设计要求的尺寸、标高和方向，弹出门框位置线。

立框前，先拆掉门框下部的拉结板。洞口两侧地面应预留凹槽，门框要埋入地坪以下 20mm。将门框按线就位，用木楔在四角做临时固定，同时在框口内的中间和下部各放一水平木方撑紧。门框校正合格、检查无误后，将门框金属脚与预埋件焊牢，撤掉木楔和支撑。然后在门框两上角墙上开洞，向框内灌注 M10 水泥砂浆或 C20 细石混凝土，凝固后方可安装门扇。冬期施工应注意防冻。

3）填缝。门框周边缝隙，用 1∶2 水泥砂浆嵌塞牢固，应保证与墙体结成整体。凝固并有一定强度后，进行洞口及墙体、地面抹灰。

4）安装门扇及附件。抹灰干燥后，安装门扇、五金配件和有关防火装置。门扇关闭后，门缝应均匀平整，开起自由轻便，不得有过紧、过松和反弹现象；五金配件和防火装置应灵活有效，满足各自功能要求。

10.3.2 吊顶工程

吊顶是现代室内装饰的重要组成部分，它直接影响整个建筑空间的装饰风格与效果，同时还具有保温、隔热、隔声、防火及照明、通风等功能。吊顶按构造特点可分为固定式、活动式、开敞式和扣板式吊顶；按面层特点可分为整体式、板块式和格栅式吊顶等。吊顶主要由吊杆、龙骨、罩面板三部分组成。龙骨一般有主次之分。主龙骨主要起承重作用，不但要承受其下部的吊顶荷载，对上人吊顶还需承受检修人员的荷载，因此，必须满足强度、刚度要求。次龙骨的连接与布置间距必须满足面层安装和平整度的要求。其一般构造如图10-26所示。

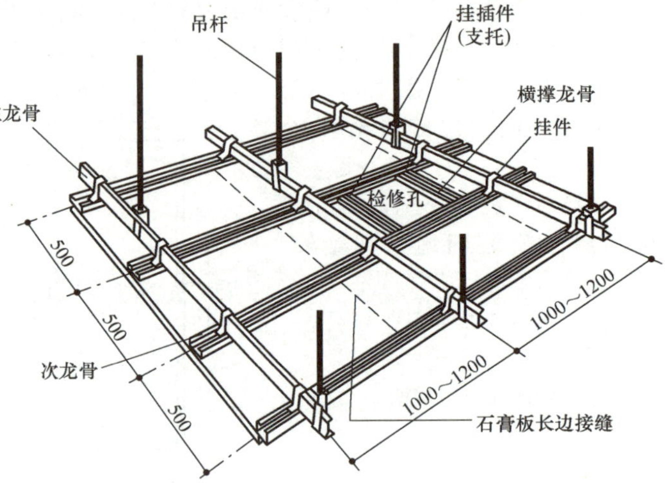

图10-26 常用固定式吊顶的构造组成

1. 吊顶施工

吊顶施工应在顶棚内的通风、空调、消防、电器线路等管线及设备已安装完毕，做完墙、地湿作业项目后进行。

施工工艺流程：弹线→固定吊杆→安装主龙骨→按水平标高线调整主龙骨→主龙骨底部弹线→安装次龙骨→固定边龙骨→安装横撑龙骨→安装罩面板。

（1）弹线 根据吊顶的设计标高，先在四周墙壁上弹出龙骨的水平控制线；再在水平控制线上划出主、次龙骨分档位置线；最后在顶板底面标出吊点位置。

（2）固定吊杆 吊杆是吊顶的重要承重部件，可用钢筋或镀锌钢丝制作，现常用镀锌通丝吊杆。非上人吊顶吊杆的直径可为4~6mm，而上人吊顶不得小于8mm。吊杆间距一般为900~1200mm，并保证主龙骨距墙不大于100mm，端部的悬挑长度不大于300mm。吊杆与结构连接方法如图10-27所示。

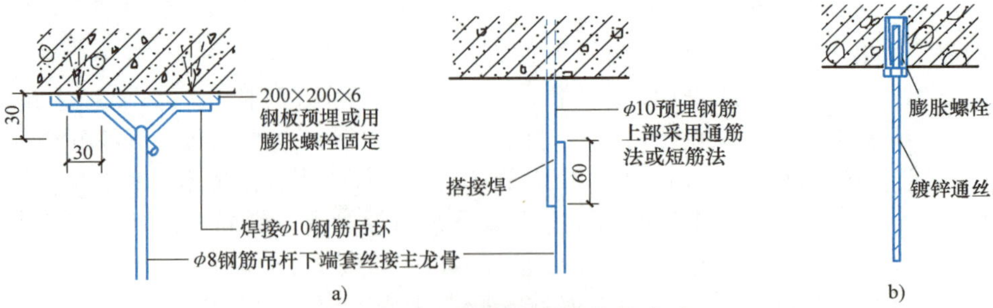

图10-27 吊杆与结构连接方法

a）上人吊顶的吊杆 b）不上人吊顶的吊杆

（3）安装龙骨　吊顶龙骨有轻钢龙骨、铝合金龙骨和木龙骨。

先将主龙骨通过吊挂件与吊杆连接，然后按标高线调整主龙骨的标高，使之水平。固定时应拧紧吊挂件上下的两个螺母，将其锁固，如图 10-28 所示。对于较大房间，主龙骨应按短跨长度的 1/200～1/300 起拱。

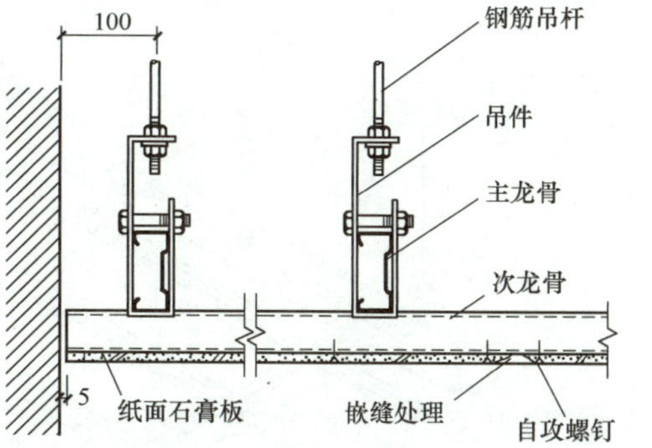

图 10-28　轻钢龙骨纸面石膏板吊顶的节点构造

次龙骨安装前，应先在主龙骨底部弹线，安装时用专用挂件与主龙骨固定牢固。次龙骨及横撑龙骨的间距应满足罩面板安装固定的构造要求。

主、次龙骨长度方向均应用接插件接长，但相邻龙骨的接头要错开。龙骨的安装，均需按照弹线位置，从一端依次安装到另一端。如果有高低跨，按先高后低安装。对于检修孔、上人孔、通风箅子等部位，应及时留口并安装封边龙骨。

（4）安装罩面板　吊顶面层板的作用因其材料或装饰要求不同而有所区别，有的就是吊顶的面层，有的则作为另覆装饰层的基层。吊顶面层板必须满足各种功能要求（如吸声、隔热、保温、防火等）和装饰效果要求。吊顶板的种类繁多，常采用轻质材料拼装。

根据吊顶的类型及罩面板的种类，常用安装方法有以下几种：

1）搭装法。将装饰罩面板直接搭放在 T 形龙骨组成的格框内。对于较轻罩面板，需用压板或木条固定，以防被风掀起，如图 10-29 所示。

2）嵌入法。该种板材带有企口暗缝，安装时将 T 形龙骨两肢嵌入板的企口缝内，如图 10-30 所示。

吊顶石膏板安装

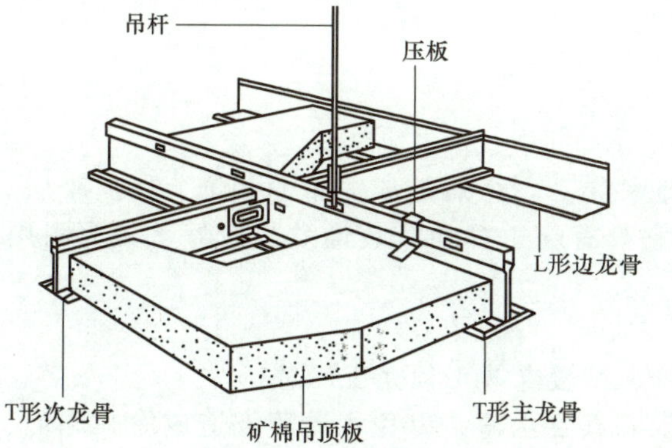

图 10-29　搭装法示意图

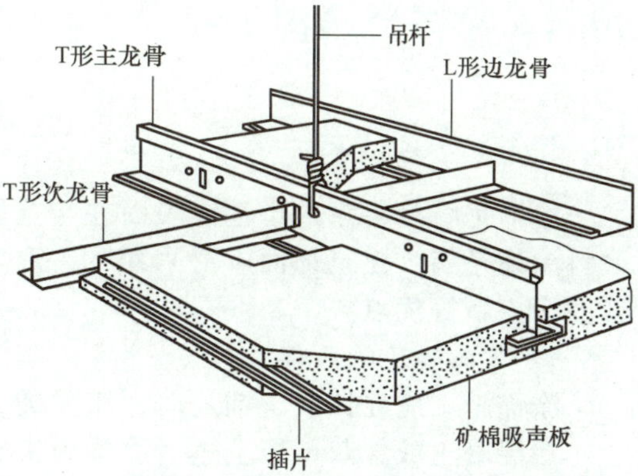

图 10-30　嵌入法示意图

3）粘贴法。将装饰罩面板用胶黏剂直接粘贴在龙骨上，如玻璃吊顶等。

4）钉固法。将装饰罩面板用螺钉、自攻螺钉等固定在龙骨上，钉子应排列整齐。例如，纸面石膏板，钉距不大于 170mm，距板边 15mm，钉头略沉入板面，如图 10-28 所示。

5）卡固法。多用于铝合金条板吊顶，板材与龙骨直接卡接固定，如图 10-31 所示。

2. 施工注意问题

1）吊顶龙骨及罩面板在运输、储存及安装过程中应做好保护，防止变形、污损、划痕。

2）吊顶龙骨不得悬吊在设备、管线上。较大灯具处应做加强龙骨，重型灯具及吊扇等应单独悬挂，严禁安装在吊顶龙骨上。

3）吊顶工程的预埋件、钢吊杆等均应进行防锈处理；木龙骨、木吊杆、木饰面板等必须

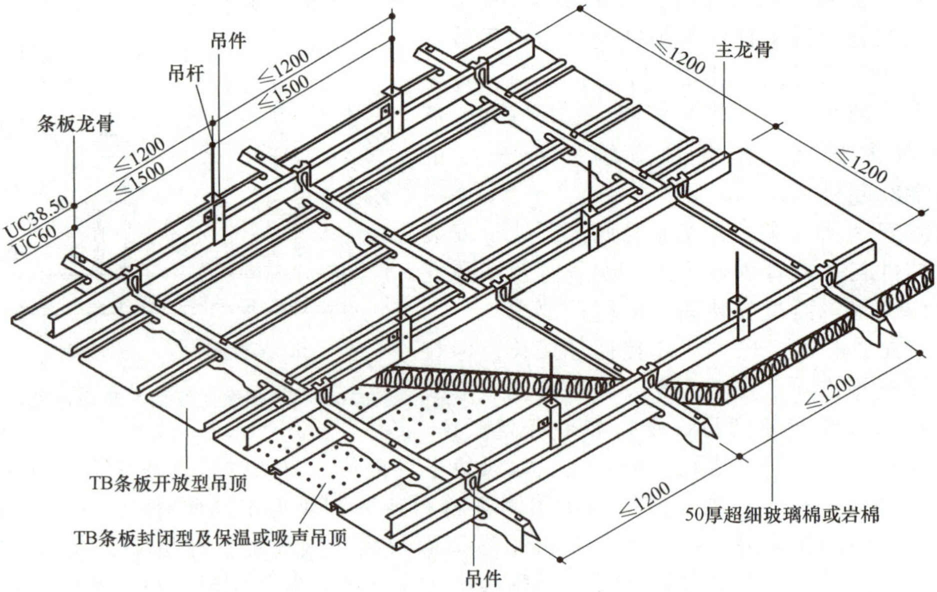

图 10-31 铝合金条板吊顶构造示意图

进行防火处理，并满足规范规定。

4）罩面板安装，需在吊顶内的管线及设备调试及验收完成、龙骨安装完毕并通过隐检验收后进行。

10.4 涂饰与裱糊工程

10.4.1 涂饰工程

涂饰是将涂料涂敷于基体表面并与基体很好地粘结，干燥后形成完整的装饰、保护膜层。涂料涂饰是当今建筑饰面广泛采用的一种方式，它具有施工简便、装饰效果较好、较为耐用且便于更新等优点。

1. 涂饰施工的条件

涂饰施工应在抹灰、铺地砖、窗安装、木装修、水暖电等工程完工后进行。

在混凝土或抹灰基层上进行涂饰施工时，应限制其含水率，以免水分蒸发造成涂膜起泡、针眼和粘结不牢。当涂刷溶剂型涂料时，含水率不得大于 8%，当涂刷乳液型涂料时，含水率不得大于 10%；木材制品基层的含水率不得大于 12%。

在常温下，抹灰面的龄期不得少于 14d、混凝土龄期不得少于 30d，方可进行涂料施工。以防止发生化学反应，造成涂料变色和流淌。

涂饰施工的环境温度宜为 5~35℃，湿度必须符合所用涂料的要求，以保证其正常成膜和硬化。室外涂料工程施工过程中，应注意气候的变化，遇大风、雨、雪及风砂等天气时不应施工。

2. 涂饰施工

（1）基层处理 根据涂料对基层的要求，包括基层材质材性、坚实程度、附着能力、清洁度、干燥程度、平整度、酸碱度等，做好基层处理。其主要工作内容包括基层清理和修补。

室内涂料

1）混凝土及砂浆基层。为保证涂膜能与基层牢固粘结，基层表面必须干净，坚实，无酥松、脱皮、起壳、粉化等现象，基层表面应清扫干净。缺棱掉角处应用1∶3水泥砂浆（或聚合物水泥砂浆）修补，表面的麻面、缝隙及凹陷处应用腻子填补修平。新建建筑物的混凝土或抹灰基层应涂刷抗碱封闭底漆。旧墙面应清除疏松的旧装饰层，并涂刷界面剂。

2）木材与金属基层。木材表面的灰尘、污垢和金属表面的油渍、锈斑、焊渣、毛刺等必须清除干净。木料表面的裂缝等用石膏腻子填补密实、刮平，并用砂纸磨光。钢铁表面应刷防锈漆。

（2）刮腻子与磨平　基层必须刮腻子数遍予以找平、填平孔眼和裂缝，并在每遍腻子干燥后用砂纸打磨，保证基层表面平整光滑。

腻子的种类应根据基体材料、所处环境及涂料种类确定。室外墙面常采用水泥类腻子，室内的厨房、卫生间墙面必须使用耐水腻子，木材表面应使用石膏类腻子，金属表面应使用专用金属面腻子。刮腻子的遍数，应视涂饰工程的质量等级，基层表面的平整度和所用的涂料品种而定，但总厚度不得超过5mm，否则应采取加固措施。

腻子层应平整、坚实、牢固，无粉化、起皮和裂缝。磨平后，表面用洁净潮布掸净。

（3）涂饰方法与要求

1）一般要求 。涂料的溶剂（稀释剂）、底层涂料、腻子等均应合理地配套使用。涂料使用前应调配好，在涂饰前及涂饰过程中，必须充分搅拌，以免沉淀。用于同一表面的涂料，应避免色差。涂料的黏度或稠度应调整合适，使其在涂饰时不流坠、不显刷纹。如需稀释，应用该种涂料所规定的稀释剂稀释。

涂饰遍数应根据工程的质量等级而定。涂饰溶剂型涂料时，后一遍涂料必须在前一遍干燥后进行；涂饰乳液型和水溶性涂料时，后一遍涂料必须在前一遍表干后进行。每遍涂层不宜过厚，应涂饰均匀，各层结合牢固。

2）涂饰方法。涂饰方法有刷涂、滚涂、喷涂等。涂饰常用工具如图10-32所示。

① 刷涂。刷涂是用毛刷、排笔等涂饰涂料。其工具设备简单、操作方便、适应性广，涂料浪费少，不易污染环境和非涂饰部位；但效率低、劳动强度大、装饰效果较差。

刷涂顺序是先左后右、先上后下、先难后易、先边后面。施工中一般分为开油、横油、斜油、竖油和理油四个步骤。对流平性差、挥发快的涂料，不可反复回刷。

② 滚涂。滚涂是利用涂料滚进行涂饰，其施工设备简单、操作方便、工效高、涂饰质量好、对环境污染小，但边角处仍需刷涂。滚筒常用长毛绒滚筒，也有橡胶或绒面压花滚筒。

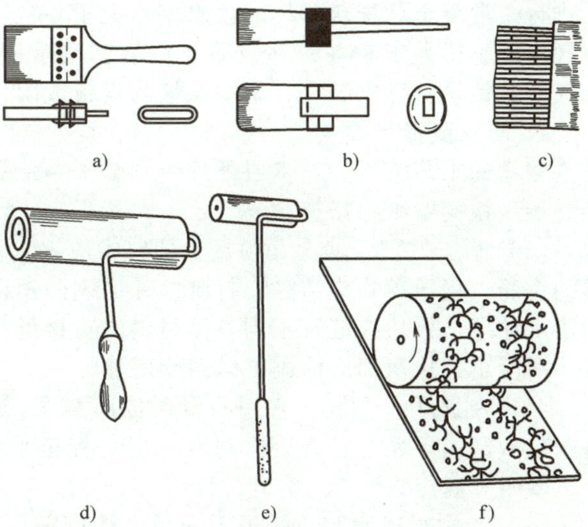

图10-32　常用工具

a）板刷　b）圆刷　c）排笔　d）手滚　e）长柄滚　f）压花滚

滚涂施工时，蘸料要均匀，开始滚动要慢、轻，防止飞溅和流淌。滚涂的涂膜应厚薄均匀，平整光滑，不流挂，不漏底。

③ 喷涂。喷涂是利用压力或压缩空气将涂料分布于物体表面。涂层厚度均匀、外观质量好、工效高，适于大面积施工，并可以通过调整涂料黏度、喷嘴大小及排气量，获得不同质感的装饰效果。

喷涂作业时，手握喷枪要稳，涂料出口应与被涂面垂直（见图10-33）；喷枪（或喷斗）

移动时应与喷涂面保持平行，运行速度适宜，运行路线如图 10-34 所示，不得走折线。每次直线喷涂长度为 70~80cm。相邻两行喷涂面的重叠宽度，应控制在喷涂宽度的 1/2~1/3，以便使涂层厚度均匀，色调基本一致。

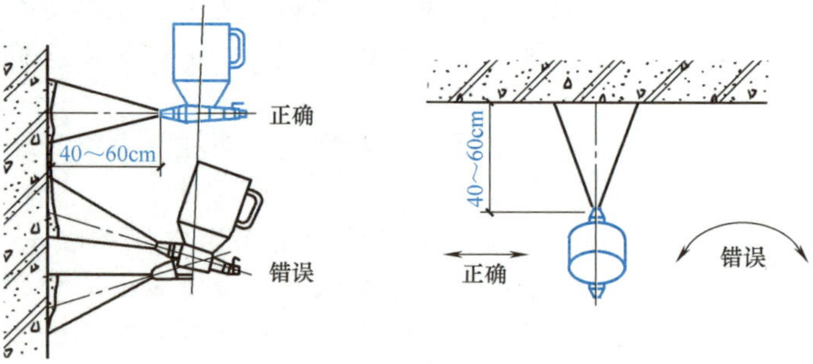

图 10-33　墙面喷涂方法示意图

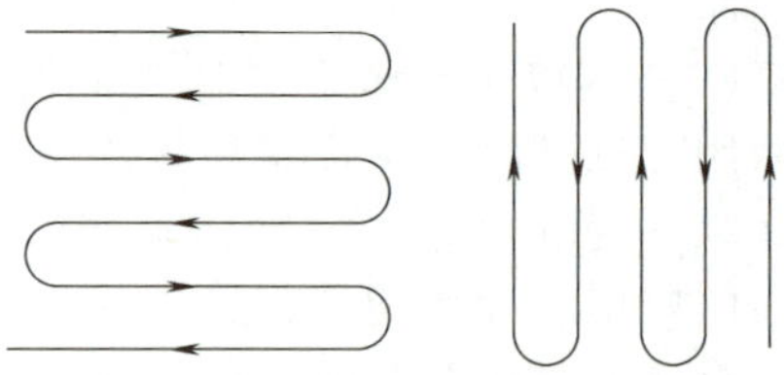

a)　　b)

图 10-34　喷涂运行路线示意图

a）横向喷涂路线　b）竖向喷涂路线

喷涂施工质量要求为：涂膜应厚度均匀、颜色一致、平整光滑，不应出现露底、皱纹、流挂、针孔、气泡和失光现象。

10.4.2　裱糊工程

采用粘贴的方法，把可折卷的软质面材固定在墙、柱、顶棚上的施工称为裱糊。

1. 施工条件

裱糊属于室内精装修工程，应在除地毯、活动家具及表面饰物以外的所有工程均已完成后进行。混凝土和抹灰基体的含水率不大于 8%，木基层不大于 12%；环境温度宜在 5℃以上，空气湿度不得大于 85%，并应防止温度和湿度剧烈变化；施工过程中和干燥前应无穿堂风。电气和其他设备已安装完，影响裱糊的设备或附件（如插座、开关盒盖等）应临时拆除。

2. 施工步骤与要点

裱糊的工艺流程为：基层处理→刮腻子→涂刷封闭底胶→弹控制线→裁纸→润纸→涂刷胶黏剂→裱糊壁纸→修整。

（1）基层处理　墙上、顶棚上的钉帽应嵌入基层表面，并用腻子填平。外露的钢筋、钢丝等均应清除、打磨，并涂刷两道防锈漆。油污需用碱水清洗并用清水冲净。板块接缝及不同基体材料的对接处，应嵌填接缝材料并粘贴接缝带。混凝土及抹灰面应涂刷抗碱封闭底漆。

壁纸裱糊

（2）刮腻子　刮腻子常用石膏类成品腻子。混凝土及抹灰面应满刮腻子，每遍应薄刮，干燥、打磨后再刮另一层。直至平整光滑，阴阳角线通畅，顺直，无裂纹、崩角、砂眼和麻点。

（3）涂刷封闭底胶　腻子干透后、裱糊前，应喷刷封底涂料或基膜，其作用是强化、封闭基底，防止壁纸、墙布受潮而脱落，减少基层吸水率，并利于更换壁纸。封底涂料一般采用封闭乳胶漆，一遍成活，应均匀不漏底。

（4）弹控制线　为保证裱糊时纸幅垂直、图案连贯端正，在底漆干燥后应弹出水平、垂直线，作为操作时的依据。线的颜色应与基层相近。弹线时应从墙面阴角处开始，按壁纸的标准宽度找规矩，将窄条纸的裁切边留在阴角处，阳角处不得有接缝。遇有门窗洞口时，应以其立边分划，以便于折角贴出洞口侧立边，如图 10-35 所示。

（5）裁纸　对一般壁纸，按照墙顶（或挂镜线）到踢脚板上口的高度，并考虑两端各留出 30~50mm 修剪量来确定裁纸长度。对有图案的壁纸，应将图形自墙的上部开始对花，小心裁割并编号，以便按顺序粘贴。裁好的壁纸要卷起平放。

（6）润纸　壁纸遇水会膨胀，干燥会收缩，但膨胀远大于收缩量。如果未能让纸充分胀开就涂胶上墙，纸会继续吸湿膨胀产生鼓泡，或边贴边胀产生皱折，影响成活质量。因此，需先进行浸泡或刷水、闷纸等处理。塑料壁纸刷胶前可用排笔在纸背刷水，保持 10min，达到充分膨胀的目的。复合纸质壁纸湿强度差，可在其背面均匀刷胶后，将胶面与胶面对叠，放置 4~8min 后上墙。

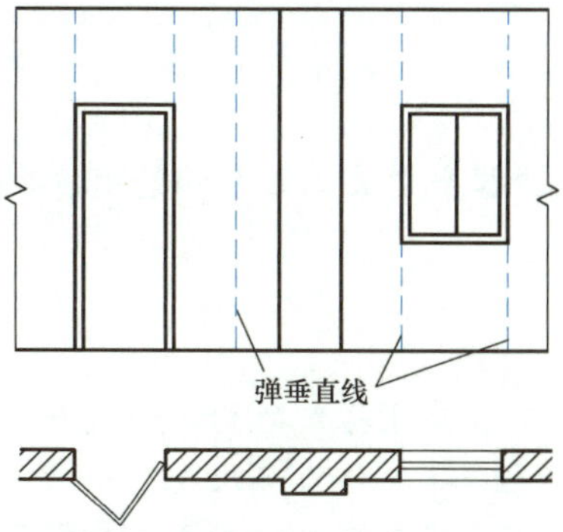

图 10-35　墙面弹线位置示意图

（7）涂刷胶黏剂　胶黏剂应据壁纸材料及基层部位选用。目前市场上有多种环保型成品胶粉、胶液（如糯米胶、土豆粉等），使用较方便。

PVC 壁纸裱糊墙面时，可只在墙基层面上刷胶；在裱糊顶棚时则需在基层与纸背上都刷胶。无纺布壁纸可仅在壁纸上刷胶。刷胶时，基层表面涂胶宽度要比壁纸宽约 30mm。纸背涂胶后，纸背与纸背反复对叠（见图 10-36），可避免胶液污染正面和过快干燥。

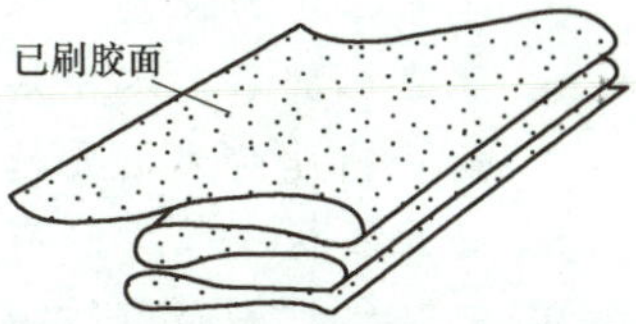

图 10-36　纸背涂胶后的对叠法

对于较厚的壁纸，如植物纤维壁纸，应对基层和纸背都刷胶。

（8）裱糊壁纸　裱糊壁纸的顺序，原则上应先垂直面后水平面，先细部后大面。贴垂直面时先上后下，贴水平面时先高后低。从墙面所弹垂线开始至阴角处收口。每幅纸要先挂垂直，后对花纹拼缝，再用刮板用力抹压平整。其方法与要求如下：

1）裱贴。先将壁纸上部对位粘贴，使边缘靠着垂直准线，轻轻压平，再由中间向外用刷子将上半截敷平，然后用壁纸刀将多余部分割去（见图 10-37）。再粘贴下半截，修齐踢脚板与墙壁间的角落。壁纸基本贴平后，再用胶皮刮板由上而下、由中间向两边抹刮，使壁纸平整贴实，并排净气泡和多余的胶液。

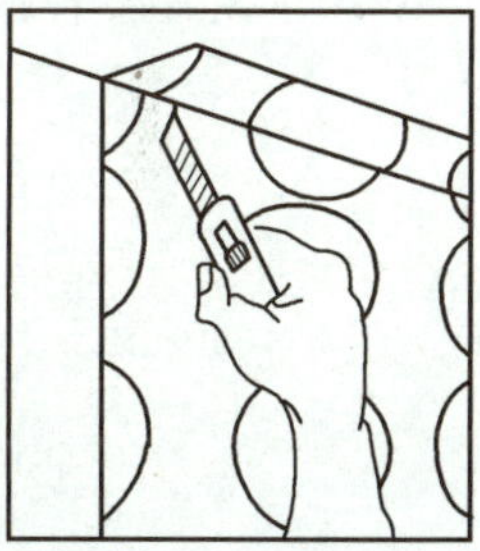
图 10-37　裱贴后裁割多余部分壁纸

2）拼缝。带有图案的壁纸，拼贴时先对图案，后拼缝。从上至下图案吻合后，再用刮板斜向刮胶，将接缝挤紧严密，并用潮湿毛巾揩净挤出的胶液。对发泡壁纸、复合壁纸禁止使用刮板赶压，只可用毛巾或板刷赶压，以免损坏花型或出现死褶。

3）阴阳角处理。阳角处不可拼缝或搭接，应包角压实，接缝处距离阳角不得少于 20mm。阴角处应采用搭接连接，搭接宽度不得小于 3mm。搭接处，先贴的转角壁纸在里层，最后收口的壁纸不得转角，并要保持垂直无毛边，如图 10-38 所示。

4）压实。当壁纸裱贴后 40~60min，需用橡胶滚，按顺序再压实一遍。以使墙纸与基面更好地贴合、缝口更紧密。

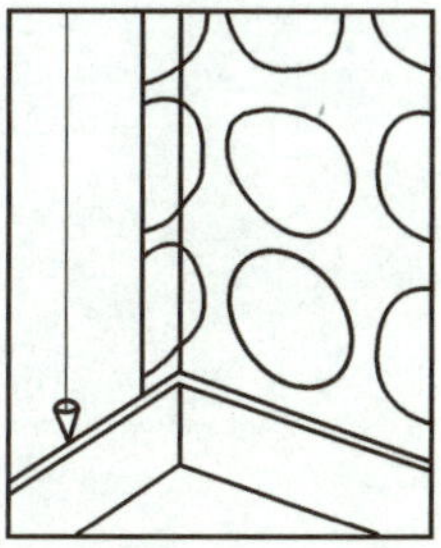
图 10-38　阴角处裱贴

（9）修整　壁纸裱糊后，应进行全面检查修补。表面的胶水、斑污应及时擦净，翘角、翘边应补胶压实；气泡处用注射针头排气，注入胶液后压实。

3. 质量要求

壁纸、墙布应粘贴牢固，不得有漏贴、补贴、脱层、空鼓和翘边。各幅拼接应横平竖直，花纹、图案吻合，无离缝和搭接，在距离墙面 1.5m 处正视不显拼缝。表面平整，色泽一致，不得有波纹起伏、气泡、裂缝、皱折及斑污，斜视应不见胶痕。

工程案例

本章“某工程装饰装修方案”等工程案例，详见本书配套电子资源。

习　题

1. 试述抹灰的构造组成及各层次的作用。
2. 抹灰分为哪几类？一般抹灰分几级？其具体要求如何？
3. 抹灰前，对其基体应做哪些处理？
4. 一般抹灰的施工顺序有何要求？
5. 地面抹灰的配制、抹压、养护有何要求？为什么？
6. 试述水磨石、水刷石的施工工艺及要点。
7. 瓷砖铺贴前为何要选砖和浸水阴干？各有何要求？
8. 墙面石材安装方法有哪些？各有何特点及利弊？
9. 何时要对石材做防碱背涂处理？目的是什么？
10. 什么叫石材直接干挂法和骨架干挂法？各用于什么场合？
11. 试述塑料门窗安装连接点的位置及间距有何要求。
12. 塑料（塑钢）及铝合金门窗安装的工艺流程及质量要求有哪些？
13. 吊顶工程施工应重点注意哪些问题？
14. 裱糊及涂料施工工艺流程有何异同？其作业条件各有哪些？

第11章

施工组织概论

学习目标

了解土木工程的特点与建设程序，掌握工程施工的一般程序；熟悉工程项目施工组织的原则。掌握施工准备工作的内容。熟悉施工组织设计的编制要求，掌握施工组织设计的类型、作用及主要内容。

土木工程施工组织是研究工程建设组织安排与系统管理的客观规律的一门学科。随着社会的不断进步和经济的发展，人类的建设规模越来越大，使用要求也越来越高，致使工程建设越来越复杂，做好施工组织对项目建设取得成功就越显重要。具体地说，施工组织就是根据批准的建设计划、设计文件（施工图）和工程承包合同，对建筑工程任务从开工到竣工所进行的计划、组织、控制等活动的统称。其具体任务是按照经济和技术规律，对人力、资金、材料、机械和施工方法这五个要素进行科学、合理地安排，协调好施工中的各种关系，以实现有组织、有计划、有秩序地施工，达到工期短、成本低、质量好、安全、高效、环保、文明的目的。

11.1 概述

11.1.1 工程建设程序

工程建设程序是指建设项目在整个建设过程中各项工作的顺序关系。一个建设项目从决策到实施，主要须经历6个阶段、15个步骤，其先后顺序如图11-1所示。

11.1.2 工程建设项目划分

工程建设项目的规模和复杂程度各不相同。按其大小可划分为建设项目、单位工程、分部工程、子分部工程和分项工程（见图11-2）。现分述如下：

1. 建设项目

建设项目是指具有独立计划和总体设计文件，并能按总体设计要求组织施工，工程完成以后可以形成独立生产能力或使用功能的工程项目。例如，一所学校、一个住宅区、一条道路等。

2. 单位工程

单位工程是建设项目的组成部分，是指具有独立施工条件并能形成独立使用功能的建筑物或构筑物。例如，一个车间、一栋教学楼、一个构筑物、一段公路、一座桥梁等。

3. 分部工程

分部工程是单位工程的组成部分，可按单位工程的专业性质、建筑物部位而划分。例如，

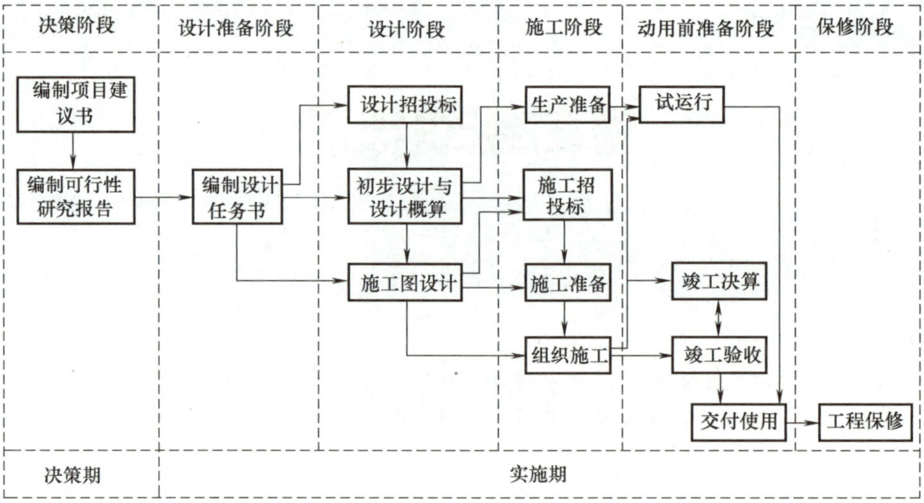

图 11-1 工程建设阶段划分及程序、步骤

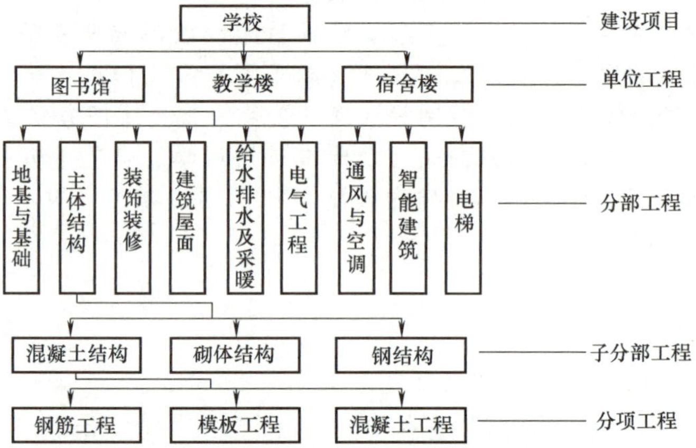

图 11-2 工程建设项目划分示例

一栋教学楼，按其部位可以划分为基础、主体结构、屋面和装饰装修等分部工程，按其专业又分为给水排水及采暖、电气、通风与空调等分部工程。

4. 子分部工程

子分部工程是对较大或复杂的分部工程，按材料种类、施工特点、施工程序、专业系统及类别等进一步划分的工程。例如，地基与基础划分为土方、桩基、地下防水、混凝土基础等子分部工程；主体结构划分为混凝土结构、砌体结构、钢结构、木结构等子分部工程。

5. 分项工程

分项工程是子分部工程的组成部分。它是将子分部工程按主要工种、材料、施工工艺、设备类别等再细分的工程，是组织施工最基本的作业单位。例如，混凝土结构子分部工程可划分为钢筋、模板、混凝土、预应力混凝土等分项工程。

11.1.3 土木工程产品及生产的特点

土木工程产品在其体形、功能、构造组成、所处空间、投资特征等方面，较其他产品存在明显的差异。由于产品本身的特点，也决定了生产过程的特殊性。主要表现在以下几方面：

1. 产品的固定性与生产的流动性

各种建筑物和构筑物都是通过基础固定于地基上，其建造和使用地点在空间上是固定不动的，这与一般工业产品有着显著区别。

产品的固定性决定了生产的流动性。一般的工业产品都是在固定的工厂、固定的车间或固定的流水线上进行生产，而土木工程产品则是在不同的地区或不同的现场、不同的部位组织工人、机械围绕同一产品进行生产。因而，参与生产的人员以及所使用的机具、材料只能在不同的地区、不同的建造地点及不同的高度空间流动，使得生产难以做到稳定、连续、均衡。

2. 产品的多样性与生产的单件性

土木工程的产品不但要满足各种使用功能的要求，还要达到某种艺术效果，体现出地区特点、民族风格以及物质文明与精神文明的特色，同时也受到材料、技术、经济、地区的自然条件等多种因素的影响和制约，使得其产品类型多样、姿色迥异、变化纷繁。

产品的固定性和多样性决定了产品生产的单件性，即每一个土木工程产品必须单独设计和单独组织施工，不可能批量生产。即使是选用标准设计、通用构配件，也往往由于施工条件的不同、材料供应方式及施工队伍构成的不同，而采取不同的组织方案和施工方法，也即生产过程不可能重复进行，只能单件生产。

3. 产品的庞大性与生产的综合性、协作性

土木工程产品为了达到其使用功能的要求，满足所用材料的物理力学性能要求，需要占据广阔的平面与空间，耗用大量的物质资源，因而其体形大、高度大、质量大。产品庞大这一特点，对材料运输、安全防护、施工周期、作业条件等方面产生不利的影响；同时，也为我们综合各个专业的人员、机具、设备，在不同部位进行立体交叉作业创造了有利条件。

由于产品体型庞大、构造复杂，需要建设、设计、施工、监理、构配件生产、材料供应、运输等各个方面以及各个专业施工单位之间的通力协作。在企业内部要组织多专业、多工种的综合作业。在企业外部，需要城市规划、勘察设计、消防、公用事业、环境保护、质量监督、科研试验、交通运输、银行财政、机具设备、能源供应、劳务等社会各部门和各领域的协作配合。可见，土木工程产品的生产具有复杂的综合性、协作性。只有协调好各方面关系，才能保质保量如期完成工程任务。

4. 产品的复杂性与施工的制约性

土木工程产品涉及范围广、类别杂、做法多样、形式多变；它需使用数千种不同规格的材料；要与电力照明、通风空调、给水排水、消防、电信等多种系统共同组成；要使技术与艺术融为一体。这都充分体现了产品的复杂性。

工程的实施过程受政策法规、合同文件、设计图、人员素质、材料质量、能源供应、场地条件、周围环境、自然气候、安全隐患、基体特征与质量要求等多种因素的制约和影响。因此，必须在精神上、物质上做好充分准备，以提高执行和应变的能力。

5. 产品投资大，施工工期紧

土木工程产品的生产属于基本建设的范畴，需要大量的资金投入。由于工程量大、工序繁多、工艺复杂、交叉作业及间歇等待多，再加上各种因素的干扰，使得生产周期较长，占用流动资金大。建设单位（业主）为了尽早使投资发挥效益，往往压限工期。施工单位为获得较好的效益，需寻求合理工期，并恰当安排资源投入。

以上特点对工程的组织实施影响很大，必须根据各个工程的具体情况，编制切实可行的施工组织设计，采取先进可靠的施工组织与管理方法，以保证工程圆满完成。

11.1.4　土木工程的施工程序

施工是工程建设的一个主要阶段，必须加强科学管理，严格按照施工程序开展工作。施工程序是指在整个工程实施阶段所必须遵循的一般顺序，按其先后顺序分述如下：

1. 承接施工任务，签订施工合同

目前，承接施工任务的主要方式是招标投标方式，即通过参加投标，中标后方可承接施工任务。招标投标已成为建筑企业承揽工程的主要渠道，也是建筑业市场成交工程的主要形

式。承接施工任务后，施工单位必须与建设单位（业主）签订施工合同，以减少不必要的纠纷，确保工程的实施和结算。

2. 调查研究，做好施工规划

施工合同签订后，施工总承包单位首先应对当地技术经济条件、气候条件、地质条件、施工环境、现场条件等方面做进一步调查分析，做好任务摸底；其次要部署施工力量，确定分包项目，寻求分包单位，签订分包合同。此外，还要派先遣人员进场，做好施工准备工作。

3. 落实施工准备，提出开工报告

施工准备工作是保证按计划完成施工任务的关键和前提，其基本任务是为施工创造必要的技术和物质条件，统筹安排施工力量和施工现场。当一个项目进行了图样会审，批准了施工组织设计、施工图预算，搭设了必需的临时设施，建立了现场组织管理机构，人力、物力、资金到位，能够满足工程开工后连续施工的要求时，施工单位即可向主管部门申请开工。

4. 组织施工，加强管理

开工报告获批准后，即可进行工程的全面施工。此阶段是整个工程实施中最重要的一个阶段，它决定了施工工期、产品质量、成本和施工企业的经济效益。因此，要做好四控（质量、进度、安全、成本控制）、四管（现场、合同、生产要素、信息管理）和一协调（搞好协调配合），具体主要做好以下几个方面的工作：

1）严格按照设计图和施工组织设计进行施工。

2）注意协调配合，及时解决现场出现的矛盾，做好调度工作。

3）把握施工进度，做好控制与调整，确保施工工期。

4）采取有效的质量管理手段和保证质量措施，执行各项质检制度，确保工程质量。

5）做好材料供应工作，执行材料进场检验、保管、限额领料制度。

6）管理好技术档案，做好图样及洽商变更、检验记录、材料合格证等技术资料管理。

7）注重成品的保养和保护工作，防止成品的丢失、污染和损坏。

8）加强施工现场平面图管理，及时清理场地，强化文明施工，保证道路畅通。

9）控制工地安全，做好消防工作。

10）加强合同、资金等管理工作，提高企业的经济效益与社会效益。

5. 竣工验收，交付使用

竣工验收是对建设项目设计和施工质量的全面考核，也是一个法定的手续。根据国家有关规定，所有建设项目和单位工程建完后，必须进行工程检验与备案。凡是质量不合格的工程不准交工、不准报竣工面积，当然也不能交付使用。

在工程验收阶段，施工单位应首先自检合格，确认具备竣工验收的各项要求，并经监理单位认可后，向建设单位提交“工程验收报告”；然后由建设单位组织设计、施工、监理等单位进行验收；验收合格后 15 日内向政府建设主管部门备案；施工单位与建设单位办理竣工结算和移交手续。施工单位应按合同约定，做好工程文件的整理和移交；建设单位应在工程竣工验收后 3 个月内，向当地城建档案管理机构移交一套符合规定的工程档案。

6. 保修回访，进行后评价

在法定及合同规定的保修期内，对出现质量缺陷的部位进行返修，以保证满足原有的设计质量和使用要求。国家规定，房屋建筑工程的基础工程、主体结构工程在设计合理使用年限内均为保修期，防水工程的保修期为 5 年，装饰装修及所安装的设备保修期为 2 年。通过定期回访、保修和后评价，不但方便用户、提高企业信誉，同时也为以后施工积累经验。

11.1.5 组织施工的原则

在进行工程项目施工组织时，应遵循以下基本原则。

1. 认真贯彻国家的建设法规和制度，严格执行建设程序

国家有关建设的法律法规是规范建筑活动的准绳，在改革与管理实践中逐步建立和完善的施工许可制度、从业资格管理制度、招标投标制度、总承包制度、发承包合同制度、工程监理制度、安全生产管理制度、工程质量责任制度、竣工验收制度等是规范建筑行业的重要保证，这对建立和完善建筑市场的运行机制，加强建筑活动的实施与管理，提供了重要的方法和依据。因此，在进行施工组织时，必须认真地学习、充分理解并严格贯彻执行。

建设程序中的不同阶段具有不同的内容，各阶段之间又有着不可分割的联系，既不能相互替代，也不许颠倒或跳越。坚持建设程序，工程建设就能顺利地进行，就能充分发挥投资的经济效益。反之，违背了建设程序，就会造成混乱，影响质量、进度和成本，甚至对工程建设带来严重的危害。

2. 遵循施工工艺和技术规律，合理安排施工展开程序和施工顺序

施工展开程序和施工顺序是指各分部工程或各分项工程之间先后进行的次序，它是土木工程产品生产过程中阶段性的基本规律。由于土木工程产品的生产活动是在同一场地上进行，一般情况下，前面的工作不完成，后面的工作就不能开始。但在空间上可组织立体交叉、搭接施工，这是组织管理者在遵循基本规律的基础上，争取时间、减少消耗的主要体现。

虽然，施工展开程序和施工顺序是随着工程项目的规模、施工条件与建设要求的不同而有所不同，除特殊的工程组织，一般都应遵循共同的基本规律。例如，在对建筑物施工时，常采用“先准备，后施工”“先地下，后地上”“先结构，后围护”“先主体，后装饰”“先土建，后设备”的程序。又如，在基础工程中，施工顺序宜为“先深后浅”“先撑后挖”，才有利于工程安全。另如，在现浇混凝土柱这一分项工程中，施工顺序是扎筋→支模→浇筑混凝土，其中任何一道工序都不能颠倒或省略，这不仅是施工工艺的要求，也是保证质量的要求。

3. 采用流水作业法和网络计划技术组织施工

流水作业是组织土木工程施工的有效方法，可使施工连续、均衡、有节奏地进行，以达到合理使用资源，充分利用空间和时间的目的。网络计划技术是计划管理的科学方法，具有逻辑严密、层次清晰、关键问题明确，可进行计划优化、控制和调整，有利于计算机在计划管理中应用等优点。因而，在组织施工时应尽量采用。

4. 科学地安排季节性施工项目，确保全年生产的连续性和均衡性

为了确保全年连续、均衡地施工，并保证质量和安全，节约工程费用，在组织施工时，应充分了解当地的气象条件和水文地质条件。尽量避免把土方工程、地下工程、水下工程安排在雨期和洪水期施工，避免把防水工程、外装饰工程安排在冬期施工；高空作业、结构吊装则应避免在雷暴季节、大风季节施工。对那些必须在冬雨期施工的项目，则应采取相应的技术措施，以确保工程质量和施工安全。

5. 贯彻工厂预制和现场预制相结合的方针，提高建筑工业化程度

建筑工业化的一个重要前提条件是广泛采用预制装配式建造。在拟定建造方案时，应贯彻工厂预制和现场预制相结合的方针，把受运输和起重设备限制的大型、重型构件放在现场预制；将大量的中小型构件交由工厂预制。这样，既可发挥工厂批量生产的优势，又可解决受运输、起重设备限制的主要矛盾。

6. 充分发挥机械效能，提高机械化程度

机械化施工可加快工程进度，减轻劳动强度，提高劳动生产率。为此，在选择施工机械时，应考虑能充分发挥机械的效能，并使主导工程的大型机械（如土方机械、吊装机械）能连续作业，以减少机械费用；同时，还应采取大型机械与中小型机械相结合、机械化与半机械化相结合、扩大机械化施工范围、实现综合机械化等方法，以提高机械化施工程度。

7. 采用先进的施工技术和科学的管理方法

先进的施工技术和科学的管理方法相结合，是保证工程质量，加速工程进度，降低工程成本，促进技术进步，提高企业素质的重要途径。因此，在编制施工组织设计及组织工程实施中，应尽可能采用新技术、新工艺、新材料、新设备和科学的管理方法。

8. 合理布置施工现场，尽量减少暂设工程

精心地规划、合理地布置施工现场，是提高施工效率、节约施工用地、实现文明施工、确保安全生产的重要环节。尽量利用既有建筑物、已有设施、正式工程、地方资源为施工服务，是减少暂设工程，降低工程成本的重要途径。

11.2 施工准备工作

施工准备工作是工程项目施工的重要阶段之一，其基本任务是为拟建工程的施工建立必要的技术和物质条件，统筹安排施工力量和施工现场。施工准备工作也是施工企业搞好目标管理、推行技术经济承包的重要依据，同时还是土建施工和设备安装顺利进行的根本保证。因此，认真地做好施工准备工作，对于发挥企业优势、合理供应资源、加快施工速度、提高工程质量、降低工程成本、增加经济效益、赢得社会信誉、实现管理现代化等均具有重要意义。

施工准备工作的优劣，将直接影响建筑产品生产的全过程。实践证明，凡是重视施工准备工作，积极为拟建工程创造一切施工条件，其工程的施工就会顺利地进行；凡是不重视施工准备工作，就会给工程的施工带来麻烦和损失，甚至带来灾难，其后果不堪设想。

11.2.1 施工准备工作的分类

1. 按准备工作的范围分

按准备工作的范围不同，一般可分为全场性施工准备、单位工程施工条件准备和分部（分项）工程作业条件准备等三种。

（1）全场性施工准备　它是以一个建筑工地为对象而进行的各项施工准备。其特点是准备工作的目的、内容都是为全场性施工服务的。它不仅要为全场性的施工活动创造有利条件，还要兼顾单位工程施工条件的准备。

（2）单位工程施工条件准备　它是以一个建筑物或构筑物为对象而进行的施工条件准备工作。其特点是其准备工作的目的、内容都是为单位工程施工服务的。它不仅为该单位工程在开工前做好一切准备，而且要为分部（分项）工程或冬雨期施工进行作业条件的准备。

（3）分部（分项）工程作业条件准备　对某些施工难度大、技术复杂的分部（分项）工程，如降低地下水位、基坑支护、大体积混凝土、防水工程、大跨度结构吊装等，还要单独编制工程作业设计，并对其所采用的材料、机具、设备及安全防护设施等分别进行准备。

2. 按所处的施工阶段分

按所处的施工阶段不同，施工准备可分为开工前和各施工阶段开始前的施工准备。

（1）开工前的施工准备　它是在拟建工程正式开工之前所进行的一切施工准备工作。其目的是为拟建工程正式开工创造必要的条件。它既可能是全场性的施工准备，又可能是单位工程施工条件的准备。

（2）各施工阶段开始前的施工准备　它是在拟建工程开工之后，每个施工阶段正式开工之前所进行的一切施工准备工作。其目的是为该施工阶段正式开工创造必要的条件。例如，混合结构住宅的施工，一般可分为基础工程、主体结构工程、屋面工程和装饰装修工程等施工阶段，每个施工阶段的施工内容不同，所需要的技术条件、物质条件、组织要求和现场布

置等方面也不同。因此，在每个施工阶段开工之前，都必须做好施工准备工作。

综上可见：施工准备工作不仅是在拟建工程开工之前，而且贯穿于整个建造过程始终。

11.2.2 施工准备工作计划

为落实各项施工准备工作，加强检查和监督，必须编制施工准备工作计划，见表11-1。

表11-1 施工准备工作计划表

序号	施工准备项目	简要内容	负责单位	负责人	起止时间		备注
					月日	月日	

为了加快施工准备工作的进度，必须加强建设单位、设计单位和施工单位之间的协调工作，密切配合，建立健全施工准备工作的责任制度和检查制度，使施工准备工作有领导、有组织、有计划和分期分批地进行。

11.2.3 施工准备工作的内容

不同范围或不同阶段的施工准备工作，在内容上有所差异，但主要内容一般包括：技术准备、物资准备、劳动组织准备、施工现场准备和施工场外准备工作。

1. 技术准备

技术准备是施工准备工作的核心，对工程的质量、安全、费用、工期控制具有重要意义，因此，必须认真做好。其主要内容如下：

（1）熟悉与审查施工图

1）熟悉与审查施工图的目的。为了使工程技术与管理人员充分了解和掌握施工图的设计意图、结构与构造特点和技术要求，以保证能够按照施工图的要求顺利地进行施工；同时发现施工图中存在的问题和错误，使其在施工开始之前改正。因此，必须认真地熟悉与审查施工图。

2）熟悉与审查施工图的内容。

① 审查施工图是否完整、齐全，以及设计图和资料是否符合国家规范、标准。

② 审查施工图与说明书在内容上是否一致，以及施工图与其各组成部分（如各专业）之间有无矛盾和错误。

③ 审查建筑与结构施工图在几何尺寸、标高、说明等方面是否一致，技术要求是否正确。

④ 审查工业项目的生产设备安装图及与其相配合的土建施工图在坐标、标高上是否一致，土建施工能否满足设备安装的要求。

⑤ 审查地基处理与基础设计同拟建工程地点的工程地质、水文地质等条件是否一致，以及建筑物与地下构筑物、管线之间的关系。

⑥ 明确拟建工程的结构形式和特点；摸清工程复杂、施工难度大和技术要求高的分部（分项）工程或新结构、新材料、新工艺，明确现有施工技术水平和管理水平能否满足工期和质量要求，找出施工的重点、难点。

⑦ 明确建设期限，分期分批投产或交付使用的顺序和时间；明确建设单位可以提供的施工条件。

3）熟悉与审查施工图的程序。熟悉与审查施工图的程序通常分为自审阶段、会审阶段和现场签证阶段三个阶段。

① 自审阶段。施工单位收到拟建工程的施工图和有关设计资料后，应尽快地组织有关工程技术、管理人员熟悉和自审施工图，并记录对施工图的疑问和建议。

② 会审阶段。施工图会审一般由建设单位或监理单位主持，设计单位和施工单位参加，三方共同进行。施工图会审时，首先由设计单位的工程主设计人向与会者说明拟建工程的设计依据、意图和功能要求，并对特殊结构、新材料、新工艺和新技术提出要求。然后，施工单位根据自审记录以及对设计意图的了解，提出对施工图的疑问和建议。最后，在统一认识的基础上，对所研讨的问题逐一地做好记录，形成"施工图会审纪要"，由建设单位正式行文，参加单位共同会签、盖章，作为与设计文件同等作用的技术文件和指导施工的依据，同时也是建设单位与施工单位进行工程结算的依据。

③ 现场签证阶段。在拟建工程施工的过程中，如果发现施工的条件与施工图的条件不符，或者发现施工图中仍然有错误，或者因为材料的规格、质量不能满足设计要求，或者因为施工单位提出了合理化建议，需要对施工图进行修改时，应遵循技术核定和设计变更的签证制度，进行施工图的施工现场签证。如果设计变更的内容对拟建工程的规模、投资影响较大时，要报请项目的原批准单位批准。施工现场的施工图修改、技术核定和设计变更资料，都要有正式的文字记录，归入拟建工程施工档案，作为指导施工、竣工验收和工程结算的依据。

（2）原始资料调查分析　为了做好施工准备工作，拟定出先进合理、切合实际的施工组织设计，除了要掌握有关拟建工程方面的资料外，还应该进行实地勘测和调查，以获得第一手资料。原始资料调查分析重点包括：

1）自然条件调查分析。自然条件调查分析的主要内容包括：建设地区水准点和绝对标高等情况；地质构造、土的性质和类别、地基土的承载力、地震级别和烈度等情况；河流流量和水质及水位变化等情况；地下水位、含水层厚度和水质等情况；气温、雨、雪、风和雷电等情况；土的冻结深度和冬雨期时间等。

2）技术经济条件调查分析。技术经济条件调查分析的主要内容包括：建设地区地方施工企业的状况；施工现场的状况；当地可利用的地方材料状况；主要材料供应状况；地方能源和交通运输状况；地方劳动力和技术水平状况；当地生活供应、教育和医疗卫生状况；当地消防、治安状况和参加施工单位的力量状况等。

（3）编制施工预算　施工预算是根据施工图、施工组织设计或施工方案、施工定额等文件进行编制的。它是施工企业内部控制各项费用支出、考核用工、签发施工任务单、限额领料、进行经济核算的依据，也是进行工程分包的依据。

（4）编制施工组织设计　工程项目施工生产活动是非常复杂的物质财富再创造的过程。为了正确处理人与物、主体与辅助、工艺与设备、专业与协作、供应与消耗、生产与储存、使用与维修以及它们在空间布置、时间安排之间的关系，必须根据拟建工程的规模、结构特点和建设单位的要求，在原始资料调查分析的基础上，编制出一份能切实指导该工程全部施工活动的科学方案，即施工组织设计。

（5）BIM 技术应用　应用 BIM 技术进行施工方案及工艺模拟、设备管线及节点布筋的碰撞检查和优化、进度计划及场地布置模拟检查、可视化交底等。

2. 物资准备

物资准备是保证施工顺利进行的基础。其内容主要包括建筑材料的准备、构配件和制品的加工、建筑安装机具的准备和生产工艺设备的准备。在工程开工之前，要根据各种物资的配置计划，分别落实货源，组织运输和安排储备，以保证工程开工和连续施工的需要。

物资准备工作程序如图 11-3 所示。

3. 劳动组织准备

劳动组织准备的范围包括对大型综合建设项目的劳动组织准备、对单位工程的劳动组织准备。这里仅以一个单位工程为例，说明其劳动组织准备工作的内容。

（1）建立施工项目领导机构　根据工程的规模、结构特点和复杂程度，确定施工项目领导机构的形式、名额和人选；遵循合理分工与密切协作相结合的原则，把有施工经验、有开拓精神、工作效率高的人选入领导机构；认真执行因事设职、因职选人的原则。

（2）建立精干的施工队组 按施工组织方式的要求，建立混合施工队组或专业施工队组。认真考虑专业工种的合理配合，技工和普工的比例要满足合理的劳动组合要求。

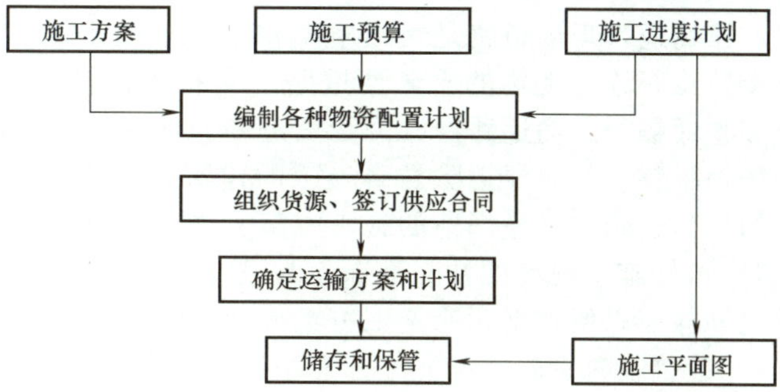

图 11-3 物资准备工作程序图

（3）集结施工力量，组织劳动力进场 按照开工日期和劳动力配置计划，组织工人进场，并安排好职工的生活，同时要进行安全、防火和文明施工等方面的教育。

（4）向施工队组、工人进行计划与技术交底 进行计划与技术交底的目的是把拟建工程的设计内容、施工计划和施工技术要求等，详尽地向施工队组和工人讲解说明。这是落实计划和技术责任制的必要措施。

交底应在单位工程或分部（项）工程开工前进行。交底的内容通常包括：工程的施工进度计划、月（旬）作业计划，施工工艺、质量标准、安全技术措施、降低成本措施和施工验收规范的要求，新结构、新材料、新技术和新工艺的实施方案和保证措施，有关部位的设计变更和技术核定等事项。

交底工作应该按照管理系统逐级进行，由上而下直到队组工人。交底的方式有书面形式、口头形式和现场示范形式等。

在交底后，队组人员要认真进行分析研究，弄清工程关键部位、操作要领、质量标准和安全措施，必要时应该根据示范交底进行练习，并明确任务，做好分工协作安排，同时建立、健全岗位责任制和保证措施。

（5）建立、健全各项管理制度 工地的管理制度是各项施工活动顺利进行的保证。无章可循是危险的，有章不循也会带来严重后果。因此，必须建立、健全各项管理制度。工地的管理制度通常包括：施工图学习与会审制度、技术责任制度、技术交底制度、工程技术档案管理制度、材料及主要构配件和制品的检查验收制度、材料出入库制度、机具使用保养制度、职工考勤和考核制度、安全操作制度、工程质量检查与验收制度、工地及班组经济核算制度等。

4. 施工现场准备

施工现场是施工的活动空间，其准备工作主要是为工程创造有利的施工条件和物资保证。具体内容如下：

1）做好施工场地的控制网测量。按照建筑总平面图及给定的永久性坐标控制网和水准控制基桩，进行场区施工测量，设置场区的永久性坐标桩、水准基桩，建立场区工程测量控制网。

2）完成“三通一平”。“三通一平”是指水通、电通、道路畅通和场地平整。

水通：水是施工现场生产、生活、消防不可或缺的资源。工程开工前，必须按照施工平面图的要求，落实水源、接通管线，同时做好地面排水系统，为施工创造良好的环境。

电通：电是施工现场的主要动力来源。工程开工前，要按照施工组织设计的要求，接通电力和电信设施，并做好蒸汽、压缩空气等其他能源的供应，确保施工现场动力设备和通信设备的正常运行。

道路畅通：现场道路是组织施工物资运输的动脉。工程开工前，必须按照施工总平面图的要求，修好施工现场的永久性道路（包括场区铁路、场区公路）以及必要的临时性道路，形成完整通畅的运输道路网，为物资进场和堆放创造有利条件。

场地平整：首先要拆除妨碍施工的建筑物或构筑物、迁移树木，然后根据建筑总平面图规定的标高，确定平整场地的施工方案，进行场地平整工作。

3）做好施工现场的补充勘探。为进一步明确地下状况或有特殊需要时，应及时做好现场的补充勘探。以便拟定相应施工方案或处理方案，保证施工的顺利进行和消除隐患。

4）建造临时设施。按照施工总平面图的布置和施工设施配置计划，建造临时设施，为正式开工准备生产、办公、生活和仓库等临时用房，以及设置消防保安设施。

5）组织施工机具进场。根据施工机具需要量计划，组织施工机具进场。并根据施工平面图要求，将施工机具安置在规定的地点或仓库。对于固定的机具要进行就位、组装、保养和调试等工作，对所有施工机具都必须在开工之前进行检查和试运转。

6）组织材料、构件进场。根据材料、构配件和制品的配置计划组织进场，按照施工总平面图规定的地点和方式进行储存或堆放。

7）提出材料的试验、试制申请计划。材料进场后，及时提出建筑材料的试验申请计划。例如，钢材的机械性能试验；混凝土或砂浆的配合比试验等。

8）做好新技术项目的试制、试验和人员培训。对施工中的新技术项目，应根据有关规定和相关资料，认真进行试制和试验。为正式施工积累经验，并做好人员培训工作。

9）建立智能施工管理平台，安装数据传输设施，以便对施工进程、现场安全、设备运行、人员投入、施工环境等进行实时监测和提前预警。

10）做好季节性施工准备。按照施工组织设计的要求，认真落实冬雨期和高温季节施工项目的施工设施和技术组织措施。

5. 施工场外准备

在做好施工现场准备工作之外，还需做好现场外的协调工作。其具体内容如下：

1）材料设备的加工和订货。建筑材料、构配件和制品大部分都必须外购，尤其工艺设备需要全部外购。所以，必须根据配置计划与建材加工、设备制造部门或单位签订供货合同，保证及时供应。

2）施工机具租赁或订购。对本单位缺少且需要的施工机具，应根据配置计划，与有关单位或部门签订订购合同或租赁合同。

3）做好分包工作。由于施工单位本身的力量和施工经验有限，有些专业工程的施工，如大型土石方工程、结构安装工程以及特殊构筑物工程的施工分包给有关单位可能获得更佳的效益。这就要求施工单位在施工准备工作中，按原始资料调查中所了解的有关情况，选定理想的协作单位；根据欲分包工程的工程量，完成日期、工程质量要求和工程造价等内容，与其签订分包合同，保证实施。

4）向主管部门提交开工申请报告。当施工准备工作进行到一定程度（能够保证开工后连续施工）时，应及时地填写开工申请报告，并上报主管部门批准。

11.3 施工组织设计

施工组织设计是以施工项目为对象编制的，用以指导施工技术、经济和管理的综合性文件。由于每个土木工程产品及其施工特点差异巨大，因此，开工前必须针对本工程编制施工组织设计。

11.3.1　施工组织设计的分类

1. 按编制的目的与阶段分

根据编制目的与编制阶段的不同，施工组织设计可分为两类。一类为投标前编制的施工组织纲要，另一类为中标且签订了工程承包合同后编制的施工组织设计。其区别见表 11-2。

表 11-2　两类施工组织设计的区别

种　类	服务范围	编制时间	编制者	主要特性	追求的主要目标
施工组织纲要	投标与签约	经济标书编制前	经营管理层	规划性	中标和经济效益
施工组织设计	施工准备至验收	签约后开工前	项目管理层	作业性	施工效率和效益

施工组织纲要是投标书的重要组成部分，是为取得工程承包权而编制的。它的主要作用是在技术上、组织上和管理手段上论证投标书中的投标报价、施工工期和施工质量三大目标的合理性和可行性，对招标文件提出的要求做出明确、具体的承诺，对工程承包中需要业主提供的条件提出要求。

施工组织设计是在中标、合同签订后，承包商根据合同文件的要求和具体的施工条件，对施工组织纲要进行修改、充实、完善，并经监理工程师审核同意而形成的施工组织设计。

2. 按编制对象分

按照编制对象与作用的不同，施工组织设计可分为施工组织总设计、单位工程施工组织设计和分部（分项）工程施工方案等三种。

（1）施工组织总设计　它是以若干单位工程组成的群体工程或特大型项目为对象编制的施工组织设计，对整个项目的施工过程起统筹规划、重点控制的作用。它是对建设项目组织施工进行总体部署，据以确定建设项目的开展程序、主要建筑物的施工方案、建设项目的总进度计划和资源配置计划及施工现场总体规划等。

（2）单位工程施工组织设计　它是以单位工程为主要对象编制的施工组织设计，对单位工程的施工过程起指导和制约作用，用以指导施工全过程中各项生产技术、经济活动，控制工程质量、进度、安全等各项目标的综合性管理文件。它是对单位工程的施工过程和施工活动进行全面规划和安排，据以确定各分部分项工程开展的顺序及工期、主要分部分项工程的施工方法、施工进度计划、各种资源的配置计划、施工准备工作及施工现场的布置。

（3）分部（分项）工程施工方案　它是以某些重要的分部工程或较大较难的、技术复杂的、采用新技术新工艺施工的分项工程（如大型工业厂房或公共建筑物的基础、混凝土结构、钢结构安装、高级装饰装修等分部或子分部工程；深基坑支护、垂直运输、脚手架、预应力混凝土、特大构件吊装等分项工程）以及专项工程（如深基坑开挖、土壁支护、地下降水、高大模板、高层脚手架工程等）为对象编制的，是对施工组织设计的细化和补充，用以指导其施工活动的技术文件。其内容详细、具体，可操作性强，是直接指导施工作业的依据。

11.3.2　施工组织设计的作用

施工组织纲要的主要作用是指导工程投标与签订工程承包公司，并作为投标书的一项重要内容（技术标）和合同文件的一部分。实践证明，在工程投标阶段编制好施工组织纲要，充分反映施工企业的综合实力，是实现中标，提高市场竞争力的重要途径。

施工组织设计是进行施工准备，规划、协调、指导工程项目全部施工活动的全局性的技术经济文件。其主要作用是指导施工准备工作和施工全过程的进行，主要体现在：可以统一规划和协调复杂的施工活动，保证施工有条不紊地进行；能够使施工人员心中有数，工作处于主动地位；能够对施工进度、质量、成本、技术与安全实施控制，实现对施工全过程进行科学管理的目的。通过编制施工组织设计，可以针对工程的特点，根据施工环境的各种具体条件，按照客观的施工规律，制订拟建工程的施工方案，确定施工顺序、施工方法、劳动组织和技术措施；可以确定施工进度，控制工期；可以有序地组织材料、机具、设备、劳动力的供应和使用；可以合理地利用和安排为施工服务的各种临时设施；可以合理地部署施工现场，确保文明施工、安全施工；可以分析施工中可能产生的风险和矛盾，以便及时采取研究解决问题的对策、措施；可以将工程的设计与施工、技术与经济、施工组织与施工管理、施工全局规律与施工局部规律、土建施工与设备安装、各部门之间、各专业之间有机地结合，统一协调，相互配合。实践证明，编制好施工组织设计是实现科学管理、提高工程质量、降低工程成本、加快工程进度、预防安全事故的可靠保证。

11.3.3 施工组织设计的内容

施工组织设计的种类不同，其编制的内容也有所差异。但都要根据编制的目的与实际需要，结合工程对象的特点、施工条件和技术水平进行综合考虑，做到切实可行、经济合理。各种施工组织设计中，其主要内容一般均要包含如下几个方面：

1. 编制依据

编制依据主要包括：与工程建设有关的法律、法规和文件；国家现行标准和技术经济指标；行政主管部门的批准文件，建设单位的要求；施工合同或招投标文件；设计文件；现场条件、地质及水文地质、气象等自然条件；资源供应情况；施工企业的生产能力、机具设备状况、技术水平等。

2. 工程概况

工程概况要概括地说明工程的性质、规模，建设地点，结构特点，建筑面积，施工期限，合同的要求；本地区地形、地质、水文和气象情况；施工力量；劳动力、机具、材料、构件等供应情况；施工环境及施工条件等。

3. 施工部署

施工部署是对项目实施过程做出的统筹规划和全面安排，包括项目施工主要目标、施工顺序及空间组织、施工组织安排等。它是施工组织设计的纲领性内容，施工组织设计的其他内容都需围绕施工部署的原则编制。

4. 施工方案或主要方法

施工方案或主要方法是确定主要施工过程的施工方法、施工机械、工艺流程、组织措施等。它直接影响着施工进度、质量、安全以及工程成本，同时也为技术和资源的准备、各种计划制订及合理布置现场提供依据。因此，要遵循先进性、可行性、安全性和经济性兼顾的原则，结合工程实际，拟定可行的几种方案或方法，进行分析和评价，择优选用。

5. 施工进度计划

施工进度计划是为实现项目设定的工期目标，对各项施工过程的施工顺序、起止时间和相互衔接关系所做的统筹策划和安排。它对保证工程按期完成、保证施工的连续性和均衡性、节约施工费用有重要作用，需依据建筑工程施工的客观规律和施工条件，参考工期定额，综合考虑资金、材料、设备、劳动力等资源的投入来编制。

6. 施工准备与资源配置计划

施工准备计划包括在技术、现场、资金等方面准备的计划安排，资源配置计划主要是对劳动力和物资配置和计划安排。它们对工程开工和顺利实施具有重要作用。

7. 施工现场平面布置

施工现场平面布置是在施工用地范围内，对各项生产、生活设施及其他辅助设施等进行规划和布置，对保证工程施工顺利进行具有重要意义，应遵循方便、经济、高效、安全、环保、节能的原则进行布置。

8. 施工管理计划或措施

施工管理计划或措施主要包括进度、质量、安全、环境及成本等方面的管理计划或管理措施。它是实现既定目标的重要保障。

11.3.4　施工组织设计的编制与审批

1. 施工组织纲要的编制

施工组织纲要的编制质量对能否中标具有重要意义，编制时要积极响应招标书的要求，明确提出对工程质量和工期的承诺以及实现承诺的方法和措施。其中，施工方案要先进、合理，针对性、可行性强；进度计划和保证措施要合理、可靠，质量措施和安全措施要严谨、有针对性；主要劳动力、材料、机具设备计划应合理；项目主要管理人员的资历和数量要满足施工需要，管理手段、经验和声誉状况等要适度表现。

2. 施工组织设计的编制

（1）编制方法　施工组织设计应由项目负责人主持编制，可根据需要分阶段编制和审批。

1）对实行总包和分包的工程，由总包单位负责编制施工组织设计，分包单位在总包单位的总体部署下，编制所分包部分的施工组织设计。

2）施工组织设计编制前应确定编制人，并召开由建设单位、设计单位及施工分包单位参加的设计要求和施工条件交底会。根据合同工期要求、资源状况及有关的规定等进行广泛、认真地讨论，拟定主要部署，形成初步方案。

3）对构造复杂、施工难度大以及采用新工艺和新技术的工程项目，要进行专业性的研究，组织专门会议，邀请有经验的人员参加，集中群众智慧，为施工组织设计的编制和实施打下坚实的群众基础。

4）要充分发挥各专业、各职能部门的作用，吸收他们参加施工组织设计的编制和审定，以发挥企业整体优势，合理地进行交叉配合的程序设计。

5）较完整的施工组织设计方案提出之后，要组织参编人员及单位进行讨论，逐项逐条地研究、修改后确定，形成正式文件后，送主管部门审批。

（2）编制要求　编制施工组织设计必须在充分研究工程的客观情况和施工特点的基础上，根据合同文件的要求，并结合本企业的技术、管理水平和装备水平，从人力、财力、材料、机具和施工方法等五个环节入手，进行统筹规划、合理安排、科学组织，充分利用时间和空间，力争以最少的投入取得产品质量好、成本低、工期短、效益好、业主满意的最佳效果。在编制时应做到以下几点：

1）方案先进、可靠、合理、针对性强，符合有关规定。例如，施工方法是否先进，技术是否可靠，施工顺序是否合理，是否考虑了必要的技术间歇，施工方法与措施是否切合本工程的实际情况，是否符合技术规范要求等。

2）内容繁简适度。施工组织设计的内容不可能面面俱到，要有侧重点。对简单、熟悉的施工工艺不必详细阐述，而对那些高、新、难的施工内容，则应较详细地阐述施工方法并制订有效措施，以做到详略并举，因需制宜。

3）突出重点，抓住关键。对工程上的技术难点、协调及管理上的薄弱环节、质量及进度控制上的关键部位等应重点编写，做到有的放矢、注重实效。

4）留有余地，利于调整。要考虑到各种干扰因素对施工组织设计实施的影响，编制时应适当留出更改和调整的余地，以达到能够继续指导施工的目的。

3. 施工组织设计的审批

施工组织设计编制后，应履行审核、审批手续。施工组织总设计应由总承包单位的技术负责人审批，经总监理工程师审查后实施；单位工程施工组织设计应由施工单位技术负责人或其授权的技术人员审批，经总监理工程师审查后实施；施工方案应由项目技术负责人审批，但重点、难点分部（分项）和专项工程施工方案应由施工单位技术负责人批准，经监理工程师审查后实施。

对规模较大的分部（分项）工程和专项工程（如钢结构工程）的施工方案应按单位工程施工组织设计进行编制和审批。

由专业承包单位施工的分部（分项）工程或专项工程的施工方案，应由专业承包单位技术负责人或技术负责人授权的技术人员审批；有总承包单位时，应由总承包单位项目技术负责人核准备案。

对危险性较大的分部分项工程（如挖深3m及以上的基抗支护、降水及土方开挖开程，采用大模板、滑模、爬模、飞模的工具式模板工程等）应编制安全专项施工方案，通过施工单位技术、安全、质量等部门的专业技术人员审核、技术负责人签字，并报总监理工程师签字后实施。对于超过一定规模的危险性较大的分部分项工程（如挖深5m及以上基抗的土方开挖、支护、降水工程，采用滑模、爬模、飞模的工具式模板工程；搭设高度8m、搭设跨度18m、施工总荷载15kN/m^2、集中线荷载20kN/m及以上的混凝土模板支撑工程等），施工单位应组织召开专家论证会（专家组成员由5名以上符合相关专业要求的专家组成，且为非参建方人员），并根据论证报告修改完善专项方案，经施工单位技术负责人、项目总监理工程师、建设单位项目负责人签字后，方可组织实施。

11.3.5 施工组织设计的贯彻、检查与调整

施工组织设计的编制只是为实施拟建工程施工提供了一个可行的理想方案。要使这个方案得以实现，必须在施工实践中认真贯彻、执行施工组织设计。因此，要在开工前组织有关人员熟悉和掌握施工组织设计的内容，逐级进行交底，提出对策措施，保证其贯彻执行；要建立和完善各项管理制度，明确各部门的职责范围，保证施工组织设计的顺利实施；要加强动态管理，及时处理和解决施工中的突发事件和出现的主要矛盾；要经常地对施工组织设计执行情况进行检查，必要时进行调整和补充，以适应变化的、动态的施工活动的需要，保证控制目标的实现。

项目施工过程中，若发生工程设计有重大修改，有关法律、法规、规范和标准实施、修订和废止，主要施工方法有重大调整，主要施工资源配置有重大调整，施工环境有重大改变等情况之一时，施工组织设计应及时进行修改或补充，并经重新审批后实施。

施工组织设计的贯彻、检查和调整，是一项经常性的工作，必须随着工程的进展不断地反复进行，并贯穿于拟建工程项目施工活动的始终。

工程案例

本章工程案例详见本书配套电子资源。

习　题

1. 土木工程产品及其生产的特点有哪些？
2. 施工程序分为哪几个步骤？
3. 试述组织工程项目施工应遵循的原则。
4. 施工准备工作包括哪些内容？
5. 施工组织设计分为哪些种类？各有何区别？
6. 施工组织设计的主要内容包括哪些？
7. 施工组织设计编制要求有哪些？
8. 哪些工程需编制施工组织总设计？
9. 哪些工程须编制安全专项方案并组织专家组论证？

第12章

流水施工法

学习目标

了解流水施工的概念与特点；熟悉流水施工基本参数的概念，掌握主要参数的确定方法；掌握组织流水施工的步骤与方法，能够组织一般工程的流水施工。

流水作业是由固定组织的工人在若干个工作性质相同的施工环境中依次连续地工作的一种组织方法。它能使生产过程连续、均衡并有节奏地进行，是一种科学有效的生产组织方法，因而在国民经济各个生产领域得到广泛应用。

在土木工程中采用流水施工，能合理地使用资源、充分利用时间和空间、减少不必要的消耗、实现专业化生产、提高作业效率，对缩短工期、降低造价、提高产品质量和实现文明施工有着显著的作用。

土木工程中有大量的工作面可以利用，为组织流水施工创造了有利的条件；但由于施工内容繁杂、各施工过程间的干扰较大，这就要求有较高的流水施工组织水平。本章主要讨论流水施工的基本概念、基本参数与组织方法，为在施工中灵活运用打下基础。

12.1 流水施工的基本概念

12.1.1 组织施工的基本方式

在土木工程施工中，根据工程的特点、工艺流程、工期要求、资源供应状况、平面及空间布置要求等，可采用依次施工、平行施工和流水施工等不同组织方式。举例如下：

某工程项目有甲、乙、丙三栋相同的房屋基础，主要施工工序包括开挖基槽、砌砖基础和基槽回填，其每栋的施工过程、工程量、劳动量及人员和时间的安排见表 12-1。

表 12-1 某工程一栋房屋基础施工的有关参数

施工过程	工程量	产量定额	劳动量	班组人数	施工天数	工种
挖土方	240 m^3	6 m^3/工日	40 工日	8	5	普工
砌砖基础	60 m^3	1 m^3/工日	60 工日	12	5	瓦工
回填土	200 m^3	4 m^3/工日	50 工日	10	5	灰土工

当采用不同的施工组织方式时，其施工进度、总工期及表示资源需求状况的劳动力动态曲线见图 12-1。

1. 依次施工

依次施工也称顺序施工，是按照施工对象依次进行的组织方式。各施工队则按工艺顺序

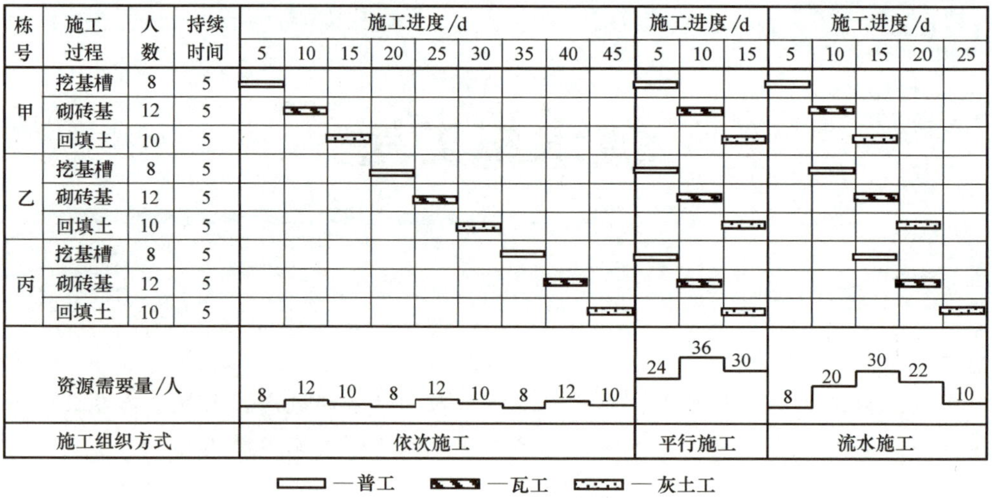

图 12-1 三种施工组织方式比较图

依次在施工对象上完成工作，如图 12-1 所示依次施工栏。

依次施工是一种最基本的、最原始的施工组织方式，具有以下特点：

1）由于未能充分利用工作面去争取时间，导致工期过长。

2）采用专业工作队施工时，各工作队不能连续作业而造成窝工现象，使劳动力及施工机具等资源均不能充分利用。

3）若采用混合工作队完成全部施工任务，则不利于提高劳动生产率和施工质量。

4）单位时间内投入的劳动力、材料及施工机具等资源量较少，有利于资源供应。

5）施工现场的组织、管理比较简单。

因此，依次施工方式仅适用于施工场地小、资源供应不足、工期要求不紧的情况下，组织由所需各个专业工种构成的混合工作队施工。

2. 平行施工

平行施工是所有施工对象同时开工，齐头并进，同时完工的组织方式，如图 12-1 中平行施工栏所示。其特点如下：

1）充分利用了工作面，争取了时间，从而大大缩短了工期。

2）若组织专业工作队施工时，劳动力的需求量极大且无连续作业的可能，则材料、机具等资源也难以均衡利用。

3）若采用混合工作队施工，则不利于提高施工质量和劳动生产率。

4）单位时间内投入的资源量成倍增长，不利于资源供应的组织工作，造成生产、生活等临时设施大量增加、费用高、场地紧张。

5）施工现场的组织、管理复杂。

这种组织方式只适用于工期十分紧迫、资源供应充足、工作面及工作场地较为宽裕、不计较代价时的抢工工程。

3. 流水施工

流水施工是将拟建工程在竖向或平面空间上划分为若干个施工对象，将每个施工对象按工艺要求分解为若干个施工过程（分部、分项工程或工序），并组建相应的专业工作队；然后组织每一个专业工作队按照施工流向要求，依次在各个施工对象上完成自己的工作；并使相邻两个工作队在开工时间上最大限度地、合理地搭接起来；而不同的施工队在同一时间内、不同的施工对象上进行平行作业，如图 12-1 所示流水施工栏。

从图中可以看出，在一个栋号（施工对象）中，前一个工种队组完成工作撤离工作面后，后一个工种队组立即进入，使工作面不出现或尽量少出现间歇，从而可有效地缩短工期；此外，就某一个工作队组而言，在一个栋号完成工作后立即转移到另一个栋号，保证了工作的连续性，避免了窝工现象，既有利于缩短工期，又使劳动力得到了合理、充分地利用。图中，从第一天初开始，每5d有一个栋号开工，从第15d末开始每5d有一个栋号完工，实现了均衡生产。从劳动力动态曲线可以看出，工程初期劳动力（包括其他资源）逐渐增加，后期逐渐减少，如果栋号很多，则中期30人的状态将保持很长时间，即资源投入保持均衡。也就是说，在正常情况下，每5d供应一个栋号的全部材料、机具、劳动力等。流水施工具有以下特点：

1）充分利用工作面和人员，争取了时间，使得工期较短。

2）各工作队实现了专业化施工，有利于提高劳动生产率和工程质量。

3）各专业工作队能够连续施工，避免了窝工现象。

4）单位时间内投入的劳动力、施工机具、材料等资源量较均衡（流水段数越多，越明显），有利于资源供应的组织。

5）为现场文明施工和科学管理创造了有利条件。

流水施工的实质是充分利用时间、空间和资源，实现连续、均衡地生产，因而得到了广泛应用。

12.1.2 流水施工的技术经济效果

通过上述的比较可以看出，流水施工在工艺划分、时间安排和空间布置上都体现出了科学性、先进性和合理性。因此，它具有显著的技术经济效果，主要体现在以下几点：

1）工作队及工人实现了专业化生产，有利于提高技术水平，有利于技术革新，从而有利于保证施工质量，减少返工、浪费和维修费用。

2）工人实现了连续性单一作业，便于改善劳动组织、操作技术和施工机具，增加熟练技巧，有利于提高劳动生产率（一般可提高20%~30%），加快施工进度。

3）由于资源消耗均衡，避免了高峰现象，有利于资源的供应与充分利用，减少现场暂设工程，从而可有效地降低工程成本（一般可降低6%~12%）。

4）施工具有节奏性、均衡性和连续性，减少了施工间歇，从而可缩短工期（比依次施工可缩短30%~50%），尽早发挥工程项目的投资效益。

5）施工机械、设备和劳动力可以得到合理、充分地利用，减少了浪费，有利于提高经济效益。

6）由于工期短、效率高、用人少、资源消耗均衡，可以降低现场管理费和物资消耗强度，实现合理储存与供应，从而可以提高综合经济效益。

12.1.3 组织流水施工的步骤

组织流水施工一般按以下步骤进行：

1）将整个工程按施工阶段分解成若干个施工过程，并组织相应的工作队，使每个施工过程分别由固定的工作队完成。

2）把建筑物在平面或空间上划分成若干个流水段（或称施工段），以形成“批量”的假定产品，而每一段就是一个假定产品。

3）确定各工作队在各段上的工作持续时间，即“流水节拍”。

4）组织各工作队按一定的施工工艺，配备必要的机具，依次、连续地由一个流水段转移到另一个流水段，反复地完成同类工作。

5）组织不同的工作队在完成各自施工过程的时间上适当地搭接起来，使得各个工作队在不同的流水段上进行平行作业。

12.1.4 流水施工的表达方式

流水施工的表达方式主要包括横道图、垂直图表及网络图三种形式。

1. 横道图

横道图是表达流水施工最常用的方法。它的左半部分是按照施工的先后顺序排列的施工对象或施工过程；右半部分是施工进度，用水平线段表示工作的持续时间，线段上标注工作内容或施工对象。例如，某项目有甲、乙、丙、丁四栋房屋的抹灰工程，其流水施工的横道图表达如图 12-2 所示。

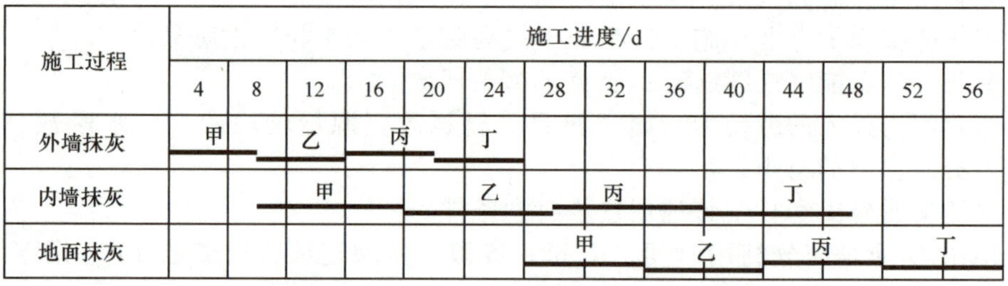

图 12-2 流水施工的横道图形式

2. 垂直图表

垂直图表也称垂直图，如图 12-3 所示。横坐标表示流水施工的持续时间，纵坐标表示施工对象或流水段的编号。每条斜线段表示一个施工过程或工作队的施工进度。其斜线的斜率不同表达了进展速度的差异。垂直图表一般只用于表达各项工作连续作业状况的施工进度计划。

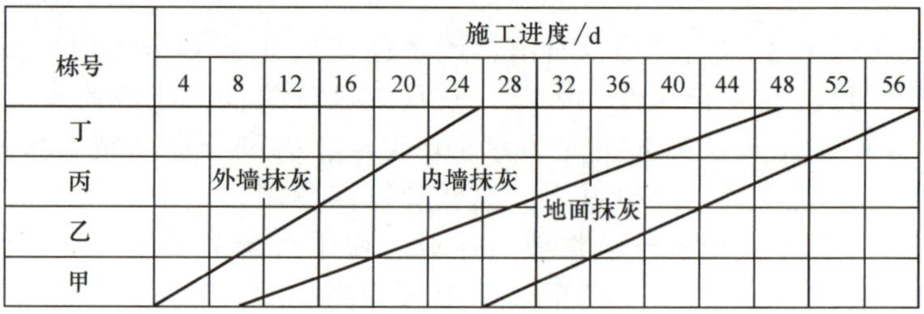

图 12-3 垂直图表形式

3. 网络图

流水施工的网络图表达形式详见第 13 章。

12.2 流水施工的参数

在组织流水施工时，用以表达流水施工在施工工艺、空间布置和时间排列方面开展状态的参量，统称为流水参数。它主要包括工艺参数、空间参数和时间参数三大类。流水参数是影响流水施工组织的节奏和效果的重要因素。

12.2.1 工艺参数

用以表达流水施工在施工工艺上的开展顺序及其特性的参量，均称为工艺参数。它主要包括施工过程数和流水强度。

1. 施工过程数（n）

它是指组入到流水施工中的施工过程的个数。任何一项工程的施工都包含有若干个施工过程。根据组织流水的范围，施工过程可以是分项工程，也可以是分部工程或单位工程等。

施工过程数的多少，应依据工程性质与复杂程度、进度计划的类型、施工方案、施工队的组织形式等确定。组入流水的施工过程数量不宜过多，应以主导施工过程为主，力求简洁。对于占用时间很少的施工过程可以忽略；对于工作量较小且由一个工作队同时或连续施工的几个施工过程可合并为一项，以便于组织流水。

2. 流水强度（V）

它是指参与流水施工的某一施工过程在单位时间内所需完成的工程量，又称流水能力或生产能力。如绑扎钢筋施工过程的流水强度是指每个工作班需绑扎钢筋数量。

12.2.2　空间参数

在组织流水施工时，用以表达流水施工在空间布置上所处状态的参量，均称为空间参数。它包括工作面、施工层数和流水段数等。

1. 工作面（A）

在组织流水施工时，某专业工种施工时为保证安全生产和有效操作所必须具备的活动空间，称为该工种的工作面。它的大小，应根据该工种工程的计划产量定额、操作规程和安全施工技术规程的要求来确定。如砌砖墙时，每个瓦工应有 8.5m 以上的墙长，才能完成定额规定的效率和保证安全。利用工作面的概念，可以计算出各流水段上能容纳的工人数。

2. 施工层数（r）

在组织流水施工时，为了满足结构构造及专业工种对施工工艺和操作高度的要求，需将施工对象在竖向上划分为若干个操作层，这些操作层就称为施工层。施工层的划分，要按施工工艺的具体要求及建筑物、楼层和脚手架的高度情况来确定。如一般房屋的结构施工、室内抹灰等，可将每一楼层作为一个施工层；对外墙抹灰、贴外墙面砖等，可将每步架或每个水平分格作为一个施工层。

3. 流水段数（m）

在组织流水施工时，通常把施工对象在平面上划分成劳动量大致相等的若干个区段，这些区段就叫施工段或流水段。分段的目的就是要使各个工作队有自己的工作空间，避免工作中的相互干扰，使得各队能够同时、在不同的空间上进行平行作业，进而缩短工期。流水段划分形式如图 12-4 所示，每层都分了 4 个流水段。

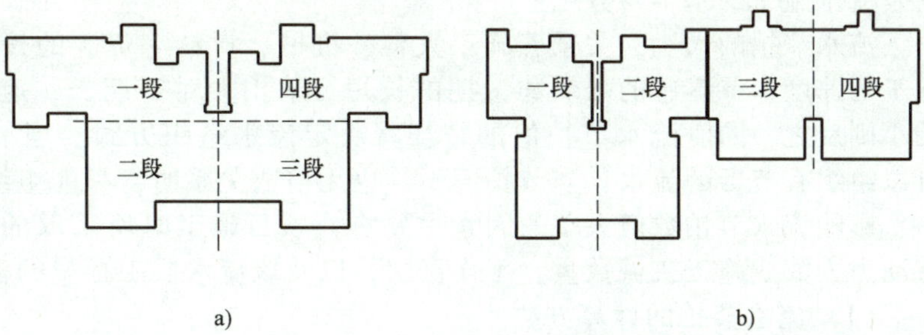

图 12-4　某小区 A、B 栋高层住宅楼结构施工阶段流水段划分形式示意图

a) A 栋　b) B 栋

流水段的数目要适当，太多则使每段的工作面过小，影响工作效率或不能充分利用人员和设备而影响工期；太少则工作队因无工作面而等待，难以构成流水，造成窝工。因此，分段时应遵循以下原则：

1）同一工作队在各个流水段上的劳动量应大致相等，相差不宜超过 15%，以便于组织等节奏的流水。

2）分段要以主导施工过程为主，段数不宜过多，以免使工期延长。

3）流水段的大小应满足主要施工过程工作队对工作面的要求，以保证施工效率和安全。

4）分段位置应有利于结构的整体性和外观效果。应尽量利用沉降缝、伸缩缝、防震缝作为分段界线；或者以混凝土施工缝、后浇带、砌体结构的门窗洞口以及装饰的分格条、阴角等作为分段界线，以减少留槎，便于连接和修复。

5）当施工有层间关系，分段又分层时，若要保证各队连续施工，则每层段数（m）应大于或等于施工过程数（n）及施工队组数（$\sum b_i$），以保证施工队能及时向另一层转移。例如，某两层砖混结构房屋的主要施工过程为砌墙、楼板施工，拟组织一个瓦工队和一个楼板队（包括模板、钢筋、混凝土工）进行流水施工，即 $n=\sum b_i=2$。在工作面及材料供应充足、人和机械数量不变的情况下，其三种不同分段流水的组织方案如图 12-5 所示。

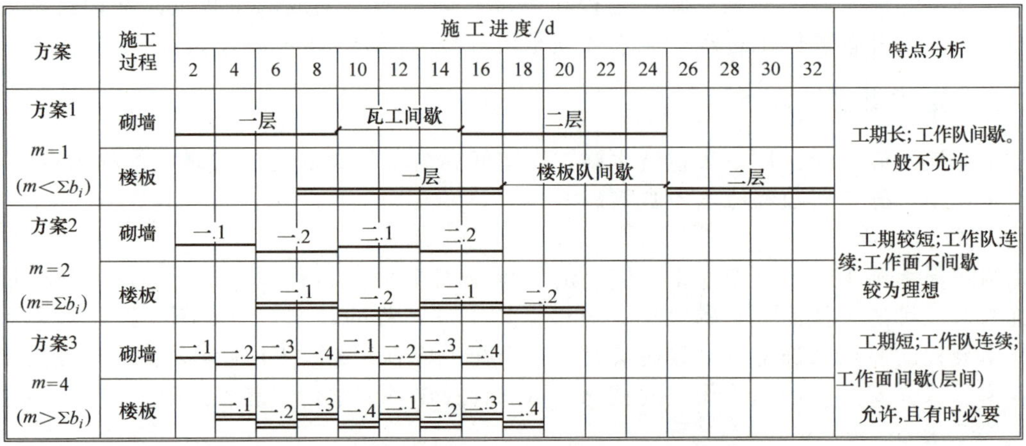

图 12-5 不同分段方案流水施工的效果与特点

显然，方案 3 更有利于工程质量和施工的顺利进行。但应注意，m 值也不能过大，否则会造成工作面不足或材料、人员、机具过于集中，影响效率和效益，易发生事故。

12.2.3 时间参数

在组织流水施工时，用以表达流水施工在时间排列上所处状态的参数，称为时间参数。它包括流水节拍、流水步距、流水工期、间歇时间、搭接时间等。

1. 流水节拍（t）

在组织流水施工时，一个工作队在一个流水段上施工作业的持续时间，称为流水节拍。它是流水施工的基本参数之一。

流水节拍的大小，关系着施工人数、机械、材料等资源的投入强度，也决定了工程流水施工的速度、节奏感的强弱和工期的长短。节拍大时工期长，速度慢，资源供应强度小；节拍小则反之。同时流水节拍值的特征将决定流水组织方式。当节拍值相等或有倍数关系时，可以组织有节奏的流水；当节拍值不等也无倍数关系时，只能组织非节奏流水。

影响流水节拍数值大小的因素主要有：项目施工时所采取的施工方案，各流水段投入的劳动力人数或施工机械数量，工作班次，以及该流水段工程量的多少。

（1）流水节拍的计算方法

1）定额计算法。它是根据各施工段的工程量、能够投入的资源（人、机械和材料）量进行计算。计算公式如下

$$t_i=\frac{p_i}{R_iN_i} \tag{12-1}$$

式中 t_i——某工作队在第 i 流水段的流水节拍；

R_i——某工作队投入的工作人数或机械台数；

N_i——某工作队的工作班次；

p_i——某工作队在第 i 流水段的劳动量（工日）或机械台班量（台班），可用下式计算

$$p_i=\frac{Q_i}{S_i} \text{或} \ p_i=Q_iH_i$$

式中 Q_i——某工作队在第 i 流水段要完成的工程量；
S_i——某工作队的计划产量定额；
H_i——某工作队的计划时间定额。

2）工期计算法。对已经确定了工期的工程项目，其流水节拍的确定步骤如下：

① 根据工期要求，按经验或有关资料确定各施工过程的工作持续时间。

② 据每一施工过程的工作持续时间及流水段数确定出流水节拍。可按下式计算

$$t_i=\frac{T_i}{rm_i} \tag{12-2}$$

式中 t_i——流水节拍；
T_i——某施工过程的工作持续时间；
m_i——某施工过程划分的流水段数；
r——施工层数。

3）经验估算法。它是根据以往的施工经验、结合现有的施工条件进行估算。为了提高其准确程度，往往先估算出该施工过程流水节拍的最长、最短和最可能三种时间，然后采用加权平均的方法，求出较为可行的流水节拍值。这种方法也称为三时估算法，计算公式如下

$$t_i=\frac{a_i+4c_i+b_i}{6} \tag{12-3}$$

式中 t_i——某施工过程在某施工段上的流水节拍；
a_i、b_i、c_i——某施工过程在某施工段上的最短、最长、最可能估计时间。

（2）确定流水节拍时应注意的问题

1）确定工作队人数时，应尽可能不改变原有的劳动组织状况，以便领导；应符合劳动组合要求（如技工和普工的合理比例、最少人数等），使其具备集体协作的能力。此外，还应考虑工作面的限制。

2）确定机械数量时，应考虑机械设备的供应情况、工作效率及其对场地的要求。

3）受技术操作或安全质量等方面限制的施工过程（如砌墙受每日施工高度的限制），应当满足其作业时间长度、间歇性或连续性等限制的要求。

4）应考虑材料和构配件供应能力和储存条件的影响和限制。

5）根据工期的要求，选取恰当的工作班制。当工期较为宽松，工艺上又无连续施工要求时，可采取一班制；否则，应适当加班。

6）为了便于组织施工、避免转移时浪费工时，流水节拍值尽量取整。

2. 流水步距（K）

在组织流水施工时，相邻两个工作队，相继投入工作的最小间隔时间，称为流水步距。

在图12-5中，将方案2与方案3比较可以看出，流水步距的大小直接影响着工期，步距越大则工期越长，反之则工期越短。步距的长短也与流水节拍有着一定关系。

流水步距的长度，要根据需要及流水方式经计算确定，一般应满足以下基本要求：

1）始终保持前、后两个施工过程的合理工艺顺序。

2）尽可能保持各施工过程的连续作业。

3）使相邻两施工过程在满足连续施工的前提下，在时间上能最大限度地搭接，如分别流水。

3. 流水工期（T）

流水工期是指从第一个工作队投入流水施工开始，到最后一个工作队完成流水施工为止的整个持续时间。由于一项工程往往由许多流水组构成，因此，流水工期并非工程的总工期。

4. 搭接时间（C）

在组织流水施工时，有时为了缩短工期，在前一个施工过程的工作队还未撤出某一流水

段时，就允许后一个施工过程的工作队提前进入该段施工，两者在同一流水段上同时施工的时间称为搭接时间。例如，主体结构施工阶段，梁板支模完成一部分后可以提前插入钢筋绑扎工作。

5. 间歇时间

组织流水施工时，除要考虑相邻工作队之间的流水步距外，有时还需根据技术要求或组织安排，相邻两个施工过程在时间上不能衔接施工而留出必要的等待时间，这个“等待时间”称为间歇时间。按间歇的性质不同可分为工艺间歇和组织间歇，按位置不同又可分为施工过程间歇和层间间歇。

（1）工艺间歇时间（S） 由于材料性质或施工工艺的要求所需等待的时间称为工艺间歇时间。例如，楼板混凝土浇筑后，需养护一定时间才能进行后道工序作业；墙面抹灰后，需经一定干燥和消解时间才能进行涂饰或裱糊；屋面水泥砂浆找平层抹完后，需经养护、干燥后方可进行防水层的施工等。

（2）组织间歇时间（G） 由于施工组织、管理方面的原因，要求的等待时间称为组织间歇时间。例如，施工人员及机械的转移、砌筑墙身前的弹线、钢筋隐检验收以及砌围护墙前进行植筋的拉拔试验等。

（3）施工过程间歇时间（Z_1） 在同一个施工层内，相邻两个施工过程之间的工艺间歇或组织间歇统称为施工过程间歇时间。

（4）层间间歇时间（Z_2） 在相邻两个施工层之间，前一施工层的最后一个施工过程与后一个施工层相应流水段上的第一个施工过程之间的工艺间歇或组织间歇统称为层间间歇时间。例如，现浇钢筋混凝土框架结构施工中，当第一层第一段的楼面混凝土浇筑完毕，需养护一定时间后才能进行第二层第一段的柱钢筋绑扎施工。

需要注意的是，在划分流水段时，施工过程间歇时间和层间间歇时间均需考虑；而在计算工期时，则只考虑施工过程间歇时间。

12.3 流水施工的组织方法

根据组织流水施工的工程对象，流水施工可分为分项工程流水、分部工程流水、单位工程流水和群体工程流水。按流水节拍的特征，流水施工又可分为有节奏流水和无节奏流水。其中有节奏流水又分为等节奏流水和异节奏流水（见图 12-6）。不同节奏的流水效果有较大差异，如图 12-7 所示。

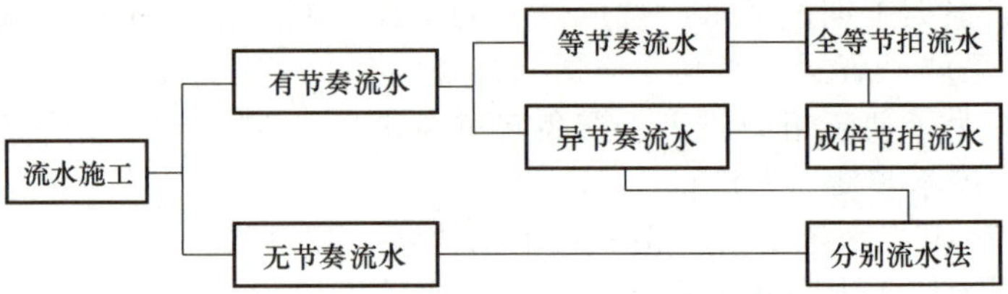

图 12-6 流水施工按流水节拍特征的分类

流水施工的基本方式包括全等节拍流水、成倍节拍流水、分别流水三种。下面分别阐述其组织方法。

12.3.1 全等节拍流水

全等节拍流水也称固定节拍流水。它是在各个施工过程的流水节拍全部相等（为一固定值）的条件下，组织流水施工的一种方式。这种组织方式使施工活动具有较强的节奏感。

1. 形式与特点

（1）全等节拍流水的形式 以某现浇混凝土框架结构工程柱施工为例，工程包含有绑扎钢

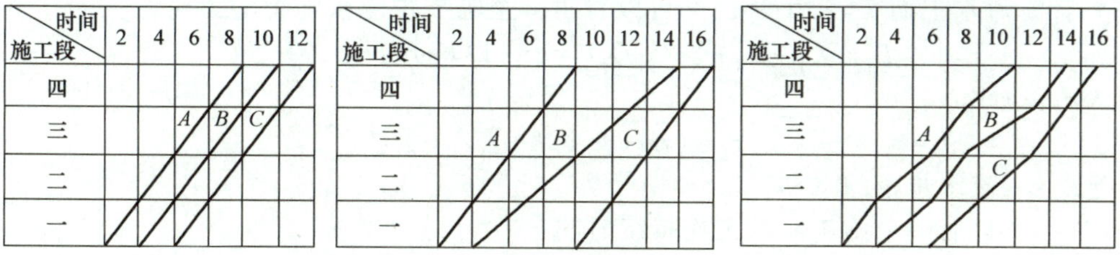

a)　　b)　　c)

图 12-7 不同节奏流水施工的垂直图表示例（A、B、C—施工过程）

a）等节奏流水　b）异节奏流水　c）无节奏流水

筋、支模板、浇筑混凝土三个施工过程，分为①~④四个段施工，节拍均为 1d。要求模板支设完毕后，各段均需 1d 验收（属施工过程间的组织间歇时间）后方允许浇筑混凝土。其施工进度表的形式如图 12-8 所示。

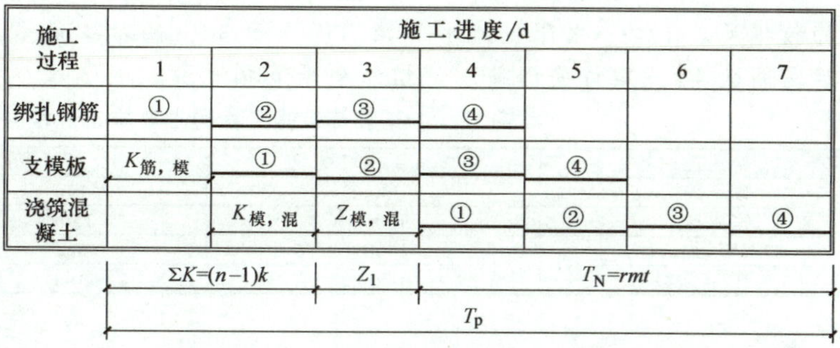

图 12-8 全等节拍流水施工一般形式与工期

（2）全等节拍流水的特点　由图 12-8 可看出，全等节拍流水具有以下特点：

1）流水节拍全部彼此相等，为一常数。

2）流水步距彼此相等，而且等于流水节拍，即 $K_{1,2}=K_{2,3}=\cdots\cdots=K_{n-1,n}=K=t$（常数）。

3）工作队数等于施工过程数（n）。

4）每个工作队都能够连续施工。

5）若没有间歇要求，可保证各工作面均不停歇。

2. 组织步骤与方法

（1）划分施工过程，组织施工队　划分施工过程时，应以主导施工过程为主，力求简洁。对每个施工过程均应组织相应的工作队。

（2）确定流水段数 m　分段应根据工程具体情况遵循分段原则进行。对于只有一个施工层或上下层的施工过程之间不存在相互干扰或依赖，即没有层间关系时，只要保证总的层段数等于或多于同时施工的工作队数即可。相反，当有层间关系时，则每层的流水段数应分下面两种情况确定：

1）当无间歇与搭接要求时，可取 $m=n$，即可保证各队均能连续施工。

2）当有间歇与搭接要求时，每层的流水段数 m 的最小值宜为

$$m=n+\frac{\sum Z_1}{K}+\frac{Z_2}{K}-\frac{\sum C}{K} \tag{12-4}$$

为了保证间歇时间满足要求，当计算结果有小数时，应只入不舍取整数；当每层的间歇或搭接时间不完全相等时，应取各层中最大的 $\sum Z_1$、Z_2 和最小的 $\sum C$ 进行计算。

（3）确定流水节拍 t　流水节拍可按前述方法与要求确定。但为了保证各施工过程的流水节拍全部相等，必须先确定出一个最主要施工过程（工程量大、劳动量大或资源供应紧张）的流水节拍 t_i，然后令其他施工过程的流水节拍与其相等并配备合理的资源，以符合全等节拍流水的条件。

（4）确定流水步距 K　全等节拍流水常采用等节奏等步距施工，常取 $K=t$。

（5）计算流水工期 T_p 由图 12-8 可以看出，全等节拍流水施工的工期为

$$T_p=\sum K+T_N+\sum Z_1-\sum C=(n-1)K+rmt+\sum Z_1-\sum C$$

而 $K=t$，所以

$$T_p=(rm+n-1)K+\sum Z_1-\sum C \tag{12-5}$$

式中 $\sum K$——流水步距的总和；

T_N——最后一个施工队的工作持续时间；

$\sum Z_1$——各相邻施工过程间的间歇时间之和；

$\sum C$——各相邻施工过程间的搭接时间之和；

r——施工层数。

（6）绘制流水施工进度表

3. 应用举例

【例 12-1】 某装饰装修工程为两层，采取由上至下的流向施工，整个工程的数据见表 12-2。若限定流水节拍不得少于 3d，油漆工最多只有 15 人，抹灰后需间歇 4d 方准许安门窗。试组织全等节拍流水。

全等节拍流水例题

表 12-2 某装饰装修工程的主要施工过程与数据

施工过程	工程量	产量定额	劳动量
砌筑隔墙	$300m^3$	$1m^3$/工日	300 工日
室内抹灰	$9000m^2$	$15m^2$/工日	600 工日
安塑钢门窗	$2400m^2$	$6m^2$/工日	400 工日
顶、墙涂料	$10000m^2$	$20m^2$/工日	500 工日

解：

（1）确定每层流水段数 m

该工程虽非单层，但施工过程并无层间依赖或干扰关系，每层流水段数可大于、小于或等于施工过程数。故考虑工期要求、工作面情况及资源供应状况等因素，每层分为 5 个流水段，即 $m=5$ 段。

顶、墙涂料每段劳动量为 $P_涂=500$ 工日÷(2×5)=50 工日。

其余各施工过程每段劳动量见表 12-3。

（2）确定流水节拍 t

由于油漆工数量有限，最多只有 15 人，故“顶、墙涂料”为主要施工过程。其流水节拍为：$t_涂=50d÷15=3.33d$，取 $t_涂=4d>3d$，满足要求。

实际需要油漆工人数：$R_涂=50$ 人÷4=12.5 人，取 13 人。

令其他施工过程的流水节拍均为 4d，则其配备人数见表 12-3。

表 12-3 确定各施工过程流水节拍与资源配置

施工过程	总劳动量	每段劳动量	流水节拍/d	人数
砌筑隔墙	300 工日	30 工日	4	8
室内抹灰	600 工日	60 工日	4	15
安塑钢门窗	400 工日	40 工日	4	10
顶、墙涂料	500 工日	50 工日	4	13

（3）确定流水步距 K

取 $K=t=4d$。

（4）计算流水工期 T_p

$$\begin{aligned}T_p&=(rm+n-1)K+\sum Z_1-\sum C\\&=(2\times5+4-1)\times4d+4d-0d=56d\end{aligned}$$

（5）画全等节拍流水施工进度表（见图 12-9）

施工过程	施工进度/d													
	4	8	12	16	20	24	28	32	36	40	44	48	52	56
砌筑隔墙	2.①	2.②	2.③	2.④	2.⑤	1.①	1.②	1.③	1.④	1.⑤				
室内抹灰	K=4	2.①	2.②	2.③	2.④	2.⑤	1.①	1.②	1.③	1.④	1.⑤			
安塑钢门窗		K=4	Z_1=4	2.①	2.②	2.③	2.④	2.⑤	1.①	1.②	1.③	1.④	1.⑤	
顶、墙涂料				K=4	2.①	2.②	2.③	2.④	2.⑤	1.①	1.②	1.③	1.④	1.⑤

图 12-9 全等节拍流水施工进度表

【例 12-2】 某工程由 A、B、C 三个分项工程组成，该工程均划分为四个流水段，每个分项工程在各个流水段上的流水节拍均为 4d，要求 A 完成后，它的相应流水段至少要有组织间歇时间 1d，为缩短计划工期，允许 B 与 C 平行搭接时间为 1d。试组织其流水施工，并绘制垂直图表及横道图。

解：

（1）确定流水步距 K

满足全等节拍流水条件。组织全等节拍流水，取 $K=t=4\text{d}$。

（2）流水段数 m

已知 $m=4$ 段。

（3）计算流水工期 T_p

$$T_p=(rm+n-1)K+\sum Z_1-\sum C=(1\times4+3-1)\times4\text{d}+1\text{d}-1\text{d}=24\text{d}$$

（4）绘制流水施工横道图及垂直图表如图 12-10 所示

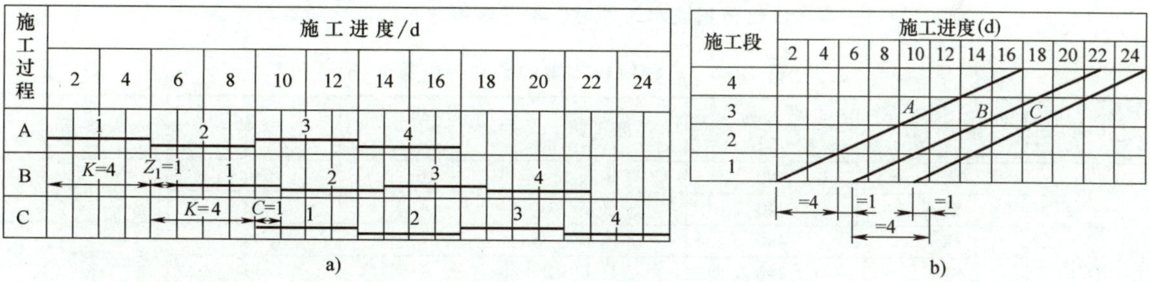

图 12-10 流水施工横道图及垂直图形

a）横道图 b）垂直图表

12.3.2 成倍节拍流水

在进行全等节拍流水设计时，可能遇到下列问题：非主要施工过程所需要的人数或机械设备台数超出工作面允许容纳量、人数不符合最小劳动组合要求、施工过程的工艺对流水节拍有限制等。这时，只能按其要求和限制来调整这些施工过程的流水节拍。这就可能出现同一个施工过程的节拍全都相等，而不同施工过程的节拍虽然不等，但同为某一常数的倍数，从而构成了组织成倍节拍流水的条件。

1. 形式与特点

（1）成倍节拍流水的形式

【例 12-3】 某二层房屋的室内装修工程，划分为墙面抹灰、楼地面铺地砖两个主要施工过程，每层分为两个流水段，拟组织抹灰工队和石工队自上而下进行流水施工。考虑技术要求，抹灰的流水节拍定为 4d，楼地面铺设地砖的流水节拍为 2d。在工作面足够，总的人、机数不变的条件下，分段流水的组织方案及效果如图 12-11 所示。

由图 12-11 和表 12-4 可以看出，当施工过程间的节拍不等、但同为某一常数的倍数时，如果按照工作队或工作面连续去组织流水施工，不但工期较长，而且出现不必要的工作面或工作队间歇，均不够理想。如果采用等步距成倍节拍流水的组织方案，通过调整施工组织结构（将抹灰工由一个施工队增加为两个，并调整工作队人员构成），在工作面足够、作业总人数不变或基本不变的情况下，可取得工期最短、步距相等、工作队和工作面都能连续的类似于全等节拍流水的较好效果。这里，我们主要讨论这种等步距的成倍节拍流水（也称加快成倍节拍流水）。

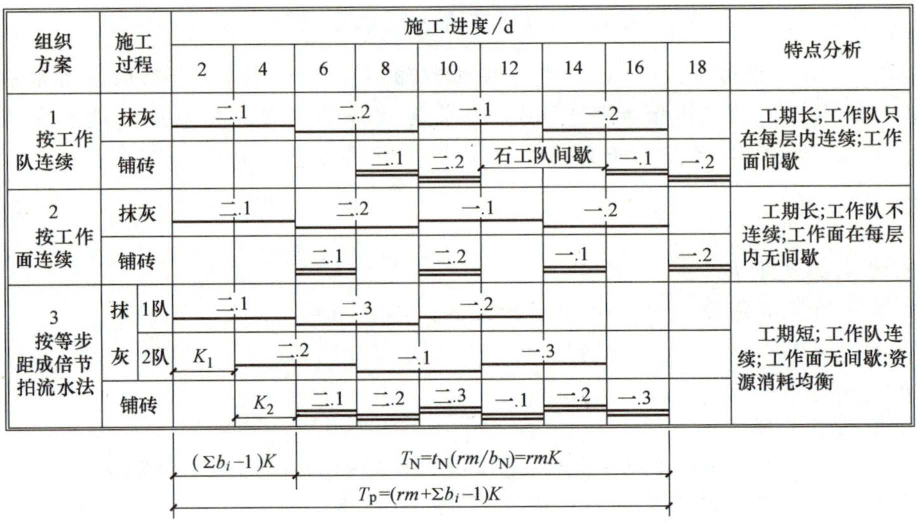

图 12-11 满足成倍节拍流水条件时，不同组织方案的流水效果与特点

表 12-4 三种组织方案的劳动力数量表

方案	施工过程	劳动量/工日	施工队	作业时间/d	人数	人数合计
1	抹灰	480	抹灰	16	30	60
	铺砖	240	石工	8	30	
2	抹灰	480	抹灰	16	30	60
	铺砖	240	石工	8	30	
3	抹灰	480	抹灰 1 队	12	20	60
			抹灰 2 队	12	20	
	铺砖	240	石工	12	20	

（2）成倍节拍流水的特点 成倍节拍流水具有以下特点：

1）同一个施工过程的流水节拍均相等，而各施工过程之间的节拍不等，但同为某一常数的倍数。

2）流水步距彼此相等，等于各施工过程流水节拍的最大公约数。

3）工作队总数（$\sum b_i$）大于施工过程数（n）。

4）每个工作队都能够连续施工。

5）若没有间歇要求，可保证各工作面均不停歇。

2. 组织步骤与方法

（1）使流水节拍满足上述条件。

（2）计算流水步距 K 取 K 等于各施工过程流水节拍的最大公约数。

(3) 计算各施工过程需配备的队组数 b_i 用步距去除各施工过程的节拍，即 $b_i=t_i/K$。

(4) 确定每层流水段数 m

1) 没有层间关系时，应根据工程具体情况遵循分段原则进行分段，并使总的层段数等于或多于同时施工的工作队组数。

2) 有层间关系时，若要保证各队连续作业，则每层的最少流水段数确定如下：

① 无间歇或搭接要求时，可取 $m=\sum b_i$。

② 有间歇或搭接要求时，取

$$m=\sum b_i+\frac{\sum Z_1}{K}+\frac{Z_2}{K}-\frac{\sum C}{K} \tag{12-6}$$

式中 $\sum b_i$——施工队组数总和；

其他符号同前。当出现小数时，应只入不舍取整数。

(5) 计算流水工期 T_p

由图 12-11 可得出

$$T_p=\sum K+T_N=(rm+\sum b_i-1)K+\sum Z_1-\sum C$$

式中符号同前。

(6) 绘制流水施工进度表（见图 12-11 中方案 3）。

3. 应用举例

【例 12-4】 某构件预制工程有绑扎钢筋、支模、浇筑混凝土三个施工过程，分两层叠浇。各施工过程的流水节拍确定为 $t_{筋}=4d$，$t_{模}=4d$，$t_{混}=2d$。要求底层构件混凝土浇筑后，需养护 2d，才能进行第二层的施工。在保证各工作队连续流水的条件下，求每层流水段数，并编制流水施工方案。

解：

由题知施工层数 $r=2$，无施工过程间歇（$\sum Z_1=0$），层间工艺间歇 $Z_2=$ 2d，层内各施工过程之间无搭接时间（$\sum C=0$）。

成倍节拍流水例题

(1) 确定流水步距 K

取各施工过程流水节拍的最大公约数，即 $K=2d$。

(2) 确定各施工队组数 b_i

绑扎扎筋 $b_{钢}=t_{钢}/K=4\div2=2$（个）

支模 $b_{模}=t_{模}/K=4\div2=2$（个）

浇筑混凝土 $b_{混}=t_{混}/K=2\div2=1$（个）

(3) 确定每层流水段数 m

$m=\sum b_i+(\sum Z_1/K)+(Z_2/K)-(\sum C/K)=[(2+2+1)+0+2\div2-0]=6$(段)

(4) 计算流水工期 T_p

$$\begin{aligned}T_p&=(rm+\sum b_i-1)K+\sum Z_1-\sum C\\&=(2\times6+5-1)\times2d+0d-0d\\&=32d\end{aligned}$$

(5) 绘制成倍节拍流水施工进度表（见图 12-12）

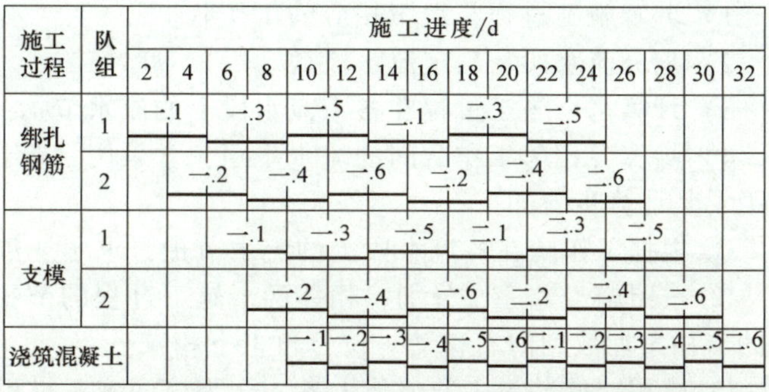

图 12-12 成倍节拍流水施工进度表

4. 需注意的问题

理论上只要各施工过程的流水节拍能有最大公约数，均可采用这种成倍节拍流水组织方式。但如果其倍数差异较大，往往难以配备足够的施工队组，或者难以满足各个队组的工作面及资源需求，则不适合采用这种组织方法。

12.3.3 分别流水

在工程项目实际施工中，通常同一个施工过程在各个流水段上的工程量存在差异，致使其流水节拍不尽相等；有时虽然满足组织成倍节拍流水的条件，但施工空间不能满足其对流水段数的要求、或不能组织足够多数量的专业工作队、或不能满足物资需求，则都不可能组织成全等节拍流水或等步距成倍节拍流水。在这种情况下，可利用流水施工的基本概念，在满足施工工艺要求、符合施工顺序的前提下，使相邻的两个工作队既不互相干扰，又能在开工的时间上最大限度地搭接起来，形成每个工作队都能连续作业的无节奏流水施工。这种流水施工的组织方式，称为分别流水。

1. 形式与特点

某工程分为①～④四个流水段，划分为甲、乙、丙三个主要施工过程，组织相应的三个工作队组进行施工，施工顺序为甲→乙→丙。他们在各段上的流水节拍分别为：甲—6 周、4 周、4 周、8 周；乙—2 周、6 周、4 周、4 周；丙—6 周、4 周、6 周、4 周。其流水施工方案如图 12-13 所示。

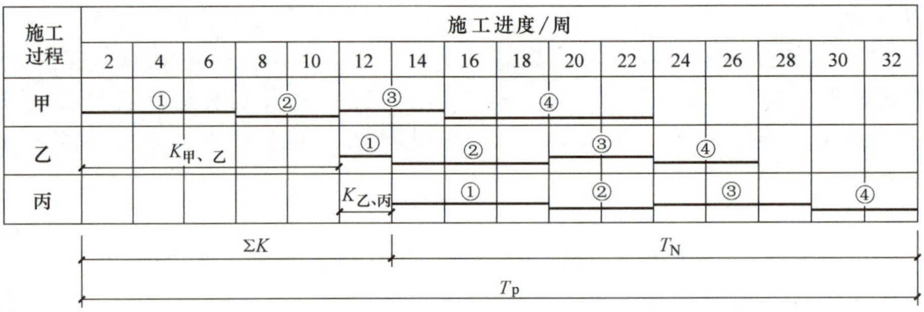

图 12-13 分别流水施工的组织形式与工期构成

由图 12-13 可以看出，分别流水施工具有以下特点：

1）各施工过程的流水节拍不全相等。

2）流水步距不尽相等。

3）工作队数等于施工过程数。

4）每个工作队都能够连续施工（在一个施工层内）。

5）流水段可能有空闲时间。

2. 组织步骤

1）分解施工过程，组织相应的工作队。

2）划分流水段，确定流水段数。

3）计算每个施工过程在各个流水段上的流水节拍

4）计算各相邻工作队间的流水步距，常采用“节拍累加数列错位相减取大差”作为流水步距，其计算步骤如下：

① 根据工作队在各流水段上的流水节拍，求累加数列。

② 按照施工顺序，分别将相邻两个施工过程的节拍累加数列错位相减，即将后一施工过程的节拍累加数列向右移动一位，再上下相减。

③ 取相减的结果中数值最大者，作为该两施工过程工作队之间的流水步距。

5）计算流水工期

$$T_p = \sum K + T_N + \sum Z_1 - \sum C \tag{12-7}$$

式中 $\sum K$——各相邻两个工作队之间的流水步距之和；

T_N——最后一个工作队总的工作持续时间；

$\sum Z_1$——各施工过程之间的间歇（包括工艺间歇与组织间歇）时间之和；

$\sum C$——各相邻施工过程之间的搭接时间之和。

6）绘制流水施工进度表。

3. 应用举例

【例12-5】 某基础工程分为4个流水段，有基槽开挖、基础施工、基槽回填三个施工过程。各施工过程在各段上的流水节拍分别为：开挖——3d、4d、2d、3d；基础——2d、3d、3d、2d；回填——2d、2d、3d、2d。要求开挖施工后须经3d验槽及地基处理才能进行基础施工，允许回填与基础施工最多搭接1d。试组织流水施工，要求工期最短且各队能连续作业。

分别流水法例题

解：

根据已有条件，该工程只能采用分别流水法组织无节奏流水。

（1）确定流水步距

开挖的节拍累加数列	3	7	9	12	
基础的节拍累加数列		2	5	8	10
差值	3	5	4	4	-10

取最大差值，即 $K_{挖,基}=5d$

基础的节拍累加数列	2	5	8	10	
回填的节拍累加数列		2	4	7	9
差值	2	3	4	3	-9

取最大差值，即 $K_{基,填}=4d$

（2）计算流水工期

$$T_p = \sum K + T_N + \sum Z_1 - \sum C = (5+4)d + 9d + 3d - 1d = 20d$$

（3）绘制分别流水施工进度表

如图12-14所示。

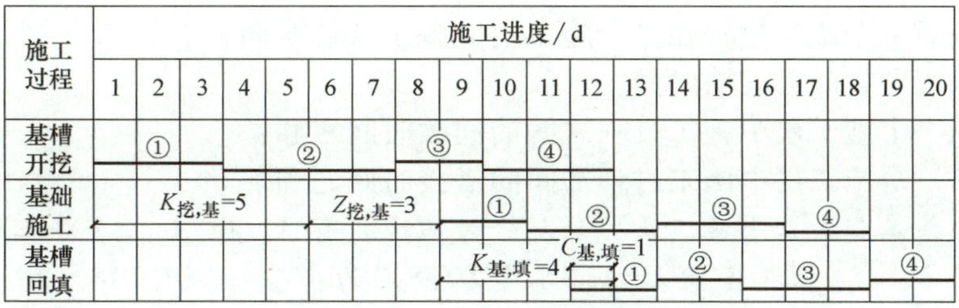

图12-14 分别流水施工进度表

4. 需要注意的问题

1）分别流水法是流水施工中最基本的组织方法。它不仅在流水节拍不规则的条件下使用，对于在成倍节拍流水等流水节拍有规律的条件下，当流水段数、施工队组数以及工作面或资源状况不能满足相应要求时，也可以按分别流水法组织施工。

2）若上述例题是指在一个施工层内的4个流水段，则在其他施工层应继续保持各施工过程间的流水步距，这样才可避免相邻施工过程在工作面上发生冲突的现象。具体组织方法见下面内容。

5. 多施工层无节奏流水的组织方法

在组织多施工层流水时，为了保证每个施工队既要在每个施工层内连续作业，又要不出现工作面冲突和施工队的时间冲突，实现有规律地作业，这需将其他施工层的施工进度线在保持流水步距不变的情况下整体移动调整。

在第一个施工层按照前述方法组织流水的前提下，以后各层何时开始，主要受到空间和时间两方面限制。空间限制，是指前一个施工层任何一个流水段工作未完，则后一施工层的相应流水段就没有施工的空间；时间限制，是指任何一个施工队未完成前一施工层的工作，则后一施工层就没有时间开始进行。这都将导致全部工作后移。

每项工程具体受到哪种限制，取决于其流水段数及流水节拍的特征。可用施工过程持续时间的最大值（T_{max}）与流水步距的总和（$K_{总}$）之关系进行判别，即

1）当 $T_{max}<K_{总}$时，除一层以外的各施工层施工只受空间限制，可按层间工作面连续来安排第一个施工过程施工，其他施工过程均按已定步距依次施工。各施工队都不能连续作业。

2）当 $T_{max}=K_{总}$时，流水安排同上，但具有 T_{max} 值施工过程的施工队可以连续作业。

上述两种情况的流水工期为

$$T_p=r\sum K+(r-1)K_{层间}+T_N \tag{12-8}$$

当有间歇和搭接要求时

$$T_p=r\sum K+(r-1)K_{层间}+T_N+(r-1)Z_2+\sum Z_1-\sum C \tag{12-9}$$

3）当 $T_{max}>K_{总}$时，具有 T_{max} 值施工过程的施工队可以全部连续作业，其他施工过程可依次按与该施工过程的步距关系安排作业。若 T_{max} 值同属几个施工过程，则其相应施工队均可以连续作业。该情况下的流水工期

$$\begin{aligned}T_p&=r\sum K+(r-1)K_{层间}+T_N+(r-1)(T_{max}-K_{总})\\&=r\sum K+(r-1)(T_{max}-\sum K)+T_N\end{aligned} \tag{12-10}$$

当有间歇和搭接要求时

$$T_p=r\sum K+(r-1)(T_{max}-\sum K)+T_N+(r-1)Z_2+\sum Z_1-\sum C \tag{12-11}$$

式中 $K_{总}$——施工过程之间及相邻的施工层之间的流水步距总和（即 $K_{总}=\sum K+K_{层间}$）；

T_{max}——一个施工层内各施工过程中持续时间的最大值，即 $T_{max}=\max\{T_1,T_2,\cdots,T_N\}$；

r——施工层数；

$\sum K$——施工过程之间的流水步距之和；

$K_{层间}$——施工层之间的流水步距；

T_N——最后一个施工过程在一个施工层的施工持续时间；

Z_2——施工层之间的间歇时间；

$\sum Z_1$——在一个施工层中施工过程之间的间歇时间之和；

$\sum C$——在一个施工层中施工过程之间的搭接时间之和。

【例 12-6】 某工程为三个施工层，每层分为四段，有 A、B、C 三个施工过程，施工顺序为 A→B→C。各施工过程在各段上的流水节拍分别为：A——1d、3d、2d、2d；B——1d、1d、1d、1d；C——2d、1d、2d、3d。试编制流水施工计划。

解：

（1）确定流水步距

仍按“节拍累加数列错位相减取其最大差”方法计算，见表 12-5。

表 12-5 流水步距计算 （单位：d）

								差值之大值	流水步距 K
A 的节拍累加数列	1	4	6	8					
B 的节拍累加数列		1	2	3	4				
C 的节拍累加数列			2	3	5	8			
A 的节拍累加数列				1	4	6	8		
A、B 数列差值	1	3	4	5	−4			5	$K_{AB}=5$
B、C 数列差值		1	0	0	−1	−8		1	$K_{BC}=1$
C、A 数列差值			2	2	1	2	−8	2	$K_{层间}=2$

（2）流水方式判别

$T_{max}=8d$（见表 12-5 中的节拍累加值），属于施工过程 A 和 C。$K_{总}=5d+1d+2d=8d$，

$T_{max}=K_{总}$，则 A 和 C 的施工队均可全部连续作业。

（3）计算流水工期

$$T_p=r\sum K+(r-1)K_{层间}+T_N=3\times(5+1)\text{d}+(3-1)\times2\text{d}+8\text{d}=30\text{d}$$

（4）绘制施工进度表

二、三层需先绘出 A、C 的进度线，再依据步距关系绘出 B 的进度线，如图 12-15 所示。

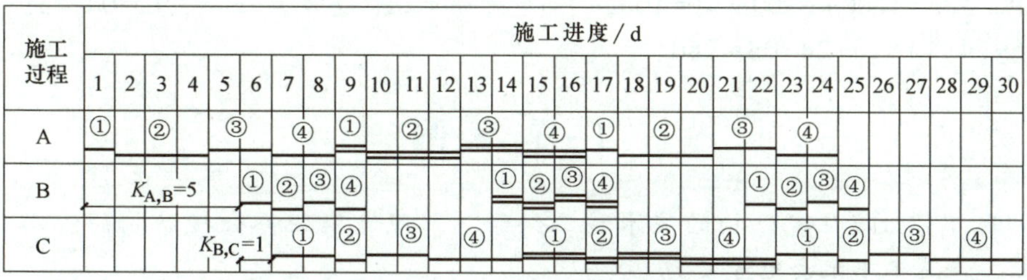

图 12-15 流水施工进度表

注：双线为第二层的进度线，其后的单粗线为第三层的进度线。

无节奏流水施工形式对于单个施工层的工程而言没有节奏感。但对于有多个施工层的工程来说，它不但能够使每一个施工队在每一个施工层中都连续作业，而且能够在各个施工层之间有规律地施工和停歇，可以说存在着一定的规律和节奏。因此，组织好多施工层无节奏流水施工具有重要的理论和实践意义。

12.3.4 流水线法

对道路、管线、沟渠等延伸较长的线性工程所组织的流水施工称为流水线法。其组织步骤如下：

1）将工程对象划分成若干个施工过程，并组织相应的工作队。

2）通过分析，找出主导施工过程。

3）根据主导施工过程工作队的生产能力确定其移动速度。

4）依据这一速度，确定其他施工过程工作队的移动速度并配备相应的资源。

5）根据工程特点及施工工艺、施工组织要求，确定流水步距和间歇、搭接时间。

6）组织各工作队按照工艺顺序相继投入施工，并以一定的速度沿着线性工程的长度方向不断向前移动。

如某管道工程长 1600m，包括挖沟、铺管、焊接和回填四个主要施工过程，拟组织四个相应的工作队流水施工。经分析，挖沟是主导施工过程，每天可完成 100m；其他施工过程经资源配备也按此速度向前推进；流水步距可取 2d，要求焊接后需经 2d 检查验收方可回填。其流水施工进度计划如图 12-16 所示。

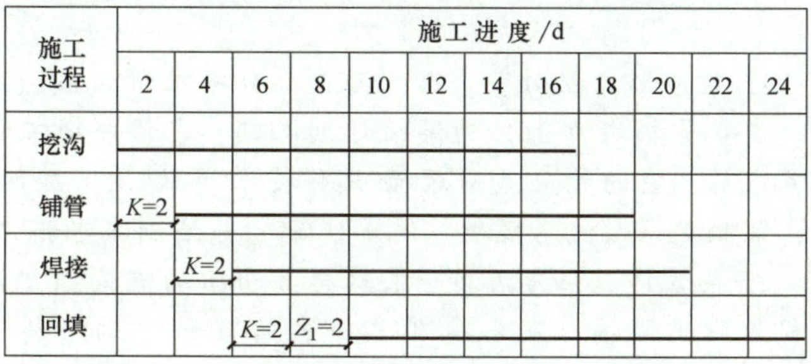

图 12-16 某管道工程流水线法施工进度计划

流水线法施工工期为

$$T_p=\frac{L}{v}+(\sum b-1)K+\sum Z_1-\sum C \tag{12-12}$$

式中 L——线性工程总长度；

v——移动速度（每个步距时间移动的距离）；

$\sum b$——工作队数；

K——流水步距；

Z_1——施工过程间的间歇时间；

C——施工过程间的搭接时间。

本例中，$L/v=1600\text{m}\div100\text{m/d}=16\text{d}$，$\sum b=4$，$K=2\text{d}$，$\sum Z_1=2\text{d}$，$\sum C=0\text{d}$，流水工期为 $T_\text{p}=16+(4-1)\times2\text{d}+2\text{d}-0\text{d}=24\text{d}$。

工程案例

本章“现浇剪力墙住宅结构的流水施工组织”“现浇框架办公楼结构的流水施工组织”等工程案例，详见本书配套电子资源。

习　　题

一、问答题

1. 组织施工有哪三种方式？各有何特点？
2. 流水施工的实质是什么？各有哪些优点？
3. 组织流水施工的步骤有哪些？
4. 流水施工参数有哪些？试述其基本概念。
5. 流水施工的分类有哪些？试述其基本概念。
6. 什么叫流水节拍？如何确定？
7. 何谓流水步距？确定时有何要求？
8. 流水段的划分应遵循哪些原则？如何确定流水段数？
9. 按流水节拍的特点及流水节奏的特征，流水作业各有哪些组织方法？
10. 试比较全等节拍、成倍节拍和分别流水法的组织条件与特点。
11. 全等节拍、成倍节拍和分别流水法各如何组织？
12. 线性工程流水有何特点？如何组织？

二、计算题

1. 某分部工程由甲、乙、丙三个分项工程组成，在竖向上划分为两个施工层组织流水施工。流水节拍均为2d。为缩短计划工期，容许分项工程甲与乙平行搭接时间为1d，分项工程乙完成后，它的相应流水段至少有技术间歇2d，层间组织间歇为1d。为保证工作队连续作业，试确定每层流水段数、流水工期、并绘制流水施工进度表。

2. 某装饰工程为两层，采取自上而下的流向组织流水施工，每层划分5个流水段，施工过程为砌筑隔墙、室内抹灰、安装门窗和喷刷涂料（各施工过程的工程量及产量定额见表12-6）。若限定流水节拍不得少于2d，油工最多只有11人，抹灰后需间歇3天方准许安门窗。试组织全等节拍流水施工并绘制流水进度表。

表12-6　各施工过程的工程量及产量定额

序号	施工过程	工程量	产量定额
1	砌筑隔墙	200m^3	1m^3/工日
2	室内抹灰	7500m^2	15m^2/工日
3	安装门窗	1500m^2	6m^2/工日
4	喷刷涂料	6000m^2	20m^2/工日

3. 某构件预制工程分两层叠浇，其施工过程及流水节拍分别为绑扎钢筋6d，支模板6d，浇筑混凝土3d，层间工艺间歇为3d，试组织成倍节拍流水施工并绘制流水进度表。

4. 已知某三层建筑的分部工程有A、B、C三个施工过程，其流水节拍分别为2d、4d、2d，要求B、C两个施工过程之间有1d的间歇时间，一、二层C完成后均需要1d的间歇时间方可进行上一层施工。试组织成倍节拍流水施工并绘制流水施工进度表。

5. 某工程分为4个施工段，有A、B、C、D四个施工过程。组织相应的四个工作队进行施工，施工顺序为A→B→C→D。各施工过程在各段上的流水节拍分别为：A——3d、2d、2d、3d；B——2d、3d、3d、2d；C——3d、2d、3d、1d；D——4d、2d、3d、1d。根据技术要求，B施工后须间歇2d才能施工C，允许C与D之间搭接1d。试按分别流水法组织施工并绘制流水施工进度表，要求保证各队连续作业。

6. 某工程有两层，每层分为4段，有三个工作队进行流水作业，它们在各段上的流水节拍分别为：甲队——3d、3d、2d、2d；乙队—— 4d、2d、3d、2d；丙队—— 2d、2d、2d、3d。试按分别流水法组织施工，保证各队在每层内连续作业。

第13章

网络计划技术

学习目标

了解网络计划的基本原理与基本概念；掌握双代号、单代号网络图的绘图规则与方法，掌握时间参数的意义与计算；了解时标网络计划的编制方法，掌握其参数确定方法；掌握网络计划优化的目标与原理，了解优化的方法、步骤；能够编制和使用一般工程的网络计划。

网络计划技术是人们在管理实践中创造的、用于计划管理以保证实现预定目标的管理技术，也是一种科学有效的管理方法，应用于各行各业的计划管理工作以及项目管理的规划、实施、控制等各个阶段。其最大特点是能为项目管理提供多种计划信息，从而有助于管理人员合理地组织任务实施，做到统筹规划、明确重点、优化资源，实现项目目标。

13.1　网络计划的一般概念

13.1.1　网络计划的基本原理

网络计划是利用网络图的形式来表达一项工程的工作组成及其逻辑关系，经过计算分析，找出关键工作和关键线路，并按照一定目标进行完善、调整，使其优化；在计划执行过程中对工程进行有效的控制和调整，力求以较小的消耗取得最大效益。

13.1.2　网络图、网络计划与网络计划技术

网络图是由箭线和节点按照一定规则组成的、用来表示工作流程的、有向有序的网状图形。它有两种形式：由一条箭线与其前后两个节点来表示一项工作的网络图称为双代号网络图；而由一个节点表示一项工作，以箭线表示工作顺序的网络图称为单代号网络图，如图 13-1 所示。

网络计划是指在网络图中加注工作的时间参数等而形成的进度计划。工程中常用的网络计划有：双代号网络计划、单代号网络计划、双代号时标网络计划、单代号搭接网络计划等。

网络计划技术是指用网络计划对任务的工作进度进行安排和控制，以保证实现预定目标的计划管理技术。

13.1.3　网络计划的特点

目前常用的工程进度计划表达形式有横道计划和网络计划两种。它们虽具有同样的功能，但特点却有较大的差异。

例如，某构件制作工程分三段进行施工，有支模、绑扎钢筋、浇筑混凝土三个施工过程，

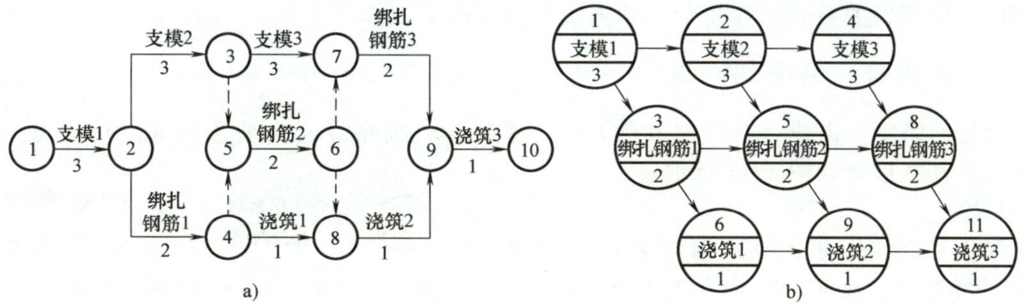

图 13-1　网络图形式

a）双代号网络图　b）单代号网络图

各施工过程的流水节拍分别为 3d、2d、1d。该工程进度计划用网络图表达如图 13-1 所示，用横道图形式表达如图 13-2 所示。

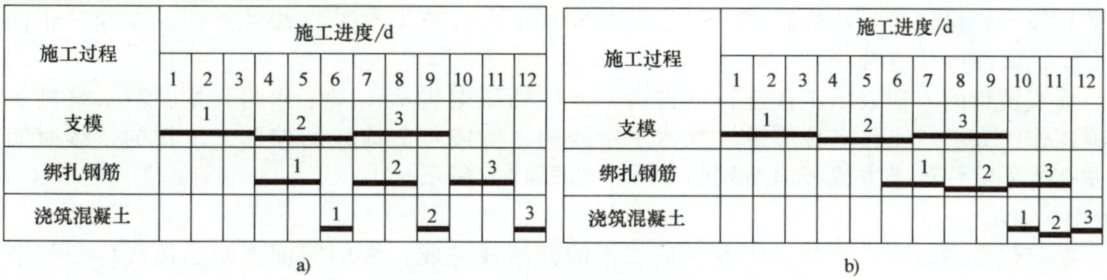

图 13-2　该工程横道图形式

a）工作面连续，工作队有间歇　b）工作队连续，工作面有间歇

横道图计划的优点是易于编制，简单、直观；因为有时间坐标，各项工作的起止时间、作业持续时间、工作进度、总工期以及流水作业状况都能一目了然；对人力和其他资源的计算也便于按图叠加。其缺点是不能全面地反映出各项工作之间的相互关系和影响，不便进行各种时间参数的计算，不能反映哪些是主要的、关键性的工作，看不出计划中的潜力所在，也不能使用计算机进行计算和优化。

网络计划的优点是把工程项目中的各有关工作组成了一个有机的整体，能全面而明确地反映出各项工作之间的相互制约和相互依赖关系；可以进行各种时间参数的计算，能在工作繁多、错综复杂的计划中找出影响工期的关键工作和关键线路，便于管理人员抓住主要矛盾，集中精力确保工期，避免盲目抢工；通过对各项工作存在机动时间的计算，可以更好地运用和调配人员与设备，节约人力、物力，达到降低成本的目的；在计划执行过程中，当某一项工作因故提前或拖后时，能从网络计划中预见到对其后续工作及总工期的影响程度，便于采取措施；可以利用计算机进行计划的编制、计算、优化和调整。其缺点是流水作业表达不清晰；对一般的网络计划，不能利用叠加法计算各种资源的需要量。

总之，网络计划技术可以为施工管理提供多种信息，有助于管理人员合理地组织生产，确定管理的重点应放在何处，怎样缩短工期，在哪里有潜力，如何降低成本等，从而有利于工程管理与控制。可见，它既是一种有效的计划表达方法，又是一种科学的工程管理方法。

13.2　双代号网络计划

双代号网络计划在国内应用较为普遍，它易于绘制成带有时间坐标的网络计划而便于优化和使用。但逻辑关系表达较复杂，常需使用较多的虚工作。

13.2.1 双代号网络图的构成

双代号网络图由箭线、节点、节点编号、虚工作、线路等五个要素构成。对于每一项工作而言，其基本形式如图 13-3 所示。

1. 箭线

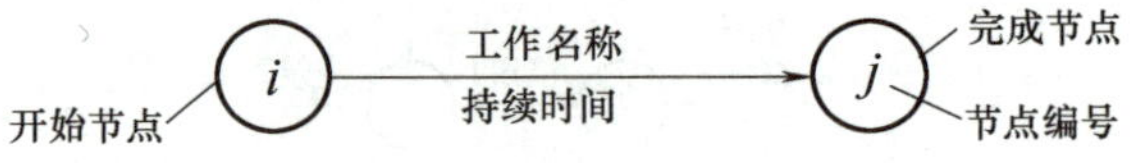

图 13-3 双代号网络图的基本形式

在双代号网络图中，一条箭线表示一项工作，如砌墙、抹灰等。而工作所包括的范围可大可小，如一道工序、一个分项工程、一个分部工程、一个单位工程等。每项工作的进行必然要占用一定的时间，往往也要消耗一定的资源（如劳动力、材料、机械）。对于仅占用时间而不消耗资源的施工过程（如墙面刷涂料前抹灰层的“干燥”），也应视为一项工作，用一条箭线来表示。

在无时标的网络图中，箭线的长短并不反映该工作占用时间的多少。箭线的形状可以是水平直线，也可以是折线或斜线，但最好画成水平直线或带水平直线的折线。在同一张网络图上，箭线的画法宜统一。

箭线所指的方向表示工作进行的方向，箭线的尾端表示该项工作的开始，箭头端则表示该项工作的完成。工作名称应标注在水平箭线的上方或竖向箭线的左侧，工作的持续时间则标注在水平箭线的下方或竖向箭线的右侧，如图 13-3 所示。

2. 节点

在双代号网络图中，节点代表一项工作的开始或完成，常用圆圈表示。箭线尾部的节点称为该箭线所示工作的开始节点，箭头端的节点称为该工作的完成节点。在一个完整的网络图中，除了最前的起点节点和最后的终点节点外，其余任何一个节点都具有双重含义——既是前面工作的完成点，又是后面工作的开始点。

节点仅为前后两项工作的交接点，只是一个“瞬间”概念。因此，它既不消耗时间，也不消耗资源。

3. 节点编号

在双代号网络图中，一项工作可以用其箭线两端节点的编号来表示，以方便查找与使用。

对一个网络图中的所有节点应进行统一编号，不得有重号现象。对于每一项工作而言，其箭头节点的号码应大于箭尾节点的号码，即顺箭线方向由小到大，如图 13-3 所示，j 应大于 i。编号宜在绘图完成、检查无误后，顺着箭头方向依次进行。为了便于修改和调整，可不连续编号。

4. 虚工作

虚工作是为了正确表达工作之间的逻辑关系而设置的虚拟、假设的工作，用虚箭线表示。见图 13-4 中的②→③。由于是虚拟的工作，故没有工作名称和持续时间。其特点是既不消耗时间，也不消耗资源。

虚工作可起到联系、区分和断路的作用，是双代号网络图中表达一些工作之间的相互联系、相互制约关系，从而保证逻辑关系正确的必要手段。

5. 线路

在网络图中，从起点节点开始，沿箭线方向顺序通过一系列箭线与节点，最后到达终点节点所经过的通路称为线路。线路可依次用该通路上的节点代号来记述，也可依次用该通路上的工作名称来记述。如图 13-4 所示双代号网络图的线路有：①→②→④→⑥（8d）；①→②→③→④→⑥（10d）；①→②→③→⑤→⑥（9d）；①→③→④→⑥（14d）；①→③→⑤→⑥（13d），共 5 条。

每条线路都有确定的完成时间（括号内数据），它等于该线路上各项工作持续时间的总和，也是完成这条线路上所有工作的计划工期。图 13-4 中，第四条线路耗时最长（14d），对整个工程的完成起着决定性的作用，称为关键线路；其余线路均称为非关键线路。处于关键线路上的各项工作称为关键工作。关键工作完成的快慢将直接影响整个计划工期的实现。关键线路常采用粗线、双线或其他颜色的箭线突出表示。

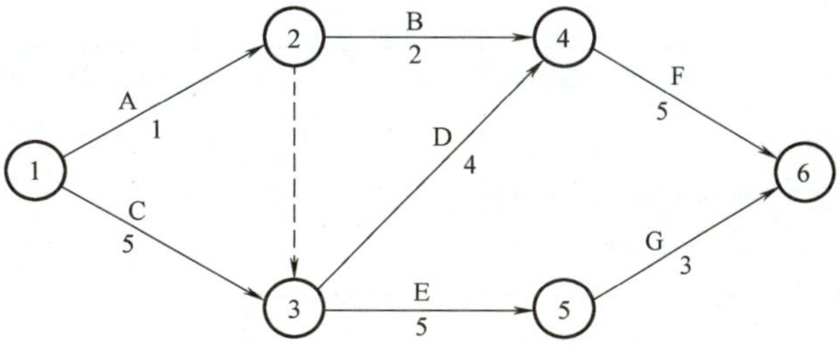

图 13-4　双代号网络图（工作持续时间的单位为“d”）

除关键工作外的工作都称为非关键工作，它们都有机动时间（即时差）。利用非关键工作的机动时间可以科学合理地调配资源和对网络计划进行优化。

13.2.2　双代号网络图的绘制

1. 绘图的基本规则

1）必须正确表达已定的逻辑关系。在绘制网络图时，要根据工艺流程和施工组织的要求，正确地反映各项工作之间的先后顺序和相互制约、相互依赖的关系。常见几种逻辑关系的表达方法见表 13-1。

表 13-1　双代号网络图中常见几种逻辑关系的表达方法

序号	工作之间的逻辑关系	双代号网络图中的表达方法	说明
1	A 完成后进行 B	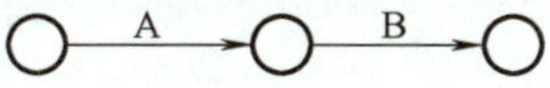	A 制约着 B，B 依赖着 A
2	A 完成后进行 B、C	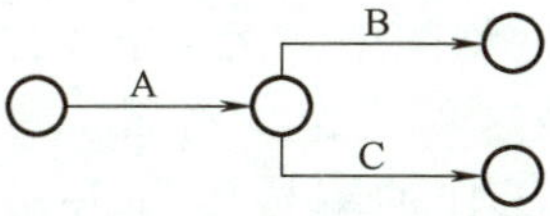	A 制约着 B、C 的开始，B、C 为平行工作
3	C 在 A、B 完成后才能开始	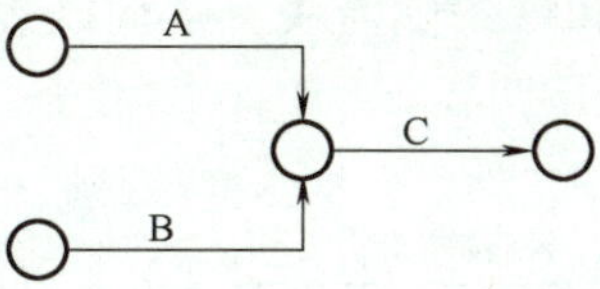	C 依赖着 A、B，A、B 为平行工作
4	A 完成后进行 C，A、B 均完成后进行 D	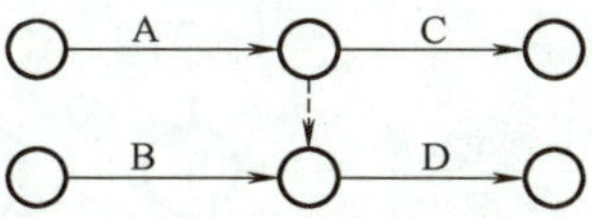	D 与 A 之间引入了虚工作，从而正确地表达了它们之间的制约关系
5	A、B 完成后进行 C，B、D 完成后进行 E	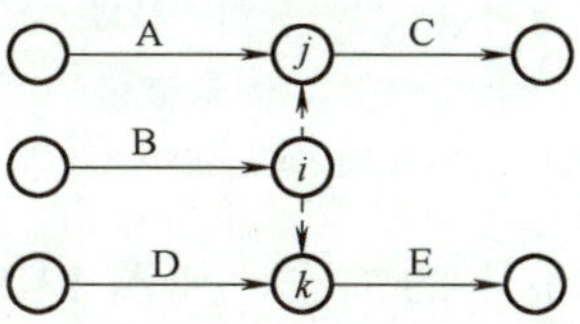	虚工作 i—j 反映出 C 受到 B 的制约；虚工作 i—k 反映出 E 受到 B 的制约
6	A 完成后进行 C、D，B 完成后进行 D、E	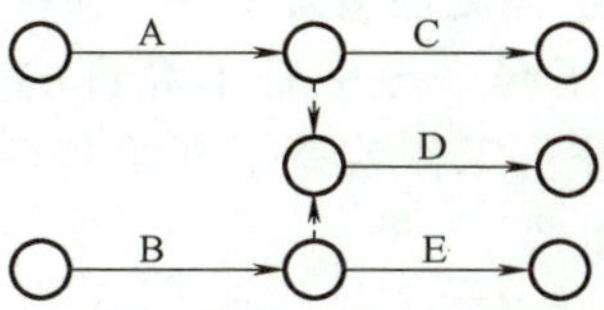	虚工作反映出 D 受到 A 和 B 的制约

（续）

序号	工作之间的逻辑关系	双代号网络图中的表达方法	说明
7	某工程按顺序有 A、B 两项工作，分三个施工段，平行施工	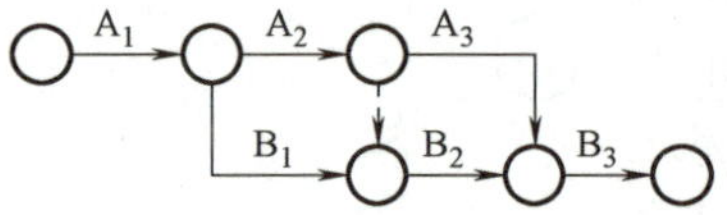	每个工种工程建立专业工作队，在每个施工段上进行流水作业。虚工作表达了工作面关系

2）只能有一个起点节点和一个终点节点。在一个网络图中，起点节点和终点节点只能各有一个（多目标网络计划除外），否则就不是完整的网络图。所谓起点节点，是指只有外向箭线而无内向箭线的节点，如图 13-5a 所示；终点节点则是只有内向箭线而无外向箭线的节点，如图 13-5b 所示。

3）严禁出现循环回路。在网络图中，如果从一个节点出发沿着某一条线路移动，又可回到原出发节点，则图中存在着循环回路。如图 13-6 所示的②→③→④→②即为循环回路，它使工程永远不能完成。若 B 和 D 是反复进行的工作，则每次的部位不同，不可能在原地重复，应使用新的箭线表示。

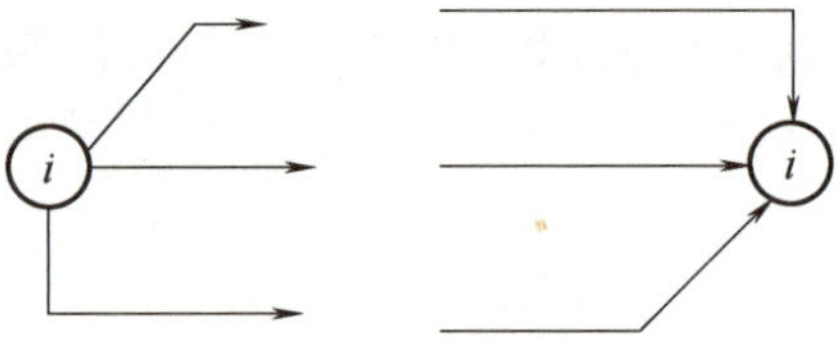

a) b)

图 13-5 起点节点和终点节点

a）起点节点 b）终点节点

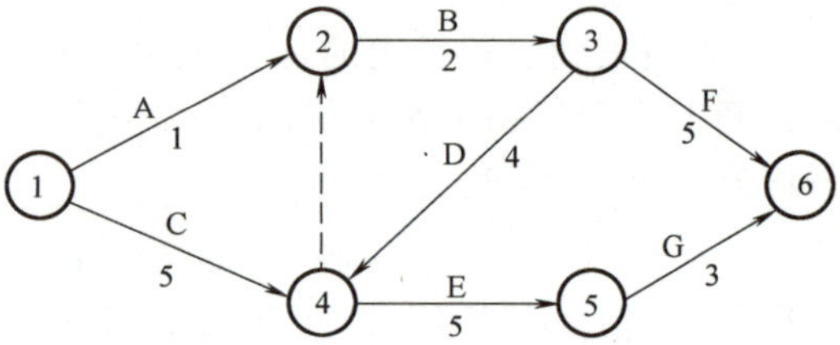

图 13-6 有循环回路的错误网络图

4）不允许出现相同编号的工作。在网络图中，两个节点之间只能有一条箭线并只表示一项工作，用前后两个节点的编号即可代表这项工作。例如，砌隔墙与埋设墙内的电线管同时开始、同时完成，在图 13-7a 中，这两项工作的编号均为 3—4，出现了重名现象，容易造成混乱。遇到这种情况，应增加一个节点和一条虚箭线，从而既表达了这两项工作的平行关系，又区分了它们的代号（见图 13-7b、c）。

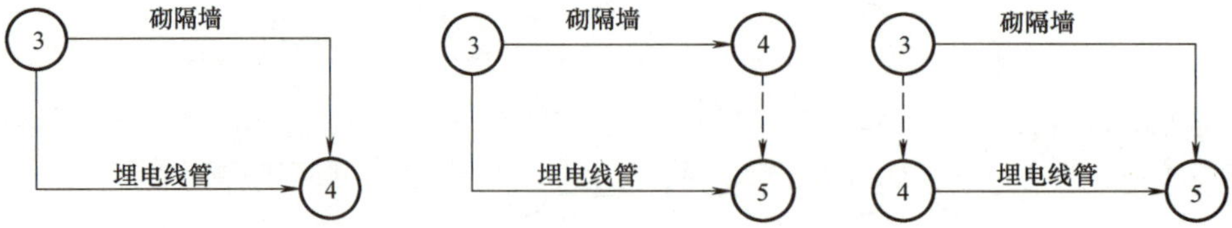

a) b) c)

图 13-7 相同编号工作示意图

a）错误 b）正确 c）正确

5）不允许出现无开始节点或无完成节点的工作。如图 13-8a 所示，“抹灰”为无开始节点的工作，其意图是“砌墙”进行到一定程度时开始抹灰。但反映不出“抹灰”的准确开始时刻，也无法用代号代表抹灰工作，这在网络图中是不允许的。正确的画法是：将“砌墙”划分为两个流水段，引入一个节点，使抹灰工作就有了开始节点，如图 13-8b 所示。同理，在无完成节点时，也可采取同样方法进行处理。

6）严禁出现双向箭头箭线或无箭头的连线。

2. 绘制网络图的要求与方法

(1) 网络图要布局规整、条理清晰、重点突出　应尽量采用水平箭线和竖向箭线，减少斜箭线，使网络图规整、清晰。其次，应尽量把关键工作和关键线路布置在中心位置，尽可能把密切相连的工作安排在一起，以突出重点，便于使用。

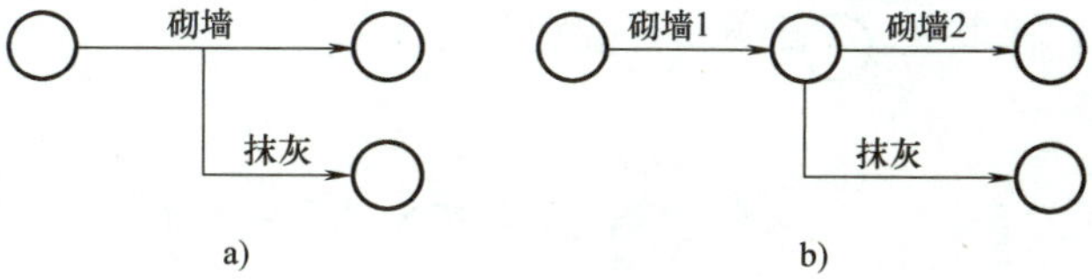

图 13-8　无开始节点工作示意图

a) 错误　b) 正确

(2) 交叉箭线的处理方法　应尽量避免箭线交叉，有时可调整布局来达到目的，如图 13-9 所示。当箭线交叉不可避免时，应采用“过桥法”或“指向法”表示，如图 13-10 所示。指向法还可用于绘图时的换行、换页。

(3) “母线法”　在网络图的起点节点有多条外向箭线、终点节点有多条内向箭线时，可以采用母线法绘图，如图 13-11 所示。对中间节点，在不至于造成混乱的前提下也可采用母线法绘制。

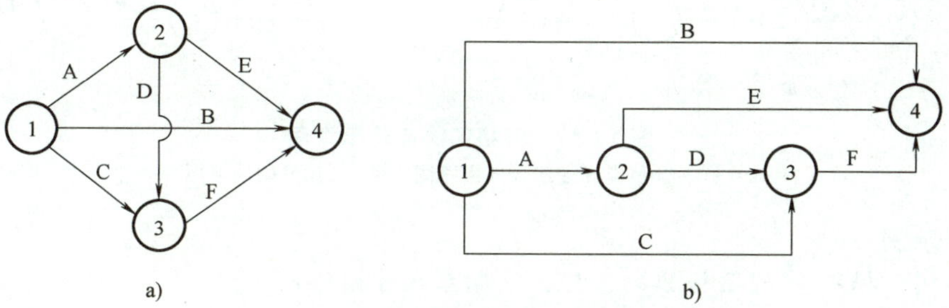

图 13-9　箭线交叉及其整理

a) 有交叉和斜向箭线的网络图　b) 调整后的网络图

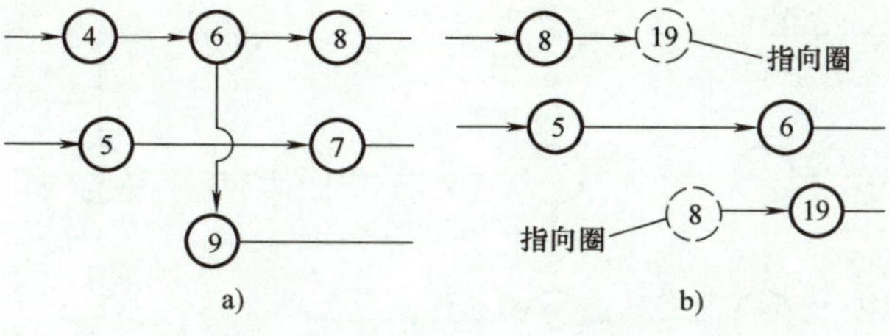

图 13-10　交叉箭线及换行的处理

a) 过桥法　b) 指向法

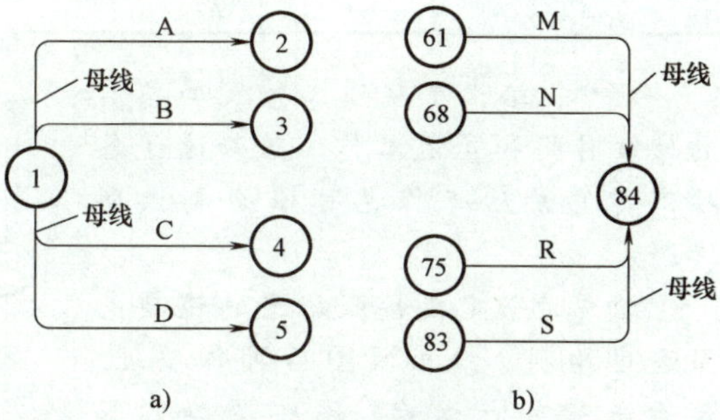

图 13-11　使用母线法

(4) 网络图的排列方法　为了使网络计划更形象、更清楚地反映出工程施工的特点，绘图时宜采用适当的排列方法，并使网络图在水平方向较长。

1) 按组织关系排列（见图 13-12a）。按组织关系排列能够突出反映各施工层段之间的组织关系，明确地反映队组的连续作业状况。

2) 按工艺关系排列（见图 13-12b）。按工艺关系排列能突出反映各施工过程之间的工艺和各工作队之间的关系。

(5) 尽量减少不必要的箭线和节点　如图 13-13a 所示，该图逻辑关系正确，但过于烦琐，给绘图和计算带来不必要的麻烦。对于只有一进一出两条箭线，其中一条为虚箭线的节

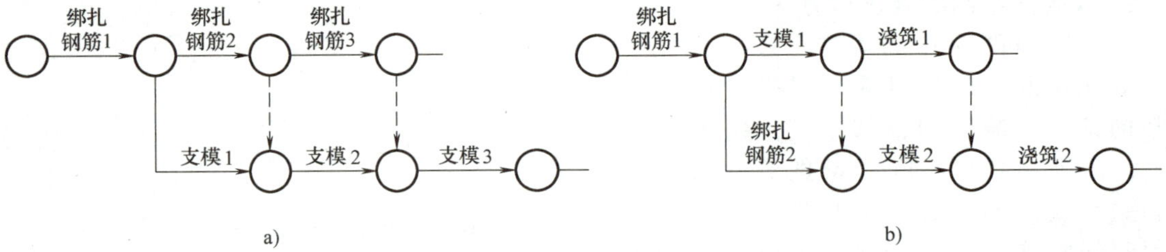

图 13-12 网络图的排列方法

a）水平方向表示组织关系 b）水平方向表示工艺关系

点（如③、⑥节点），在取消该节点及虚箭线不会出现相同编号的工作时，即可去掉。这使网络图既不改变其逻辑关系，又简单明了，如图 13-13b 所示。

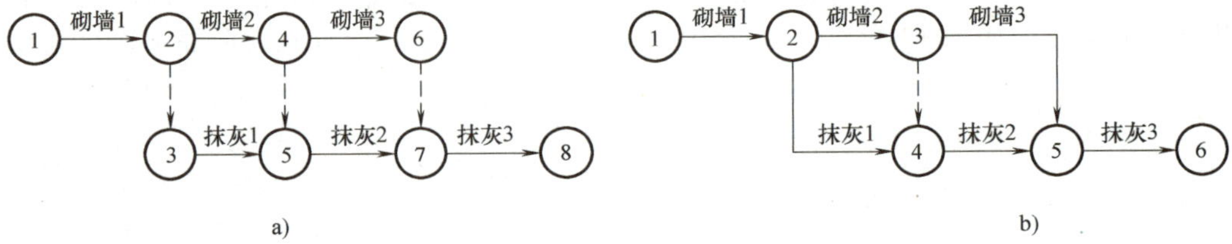

图 13-13 网络图的简化示意图

a）有多余节点和虚箭线的网络图 b）简化后的网络图

3. 绘图示例

【例 13-1】 根据表 13-2 给出的条件，绘制双代号网络图。

表 13-2 某工程的基本情况

工作名称	A	B	C	D	E	F	G	H	I
持续时间	3	5	2	4	5	2	6	5	2
紧前工作	—	A	—	—	C	CD	AEF	F	GH

表中，给出了 9 项工作及其各自的持续时间和紧前工作。若知道了各项工作的紧后工作也可以绘制出网络图。

绘图时一定要按照给定的逻辑关系逐步绘制，绘出草图后再作整理，最后进行节点编号。网络图绘制如图 13-14 所示。由于 A、C、D 都没有紧前工作，故均为起始工作，从起点节点画出。B、I 未作为其他工作的紧前工作，故为终结工作，均收归终点节点。绘图时要正确使用虚箭线。绘图后，要认真检查紧前工作或紧后工作与所给定的逻辑关系是否相同，有无多余或缺少；检查起点节点和终点节点是否各只有一个；检查网络图是否达到最简化，有无多余的虚箭线；再检查工作名称、持续时间是否正确，节点编号是否从小到大，有无两项工作使用了同一对编号的错误。

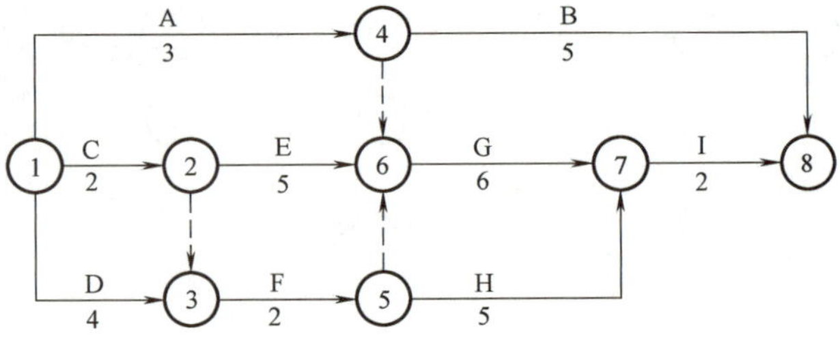

图 13-14 据表 13-2 所给条件绘制的网络图

【例 13-2】 某框架教学楼的装饰装修工程，每层分为三个施工段，施工过程及其延续时间为：砌围护墙及隔墙 12d，内外抹灰 15d，安塑料门窗 9d，喷刷涂料 18d。拟组织瓦工、抹灰工、木工和油工四个工作队进行施工。试绘制双代号网络图。

绘图时应按照施工的工艺顺序和流水施工的要求进行，要遵守绘图规则，特别是要符合逻辑关系。当第一段砌墙后，瓦工转移到第二段砌墙，为第一段抹灰提供了工作面，抹灰工可开始第一段抹灰；同理第一段抹灰完成后，可安装第一段塑料门窗…。第二段砌墙后，瓦工转移到第三段，为第二段抹灰提供了工作面，但第二段抹灰并不能进行，还需待第一段抹灰完成后才有人员、机具等，因此，需要用虚箭线来表达这种资源转移的组织关系。如图13-15所示，③、④节点间的虚箭线就起到了这样的组织联系作用。同理，第二段安门窗不但要待第二段抹灰完成来提供工作面，还需第一段门窗安完以提供人员等资源，因此，必须在⑤、⑥节点间引虚箭线。图中，由于“涂料1”是第一段最后一项工作，将其箭线直接折向节点⑧，作为“涂料2”的资源条件。

图13-15中，第三段各施工过程仍按第二段的画法画出了全部网络图。标注工作名称、持续时间，并进行节点编号。但该图中存在严重的逻辑关系错误。

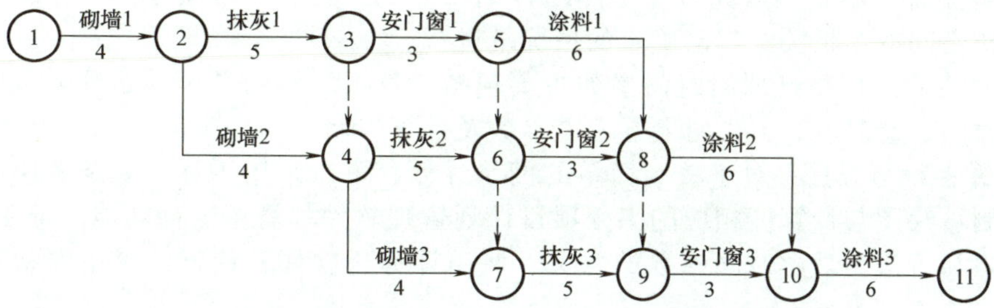

图13-15 有逻辑关系错误的网络图

图13-15中的错误在于，“砌墙3”从节点④画出，由于③、④节点间虚箭线的联系，使得“抹灰1”成了“砌墙3”的紧前工作。而实际上第三段砌墙（即“砌墙3”）与第一段抹灰（即“抹灰1”）之间既无工艺关系、也无工作面关系、更没有资源依赖关系，即两者间无任何逻辑关系。无论第一段抹灰进行与否，第三段砌墙都可进行，同理，第三段抹灰受到第一段安门窗的控制，第三段安门窗受到第一段涂料的控制，都是逻辑关系错误。

上述这种逻辑关系错误，主要是通过④、⑥、⑧这种“两进两出”节点引发的。因此，绘图中，当出现这种“两进两出”及以上的“多进多出”节点时，要认真检查有无逻辑关系错误。对于这种错误，应通过增加节点和虚箭线，来切断没有逻辑关系的工作之间的联系，这种方法称为“断路法”。如图13-16所示，将引发错误的各节点前均增加了一个节点和一条虚箭线，使错误得到改正。

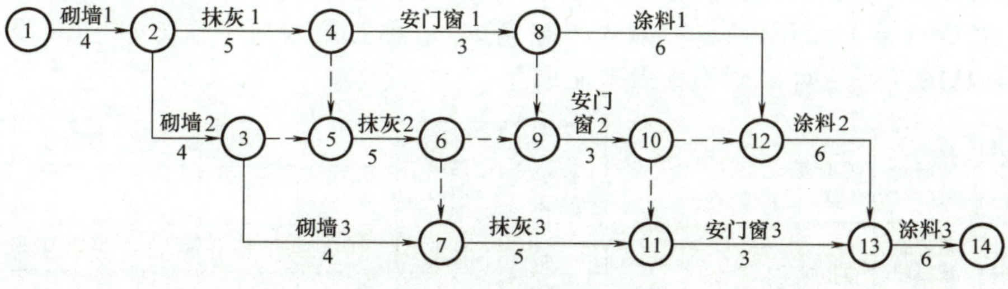

图13-16 正确的网络图

13.2.3 双代号网络计划时间参数的计算

1. 概述

网络图绘制后，应通过计算求出工期，得到一定的时间参数，才能成为网络计划。

（1）计算的目的

1）找出关键线路。前面介绍关键线路时，是在列出网络图的各条线路后，找出其耗时最长的线路即为关键线路。而对于较大或较复杂的网络图，线路很多，难以一一理出，必须通过计算来找出关键线路和关键工作。

2）计算出时差。时差是在工作或线路中存在的机动时间。通过计算时差可以看出每项非关键工作有多少可以利用的机动时间，在非关键线路上有多大的潜力可挖，以便向非关键线路去要劳动力、要资源，调整其工作开始及持续的时间，以达到优化网络计划和保证工期的目的。

3）求出工期。网络图绘制后，需通过计算求出按该计划执行所需的总时间，即计算工期。然后，要结合任务委托人的要求工期，综合考虑可能和需要，确定出工程的计划工期。因此，计算工期是拟定工程计划工期的基础，也是检查计划合理性的依据。

（2）计算条件　本章只研究肯定型网络计划。因此，其计算必须是在工作、工作的持续时间以及工作之间的逻辑关系都已确定的情况下进行。

（3）计算内容　网络计划的时间参数主要包括：每项工作的最早开始和完成时间、最迟开始和完成时间、总时差、自由时差等六个参数及计算工期。

（4）计算手段与方法　对于较为简单的网络计划，可以采用手算，复杂者应采用计算机程序进行编制、绘图与计算。相应的工程项目计划管理软件都具备这种功能。但手算是基础，掌握计算原理与方法是理解时间参数的意义、使用计算机软件和调整、应用网络计划的必要条件。

常用的计算方法有图上计算法、表上计算法等。计算时，可以直接计算出工作的时间参数，也可先计算出节点的时间参数，再推算出工作的时间参数。下面，主要介绍在图上计算工作时间参数的工作计算法和节点标号快速计算法。

2. 工作计算法

首先，应明确几个名词，如图 13-17 所示。对于正在计算的某项工作称为“本工作”。紧排在本工作之前的工作，都称为紧前工作；紧排在本工作之后的各项工作，都称为紧后工作。

各工作的时间参数计算后，应标注在水平箭线的上方或垂直箭线的左侧。标注的形式及每个参数的位置如图 13-18 所示。

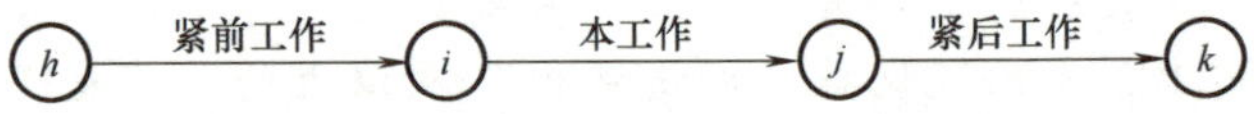

图 13-17　本工作的紧前、紧后工作

此外，无论工作的开始时间或完成时间，都以时间单位的刻度线上所标时刻为准（见图 13-19），即“某天以后开始”“第某天末完成”。称工程的第一项工作 A 是从“0 天以后开始”（实际上是从第 1 天开始），“第 3 天末完成”。称它的紧后工作 B 在“3 天以后开始”（而实际上是从第 4 天开始），“第 5 天末完成”。

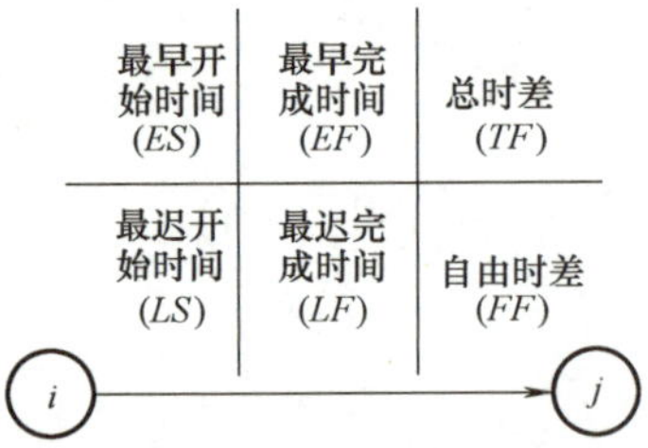

图 13-18　时间参数标注形式

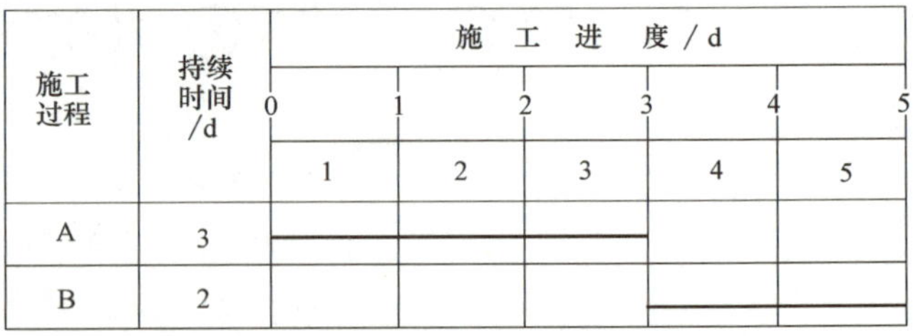

图 13-19　开始与完成时间示意图

（1）最早时间（含最早开始、最早完成）的计算

1）工作最早开始时间（ES）。它是指紧前工作全都完成，具备了本工作开始的必要条件

的最早时刻。工作 $i—j$ 的最早开始时间用 $ES_{i—j}$ 表示。

由于最早开始时间是以紧前工作的最早完成时间为依据，因此，该种参数的计算必须从起点节点开始，顺箭线方向逐项进行，直到终点节点为止。

凡与起点节点相连的工作都是计划的起始工作，当未规定其最早开始时间 $ES_{i—j}$ 时，其值都定为零，即

$$ES_{i—j}=0 \quad （其中\ i=1） \tag{13-1}$$

双代号网络计划最早时间计算

其他工作的最早开始时间，均取其各紧前工作最早完成时间（$EF_{h—i}$）中的最大值，即

$$ES_{i—j}=\max\{EF_{h—i}\} \tag{13-2}$$

2）工作最早完成时间（EF）。它是指工作按最早开始时间开始时，可能完成的最早时刻。其值等于该工作最早开始时间与其持续时间（$D_{i—j}$）之和。计算公式为

$$EF_{i—j}=ES_{i—j}+D_{i—j} \tag{13-3}$$

每项工作的最早开始时间计算后，应立即计算其最早完成时间，以便紧后工作的计算。

3）计算示例。

【例 13-3】 计算图 13-4 所示网络图各项工作的最早时间。将计算出的工作参数按要求标注于图上，如图 13-20 所示。

其中，工作 A、工作 C 均是该网络计划的起始工作，所以 $ES_{1—2}=0\text{d}$，$ES_{1—3}=0\text{d}$。工作 A 的最早完成时间为 $EF_{1—2}=ES_{1—2}+D_{1—2}=0\text{d}+1\text{d}=1\text{d}$ 末。同理，工作 C 的最早完成时间为 $EF_{1—3}=0\text{d}+5\text{d}=5\text{d}$ 末。

工作 B 的紧前工作是 A，因此工作 B 的最早开始时间就等于工作 A 的完成时间，为 1d 以后；工作 B 的完成时间为 1d+2d=3d 末。同理，工作 2—3 的最早开始时间也为 1d 以后，完成时间为 1+0=1d 末。在这里需要注意，虚工作也必须同样进行计算。

工作 D 有工作 C 和 2—3 两个紧前工作，应待其全都完成，工作 D 才能开始。因此，工作 D 的最早开始时间应取工作 C 和 2—3 最早完成时间的大值，即 max{5，1}=5d 以后；工作 D 的最早完成时间为 5d+4d=9d 末。同理，工作 E 的最早开始时间也为 5d 以后，最早完成时间为 5d+5d=10d 末。其他工作的计算与此类似。计算结果如图 13-20 所示。

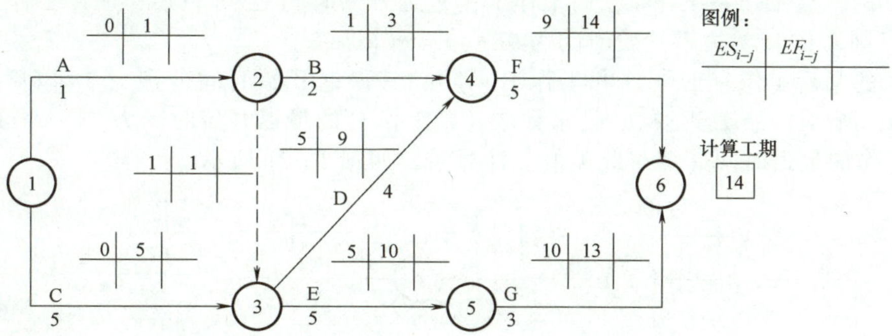

图 13-20　图 13-4 所示网络图各项工作的最早时间计算结果

4）计算规则。通过以上的计算分析，可归纳出最早时间的计算规则，概括为：“顺线累加，逢多取大”。

（2）确定网络计划的工期　当全部工作的最早开始与最早完成时间计算完后，可假设终点节点后面还有工作，则其最早开始时间即为该网络计划的“计算工期”。【例 13-3】的计算工期 $T_C=14\text{d}$。

有了计算工期，还须确定网络计划的“计划工期” T_P。当未对计划提出工期要求时，可

取计划工期 $T_P=T_C$。当合同约定或上级主管部门提出了“要求工期” T_r 时，则应取计划工期 $T_P \leqslant T_r$。本例中没有规定要求工期，故将计算工期就作为计划工期，即 $T_P=T_C=14d$。

（3）最迟时间（含最迟开始、最迟完成）的计算

1）工作最迟完成时间（LF）。它是指在不影响整个工程按期（计划工期）完成的条件下，一项工作必须完成的最迟时刻，工作 $i—j$ 的最迟完成时间用 LF_{i-j} 表示。

双代号网络计划最迟时间计算

① 计算顺序。该计算需依据计划工期或紧后工作的要求进行。因此，应从网络图的终点节点开始，逆着箭线方向朝起点节点依次逐项计算，也即形成一个逆箭线方向的减法过程。

② 计算方法。网络计划中，终结工作 $i—n$ 的最迟完成时间 LF_{i-n} 应按计划工期 T_P 确定，即

$$LF_{i-n}=T_P \tag{13-4}$$

其他工作 $i—j$ 的最迟完成时间，等于其各紧后工作（$j—k$）最迟开始时间中的最小值。就是说，本工作的最迟完成时间不得影响任何紧后工作，进而不影响工期。计算公式如下

$$LF_{i-j}=\min\{LS_{j-k}\} \tag{13-5}$$

2）工作最迟开始时间（LS）。它是在保证工作按最迟完成时间完成的条件下，该工作必须开始的最迟时刻。计算公式如下

$$LS_{i-j}=LF_{i-j}-D_{i-j} \tag{13-6}$$

3）计算示例。若图 13-20 所得到的计算工期满足要求，被确认为计划工期时，其最迟时间计算如下：

图 13-21 中，工作 F 和工作 G 均为结束工作，所以最迟完成时间就等于计划工期，即（$LF_{4-6}=LF_{5-6}=14d$。）

工作 F 需持续 5d，故其最迟开始时间为 14d−5d=9d 以后；工作 G 需持续 3d，故其最迟开始时间为 14d−3d=11d 以后。

工作 E 的紧后工作是工作 G，而工作 G 的最迟开始时间是 11d 以后，所以工作 E 最迟要在 11d 末完成；则工作 E 的最迟开始时间为 11d−5d=6d 以后。

工作 D 的紧后工作是工作 F，而工作 F 的最迟开始时间是 9d 以后，所以工作 D 最迟要在 9d 末完成；则工作 D 的最迟开始时间为 9d−4d=5d 以后。

工作 C 的紧后工作有工作 D 和工作 E 两项，其最迟开始时间分别为 5d 以后和 6d 以后，最小值为 5，所以 1—3 最迟要在 5d 末完成；则工作 C 的最迟开始时间为 5d−5d=0d 以后。

其他工作的最迟时间计算与此类似。计算结果如图 13-21 所示。

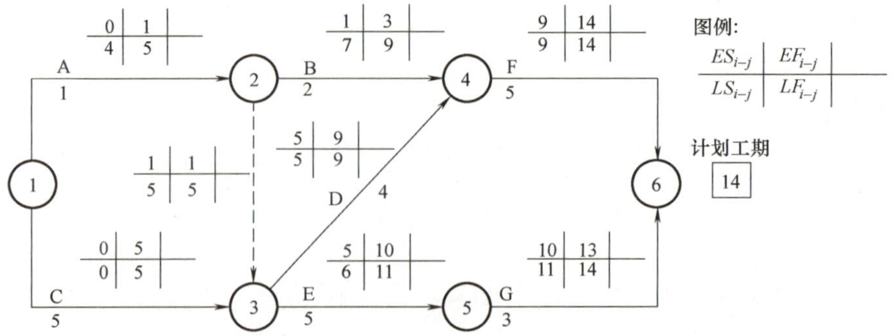

图 13-21 工作的最迟时间计算结果

4）计算规则。通过以上计算分析，可归纳出工作最迟时间的计算规则，即“逆线累减，

逢多取小”。

（4）工作时差的计算　时差是指在工作或线路中可以利用的机动时间。这个机动时间也可以说是最多允许推迟的时间。时差越大，工作的时间潜力也越大。常用的时差有工作总时差和工作自由时差。

双代号网络计划的工作总时差计算

1）工作总时差（TF）。它是指在不影响计划工期的前提下，一项工作可以利用的机动时间。

① 计算方法。工作总时差等于工作最早开始时间到最迟完成时间这段极限活动范围，再扣除工作本身必需的持续时间所剩余的差值。计算公式如下

$$TF_{i-j}=LF_{i-j}-ES_{i-j}-D_{i-j} \tag{13-7}$$

经稍加变换可得

$$TF_{i-j}=LF_{i-j}-(ES_{i-j}+D_{i-j})=LF_{i-j}-EF_{i-j} \tag{13-8}$$

或

$$TF_{i-j}=(LF_{i-j}-D_{i-j})-ES_{i-j}=LS_{i-j}-ES_{i-j} \tag{13-9}$$

从式（13-8）和式（13-9）中可看出，利用已求出的本工作最迟与最早开始时间或最迟与最早完成时间相减，都可算出本工作的总时差。如图 13-22 所示，工作 A 的总时差为 4d－0d＝4d 或 5d－1d＝4d，将其标注在图上双十字的右上角。其他计算结果如图 13-22 所示。

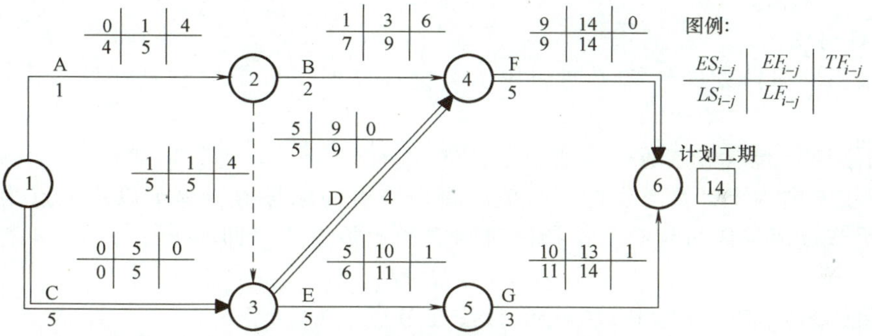

图 13-22　工作的总时差计算结果

② 计算目的。通过总时差的计算，可以方便地找出网络图中的关键工作和关键线路。总时差为“0”者，意味着该工作没有机动时间，即为关键工作（当计划工期与计算工期不相等时，总时差为最小值者是关键工作）。由关键工作所构成的线路或总持续时间最长的线路，就是关键线路。在图 13-22 中，双箭线所表示的①→③→④→⑥即为关键线路。在一个网络计划中，关键线路至少有一条，但不一定只有一条。

工作总时差是网络计划调整与优化的基础，是控制施工进度、确保工期的重要依据。需要注意，若利用工作总时差，将可能影响其后续工作的最早开始时间（但不影响最迟开始时间），可能引起相关线路上各项工作时差的重分配。

2）自由时差（FF）。自由时差是总时差的一部分，是指一项工作在不影响其紧后工作最早开始的前提下，可以利用的机动时间。工作 $i—j$ 的自由时差用符号 FF_{i-j} 表示。

① 计算方法。用紧后工作的最早开始时间减本工作的最早完成时间即可。计算公式如下

$$FF_{i-j}=ES_{j-k}-EF_{i-j} \tag{13-10}$$

对于网络计划的结束工作，应将计划工期看作紧后工作的最早开始时间进行计算。

双代号网络计划的工作自由时差计算

如图 13-23 所示，工作 A 的最早完成时间为 1d 末，而其紧后工作 2—3

和工作 B 的最早开始时间为 1d 以后，所以工作 A 的自由时差为 1d−1d=0。工作 2—4 的自由时差为 9d−3d=6。工作 G 是结束工作，所以其自由时差应为 14d−13d=1d。其他工作的计算结果如图 13-23 所示。

② 计算目的。自由时差的利用不会对其他工作产生任何影响，因此，常利用它来变动工作的开始时间或增加持续时间，以达到工期调整和资源优化的目的。

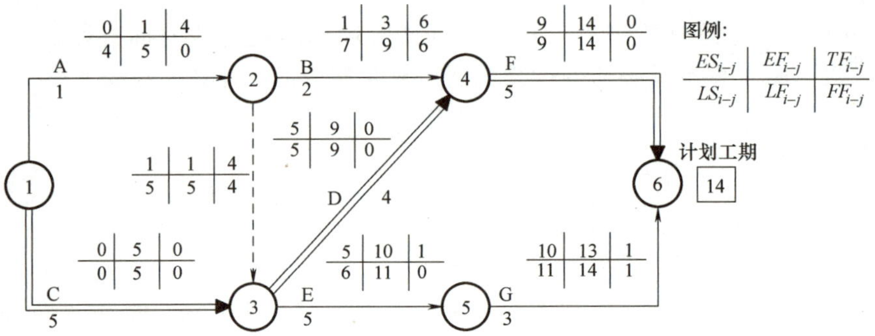

图 13-23 工作的自由时差计算结果

3. 节点标号法

当只需求出网络计划的计算工期和找出关键线路时，可采用节点标号法进行快速计算。其步骤如下：

1）设网络计划起点节点的标号值为零，即 $b_1=0$。

2）顺箭线方向逐个计算节点的标号值。每个节点的标号值，等于以该节点为完成节点的各工作的开始节点标号值与相应工作持续时间之和的最大值，即

$$b_j=\max\{b_i+D_{i-j}\} \tag{13-11}$$

将标号值的来源节点及得出的标号值标注在节点上方。

3）节点标号完成后，终点节点的标号值即为计算工期。

4）从网络计划终点节点开始，逆箭线方向按源节点寻求出关键线路。

【例 13-4】 某已知网络计划如图 13-24 所示，试用标号法求出工期并找出关键线路。

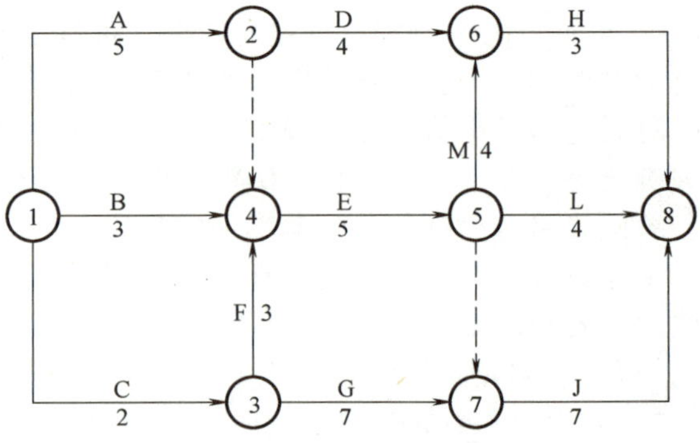

图 13-24 某工程网络计划

解：

1）设起点节点标号值 $b_1=0$。

2）对其他节点依次进行标号。各节点的标号值计算如下，并将源节点号和标号值标注在图 13-25 中。

$b_2=b_1+D_{1-2}=0+5=5$

$b_3=b_1+D_{1-3}=0+2=2$

$b_4=\max\{(b_1+D_{1-4}),(b_2+D_{2-4}),(b_3+D_{3-4})\}=\max\{(0+3),(5+0),(2+3)\}=5$

$b_5=b_4+D_{4-5}=5d+5d=10$

$b_6=\max\{(b_2+D_{2-6}),(b_5+D_{5-6})\}=\max\{(5+4),(10+4)\}=14$

$b_7=\max\{(b_3+D_{3-7}),(b_5+D_{5-7})\}=\max\{(2+7),(10+0)\}=10$

$b_8=\max\{(b_5+D_{5-8}),(b_6+D_{6-8}),(b_7+D_{7-8})\}=\max\{(10+4),(14+3),(10+5)\}=17$

3）该网络计划的工期为 17。

4）根据源节点逆箭线找出关键线路。两条关键线路如图 13-26 所示双线。

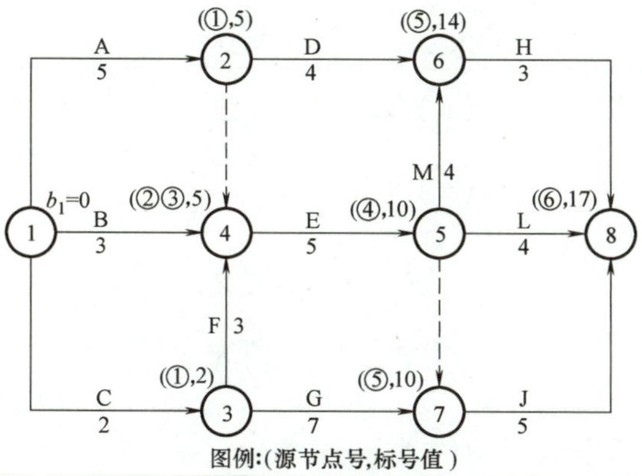

图 13-25　对节点进行标号

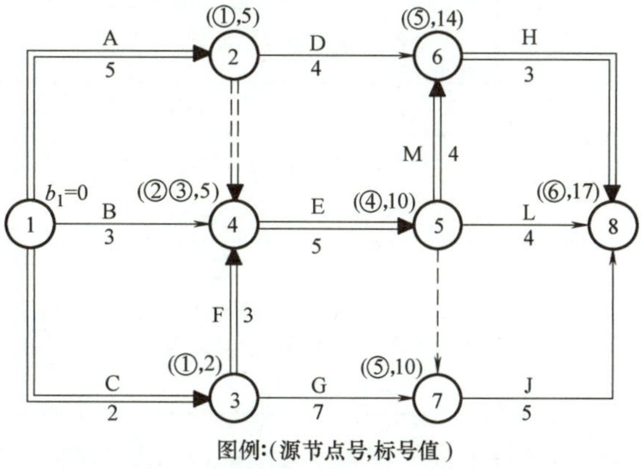

图 13-26　根据源节点逆箭线找出关键线路

13.3　单代号网络计划

单代号网络计划的逻辑关系容易表达，不用虚箭线，便于检查和修改，易于编制搭接网络计划。但不易绘制成时标网络计划，使用不直观。

13.3.1　单代号网络图的绘制

1. 构成与基本符号

（1）节点　节点是单代号网络图的主要符号，用圆圈或方框表示。一个节点代表一项工作或工序，因而它消耗时间和资源。节点的一般表达形式如图 13-27 所示。

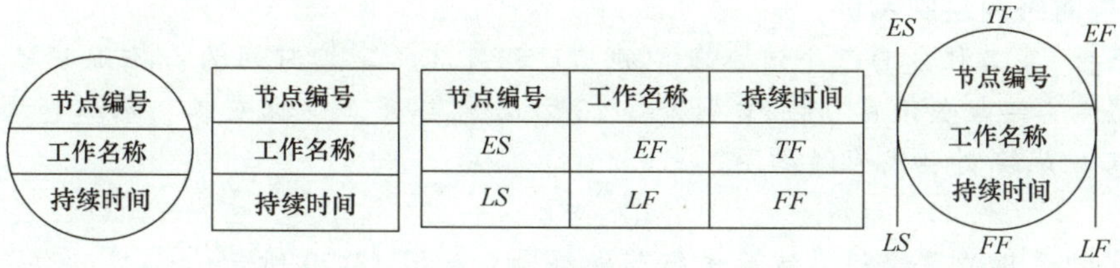

图 13-27　单代号网络图节点的一般表达形式

（2）箭线　箭线在单代号网络图中，仅表示工作之间的逻辑关系。它既不占用时间，也不消耗资源。箭线的箭头表示工作的前进方向，箭尾节点表示的工作是箭头节点的紧前工作。

（3）编号　每个节点都必须编号，作为该节点工作的代号。一项工作只能有唯一的一个节点和唯一的一个代号，严禁出现重号。编号要由小到大，即箭头节点的号码要大于箭尾节点的号码。

2. 单代号网络图绘制规则

绘制单代号网络图的规则与双代号网络图基本相同，主要包括以下几点：

1）正确表达逻辑关系，见表 13-3。

2）严禁出现循环回路。

3）严禁出现无箭尾节点或无箭头节点的箭线。

表 13-3 单代号网络图工作逻辑关系表示方法

序号	工作之间的逻辑关系	网络图中的表示方法
1	A 工作完成后进行工作 B	
2	工作 B、工作 C 都完成后进行工作 D	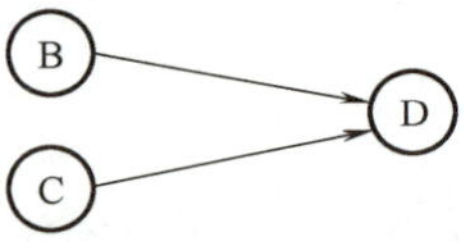
3	工作 A 完成后进行工作 C，工作 B 完成后进行工作 C、工作 D	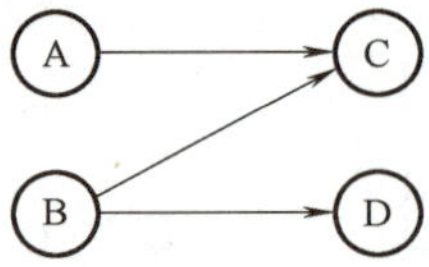
4	工作 A、工作 B 均完成后进行工作 C、工作 D	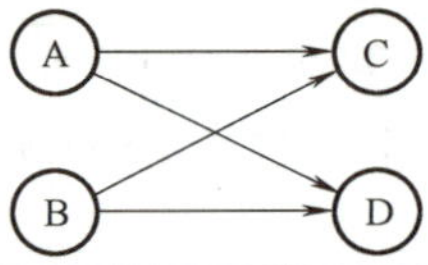

4）只能有一个起点节点和一个终点节点。当开始的工作或结束的工作不止一项时，应设虚拟起点节点（S_t）或终点节点（F_n），以避免出现多个起点或多个终点。

如某工程有四个分项工程，逻辑关系为：A、B 两工作同时开始，工作 A 完成后进行工作 C，工作 B 完成后可同时进行工作 C、工作 D。在此，最前面两项工作（A、B）同时开始，而最后两项工作（C、D）又可同时结束，则其单代号网络图就必须虚拟起点节点和终点节点，如图 13-28 所示。

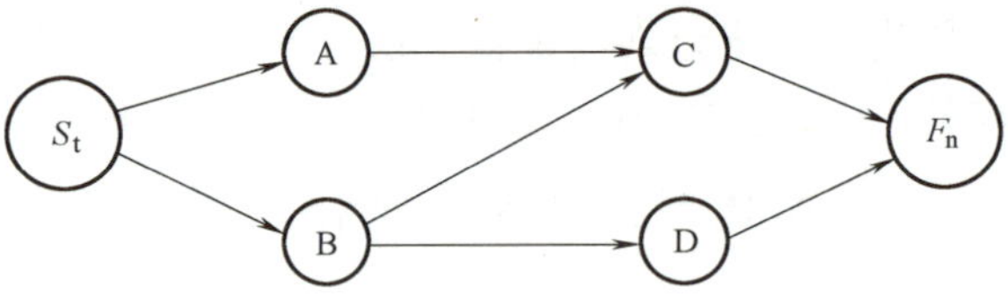

图 13-28 带虚拟节点的网络图

3. 单代号网络图绘制示例

【例 13-5】 某工程分为三个流水段，施工过程及其总延续时间为：砌围护墙及隔墙 12d，内外抹灰 15d，安铝合金门窗 9d，喷刷涂料 12d。拟组织瓦工、抹灰工、木工和油工四个专业队组进行施工。试绘制单代号网络图。

解：

按照给定的逻辑关系绘制，然后进行节点编号，如图 13-29 所示。

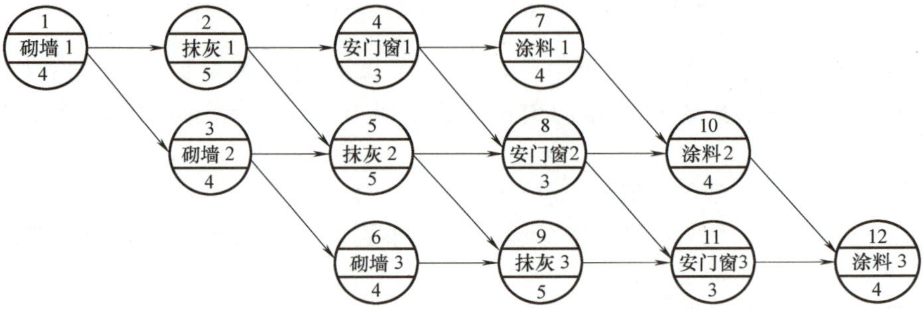

图 13-29 单代号网络图绘图示例

13. 3. 2 单代号网络计划时间参数的计算

单代号网络计划时间参数的概念与双代号网络计划相同。以图 13-29 所示网络图为例，说明其时间参数计算方法与过程，计算结果如图 13-30 所示。

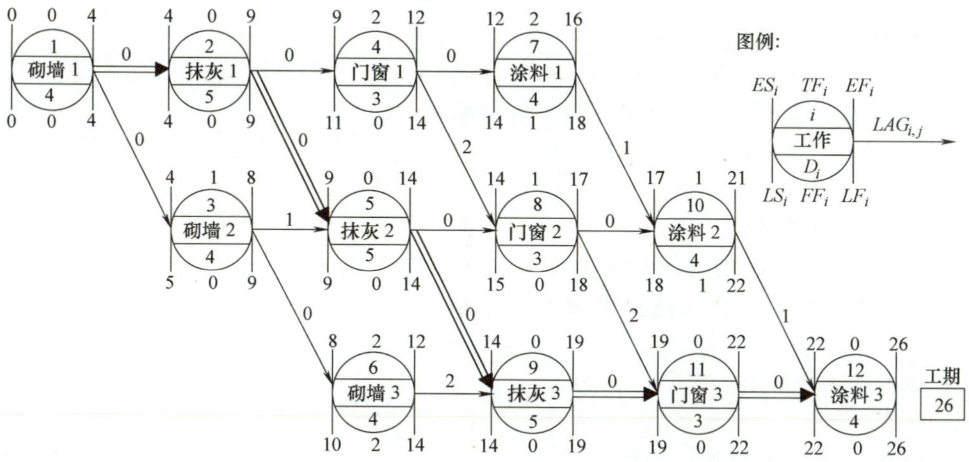

图 13-30　单代号网络计划时间参数计算示例

1. 工作最早时间的计算

从起点节点开始，顺箭头方向依次进行。“顺线累加，逢多取大”。

（1）最早开始时间（ES）　起点节点（起始工作）的最早开始时间如无规定，其值为零；其他工作的最早开始时间等于其紧前工作（h）最早完成时间的最大值，即

$$ES_i = \max\{EF_h\} \tag{13-12}$$

（2）最早完成时间（EF）　一项工作的最早完成时间就等于其最早开始时间与本工作持续时间之和，即

$$EF_i = ES_i + D_i \tag{13-13}$$

图 13-30 所示的最早开始时间和最早完成时间计算如下

$ES_1 = 0\text{d}$；$EF_1 = ES_1 + D_1 = 0\text{d}+4\text{d}=4\text{d}$。$ES_2 = EF_1 = 4\text{d}$；$EF_2 = ES_2 + D_2 = 4\text{d}+5\text{d}=9\text{d}$。……$ES_5 = \max\{EF_2,\ EF_3\} = \max\{9,\ 8\} = 9$；$EF_5 = ES_5 + D_5 = 9\text{d}+5\text{d}=14\text{d}$。……计算结果标注于图 13-30 中。

终点节点的最早完成时间即为计算工期 T_C。无“要求工期”时，取计划工期等于计算工期，即 $T_P = T_C$。

单代号网络计算最早最迟时间计算

单代号网络计划时差及间隔时间计算

2. 相邻两项工作间隔时间的计算

间隔时间（LAG）是指相邻两项工作之间可能存在的最大间歇时间。i 工作与 j 工作的间隔时间记为 $LAG_{i,j}$。其值为后项工作的最早开始时间与前项工作的最早完成时间之差。计算公式为

$$LAG_{i,j} = ES_j - EF_i \tag{13-14}$$

图 13-30 的间隔时间为

$LAG_{11,12} = ES_{12} - EF_{11} = 22\text{d}-22\text{d}=0\text{d}$；$LAG_{10,12} = ES_{12} - EF_{10} = 22\text{d}-21\text{d}=1\text{d}$；……将计算结果标注于两节点之间的箭线上，如图 13-30 所示。

3. 工作总时差的计算

工作总时差（TF）应从网络计划的终点节点开始，逆着箭线方向依次逐项计算。

1）终点节点所代表工作 n 的总时差 TF_n 值应为

$$TF_n = T_P - EF_n \tag{13-15}$$

2）其他工作 i 的总时差 TF_i 应为

$$TF_i=\min\{TF_j+LAG_{i,j}\} \tag{13-16}$$

图 13-30 的工作总时差计算如下

$TF_{12}=T_P-EF_{12}=26d-26d=0d$；$TF_{11}=TF_{12}+LAG_{11,12}=0d+0d=0d$；$TF_{10}=TF_{12}+LAG_{10,12}=0d+1d=1d$；$TF_9=TF_{11}+LAG_{9,11}=0d+0d=0d$；$TF_8=\min\{(TF_{10}+LAG_{8,10}),\ (TF_{11}+LAG_{8,11})\}=\min\{(1+0),\ (0+2)\}=1d$；……依此类推，可计算出其他工作的总时差，标注于图 13-30 的节点上部。

4. 工作自由时差的计算

工作自由时差（FF）的计算没有顺序要求，按以下规定进行：

1）终点节点所代表工作 n 的自由时差 FF_n 值应为

$$FF_n=T_P-EF_n \tag{13-17}$$

2）其他工作 i 的自由时差 TF_i 应为

$$FF_i=\min\{LAG_{i,j}\} \tag{13-18}$$

图 13-30 的工作自由时差计算如下

$FF_{12}=T_P-EF_{12}=26d-26d=0d$；$FF_{11}=LAG_{11,12}=0d$；$FF_{10}=LAG_{10,12}=1d$；$FF_9=LAG_{9,11}=0d$；$FF_8=\min\{LAG_{8,10},\ LAG_{8,11}\}=\min\{0,\ 2\}=0d$；……依此类推，可计算出其他工作的自由时差，标注于图 13-30 的节点下部。

5. 工作最迟时间的计算

（1）最迟完成时间

1）终点节点的最迟完成时间按计划工期确定，即

$$LF_n=T_P \tag{13-19}$$

2）其他工作的最迟完成时间等于其各紧后工作（j）最迟开始时间的最小值，即

$$LF_i=\min\{LS_j\} \tag{13-20}$$

或等于本工作最早完成时间与总时差之和，即

$$LF_i=EF_i+TF_i \tag{13-21}$$

计算图 13-30 的最迟完成时间如下

$LF_{12}=T_P=26d$；$LF_{11}=EF_{11}+TF_{11}=22d+0d=22d$；$LF_{10}=EF_{10}+TF_{10}=21d+1d=22d$；……依此类推，计算结果标注于图 13-30。

（2）最迟开始时间　工作的最迟开始时间等于其最迟完成时间减去本工作的持续时间，即

$$LS_i=LF_i-D_i \tag{13-22}$$

或等于本工作最早开始时间与总时差之和，即

$$LS_i=TF_i+ES_i \tag{13-23}$$

根据式（13-22），计算图 13-30 的最迟开始时间如下

$LS_{12}=LF_{12}-D_{12}=26d-4d=22d$；$LS_{11}=LF_{11}-D_{11}=22d-3d=19d$；$LS_{10}=LF_{10}-D_{10}=22d-4d=18d$；……依此类推，计算结果标注于图 13-30。

以上各项时间参数的计算顺序是：$ES_i\rightarrow EF_i\rightarrow T_C\rightarrow T_P\rightarrow LAG_{i,j}\rightarrow TF_i\rightarrow FF_i\rightarrow LF_i\rightarrow LS_i$。此外，也可以按双代号网络计划的计算方法进行计算，其计算顺序是：$ES_i\rightarrow EF_i\rightarrow T_C\rightarrow T_P\rightarrow LF_i\rightarrow LS_i\rightarrow TF_i\rightarrow FF_i\rightarrow LAG_{i,j}$。

6. 确定关键工作和关键线路

同双代号网络计划一样，总时差为最小值的工作是关键工作。当计划工期等于计算工期时，总时差最小值为零，则总时差为零的工作就是关键工作。自始至终全由关键工作组成，总持续时间最长的线路为关键线路。

单代号网络计划的关键线路宜通过工作之间的间隔时间 $LAG_{i,j}$ 来判断，即自终点节点至起点节点的全部 $LAG_{i,j}=0$ 的线路为关键线路。图 13-30 中的关键线路即图中双线线路。

13.4 双代号时标网络计划

13.4.1 时标网络计划的特点

时标网络计划是以时间坐标为尺度编制的网络计划。它不但具有一般网络计划的优点，而且通过箭线长度及节点的位置，可明确表达工作的持续时间及工作之间的时间关系，是目前应用最广的网络计划形式。它综合了一般网络计划和横道图计划的优点，具有以下特点：

1）能够清楚地展现计划的时间进程，不但工作间的逻辑关系明确，而且时间关系也一目了然，大大方便了使用。

2）直接显示各项工作的开始与完成时间、工作的自由时差和关键线路，可大大节省编制时的计算量，也便于执行中的调整与控制。

3）可以通过叠加确定各个时段的材料、机具、设备及人力等资源的需要量。这利于制订施工准备计划和资源配置计划，也为进行资源优化提供了便利。

4）由于箭线的长度受到时间坐标的制约，故绘图比较麻烦；修改其中一项就可能引起整个网络图的变动。因此，宜利用计算机程序软件进行该种计划的编制与管理。

13.4.2 时标网络计划的绘制

1. 绘制要求

1）时标网络计划需绘制在带有时间坐标的表格上。其时间单位应在编制计划之前根据需要确定，可以小时、天、周、旬、月等为单位，构成工作时间坐标体系，也可同时加注日历，更能方便使用。时间坐标可以标注在图的顶部、底部或上、下都标注。

2）节点中心必须对准时间坐标的刻度线，以避免误会。

3）以实箭线表示工作，以虚箭线表示虚工作，以水平波形线表示自由时差或与紧后工作之间的间隔时间。

4）箭线宜采用水平箭线或水平段与垂直段组成的箭线形式，不宜用斜箭线。虚工作必须用竖向虚箭线表示，其间隔时间应用水平波形线表示。

5）时标网络计划宜按最早时间编制，以保证实施的可靠性。

2. 绘制方法与步骤

时标网络计划的编制应在绘制草图后，直接进行绘制或经计算后按时间参数绘制。按时间参数绘制时，是将每项工作按计算出的最早开始时间绘制在时标表上而成。对较简单的网络计划，可用直接绘制法，其步骤如下：

1）绘制时标表。

2）将起点节点定位于时标表的起始刻度线上。

3）按工作的持续时间在时标表上绘制起点节点的外向箭线。

4）工作的箭头节点必须在其所有的内向箭线绘出以后，定位在这些内向箭线中最晚完成的实箭线箭头处。

5）某些内向实箭线长度不足以到达该箭头节点时，用波形线补足。虚箭线应竖向绘制，如果虚箭线的开始节点和结束节点之间有水平距离时，也以波形线补足。

6）用上述方法自左至右依次确定其他节点的位置。

3. 绘制示例

【例 13-6】 某装修工程有三个楼层，有吊顶、顶墙涂料和铺木地板三个施工过程。其中每层吊顶确定为三周、顶墙涂料定为两周、铺木地板定为一周完成。试绘制时标网络计划。

先绘制其标注时间的网络计划草图，如图 13-31 所示。再按上述要求绘制时标网络计划，如图 13-32 所示。绘图时，应使节点尽量向左靠（按最早时间开始），并避免箭线向左斜（时间不可能倒流）。当工期较长时，宜标注持续时间。

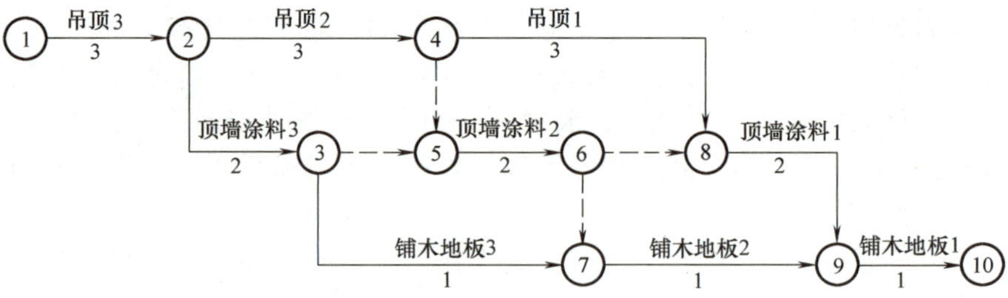

图 13-31 标注时间的网络计划草图

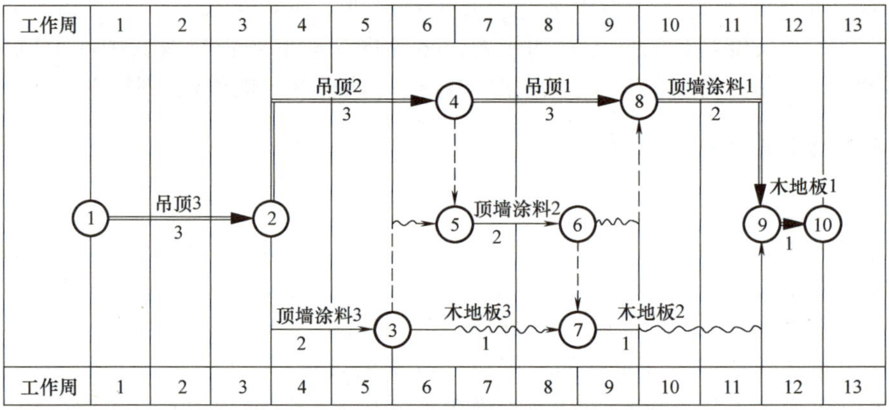

图 13-32 据图 13-31 绘制的时标网络计划

13.4.3 关键线路和时间参数的判定

1. 关键线路的判定与表达

自时标网络计划图的终点节点至起点节点逆箭线方向观察，自始至终无波形线的线路即为关键线路。在图 13-32 中，①→②→④→⑧→⑨→⑩为关键线路。关键线路要用粗线、双线或彩色线明确表达。

2. 时间参数的判定与推算

（1）“计划工期”的判定 终点节点与起点节点所在位置的时标差值，即为“计划工期”。当起点节点处于时标表的零点时，终点节点所处的时标点即是计划工期。如图 13-32 所示，网络计划的工期为 12 周。

（2）最早时间的判定 工作箭线箭尾节点中心所对应的时标值，为该工作的最早开始时间。箭头节点中心或与波形线相连接的实箭线右端的时标值，为该工作的最早完成时间。如图 13-32 所示，“顶墙涂料 3”的最早开始时间为 3 周以后（实际上是第 4 周），最早完成时间为第 5 周末；“木地板 3”的最早开始时间为 5 周以后（实际上是第 6 周），最早完成时间为第 6 周末。

（3）自由时差值的判定 在时标网络计划中，工作的自由时差值等于其波形线的水平投影长度。如图13-32所示，“木地板3”的自由时差为2周。

（4）总时差的推算　在时标网络计划中，工作的总时差应自右向左逐个推算。

1）以终点节点为完成节点的工作，其总时差为计划工期与本工作最早完成时间之差，即

$$TF_{i-n}=T_P-EF_{i-n} \quad (13\text{-}24)$$

2）其他工作的总时差，等于诸紧后工作总时差的最小值与本工作自由时差之和，即

$$TF_{i-j}=\min\{TF_{j-k}\}+FF_{i-j} \quad (13\text{-}25)$$

如图13-32所示，“铺木地板1”和“顶墙涂料1”的总时差均为0；“木地板2”的总时差为0周+2周=2周；虚工作6—8的总时差为0周+1周=1周，6—7的总时差为2周+0周=2周；“木地板3”的总时差为2周+2周=4周；“顶墙涂料2”有6—7、6—8两项紧后工作，其总时差为

$$TF_{5-6}=\min\{TF_{6-8},TF_{6-7}\}+FF_{5-6}=\min\{1,2\}\text{周}+0\text{周}=1\text{周}$$

必要时，可在计算后将总时差标注在箭线之上。

（5）最迟时间的推算　由于已知最早开始时间和最早完成时间，又知道了总时差，故工作的最迟完成和最迟开始时间可分别用以下两公式算出

$$LF_{i-j}=TF_{i-j}+EF_{i-j} \quad (13\text{-}26)$$

$$LS_{i-j}=TF_{i-j}+ES_{i-j} \quad (13\text{-}27)$$

如图13-32所示，“铺木地板3”的最迟完成时间为4周+6周=10周末，最迟开始时间为4周+5周=9周以后（即第10周）。

13.5 网络计划的优化

在编制出网络计划后，往往需要调整才能满足规定工期的要求。此外，还需根据工程的实际情况，寻求更合理的工期，调整时间安排和资源投入，以取得最好的经济效果。这就需要优化。所谓网络计划的优化，就是在满足既定的约束条件下，按某一目标，对网络计划进行不断检查、评价、调整和完善，以寻求最优方案的过程。

网络计划按优化的内容分为工期优化、费用优化和资源优化三种。费用优化又称时间成本优化。资源优化分为：资源有限—工期最短的优化和工期固定—资源均衡的优化。

13.5.1 工期优化

1. 工期优化的概念

工期优化是对工期不满足要求的网络计划，通过压缩计算工期以达到要求的工期目标，或在一定约束条件下使工期最短的过程。

工期优化一般是通过压缩关键工作的持续时间来达到工期目标。缩短工作持续时间的主要途径是增加人力和设备等施工力量、加大施工强度、缩短间歇时间。因此，在确定需缩短持续时间的关键工作时，应按以下几个方面进行选择：

1）缩短了持续时间对质量和安全无影响。

2）有充足备用资源。

3）所需增加的费用最少或风险影响最小。

2. 工期优化步骤与方法

1）求出计算工期并找出关键线路及关键工作。

2）按要求工期计算出工期应缩短的时间目标 ΔT。

$$\Delta T=T_C-T_r \quad (13\text{-}28)$$

式中 T_C——计算工期；

T_r——要求工期。

3）确定各关键工作能缩短的持续时间。

4）将应优先缩短的关键工作压缩至最短持续时间，并找出新关键线路。若此时被压缩的工作变成了非关键工作，则应将其持续时间回延，使之仍为关键工作。

5）若计算工期仍超过要求工期，则重复以上步骤，直到满足工期要求或工期已不能再缩短为止。

需要注意：当所有关键工作的持续时间都已达到其能缩短的极限，或虽部分关键工作未达到最短持续时间但已找不到继续压缩工期的方案，而工期仍未满足要求时，应对计划的技术、组织方案进行调整（如采取技术措施、改变施工顺序、采用分段流水或平行作业等），或对要求工期重新审定。

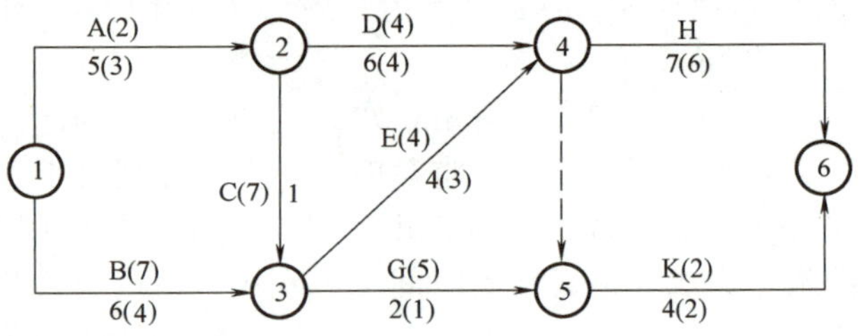

图 13-33 某工程的网络计划

【例 13-7】 已知某网络计划如图 13-33 所示。图中箭线下方或右侧的括号外为正常持续时间，括号内为最短持续时间；箭线上方或左侧的括号内为优选系数（考虑各种因素评价所得，小者为优）。假定要求工期为 15d，试对其进行工期优化。

解：

（1）用节点标号法求出在正常持续时间下的关键线路及计算工期

如图 13-34 所示，关键线路为 A→D→H，计算工期为 18d。

（2）计算应缩短的时间

$$\Delta T = T_C - T_r = (18-15)\,\text{d} = 3\text{d}$$

（3）选择应优先缩短的工作

在各关键工作中，工作 A 的优先选择系数最小。

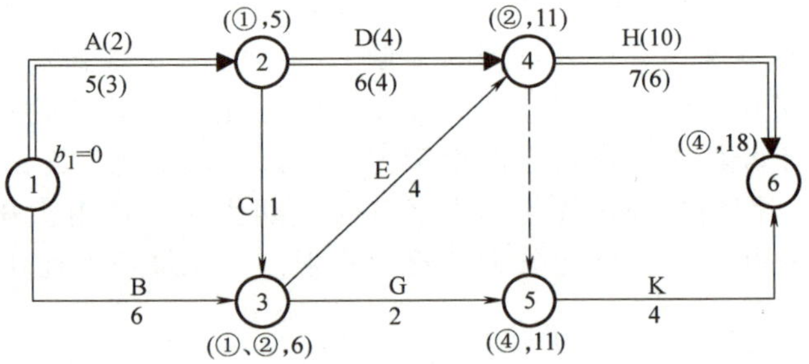

图 13-34 初始网络计划

（4）压缩工作的持续时间

将工作 A 压缩至最短持续时间 3d，用节点标号法找出新关键线路，如图 13-35。此时关键工作 A 压缩后成了非关键工作，故须将其松弛，使之成为关键工作，现将其松弛至 4d，找出关键线路，如图 13-36 所示，此时工作 A 又成了关键工作。图中有两条关键线路，即 A→D→H 和 B→E→H。其计算工期 $T_C=17\text{d}$，应再缩短的时间为

$$\Delta T_1 = 17\text{d}-15\text{d}=2\text{d}。$$

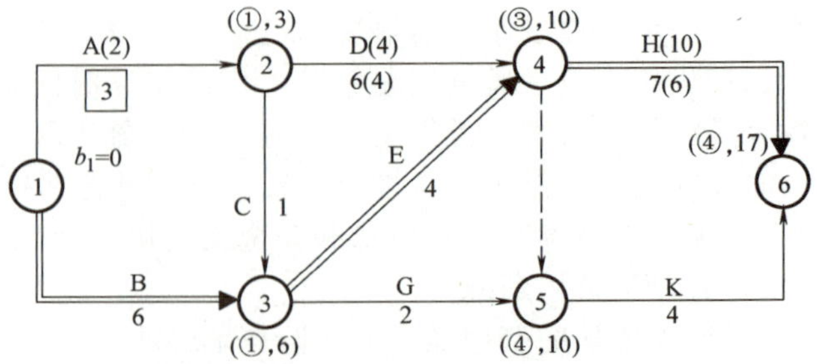

图 13-35 将 A 压缩至最短的网络计划

（5）由于计算工期仍大于要求工期，故需继续压缩

图 13-36 中，有五个压缩方案：

① 压缩 A、B，组合优选系数为 2+7=9。

② 压缩 A、E，组合优选系数为 2+4=6。

③ 压缩 D、E，组合优选系数为 4+4=8。

④ 压缩 D、B，组合优选系数为 4+7=11。

⑤ 压缩 H，优选系数为 10。

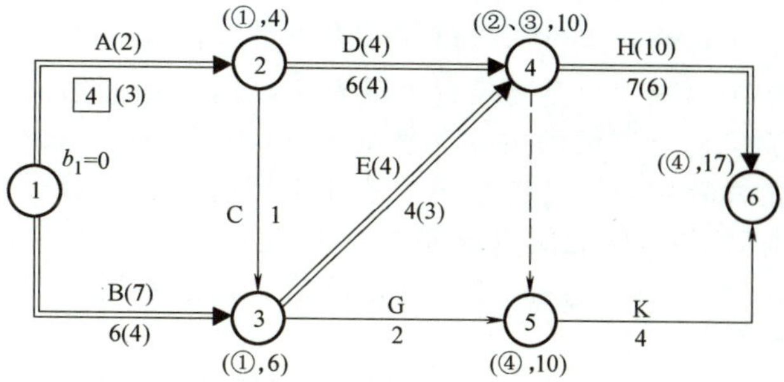

图 13-36　第一次压缩后的网络计划

应压缩优选系数最小者，即压缩 A、E。将这两项工作都压缩至最短持续时间 3d，亦即各压缩 1d。用标号法找出关键线路，如图 13-37 所示。此时关键线路只有两条，即：A→D→H 和 B→E→H；计算工期 T_C = 16d，还应缩短 ΔT_2 = 16d − 15d = 1d。由于 A 和 E 已达最短持续时间，不能被压缩，可假定它们的优选系数为无穷大。

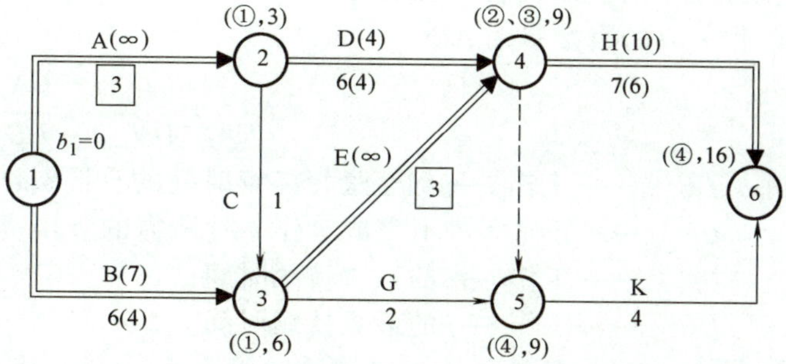

图 13-37　第二次压缩后的网络计划

(6) 由于计算工期仍大于要求工期，故需继续压缩。

前述的五个压缩方案中前三个方案的优选系数都已变为无穷大，现还有两个方案：

① 压缩 B、D，优选系数为 7+4=11。

② 压缩 H，优选系数为 10。

采取压缩 H 的方案，将 H 压缩 1d，持续时间变为 6d。得出计算工期 T_C = 15d，等于要求工期，已满足了优化目标要求。优化方案如图 13-38 所示。

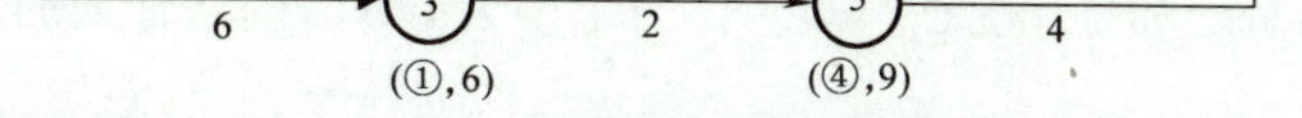

图 13-38　优化后的网络计划

上述网络计划的工期优化方法是一种技术手段，是在逻辑关系一定的情况下压缩工期的一种有效方法，但绝不是唯一的方法。事实上，在一些较大的工程项目中，调整好各专业之间及各工序之间的搭接关系、组织立体交叉作业和平行作业、适当调整网络计划中的逻辑关系，对缩短工期有着更重要的意义。

13.5.2　费用优化

在一定范围内，工程的施工费用随着工期的变化而变化，在工期与费用之间存在着最优解的平衡点。费用优化就是寻求最低费用时的最优工期及其相应进度计划，或按要求工期寻求最低费用及其相应进度计划的过程。因此，费用优化又称工期-费用优化。

1. 工期与费用的关系

工程的费用包括工程直接费和间接费两部分。在一定时间范围内，工程直接费随着工期的增加而减少，而间接费则随着工期的增加而增大，它们与工期的关系曲线如图 13-39 所示。工程的总费用曲线是将不同工期的直接费和间接费叠加而成，其最低点就是费用优化所寻求的目标。该点所对应的工期，就是网络计划总费用最低时的最优工期。

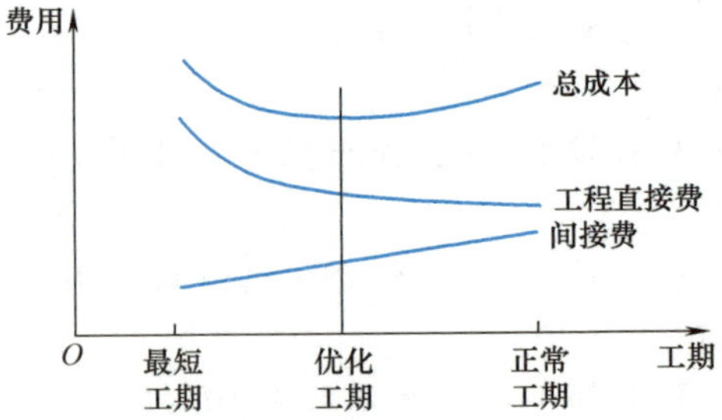

图 13-39 工期-费用关系曲线

就某一项工作而言，根据工作的性质不同，其直接费和持续时间之间的关系，通常有连续型变化和非连续型变化两种。

① 当费用与持续时间关系曲线呈连续型变化时，可近似用直线代替（见图 13-40），以方便地求出直接费费用增加率（简称直接费率）。如工作 $i—j$ 的直接费率 ΔC_{i-j}

$$\Delta C_{i-j}=\frac{CC_{i-j}-CN_{i-j}}{DN_{i-j}-DC_{i-j}} \tag{13-29}$$

式中 CC_{i-j}——工作 $i—j$ 缩至最短持续时间的直接费；

CN_{i-j}——正常条件下完成工作 $i—j$ 所需的直接费；

DN_{i-j}——工作 $i—j$ 的正常持续时间；

DC_{i-j}——工作 $i—j$ 的最短持续时间。

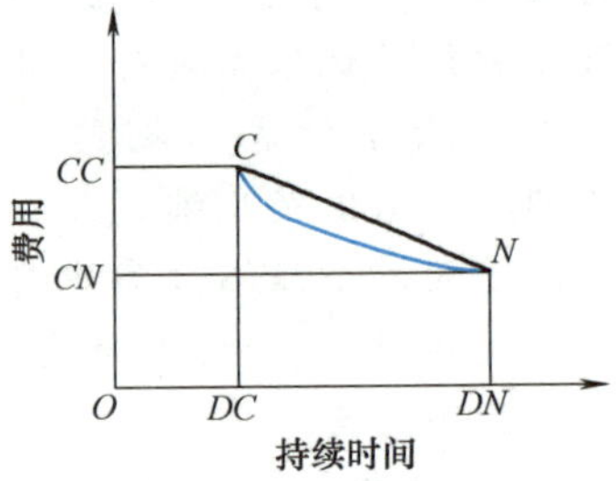

图 13-40 直接费率的计算取值

【例 13-8】 某工作的正常持续时间为 6d，所需直接费为 2000 元，在增加人员、机具及进行加班的情况下，其最短时间 4d，而直接费为 2400 元，则直接费率为

$$\Delta C_{i-j}=\frac{(2400-2000)\text{元}}{(6-4)\text{d}}=200\ \text{元/d}$$

② 有些工作的直接费与持续时间是根据不同施工方案分别估算的，找不到变化关系曲线，所以不能用数学公式计算，只能在几个方案中进行选择。

2. 费用优化的方法与步骤

费用优化的方法是，从网络计划的各工作持续时间和费用关系中，依次找出既能使计划工期缩短又能使得其费用增加最少的工作，不断地缩短其持续时间，同时考虑间接费叠加，即可求出工程费用最低时的相应最优工期或工期指定时相应的最低工程费用。费用优化的步骤如下：

1）计算初始网络计划的工程总直接费和总费用。网络计划的工程总直接费等于各工作的直接费之和，用 $\sum C_{i-j}$ 表示。当工期为 t 时，网络计划的总费用 C_t 为

$$C_t=\sum C_{i-j}+\Delta a t \tag{13-30}$$

式中 Δa——工程间接费率，即工期每缩短或延长一个单位时间所需减少或增加的费用。

2）计算各项工作的直接费率。

3）找出网络计划中的关键线路并求出计算工期。

4）逐步压缩工期，寻求最优方案。当只有一条关键线路时，将直接费率最小的一项工作压缩至最短持续时间，并找出关键线路。当有多条关键线路时，就需压缩一项或多项直接费率或组合直接费率最小的工作，并将其中正常持续时间与最短持续时间的差值最小的为幅度进行压缩，并找出关键线路。若被压缩工作变成了非关键工作，则应减少对它的压缩时间，

使之仍为关键工作。但关键工作可以被动地（即未经压缩）变成非关键工作，关键线路也可以因此而变成非关键线路。

在确定了压缩方案以后，必须将被压缩工作的直接费率或组合直接费率值与间接费率进行比较，如等于间接费率，则已得到优化方案；如小于间接费率，则需继续压缩；如大于间接费率，则在此之前的小于间接费率的方案即为优化方案。

5）绘出优化后的网络计划。绘图后，在箭线上方注明直接费，箭线下方注明优化后的持续时间。

6）计算优化后网络计划的总费用。

【例 13-9】 已知网络计划如图 13-41 所示，图中箭线下方或右侧括号外数字为正常持续时间，括号内为最短持续时间；箭线上方或左侧括号外数字为正常直接费，括号内为最短时间直接费。间接费率为 0.7 万元/d，试对其进行费用优化。

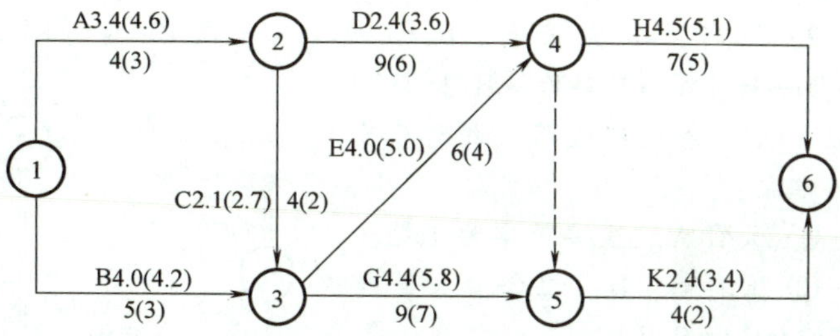

图 13-41 例 13-9 的网络计划

注：费用单位：万元；时间单位：d。

解：

（1）用标号法找出网络计划中的关键线路并求出计算工期

如图 13-42 所示，关键线路为 A→C→E→H 和 A→C→G→K，计算工期为 21d。

（2）计算工程总直接费和总费用

工程总直接费

$C_{i-j}=(3.4+4.0+2.1+2.4+4.0+4.4+4.5+2.4)$ 万元 $=27.2$ 万元

工程总费用

$C_{i-j}=\sum C_{i-j}+\Delta at=$
$(27.2+0.7\times21)$ 万元 $=41.9$ 万元

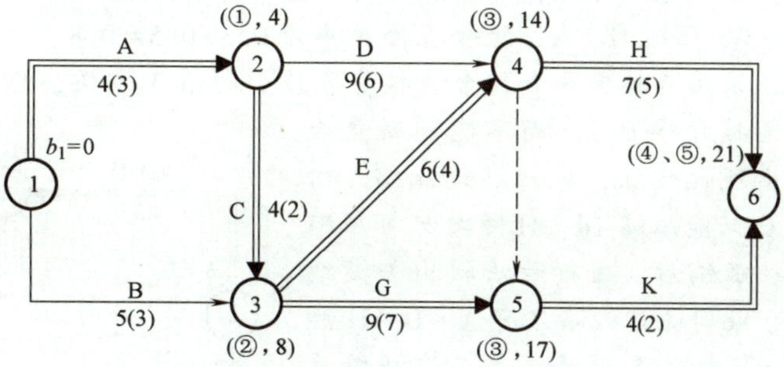

图 13-42 网络计划的工期和关键线路

（3）计算各项工作的直接费率

$$\Delta C_{1-2}=\frac{CC_{1-2}-CN_{1-2}}{DN_{1-2}-DC_{1-2}}=\frac{4.6-3.4}{4-3}$$

万元/d = 1.2 万元/d；$\Delta C_{1-3}=\frac{4.2-4.0}{5-3}$ 万元/d = 0.1 万元/d；……；依此类推，将计算结果标于水平箭线上方或竖向箭线左侧括号内，如图 13-43 所示。

（4）逐步压缩工期，寻求最优方案

1）进行第一次压缩。有两条关键线路 A→C→E→H 和 A→C→G→K，直接费率最低的关键工作为 C，其直接费率为 0.3 万元/d（以下简写为 0.3），小于间接费率 0.7 万元/d（以下简写为 0.7）。尚不能

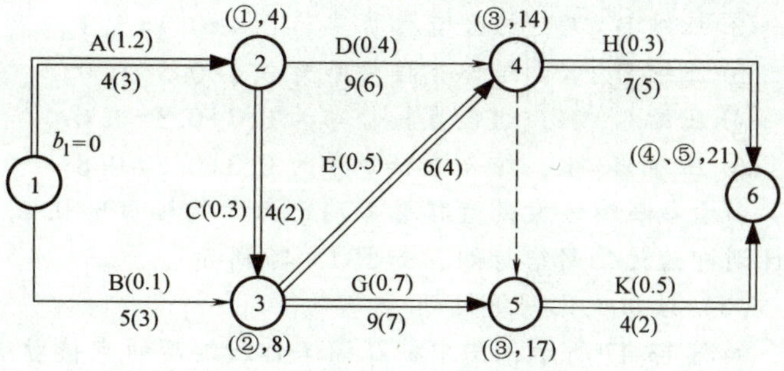

图 13-43 初始网络计划

判断是否已出现优化点，故需将其压缩。现将 C 压至最短持续时间 2，找出关键线路，如图 13-44 所示。

由于 C 被压缩成了非关键工作，故需将其松弛，使之仍为关键工作，不影响已形成的关键线路 A→C→E→H 和 A→C→G→K。第一次压缩后的网络计划如图 13-45 所示。

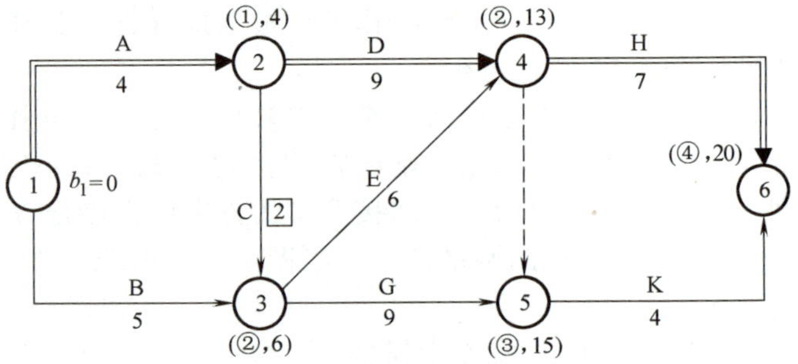

图 13-44　将 C 压至最短持续时间 2 时的网络计划

2）进行第二次压缩。现已有 A→D→H、A→C→E→H 和 A→C→G→K 三条关键线路。共有 7 个压缩方案：

① 压缩 A，直接费率为 1.2。

② 压缩 C、D，组合直接费率为 0.3+0.4=0.7。

③ 压缩 C、H，组合直接费率为 0.3+0.3=0.6。

④ 压缩 D、E、G，组合直接费率为 0.4+0.5+0.7=1.6。

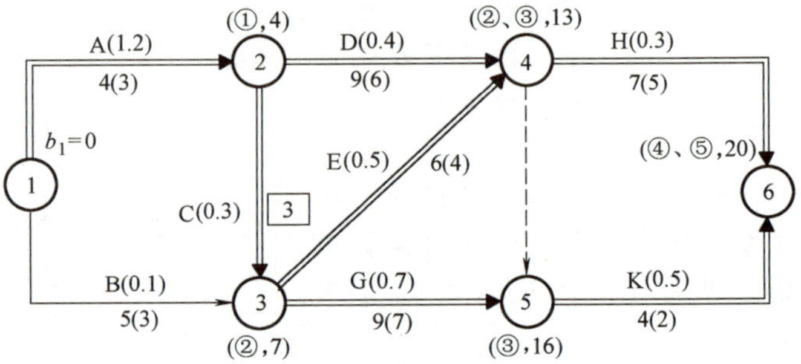

图 13-45　第一次压缩后的网络计划

⑤ 压缩 D、E、K，组合直接费率为 0.4+0.5+0.5=1.4。

⑥ 压缩 G、H，组合直接费率为 0.7+0.3=1.0。

⑦ 压缩 H、K，组合直接费率为 0.3+0.5=0.8。

采用直接费率和组合直接费率最小的第 3 方案，即压缩 C、H，组合直接费率为 0.6，小于间接费率 0.7，尚不能判断是否已出现优化点，故应继续压缩。由于 C 只能压缩 1d，H 随之只可压缩 1d。压缩后，用标号法找出关键线路，此时关键线路只有 A→D→H 和 A→C→G→K 两条。第二次压缩后的网络计划如图 13-46 所示。

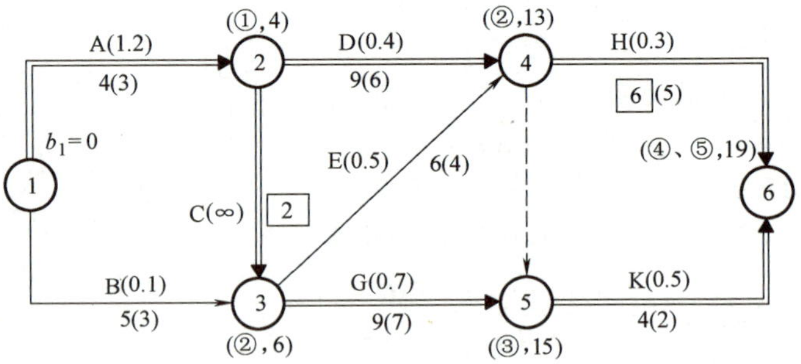

图 13-46　第二次压缩后的网络计划

3）进行第三次压缩。如图 13-46 所示，由于 C 的费率已变为无穷大，故只有 5 个压缩方案：

① 压缩 A，直接费率为 1.2。

② 压缩 D、G，组合直接费率为 0.4+0.7=1.1。

③ 压缩 D、K，组合直接费率为 0.4+0.5=0.9。

④ 压缩 G、H，组合直接费率为 0.7+0.3=1.0。

⑤ 压缩 H、K，组合直接费率为 0.3+0.5=0.8。

由于各压缩方案的直接费率均已大于间接费率 0.7，不需再行压缩。而第二次压缩后的网络计划即为优化网络计划，如图 13-46 所示。

（5）绘出优化网络计划

如图 13-47 所示，图中被压缩工作压缩后的直接费确定如下：

1）工作 C 已压至最短持续时间，直接费为 2.7 万元。

2）工作 H 压缩 1d，直接费为 4.5 万元+0.3×1 万元=4.8 万元

（6）计算优化后的总费用

$C_{i-j}=\sum C_{i-j}+\Delta at=(3.4+4.0+2.7+2.4+4.0+4.4+4.8+2.4)$ 万元$+0.7\times19$ 万元$=28.1$ 万元$+13.3$ 万元$=41.4$ 万元

总费用较优化前减少了 41.9 万元−41.4 万元=0.5 万元。

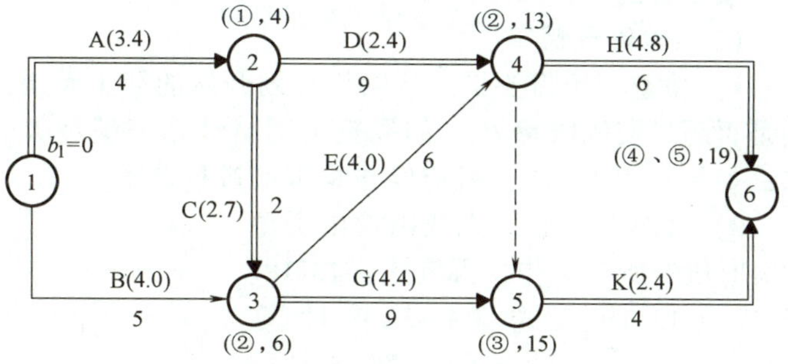

图 13-47 优化后的网络计划

13.5.3 资源优化

资源是为完成施工任务所需的人力、材料、机械设备和资金等的统称。完成一项工程任务所需的资源量基本上是不变的，不可能通过资源优化将其减少。资源优化是通过改变工作的开始时间，使资源按时间的分布符合优化目标，包括在资源有限时如何使工期最短，当工期一定时如何使资源均衡。

资源优化宜在时标网络计划上进行，本处只介绍各项工作均不切分的优化方法。

1. “资源有限-工期最短”的优化

该优化是通过调整计划安排，以满足资源限制条件，并使工期增加最少的过程。

（1）优化的方法

1）若所缺资源仅为某一项工作使用，则只需根据现有资源重新计算该工作持续时间，再重新计算网络计划的时间参数，即可得到调整后的工期。如果该项工作延长的时间在其时差范围内时，则总工期不会改变；如果该项工作为关键工作，则总工期将顺延。

2）若所缺资源为同时施工的多项工作使用，则必须后移某些工作，但应使工期延长最短。调整的方法是将该处的一些工作移到另一些工作之后，以减少该处的资源需用量。如该处有两个工作 $m—n$ 和 $i—j$，则有 $i—j$ 移到 $m—n$ 之后或 $m—n$ 移到 $i—j$ 之后两个调整方案，如图 13-48 所示。

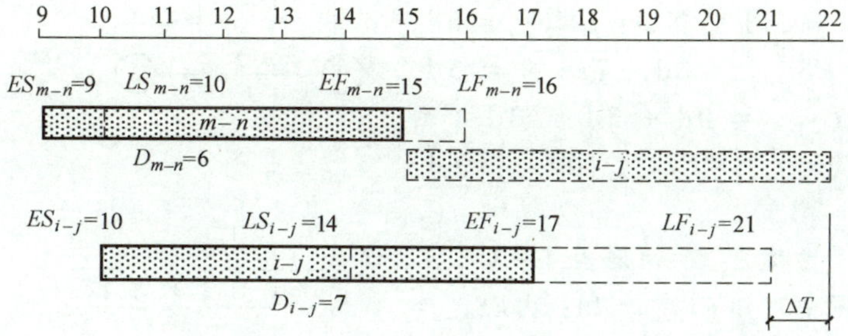

图 13-48 工作 $i—j$ 调整对工期的影响

将 $i—j$ 移至 $m—n$ 之后时，工期延长值

$$\Delta T_{m-n,i-j}=EF_{m-n}+D_{i-j}-LF_{i-j}=EF_{m-n}-(LF_{i-j}-D_{i-j})=EF_{m-n}-LS_{i-j} \tag{13-31}$$

当工期延长值 $\Delta T_{m-n,i-j}$ 为负值或 0 时，对工期无影响；为正值时，工期将延长。故应取 ΔT 最小的调整方案，即要将 LS 值最大的工作排在 EF 值最小的工作之后。例如，本例中：

方案 1：将 $i—j$ 排在 $m—n$ 之后，则 $\Delta T_{m-n,i-j}=EF_{m-n}-LS_{i-j}=15\text{d}-14\text{d}=1\text{d}$。

方案 2：将 $m—n$ 排在 $i—j$ 之后，则 $\Delta T_{i-j,m-n}=EF_{i-j}-LS_{m-n}=17\text{d}-10\text{d}=7\text{d}$。应选方案 1。

当 min ｛EF｝ 和 max ｛LS｝ 属于同一工作时，则应找出 EF_{m-n} 的次小值及 LS_{i-j} 的次大值代替，而组成两种方案，即

$$\Delta T_{m-n,i-j}=(\text{次小 } EF_{m-n})-\max\{LS_{i-j}\} \tag{13-32}$$

$$\Delta T_{m-n,i-j}=\min\{EF_{m-n}\}-(\text{次大 } LS_{i-j}) \tag{13-33}$$

取小者的调整顺序。

（2）优化步骤

1）检查资源需要量。从网络计划开始的第 1 天起，从左至右计算资源需用量 R_t，并检查其是否超过资源限量 R_a。如果整个网络计划都满足 $R_t<R_a$，则该网络计划就已经达到优化要求；如果发现 $R_t>R_a$，就应停止检查而进行调整。

2）计算和调整。先找出发生资源冲突时段的所有工作，再按式（13-31）或式（13-32）、式（13-33）计算 $\Delta T_{m-n,i-j}$，确定调整的方案并进行调整。

3）重复以上步骤，直至出现优化方案为止。

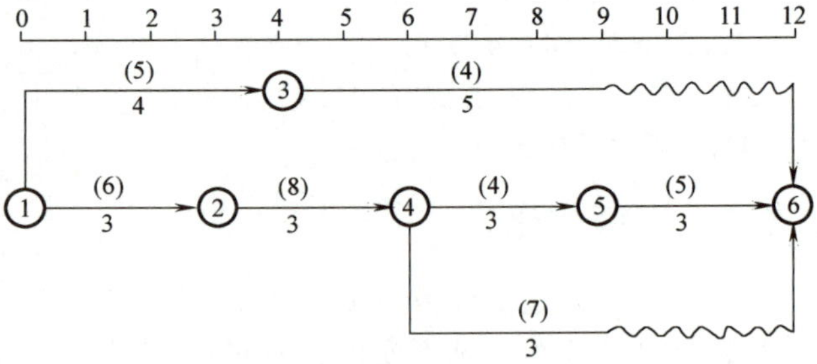

图 13-49 某工程网络计划

【例 13-10】 已知网络计划如图 13-49 所示。图中箭线上方为资源强度，箭线下方为持续时间，若资源限量 $R_a=12$，试对其进行资源有限-工期最短的优化。

解：

（1）计算资源需要量

如图 13-50 所示，计算至第 4d 时，$R_4=13>R_a=12$，故需进行调整。

（2）选择方案与调整

冲突时段的工作有 1—3 和 2—4，调整方案为

方案 1：1—3 移至 2—4 之后。从图中可知 $EF_{2-4}=6\text{d}$；由 $ES_{1-3}=0\text{d}$，$TF_{1-3}=3\text{d}$，得 $LS_{1-3}=0\text{d}+3\text{d}=3\text{d}$，则 $\Delta T_{2-4,1-3}=EF_{2-4}-LS_{1-3}=6\text{d}-3\text{d}=3\text{d}$。

方案 2：2—4 移至 1—3 之后。从图中可知 $EF_{1-3}=4\text{d}$；由 $ES_{2-4}=3\text{d}$，$TF_{2-4}=0\text{d}$，得 $LS_{2-4}=3\text{d}+0\text{d}=3\text{d}$，则 $\Delta T_{1-3,2-4}=EF_{1-3}-LS_{2-4}=4\text{d}-3\text{d}=1\text{d}$。

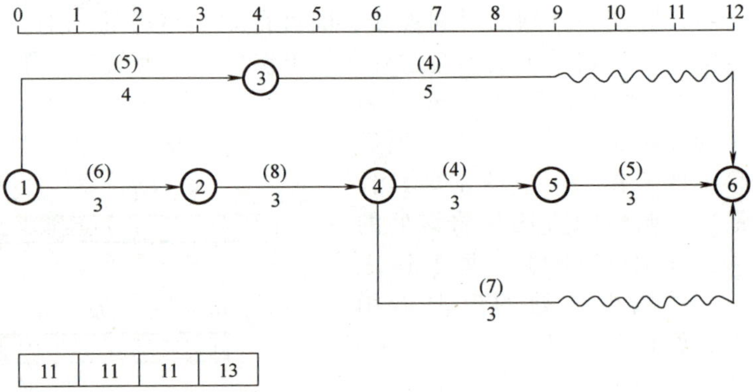

图 13-50 计算资源需要量，直至多于资源限量时

决定采用工期增量较小的第 2 方案，绘出其网络计划如图 13-51 所示。

（3）再计算资源需要量

如图 13-51 所示，计算至第 8 天，$R_8=15>R_a=12$，故需进行第二次调整。

（4）进行第二次调整

发生资源冲突时段的工作有 3—6、4—5 和 4—6 三项。计算调整所需参数，见表 13-4。

表 13-4 冲突时段计算调整参数

工作代号	最早完成时间 EF_{i-j}	最迟开始时间 $LS_{i-j}=ES_{i-j}+TF_{i-j}$
3—6	9	8
4—5	10	7
4—6	11	10

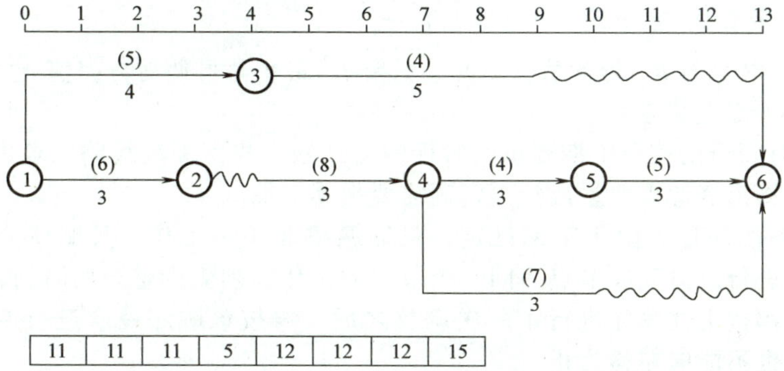

图 13-51 采用第 2 方案绘出的网络计划

从表中可看出，最早完成时间的最小值为 9d，属 3—6 工作；最迟开始时间的最大值为 10d，属 4—6 工作。因此，最佳方案是将 4—6 移至 3—6 之后，其工期增量将最小，即：$\Delta T_{3-6,4-6}=9\text{d}-10\text{d}=-1\text{d}$。工期增量为负值，意味着工期不会增加。调整后的优化网络计划如图 13-52 所示。

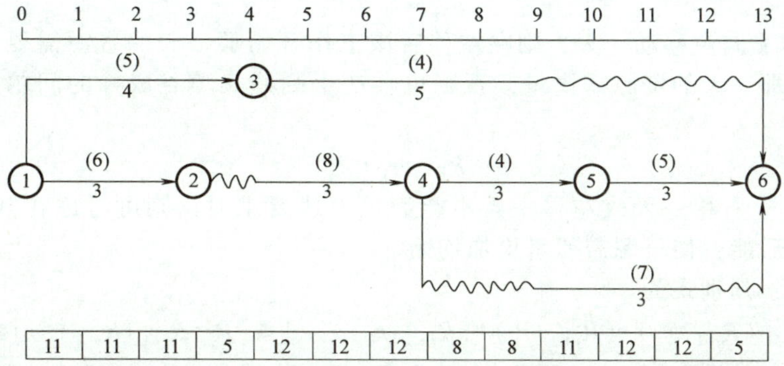

图 13-52 经第二次调整得到优化网络计划

(5) 再次计算资源需要量

如图 13-52 所示，自始至终资源的需要量均小于资源限量，已达到优化要求。

2. “工期固定-资源均衡”的优化

该优化是通过调整计划安排，在工期不变的条件下，使资源需要量尽可能均衡的过程。资源均衡可以有效地缓解供应矛盾、减少临时设施的规模，从而有利于工程组织管理，并可降低工程费用。常用优化方法有削高峰法和方差值最小法，在此只介绍方差值最小法。

(1) 方差值（σ^2）最小法的基本原理　方差值是指每天计划需要量 R_t 与每天平均需要量 R_m 之差的平方和的平均值，即

$$\sigma^2=\frac{1}{T}\sum_{t=1}^{T}[R_t-R_\text{m}]^2 \tag{13-34}$$

为使计算简便，将式（13-34）展开并作如下变换

$$\sigma^2=\frac{1}{T}\sum_{t=1}^{T}[R_t^2-2R_tR_\text{m}+R_\text{m}^2]=\frac{1}{T}\sum_{t=1}^{T}R_t^2-2\frac{1}{T}\sum_{t=1}^{T}R_tR_\text{m}+R_\text{m}^2$$

而 $\frac{1}{T}\sum_{t=1}^{T}R_t=R_\text{m}$，代入上式，得

$$\sigma^2 = \frac{1}{T}\sum_{t=1}^{T} R_t^2 - R_m^2 \tag{13-35}$$

式（13-35）中 T 与 R_m 为常数，因此，只要 R_t^2 最小就可使得方差值 σ^2 最小。

（2）优化的步骤与方法

1）按最早时间绘出符合工期要求的时标网络计划，找出关键线路，求出各非关键工作的总时差，逐日计算出资源需要量或绘出资源需要量动态曲线。

2）优化调整的顺序。由于工期已定，只能调整非关键工作。其顺序为：自终点节点开始，逆箭线逐个进行。对完成节点为同一个节点的工作，须先调整开始时间较迟者。

在所有工作都按上述顺序进行了一次调整之后，再按该顺序逐次进行调整，直至所有工作既不能向右移也不能向左移为止。

3）工作可移性的判断。由于工期已定，故关键工作不能移动。非关键工作能否移动，主要看是否能削峰填谷或降低方差值。判断方法如下：

① 若将工作 k 向右移动一天，则在移动后该工作完成的那一天的资源需要量应等于或小于右移前工作开始那一天的资源需要量。也就是说不得出现削了高峰后，又填出新的高峰。若用 r_k 表示 k 工作的资源强度，i、j 分别表示工作移动前开始和完成的那一天，则应满足下式要求

$$R_{j+1}+r_k \leqslant R_i \tag{13-36}$$

② 若将工作 k 向左移动一天，则在左移后该工作开始那一天的资源需要量应等于或小于左移前工作完成那一天的资源需要量，否则也会产生削峰又填谷成峰的问题。即应符合下式要求

$$R_{i-1}+r_k \leqslant R_j \tag{13-37}$$

③ 若将工作 k 右移一天或左移一天不能满足上述要求时，则可考虑在其总时差范围内，右移或左移数天后能否使资源需要量更加均衡。

向右移动时，判别式为

$$[(R_{j+1}+r_k)+(R_{j+2}+r_k)+(R_{j+3}+r_k)+\cdots] \leqslant [R_i+R_{i+1}+R_{i+2}+\cdots] \tag{13-38}$$

向左移动时，判别式为

$$[(R_{i-1}+r_k)+(R_{i-2}+r_k)+(R_{i-3}+r_k)+\cdots] \leqslant [R_j+R_{j-1}+R_{j-2}+\cdots] \tag{13-39}$$

【例 13-11】 已知网络计划如图 13-53 所示。箭线上方数字为该工作每日资源需要量，箭线下方数字为持续时间。试对其进行工期固定-资源均衡的优化。

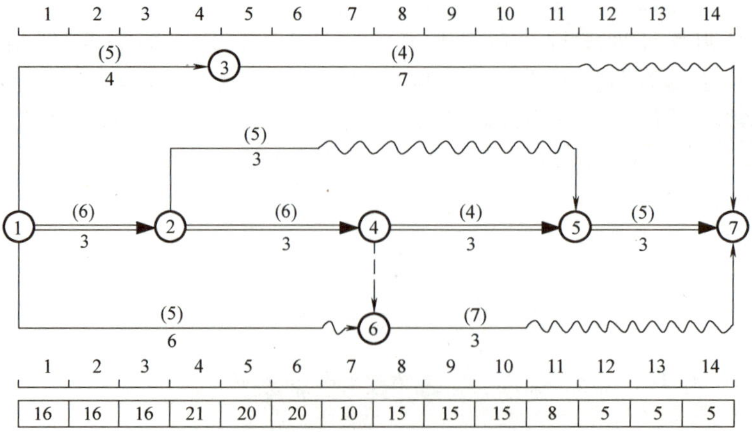

图 13-53 某工程初始网络计划

解：

1）未调整时的资源需要量方差值为

$$\sigma^2 = \frac{1}{T}\sum_{t=1}^{T} R_t^2 - R_m^2$$

式中

$$R_m = (16\times3+21\times1+20\times2+10\times1+15\times3+8\times1+5\times3)\div14 = 13.36$$

$$\sigma^2 = (16^2\times3+21^2\times1+20^2\times2+10^2\times1+15^2\times3+8^2\times1+5^2\times3)\div14-13.362 = 30.3$$

2）向右移动工作6—7，按式（13-36）判断如下

$R_{11}+r_{6-7} = 8+7 = 15 = R_8 = 15$ （可右移1d）

$R_{12}+r_{6-7} = 5+7 = 12 < R_9 = 15$ （可再右移1d）

$R_{13}+r_{6-7} = 5+7 = 12 < R_{10} = 15$ （可再右移1d）

此时，已将6—7移至其原有位置之后，能否再移动需待列出调整表后进行判断，见表13-5。

表13-5 移动工作6—7后的资源调整表

时间	1	2	3	4	5	6	7	8	9	10	11	12	13	14
原资源量	16	16	16	21	20	20	10	15	15	15	8	5	5	5
调整量								−7	−7	−7	+7	+7	+7	
现资源量	16	16	16	21	20	20	10	8	8	8	15	12	12	5

从表13-6可看出，工作6—7还可向右移动，即

$R_{14}+r_{6-7} = 5+7 = 12 < R_{11} = 15$ （可右移1d）

至此工作6—7已移到网络计划的最后，不能再移。移动后的资源需要量变化情况见表13-6。

表13-6 再移动工作6—7后的资源调整表

时　间	1	2	3	4	5	6	7	8	9	10	11	12	13	14
原资源量	16	16	16	21	20	20	10	8	8	8	15	12	12	5
调整量											−7			+7
现资源量	16	16	16	21	20	20	10	8	8	8	8	12	12	12

3）向右移动工作3—7。

$R_{12}+r_{3-7} = 12+4 = 16 < R_5 = 20$ （可右移1d）

$R_{13}+r_{3-7} = 12+4 = 16 < R_6 = 20$ （可再右移1d）

$R_{14}+r_{3-7} = 12+4 = 16 > R_7 = 10$ （不能右移）

此时资源需要量变化情况见表13-7。

表13-7 移动工作3—7后的资源调整表

时间	1	2	3	4	5	6	7	8	9	10	11	12	13	14
原资源量	16	16	16	21	20	20	10	8	8	8	8	12	12	12
调整量					−4	−4						+4	+4	
现资源量	16	16	16	21	16	16	10	8	8	8	8	16	16	12

4）向右移动工作2—5。

$R_7+r_{2-5} = 10+5 = 15 < R_4 = 21$ （可右移1d）

$R_8+r_{2-5} = 8+5 = 13 < R_5 = 16$ （可再右移1d）

$R_9+r_{2-5} = 8+5 = 13 < R_6 = 16$ （可再右移1d）

此时，已将2—5移至其原有位置之后，能否再移动需待列出调整表后进行判断，

见表 13-8。

表 13-8 移动工作 2—5 后的资源调整表

时间	1	2	3	4	5	6	7	8	9	10	11	12	13	14
原资源量	16	16	16	21	16	16	10	8	8	8	8	16	16	12
调整量				−5	−5	−5	+5	+5	+5					
现资源量	16	16	16	16	11	11	15	13	13	8	8	16	16	12

从表 13-8 可看出，工作 2—5 还可向右移动，即

$$R_{10}+r_{2-5}=8+5=13<R_7=15 \quad \text{（可右移 1d）}$$

$$R_{11}+r_{2-5}=8+5=13=R_8=13 \quad \text{（可再右移 1d）}$$

从图 13-54 中可以看出，工作 2—5 已无时差，不能再向右移动。此时资源需要量变化情况见表 13-9。

表 13-9 再移动工作 2—5 后的资源调整表

时间	1	2	3	4	5	6	7	8	9	10	11	12	13	14
原资源量	16	16	16	16	11	11	15	13	13	8	8	16	16	12
调整量							−5	−5		+5	+5			
现资源量	16	16	16	16	11	11	10	8	13	13	13	16	16	12

为了明确看出其他工作能否右移，绘出经以上调整后的网络计划，如图 13-54 所示。

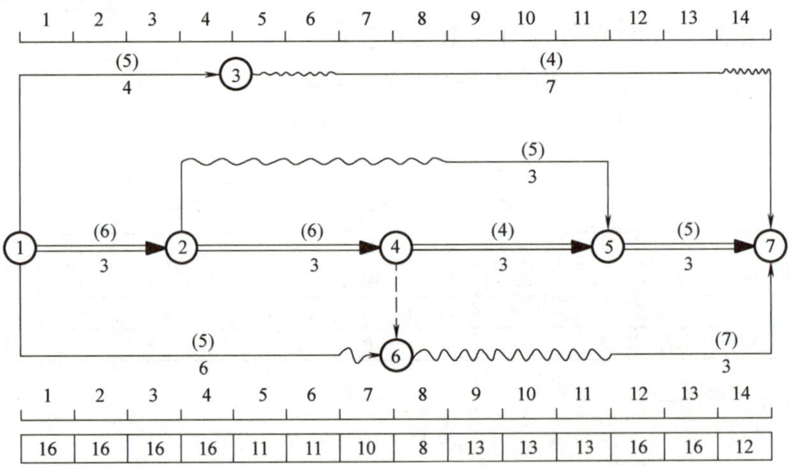

图 13-54 右移 6—7、3—7、2—5 后的网络计划

5）向右移动工作 1—6。

$$R_7+r_{1-6}=10+5=15<R_1=16 \quad \text{（可右移 1d）}$$

$$R_8+r_{1-6}=8+5=13<R_2=16 \quad \text{（可再右移 1d）}$$

$$R_9+r_{1-6}=13+5=18>R_3=16 \quad \text{（不能右移）}$$

此时资源需要量变化情况见表 13-10。

表 13-10 移动工作 1—6 后的资源调整表

时间	1	2	3	4	5	6	7	8	9	10	11	12	13	14
原资源量	16	16	16	16	11	11	10	8	13	13	13	16	16	12
调整量	−5	−5					+5	+5						
现资源量	11	11	16	16	11	11	15	13	13	13	13	16	16	12

6）可明显看出，工作1—3不能向右移动。至此，第一次向右移动已经完成，其网络计划如图13-55所示。

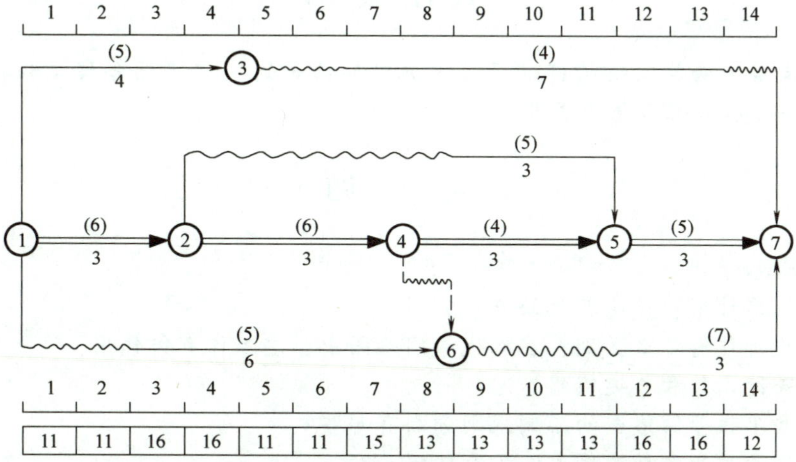

图 13-55 第一次向右移动完成后的网络计划

7）由图13-55可看出，工作3—7可以向左移动，故进行第二次移动，按式（13-37）判断如下

$$R_6+r_{3-7}=11+4=15<R_{13}=16 \qquad \text{（可左移 1d）}$$

$$R_5+r_{3-7}=11+4=15<R_{12}=16 \qquad \text{（可再左移 1d）}$$

至此，工作3—7已移到最早开始时间，不能再移动。

其他工作向左移或向右移均不能满足式（13-37）或式（13-36）的要求。至此已完成该网络计划的优化。优化后的网络计划如图13-56所示。

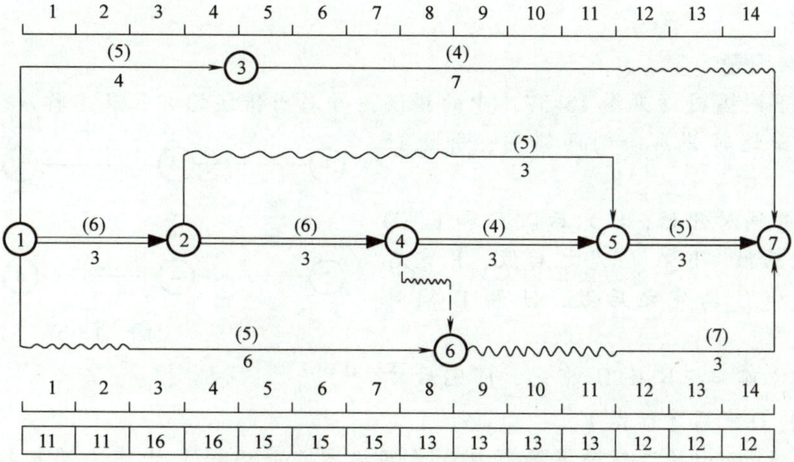

图 13-56 优化后的网络计划

8）计算优化后方差值。

$$\sigma^2=\frac{1}{14}(11^2\times2+16^2\times2+15^2\times3+13^2\times4+12^2\times3)-13.36^2=2.72$$

与初始网络计划比较，方差值降低了$\dfrac{30.30-2.72}{30.30}\times100\%=91.02\%$。可见，经优化调整后，

资源均衡性有了较大幅度的好转。

工程案例

本章“现浇剪力墙住宅结构标准层流水施工网络计划”“某综合楼工程控制网络计划”等工程案例，详见本书配套电子资源。

习　题

一、问答题

1. 什么是网络计划？试述其优缺点。
2. 工作和虚工作有什么区别？在双代号网络图中，虚工作有何作用？
3. 什么是关键工作和关键线路？
4. 双代号和单代号网络图的绘制规则分别有哪些？
5. 网络计划的时间参数有哪些？各有何意义？
6. 双代号与单代号网络计划的时间参数及计算顺序有何不同？
7. 如何判定双代号时标网络计划的关键线路、工期及各工作的时间参数？
8. 归纳各种网络计划寻找关键线路的方法。
9. 网络计划的优化包括哪几个方面？
10. 试述网络计划的工期优化包括哪几个步骤。
11. 当网络计划的计算工期超过规定工期时，应压缩哪些工作？
12. 在费用优化时，如何判断是否已经得到优化方案？
13. 怎样计算“资源有限-工期最短”优化中的工期增量？
14. 在进行“资源有限–工期最短”优化时，当工期增量小于“0”时，工期能否缩短。为什么？

二、计算绘图题

1. 找出如下网络图（见图 13-57）中的错误，并写出错误的部位及名称。

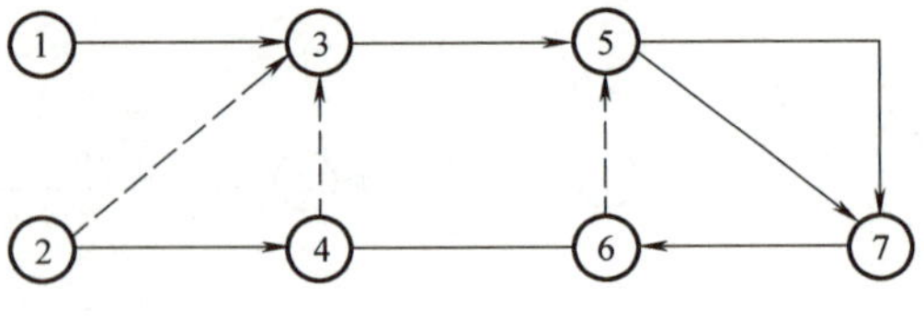

图　13-57

2. 根据如下逻辑关系绘制网络图，并进行节点编号。

（1）A 和 B 同时开始，B 完后做 C 和 F，D 和 E 在 A 完之后做，E 在 C 完之后做，F 完后做 G，H 在 E 和 G 均完之后做，H 和 D 同时结束。

（2）A 在 C 前完，B 在 D 前完，E 完后才做 A 和 B，C 和 D 完后才能做 F。

3. 按表 13-11 给出的逻辑关系绘制双代号网络图，并用图上计算法计算各工作的时间参数，找出关键线路（用双箭线标出），说明计算工期。

表　13-11

工作名称	A	B	C	D	E	F	G	H
持续时间	2	3	3	3	2	4	3	1
紧前工作	—	—	A、B	A	C、D	D	D	A、E、F

4. 用图上计算法计算图 13-58 中各工作的时间参数，并求出工期，找出关键线路。

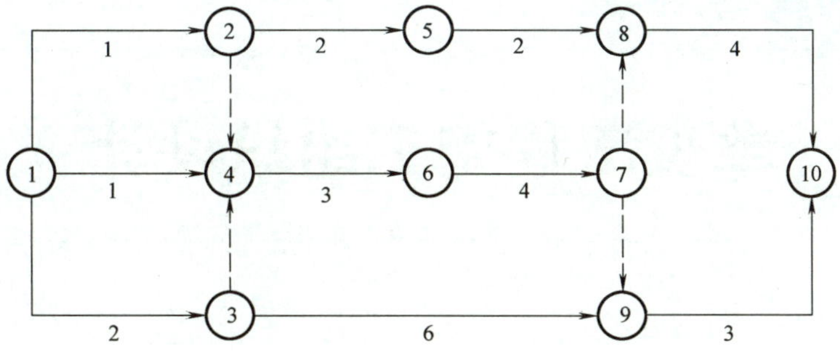

图 13-58

5. 根据表 13-12 给出的条件，绘制一个双代号网络图。并用节点标号法求出工期、找出关键线路。

表 13-12

工序名称	A	B	C	D	E	F	G	H
持续时间	4	6	3	3	2	5	4	3
紧前工作	—	—	A	A、B	C	C、D	B	E、G

6. 根据表 13-12 中所给条件绘制单代号网络图。并计算时间参数，找出关键线路。

7. 某框架结构采用无梁楼盖，分两段流水施工，其施工过程及节拍为：绑扎柱子钢筋 2d，支柱子模板 2d，浇柱子混凝土 1d，支楼板模板 2d，绑扎楼板钢筋 3d，浇楼板混凝土 1d。试编制其时标网络计划。

第14章

单位工程施工组织设计

学习目标

了解工程概况编制的要求和内容；熟悉单位工程施工组织设计的内容及施工部署的内容；掌握确定施工展开程序、施工顺序、流向的原则；掌握选择施工方法和机械的内容和要求；掌握施工进度计划编制及现场布置的步骤、原则和方法；了解资源计划编制的目的、方法；能编制简单工程的施工组织设计。

单位工程施工组织设计是以一个单位工程为编制对象，用以指导拟建工程实施全过程中的生产技术、经济活动，以及控制质量、进度、安全等各项目标的综合性管理文件。它是在工程中标、签订承包合同后，由项目经理组织，在项目技术负责人领导下进行编制，是施工前的一项重要准备工作。

14.1 概述

14.1.1 作用与任务

单位工程施工组织设计是对施工过程和施工活动进行全面规划和安排，据以确定各分部分项工程开展的顺序及工期、主要分部分项工程的施工方法、施工进度计划、各种资源的供需计划、施工准备工作及施工现场的布置。因而，它对落实施工准备，保证施工有组织、有计划、有秩序地进行，实现质量好、工期短、费用低和安全、高效、绿色环保的良好效果有着重要作用。其任务主要有以下几个方面：

1）贯彻施工组织总设计对该工程的规划精神以及施工合同的要求。

2）拟定施工部署、选择确定合理的施工方法和机械，落实建设意图。

3）编制施工进度计划，确定合理的搭接配合关系，保证工期目标的实现。

4）确定各种物资、劳动力、机械的配置计划，为施工准备、调度安排及布置现场提供依据。

5）合理布置施工场地，充分利用空间，减少运输和暂设费用，保证施工顺利、安全地进行。

6）制订实现质量、进度、成本和安全目标的具体计划，为施工项目管理提出技术和组织方面的指导性意见。

14.1.2 编制内容

由于工程对象在工程性质、结构及规模，施工的地点、时间与条件，施工管理的形式与水平等方面存在较大差异，单位工程施工组织设计的内容及深度广度也有所不同，但一般应包括以下内容：

1）编制依据。编制依据主要包括：施工合同，设计文件，相关的法律、法规、规范、规程，当地技术经济条件等。

2）工程概况。工程概况主要包括：工程基本情况，各专业设计简介，施工条件及工程特点分析等内容。

3）施工部署。施工部署主要包括：确定管理目标、项目组织机构及岗位职责、施工展开程序以及划分流水段，确定施工流向及施工顺序。

4）施工方案。选择主要分部分项工程的施工方法和施工机械等。

5）施工进度计划。施工进度计划主要包括：划分施工项目，计算工程量、劳动量和机械台班量，确定各施工项目的持续时间和流水节拍，绘制进度计划图表等内容。

6）施工准备与资源配置计划。施工准备主要包括：技术、现场和资金的准备。资源配置计划主要包括：劳动力、物资等的配置计划。

7）施工现场平面布置。施工现场平面布置主要包括：确定起重运输机械的位置，布置运输道路，布置搅拌站、加工棚、仓库及材料、构件堆场，布置临时设施和水电管线等内容。

8）主要管理计划。主要管理计划主要包括：保证工期、质量、安全、成本目标以及环境保护、文明施工等的措施与计划。

以上各项内容中，施工部署、施工方案、进度计划和施工平面图分别突出了施工中的组织、技术、时间和空间四大要素，是施工组织设计的最主要内容，应重点研究和筹划。

14.1.3　编制原则

单位工程施工组织设计的编制必须遵循工程建设程序，并应符合下列原则：

1）符合施工合同中有关工程进度、质量、安全、环境保护、造价等方面的要求。

2）积极开发、使用新技术和新工艺，推广应用新材料和新设备。

3）坚持科学的施工展开程序和合理的施工顺序，采用流水施工和网络计划等方法，科学配置资源，合理布置现场，实现均衡施工，达到合理的经济技术指标。

4）采取技术和管理措施，推广建筑节能和绿色施工。

5）与质量、环境和职业健康安全三个管理体系有效结合。

14.1.4　编制程序

单位工程施工组织设计应在调查研究，明确工程特点与环境特点的基础上，拟定施工部署、选定施工方案、编制各种计划、布置施工现场、制订管理计划、计算各项指标，经过反复讨论、修改后，报请上级部门和监理机构批准。具体编制程序如图14-1所示。

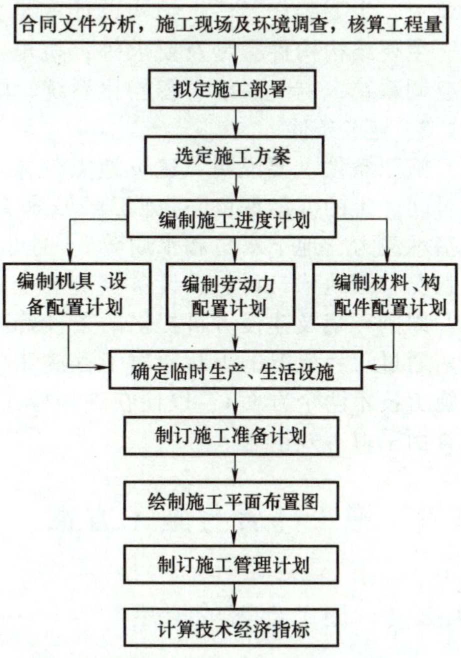

图14-1　单位工程施工组织设计的编制程序

14.1.5　编制依据

在编制单位工程施工组织设计时，应依据以下内容：

1）与工程建设有关的法律、法规和文件。

2）国家现行有关标准和技术经济指标。

3）工程所在地区行政主管部门的批准文件，建设单位对施工的要求。

4）工程施工合同或招投标文件。

5）工程设计文件。

6）施工现场条件，工程地质及水文地质、气候等自然条件。

7）与工程有关的资源供应情况。

8）施工企业的生产能力、机械设备状况、技术水平。

9）施工组织总设计等。

以上内容是单位施工组织设计编制过程中需依据的内容，而在单位施工组织设计文件中，必须明确的编制依据包括：

1）本单位工程的施工合同、设计文件。

2）与工程建设有关的国家、行业和地方的法律、法规、规范、规程、标准、图集。

3）施工组织总设计等。

14.1.6 工程概况的编写

工程概况是对拟建工程的主要情况、各专业设计简介和工程施工条件等做概要性介绍和分析。其编写目的：一是可使编制者进一步明确工程情况，以便使设计切实可行、经济合理；二是为审批者判定其可行性与合理性提供依据。

工程概况的编写应力求简单明了，常以表格形式或文字叙述表现，并辅之以平、立、剖面简图。主要内容如下：

1. 工程主要情况

工程主要情况主要说明：拟建工程的名称、性质和地理位置；工程的建设、勘察、设计、监理和总承包等相关单位的情况；工程承包范围和分包工程范围；施工合同、招标文件或总承包单位对工程施工的重点要求等。

2. 各专业设计简介

各专业设计简介应包括下列内容：建筑设计的建筑规模、功能、特点，耐火、防水及节能要求，主要装修做法；结构设计的结构形式、地基基础形式、结构安全等级、抗震设防类别、主要结构构件类型及要求等；机电及设备安装专业设计的给水、排水及采暖系统、通风与空调系统、电气系统、智能化系统、电梯等的做法要求。

3. 施工条件

施工条件主要说明：建设地点气象状况（气温、主导风向、风力、雨雪量、雷电、冬雨期时间、土的冻结深度）；施工区域水文地质状况（地形变化和绝对标高，地质构造、土质、地基承载力，地下水位和水质等）；地上、地下管线及建（构）筑物情况；有关的道路、河流等状况；当地建筑材料、设备供应和交通运输等服务能力状况，供电、水、热和通信能力状况；周围环境及建设方可提供的条件等。

通过工程概况的编写，对工程施工的重点、难点和关键问题应进行分析（包括组织管理和施工技术两个方面），以便在选择施工方案、组织物资供应、配备技术力量及进行施工准备等方面采取有效措施。

14.2 施工部署与施工方案

14.2.1 施工部署的拟定

施工部署是对整个单位工程的施工进行总体的布置和安排，是施工组织设计的核心。它主要包括：确定项目组织机构并明确岗位设置和职责划分，制订施工目标，进行进度安排和空间组织，对开发和使用新技术、新工艺做出部署，对重要分包工程施工单位的选择要求及管理方式进行简要说明等。

1. 确定组织机构及岗位职责

确定组织机构及岗位职责主要包括：确定组织机构形式、确定组织管理层次及岗位设置、制订岗位职责，选定管理人员等。某工程建立的组织机构构成如图 14-2 所示。

2. 制订施工目标

根据施工合同、招标文件以及本单位对工程管理目标的要求，确定进度、质量、安全、环境和成本等目标。其中，工期目标包括总工期目标和各主要施工阶段（如基础、主体、装饰装修）的工期控制目标。质量目标应制订出总目标和分解目标。质量总目标指整个项目拟达到的质量等级（如市优、省优、国优），分解目标指各分部工程拟达到的质量等级（优良、合格）。安全目标为事故等级、伤亡率、事故频率的限制目标。

施工管理目标必须满足或高于合同目标及施工组织总设计中确定的总体目标，作为编制各种计划、措施及进行工程管理和控制的依据。

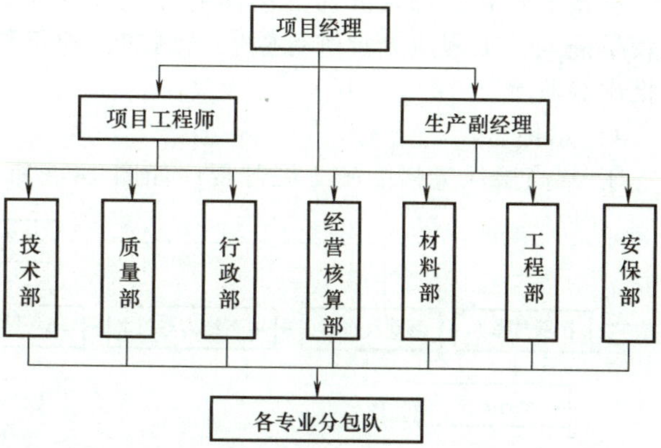

图 14-2 某工程建立的组织机构构成示意图

3. 时间安排和空间组织

（1）施工展开程序与时间控制　针对工程特点和合同工期要求，确定各分部工程之间的先后顺序及搭接关系、各分部工程时间控制及里程碑节点等，为制订施工进度计划和组织生产提供依据。

1）展开程序确定的原则。一般工程的施工应遵循“先准备后开工”“先地下后地上”“先主体后围护”“先结构后装饰”“先土建后设备”的程序原则。但施工程序并非一成不变，其影响因素很多，特别是随着建筑工业化的发展和施工技术的进步，有些施工程序将发生变化。

①“先准备后开工”是指正式施工前，应先做好各项准备工作，以保证开工后施工能顺利、连续地进行。

②“先地下后地上”是指在地上工程开始前，尽量把地下管线和设施、土方及基础等做好或基本完成，以免对地上施工产生干扰或影响质量、造成浪费。地下工程施工还应本着先深后浅的程序，管线施工应本着先场外后场内、先主干后分支的程序。

③“先主体后围护”主要指排架、框架或框架剪力墙结构的房屋，其围护结构应滞后于主体结构，以避免相互干扰，利于提高质量、保护成品和施工安全。

④“先结构后装饰”是指房屋的装饰装修工程应在结构全部完成或部分完成后进行。对多层建筑，结构与装饰以不搭接为宜；而高层、超高层建筑应尽量搭接施工，以缩短工期。有些构件也可做好装饰层后再行安装（即“先装饰后结构”），但应确实能保证装饰质量、缩短工期、降低成本。

⑤“先土建后设备”是指土建施工先行，水电暖卫燃等管线及设备随后进行。施工中土建与设备管线常进行交叉作业，但前者需为后者创造施工条件。在装饰装修阶段，还要从保证质量和保护成品的角度处理好两者的关系。

对于具有大型生产设备（如冶炼、冲压、核反应堆等）的重工业厂房，其设备安装有时需先于土建施工（即“先设备后土建”）或与土建施工并行。

2）确定展开程序与时间控制的方法。一般较大的房屋建筑工程可分为基坑工程、地下结构、主体结构、二次结构、屋面工程、外装修、内装修（粗装修、精装修）等几大阶段。其中基坑工程施工阶段应尽量避开冬、雨期，外装修湿作业应避开冬期，室内精装修应在屋面防水完成后进行。

在时间安排上应贯彻空间占满、时间连续、均衡协调有节奏、并适当留有余地的原则。为保证工程按计划完成，一般均需要采用主体和二次结构、主体和管线埋设、主体和装饰装修、设备安装和装饰装修的搭接作业和立体交叉施工。为了使二次结构、安装、装饰装修施工较早插入，工程应分批进行验收。例如，地下结构完成后及时验收、主体结构按楼层分几个批次验收等。

3）示例。

① 某高层住宅楼的施工展开程序如图 14-3 所示。

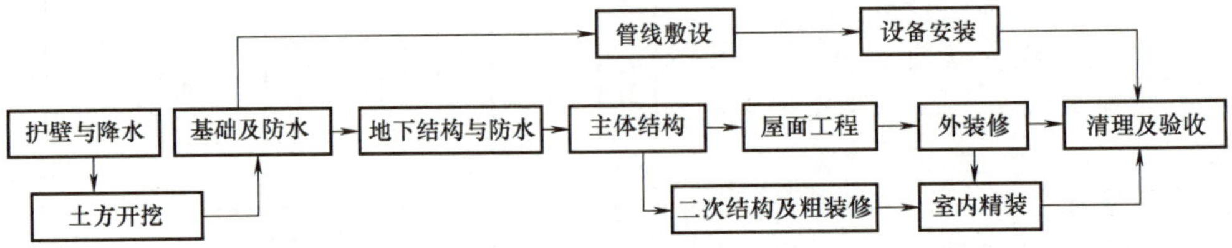

图 14-3 某高层住宅楼的施工展开程序

② 某合同段高速公路的施工展开程序如图 14-4 所示。

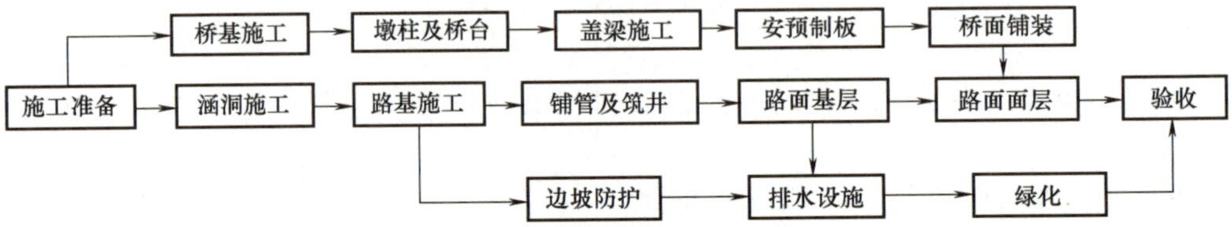

图 14-4 某合同段高速公路的施工展开程序

（2）划分流水段 划分流水段是将施工对象在空间上划分成多个施工区域，以适应流水施工的要求，使多个工作队组能在不同的流水段上平行作业，并可减少机具、设备及周转材料（如模板）的配置量。从而缩短工期、降低成本，使生产连续、均衡地进行。

1）分段应注意的问题。

① 应遵循流水施工的分段原则（见第 12 章）。

② 不同的施工阶段，可采用不同的分段。

2）几种常见建筑物的分段。

① 多层砖混住宅。基础应少分段或不分段，以利于整体性。结构阶段应以 2~3 个单元为 1 段，每层分 2~3 段以上。外装饰每层可按墙面分段。内装饰可将每个单元作为 1 个流水段，或每个楼层分为 2~3 个流水段。

②现浇框架结构公共建筑。独立柱基础时常按模板配置量分段。结构阶段的施工工序较多，宜按施工工种的个数（如钢筋、模板、混凝土三大工种）确定流水段数，即每层宜分为 3 段以上，每段宜含有 10~15 根柱子以上的面积，如图 14-5 所示。

③ 大模板施工高层住宅。该类建筑多为有地下室的筏板基础或箱形基础，往往有整体性

和防水要求，因此地下部分最好不分段或少分段，当有后浇带时可按后浇带位置分段。主体结构阶段的最主要施工过程有四个：绑扎墙钢筋、安装大模板、支楼板模板、绑扎楼板钢筋，因此，每层不宜少于 4 个流水段，以便于流水，如图 14-6 所示。

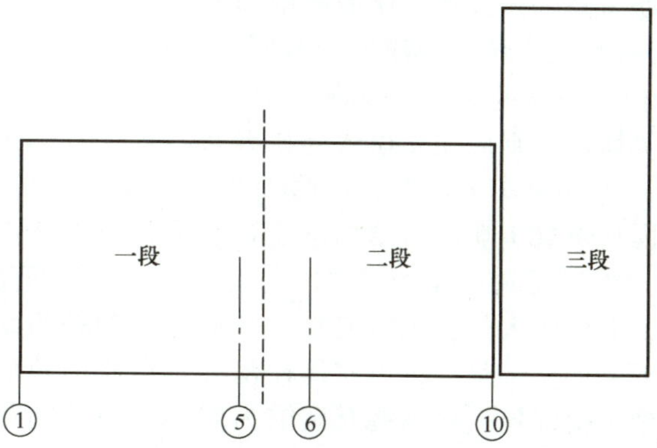

图 14-5　某混凝土框架办公楼结构施工阶段分段示意图

（3）确定施工起点流向　施工起点流向是指在平面及竖向空间上，施工开始的部位及其流动方向。它将确定各分部或分项工程在空间上的合理施工顺序。特别是装饰装修工程阶段，不同的竖向流向可产生较大的质量、工期和成本差异。

确定施工起点流向时应考虑以下因素：

① 建设单位的要求。建设单位对生产、使用要求在先的部位应先施工。

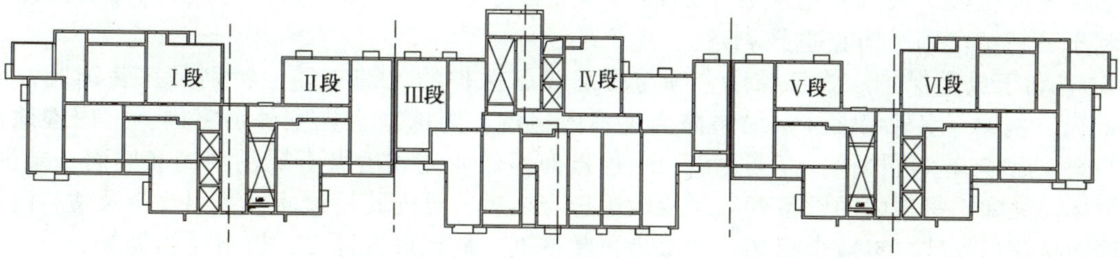

图 14-6　某高层住宅楼结构施工阶段分段示意图

② 厂房的生产工艺过程。先试车投产的段、跨优先施工，按生产流程安排施工流向。

③ 施工的难易程度。技术复杂、进度慢、工期长的部位或层段应先施工。

④ 构造合理、施工方便。如基础施工应“先深后浅”，一般为由下向上（逆作法除外）；屋面卷材防水层应由檐口铺向屋脊；有外运土的基坑开挖应从距大门或坡道的远端开始等。

⑤ 保证质量和工期。如室内装饰及室外装饰面层的施工一般宜自上至下进行，有利于成品保护，但需结构完成后开始，使工期拉长；当工期极为紧张时，某些施工过程（如隔墙、抹灰等）也可自下至上，但应与结构施工保持足够的安全间隔；对高层建筑，也可采取沿竖向分区，在每区内自上至下的装饰施工流向，既可使装饰工程提早开始而缩短工期，又易于保证质量和安全。自上至下的流向还应根据建筑物的类型、垂直运输设备及脚手架的布置等，选择水平向下或垂直向下的流向，如图 14-7 所示。

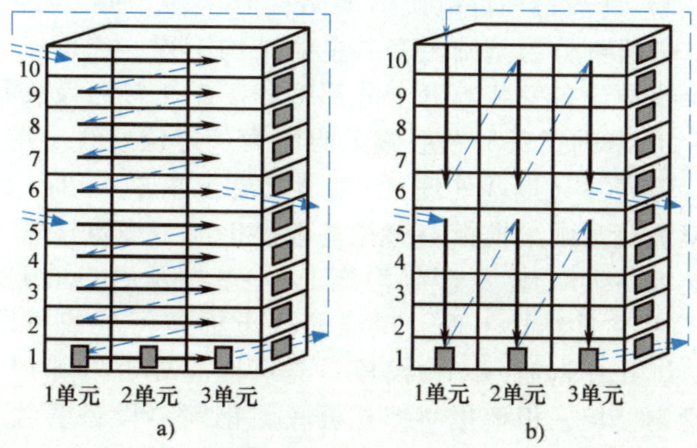

图 14-7　高层建筑装饰装修分区向下的流向

a）水平向下　b）垂直向下

（4）确定施工顺序　确定施工顺序就是在已定的施工展开程序和流向的基础上，按照施工的技术规律和合理的组织关系，确定出各分项工程之间在时间上的先后顺序和搭接关系，以期做到工艺合理、保证质量和安全、充分利用工作面、争取时间、缩短工期的目的。

1）确定施工顺序的基本原则。

① 符合施工工艺及构造要求。例如，支模板后方可浇筑混凝土；柱子宜先绑扎钢筋后支模，而楼板则应先支模后绑扎钢筋。

② 与施工方法及采用的机械相协调。例如，地下防水“外贴法”与“内贴法”施工顺序不同；单层工业厂房结构吊装时，采用分件吊装法与综合吊装法有不同的施工顺序。

③ 考虑施工组织的要求。有些施工过程可能有多种可行的顺序安排，这时应考虑便于施工，有利于人员、机械安排，可缩短工期的组织方案来安排施工顺序。例如，无地下室房屋地面下的灰土垫层，可安排在基础及房心回填后立即铺压，也可在装饰阶段的地面混凝土垫层施工前铺压，若结构及装饰为同一个单位施工常采用前者。又如，单层工业厂房内有深于柱基的大型设备基础时，先施工设备基础比厂房完工后再做更安全、节约，易于组织，但预制场地及吊装开行将受到设备基础的影响。这些都需组织者权衡利弊后做出决定。

④ 保证施工质量。确定施工顺序应以利于保证施工质量为前提。例如，在确定楼地面与顶棚、墙面抹灰的顺序时，先做水泥砂浆楼地面，可防止由于顶棚、墙面落地灰清理不净而造成的楼地面空鼓。又如，白灰砂浆墙面与水泥砂浆墙裙或踢脚的连接处，先抹墙裙或踢脚就有利于其粘结牢固、防止空鼓剥落。

⑤ 有利于成品保护。施工顺序合理与否是成品保护的关键一环，特别是在装饰装修阶段更应重视。例如，室外墙面抹灰材料需通过室内运输，则抹灰宜先室外后室内；室内楼地面抹灰先房间、后楼道、再楼梯，逐渐退出；上层楼面湿作业完成后做下层的顶棚和墙面，减少渗、滴水损坏。又如，吊顶内的设备管线经检验试压合格后，再安装吊顶面板；铝合金及塑料门窗框须在墙面抹灰后安装，以减少损坏；油漆后再贴壁纸，地毯最后铺设，以避免污染等。

⑥ 考虑气候条件。例如，土方施工避开冬雨期；在雨期到来之前，先做完屋面防水及室外抹灰，再做室内装饰装修；在冬期到来前，先安装门窗及玻璃，以便在有保温或供暖条件下，进行室内装饰。

⑦ 符合安全施工的要求。例如，装饰装修施工与结构施工至少要隔一个楼层进行；脚手架、护身栏杆、安全网等应配合结构施工及时搭设；现浇楼盖模板的支撑拆除，不但要待混凝土达到拆模强度要求，还应保持连续支撑 2~3 个楼层以上，以分散和传递上部的施工超载。

2）一般钢筋混凝土框架结构教学楼、办公楼的施工顺序。这种建筑的施工，一般可分为基础工程、主体结构工程、屋面工程、内外装饰工程、水电暖卫管线与设备安装等五个分部工程。施工顺序及安排要求如下：

混凝土框架结构施工顺序演示

① 基础工程。一般施工顺序为：定位放线→挖土（基坑、基槽开挖）→钎探、验槽→（地基处理）→浇筑混凝土垫层→绑扎柱基钢筋及柱子插筋→支柱基模板及基础梁模板→绑扎基础梁钢筋→浇筑柱基及基础梁混凝土→养护、拆除模板→砌墙基→（暖气沟施工）→基槽及房心填土。

② 主体结构工程。现浇混凝土框架每层或每段的一般顺序为：抄平、放线→绑扎柱钢筋→支柱模板→浇筑柱混凝土→养护、拆柱模板→支梁底模板→绑扎梁钢筋→支梁侧模板、板模板→绑扎板底层钢筋→设备管线预埋敷设→绑扎板上层钢筋→隐检验收→浇筑梁、板混凝土→养护→拆梁、板模板。

在结构施工之前，即应安装塔式起重机，保证首层柱子混凝土的浇筑进行。脚手架应随结构施工搭设，在梁板支模前，必须完成该楼层的脚手架搭设。楼梯应与梁板同时施工。

③ 装饰装修工程（含二次结构）。该项内容应待主体结构完成并经验收合格后进行。例如。某办公楼装饰施工顺序为：砌围护墙及隔墙→安钢门框、窗衬框→外墙抹灰→养护、干燥→拆脚手架及外墙涂料施工→室内墙面抹灰→安室内门框或包木门口→铺贴楼地面

砖→养护→吊顶安装→安装塑料窗→木装饰→顶、墙腻子，涂料→安门扇→木制品油漆→检查整修。

④ 屋面工程。屋面工程在主体结构完成后应及早进行，以避免屋面板的温度变形而影响结构，也为顺利进行室内装饰装修创造条件。屋面工程可以和粗装修工程（砌墙及内外抹灰）平行施工。一般屋面按构造自下向上分层次进行，正置式屋面的常用施工顺序为：铺设找坡层→铺保温层→铺抹找平层→养护、干燥→涂刷基层处理剂→铺防水层→检查验收→做保护层。

⑤ 水电暖卫信等与土建的关系。水电暖卫信等工程需与土建工程交叉施工，应紧密配合。以保证质量、便于施工操作、有利于成品保护作为确定配合关系的原则。一般配合关系如下：

a. 在基础工程施工时，应将上下水管沟和暖气管沟的垫层、墙体做好后再回填土。

b. 在主体结构施工时，应在砌墙和现浇钢筋混凝土楼板施工的同时，预留上下水、暖气立管的孔洞及配电箱等设备的孔洞，预埋电信线管、接线盒及其他预埋件。

c. 在装饰装修施工前，应完成各种管道、设备箱体的安装及电线管内的穿线。各种设备的安装应与装饰装修工程穿插配合进行。

d. 室外上下水及暖气等管道工程，可安排在基础工程之前或主体结构完工之后进行。

3）现浇剪力墙结构高层住宅的施工顺序。该类建筑的施工，一般也可分为基础工程、主体结构工程、屋面工程、内外装饰工程、水电暖卫信等管线与设备安装等五个分部工程。其基础、主体结构、内外装饰工程的施工顺序及安排如下，其他分部工程与上述框架结构办公楼基本相同，不再赘述。

① 基础工程。某工程有两层地下室、土质较好、地下水位较高，其地下部分施工顺序安排如下：

测量放线→降低水位→挖土及做基坑支护→人工清底→打钎拍底、验槽→浇垫层→砌筑基础防水保护墙→底板防水及保护层→绑扎基础底板及部分墙体钢筋→浇筑底板混凝土→养护→绑扎墙柱钢筋→支墙柱模板→浇筑墙柱混凝土→支梁板模板→绑扎梁板钢筋→浇筑梁板混凝土→进入上一层墙柱及梁板施工→地下室外墙防水→防水保护及土方回填→拆除降水井点。

如基坑支护为土钉墙，则土钉墙与土方开挖应配合进行，每开挖一个土钉层距深的土层做一步土钉墙。卷材防水采用外贴法施工。楼梯与梁板同时施工，脚手架搭设应在梁板支模前完成。防水保护及土方回填应配合进行。拆除降水井点时，地上结构应施工至一定高度，防止地下水上升所产生的浮力对建筑物造成影响。

② 结构工程。墙体采用大模板施工时，结构标准层的施工顺序一般如下：

搭设外脚手架→测量放线→绑扎墙体钢筋→管线预埋及洞口预留→支门窗洞口模板→隐蔽工程验收→安装大模板→浇筑墙体混凝土→养护、拆墙模板→支楼板模板→绑扎楼板钢筋及管线预埋→验收→浇筑楼板混凝土→养护→拆楼板模板。

楼板混凝土强度达到1.2MPa以上后，方可进行上一楼层的施工。拆除楼板模板除需满足底模板拆除对混凝土的强度要求外，还需与结构施工层间隔2~3个楼层，以分散和传递施工荷载（结构施工荷载远大于设计荷载），避免损坏已完结构。

③ 内装修。某工程的顺序为：测量放线→砌筑室内隔墙→安装门框→室内抹灰→卫生间防水→安装塑料窗及包门口→粘贴厨、卫墙砖→安装厨卫吊顶→铺贴厨、卫和阳台地砖及踢脚→安装厨、卫设备→刮卧室及起居室顶、墙腻子，并喷涂料→铺卧室及起居室木地板→安装门扇。

由于结构采用清水混凝土施工工艺，混凝土构件表面不做抹灰层，仅在砌筑的隔墙及楼、电梯间的地面抹灰。水、电等管线配合装饰装修施工，及时预留、预埋和安装。

④ 外装修。外墙基层质量缺陷处理→做外墙外保温→砂浆保护找平层→养护干燥→外墙喷涂→防滑坡道、台阶、散水。

4）一般高速公路工程的施工顺序。

① 箱涵工程。测量放线→土方开挖→垫层→底板钢筋→支底板模板→浇筑底板混凝土→支内模板→墙、顶钢筋绑扎→支外模板→浇筑混凝土→回填土→锥坡及洞口铺砌。

② 钢筋混凝土中桥工程。测量放线→桩基础→墩柱→桥台、盖梁→支座安装→预制空心板吊装→湿接头绑扎钢筋→浇筑混凝土→桥面混凝土铺装层施工→护栏。

③ 路基路面工程。测量放线→基底处理→路堑开挖及路基填筑→地下管道施工→石灰土底基层摊铺、辗压→混合料基层摊铺、辗压→养护→透层、封层处理→铺压底面层→铺压上面层→边坡防护及排水设施。

以上阐述了部分常见工程的施工顺序，但土木工程施工是一个复杂的过程，由于结构和构造、使用材料、现场条件、施工环境、施工方案等的不同，对施工过程划分及施工方法的确定均会产生较大的影响，从而有不同的施工顺序安排。此外，随着建筑工业化的发展及新材料、新技术的出现，其施工内容及施工顺序也将随之变化。

14.2.2 施工方案的选定

北盘江大桥施工方法演示（1）

北盘江大桥施工方法演示（2）

北盘江大桥施工方法演示（3）

北盘江大桥施工方法演示（4）

主要是选择确定主要分部（分项）工程的施工方法和施工机械等。其合理与否直接关系到工程的安全、质量、成本和工期。应结合工程的具体情况和施工工艺、工法等按照施工顺序进行描述，要遵循先进性、可行性和经济性兼顾的原则进行确定。

1. 选择施工方法的基本要求

（1）要以主要的分部（分项）工程为主　对主要的分部（分项）工程，其施工方法拟定应详细而具体；而对常规做法和较熟悉的一般分项工程，则只要提出应该注意的一些特殊问题即可。主要的分部（分项）工程一般是指：

① 工程量大、施工工期长，在单位工程中占据重要地位的分部（分项）工程。例如，钢筋混凝土结构的模板、钢筋、混凝土工程。

② 施工技术复杂的或采用新技术、新工艺、新结构及对工程质量起关键作用的分部（分项）工程。例如，现浇预应力结构构件、地下室防水等。

③ 特殊结构工程或由专业施工单位施工的特殊专业工程。例如，深基坑的支护与降水、预应力张拉、钢结构的整体提升等。

④ 对工程安全影响较大的分部（分项）工程。例如，垂直运输、高大模板、脚手架工程等。

对非常重要或危险性较大的分部（分项）工程，施工方法拟定应详细而具体，必要时应按有关规定编制单独的分部（分项）专项方案或作业设计。

（2）要符合施工组织总设计的要求　若施工项目属于建设项目中的一项，则应遵循施工组织总设计对该工程的部署和规定。

（3）要满足施工工艺及技术要求　选择和确定的施工方法与机械必须满足施工工艺及其技术要求。例如，结构构件的安装方法、预应力结构的张拉方法及机具均应能够实施，并能满足质量、安全等诸方面要求。

（4）要提高工厂化、机械化程度　单位工程施工，应尽可能采用工厂化、机械化施工，以利于建筑工业化的发展，同时也是降低造价、缩短工期、节省劳动力、提高工效及保护环境的有效手段。例如，钢筋混凝土构件、钢结构构件、门窗及幕墙、预制磨石、钢筋加工、砂浆及混凝土拌制等尽量采用专业工厂加工制作，减少现场加工。各主要施工过程尽量采用机械化施工，并充分发挥各种机械设备的效率。

（5）要符合可行、合理、经济、先进的要求　选择和确定施工方法与施工机械，首先，要具有可行性，即能够满足本工程施工的需要并有实施的可能性；其次，要考虑其经济合理性和技术先进性。必要时应做技术经济分析。

（6）要符合质量、安全和工期要求　采用的施工方法及所用机械的性能对工程质量、安全及施工速度起着至关重要的作用。例如，土方开挖的方法、基坑支护的形式、降低水位的方法和设备、垂直运输方法和机械、地下防水层的施工方法、脚手架的形式与构造、模板的种类与构造、钢筋的连接方法、混凝土的拌制运输与浇筑等，应重点考虑。

2. 施工方法的选择

一般情况下，施工方法的选择应主要围绕以下项目和对象：

（1）测量放线

① 选择确定测量仪器的种类、型号与数量。

② 确定测量控制网的建立方法与要求。

③ 平面定位、标高控制、轴线引测、沉降观测的方法与精度要求。

④ 测量管理（如交验手续、复合、归档制度等）方法与要求。

（2）土石方与地基处理工程

① 确定土方开挖的方式、方法，机械型号及数量，开挖流向、层厚等。

② 放坡要求或基坑支护方法、排降水方法及所需设备。

③ 确定石方的爆破方法及所需机具、材料。

④ 制订土石方的调配、存放及处理方法。

⑤ 确定土石方填筑的方法及所需机具、质量要求。

⑥ 地基处理方法及相应的材料、机具设备等。

（3）基础工程

① 基础的垫层、基础砌筑或混凝土基础的施工方法与技术要求。

② 大体积混凝土基础的浇筑方案、设备选择及防裂措施。

③ 桩基础的施工方法及施工机械选择。

④ 地下防水的施工方法与技术要求等。

（4）混凝土结构工程

① 钢筋加工、连接、运输及安装的方法与要求。

② 模板种类、数量及构造，安装、拆除方法，隔离剂的选用。

③ 混凝土拌制和运输方法、施工缝设置、浇筑顺序和方法、分层高度、振捣方法和养护制度等。

混凝土结构主体施工要求

混凝土结构主体模板施工要求

混凝土浇筑施工要求

应特别注意大体积混凝土、防水混凝土等的施工，注意模板的工具化和钢筋、混凝土施工的机械化。

（5）结构安装工程

① 选择吊装机械，确定吊装方法与安装要求，安排吊装顺序、机械布置及开行路线。

② 构件的制作及拼装、运输、装卸、堆放方法及场地要求。

③ 确定机具、设备型号及数量，提出对道路的要求等。

（6）现场垂直、水平运输

① 计算垂直运输量（有标准层的要确定标准层的运输量）。

② 确定不同施工阶段垂直运输及水平运输方式、设备的型号及数量、配套使用的专用工具设备（如砖车、砖笼、吊斗、混凝土布料杆、卸料平台等）。

③ 确定地面和楼层上水平运输的行驶路线，合理地布置垂直运输设施的位置。

④ 综合安排各种垂直运输设施的任务和服务范围。

（7）脚手架及安全防护

① 确定各阶段脚手架的类型，搭设方式，构造要求及搭设、使用要求。

② 确定安全网及防护棚等设置。

（8）屋面及装饰装修工程

① 屋面材料的运输方式，屋面各分项工程的施工操作及质量要求。

② 装饰装修材料的运输及储存方式。

③ 装饰装修工艺流程和劳动组织、流水方法。

④ 主要装饰装修分项工程的操作方法及质量要求等。

（9）特殊项目　对于采用新结构、新材料、新技术、新工艺及高耸或大跨结构、重型构件以及深基础和软弱地基处理等项目，应按专项单独选择施工方案。这包括阐明工艺流程，需要的平面、剖面示意图，施工方法、劳动组织，技术要求，质量、安全注意事项，施工进度，材料、构件和机械设备需要量等。

对深基坑支护、降水、爆破、高大或重要模板及支架、脚手架、大体积混凝土、起重吊装等危险性较大的项目，应进行必要的验算和说明，以保证方案的安全性和可靠性。

3. 选择施工机械应注意的问题

施工机械化是现代化大生产的显著标志。施工机械选择的内容主要包括机械的类型、型号和数量。选择时应遵循可行、经济、合理的原则，主要考虑下述问题：

（1）适用性　应先选择适宜主导工程的施工机械，各种机械的性能应满足使用要求。

（2）协调性　施工机械应相互配套，生产能力应协调，以充分发挥机械的效率。例如，挖土机确定后，运土汽车的数量应保证挖土机能够连续工作。又如，对于高层建筑主体结构施工，当混凝土量不大时，可采用塔式起重机和施工电梯组合方案；当混凝土量较大时，则应采用塔式起重机、施工电梯和混凝土泵的组合方案。

（3）通用性　在同一工地上，施工机械的种类和型号应尽可能少，并适当利用多功能机械，以利于维修和管理，减少转移。

（4）经济性　应尽量选用本单位现有机械，以减少资金的投入。若现有机械不能满足工程需要时，则通过技术经济分析，决定租赁或购置。

4. 施工方案的技术经济评价

任何一个分部分项工程，都有若干个可行的施工方案，需要通过技术经济评价找出工期短、质量高、安全可靠、成本低廉、资源配置合理的较优方案。有定性评价和定量评价两种方法。

（1）定性分析评价　它是根据施工经验对施工方案的优劣进行分析评价。例如，施工操作难易程度和可靠性、安全性；技术上是否可行；质量的可靠性；工期是否适当；机械获得的可能性；成本是否合算；流水施工组织是否适当；能否为后续施工过程创造条件等。

（2）定量分析评价　它是通过计算各方案的工期指标、劳动量指标、质量指标、成本指标等，对各个方案进行分析对比，从中优选的方法。

14.3 施工进度、资源与准备计划

在单位工程施工组织设计中，需要编制的施工计划主要包括施工进度计划、资源配置计

划和施工准备计划等。

央视大楼施工流程与进度安排演示（1）

央视大楼施工流程与进度安排演示（2）

14.3.1 单位工程施工进度计划

单位工程施工进度计划是以施工部署的安排为基础，根据规定的工期和资源供应条件，遵循各施工过程合理的工艺顺序，统筹安排各项施工活动而编制，以指导现场施工的安排，确保施工进度和工期。同时也是编制劳动力、机械及各种物资配置计划的依据。

根据工程规模大小、结构的复杂程度、工期长短及工程的实际需要，单位工程施工进度计划可分为控制性计划、指导性计划和实施性计划。控制性进度计划是以分部工程作为施工项目划分对象，用以控制各分部工程的施工时间及它们之间互相配合、搭接关系的一种进度计划，常用于工程结构较为复杂、规模较大、工期较长或资源供应不落实、工程设计可能变化的工程。指导性进度计划是以分项工程作为施工项目划分对象，具体确定各主要施工过程的施工时间及相互间搭接、配合的关系。对于任务具体而明确、施工条件基本落实、各种资源供应基本满足、施工工期不太长的工程均应编制指导性进度计划；对编制控制性进度计划的单位工程，当各分部工程或施工条件基本落实后，也应在施工前编制出指导性进度计划，不能以“控制”代替“指导”。在工程实施过程中，还应根据指导性进度计划编制实施性进度计划，即未来旬或周的滚动式计划，以具体指导工程施工。

单位工程施工进度计划编制应依据以下资料：施工总进度计划、施工部署与方案、实物工程量及预算文件、施工定额、资源供应状况、开竣工日期及工期要求、气象资料及有关规范等。施工进度计划可采用网络图或横道图表示，并附必要说明；对于工程规模较大或较复杂的工程，宜采用网络计划。编制步骤与要求如下：

1. 划分施工过程

划分施工过程也称为列项。施工过程是进度计划的基本组成单元，划分时应注意：

1）划分的粗细程度，取决于进度计划的类型及需要。对于控制性的施工进度计划应划分较粗些，一般以一个分部工程作为一个施工过程，如基础工程、主体结构工程、屋面工程、装饰工程等。对于指导性的施工进度计划应划分细些，要将每个分部工程中的各主要分项工程均一一列出，如基础工程中的挖土、验槽、地基处理、垫层施工……。

2）适当合并、简明清晰。施工过程划分过细、过多，会使进度图表庞杂、重点不突出。故在绘制图表前，应对所列施工过程分析整理、适当合并。例如，对工程量较小的同一构件的几个施工过程应合为一项（如砌体结构中，地圈梁的绑扎钢筋、支摸、浇筑混凝土、拆模可合并为“地圈梁施工”一项）；对同一工种同时或连续施工的几个施工过程可合并为一项（如砌内墙、砌外墙可合并为“砌内外墙”）；对工程量很小者可合并到邻近施工过程中（如木踢脚安装可合并到木地板安装中）。

3）列项要结合施工部署和施工方法。要与所确定的施工顺序及施工方法一致，不得违背。项目排列的顺序也应符合施工的先后顺序，并编排序号、列出表格。

4）不占工期的间接施工过程一般不列项。例如，委托加工厂进行的构件预制及其运输过程等不列项。

5）列项要考虑施工组织的形式。对专业施工单位或大包队所承担的部分项目有时可合为一项。例如，住宅工程中的水电暖卫燃等设备安装，在土建施工进度计划中可列为一项。

6）工程量及劳动量很小者可合并列为“其他工程”一项。例如，零星砌筑、零星混凝土、零星抹灰、局部油漆、测量放线、局部验收、少量清理等可合并列为“其他工程”，其劳动量可做适当估算，现场施工时，灵活掌握，适当安排。

2. 计算工程量

列项后，应计算出每项的工程量。计算应依据施工图及有关资料、工程量计算规则及已定的施工方法进行，计算时应注意以下几个问题：

1）工程量的计量单位要与所用定额一致。

2）要按照方案中确定的施工方法计算。例如，挖土是否放坡、坡度大小、是否留工作面，是挖单坑、还是挖槽或大开挖，不同方案其工程量相差甚大。

3）分层分段流水者，若各层段工程量相等或差异很小时，可只计算出一层或一段的工程量，再乘以其层段数而得出该项的总的工程量。

4）利用预算文件时，要适当摘抄和汇总，对计量单位、计算规则和包含内容与施工定额不符者，应加以调整、更改、补充或重新计算。

5）合并项中的各项应分别计算，以便套用定额，待计算出劳动量后再予以合并。

6）“水电暖卫燃设备安装”等可不计算，或由其专业承包单位计算并安排详细计划。

3. 计算劳动量及机械台班量

计算出各施工过程的工程量，并查找、确定出该项目定额后，可按下式计算出其劳动量或机械台班量

$$P_i = \frac{Q_i}{S_i} = Q_i H_i \tag{14-1}$$

式中 P_i——某施工过程所需的劳动量（工日）或机械台班量（台班）[⊖]；

Q_i——该施工过程的工程量（实物量单位）；

S_i——该施工过程的产量定额（单位工日或台班完成的实物量）；

H_i——该施工过程的时间定额（单位实物量所需工日或台班数）。

采用定额时应注意以下问题：

1）应参照国家或本地区的劳动定额及机械台班定额，并结合本单位的实际情况（如工人技术等级构成、技术装备水平、施工现场条件等），确定应采用的定额水平。

2）合并施工过程有如下两种处理方法：

① 将合并项中的各项分别计算劳动量（或台班量）后汇总，将总量列入进度表中。

② 合并项中的各项为同一工种施工（或同一性质的项目）时，可采用各项的平均定额作为合并项的定额。平均时间定额按下式计算。

$$\overline{H} = \frac{\sum_{i=1}^{n} P_i}{\sum_{i=1}^{n} Q_i} = \frac{Q_1 H_1 + Q_2 H_2 + \cdots + Q_n H_n}{Q_1 + Q_2 + \cdots + Q_n} \tag{14-2}$$

4. 确定施工过程的持续时间

施工过程的持续时间先按正常情况确定，以降低工程费用。待初始计划编制后，再结合实际情况进行调整，可有效地避免盲目抢工而造成浪费。具体确定方法有以下两种：

1）根据可供使用的人员或机械数量和正常施工的班制安排，按下式计算出施工过程的持续时间。

$$T_i = \frac{P_i}{R_i b_i} \tag{14-3}$$

式中 T_i——某施工过程的持续时间（d）；

⊖ 一名工人工作8h，称为一个“工日”；一台机械工作8h，称为一个“台班”。

P_i——该施工过程的劳动量（工日）或机械台班量（台班）；

R_i——为该施工过程每天提供或安排的班组人数（人）或机械台数（台）；

b_i——该施工过程每天采用的工作班制数（1~3 班工作制）。

在安排某一施工过程的施工人数或机械台数时，除了要考虑可能提供或配备情况外，还应考虑工作面大小、最小劳动组合要求、施工现场及后勤保障条件，以及机械的效率、维修和保养停歇时间等因素，以使其数量安排切实可行。

在确定工作班制时，一般采用一班制。当某些施工过程有连续施工的技术要求（如基础底板浇筑、滑模施工等）或组织流水的要求以及经初排进度未能满足工期要求时，可适当组织二班制或三班制工作，但不宜过多，以便使进度计划留有充分的余地，并缓解现场供应紧张和避免费用增加。

2）根据工期要求或流水节拍要求，确定出某个施工过程的施工持续时间，再按照采用的班制，用下式计算施工人数或机械台数。

$$R_i = \frac{P_i}{T_i b_i} \tag{14-4}$$

式中符号意义同前。所配备的人数或机械数应符合现有情况或供应情况，并符合现场条件、工作面条件、最小劳动组合及机械效率等诸方面要求，否则应进行调整或采取必要措施。

3）对于无定额可查或受施工条件影响较大者，可采用“三时估算法”。参见第 12 章中确定流水节拍的相关内容。

不管采用上述哪种方法确定持续时间，当施工过程是采用施工班组与机械配合施工时，都必须验算机械与人员的配合能力，否则其持续时间将无法实现或造成较大浪费。

5. 绘制施工进度计划图表

在做完以上各项工作后，即可绘制施工进度计划表（横道图）或网络图。

（1）横道图　指导性进度计划横道图表的表头形式见表 14-1，绘制的步骤、方法与要求如下：

表 14-1　指导性进度计划横道图表的表头形式

序号	工程名称		工程量		时间定额	劳动量		机械量		工作班制	每班人（机）数	持续时间	施工进度														
	分部	分项	数量	单位		工种	工日数	型号	台班数				××××年×月													×月	
													2	4	6	8	10	12	14	16	18	20	22	24	26	28	…
1																											
2																											
…																											

1）填写施工项目名称及计算数据。填写时应按照分部分项工程施工的先后顺序依次填写。垂直运输机械的安装、脚手架搭设及拆除等项目也应按照需用日期或与其他施工过程的配合关系顺序填写。填写后应检查有无遗漏、错误或顺序不当等。

2）初排施工进度。根据施工方案及其确定的施工顺序和流水方法以及计算出的工作持续时间，依次画出各施工过程的进度线（经检查调整后，以粗实线段表示）。初排时应注意以下要求：

① 按分部分项工程的施工顺序依次进行，一般总体上采用搭接施工（充分利用空间，使主要施工过程连续，不需计算步距），力争在某些分部工程或某一分部工程的几个分项工程中组织流水施工。

② 分层分段施工的项目应按层段画进度线，并标注层段名称，以明确施工的流向。

③ 据工艺、技术及组织安排上的关系，确定各施工过程（工序）间是连续、搭接、还是间隔施工，表达方法如图 14-8 所示。在有必要时，可将其逻辑关系一并表达；对简单的进度

计划，也可附带时差。

④ 尽量使主要工种连续作业，避免出现同一组劳动力（或同一台机械）在不同施工过程中同时使用的冲突现象，最好能通过带箭头的虚线明确主要专业班组人员的流动情况。

⑤ 注意某些施工过程所要求的技术间歇时间。例如，混凝土浇筑与拆模间的养护时间；屋面铺抹找平层与铺设防水层间的养护和干燥间隔时间等。

⑥ 尽量使施工期内每日的劳动力用量均衡。

3）检查与调整。初排进度后难免出现较多的矛盾和错误，必须认真地检查、调整和修改。其内容如下：

① 总工期。不得超出规定，但也不宜过短，否则将影响质量和安全。

② 从全局出发，检查各施工过程在技术上、工艺上、组织上是否合理。

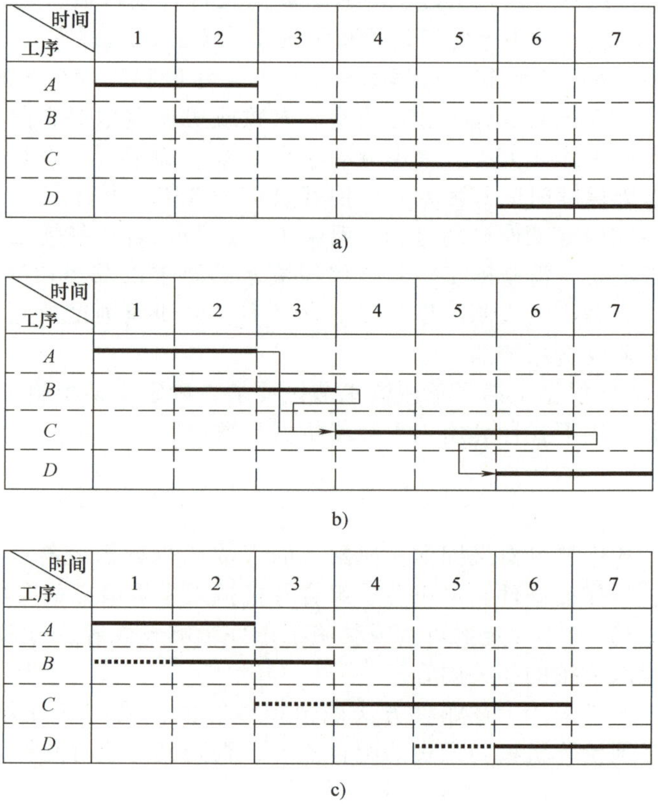

图 14-8 横道图的表达

a）一般表达方法 b）附带逻辑关系的表达方法

c）附带时差的表达方法

③ 检查各施工过程的持续时间及起止时间是否合理，特别应注意那些对工期起控制作用的施工过程。

④ 有立体交叉或平行搭接施工者，在工艺上、质量上、安全上有无问题。

⑤ 技术上与组织上的间歇时间是否合理，有无遗漏。

⑥ 有无劳动力、材料、机械使用过分集中或冲突现象。施工机械充分利用与否。

⑦ 冬雨期施工者，其质量、安全有无保证，持续时间是否合理。

对不合要求的部分进行调整和修改。若工期不符合要求，则需增加或缩短某些项的持续时间；或在施工顺序允许情况下前后移动某些项的施工时间；必要时，还可改变施工方法和施工组织。进度计划应积极可靠并留有余地，以便在执行中能据情况变化进行调整。

通过调整的进度计划，其劳动力、材料等需要量应较为均衡，主要施工机械的利用应较为合理。劳动力消耗情况可用劳动力动态曲线图表示，其均衡性可用劳动力不均衡系数 K（K=日最大人数/日平均人数）判别。正常情况下 K 不应大于 2，最好控制在 1.5 以内。

某教学楼工程施工进度计划表如图 14-9 所示（见书后插页）。

（2）网络计划 为了提高进度计划的科学性，便于用计算机进行优化和管理，应使用网络计划形式。编制要求如下：

1）根据列项及各项之间的关系，先绘制无时标的网络计划图，经调整修改后，最好绘制时标网络计划，以便于使用和检查。

2）对较复杂的工程可先安排各分部工程的计划，然后再组合成单位工程的进度计划。

3）安排分部工程进度计划时应先确定其主导施工过程，并以它为主导，尽量组织节奏流水。

4）施工进度计划图编制后要找出关键线路，计算出工期，并判别其是否满足工期目标要求，若不满足，应进行调整（工期优化）。还宜进行工期-费用优化，以寻求在符合要求工期限度内的最佳工期，降低工程费用。然后绘制资源（如劳动力）动态曲线，进行资源均衡程度的判别，若不满足要求，再进行资源优化，主要是“工期固定-资源均衡”的优化。

5）优化完成后再绘制出正式的单位工程施工进度网络计划图。

在编制施工进度计划图表时，最好使用计算机通过计划管理软件进行编制。不但能加快编制速度、提高计划图表的表现效果，还能使计划的优化易于实现，更有利于在计划的执行过程中进行控制与调整，以实现计划的动态管理。

某综合楼工程施工控制性网络计划如图 14-10 所示。

14.3.2 资源配置计划

资源配置计划是根据施工进度计划编制的，包括劳动力及材料、构配件、加工品、施工机具等物资的配置计划。它是组织物资供应与运输、调配劳动力和机械的依据，是组织有秩序、按计划顺利施工的保证，同时也是进行施工准备和确定现场临时设施的依据。

1. 劳动力配置计划

劳动力配置计划主要用于调配劳动力和安排生活福利设施。其编制方法是将单位工程施工进度计划所列各施工过程，按每天（或每旬、每月）所需的人数分工种进行汇总，即可得出相应时间段所需各工种人数。表格形式见表 14-2。

表 14-2 劳动力配置计划表格形式

序号	工种名称	总需要量/工日	需要工人人数及时间												
			×月			×月			×月			×月			…
			上旬	中旬	下旬	上旬	中旬	下旬	上旬	中旬	下旬	上旬	中旬	下旬	…

2. 物资配置计划

（1）主要材料配置计划　主要材料配置计划，主要用以组织备料、确定仓库或堆场面积和组织运输。其编制方法是将进度表或施工预算中所计算出的各施工过程的工程量，按材料名称、规格、使用时间及其消耗定额和储备定额进行计算汇总，得出每天（或每旬、每月）材料需要量。其表格形式见表 14-3。

表 14-3 主要材料配置计划表格形式

序号	材料名称	规格	需要量		供应时间	备注
			单位	数量		

（2）构配件和加工半成品配置计划　构配件和加工半成品配置计划主要用于落实加工订货单位，组织加工、运输和确定堆场或仓库。应根据施工图及进度计划、储备要求及现场条件编制。其表格形式见表 14-4。

表 14-4 构配件和加工半成品配置计划表格形式

序号	品名	规格	图号、型号	需要量		使用部位	加工单位	供应日期	备注
				单位	数量				

（3）施工机具、设备配置计划　施工机具、设备包括施工机械、主要工具、特殊和专用设备等。其配置计划主要用以确定机具、设备的供应日期，安排进场、工作和退场日期。可

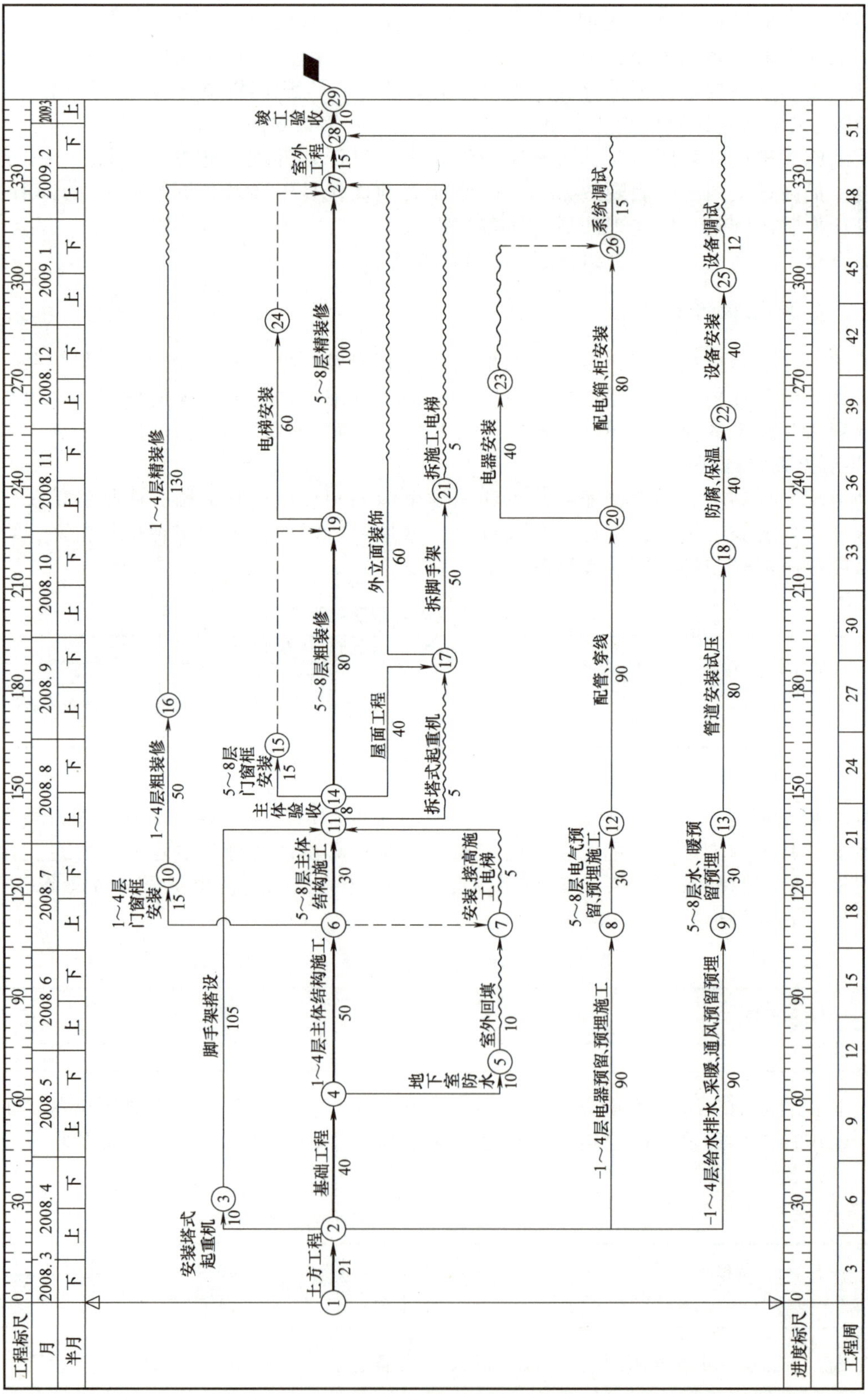

图 14-10 某综合楼工程施工控制性网络计划

根据施工方案和进度计划进行编制。其表格形式见表 14-5。

表 14-5 施工机具、设备配置计划表格形式

序号	机具、设备名称	类型、型号或规格	需要量		货源	进场日期	使用起止时间	备注
			单位	数量				

14.3.3 施工准备计划

单位工程施工准备主要包括技术准备、现场准备和资金准备等。它是根据施工部署与方案、施工进度计划和资源配置计划编制的，是施工前进行各项准备工作和进行现场平面布置的依据。

（1）技术准备　技术准备包括施工所需技术资料的准备、施工方案编制计划、试验检验及设备调试工作计划、样板制作计划等。

（2）现场准备　现场准备是根据现场条件和工程实际需要，准备现场生产、生活等临时设施。主要有：

1）施工水、电、热源的引入与设置。施工水、电、热源的引入与设置包括用量计算，管线设计和设施配置，确定线路及引入方法等。其中，用水量包括生产用水、机械用水、生活用水、消防用水等；用电量包括施工用电（电动机、电焊机、电热器）和照明用电。

2）生产、办公、生活临时房屋的数量，结构形式，搭建的时间、方法与要求等。

3）材料、垃圾堆放场地的设置。设置雨、污水管沟、沉淀池及排水设施等。

4）临时道路、围墙修建及场地硬化的形式、做法与要求。

具体设计计算参见第 15 章相关内容。

（3）资金准备　应根据施工进度计划编制资金使用计划。

列出施工准备工作计划表，表格形式见表 14-6。

表 14-6 施工准备工作计划表表格形式

序号	准备工作名称	准备工作内容	主办部门	协办部门	完成日期	负责人
1						
2						
…						

14.4 施工现场平面布置

单位工程施工现场平面布置是在施工用地范围内，对各项生产、生活设施及其他辅助设施等进行规划和设计。它是布置施工现场、进行施工准备工作的重要依据，也是实现文明施工、节约土地、降低施工费用的先决条件。一般按地基基础、主体结构、装修装饰及机电设备安装三个阶段分别绘图。其绘制比例一般为 1∶100~1∶500。

14.4.1 设计的内容

单位工程施工现场平面布置图应包括的内容有：

1）施工场地状况，相邻的地上、地下既有建（构）筑物及相关环境。

2）拟建建（构）筑物的位置、轮廓尺寸、层数等。

3）加工设施、贮存设施、办公和生活用房等的位置和面积。

4）垂直运输设施、供电供水供热设施、排水排污设施和临时施工道路等。

5）安全、消防、保卫和环境保护等设施。

6）必要的说明，图例、比例尺、方向标记。

14.4.2 设计的依据

设计单位工程施工平面图应依据建筑总平面图、施工图、现场地形图；气象水文资料、现有水源电源、场地形状与尺寸、可利用的已有房屋和设施情况；施工组织总设计；本单位工程的施工方案、进度计划、施工准备及资源供应计划；各种临时设施及堆场设置的定额与技术要求；国家、地方的有关规定等。

设计时，应对材料堆场、临时房屋、加工场地及水电管线等进行适当计算，以保证其适用性和经济性。

14.4.3 设计原则

（1）布置紧凑、少占地　在确保能安全、顺利施工的条件下，现场布置与规划要尽量紧凑，少征施工用地，既能节省费用，又有利于管理。

（2）尽量缩短运距、减少二次搬运　各种材料、构件等要依施工进度安排分期分批进场，并布置在使用地点附近；需进行垂直运输者，应布置在垂直运输机械附近或有效控制范围内，以减少搬运费用和损耗。

（3）尽量少建临时设施，所建临时设施应方便使用　在能保证施工顺利进行的前提下，应尽量减少临时建筑物或有关设施的搭建，以降低临时设施费用；应尽量利用已有的或拟建的房屋、道路和各种管线为施工服务；对必需修建的房屋尽可能采用装拆式或临时固定式；布置时不得影响正式工程的施工，避免反复拆建；各种临时设施的布置，应便于生产使用或生活使用。

（4）要符合职业健康、安全防火、保护环境、文明施工等要求　现场布置时，应尽量将生产区与生活区分开；要保证道路畅通，机械设备的钢丝绳、缆风绳以及电缆、电线、管道等不得妨碍交通；易燃设施（如木工棚、易燃品仓库）和有碍人体健康的设施，应布置在下风处并远离生活区；要依据有关要求设置各种安全、消防、环保等设施。需特别注意：易燃易爆危险品库房与拟建工程的防火间距不应小于15m，可燃材料堆场及其加工场、固定动火作业场与拟建工程的防火间距不应小于10m，其他临时用房、临时设施与拟建工程的防火间距不应小于6m。

根据上述原则并结合施工现场的具体情况，可设计出多个不同的布置方案，应通过分析比较，取长补短，选择或综合出一个最合理、安全、经济、可行的平面布置方案。

进行布置方案的比较时，可依据以下指标：施工用地面积；场地利用率；场内运输量，临时设施及临时建筑物的面积及费用；施工道路的长度及面积；水电管线的敷设长度；安全、防火及职业健康、环境保护、文明施工等是否能满足要求；应重点分析各布置方案满足施工要求的程度。

14.4.4 设计的步骤与要求

1. 施工场地状况

根据建筑总平面图、场地的有关资料及实际状况，绘出场地的形状尺寸；已建和拟建的建筑物或构筑物；已有的水源、电源及水电管线、排水设施；已有的场内、场外道路；围墙；需保护的树木、房屋或其他设施等。

2. 起重及垂直运输机械的布置

起重及垂直运输机械的布置，是施工方案与现场安排的重要体现，是关系到现场全局的中心一环。它直接影响现场施工道路的规划、构件及材料堆场的位置、加工机械的布置及水电管线的安排。因此，应首先布置。

(1) 塔式起重机的布置　塔式起重机一般应布置在场地较宽的一侧，行走式塔式起重机的轨道应平行于建筑物的长度方向，以利于堆放构件和布置道路，充分利用塔式起重机的有效服务范围。附着式塔式起重机还应考虑附着点的位置。此外还要考虑塔式起重机基础的形式和设置要求，保证其安全性及稳定性等。

塔式起重机距离建筑物的尺寸，取决于最小回转半径和凸出建筑物墙面的雨篷、阳台、挑檐尺寸及外脚手架的宽度。对于轨道行走式塔式起重机，应保证塔式起重机行驶时与凸出物有不少于0.5m的安全距离；对于附着式塔式起重机还应符合附着臂杆长度的要求。

塔式起重机布置后，要绘出其服务范围。原则上建筑物的平面均应在塔式起重机服务范围以内，尽量避免出现“死角”。塔式起重机的服务范围及主要运输对象的布置示例如图14-11所示。

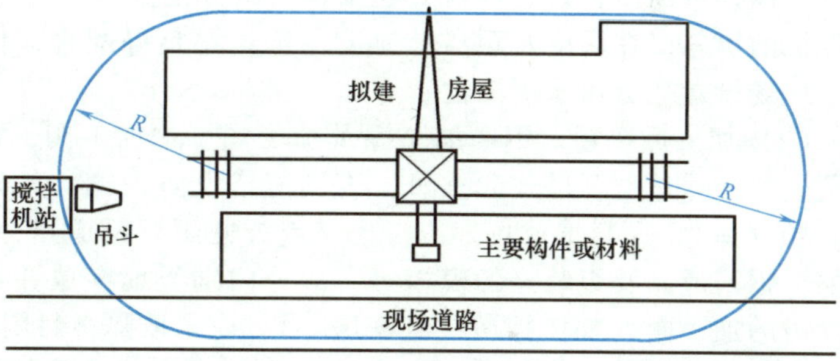

图14-11　轨行式塔式起重机的布置位置及其服务范围示例

塔式起重机的布置位置不仅要满足使用要求，还要考虑安装和拆除的方便。

(2) 自行式起重机　采用履带式、轮胎式或汽车式等起重机时，应绘制出吊装作业时的停位点、控制范围及其开行路线。

(3) 固定式垂直运输设备　布置井架、门架或施工电梯等垂直运输设备，应根据机械性能、建筑平面的形状和尺寸、流水段划分情况、材料来向和运输道路情况而定。其目的是充分发挥机械的能力并使地面及楼面上的水平运距最小或运输方便。垂直运输设备应布置在阳台或窗洞口处，以减少施工留槎、留洞和拆除垂直运输设备后的修补工作。

垂直运输设备离开建筑物外墙的距离，应视屋面檐口挑出尺寸及外脚手架的搭设宽度而定，不得使脚手架中断。当与塔式起重机同时使用时，应避开塔式起重机布置，以免设备本身及其缆风绳影响塔式起重机作业。

(4) 混凝土输送泵及管道　在混凝土结构施工的垂直运输中，混凝土运量占75%以上，输送泵的布置至关重要。

混凝土输送泵应设置在供料方便、配管短、水电供应方便处。当采用搅拌运输车供料时，混凝土输送泵宜布置在路边，其周围最好能停放两辆搅拌车，以保证供料方便和连续；当采用现场搅拌供应方式时，混凝土输送泵应靠近搅拌机，以便直接供料（需下沉输送泵或提高搅拌机）。

泵位直接影响配管长度、输送阻力和效率。布置时应尽量减少管道长度，少用弯管和软管。垂直向上的运输高度较大时，应使地面水平管的长度不小于垂直管长度的1/4且不小于15m，否则应在距泵3~5m处设截止阀，以防止停泵时反流。倾斜向下输送时，地面水平管应转90°弯，并在斜管上端设排气阀；高差大于20m时，斜管下端应有不少于5倍高差的水平管，或设弯管、环形管，以防止停泵时混凝土坠流而使泵管进气。

3. 布置运输道路

现场主要道路应尽可能利用既有道路，或先建好永久性道路的路基（待施工结束时再铺路面），不具备以上条件时应铺设临时道路。

现场道路应按材料、构件运输的需要，沿仓库和堆场进行布置。为使其畅行无阻，宜采用环形或“U”形布置，否则应在尽端处留有车辆回转场地。路面宽度，单车道应为3~4m，双车道不小于5.5m；消防车道净宽和净空高度均不小于4m。道路的转弯半径，一般单车道不少于9m，双车道不少于7m。路基应经过设计，路面要高出施工场地100~150mm，雨期还应起拱。道路两侧设排水沟。

4. 搅拌站、加工棚、仓库和材料、构件的布置

现场搅拌站、仓库和材料、构件堆场的位置应尽量靠近使用地点且在垂直运输设备有效控制范围内，并考虑到运输和装卸料的方便。布置时，应根据用量大小分出主次。

（1）搅拌站　现场搅拌站包括混凝土（或砂浆）搅拌机房、粗细骨料堆场、水泥及掺合料库（罐）、称量设施等。砂、石、水泥、掺合料等应围绕搅拌机布置，并应方便称量、上料及材料进场。

为了减少拌合物的运距，搅拌站应尽可能布置在垂直运输机械附近。当用塔式起重机运输时，搅拌机的出料口宜在塔式起重机的服务范围之内，以便就地吊运；当采用泵送运输时，搅拌机的出料口在高度及距离上应能与输送泵良好配合，使拌合物能直接卸入输送泵的料斗内。现场设置二级污水沉淀池。

（2）加工棚、场　钢筋加工棚及加工场、木加工棚、水电及通风管线加工棚均可离建筑物稍远些，尽量避开塔式起重机，否则应搭设防护棚。各种加工棚附近应设有原材料及成品堆放场（库），原料堆放场地应考虑来料方便而靠近道路，成品堆放应便于向使用地点运输。例如，钢筋成品及组装好的模板等，应分门别类地存放在塔式起重机控制范围内。对产生较大噪声的加工棚（如搅拌房、电锯房等），应采取隔声封闭措施。

（3）预制构件　根据起重机类型和吊装方法确定构件的布置。采用塔式起重机安装的多层结构，应将构件布置在塔式起重机有效控制范围内且应按规格、型号分别存放，保证运输和使用方便。成垛堆放构件时，其高度应符合强度及稳定性要求，各垛间应保留检查、加工及起吊所需间距。

各种构件应根据施工进度安排及供应状况，分期分批配套进场，但现场存放量不宜少于两个流水段或一个楼层的用量。

（4）仓库和材料　仓库和材料堆场的面积应经计算确定，以适应各个施工阶段的需要。布置时，可按照材料使用的阶段性，在同一场地先后可堆放不同的材料。布置时应注意以下几点：

① 对大宗的、质量大的和先期使用的材料，应尽可能靠近使用地点和起重机及道路，少量的、轻的和后期使用的可布置在稍远的地点。

② 对模板、脚手架等需周转使用的材料，应布置在装卸、吊运方便且靠近拟建工程处。

③ 对受潮、污染、阳光辐射后易变质或失效的材料和贵重、易丢失、易损坏、有毒材料、工具、小型机械等必须入库保管，其位置应利于保管、保护和取用。

④ 对易燃、易爆和污染环境的材料（如防水卷材库、涂料库、木材场、石灰库等）应设置在下风向处，易燃、易爆材料还应远离火源。

5. 布置行政管理及文化、生活、福利用临时设施

这类临时设施包括：各种生产管理办公用房、会议室、警卫传达室、宿舍、食堂、开水房、医务、浴室等。在能满足生产和生活的基本需求下，尽可能少建，以节约费用和场地。必须修建时，应根据需要确定面积，并进行必要的设计。

布置临时房屋时，应保证使用方便、不妨碍拟建工程及待建管线工程施工，还应避开塔式起重机作业范围和高压线路，距离运输道路1m以上，距易燃物库房或用火生产区不小于

30m，各栋之间距离不少于5m。锅炉房、厨房等用明火的设施应设在下风向处。临时房屋应采用不燃材料搭建，层数不应超过3层，每层建筑面积不大于300m^2，当层数为3层或每层面积大于200m^{2}时，应设置不少于2部疏散楼梯，保证房间门至疏散楼梯的最大距离不大于25m；房屋的开间、进深尺寸应依据结构形式确定，不宜过大，宿舍房间不应大于30m^2，其他房间不宜大于100m^2。

6. 布置临时水电管网及设施

（1）供水设施　临时供水要经过计算、设计，然后进行布置。单位工程的供水干管直径不应小于100mm，支管径为40mm或25mm。管线布置应使其长度最短，常采用枝状或环状布置。消防水管和生产、生活用水管可合并设置。管线宜暗埋，在使用点引出，并设置水龙头及阀门。管线宜沿路边布置且不得妨碍在建或拟建工程施工。

消防用水一般利用城市或建设单位的永久性消防设施。如自行安排，应符合以下要求：消防水管直径不得小于100mm，管线宜布置成环状；消火栓间距不应大于120m，应沿拟建工程、临时用房、可燃材料堆场及加工场均匀布置，并距其边缘不少于5m。应便于寻找且周围无障碍物。

高层建筑施工需设有效容积不少于10m^{3}的蓄水池、不少于两台高压水泵以及施工输水立管和不少于2根直径100mm以上的消防竖管。每个楼层均应设临时消防接口、消防水枪、水带及软管，消防接口的间距不应大于30m。

（2）排水设施　为了便于排除地面水和地下水，要及时修通永久性下水道，并结合现场地形和排水需要，设置明或暗排水沟。

（3）供电设施　临时用电包括施工用电（电动机、电焊机、电热器等）和照明用电。变压器或变配电室应布置在现场边缘高压线接入处。配电线路宜布置在围墙边或距路边1m以外，架空设置时电杆间距不宜大于40m；架空高度不小于4m（橡皮电缆不小于2.5m），跨车道处不小于6m；距建筑物或脚手架不小于7m，距塔式起重机所吊物体的边缘不得小于2m。不能满足上述距离要求或在塔式起重机控制范围内时，宜埋设电缆，深度不小于0.7m，电缆上下左右均敷设不少于100mm厚的软土或砂土，并覆盖砖、石等硬质保护层后再覆土，穿越道路或引出处应加设防护套管。

配电系统应设置配电柜或总配电箱、分配电箱、末级配电箱，实行三级配电。总配电箱下可设若干个分配电箱（分配电箱可设置多级）；分配电箱应设在用电设备或负荷相对集中的区域；末级配电箱距分配电箱不应超过30m。对消防泵、施工升降机、塔式起重机、混凝土泵等大型设备应设专用配电箱。固定式配电箱的中心距地面宜为1.4~1.6m，上部应设置防护棚，周围设保护围栏。

14.4.5 需注意的问题

土木工程施工是一个复杂多变的生产过程，随着工程的进展，各种机械、材料、构件等陆续进场又逐渐消耗、变动。因此，施工平面图应分阶段进行设计，但各阶段的布置应彼此兼顾。施工道路、水电管线及各种临时房屋不要轻易变动，也不应影响室外工程、地下管线及后续工程的进行。

14.5 施工管理计划与技术经济指标

14.5.1 主要施工管理计划的制订

施工管理计划包括进度管理计划、质量管理计划、安全管理计划、环境管理计划、成本管理计划以及其他管理计划等内容。在编制施工组织设计时，各项管理计划可单独成章，也可穿插在相应章节中。各项管理计划的制订，应根据项目的特点有所侧重。编制时，必须符合国家和地方政府部门有关要求，正确处理成本、进度、质量、安全和环境等之间的关系。

1. 进度管理计划

施工进度管理应按照项目施工的技术规律和合理的施工顺序，保证各工序在时间上和空间上顺利衔接。主要内容包括：

1）对施工进度计划进行逐级分解，通过阶段性目标的实现保证最终工期目标。

2）建立施工进度管理的组织机构并明确职责，制订相应管理制度。

3）针对不同施工阶段的特点，制订进度管理的相应措施，包括施工组织措施、技术措施和合同措施等。

4）建立施工进度动态管理机制，及时纠正施工过程中的进度偏差，并制订特殊情况下的赶工措施。

5）根据项目周边环境特点，制订相应的协调措施，减少外部因素对施工进度的影响。

2. 质量管理计划

质量管理计划应按照 GB/T 19001—2016《质量管理体系要求》，在施工单位质量管理体系的框架内编制，主要内容包括：

1）按照工程项目要求，确定质量目标并进行目标分解。

2）建立项目质量管理的组织机构并明确职责。

3）制订符合项目特点的技术和资源保障措施、防控措施（如原材料、构配件、机具的要求和检验，主要的施工工艺、主要的质量标准和检验方法，夏期、冬期和雨期施工的技术措施，关键过程、特殊过程、重点工序的质量保证措施，成品、半成品的保护措施，工作场所环境以及劳动力和资金保障措施等）。

4）建立质量过程检查制度，并对质量事故的处理做出相应规定。

3. 安全管理计划

建筑施工安全事故（危害）通常分为七大类：高处坠落、机械伤害、物体打击、坍塌倒塌、火灾爆炸、触电、窒息中毒。安全管理计划应针对项目具体情况，建立安全管理组织，制订相应的管理目标、管理制度、管理控制措施和应急预案等。安全管理计划可参照 GB/T 28001—2001《职业健康安全管理体系规范》，在施工单位安全管理体系的框架内编制。其主要内容包括：

1）确定项目重要危险源，制订项目职业健康安全管理目标。

2）建立有管理层次的项目安全管理组织机构并明确职责。

3）根据项目特点，进行职业健康安全方面的资源配置。

4）建立具有针对性的安全生产管理制度和职工安全教育培训制度。

5）针对项目重要危险源，制订相应的安全技术措施；对达到一定规模的危险性较大的分部（分项）工程和特殊工种的作业，应制订专项安全技术措施的编制计划。

6）根据季节、气候的变化，制订相应的季节性安全施工措施。

7）建立现场安全检查制度，并对安全事故的处理做出相应规定。

4. 环境管理计划

施工中常见的环境因素包括大气污染、垃圾污染、施工机械的噪声和振动、光污染、放射性污染、生产及生活污水排放等。环境管理计划可参照 GB/T 24001—2016《环境管理体系要求及使用指南》，在施工单位环境管理体系的框架内编制，主要内容包括：

1）确定项目重要环境因素，制订项目环境管理目标。

2）建立项目环境管理的组织机构并明确职责。

3）根据项目特点，进行环境保护方面的资源配置。

4）制订现场环境保护的控制措施。

5）建立现场环境检查制度，并对环境事故的处理做出相应规定。

5. 成本管理计划

成本管理计划应以项目施工预算和施工进度计划为依据进行编制，主要内容包括：

1）根据项目施工预算，制订项目施工成本目标。

2）根据施工进度计划，对项目施工成本目标进行阶段分解。

3）建立施工成本管理的组织机构并明确职责，制定相应管理制度。

4）采取合理的技术、组织和合同等措施，控制施工成本。

5）确定科学的成本分析方法，制订必要的纠偏措施和风险控制措施。

6. 其他管理计划

其他管理计划宜包括绿色施工管理计划、防火保安管理计划、合同管理计划、组织协调管理计划、创优质工程管理计划、质量保修管理计划以及对施工现场人力资源、施工机具、材料设备等生产要素的管理计划等。

其他管理计划可根据项目的特点和复杂程度加以取舍。各项管理计划的内容应有目标，有组织机构，有资源配置，有管理制度和技术、组织措施等。

14.5.2 技术经济指标

在单位工程施工组织设计的编制基本完成后，通过计算各项技术经济指标，作为对施工组织设计评价和决策的依据。主要指标及计算方法如下：

（1）总工期　总工期是指从破土动工至竣工的全部日历天数。它反映了施工组织能力与生产力水平，可与定额规定工期或同类工程工期相比较。

（2）单位面积用工　单位面积用工是指完成单位合格产品所消耗的主要工种、辅助工种及准备工作的全部用工。它反映了施工企业的生产效率及管理水平，也可反映出不同施工方案对劳动量的需求。

$$单位面积用工=\frac{总用工数（工日）}{建筑面积（m^2）}$$

（3）质量优良品率　质量优良品率是施工组织设计中确定的重要控制目标，主要通过保证质量措施实现，可分别对单位工程、分部分项工程进行确定。

（4）主要材料（如三大材）节约指标　该项为施工组织设计中确定的控制目标，靠材料节约措施实现。主要材料节约指标包括主要材料节约量和主要材料节约率。

$$主要材料节约量=预算用量-施工组织设计计划用量$$

$$主要材料节约率=\frac{主要材料计划节约额（元）}{主要材料预算金额（元）}\times 100\%$$

（5）大型机械耗用台班数及费用　该项反映机械化程度和机械利用率，通过以下两式计算。

$$单方耗用大型机械台班数=\frac{耗用总台班（台班）}{建筑面积（m^2）}$$

$$单方大型机械费用=\frac{计划大型机械台班费（元）}{建筑面积（m^2）}$$

（6）降低成本指标

$$降低成本额=预算成本-施工组织设计计划成本$$

$$降低成本率=\frac{降低成本额（元）}{预算成本（元）}\times 100\%$$

预算成本是根据施工图按预算价格计算的成本，计划成本是按施工组织设计所确定的施工成本。降低成本率的高低，可反映出不同施工组织设计所产生的不同经济效果。

工程案例

本章“某高层混凝土结构办公楼工程施工组织设计”工程案例，详见本书配套电子资源。

习 题

1. 单位工程施工组织设计的内容有哪些？施工部署和施工方案各包括哪些方面的内容？
2. 试述确定一般房屋建筑工程的施工展开程序应遵循的原则。
3. 确定施工顺序应考虑哪些原则？
4. 试述现浇框架结构办公楼、剪力墙结构住宅楼在结构阶段的施工顺序。
5. 内外装饰的施工流向如何安排？
6. 施工机械选择的内容及原则包括哪些？
7. 砖混住宅、框架教学楼的施工方法与机械选择应着重哪些内容？
8. 施工进度计划的类型及形式各有那些？
9. 编制施工进度计划的步骤有哪些？如何调整工期？
10. 劳动力不均衡系数如何计算？一般宜控制在哪个范围内？
11. 在单位工程施工组织设计中，施工准备编制的内容有哪些？
12. 资源配置计划包括哪些？各自编制的依据和用途是什么？
13. 施工平面图设计的原则有哪些？设计的内容、步骤如何？
14. 试述塔式起重机布置的要求。
15. 对现场道路的形状、路面宽度、转弯半径各有何要求？
16. 对现场消防设施有何要求，如何布置？
17. 现场临时水电管线应如何布置？
18. 在单位工程施工组织设计中，应制订哪些方面的施工管理计划？

第15章

施工组织总设计

学习目标

了解施工组织总设计的作用、编制程序和依据；熟悉施工组织总设计的内容；掌握施工部署和施工方案编制的主要内容；掌握临时用水、用电的计算方法；了解总进度计划及总平面图编制的内容与方法。

施工组织总设计是以群体工程或特大型项目为编制对象，根据初步设计或扩大初步设计图及其他资料和现场施工条件而编制，对整个建设项目进行全面规划和统筹安排，是指导全场性的施工准备工作和施工全局的纲要性技术经济文件。由项目负责人主持、项目总工程师负责编制。

15.1 概述

15.1.1 任务与作用

施工组织总设计的任务，是对整个建设工程的施工过程和施工活动进行总的战略性部署，并对各单位工程的施工进行指导、协调及阶段性目标控制。其主要作用包括：为组织全工地性施工业务提供科学方案；为做好施工准备工作、保证资源供应提供依据；为施工单位编制生产计划和单位工程施工组织设计提供依据；为建设单位编制工程建设计划提供依据；为确定设计方案的施工可行性和经济合理性提供依据。

15.1.2 内容

施工组织总设计一般包括如下内容：

1）编制依据。

2）工程项目概况。

3）施工部署及主要项目的施工方案。

4）施工总进度计划。

5）总体施工准备。

6）主要资源配置计划。

7）施工总平面布置。

8）施工管理计划及技术经济指标。

15.1.3 编制程序

施工组织总设计的编制程序如图 15-1 所示。

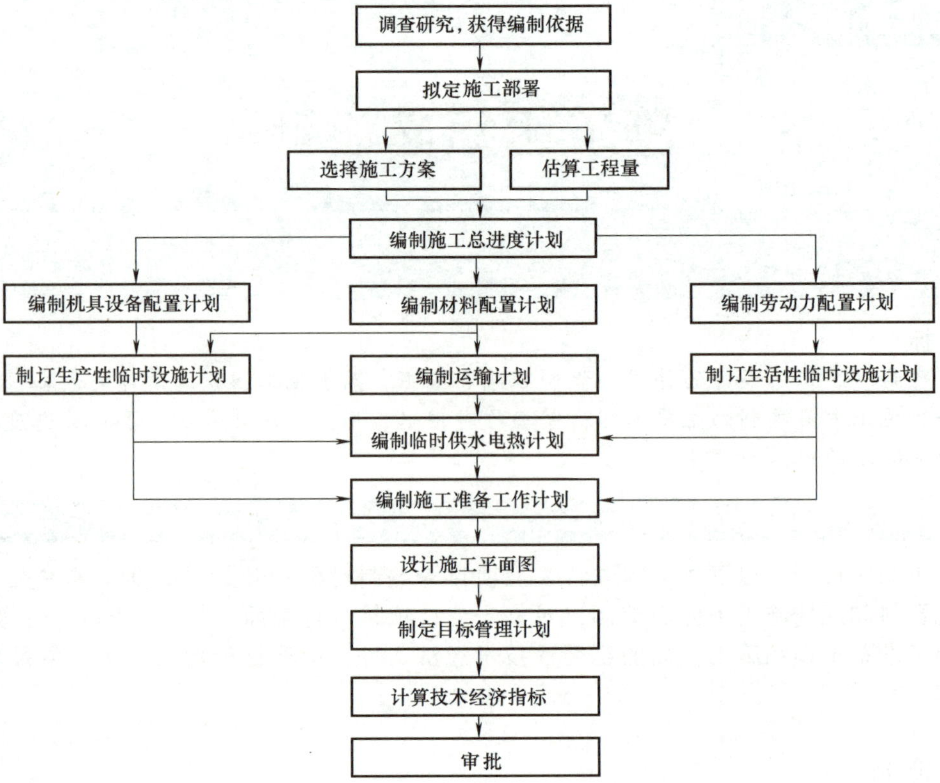

图 15-1 施工组织总设计的编制程序

该编制程序是根据施工组织总设计中各项内容的内在联系而确定的。其中，调查研究是编制施工组织总设计的准备工作，目的是获取足够的信息，为编制施工组织总设计提供依据。施工部署和施工方案是第一项重点内容，是编制施工进度计划和进行施工总平面图设计的依据。施工总进度计划是第二项重点内容，必须在编制了施工部署和施工方案之后进行。只有编制了施工总进度计划，才具备编制其他计划的条件。施工总平面图是第三项重点内容，需依据施工方案和各种计划需求进行设计。

15.1.4 编制依据

为了保证施工组织总设计的编制工作顺利进行，能在实施中切实发挥指导作用，编制时必须密切地结合工程实际情况。主要编制依据如下：

1. 与工程建设有关的文件、合同

与工程建设有关的文件、合同主要包括：国家批准的基本建设计划、可行性研究报告、工程项目一览表、分期分批施工项目和投资计划；地区主管部门的批件、建设单位对施工的要求；施工单位上级主管部门下达的施工任务计划；工程施工合同或招投标文件；工程材料和设备的订货指标；引进材料和设备供货合同等。

2. 设计文件及有关资料

设计文件及有关资料主要包括：建设项目的初步设计、扩大初步设计或技术设计的有关图样、设计说明书、建筑区域平面图、建筑总平面图、建筑设计图、总概算或修正概算等。

3. 施工组织纲要

施工组织纲要（或称投标施工组织设计）提出了施工目标和初步的施工部署，在施工组

织总设计中要深化部署，履行所承诺的目标。

4. 现行法规、标准

现行法规、标准包括：与本工程建设有关的国家、行业和地方现行的法律、法规、规范、规程、标准、图集等。

5. 工程勘察和技术经济资料

工程勘察资料包括：建设地区的地形、地貌、工程地质及水文地质、气象等自然条件。

技术经济资料包括：建设地区可能为建设项目服务的建筑安装企业、预制加工企业的人力、设备、技术和管理水平；工程材料的来源和供应情况；交通运输情况；水、电供应情况；商业和文化教育水平和设施情况等。

6. 类似建设项目的施工组织总设计和有关总结资料

15.1.5 工程概况的编写

工程概况是对整个工程项目的总说明，应包括项目主要情况、承包范围和主要施工条件等。

1. 项目主要情况

该项内容是要描述工程的主要特征和工程的全貌，为施工组织总设计的编制及审核提供前提条件。因此，应写明以下内容：

1）项目名称、性质（工业或民用）、地理位置，建设规模（占地总面积、总投资或产量、分期分批建设范围等），项目构成等。

2）建设、勘察、设计和监理等相关单位的情况。

3）设计概况。建筑工程的设计概况包括建筑面积、建筑高度、建筑层数、结构形式、建筑结构及装饰用料、建筑抗震设防烈度、安装工程和机电设备的配置等。应列出工程构成表和工程量汇总表，见表15-1。

4）承包范围及主要分包工程范围。

5）施工合同或招标文件对项目施工的重点要求等。

表15-1 工程构成及其特征

序号	单位工程名称	建筑结构特征	建筑面积/m^2	占地面积/m^2	层数	构筑物体积/m^3	备注
1							
2							
…							

2. 项目主要施工条件

1）建设地点气象状况。它包括气温、雨、雪、风和雷电等气象变化情况以及冬雨期时间和冻结深度等。

2）项目施工区域地形和工程水文地质状况。它包括地形变化和绝对标高，地质构造、土的性质和类别、地基承载力，河流流量和水质、最高洪水和枯水期的水位，地下水位的高低变化、含水层的厚度、流向和水质等。

3）项目施工区域地上、地下管线及相邻的地上、地下建（构）筑物情况。

4）与项目施工有关的道路、河流等状况。

5）当地建筑材料、设备供应和交通运输等服务能力状况。它包括主要材料、特殊材料和生产工艺设备供应条件及交通运输条件。

6）当地供电、供水、供热和通信能力状况。按照施工需求，描述相关资源提供能力及解决方案。

3. 其他内容

如有关本建设项目的决议、合同或协议；土地征用范围、数量和居民搬迁时间；需拆迁与平整场地的要求等。

15.2 总体施工部署与施工方案

施工部署与施工方案是对整个建设项目通盘考虑、统筹规划后，所做出的战略性决策，明确项目施工的总体设想。它是施工组织总设计的核心，直接影响建设项目的进度、质量、成本三大目标的实现。

15.2.1 总体施工部署

总体施工部署主要内容包括：明确项目的组织体系、施工区域划分、控制目标、分阶段（期）交付的计划、展开程序及空间组织、全场性准备工作规划等。

西塔施工部署与方法演示（1）

1. 项目组织体系

项目组织体系应包含建设单位、承包和分包单位及其他参建单位，应以框图表示，明确各单位在本项目的地位及负责人，如图 15-2 所示。

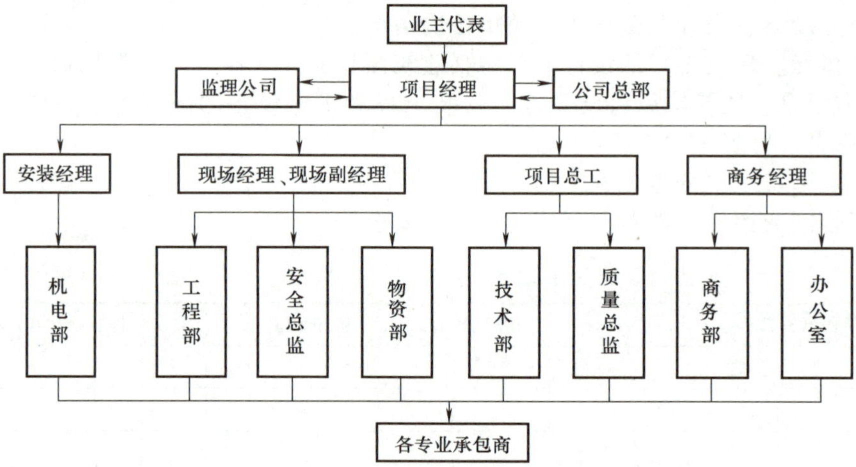

图 15-2 某建设工程项目的管理组织体系

2. 施工区域（或任务）的划分与组织安排

在明确施工项目管理体制、组织机构和管理模式的条件下，划分各参与施工单位的任务，明确总包与分包的关系，建立施工现场统一的组织领导机构及职能部门，确定综合的和专业化的施工组织，明确各单位之间分工与协作关系，确定各分包单位分期分批的主攻项目和穿插项目。

3. 施工控制目标

施工控制目标是指在合同文件中规定或施工组织纲要中承诺的建设项目的施工总目标，单位工程的工期、成本、质量、安全、环境等目标。其中，工期、成本、质量的量化目标见表 15-2。

表15-2　施工控制目标

序号	单位工程名称	建筑面积/m^2	控制工期			控制成本/万元	控制质量（合格或优良等）
			工期/月	开工日期	竣工日期		
1							
2							
…							

4. 确定项目展开程序及空间组织

根据建设项目施工总目标及总程序的要求，确定分期分批施工的合理展开程序，并合理确定每个独立交工系统及其单位工程的开竣工时间。在确定展开程序时，应主要考虑以下几点：

1）在满足合同工期要求的前提下，分期分批施工。这样做既有利于保证项目的总工期，又可在全局上实现施工的连续性和均衡性，减少暂设工程数量，降低工程成本。至于分几批施工，还应根据其使用功能、业主要求、工程规模、资金情况等，由甲、乙双方共同研究确定。

2）统筹安排各类施工项目，保证重点，兼顾其他，确保按期交付使用。按照各工程项目的重要程度和复杂程度，优先安排的项目包括：

① 甲方要求先期交付使用的项目。

② 工程量大、构造复杂、施工难度大、所需工期长的项目。

③ 运输系统、动力系统。例如，道路、变电站等。

④ 可提前投入使用的项目。

3）一般应按先地下后地上、先深后浅、先干线后支线、先管线后筑路的原则进行安排。

4）注意工程交工的配套，使建成的项目能迅速投入生产或交付使用，尽早发挥该部分的投资效益。

5）避免已投入使用的项目与在建项目的施工相互妨碍和干扰，使使用和施工两方便。

6）注意资源供应与技术条件之间的平衡，以便合理地利用资源，促进均衡施工。

7）注意季节的影响，将不利于某季节施工的工程提前或推后，但应保证不影响质量和工期。例如，大规模土方和深基坑工程要避开雨期；寒冷地区的房屋工程尽量在入冬前封闭等。

5. 主要施工准备及绿色施工规划

主要施工准备是指全现场的准备，包括思想、组织、技术、物资等准备。首先，应安排好场内外运输主干道、水电源及其引入方案；其次，要安排好场地平整方案、全场性排水、防洪；还应安排好生产、生活基地，做出构件的现场预制、工厂预制或采购规划。对开发和使用的新技术、新工艺做出部署，对绿色施工制订实施对策与评价方法。

15.2.2　主要项目施工方法的确定

西塔施工部署与方法演示（2）

对于主要单位（子单位）工程和特殊的、影响全局的分部（分项）工程，应在施工组织总设计中制订其施工方法，其目的是进行技术和资源的准备工作，也为工程施工的顺利开展和工程现场的合理布局提供依据。

主要单位（子单位）工程是指工程量大、工期长、施工难度大、对整个建设项目的完成起关键作用的建筑物或构筑物，如生产车间、高层建筑等；特殊的分项工程是指桩基、大跨结构、重型构件吊装、特殊外墙饰面工程等。对脚手架工程、起重吊装工程、临时用水用电工程、季节性施工等专项工程所采用的施工方法也应进行简要说明。

选择施工方法时，应尽量扩大工业化施工范围，努力提高机械化施工程度，减轻劳动强度，提高劳动生产率，保证工程质量，降低工程成本，确保按期交工，实现安全、环保和文明施工。对施工方法的确定要兼顾技术工艺的先进性和可操作性以及经济上的合理性。

选择大型机械应注意其可能性、适用性、经济合理性及技术先进性。可能性是指利用自有机械或通过租赁、购置等途径可以获得的机械；适用性是指机械的技术性能满足使用要求；经济合理性是指能充分发挥效率、所需费用较低；先进性是指性能好、功能多、能力强、安全可靠、便于保养和维修。大型机械应能进行综合流水作业，在同一个项目中应减少其装、拆、运的次数。辅机的选择应与主机配套。

15.3 施工总进度计划

施工总进度计划是对施工现场各项施工活动在时间上所做的安排，它是施工部署在时间上的具体体现。其编制应依据施工合同、施工进度目标、有关技术经济资料，并按照总体施工部署确定的施工展开程序和空间组织等进行，合理安排各单位工程之间的施工顺序和搭接关系。其作用在于能够确定各个单位工程的施工期限以及开竣工日期；同时也为制订资源配置计划、临时设施的建设和进行现场规划布置提供依据。

15.3.1 编制原则

1）合理安排各单位工程或子单位工程之间的施工顺序，优化配置劳动力、物资、施工机械等资源，保证建设工程项目在规定的工期内完工。

2）合理组织施工，保证施工的连续、均衡、有节奏，以加快施工速度，降低成本。

3）科学地安排全年各季度的施工任务，充分利用有利季节，尽量避免停工和赶工，从而在保证质量的同时节约费用。

15.3.2 编制步骤

1. 划分项目并计算工程量

根据批准的总承建任务一览表，列出工程项目一览表并分别计算各项目的工程量。由于施工总进度计划主要起控制作用，因此，项目划分不宜过细，可按确定的工程项目的展开程序进行排列，应突出主要项目，一些附属的、辅助的及小型项目可以合并。

计算各工程项目工程量的目的是正确选择施工方法和主要的施工、运输机械，初步规划各主要项目的流水施工，计算各项资源的需要量。因此，工程量只需粗略计算。可依据设计图及相关定额手册，分单位工程计算主要实物量。将计算所得的各项工程量填入工程量总表及总进度计划表头中（见表15-3）。

2. 确定各单位工程的施工期限

确定各单位工程的施工期限，要考虑工程类型、结构特征、装饰装修的等级、工程复杂程度、施工管理水平、施工方法、机械化程度、施工现场条件与环境等因素。但工期应控制在合同工期以内，无合同工期的工程，应按工期定额或类似工程的经验确定。

3. 确定各单位工程的开竣工时间和相互搭接关系

根据建设项目总工期、总的展开程序和各单位工程的施工期限，即可进一步安排各施工项目的开竣工时间和相互搭接关系。安排时应注意以下要求：

(1) 保证重点，兼顾一般 在安排进度时，同一时期施工的项目不宜过多，以避免人力、物力过于分散。因此，要分清主次，抓住重点。对工程量大、工期长、质量要求高、施工难度大的单位工程，或对其他工程施工影响大、对整个建设项目的顺利完成起关键性作用的工程应优先安排。

(2) 尽量组织连续、均衡地施工 安排施工进度时，应尽量使各工种施工人员，施工机具在全工地内连续施工，尽量实现劳动力、材料和施工机具的消耗量均衡，以利于劳动力的调度、原材料供应和临时设施的充分利用。为此，应尽可能在工程项目之间组织“群体工程流水”，即在具有相同特征的建筑物或主要工种工程之间组织流水施工，从而实现人力、材料和施工机具的综合平衡。此外，还应留出一些附属项目或零星项目作为调节项目，穿插在主要项目的流水施工中，以增强施工的连续性和均衡性。

(3) 满足生产工艺要求 对工业项目要以配套投产为目标，区分各项目的轻重缓急。把工艺调试在前的、占用工期较长的、工程难度较大的排在前面。

(4) 考虑经济效益，减少贷款利息 从货币时间价值观念出发，尽可能将投资额少的工程安排在最初年度内施工，而将投资额大的安排在最后，以减少投资贷款的利息。

(5) 考虑个体施工对总体配套设施施工的影响 安排施工进度时，要保证工程项目的室外管线、道路、绿化等其他配套设施能连续、及时地进行。因此，必须恰当安排各个建筑物、构筑物单位工程的起止时间，以便及时拆除施工机械设备、清理室外场地、清除临时设施，为总体配套设施施工创造条件。

(6) 全面考虑各种条件的限制 安排施工进度时，还应考虑各种客观条件的限制。如施工企业的施工力量、各种原材料及机具设备的供应情况、设计单位提供图样的时间、建设单位的资金投入与保证情况、季节环境情况等。

4. 编制初步施工总进度计划

初步施工总进度计划可以用横道图或网络图形式表达。由于在工程实施过程中情况复杂多变，施工总进度计划只能起到控制性作用，故不必过细，否则将不便于优化。

编制时，应尽量安排全工地性的流水作业。安排时应以工程量大、工期长的单位工程或子单位工程为主导，组织若干条流水线，并以此带动其他工程。

施工总（综合）进度计划表形式见表15-3。

表15-3 施工总（综合）进度计划表形式

<table>
<tr><th rowspan="3">序号</th><th rowspan="3">单位工程名称</th><th colspan="2">土建工程指标</th><th colspan="2">设备安装指标</th><th colspan="3">造价/万元</th><th colspan="8">进度计划</th></tr>
<tr><th rowspan="2">单位</th><th rowspan="2">数量</th><th rowspan="2">单位</th><th rowspan="2">数量</th><th rowspan="2">合计</th><th rowspan="2">建设工程</th><th rowspan="2">设备安装</th><th colspan="4">××年</th><th colspan="4">××年</th></tr>
<tr><th>Ⅰ</th><th>Ⅱ</th><th>Ⅲ</th><th>Ⅳ</th><th>Ⅰ</th><th>Ⅱ</th><th>Ⅲ</th><th>Ⅳ</th></tr>
<tr><td>1</td><td></td><td></td><td></td><td></td><td></td><td></td><td></td><td></td><td></td><td></td><td></td><td></td><td></td><td></td><td></td><td></td></tr>
<tr><td>2</td><td></td><td></td><td></td><td></td><td></td><td></td><td></td><td></td><td></td><td></td><td></td><td></td><td></td><td></td><td></td><td></td></tr>
<tr><td>…</td><td></td><td></td><td></td><td></td><td></td><td></td><td></td><td></td><td></td><td></td><td></td><td></td><td></td><td></td><td></td><td></td></tr>
<tr><td colspan="2">资源动态图</td><td colspan="7">施工总进度计划的技术经济指标分析</td><td></td><td></td><td></td><td></td><td></td><td></td><td></td><td></td></tr>
</table>

注：进度线应将土建工程、设备安装工程等以不同线条表示。

5. 编制实施施工总进度计划

初步施工总进度计划绘制完成后，应对其进行检查。检查内容包括是否满足总工期及起止时间的要求、各施工项目的搭接是否合理、资源需要量动态曲线是否较为均衡。

如发现问题应进行优化。主要方法是改变某些工程的起止时间或调整主导工程的工期。如果是利用计算机程序编制计划，还可分别进行工期优化、费用优化及资源优化。经调整符合要求后，编制实施总进度计划。某研究院工程施工网络计划如图15-3所示。

某研究院工程施工网络计划图

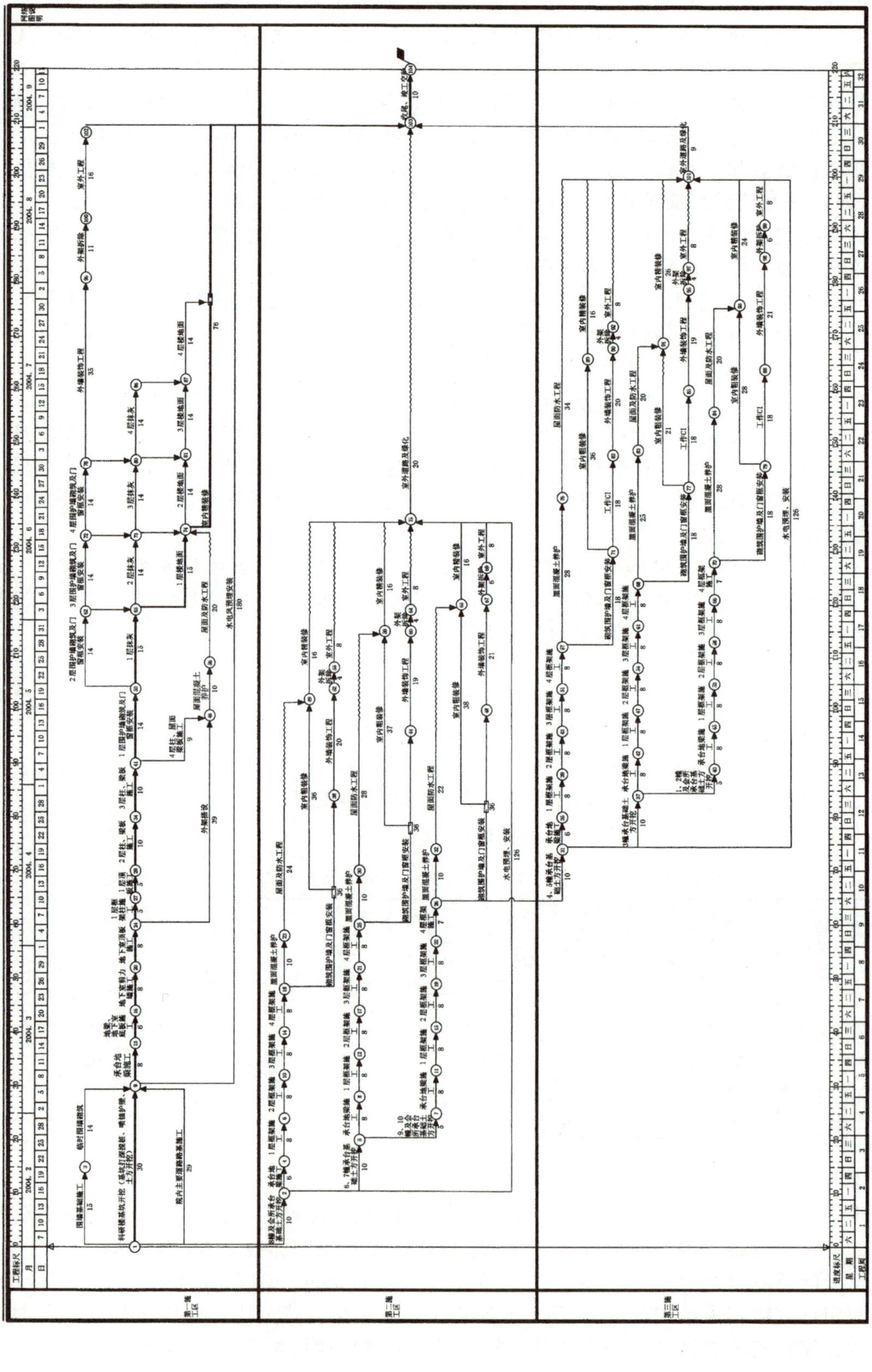

图 15-3 某研究院工程施工网络计划图

15.4　资源配置计划与总体施工准备

资源配置计划的编制需依据施工部署和施工总进度计划，重点确定劳动力及材料、构配件、加工品、施工机具等主要物资的需要量和时间，以便组织供应，保证施工总进度计划的实现；同时也为场地布置及临时设施的规划准备提供依据。

15.4.1　劳动力配置计划

劳动力配置计划是确定暂设工程规模和组织劳动力进场的依据。它是根据工程量汇总表、施工准备工作计划、施工总进度计划、概（预）算定额和有关经验资料，分别确定出每个单位工程专业工种的劳动量、工人数和进场时间，然后逐项按月或季度汇总，得出整个建设项目劳动力配置计划（见表 15-4），并在表下绘制出劳动力动态曲线柱状图。

表 15-4　整个建设项目劳动力配置计划

序号	单位工程名称	工种名称	劳动量/工日	需要量/人														
				20××年										20××年				
				3	4	5	6	7	8	9	10	11	12	1	2	3	4	…
1																		
…																		
合计																		

注：工种名称除生产工人外，应包括附属、辅助用工（如运输、构件加工、材料保管等）以及服务和管理用工。

15.4.2　物资配置计划

1. 主要材料和预制品配置计划

主要材料和预制品配置计划是组织材料和预制品加工、订货、运输、确定堆场和仓库的依据。它是根据施工图、工程量、消耗定额和施工总进度计划而编制的。

根据各工种工程量汇总表所列各建筑物主要施工项目的工程量，查相关定额或指标，便可得出所需的材料、构配件和半成品的需要量。然后根据总进度计划表，大致估算出某些主要材料在某季度某月的需要量，从而编制出材料、构配件和半成品的配置计划，见表 15-5。

表 15-5　主要材料和预制品配置计划

序号	单位工程名称	材料和预制品					需要量											
		编号	品名	规格	单位	总量	20××年							20××年				
							6	7	8	9	10	11	12	1	2	3	4	…
1	1 号教学楼																	
…	…																	
合计																		

注：1. 主要材料可按型钢、钢板、钢筋、管材、水泥、木材、砖、砌块、砂、石、防水卷材等分别列表。
2. 需要量按月或季度编制。

2. 主要施工机具和设备配置计划

该计划是组织机具供应、计算配电线路及选择变压器、进行场地布置的依据。主要施工机具可根据施工总进度计划及主要项目的施工方案和工程量，套定额或按经验确定。根据施工部署、施工方案、施工总进度计划、主要工种工程量和机械台班产量定额而确定；运输机具的需要量根据运输量计算。上述汇总结果可参照表 15-6。

表 15-6 主要施工机具和设备配置计划

序号	单位工程名称	施工机具和设备					需要量								
							20××年					20××年			
		编码	名称	型号	单位	电功率	8	9	10	11	12	1	2	3	…
1															
…															
合计															

注：1. 机具、设备名称可按土方、钢筋混凝土、起重、金属加工、运输、木加工、动力、测试、脚手架等分类填写。

2. 需要量按月或季度编制。

3. 大型临时设施计划

大型临时设施计划应本着尽量利用已有或拟建工程的原则，按照施工部署、施工方案、各种配置计划，并根据业务量和临时设施计算结果进行编制。计划表形式见表 15-7。

表 15-7 大型临时设施计划表

序号	项目	名称	需用量		利用现有建筑	利用拟建永久工程	新建	单价/(元/m^2)	造价/万元	占地/m^2	修建时间
			单位	数量							
1											
…											
合计											

注：项目名称包括生产、生活用房，临时道路，临时用水、用电和供热系统等。

15.4.3 总体施工准备

总体施工准备包括技术准备、现场准备和资金准备。其主要内容包括：

1）土地征用、居民拆迁和现场障碍拆除工作。

2）确定场内外运输及施工用干道，水、电来源及其引入方案。

3）制订场地平整及全场性排水、防洪方案。

4）安排好生产和生活基地建设，包括混凝土集中搅拌站，预制构件厂，钢筋、木材加工厂，机修厂及职工生活福利设施等。

5）落实材料、加工品、构配件的货源和运输储存方式。

6）按照建筑总平面图要求，做好现场控制网测量工作。

7）组织新结构、新材料、新技术、新工艺的试制、试验和人员培训。

8）编制各单位工程施工组织设计和研究制订施工技术措施等。

应根据施工部署与施工方案、资源计划及临时设施计划编制准备工作计划表。其表格形式见表 15-8。

表 15-8 准备工作计划表

序号	准备工作名称	准备工作内容	主办单位	协办单位	完成日期	负责人
1						
2						
…						

15.5 全场性暂设工程

在工程项目正式开工之前，要按照施工准备工作计划的要求，建造相应的暂设工程，以满足施工需要，为工程项目创造良好的施工环境。暂设工程的类型及规模因工程而异，主要有：工地加工厂组织，工地仓库组织，工地运输组织，办公及福利设施组织，工地供水和供电组织。

15.5.1　临时加工厂及作业棚

临时加工厂及作业棚属生产性临时设施，包括：混凝土及砂浆搅拌站、混凝土构件预制场、木材加工厂、钢筋加工厂、金属结构加工厂等；木工作业棚、电锯房、钢筋作业棚、锅炉房、发电机房、水泵房等现场作业棚房；各种机械存放场所。所有这些设施的建筑面积主要取决于设备尺寸、工艺过程、安全防火等要求，通常可参考有关经验指标等资料确定。

对于钢筋混凝土构件预制厂、锯木车间、模板、细木加工车间、钢筋加工棚等，其建筑面积可按下式计算

$$F=\frac{KQ}{TS\alpha} \tag{15-1}$$

式中　F——所需建筑面积（m^2）；

K——不均衡系数，取 1.3~1.5；

Q——加工总量；

T——加工总时间（月）；

S——每平方米场地月平均加工量定额；

α——场地或建筑面积利用系数，取 0.6~0.7。

常用各种临时加工厂的面积可参考建筑施工手册等有关资料。

15.5.2　临时仓库与堆场

仓库有各种类型。其中，“转运仓库”是设置在火车站、码头和专用线卸货场的仓库；“中心仓库”（或称总仓库）是储存整个工地（或区域型建筑企业）所需物资的仓库，通常设在现场附近或区域中心；“现场仓库”就近设置；“加工厂仓库”是专供本厂储存物资的仓库。以下主要介绍中心仓库和现场仓库。

1. 确定储备量

材料储备既要确保施工的正常需要，又要避免过多积压，减少仓库面积和投资，减少管理费用和占压资金。通常的储备量是以合理储备天数来确定，同时考虑现场条件、供应与运输条件以及材料本身的特点。材料的总储备量一般不少于该种材料总用量的 20%~30%。

1）建筑群的材料储备量按下式计算

$$q_1=K_1Q_1 \tag{15-2}$$

式中　q_1——总储备量；

K_1——储备系数，型钢、木材、用量小或不常使用的材料取 0.3~0.4，用量多的材料取 0.2~0.3；

Q_1——该项材料的最高年度或季度（与总储备时间一致）的需要量。

2）单位工程材料储存量按下式计算

$$q_2=\frac{nQ}{T} \tag{15-3}$$

式中　q_2——现场材料储备量；

n——储备天数；

Q——计划期内材料、半成品和制品的总需要量；

T——需要该项材料的施工天数，大于 n。

2. 确定仓库或堆场面积

按材料储备期可用下式计算

$$F=\frac{q}{P} \tag{15-4}$$

式中 F——仓库或堆场面积（m^2），包括通道面积；

q——材料储备量（q_1 或 q_2）；

P——单位面积（m^2）能存放的材料、半成品和制品的数量，见表 15-9。

表 15-9 部分材料储存参考数据表

序号	材料名称	储备天数 n/d	每 m^2 储存量 P	堆置高度/m	仓库类型
1	工字钢、槽钢	40~50	0.8~0.9t	0.5	露天
2	电线、电缆	40~50	0.3t	2.0	库或棚
3	木材	40~50	$0.8m^3$	2.0	露天
4	原木	40~50	$0.9m^3$	2.0	露天
5	成材	30~40	$0.7m^3$	3.0	露天
6	水泥	30~40	1.4t	1.5	库
7	生石灰(袋装)	10~20	1~1.3t	1.5	棚
8	砂、石子(人工堆置)	10~30	$1.2m^3$	1.5	棚
9	砂、石子(机械堆置)	10~30	$2.4m^3$	3.0	露天
10	混凝土砌块	10~30	$1.4m^3$	1.5	露天
11	砖	10~30	$1.4m^3$	1.5	露天
12	黏土瓦、水泥瓦	10~30	0.25 千块	1.5	棚
13	水泥混凝土管	20~30	0.5t	1.5	露天
14	防水卷材	20~30	15~24 卷	2.0	库
15	钢筋骨架	3~7	0.12~0.18t	—	露天
16	金属结构	3~7	0.16~0.24t	—	露天
17	钢门窗	10~20	0.65t	2	棚
18	模板	3~7	$0.7m^3$	—	露天
19	轻质混凝土制品	3~7	$1.1m^3$	2	露天
20	水、电及卫生设备	20~30	0.35t	1	棚、库各约占 1/4

注：储备天数根据材料特点及来源、供应季节、运输条件等确定。一般现场加工的成品、半成品或就地供应的材料取表中之小值，外地供应及铁路运输或水运者取大值。

15.5.3 运输道路

工地运输道路应尽量利用永久性道路，或先修筑永久性道路路基并铺设简易路面。主要道路应布置成环形、“U”形，次要道路可布置成单行线，但应有回车场。现场临时道路的技术要求及路面的种类和厚度见表 15-10、表 15-11。

表 15-10 现场临时道路的技术要求

指标名称	技术标准
设计车速/(km/h)	≤20
路基宽度/m	双车道 6.5~7；单车道 4~5；困难地段 3.5
路面宽度/m	双车道 5.5~6.5；单车道 3~4
平面曲线最小半径/m	平原、丘陵地区 20；山区 15；回头弯道 12
最大纵坡(%)	平原地区 6；丘陵地区 8；山区 11
纵坡最短长度/m	平原地区 100；山区 50
桥面宽度/m	4~4.5
桥涵载重等级/t	1.3 倍车、载总重

表 15-11 现场临时道路的路面种类和厚度

序号	路面种类	特点及其使用条件	路基土壤	路面厚度/cm	材料配合比
1	混凝土路面	雨天照常通车，可通行较多车辆，强度高，不扬尘，造价高	一般土	15~20	强度等级：不低于C20
2	级配砾石路面	雨天照常通车，可通行较多车辆，但材料级配要求严格	砂质土	10~15	黏土：砂：石子=1：0.7：3.5
			黏质土或粉土	14~18	
3	碎(砾)石路面	雨天照常通车，碎(砾)石本身含土较多，不加砂	砂质土	10~18	碎(砾)石>65%，当地土<35%
			砂质土或粉土	15~20	
4	炉渣或矿渣路面	可维持雨天通车，通行车辆较少，当附近有此项材料可利用时	一般土	10~15	炉渣或矿渣75%，当地土25%
			较松软时	15~30	
5	风化石屑路面	雨天不通车，通行车辆较少，附近有石屑可利用时	一般土	10~15	石屑90%，黏土10%

15.5.4 办公及福利设施组织

1. 办公及福利设施类型

(1) 行政管理和生产用房 行政管理和生产用房包括：工地办公室、传达室、车库及各类行政管理用房和辅助性修理车间等。

(2) 居住生活用房 居住生活用房包括：家属宿舍、职工单身宿舍、食堂、医务室、招待所、小卖部、浴室、理发室、开水房、厕所等。

(3) 文化生活用房 文化生活用房包括：俱乐部、图书室、邮亭、广播室等。

2. 办公、生活及福利临时设施的规划

(1) 确定工地人数

1) 直接参加施工生产的工人，也包括机械维修、运输、仓库及动力设施管理人员等。

2) 行政及技术管理人员。

3) 为工地上居民生活服务的人员。

4) 以上各项人员的家属。

上述人员的比例，可按国家有关规定或工程实际情况计算。

(2) 确定办公、生活及福利设施建筑面积 工地人数确定后，就可按实际经验或面积指标计算出所需建筑面积。计算公式如下

$$S=NP \tag{15-5}$$

式中 S——建筑面积 (m^2)；

N——人数；

P——建筑面积指标，详见表15-12。

表 15-12 行政、生活福利临时设施建筑面积参考指标

序号	临时房屋名称		参考指标/(m^2/人)	指标使用方法
1	办公室		3~4	按使用人数
2	宿舍	双层床	2.0~2.5	(扣除不在工地住人数)
		单层床	3.5~4.0	(扣除不在工地住人数)
		家属宿舍	16~25	视工期长短，距基地远近，取(0~30)%
3	食堂		0.5~0.8	按高峰就餐人数
4	食堂兼礼堂		0.6~0.9	按高峰年平均人数
5	其他	其他合计	0.5~0.6	按高峰年平均人数
		医务所	0.05~0.07	按高峰年平均人数，不小于30m^2
		浴室	0.07~0.1	按高峰年平均人数
		理发室	0.01~0.03	按高峰年平均人数
		俱乐部	0.1	按高峰年平均人数

（续）

序号	临时房屋名称		参考指标/(m^2/人)	指标使用方法
5	其他	小卖部	0.03	按高峰年平均人数，不小于 $40m^2$
		招待所	0.06	按高峰年平均人数
		托儿所	0.03~0.06	按高峰年平均人数
		其他公用	0.05~0.10	按高峰年平均人数
6	小型设施	开水房	$10\sim40m^2$	
		厕所	0.02~0.07	按工地平均人数
		工人休息室	0.15	按工地平均人数
		自行车棚	0.8~1.0	按骑车上班人数

所需要的各种生活、办公房屋，应尽量利用施工现场及其附近的永久性建筑物。不足的部分修建临时建筑物。

（3）临时房屋的形式及尺寸　临时建筑物修建时，应遵循经济、适用、装拆方便的原则，按照当地的气候条件、工期长短、本单位的现有条件以及现场暂设的有关规定等，确定结构类型和形式。

临时房屋的形式主要分为活动式和固定式。活动式房屋搭设快捷，移动运输方便，可重复利用。其中彩钢夹心板活动房屋使用更为广泛，它外观整洁，有较好的保温、防火性能，可建1~3层，能节约场地。一般房屋净高2.6m以上，进深3.3~5.7m，开间3.3~3.6m，可多开间连通使用。固定式临时房屋常采用砖木结构，常用尺寸及布置要求见表15-13。

表15-13　常用固定式临时房屋主要尺寸及布置要求

序号	房屋用途	跨度/m	开间/m	檐高/m	布置说明
1	办公室	4~5	3~4	2.5~3.0	窗口面积，约为地面的1/8
2	宿舍	5~6	3~4	2.5~3.0	床板距地0.4~0.5m，过道1.2~1.5m
3	工作间、机械房、材料库	6~8	3~4	按具体情况定	
4	食堂兼礼堂	10~15	4	4.0~4.5	剧台进深，约10m，需设足够的出入口
5	工作棚、停机棚	8~10	4	按具体情况定	
6	工地医务室	4~6	3~4	2.5~3.0	

15.5.5　工地供水组织

工地临时供水的类型主要包括生产用水、生活用水和消防用水三种。生产用水又包括工程施工用水、施工机械用水；生活用水又包括施工现场生活用水和生活区生活用水。

1. 确定用水量

（1）工程施工用水量

$$q_1 = K_0 \sum \frac{Q_1 N_1}{b} \times \frac{K_1}{8 \times 3600} \tag{15-6}$$

式中　q_1——施工工程用水量（L/s）；

K_0——未预见的施工用水系数（1.05~1.15）；

Q_1——施工高峰期日工程量（以实物计量单位表示）；

N_1——施工用水定额，见表15-14；

b——每天工作班次；

K_1——用水不均衡系数，见表15-15。

（2）施工机械用水量

$$q_2 = K_0 \sum Q_2 \times N_2 \frac{K_2}{8 \times 3600} \tag{15-7}$$

式中　q_2——施工机械用水量（L/s）；

K_0——未预见的施工用水系数（1.05~1.15）；
Q_2——同种机械台数（台）；
N_2——施工机械用水定额；
K_2——施工机械用水不均衡系数，见表 15-15。

（3）施工现场生活用水量

$$q_3=\frac{P_1N_3K_3}{b\times8\times3600} \tag{15-8}$$

式中　q_3——施工现场生活用水量（L/s）；
P_1——施工现场高峰期生活人数；
N_3——施工现场生活用水定额，视当地气候、工程而定，见表 15-16；
K_3——施工现场生活用水不均衡系数，见表 15-15；
b——每天工作班次。

（4）生活区生活用水量

$$q_4=\frac{P_2N_4K_4}{24\times3600} \tag{15-9}$$

式中　q_4——生活区生活用水量（L/s）；
P_2——生活区居民人数（人）；
K_4——生活区用水不均衡系数，见表 15-15；
N_4——生活区昼夜全部用水定额，见表 15-16。

（5）消防用水量

消防用水量 q_5 见表 15-17。

（6）总用水量 Q

1）当 $(q_1+q_2+q_3+q_4)<q_5$ 时，则 $Q=q_5+(q_1+q_2+q_3+q_4)/2$。

2）当 $(q_1+q_2+q_3+q_4)>q_5$ 时，则 $Q=q_1+q_2+q_3+q_4$。

3）当 $(q_1+q_2+q_3+q_4)<q_5$ 且工地面积小于 $5\times10^4\text{m}^2$ 时，则 $Q=q_5$。

最后计算的总用水量，还应增加 10%，以补偿不可避免的水管渗漏损失。

表 15-14　施工用水量参考定额

序号	用水对象	单位	耗水量	序号	用水对象	单位	耗水量
1	浇混凝土全部用水	L/m³	1700~2400	11	浇砖湿润	L/m³	130~170
2	搅拌普通混凝土	L/m³	250	12	搅拌砂浆	L/m³	300
3	搅拌轻质混凝土	L/m³	300~350	13	浇硅酸盐砌块	L/m³	300~350
4	搅拌热混凝土	L/m³	300~350	14	砌筑石材全部用水	L/m³	50~80
5	混凝土自然养护	L/m³	200~400	15	墙面抹灰全部用水	L/m²	30
6	冲洗模板	L/m²	5	16	楼地面垫层及抹灰	L/m²	190
7	搅拌机清洗	L/台班	600	17	现制水磨石	L/m²	300
8	冲洗石子	L/m³	800	18	墙面石材(湿挂法)	L/m²	15
9	洗砂	L/m³	1000	19	墙面瓷砖	L/m²	20
10	砌砖工程全部用水	L/m³	150~250	20	素土路面、路基	L/m²	0.2~0.3

表 15-15　用水不均衡系数

符号	用水类型	不均衡系数
K_1	施工工程用水	1.5
	生产企业用水	1.25
K_2	施工机械、运输机械用水	2.0
K_3	施工现场生活用水	1.3~1.5
K_4	生活区生活用水	2.0~2.5

表 15-16 生活用水量参考定额

序号	用水对象	单位	耗水量
1	工地全部生活用水	L/(人·日)	100~120
2	生活用水(盥洗、饮用)	L/(人·日)	25~30
3	食堂	L/(人·日)	15~20
4	浴室(淋浴)	L/(人·次)	50
5	洗衣	L/(人·日)	30~35
6	理发室	L/(人·次)	15
7	医院	L/(病床·日)	100~150

表 15-17 消防用水量

序号	用水部位	用水项目	按火灾同时发生次数计	耗水流量/(L/s)
1	居住区	5000 人以内 10000 人以内 25000 人以内	一次 二次 二次	10 10~15 15~20
2	施工现场	25 公顷($25\times10^4m^2$)以内 每增加 25 公顷递增	二次	10~15 5

2. 选择水源

工地临时供水的水源，有供水管道和天然水源两种。应尽可能利用现有永久性供水设施或现场附近已有供水管道，若无供水管道或其供水量难以满足使用要求时，方考虑使用江、河、水库、泉水、井水等天然水源。选择水源时应注意下列因素：

1）水量充足可靠。

2）生活饮用水、生产用水的水质，应符合要求。

3）尽量与农业、水利综合利用。

4）取水、输水、净水设施要安全、可靠、经济。

5）施工、运转、管理和维护方便。

3. 确定供水系统

在没有市政管网供水的情况下，需设置临时供水系统。临时供水系统由取水设施、贮水构筑物（水塔及蓄水池）、输水管和配水管线综合而成。

（1）确定取水设施　取水设施一般由进水装置、进水管和水泵组成。取水口距河底（或井底）一般不小于 0.5m。给水工程所用水泵有离心泵、潜水泵等。所选用的水泵应具有足够的抽水能力和扬程。

（2）确定贮水构筑物　一般有水池、水塔或水箱。在临时供水时，如水泵房不能连续抽水，则需设置贮水构筑物。其容量以每小时消防用水决定，但不得少于 $10\sim20m^3$。贮水构筑物（水塔）高度应按供水范围、供水对象位置及水塔本身的位置来确定。

（3）确定供水管径　在计算出工地的总需水量后，可按下式计算供水管径

$$D=\sqrt{\frac{4Q\times1000}{\pi v}} \tag{15-10}$$

式中　D——供水管内径（mm）；

Q——用水量（L/s）；

v——管网中水的流速（m/s），见表 15-18。

（4）选择管材　临时给水管道材料应根据管道尺寸和压力进行选择，一般干管为钢管，支管为钢管或塑料管。

表 15-18 临时水管经济流速表

项次	管径	流速/(m/s)	
		正常时间	消防时间
1	支管 $D<100$mm	2	
2	生产消防管道 $D=100\sim300$mm	1.3	>3.0
3	生产消防管道 $D>300$mm	1.5~1.7	2.5
4	生产用水管道 $D>300$mm	1.5~2.5	3.0

15.5.6 工地供电组织

工地临时供电组织包括：计算用电总量，选择电源，确定变压器，确定导线截面面积，布置配电线路和配电箱。

1. 工地总用电量计算

施工现场用电量大体上可分为动力用电和照明用电两类。在计算用电量时，应考虑全工地使用的电力机械设备、工具和照明的用电功率；施工总进度计划中，施工高峰期同时用电数量；各种电力机械的情况。总用电量可按下式计算

$$P=(1.05\sim1.1)\left(K_1\frac{\sum P_1}{\cos\varphi}+K_2\sum P_2+K_3\sum P_3+K_4\sum P_4\right) \tag{15-11}$$

式中 P——供电设备总需要容量（kV·A）；

P_1——电动机额定功率（kW）；

P_2——电焊机额定容量（kV·A）；

P_3——室内照明容量（kW）；

P_4——室外照明容量（kW）；

$\cos\varphi$——电动机的平均功率因数（施工现场最高为0.75~0.78，一般为0.65~0.75）；

K_1、K_2、K_3、K_4——需要系数，见表15-19。

表 15-19 需要系数 K 值

用电名称	数量	需要系数	
		K	数值
电动机	3~10台	K_1	0.7
	11~30台		0.6
	30台以上		0.5
加工厂动力设备			0.5
电焊机	3~10台	K_2	0.6
	10台以上		0.5
室内照明		K_3	0.8
室外照明		K_4	1.0

如施工中需用电热时，应将其用电量计入总量。单班施工时，最大用电负荷量以动力用电量为准，不考虑照明用电。

各种机械设备以及室外照明用电可参考有关定额。

2. 选择电源

选择临时供电电源，通常有如下几种方案：

1）完全由工地附近的电力系统供电，即在全面开工之前将永久性供电外线工程完成，设置临时变电站。

2）先将工程项目的永久性变配电室建成，直接为施工供应电能。

3）工地附近的电力系统能供应一部分，工地需增设临时电站以补充不足。

4）利用附近的高压电网，申请临时加设配电变压器。

5）工地处于新开发地区，还没有电力系统时，完全由自备临时电站供给。

在制订方案时，应根据工程实际情况，经过分析比较后确定。

3. 确定变压器

现场所需变压器的功率可由下式计算

$$P = K\left(\frac{\sum P_{\max}}{\cos\varphi}\right) \tag{15-12}$$

式中 P——变压器输出功率（kV·A）；

K——功率损失系数，取1.05；

$\sum P_{\max}$——变压器服务范围内最大用电量总和（kW）；

$\cos\varphi$——功率因数。

根据计算所得容量，并增加10%的补偿系数，选用足够功率的变压器。

4. 确定配电导线截面积

配电导线要正常工作，必须具有足够的机械强度、能够耐受电流通过所产生的温升、电压损失在允许范围内。因此，选择配电导线有以下三种方法：

（1）按机械强度确定　导线必须具有足够的机械强度，以防止受拉或机械损伤而折断。在不同敷设方式下，按机械强度要求的导线最小截面可参考有关资料。

（2）按允许电流选择　导线必须能承受负荷电流长时间通过所引起的温升。

1）三相五线制线路上的电流可按下式计算

$$I = \frac{P}{\sqrt{3}V\cos\varphi} \tag{15-13}$$

2）二线制线路可按下式计算

$$I = \frac{P}{V\cos\varphi} \tag{15-14}$$

式中 I——电流值（A）；

P——功率（W）；

V——电压（V）；

$\cos\varphi$——功率因数，临时电网取0.7~0.75。

考虑导线的允许温升，各类导线在不同的敷设条件下具有不同的持续允许电流值。在选择导线时，电流不能超过该值。

（3）按允许电压降确定　为了使导线引起的电压降控制在一定限度内，配电导线的截面可用下式确定

$$S = \frac{\sum PL}{C\varepsilon} \tag{15-15}$$

式中 S——导线断面积（mm^2）；

P——负荷电功率或线路输送的电功率（kW）；

L——送电路的距离（m）；

C——系数，视导线材料，送电电压及配电方式而定，如铜线380V时取77，220V时取12.8；

ε——允许的相对电压降（即线路的电压损失），一般为2.5%~5%。

选择导线截面时应同时满足上述三项要求，即以求得的三个截面面积中最大者为准，从导线的产品目录中选用线芯。通常先根据负荷电流的大小选择导线截面，然后再以机械强度和允许电压降进行复核。

15.6　施工总平面布置

施工总平面布置是按照施工部署、主要施工方法和施工总进度计划及资源需用量计划的要求，将施工现场做出合理的规划与布置，以总平面图表示。其作用是正确处理全工地施工期间所需各项设施和永久建筑与拟建工程之间的空间关系，以指导现场实现有组织、有秩序和文明施工。

15.6.1　设计的内容

1. 永久性设施

永久性设施包括整个建设项目既有建筑物和构筑物、其他设施及拟建工程的位置和尺寸。

2. 临时性设施

既有和拟建为全工地性施工服务的临时设施的布置，包括：

1）场地临时围墙，施工用的各种道路。

2）加工厂、制备站及主要机械的位置。

3）各种材料、半成品、构配件的仓库和主要堆场。

4）行政管理用房、宿舍、食堂、文化生活福利等用房。

5）水源、电源、动力设施、临时给水排水管线、供电线路及设施。

6）机械站、车库位置。

7）一切安全、消防设施。

3. 其他

其他包括：永久性测量放线标桩的位置；必要的图例、方向标志、比例尺等。

15.6.2　设计的依据

1）建筑总平面图、地形图、区域规划图和建设项目区域内既有的各种设施位置。

2）建设地区的自然条件和技术经济条件。

3）建设项目的工程概况、施工部署与主要施工方法、施工总进度计划及各种资源配置计划。

4）各种现场加工、材料堆放、仓库及其他临时设施的数量及面积、尺寸。

5）现场管理及安全用电等方面有关文件和规范、规程等。

15.6.3　设计的原则

1）执行各种有关法律、法规、标准、规范与政策。

2）尽量减少施工占地，使整体布局紧凑、合理。

3）合理组织运输，保证运输方便、道路畅通，减少运输费用。

4）合理划分施工区域和存放场地，减少各工程之间和各专业工种之间的相互干扰。

5）充分利用各种永久性建筑物、构筑物和既有设施为施工服务，降低临时设施的费用。

6）生产区与生活区适当分开，各种生产生活设施应便于使用。

7）应满足环境保护、劳动保护、安全防火及文明施工等要求。

15.6.4 设计的步骤与要求

1. 绘出整个施工场地范围及基本条件

其内容包括场地的围墙和既有的建筑物、道路、构筑物以及其他设施的位置和尺寸。

2. 布置临时设施及堆场

（1）场外交通的引入　设计施工总平面图时，首先应研究确定大宗材料、成品、半成品、设备等进入工地的运输方式。

1）铁路运输。一般大型工业企业，厂区内都设有永久性铁路专用线，通常可将其提前修建，以便为工程施工服务。但由于铁路的引入将严重影响场内施工的运输和安全，因此，引入点宜在靠近工地的一侧或两侧。

2）水路运输。当大量物资由水路运入时，应首先考虑既有码头的运用和是否增设专用码头问题。要充分利用既有码头的吞吐能力；当需增设码头时，卸货码头不应少于2个且宽度应大于2.5m，一般用石或钢筋混凝土结构建造。

3）公路运输。当大量物资由公路运入时，一般先将仓库、加工厂等生产性临时设施布置在最经济合理的地方，然后再布置通向场外的公路线。

（2）仓库与材料堆场的布置　通常考虑设置在运输方便、位置适中、运距较短并且安全、防火的地方，并应区别不同材料、设备和运输方式来设置。

1）当采用铁路运输时，仓库通常沿铁路线布置，并且要留有足够的装卸前线。

2）当采用水路运输时，一般应在码头附近设置转运仓库，以缩短船只在码头上的停留时间。

3）当采用公路运输时，仓库的布置较灵活。一般中心仓库布置在工地中央或靠近使用地点，也可以布置在工地入口处。大宗材料的堆场和仓库，可布置在相应的搅拌站、加工场或预制场地附近。砖、瓦、砌块和预制构件等直接使用的材料应布置在施工对象附近，以免二次搬运。

（3）加工厂布置　各种加工厂布置，应以方便使用、安全防火、运输费用最少、不影响建筑安装工程正常施工为原则。一般应将加工厂集中布置在工地边缘，与相应的仓库或材料堆场靠近。

1）混凝土搅拌站。当现浇混凝土量大时，宜在工地设置集中搅拌站；当运输条件较差时，以分散搅拌为宜。

2）预制加工厂。预制加工厂一般设置在建设单位的空闲地带上，如材料堆场专用线转弯的扇形地带或场外临近处。

3）钢筋加工厂。当需进行大量的机械加工时，宜设置中心加工厂，其位置应靠近预制构件加工厂；对于小型构件和简单的钢筋加工，可在靠近使用地点布置钢筋加工棚。

4）木材加工厂。要视加工量、加工性质和种类，决定是设置集中加工场还是分散的加工棚。一般原木、锯材堆场布置在铁路、公路或水路沿线附近，木材加工场也应设置在这些地段附近；锯木、成材、细木加工和成品堆放，应按工艺流程布置，并应设置在施工区的下风向边缘。

5）金属结构、锻工、电焊和机修等厂房。由于生产上联系密切，应尽可能布置在一起。

（4）布置内部运输道路　根据各加工厂、仓库及各施工对象的相对位置，研究货物转运图，区分主、次道路，进行道路的规划。规划时应考虑以下几点：

1）合理规划，节约费用。在规划临时道路时，应充分利用拟建的永久性道路，提前建成或者先修路基和简易路面，作为施工所需的道路，以达到节约投资的目的。若地下管网的图样尚未出全，则应在无管网地区先修筑临时道路，以免开挖管沟时破坏路面。

2）保证通畅。道路应有两个以上进出口，末端应设置回车场地。尽量避免与铁路交叉，若有交叉，交角应大于30°，最好为直角相交。场内道路干线应采用环形布置，主要道路宜采用双车道，次要道路宜采用单车道，宽度见表15-10。消防车道的宽度不少于4m。消防车道与在建工程、临时用房、可燃材料堆场及其加工场的距离不宜小于5m，也不宜大于40m。

3）选择合理的路面结构。道路的路面结构，应当根据运输情况和运输工具的类型而定。对永久性道路应先建成混凝土路面基层；场区内的干线和施工机械行驶路线，最好采用碎石级配路面，以利修补。场内支线一般为砂石路。

（5）行政与生活临时设施的布置　行政与生活临时设施包括：办公室、汽车库、职工休息室、开水房、小卖部、食堂、俱乐部和浴室等。要根据工地施工人数计算其建筑面积。应尽量利用建设单位的生活基地或其他永久性建筑，不足部分另行建造。

全工地性行政管理用房宜设在工地入口处，以便对外联系；也可设在工地中间，便于全工地管理。工人用的福利设施应设置在工人较集中的地方或工人必经之处。应使生活区与施工区隔离。食堂可布置在工地内部或工地与生活区之间。

（6）临时水电管网的布置　当有可以利用的水源、电源时，可将其先接入工地，再沿主要干道布置干管、主线，然后与各用户接通。临时总变电站应设置在高压电引入处，不应放在工地中心；临时水池应放在地势较高处。

1）供水管网的布置。供水管网应尽量短，布置时应避开拟建工程的位置。水管宜采用暗埋敷设，有冬期施工要求时，应埋设至冰冻线以下。有重型机械或需从路下穿过时，应采取保护措施。高层建筑施工时，应设置水塔或加压泵，以满足水压要求。

根据工程防火要求，应设置足够的消防栓。消防栓一般设置在易燃建筑物、木材、仓库等附近，与建筑物或使用地点的距离不得大于25m，也不得小于5m。消防栓管径宜为100mm，沿路边布置，间距不得大于120m，每5000m^2现场不少于一个，距路边的距离宜不大于2m。

2）供电线路布置。供电线路宜沿路边布置，但距路基边缘不得小于1m。一般用钢筋混凝土杆或梢径不小于140mm的木杆架设，杆距不大于35m；电杆埋深不小于杆长的1/10加0.6m，回填土应分层夯实。架空线最大弧垂处距地面不小于4m，跨路时不小于6m，跨铁路时不小于7.5m；架空电线距建筑物不小于6m。在塔式起重机控制范围内应采用暗埋电缆等方式。

应该指出，上述各设计步骤是互相联系、互相制约的，在进行平面布置设计时应综合考虑、反复修正。当有几种方案时，尚应进行方案比较、优选。

图15-4所示为某大学教学、科研、办公楼工程结构阶段施工现场总平面图。该工程项目的上部结构由多栋高层建筑形成庭院形式，中心设置单层会议中心，工程量大、复杂，场地狭小。

15.6.5 施工总平面图的绘制要求

施工总平面图的比例一般为1∶1000或1∶2000，绘制时应使用规定的图例或以文字标明。在进行各项布置后，经综合分析比较，调整修改，形成施工总平面图，并作必要的文字说明，标上图例、比例、指北针等。完成的施工总平面图要比例正确，图例规范，字迹端正，线条粗细分明，图面整洁美观。

许多大型建设项目的建设工期很长，随着工程的进展，施工现场的面貌及需求将不断改变。因此，应按不同施工阶段分别绘制施工总平面图。

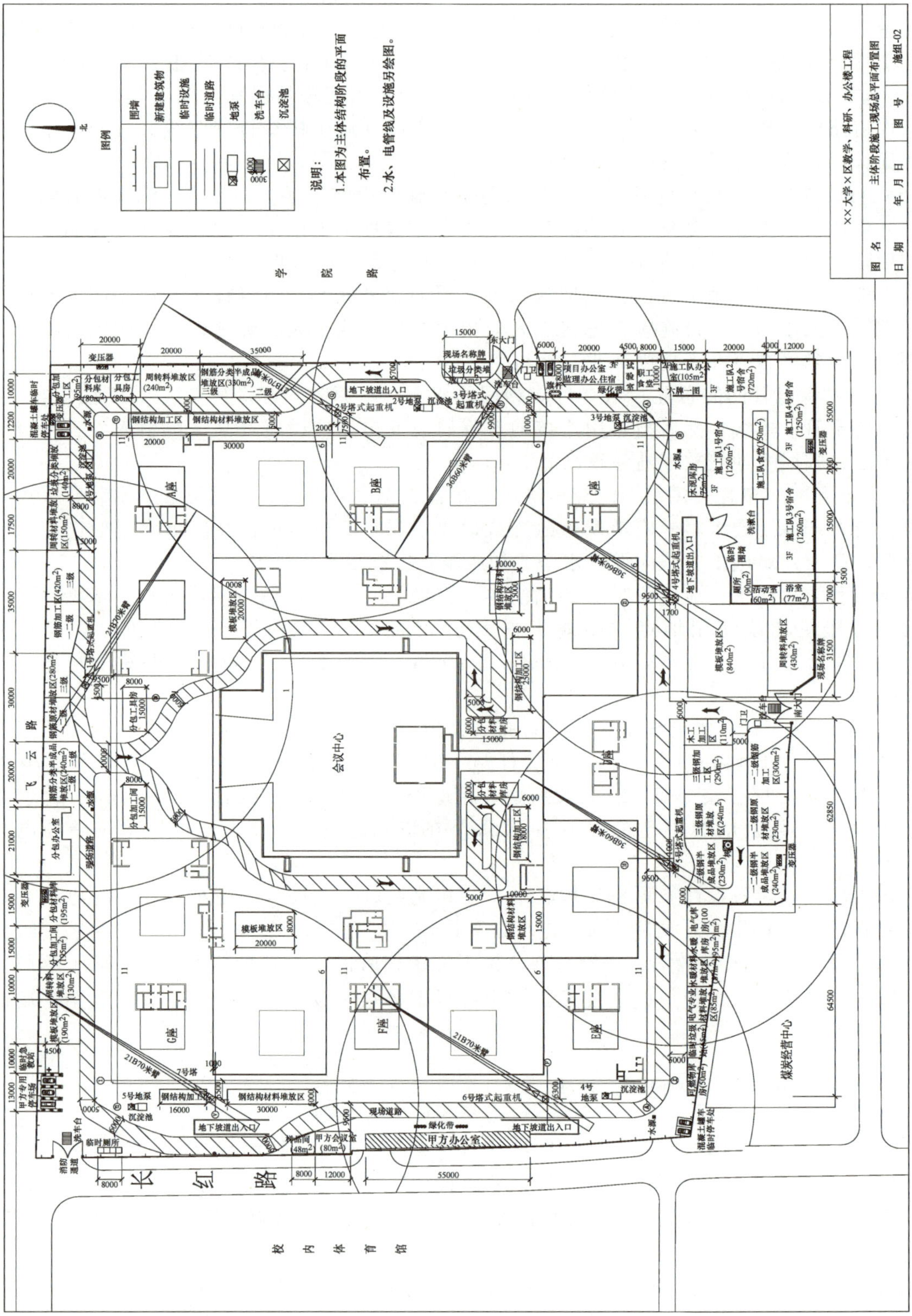

图 15-4　某大学教学、科研、办公楼工程施工现场总平面布置图

15.7 施工管理计划及技术经济指标

15.7.1 施工管理计划

施工管理计划主要阐述质量、进度、节约、安全、环保等各项目标的要求，建立保证体系，制订所需采取的主要措施。

1. 质量管理计划

建立施工质量管理体系。按照施工部署中确定的施工质量目标要求，以及国家质量评定与验收标准、施工规范和规程有关要求，找出影响工程质量的关键部位或环节，设置施工质量控制点，制订施工质量保证措施（包括：组织、技术、经济、合同等方面的措施）。

2. 进度保证计划

根据合同工期及工期总体控制计划，分析影响工期的主要因素，建立控制体系，制订保证工期的措施。

3. 施工总成本计划

根据建设项目的计划成本总指标，制订节约费用、控制成本的措施。

4. 安全管理计划

确定安全组织机构，明确安全管理人员及其职责和权限，建立健全安全管理规章制度（含安全检查、评价和奖励），制订安全技术措施。

5. 文明施工及环境保护管理计划

确定建设项目施工总环保目标和独立交工系统施工环保目标，确定环保组织机构和环保管理人员，明确施工环保事项内容和措施。例如，现场泥浆、污水和排水，防烟尘和防噪声，防爆破危害、打桩震害，地下既有管线或文物保护，卫生防疫和绿化工作，现场及周边交通环境保护等。

15.7.2 技术经济指标

为了考核施工组织总设计的编制质量以及将产生的效果，应计算下列技术经济指标。

1. 施工工期

施工工期是指建设项目从施工准备到竣工投产使用的持续时间。应计算的相关指标如下：

1）施工准备期，是指从施工准备开始到主要项目开工为止的全部时间。

2）部分投产期，是指从主要项目开工到第一批项目投产使用的全部时间。

3）单位工程工期，是指建设项目中各单位工程从开工到竣工的全部时间。

2. 劳动生产率

1）全员劳动生产率［元/（人·年）］。

2）单位用工（工日/m^2竣工面积）。

3）劳动力不均衡系数。

$$劳动力不均衡系数=\frac{施工期日高峰人数}{施工期日平均人数}$$

3. 工程质量

说明合同要求的质量等级和施工组织设计预期达到的质量等级。

4. 降低成本

（1）降低成本额

$$降低成本额=承包成本-计划成本$$

（2）降低成本率

$$降低成本率=\frac{降低成本额}{承包成本额}\times 100\%$$

5. 安全指标

以发生的安全事故频率控制数表示。

6. 机械指标

（1）机械化程度

$$机械化程度=\frac{机械化施工完成的工作量}{总工作量}\times 100\%$$

（2）施工机械完好率

$$机械完好率=\frac{机械完好台日数}{机械进场总台日数}\times 100\%$$

（3）施工机械利用率

$$机械利用率=\frac{机械作业台班数}{机械进场总台班数}\times 100\%$$

7. 预制化施工水平

$$预制化施工程度=\frac{在工厂及现场预制的工作量}{总工作量}\times 100\%$$

8. 临时工程

（1）临时工程投资比例

$$临时工程投资比例=\frac{全部临时工程投资}{建安工程总值}$$

（2）临时工程费用比例

$$临时工程费用比例=\frac{临时工程投资-回收费+租用费}{建安工程总值}$$

9. 节约成效

分别计算节约钢材、木材、水泥三大材的百分比，节水情况，节电情况。

工程案例

本章“某高速公路施工组织总设计实例”等工程案例，详见本书配套电子资源。

习 题

1. 试述施工组织总设计的内容。
2. 施工组织总设计中，施工部署、总进度计划、总平面图三者的编制顺序如何？
3. 试述在确定项目展开程序时应优先安排的项目，以确保按期交付使用。
4. 施工部署的内容有哪些？
5. 在确定各项目展开程序时，一般应遵循的原则有哪些？
6. 施工组织总设计中，应对哪些项目确定其施工方法？
7. 施工总进度计划的编制步骤有哪些？
8. 确定各单位工程的开竣工时间和相互搭接关系时，应考虑的主要因素包括哪些？
9. 在施工组织总设计中的资源配置计划，主要包括哪些方面？
10. 在计算施工现场临时用水量时，可将消防用水量作为总用水量的条件是什么？
11. 试述施工总平面图设计的原则与步骤。
12. 在规划临时道路时，如何节约费用？
13. 为了满足防火要求，现场平面布置应注意哪些问题？
14. 施工组织总设计中，应制订哪些方面的目标管理计划？

参 考 文 献

［1］《建筑施工手册》编写组. 建筑施工手册［M］. 5版. 北京：中国建筑工业出版社，2012.
［2］郭正兴. 土木工程施工［M］. 3版. 南京：东南大学出版社，2020.
［3］应惠清. 建筑施工技术［M］. 2版. 上海：同济大学出版社，2011.
［4］穆静波. 建筑施工［M］. 北京：北京大学出版社，2023.
［5］穆静波，侯敬峰. 土木工程施工［M］. 3版. 北京：中国建筑工业出版社，2020.
［6］穆静波，王亮. 建筑施工［M］. 2版. 北京：中国建筑工业出版社，2012.
［7］李慧民. 土木工程施工技术［M］. 北京：中国建筑工业出版社，2011.
［8］何亚伯. 建筑装饰装修施工工艺标准手册［M］. 2版. 北京：中国建筑工业出版社，2010.
［9］中国建筑第八工程局. 建筑工程施工技术标准［M］. 北京：中国建筑工业出版社，2005.
［10］彭圣浩. 建筑工程施工组织设计实例应用手册［M］. 4版. 北京：中国建筑工业出版社，2016.
［11］章国社. 建筑施工管理手册［M］. 4版. 北京：中国建筑工业出版社，2008.
［12］穆静波. 土木工程施工习题集［M］. 3版. 北京：中国建筑工业出版社，2019.
［13］毛鹤琴. 土木工程施工［M］. 5版. 武汉：武汉理工大学出版社，2018.
［14］中国建筑业协会，筑龙网. 鲁班奖获奖工程施工组织设计专辑［M］. 北京：机械工业出版社，2004.
［15］黄文广. 砖瓦工操作技能［M］. 北京：时代传播音像出版社，2004.
［16］黄文广. 混凝土工操作技能［M］. 北京：时代传播音像出版社，2004.
［17］刘津明. 土木工程施工动画演示［C］. 重庆：全国高校建筑施工学科研究会，2010.
［18］李建峰. 桩基工程［C］. 北京：中国建设教育协会，2000.
［19］孙明瑗，姜卫杰，等. 钢筋混凝土单层工业厂房吊装［C］. 北京：中国建设教育协会，2000.